개정4판

IP Routing

한 권으로 끝내는 IP 라우팅

피터 전

20년간 통신회사에서 근무했으며, 네트워크 및 보안 강의와 컨설팅을 하고 있다. 랜 스위칭 관련 한국 및 미국 특허를 보유하고 있는 전문가이자 베스트셀러 저자로 인정받고 있다. 저서로는 IP 라우팅, 랜 스위칭 1/2, 최신 MPLS, 네트워크 입문, 네트워크 보안 방화벽, 가상 사설망, 멀티캐스팅 등이 있다.

한 권으로 끝내는
IP 라우팅 (개정4판)

개정4판 3쇄 발행 2021년 10월 10일
개정4판 2쇄 발행 2017년 7월 25일
개정4판 발행 2015년 11월 30일
개정3판 발행 2011년 7월 15일
개정판 발행 2006년 6월 24일
초판 발행 2002년 8월 23일

지은이 | 피터 전
펴낸이 | 김상일
펴낸곳 | 네버스탑

주   소 | 서울 송파구 도곡로 62길 15-17(잠실동), 201호
전   화 | 031) 919-9851
팩시밀리 | 031) 919-9852
등록번호 | 제25100-2013-000058호

ISBN | 978-89-97030-05-7 93560

이 도서의 국립중앙도서관 출판시도서목록(CIP)은 서지정보유통지원시스템 홈페이지(seoji.nl.go.kr)와 국가자료 공동목록시스템(www.nl.go.kr/kolisnet)에서 이용하실 수 있습니다. (CIP제어번호: CIP2015029691)

개정4판

IP Routing

한 권으로 끝내는 IP 라우팅

피터 전

NEVER STOP
정상을 향한 멈추지 않는 도전

개정4판 머리말

IP 라우팅 3판이 나온 지 4년이 지났습니다. 그 사이 EIGRP 네임드 모드(named mode), VRF-lite, PfR(Performance Routing) 등의 기술들이 새로이 자리를 잡았고, 네트워크를 구성할 때 주로 사용하였던 프레임 릴레이(frame relay)는 거의 실제 네트워크에서 자취를 감추었습니다.

IP 라우팅 개정4판에서는 이와 같은 새로운 기술들을 추가적으로 다루었으며, 지금은 사용하는 곳이 적은 RIP에 대한 내용은 많은 부분을 줄였습니다. 과거 대부분의 네트워크를 구성할 때 사용하였던 프레임 릴레이 스위치 대신 이더넷 스위치로 토폴로지를 구성하여 실습 환경을 만들기 쉽게 하였습니다.

그동안 네트워크 관련 컨설팅 및 강의를 하면서 추가적으로 필요하다고 느꼈던 부분들도 보완하였습니다.

네트워크 분야에서 약간의 경력을 쌓은 사람이나 CCNP, CCIE를 공부하는 사람들이라면 별 무리 없이 소화할 수 있는 수준의 내용입니다. 아울러 네트워크를 직업으로 할 사람이라면 초보자들이라도 읽어볼 것을 권합니다.

본서가 네트워크 관리자나 네트워크를 공부하는 독자 여러분들께 많은 도움이 되었으면 좋겠습니다.

2015년 가을

피터 전

내용 요약

제1장 라우팅 개요에서는 라우터의 기능, 라우팅 프로토콜의 종류 및 테스트 네트워크를 구성하는 방법에 대하여 설명하였습니다. 제2장 정적 경로에서는 정적 경로를 설정하는 방법과 스위칭 방식별 부하 분산에 대하여 설명하였습니다. 제3장 RIP는 가장 오래된 라우팅 프로토콜인 RIP에 대한 내용입니다. 지금은 별로 많이 사용하지 않으므로 시스코 자격증 공부를 하는 경우가 아니라면 건너뛰어도 됩니다. 제4장 EIGRP와 제5장 EIGRP 네임드 모드는 시스코의 EIGRP 라우팅 프로토콜에 대하여 다루었습니다. EIGRP에 대해 공부를 하고 나면 EIGRP 네임드 모드는 거의 동일한 내용을 명령어만 좀 다르게 설정하고 확인하는 것이므로 쉽게 이해할 수가 있습니다. 제6장 OSPF는 EIGRP와 더불어 가장 많이 사용하는 라우팅 프로토콜인 OSPF에 대하여 설명하였습니다. 기본적인 설정 방법, 동작 원리, 네트워크를 축약하고 조정하는 방법, 라우팅 프로토콜 보안 등을 다루었습니다. 제7장 BGP 기본은 서로 다른 조직 간에 사용하는 라우팅 프로토콜인 BGP를 기본적으로 설정하는 방법과 BGP의 여러 가지 속성에 대하여 설명하였습니다. 제8장 BGP 조정은 BGP에서 문제가 되는 네트워크 광고를 차단하는 방법, 입출력 경로를 조정하는 방법 등에 대하여 다루었습니다. 또, IP 라우팅 3판에서 별도의 장으로 구성하였던 'BGP 설정 사례'를 8장에 통합하였습니다. 제9장 재분배에서는 기본적인 재분배 방법과 더불어 현업에서 많이 볼 수 있는 네트워크 구성을 예로 하여 재분배 네트워크를 조정하는 법을 다루었습니다. 제10장 PBR은 라우팅 테이블과 무관하게 관리자의 의도대로 패킷을 전송시키는 방법에 대하여 설명하였고, 제11장 VRF-lite에서는 레이어 3 가상화 기술인 VRF-lite에 대하여 다루었습니다. 제12장 PfR에서는 장거리 통신망을 효율적으로 사용할 수 있도록 해주는 PfR을 설정하는 방법과 동작 방식을 설명하였습니다.

CONTENTS

제1장   라우팅 개요

제2장   정적 경로

제3장   RIP

CONTENTS

제4장   EIGRP

제5장   EIGRP 네임드 모드

C O N T E N T S

C O N T E N T S

제7장   BGP 기본

제8장   BGP 조정

CONTENTS

C O N T E N T S

제11장   VRF-lite

제12장   PfR

C O N T E N T S

부록

제1장

라우팅 개요

라우터(router)는 패킷(packet)의 목적지 주소를 확인하고, 목적지와 연결되는 인터페이스로 전송하는 역할을 한다. 이와 같은 라우터의 기능을 라우팅(routing)이라고 한다. 특히, IP 라우팅이란 패킷의 목적지 IP 주소를 참조하여 길을 찾아주는 것이다.

라우터의 기본 기능

라우터의 기본 기능에 대해 좀 더 자세히 살펴보자. 라우터는 방화벽, 가상 사설망(VPN) 등의 기능도 제공하지만 가장 기본적이고 중요한 두 가지 역할은 경로를 결정하는 것과 결정된 경로에 따라 패킷을 전송하는 것이다.

일반적으로 네트워크는 다음 그림과 같이 수많은 라우터로 연결되어 있다. 라우터들은 서버로부터 수신한 패킷을 PC까지 전송하기 위해 다수의 경로 중 특정한 것을 선택하며, 이것이 경로 결정 기능이다. 라우팅을 위한 경로가 결정된 다음, 수신한 패킷을 목적지와 연결되는 인터페이스로 전송시키는데 이것을 패킷 전송 또는 스위칭 기능이라고 한다.

그림 1-1 라우터는 패킷이 목적지로 가는 길을 찾아준다

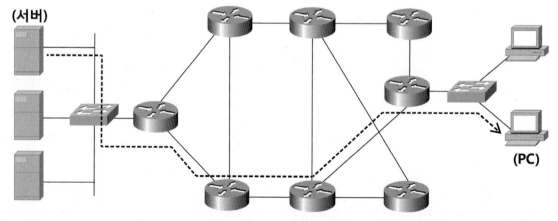

라우터의 라우팅 경로 결정 기능과 패킷 전송 기능에 대하여 좀 더 자세히 살펴보자.

라우팅 경로 결정

라우팅 경로는 동적 경로(dynamic route)와 정적 경로(static route)가 있다. 동적 경로는 라우팅 프로토콜(routing protocol)을 사용하여 동적으로 알아낸 경로를 의미한다. 현재 사용되는 주요 라우팅 프로토콜은 EIGRP, OSPF 및 BGP 등이 있다. 정적 경로는 특정 목적지로 가는 경로를 네트워크 관리자가 직접 지정한 것을 말한다.

정적 경로와 동적 경로 모두 나름대로 장단점을 가지고 있으며, 나중에 자세히 설명한다. 일반적으로 소규모의 네트워크에서는 정적인 라우팅 방식을 주로 사용하고, 중규모 이상의 네트워크에서는 동적인 라우팅 방식을 사용하면서 보조 수단으로 정적인 라우팅을 사용한다.

라우팅 프로토콜의 목적은 각 라우터가 자신이 알고 있는 목적지 네트워크 관련 정보를 다른 라우터에게 알려주기 위한 것이다. 예를 들어, 다음 그림에서 라우터 R1은 '1.1.1.0 네트워크가 목적지인 패킷은 R1에게 보내라'고 광고하며, R2는 '2.2.2.0 네트워크가 목적지인 패킷은 R2로 보내라'고 광고한다.

그림 1-2 라우터가 알고 있는 목적지 네트워크를 다른 라우터에게 광고한다

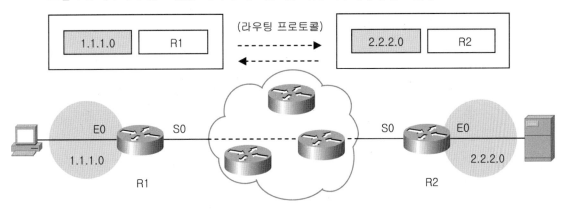

라우터는 다른 라우터들로부터 라우팅 정보를 수신한 다음, 그 중에서 최적의 경로를 선택하여 라우팅 테이블에 저장한다. 라우팅 테이블(routing table)이란 목적지 네트워크 및 목적지 네트워크와 연결되는 인터페이스를 기록한 데이터베이스이다.

그림 1-3 라우터는 광고받은 목적지 네트워크를 라우팅 테이블에 기록한다

라우팅 프로토콜은 특정 경로가 다운(down)되면 또 다른 경로를 찾는다. 더 좋은 경로를 찾으면 현재의 경로를 새로운 것으로 대체한다. 라우터의 경로 결정 기준과 경로 유지 방식은 라우팅 프로토콜마다 다르다. 자세한 것은 각각의 라우팅 프로토콜을 설명할 때 다루기로 한다.

패킷 전송

이렇게 라우팅 테이블이 만들어지면 해당 라우터는 특정 목적지 네트워크로 가는 패킷을 라우팅시킬 수 있다. 라우터가 패킷을 수신하고, 라우팅 테이블에 따라 정해진 목적지 인터페이스로 해당 패킷을 전송하는 과정은 다음과 같다.

그림 1-4 라우터는 수신한 패킷을 목적지와 연결된 인터페이스로 전송한다

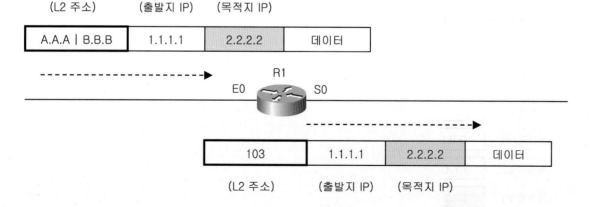

1) 수신한 패킷의 레이어 2 정보를 확인한다.

패킷을 감싸고 있는 레이어 2 헤더(header) 정보까지를 포함한 데이터의 꾸러미를 프레임(frame)이라고 한다. 레이어 2 헤더의 구성은 사용하는 레이어 2 프로토콜에 따라 다르다. 주로 많이 사용하는 레이어 2 프로토콜은 이더넷, PPP(Point-to-Point Protocol), 프레임 릴레이 등이 있다.

라우터는 수신한 프레임의 에러 발생 여부를 확인하고, 만약 이상이 발생한 프레임이면 폐기한다. 다음에는 각 프레임 헤더에 있는 레이어 2 목적지 주소(예를 들어, 이더넷 프레임의 목적지 MAC 주소)가 라우터 자신의 것인지 확인한다. 프레임의 목적지 주소가 라우터 자신의 것이 아니면 해당 프레임을 폐기한다. 프레임의 목적지 주소가 라우터 자신의 것이면 레이어 2 헤더를 제거하고, 내부의 패킷을 상위 계층 프로세스로 전달한다.

2) 수신한 패킷의 목적지 IP 주소를 확인한다.

3) 라우팅 테이블을 참조하여 목적지 IP 주소와 연결되는 인터페이스를 찾는다. 실제로는 라우팅 테이블을 이용하여 미리 만들어 놓은 캐시 정보를 참조하여 출력 인터페이스를 결정한다. 만약, 라우팅 테이블에 해당 패킷의 목적지에 대한 정보가 없으면 패킷을 폐기한다.

그림 1-5 L2 헤더는 라우터를 통과할 때 변경되고, IP 주소는 변화되지 않는다

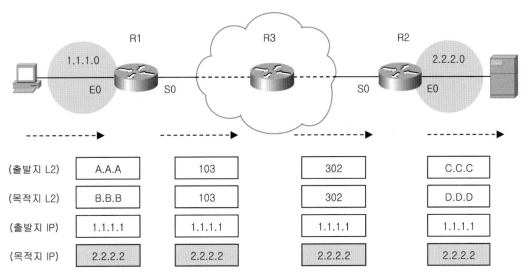

4) 넥스트 홉 장비(next hop, 목적지로 가는 경로의 다음 장비)의 레이어 2 주소를 알아내고, 이를 이용하여 넥스트 홉으로 전송할 프레임을 만든다. 넥스트 홉 장비가 이더넷으로 연결되어 있는 경우, 넥스트 홉 장비의 이더넷 MAC 주소를 이더넷 프레임의 목적지 MAC 주소로 설정한다.

5) 목적지와 연결되는 인터페이스로 패킷(프레임)을 전송한다.

결과적으로 패킷이 출발지에서 목적지까지 가는 동안 라우터를 거칠 때마다 레이어 2 헤더(프레임 헤더)는 계속 변경된다. 그러나, IP 주소를 변환시키는 NAT(Network Address Translation)나 가상 사설망(VPN, Virtual Private Network) 등을 사용하지 않는다면 IP 주소는 변화가 없다. 앞서 설명한 1)에서 5)까지의 과정을 수행하는 것을 라우터의 스위칭(switching) 기능이라고 한다. 라우터의 경로 결정 동작은 주기적 또는 한번만 일어나는 반면, 스위칭은 패킷이 송·수신되는 동안 끊임없이 일어난다. 요즘 사용되는 대부분의 라우터는 라우팅 테이블을 직접 확인하지 않고, 라우팅 테이블을 이용하여 미리 만들어 놓은 캐시 정보만으로 스위칭한다.

라우터의 스위칭 방식은 라우팅 테이블을 참조하느냐 또는 캐시 정보만을 참조하느냐에 따라 프로세스(process) 스위칭, CEF(Cisco Express Forwarding) 등으로 구분한다. 각 스위칭 방식별 동작 특성은 나중에 설명한다. 지금까지 설명한 라우터의 스위칭은 이더넷 스위치의 스위칭과는 동작 방식이 다르다. 이더넷 스위치와 라우터의 스위칭 기능의 차이를 표로 나타내면 다음과 같다.

표 1-1 이더넷 스위치와 라우터의 스위칭 기능 비교

비교 항목	이더넷 스위치	라우터
참조 테이블	MAC 주소 테이블	라우팅 테이블
참조 PDU	이더넷 프레임	IP 패킷
참조 필드	목적지 MAC 주소	목적지 IP 주소
사용 프레임	이더넷	이더넷, 프레임 릴레이, PPP 등
레이어 2 헤더	변동 없음	새로운 헤더로 교체

두 가지 스위칭 방식 모두 수신한 프레임을 목적지와 연결되는 인터페이스로 전송하는 동작은 같다. 그러나, 이 기능을 수행할 때 이더넷 스위치는 MAC 주소 테이블을 참조하고, 라우터는 라우팅 테이블을 참조한다. 또, 이더넷 스위치는 수신한 프레임의 목적지 MAC 주소와 MAC 주소 테이블을 참조하여 출력 인터페이스를 결정하지만 라우터는 목적지 IP 주소와 라우팅 테이블을 참조하여 출력 인터페이스를 결정한다.

이더넷 스위치는 이더넷 프레임만 스위칭시키지만 라우터는 지원 가능한 모든 레이어 2 프레임에 대해서 다 적용된다. 프레임이 이더넷 스위치를 통과해도 프레임 헤더 정보는 변함이 없지만, 라우터를 통과하면 헤더 정보가 변경된다.

지금까지 라우터의 기본적인 기능에 대해서 살펴보았다. 다음에는 라우팅과 관련된 다양한 주제를 직접 확인해 보기 위한 테스트 네트워크를 구성하는 방법에 대해서 알아보자.

테스트 네트워크 구성

네트워크의 구성 형태를 토폴로지(topology)라고 한다. 실제 네트워크는 버스(bus), 링(ring), 스타 (star) 형태 등 다양한 형태의 토폴로지로 구성되어 있다. 라우팅은 토폴로지에 따라서 동작하는 방식이 다른 경우가 있다.

라우팅 테스트를 위해서는 여러 대의 라우터를 이용하여 이와 같은 다양한 토폴로지들을 손쉽게 구성할 수 있어야 한다. 테스트 환경은 실제 라우터를 사용하거나 에뮬레이션(emulation) 프로그램을 사용하여 구성할 수 있다.

실제 라우터를 사용하려면 장비들이 고가일 뿐만 아니라 유지 비용도 만만치 않다. 따라서, GNS3, IOL(IOS on Linux), CML(Cisco Modeling Labs)과 같은 프로그램을 사용하면 편리하게 테스트 환경을 구성할 수 있다.

물리적인 네트워크 구성

본서에서는 인터넷에서 쉽게 구할 수 있는 GNS3을 이용하여 다음 그림과 같은 물리적인 네트워크를 구축하여 사용한다.

그림 1-6 GNS3을 이용한 물리적인 네트워크 환경

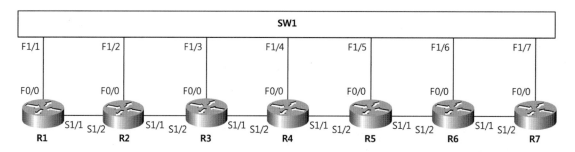

테스트 환경은 6대의 라우터와 1대의 이더넷 스위치로 구성되어 있다. 스위치와 연결되는 라우터의 이더넷 포트 번호는 모두 F0/0이다. 스위치에서 사용한 포트 번호는 라우터 번호와 같다. 즉, 라우터 R1과 연결된 스위치 포트 번호는 F1/1이며, R2와 연결된 스위치 포트 번호는 F1/2, R3과 연결된 스위치 포트 번호는 F1/3이다.

또, 각 라우터를 시리얼 인터페이스로도 연결하였다. 이때, 앞 라우터의 S1/1 포트와 뒤 라우터의 S1/2 포트가 연결된다. 즉, 라우터 R1의 S1/1과 R2의 S1/2가 연결되고, R2의 1/1과 R3의 S1/2가 연결된다.

라우터는 시스코 7200 모델을 사용하였고, IOS 버전은 15.2이다. 스위치는 시스코 3660 모델을 사용하였으며 IOS 버전은 12.4이다. 모델 및 버전이 조금 달라도 이 책을 따라 실습할 때 대부분의 경우 별 문제가 되지 않는다. 그러나, 12장에서 설명할 PfR(Performance Routing) 3은 라우터의 IOS 버전이 15.5 이상이어야 하고, 현재 GNS3에서는 이 버전이 지원되지 않는다. 따라서, 12장은 IOS 버전 15.5가 지원되는 IOL(IOS on Linux)를 사용하여 테스트 네트워크를 구성하였다. IOL을 이용하여 실습하려면 다음과 같이 구성하면 된다.

그림 1-7 IOL를 이용한 테스트 네트워크 구성

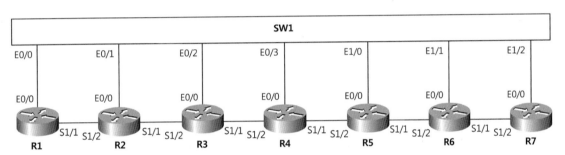

GNS3과의 차이점은 이더넷 포트 이름과 번호이다. 모든 이더넷 포트는 FastEthernet이 아닌 Ethernet 이고, 스위치의 포트 번호는 E0/0-3, E1/0-3이다. 시리얼 인터페이스는 GNS3과 동일하다.

논리적인 네트워크 구성

실제 현업에서 구축된 네트워크와 달리 라우팅을 연습할 때에는 앞서 만든 물리적인 네트워크는 변경하지 않는다.

예를 들어, 다음과 같은 토폴로지를 생각해 보자.

그림 1-8 물리적인 토폴로지

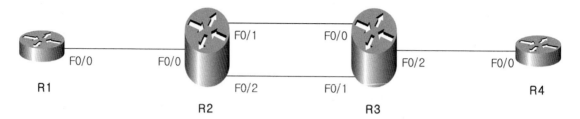

R2, R3의 경우 인터페이스가 3개씩 있어야 하지만, 우리가 앞서 만든 물리적인 네트워크에서는 각 라우터에서 F0/0 포트만 사용하였기 때문에 이와 같은 토폴로지를 만들 수 없다. 뿐만 아니라, 앞으로 연습할 여러 가지 토폴로지 마다 케이블링(cabling) 등 물리적인 구성을 다시 해야 한다면 무지 힘들다.

그러나, 이더넷의 트렁킹(trunking) 기능과 논리적인 인터페이스인 서브 인터페이스(sub-interface)를 사용하면 각 라우터에 F0/0 인터페이스 하나만 있어도 앞의 그림과 같은 토폴로지를 쉽게 만들 수 있다. 즉, 다음 그림과 같이 서브 인터페이스를 사용하면 된다.

그림 1-9 서브 인터페이스를 사용한 논리적인 네트워크

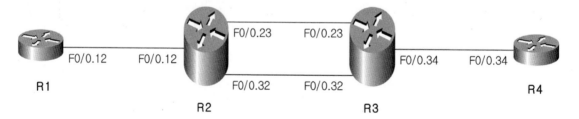

서브 인터페이스는 물리적인 인터페이스 이름 다음에 점(.)을 찍고 적당한 인터페이스 번호를 사용하여 만든다. 본서에서는 인접한 두 라우터의 번호를 사용하여 서브 인터페이스 번호를 정하기로 한다. 예를 들어, R1과 R2 사이의 서브 인터페이스 번호는 F0/0.12이고, R2와 R3 사이의 서브 인터페이스 번호는 F0/0.23이다. 앞의 그림과 같이 두 라우터를 연결하는 서브 인터페이스를 두 개 만들어야 하는 경우, 두 번째는 F0/0.32와 같이 뒤 라우터 번호를 먼저 사용한다. 이처럼 서브 인터페이스를 사용하면 물리적인 구성을 변경하지 않고 자유자재로 토폴로지를 만들 수 있다.

루프백 인터페이스

루프백 인터페이스(loopback interface)란 라우터나 스위치에 설정하는 가상의 인터페이스이다. 루프백 인터페이스를 사용하는 이유는 여러 가지가 있다. 예를 들어, 실제 네트워크에서는 다음 그림과 같이 각 라우터의 이더넷 인터페이스와 스위치를 연결한 후에 PC나 서버 등을 접속한다.

그림 1-10 실제 네트워크의 예

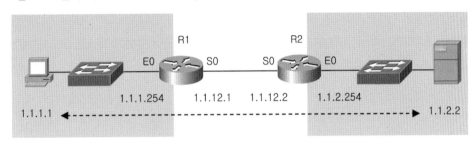

그러나, 라우팅 연습시에는 테스트할 때 마다 라우터의 이더넷 인터페이스와 이더넷 스위치를 연결하려면 귀찮다. 이 경우, 각 라우터에서 이더넷과 같은 물리적인 인터페이스를 사용하는 대신 가상의 인터페이스인 루프백 인터페이스를 만들고, 여기에 할당된 네트워크간에 라우팅을 구현하면 라우팅 연습이 편리하다.

그림 1-11 루프백 인터페이스를 이용한 시뮬레이션 네트워크

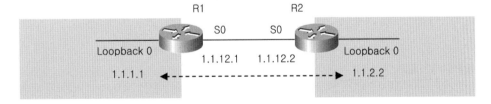

루프백 인터페이스를 사용하면 원하는 만큼 네트워크를 만들 수 있어, 다수개의 네트워크에 대한 라우팅을 구현하는 환경도 쉽게 구성할 수 있다. 루프백 인터페이스는 논리적인 것이어서 튼튼하다. 즉, 장애로 인하여 다운될 수 있는 이더넷, 시리얼 등과 같은 물리적인 인터페이스에 비하여 루프백 인터페이스는 네트워크 관리자가 다운시키거나 라우터가 다운되지 않는 한 동작한다.

루프백 인터페이스는 나중에 공부할 동적인 라우팅 프로토콜인 OSPF, BGP 등에서 라우터 ID로

사용된다. 루프백 인터페이스는 **interface loopback** 명령어를 사용하여 만드는 순간 자동으로 활성화된다. 따라서, 별도로 **no shutdown** 명령어를 사용할 필요가 없다. 루프백 인터페이스를 제거하려면 **no interface loopback** 명령어를 사용하면 된다.

라우팅을 위한 네트워크 구성 절차

본서에서는 라우팅을 위한 다양한 형태의 네트워크를 구성한다. 실제 네트워크에서는 통신 장비간의 연결을 위하여 이더넷, 시리얼, ATM, POS 등 다양한 라우터 인터페이스가 사용된다. 그러나, 우리는 편의상 라우터의 이더넷 인터페이스와 스위치의 트렁킹 기능을 사용하여 테스트 네트워크를 구성한다. 테스트 네트워크를 구성할 때, 각 네트워크의 토폴로지는 다르지만 설정하는 순서는 항상 다음과 같다.

1) 스위치에서 VLAN과 트렁킹 설정
라우터에서 서브 인터페이스를 사용하려면 스위치에서도 필요한 VLAN을 만들고, 라우터와 연결되는 포트에 트렁킹을 설정해야 한다.

2) 라우터 서브 인터페이스 설정 및 IP 주소 할당
각 라우터에서 서브 인터페이스를 만들고, VLAN 번호 및 IP 주소를 할당한다.

3) 넥스트 홉(next hop) IP 주소까지의 통신 확인
IP 주소 할당이 끝나면, 인터페이스의 상태를 확인하고, 인접한 넥스트 홉 IP 주소까지의 통신을 핑으로 확인한다.

4) 라우팅 프로토콜 설정
넥스트 홉 IP 주소까지 통신이 되면 토폴로지에 따라 라우팅 프로토콜을 설정한다.

5) 원격 네트워크까지의 통신 확인
라우팅 프로토콜 설정이 끝나면 라우팅 테이블을 확인하고, 원격 네트워크까지 통신이 되는지 확인한다.

이제, 앞서 설명한 절차에 따라 다음과 같은 토폴로지를 만들고 라우팅을 설정하여 전체 망에서 서로 통신이 되도록 해보자. 예를 들어, R1의 Lo0 인터페이스에 설정된 IP 주소 1.1.1.1이 본사 내부의 서버 주소이고 R4의 1.1.4.4가 지사의 PC 주소라고 가정 한다. 우리의 목적은 각 라우터를 설정하여 지사의 PC와 본사의 서버가 서로 통신이 되게 하는 것이다.

그림 1-12 테스트를 위한 논리적인 토폴로지

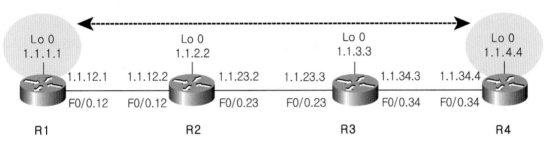

별도의 언급이 없으면 본서에서 사용하는 IP 주소의 서브넷 마스크(subnet mask)는 24비트로 설정한다. 또, 서브 인터페이스 번호, 서브넷 번호 및 스위치의 VLAN 번호를 모두 동일하게 사용한다. 앞의 그림에서 R1, R2를 연결하는 서브 인터페이스 번호가 F0/0.12이며, 서브넷 번호는 1.1.12.0/24이고, 스위치의 VLAN 번호는 12이다.

IP 주소의 호스트 번호는 라우터 번호와 동일하다. 따라서, R1의 F0/0.12 인터페이스에 부여한 IP 주소는 1.1.12.1/24이다. 테스트를 위하여 모든 라우터에서 루프백 0 인터페이스를 만들고 IP 주소 1.1.X.X/24를 부여한다. 이때 X는 라우터 번호이다. 예를 들어, R1의 루프백 0 주소는 1.1.1.1/24이고, R2는 1.1.2.2/24이다. 다음부터는 IP 주소를 표시할 때 아래 그림의 1.1.12.0과 같이 두 라우터 사이에서 사용하는 네트워크를 표시하고, 각 라우터에는 호스트 번호만 표시하거나 또는 생략한다.

그림 1-13 IP 주소 표시

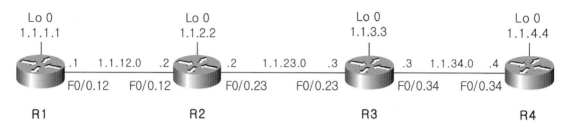

이제, 그림과 같이 네트워크를 구축해 보자.

스위치 설정

먼저 각 라우터를 연결하는 이더넷 스위치에서 VLAN을 만들고 트렁킹을 설정한다. 현재 우리가
사용하는 네트워크의 물리적인 구성은 다음과 같다.

그림 1-14 물리적인 네트워크 구성

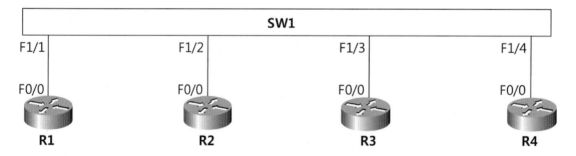

우리가 원하는 토폴로지를 만들기 위하여 다음 그림과 같이 스위치에서 VLAN과 트렁킹을 설정하고,
라우터에서 서브 인터페이스를 만들어 VLAN과 IP 주소를 부여한다.

그림 1-15 VLAN, 트렁킹, 서브 인터페이스 만들기

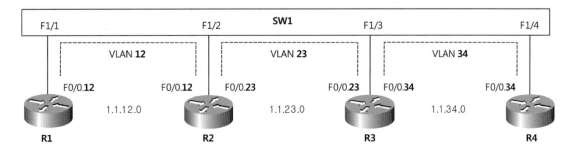

이때, 앞의 그림과 같이 스위치의 VLAN 번호, 라우터의 서브 인터페이스 번호 및 서브넷 번호를 동일하게 부여하면 헷갈리지 않고 좋다. 결과적으로 다음 그림과 같이 우리가 원하는 토폴로지가 만들어진다.

그림 1-16 목표 토폴로지

이를 위하여 스위치에서 다음과 같이 설정한다.

예제 1-1 스위치의 설정

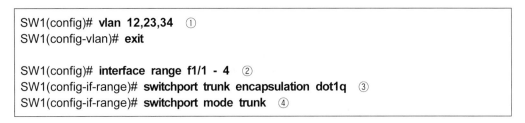

```
SW1(config)# vlan 12,23,34    ①
SW1(config-vlan)# exit

SW1(config)# interface range f1/1 - 4    ②
SW1(config-if-range)# switchport trunk encapsulation dot1q    ③
SW1(config-if-range)# switchport mode trunk    ④
```

① 필요한 VLAN 12, 23 및 34를 만든다.

② R1~R4와 연결되는 포트 F1/1~F1/4를 동시에 설정하는 모드로 들어간다.

③ 트렁킹 프로토콜을 802.1Q로 지정한다.

④ 4개의 포트를 트렁크로 동작시킨다.

만약, IOL을 사용한다면 다음과 같이 포트의 이름만 다르게 설정한다.

예제 1-2 IOL 스위치의 설정

```
SW1(config)# vlan 12,23,34
SW1(config-vlan)# exit

SW1(config)# int range e0/0-3
SW1(config-if-range)# switchport trunk encap dot1q
SW1(config-if-range)# switchport mode trunk
SW1(config-if-range)# no shut
```

스위치의 설정은 이처럼 간단하다.

라우터 인터페이스 활성화 및 IP 주소 할당

이번에는 라우터에서 인터페이스 활성화시키고, 서브 인터페이스를 만들어 IP 주소를 할당한다. 라우터 R1에서 다음과 같이 설정한다.

예제 1-3 R1의 설정

```
R1(config)# int lo0      ①
R1(config-if)# ip address 1.1.1.1 255.255.255.0
R1(config-if)# exit

R1(config)# int f0/0     ②
R1(config-if)# no shut
R1(config-if)# exit

R1(config)# int f0/0.12      ③
R1(config-subif)# encapsulation dot1q 12      ④
R1(config-subif)# ip address 1.1.12.1 255.255.255.0      ⑤
```

① 루프백 인터페이스를 만들고 IP 주소를 부여한다. 루프백 인터페이스는 자동으로 활성화되므로 no shutdown 명령어를 사용하여 별도로 활성화시키지 않아도 된다.

② 스위치와 연결되는 주 인터페이스를 활성화시킨다. 기본적으로 라우터의 모든 물리적인 인터페이스는

비활성화되어 있다.

③ 적당한 번호를 사용하여 서브 인터페이스 설정 모드로 들어간다. 루프백 인터페이스와 마찬가지로 서브 인터페이스도 자동으로 활성화된다.

④ 스위치에서 설정한 것과 동일한 방식의 트렁킹 종류와 VLAN 번호를 지정한다.

⑤ 서브 인터페이스에 IP 주소를 부여한다.

IOL을 사용한다면 인터페이스 이름을 F0/0 대신 E0/0으로 하면 된다.

나머지 라우터의 설정도 R1과 유사하다. R2에서 다음과 같이 설정한다.

예제 1-4 R2의 설정

```
R2(config)# int lo0
R2(config-if)# ip address 1.1.2.2 255.255.255.0

R2(config-if)# int f0/0
R2(config-if)# no shut

R2(config-if)# int f0/0.12
R2(config-subif)# encap dot1q 12
R2(config-subif)# ip address 1.1.12.2 255.255.255.0

R2(config-subif)# int f0/0.23
R2(config-subif)# encap dot1q 23
R2(config-subif)# ip address 1.1.23.2 255.255.255.0
```

R3에서 다음과 같이 설정한다.

예제 1-5 R3의 설정

```
R3(config)# int lo0
R3(config-if)# ip address 1.1.3.3 255.255.255.0

R3(config-if)# int f0/0
R3(config-if)# no shut

R3(config-if)# int f0/0.23
R3(config-subif)# encap dot1q 23
```

```
R3(config-subif)# ip address 1.1.23.3 255.255.255.0

R3(config-subif)# int f0/0.34
R3(config-subif)# encap dot1q 34
R3(config-subif)# ip address 1.1.34.3 255.255.255.0
```

R4에서 다음과 같이 설정한다.

예제 1-6 R4의 설정

```
R4(config)# int lo0
R4(config-if)# ip address 1.1.4.4 255.255.255.0

R4(config-if)# int f0/0
R4(config-if)# no shut

R4(config-if)# int f0/0.34
R4(config-subif)# encap dot1q 34
R4(config-subif)# ip address 1.1.34.4 255.255.255.0
```

이상으로 라우터에서 각 인터페이스를 활성화시키고, IP 주소를 설정하였다.

인접 라우터와의 통신 확인

설정이 끝나면 show ip interface brief 명령어를 이용하여 인터페이스 설정 내용과 동작 상태를
확인한다. 예를 들어, R1에서의 확인 결과는 다음과 같다.

예제 1-7 인터페이스 설정 내용과 동작 상태 확인

```
R1# show ip interface brief
Interface            IP-Address      OK?   Method  Status        Protocol
FastEthernet0/0      unassigned      YES   unset   up            up
FastEthernet0/0.12   1.1.12.1        YES   manual  up            up
     (생략)

Loopback0            1.1.1.1         YES   manual  up            up
```

IP 주소가 맞게 설정되었는지 확인하고, 상태(Status)와 프로토콜(Protocol)이 모두 'up'으로 되어 있는지 확인한다. 상태는 물리 계층의 동작 상태를 의미하고, 프로토콜은 링크 계층을 나타낸다. 만약, 라우터에서 F0/0 인터페이스를 활성화시키지 않았다면 다음과 같은 결과가 나타날 것이다.

예제 1-8 F0/0 인터페이스를 활성화시키지 않았을 때의 결과

```
R1# show ip interface brief
Interface              IP-Address       OK?    Method   Status                    Protocol
FastEthernet0/0        unassigned       YES    unset    administratively down     down
FastEthernet0/0.12     1.1.12.1         YES    manual   administratively down     down
```

이때는 F0/0 설정모드로 들어가서 **no shut** 명령어를 사용하여 인터페이스를 활성화시키면 된다. 각 라우터의 인터페이스가 정상적이면, 넥스트 홉 IP 주소까지의 통신 가능 여부를 핑(ping)으로 확인한다. 아직 라우팅 설정을 하지 않았으므로 각 라우터에서 넥스트 홉 IP 주소까지만 핑이 된다.

그림 1-17 넥스트 홉 IP 주소까지 핑이 되어야 한다

R1에서 R2까지 통신이 되는지 다음과 같이 핑으로 확인한다.

예제 1-9 인접 라우터와의 통신 확인

```
R1# ping 1.1.12.2
Type escape sequence to abort.
Sending 5, 100-byte ICMP Echos to 1.1.12.2, timeout is 2 seconds:
.!!!!
Success rate is 80 percent (4/5), round-trip min/avg/max = 16/20/24 ms
```

동일한 방법으로 각 라우터에서 **show ip interface brief** 명령어를 사용하여 인터페이스의 설정 및 동작 상태를 확인하고 인접한 IP 주소까지의 통신을 핑으로 확인한다. 만약, **show ip interface** brief 명령어 사용 결과는 정상이지만 인접한 IP 주소까지 통신이 되지 않으면 다음과 같이 확인한다.

• show run 명령어나 show run | section interface 명령어를 사용하여 현재 라우터의 인터페이스 설정이 정확한지 확인한다.

• 현재 라우터의 설정에 문제가 없으면 인접한 라우터에서 동일하게 확인한다.

• 인접 라우터에서도 문제가 없으면 스위치에서 show vlan-switch brief 명령어를 사용하여 필요한 VLAN이 모두 있는지 확인한다. IOL을 사용하고 있다면 show vlan brief 명령어를 사용한다.

예제 1-10 스위치의 VLAN 확인

```
SW1# show vlan-switch brief

VLAN Name                             Status    Ports
-------- ------------------------------------- --------- ----------------------------
        (생략)
12    VLAN0012                        active
23    VLAN0023                        active
34    VLAN0034                        active
```

• VLAN도 이상이 없으면 다음과 같이 show interface trunk 명령어를 사용하여 라우터와 연결된 4개의 포트가 모두 트렁크로 동작하는지 확인한다.

예제 1-11 스위치의 트렁크 확인

```
SW1# show interface trunk

Port      Mode       Encapsulation   Status      Native vlan
Fa1/1     on         802.1q          trunking    1
Fa1/2     on         802.1q          trunking    1
Fa1/3     on         802.1q          trunking    1
Fa1/4     on         802.1q          trunking    1
```

이상으로 인접 라우터와의 통신을 확인하였다.

라우팅 프로토콜 설정

넥스트 홉 IP 주소까지 통신이 되면 토폴로지에 따라 라우팅 프로토콜(routing protocol)을 설정한다. 라우팅 프로토콜이란 목적지 네트워크로 가는 경로를 알아내기 위해 사용되는 프로토콜이다. 아직 라우팅 프로토콜에 대해서 설명하지 않았으므로 다음과 같이 EIGRP라는 라우팅 프로토콜을 따라서 설정하기만 한다.

예제 1-12 라우팅 프로토콜 설정

```
R1(config)# router eigrp 1
R1(config-router)# network 0.0.0.0
```

모든 라우터에서 동일하게 설정한다.

원격 네트워크까지의 통신 확인

라우팅 프로토콜 설정이 끝나면 라우팅 테이블(routing table)을 확인하고, 원격 네트워크까지 통신이 되는지 확인한다.

라우팅 테이블은 라우터가 알고 있는 목적지 네트워크 및 그 네트워크와 연결되는 인터페이스, 넥스트 홉 IP 주소 정보가 저장되어 있는 데이터베이스이다. 라우팅 테이블에 대한 내용은 점차 자세히 설명하기로 한다.

다음과 같이 R1에서 **show ip route** 명령어를 사용하여 라우팅 테이블을 확인한다.

예제 1-13 R1의 라우팅 테이블

```
R1# show ip route
Codes: L - local, C - connected, S - static, R - RIP, M - mobile, B - BGP
       D - EIGRP, EX - EIGRP external, O - OSPF, IA - OSPF inter area
       N1 - OSPF NSSA external type 1, N2 - OSPF NSSA external type 2
       E1 - OSPF external type 1, E2 - OSPF external type 2
       i - IS-IS, su - IS-IS summary, L1 - IS-IS level-1, L2 - IS-IS level-2
       ia - IS-IS inter area, * - candidate default, U - per-user static route
       o - ODR, P - periodic downloaded static route, H - NHRP, I - LISP
       + - replicated route, % - next hop override
```

```
Gateway of last resort is not set

       1.0.0.0/8 is variably subnetted, 9 subnets, 2 masks
C         1.1.1.0/24 is directly connected, Loopback0
L         1.1.1.1/32 is directly connected, Loopback0
D         1.1.2.0/24 [90/156160] via 1.1.12.2, 00:03:56, FastEthernet0/0.12
D         1.1.3.0/24 [90/158720] via 1.1.12.2, 00:03:51, FastEthernet0/0.12
D         1.1.4.0/24 [90/161280] via 1.1.12.2, 00:03:46, FastEthernet0/0.12
C         1.1.12.0/24 is directly connected, FastEthernet0/0.12
L         1.1.12.1/32 is directly connected, FastEthernet0/0.12
D         1.1.23.0/24 [90/30720] via 1.1.12.2, 00:03:56, FastEthernet0/0.12
D         1.1.34.0/24 [90/33280] via 1.1.12.2, 00:03:51, FastEthernet0/0.12
```

예를 들어, R1에서 R4에 접속된 1.1.4.0 네트워크로 가려면 F0/0.12 인터페이스를 통해서 넥스트홉 IP 주소가 1.1.12.2인 장비로 전송하면 된다는 것을 알려 준다. R1에서 출발지 IP 주소가 1.1.1.1이고, 목적지가 1.1.4.4인 핑을 해보자.

예제 1-14 R4와 통신 확인하기

```
R1# ping 1.1.4.4 source 1.1.1.1
Type escape sequence to abort.
Sending 5, 100-byte ICMP Echos to 1.1.4.4, timeout is 2 seconds:
Packet sent with a source address of 1.1.1.1
!!!!!
Success rate is 100 percent (5/5), round-trip min/avg/max = 40/42/48 ms
```

핑이 성공했다. 이는 IP 주소가 각각 1.1.1.1과 1.1.4.4인 본사의 서버와 지사의 PC가 지금까지 구축한 네트워크를 통하여 서로 통신이 된다는 의미이다. 이상과 같이 테스트 네트워크를 구축해 보았다.

라우팅 프로토콜의 종류

라우팅 프로토콜의 종류는 기준에 따라 다음과 같이 분류한다.

• 다른 라우터에게 보내는 라우팅 광고(routing advertisement 또는 routing update)의 내용에 따라 디스턴스 벡터(distance vector) 라우팅 프로토콜과 링크 상태(link state) 라우팅 프로토콜로 분류한다.

• 라우팅 광고에 서브넷 마스크 정보 포함 여부에 따라 클래스풀(classful) 라우팅 프로토콜과 클래스리스(classless) 라우팅 프로토콜로 분류한다.

• 동일한 조직(AS, Autonomous System) 내부에서 사용되는 IGP(Interior Gateway Protocol)와 서로 다른 조직간에 사용되는 EGP(Exterior Gateway Protocol)로 분류한다.

디스턴스 벡터 라우팅 프로토콜

디스턴스 벡터(distance vector) 라우팅 프로토콜은 라우팅 정보 전송시 목적지 네트워크와 해당 목적지 네트워크 까지의 메트릭(metric) 값을 알려준다. 메트릭이란 최적 경로 선택 기준을 말하며 라우팅 프로토콜별로 사용하는 메트릭이 다르다.

대표적인 디스턴스 벡터 라우팅 프로토콜로 RIP, EIGRP 및 BGP가 있다. 이 프로토콜들은 인접 라우터에게 라우팅 정보를 전송할 때, 자신을 통하면 특정 네트워크로 가는 메트릭 값이 얼마라는 것을 알려준다.

그림 1-18 메트릭 값의 변화

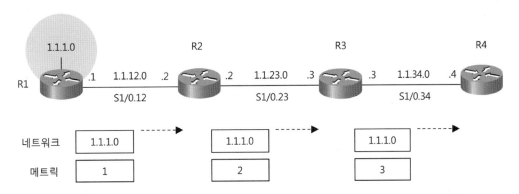

이처럼 디스턴스 벡터 라우팅 프로토콜들은 자신이 알게 된 목적지 네트워크와 메트릭을 인접 라우터에게 알려준다. 따라서, 디스턴스 벡터 라우팅 프로토콜들은 전체 네트워크의 토폴로지는 알지 못한다. 다만, '어떤 라우터를 통하면 목적지 네트워크까지의 메트릭이 얼마이다'라는 것만 알고 있다. 이처럼 디스턴스 벡터 라우팅 프로토콜들은 인접 라우터가 알려준 메트릭 값에 따라 라우팅 테이블을 만든다. 따라서, 디스턴스 벡터 라우팅 프로토콜의 동작 방식을 '소문에 의한 라우팅(routing by rumor)'이라고도 한다.

스플릿 호라이즌

모든 디스턴스 벡터 라우팅 프로토콜에는 스플릿 호라이즌(split horizon)과 자동 축약 (auto-summary)이라는 규칙이 적용된다. 스플릿 호라이즌이란 '광고를 수신한 인터페이스로 동일한 광고를 전송하지 않는다'라는 규칙이다. 다음 그림에서 R4가 S1/0.34 인터페이스를 통하여 '1.1.1.0 네트워크에 대한 메트릭이 3이다'라는 광고를 수신한다. 그러나, R4는 이 광고를 수신한 인터페이스인 S1/0.34로는 동일한 네트워크에 대한 광고를 거꾸로 하지 않는다.

그림 1-19 스플릿 호라이즌의 예

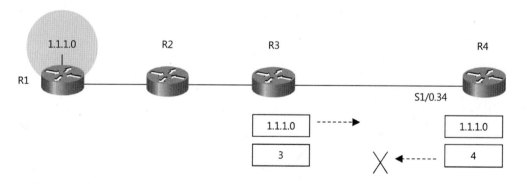

이것은 당연한 내용 같지만 경우에 따라서는 광고를 수신한 인터페이스로 동일한 네트워크에 대한 광고를 전송해야 하는 경우도 있다.

다음 그림에서 R2가 S1/0 인터페이스를 통하여 R1로부터 1.1.1.0 네트워크에 대한 라우팅 정보를 수신한다. 이 경우에는 R2가 스플릿 호라이즌 규칙을 무시하고 1.1.1.0 네트워크에 대한 라우팅 정보를 S1/0 인터페이스를 통하여 R3에게 전송해야 한다. 그렇지 않으면 R3에 1.1.1.0 네트워크에 대한 정보가 없어 패킷을 라우팅시킬 수 없다.

그림 1-20 스플릿 호라이즌을 적용하지 않아야 하는 경우

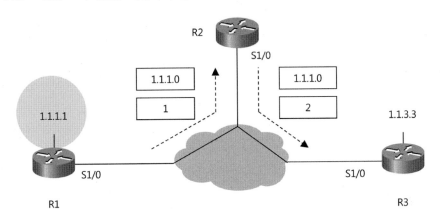

디스턴스 벡터 라우팅 프로토콜의 스플릿 호라이즌 규칙에 대해서는 각 라우팅 프로토콜을 공부할
때 상세히 설명한다.

자동 축약

디스턴스 벡터 라우팅 프로토콜이 가지는 또 다른 특징은 자동 축약(auto-summary)이다. 자동
축약이란 '주 네트워크 경계에서는 주 네트워크만 광고한다'는 것을 의미한다. 주 네트워크(major
network)란 서브넷팅을 하지 않았을 때의 네트워크를 의미한다. 주 네트워크 경계(boundary)는
라우팅 정보에 포함된 네트워크의 주 네트워크와 라우팅 정보가 전송되는 인터페이스의 주 네트워크가
다른 지점을 의미한다.

다음 그림과 같이 R1에 IP 주소 2.2.1.1/24를 설정한 다음 RIP을 통하여 다른 라우터로 광고하는
경우를 가정해 보자. 2.2.1.0/24의 주 네트워크는 2.0.0.0/8이다. R1이 라우팅 정보를 전송하는 인터페
이스인 S1/0.12의 IP 주소는 1.1.12.1/24이고 주 네트워크는 1.0.0.0/8이다.

라우팅 정보에 포함된 네트워크(2.2.1.0)와 이를 전송시키는 인터페이스(1.1.12.1)의 주 네트워크가
서로 다르다. 따라서 R1의 S1/0.12 인터페이스는 2.2.1.0/24 네트워크에 대한 주 네트워크 경계이다.

그림 1-21 주 네트워크 경계

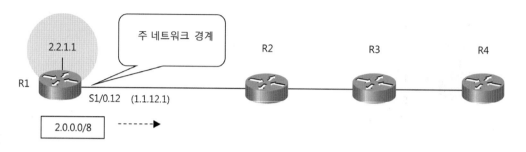

이처럼 라우팅 정보에 포함된 네트워크가 주 네트워크 경계를 만나면 서브넷팅 되지 않은 네트워크 즉, 주 네트워크 주소만 전송하며, 이것을 자동 축약이라고 한다.

링크 상태 라우팅 프로토콜

앞서 살펴본 디스턴스 벡터 라우팅 프로토콜은 라우팅 정보 전송시 목적지 네트워크와 해당 목적지 네트워크까지의 메트릭(metric) 정보를 알려준다. 그러나, 링크 상태(link state) 라우팅 프로토콜은 추가적으로 특정 네트워크가 접속되어 있는 라우터 정보(ID), 그 라우터와 인접한 라우터 정보 등을 광고한다.

결과적으로 링크 상태 라우팅 프로토콜은 다른 라우터들이 전체 네트워크 구성도를 그릴 때 필요한 모든 정보를 알려준다. 링크 상태 라우팅 프로토콜은 OSPF와 IS-IS가 있다. 예를 들어, 앞의 네트워크에서 링크 상태 프로토콜인 OSPF를 사용하는 경우를 생각해 보자. R1은 자신에게 접속된 1.1.1.0 네트워크에 대한 라우팅 정보를 다음과 같은 방식으로 광고한다.

R1이 R2에게 '1.1.1.0 네트워크는 R1에 접속되어 있고, 메트릭 값이 1이며, R1과 인접한 라우터는 R2이다'라고 알려준다.

이 광고를 수신한 R2는 R3에게 '1.1.1.0 네트워크는 R1에 접속되어 있고, 메트릭 값이 1이며, R1과 인접한 라우터는 R2이다'라고 동일하게 광고한다.

이어서 R3도 R4에게 '1.1.1.0 네트워크는 R1에 접속되어 있고, 메트릭 값이 1이며, R1과 인접한 라우터는 R2이다'라고 알린다.

그림 1-22 링크 상태 라우팅 프로토콜이 라우팅 정보를 전달하는 방법

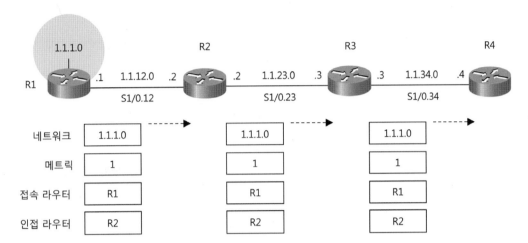

이처럼 링크 상태 라우팅 프로토콜들은 다른 라우터가 전체 네트워크 구성도를 그리기 위하여 필요한 모든 정보를 알려준다. 결과적으로 링크 상태 라우팅 프로토콜들은 전체 네트워크의 토폴로지를 알고, 각 라우터의 입장에서 목적지 네트워크까지의 최적 경로를 계산한다.

디스턴스 벡터 라우팅 프로토콜들은 전체 네트워크 구성은 알지 못하고, 어디로 가면 메트릭이 얼마라는 것만 알고 있다. 따라서, 디스턴스 벡터 라우팅 프로토콜을 '이정표를 보면서 등산을 하는 것'에 비유하기도 한다. 그러나, 링크 상태 라우팅 프로토콜들은 전체 네트워크 구성도를 모두 알고 있으므로 '지도를 보면서 등산을 하는 것'에 비유한다.

클래스풀 라우팅 프로토콜

라우팅 정보 광고내에 서브넷 마스크 정보가 없는 라우팅 프로토콜을 클래스풀(classful) 라우팅 프로토콜이라고 한다. 클래스풀 라우팅 프로토콜은 서브넷 마스크 개념이 없던 시절에 개발된 것들이며 RIP1과 IGRP가 여기에 해당한다. 라우팅 정보 전송시 서브넷 마스크 정보를 같이 보낼 수 없으므로 클래스풀 라우팅 프로토콜에서 서브넷 마스크를 사용할 때는 몇 가지 제약사항이 있다. 요즈음에는 클래스풀 라우팅 프로토콜을 사용하지 않는다.

클래스리스 라우팅 프로토콜

클래스리스(classless) 라우팅 프로토콜은 라우팅 정보 광고시 서브넷 마스크 정보도 포함시킨다. RIP2, EIGRP, OSPF, IS-IS, BGP 등 요즈음 사용되는 모든 라우팅 프로토콜이 여기에 해당된다.

IGP와 EGP

동일 조직에 의한 라우팅 정책이 적용되는 네트워크를 하나의 AS(Autonomous System)이라고 한다. 동일 AS 내부에서 사용되는 라우팅 프로토콜을 IGP(Interior Gateway Protocol), 서로 다른 AS간에 사용되는 것을 EGP(Exterior Gateway Protocol)라고 한다. RIP, EIGRP, OSPF, IS-IS가 IGP이며 BGP가 EGP이다.

경로 결정 방법과 라우팅 테이블

다수개의 라우팅 프로토콜이 설정된 라우터에서 특정 목적지로 가는 경로는 다음과 같은 기준과 절차에 의해서 결정된다.

1) 동일 라우팅 프로토콜내에서 특정 목적지로 가는 경로가 다수개 있을 때 메트릭(metric)이 가장 낮은 것을 선택한다.

2) 다수개의 라우팅 프로토콜이 동일한 네트워크 정보를 광고할 때는 AD 값이 낮은 라우팅 프로토콜이 계산한 경로가 라우팅 테이블에 설치된다. AD(administrative distance)란 각 라우팅 프로토콜의 우선순위 값이다.

3) 일단 라우팅 테이블에 저장된 다음에는 패킷 전송시 패킷의 목적지 주소와 라우팅 테이블에 있는 네트워크 주소의 서브넷 마스크 길이가 가장 길게 일치되는 경로를 선택한다. 이것을 롱기스트 매치 룰(longest match rule)이라고 한다.

메트릭

라우팅 프로토콜들이 최적 경로를 선택하는 기준을 메트릭(metric)이라고 한다. 메트릭은 다음 표와 같이 라우팅 프로토콜마다 서로 다르다.

표 1-2 라우팅 프로토콜별로 사용하는 메트릭

라우팅 프로토콜	메트릭
RIP	홉 카운트
EIGRP	속도, 지연, 신뢰도, 부하, MTU
OSPF	코스트(속도)
BGP	속성(attribute)

표에서 보는 것처럼 RIP은 홉 카운트(hop count)를 메트릭으로 사용한다. 목적지 네트워크에 도달할 때까지 거쳐야 하는 라우터의 수를 홉 카운트라고 한다. 따라서, RIP은 목적지 네트워크에 도달할 때까지 거치는 라우터의 수가 적은 경로를 최적 경로로 선택한다.

EIGRP는 속도와 지연(delay) 값을 사용하여 메트릭을 계산한다. 결과적으로 속도가 빠른 경로와 지연값이 작은 경로를 최적 경로로 선택한다. OSPF는 코스트(cost)를 메트릭으로 사용한다. 코스트는 속도가 빠를 수록 그 값이 적다. 따라서, OSPF는 목적지 네트워크까지의 속도가 빠른 경로를 최적 경로로 선택한다. BGP는 어트리뷰트(attribute)라고 하는 여러 가지의 속성을 사용하여 최적 경로를 결정한다.

라우팅 프로토콜간의 우선 순위

라우팅 프로토콜간의 우선 순위를 수치로 표시한 것을 AD(administrative distance)라고 한다. 하나의 라우터에서 동시에 2가지 이상의 라우팅 프로토콜을 사용하면 AD 값이 낮은 라우팅 프로토콜이 계산한 경로가 라우팅 테이블에 저장된다.

표 1-3 라우팅 프로토콜별 AD 값

라우팅 프로토콜에 따른 경로의 종류	AD
직접 접속된 네트워크	0
로컬 인터페이스를 사용한 정적 경로	0
넥스트 홉 IP 주소를 사용한 정적 경로	1
EIGRP 축약 경로(summary route)	5
외부 BGP	20
내부 EIGRP	90
OSPF	110
IS-IS	115
RIP	120
외부 EIGRP	170
내부 BGP	200

다수개의 라우팅 프로토콜이 동일한 네트워크 정보를 광고할 때 AD 값이 낮은 라우팅 프로토콜이 계산한 경로가 라우팅 테이블에 설치된다.

라우팅 테이블

라우팅 테이블(routing table)이란 라우터가 목적지 네트워크별 출력 인터페이스와 넥스트 홉 IP 주소를 저장해 놓은 데이터 베이스를 말한다. 예를 들어, 다음과 같은 라우팅 테이블을 보자.

예제 1-15 라우팅 테이블

```
R1# show ip route
Codes: L - local, C - connected, S - static, R - RIP, M - mobile, B - BGP
 ①    D - EIGRP, EX - EIGRP external, O - OSPF, IA - OSPF inter area
      N1 - OSPF NSSA external type 1, N2 - OSPF NSSA external type 2
      E1 - OSPF external type 1, E2 - OSPF external type 2
      i - IS-IS, su - IS-IS summary, L1 - IS-IS level-1, L2 - IS-IS level-2
      ia - IS-IS inter area, * - candidate default, U - per-user static route
      o - ODR, P - periodic downloaded static route, H - NHRP, I - LISP
      + - replicated route, % - next hop override

Gateway of last resort is not set   ②


      1.0.0.0/8 is variably subnetted, 8 subnets, 2 masks   ③
C        1.1.1.0/24 is directly connected, Loopback0   ④
L        1.1.1.1/32 is directly connected, Loopback0   ⑤
⑥       ⑦  ⑧  ⑨  ⑩         ⑪       ⑫              ⑬
D        1.1.2.0/24 [90/156160] via 1.1.21.2, 01:12:26, FastEthernet0/0.21   ⑭
                    [90/156160] via 1.1.12.2, 01:12:26, FastEthernet0/0.12   ⑭
C        1.1.12.0/24 is directly connected, FastEthernet0/0.12
L        1.1.12.1/32 is directly connected, FastEthernet0/0.12
C        1.1.21.0/24 is directly connected, FastEthernet0/0.21
L        1.1.21.1/32 is directly connected, FastEthernet0/0.21
D        1.1.23.0/24 [90/30720] via 1.1.21.2, 01:12:27, FastEthernet0/0.21
                     [90/30720] via 1.1.12.2, 01:12:27, FastEthernet0/0.12
      2.0.0.0/24 is subnetted, 1 subnets   ⑮
D        2.2.2.0 [90/156160] via 1.1.21.2, 00:41:51, FastEthernet0/0.21
                 [90/156160] via 1.1.12.2, 00:41:51, FastEthernet0/0.12
      3.0.0.0/8 is variably subnetted, 2 subnets, 2 masks
C        3.3.1.0/24 is directly connected, Loopback3
L        3.3.1.1/32 is directly connected, Loopback3
```

① 라우팅 테이블에 저장된 네트워크의 종류를 표시하는 코드이다.

② 디폴트 게이트웨이(default gateway)가 설정되지 않았음을 표시한다.

③ 1.0.0.0 네트워크가 서브넷팅 되어 있으며, 서브넷의 수량은 8개이고, 서브넷 마스크 길이는 2종류가 있다. 이처럼 서브넷팅 된 네트워크를 가지고 있는 메이저 네트워크(major network)를 패어런트 루트(parent route)라고 하고, 서브넷팅 된 네트워크를 차일드 루트(child route)라고 한다. 즉, 1.0.0.0/8은 패어런트 루트이고, 1.1.1.0/24, 1.1.1.1/32, 1.1.2.0/24 등은 차일드 루트이다.

④ 'C'(connected)는 현재의 라우터에 직접 접속되어 있는 네트워크를 나타낸다.

⑤ 'L'(local)은 현재의 라우터 인터페이스에 설정된 주소를 나타낸다.

⑥ 목적지 네트워크를 광고받은 라우팅 프로토콜을 표시한다. 즉, 1.1.1.0/24 네트워크는 EIGRP를 통하여 광고 받았음을 의미한다.

⑦ 목적지 네트워크를 의미한다.

⑧ 목적지 네트워크의 서브넷 마스크 길이를 표시한다.

⑨ 목적지 네트워크의 AD 값을 표시한다.

⑩ 목적지 네트워크의 메트릭 값을 표시한다.

⑪ 목적지 네트워크로 가는 넥스트 홉 IP 주소를 표시한다.

⑫ 목적지 네트워크에 대한 라우팅 정보를 최종적으로 수신한 후 경과한 시간을 의미한다.

⑬ 목적지 네트워크로 가는 인터페이스를 표시한다. ⑪과 ⑬은 의미는 다르지만 역할은 같다. 즉, 목적지 네트워크로 가는 출구를 알려준다.

⑭ 특정 목적지 네트워크에 대해서 출력 인터페이스(또는 넥스트 홉 IP 주소)가 두 개 이상 설정되어 있으면 해당 네트워크로 가는 경로가 여러 개 있고, 트래픽의 부하가 분산됨을 의미한다.

⑮ 2.0.0.0/8 네트워크가 모두 /24로 서브넷팅 되어 있음을 의미한다.

롱기스트 매치 룰

라우터가 패킷을 라우팅 시킬 때 패킷의 목적지 주소와 라우팅 테이블의 목적지 주소가 일치하는 부분이 가장 긴 곳으로 전송하는데 이것을 롱기스트 매치 룰(longest match rule)이라고 한다. 다음과 같은 라우팅 테이블을 가진 라우터에서 이 규칙을 확인해 보자.

그림 1-23 롱기스트 매치 룰의 적용 예

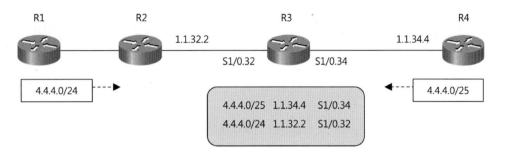

만약 R3에서 4.4.4.1로 핑을 하면 어디로 라우팅 될까? 목적지 IP 주소인 4.4.4.1은 4.4.4.0/24 네트워크와 일치하는 비트가 24개이며, 4.4.4.0/25와는 25개의 비트가 일치한다. 따라서, 롱기스트 매치 룰에 의해서 더 길게 일치하는 4.4.4.0/25 네트워크가 있는 R4로 라우팅 된다.

이처럼 특정 패킷을 라우팅 시키기 위하여 동일 라우팅 프로토콜 내에서 메트릭 경쟁을 하고, 서로 다른 라우팅 프로토콜 간에 AD 경쟁을 거쳐 목적지 네트워크가 라우팅 테이블에 저장된 다음, 최종적으로 롱기스트 매치 룰을 적용한다.

라우팅 네트워크의 종류

라우팅 프로토콜들이 라우팅 정보를 광고할 때 브로드캐스트, 멀티캐스트 또는 유니캐스트 방식을 사용한다. 브로드캐스트(broadcast)란 목적지 주소가 255.255.255.255로 설정된 전송 방식으로 모든 장비가 이를 수신하여 내용을 확인해야 한다. RIP v1이 라우팅 정보를 전송할 때 이 방식을 사용한다.

멀티캐스트(multicast)란 목적지 주소가 224.0.0.0에서 239.255.255.255 사이의 IP 주소로 설정된 전송방식으로 해당 IP 주소를 사용하는 장비들만 이 패킷을 수신한다. 멀티캐스트 주소는 동시에 여러 장비가 동일한 주소를 사용한다. RIP v2(224.0.0.9), EIGRP(224.0.0.10), OSPF(224.0.0.5, 224.0.0.6)가 이 방식으로 라우팅 광고를 전송한다.

유니캐스트(unicast)란 목적지 주소가 특정 IP 주소로 지정된 전송방식이다. BGP가 이 방식으로 라우팅 광고를 전송하며, OSPF나 EIGRP도 경우에 따라서는 유니캐스트 방식으로 라우팅 광고를 전송한다.

따라서, 라우터가 접속된 네트워크에서 브로드캐스트 또는 멀티캐스트 방식의 통신 지원 여부가 라우팅 프로토콜의 동작에 영향을 미칠 수 있다. 각 네트워크 종류별 동작 방식에 대해서 살펴보자.

브로드캐스트 멀티액세스 네트워크

하나의 브로드캐스트 패킷을 전송하면 동일 네트워크 내에 있는 모든 장비에게 도달할 수 있는 네트워크를 브로드캐스트(broadcast) 네트워크라고 하며, 하나의 인터페이스를 통하여 다수의 장비와 연결되는 네트워크를 멀티액세스(multi-access) 네트워크라고 한다. 위의 두 가지 기능을 다 지원하는 네트워크 즉, 브로드캐스트를 지원하면서 멀티액세스가 가능한 네트워크를 브로드캐스트 멀티액세스(broadcast multi-access) 네트워크라고 한다.

대표적인 브로드캐스트 멀티액세스 네트워크가 이더넷(ethernet)이다. 이더넷 스위치는 특성상 한 포트에서 수신한 브로드캐스트/멀티캐스트 프레임을 동일한 VLAN에 소속된 모든 포트로 전송한다. 따라서, 이더넷에 접속된 라우터는 동일 이더넷의 다른 라우터에게 라우팅 정보를 보낼 때 브로드캐스팅이나 멀티캐스팅 방식을 사용하여 하나의 패킷만 보내면 된다.

그림 1-24 브로드캐스트 멀티액세스 네트워크에서의 브로드캐스트 프레임 전송 방식

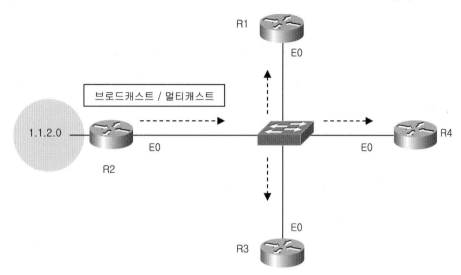

또, 이더넷에 접속된 장비는 하나의 인터페이스를 통하여 여러 대의 장비와 연결될 수 있다. 그래서 이더넷을 브로드캐스트 멀티액세스 네트워크라고 부르며, 줄여서 브로드캐스트 네트워크라고도 한다.

NBMA 네트워크

NBMA(non-broadcast multi-access) 네트워크는 브로드캐스트 기능이 지원되지 않는 멀티 액세스 네트워크를 말한다. 대표적인 NBMA 네트워크로는 프레임 릴레이(frame relay), ATM 네트워크가 있다. 대부분의 NBMA 네트워크는 내부에서 가상회로(virtual circuit) 방식을 사용하여 멀티액세스를 구현한다. 다음 그림에서 R2의 S0 인터페이스가 NBMA 네트워크와 하나의 물리적 회선으로 연결되어 있지만, 내부적으로는 복수개의 가상회선을 사용하여 R1, R3 및 R4와 연결되어 있다.

이더넷이라면 한 포트로 보낸 브로드캐스트 패킷이 스위치에 접속된 다른 모든 포트로(동일한 VLAN에 소속된 포트) 전송되겠지만, NBMA 네트워크에서는 한 포트로 브로드캐스트 패킷을 보내도 기본적으로는 다른 모든 포트로 전송해주지 않는다.

따라서, NBMA 네트워크에서 브로드캐스트를 사용하여 다른 라우터에게 라우팅 정보를 보낼 때, 라우터가 하나의 가상회로당 하나씩의 브로드캐스트 패킷을 별도로 복사하여 전송한다. 가상회로 번호의 이름은 인캡슐레이션 방식마다 다르며, 프레임 릴레이 네트워크에서는 DLCI(Data Link Connection Identifier)라고 한다.

그림 1-25 NBMA 네트워크에서의 브로드캐스트 프레임 전송 방식

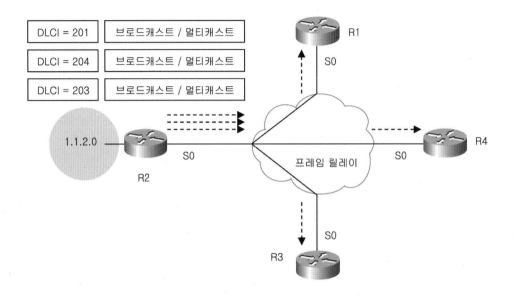

앞 그림에서 R2가 프레임 릴레이 네트워크에 접속된 S0 인터페이스를 통하여 R1, R3, R4에게 1.1.2.0 네트워크에 대한 라우팅 정보를 브로드캐스트나 멀티캐스트를 이용하여 전송할 때, 각 DLCI별로 하나씩의 브로드캐스트/멀티캐스트 패킷을 복사하여 보낸다.

NBMA로 연결되는 원격지의 라우터가 많은 경우, 라우팅 프로토콜끼리 송·수신하는 라우팅 광고 등의 패킷들로 인해 실제 사용자 트래픽이 영향을 받을 수 있다. 다음 네트워크처럼 중앙의 라우터와 원격지 라우터 1,000 대가 프레임 릴레이 네트워크로 접속되어 있는 경우를 생각해 보자.

그림 1-26 설계가 잘못된 NBMA 네트워크의 동작 예

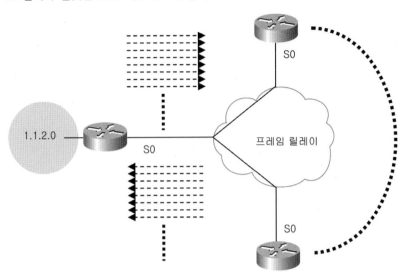

만약 RIP을 사용한다면 30 초마다 라우팅 테이블 전체를 1,000 개씩 복사하여 송·수신하기 때문에 사용자 데이터를 라우팅시키지 못하는 상황이 발생할 수도 있다. 이 때에는 정적인 라우팅 프로토콜을 사용하거나, 나중에 공부할 OSPF의 디맨드 써킷(demand circuit) 등의 기능을 활용하여 문제를 해결할 수 있다.

포인트 투 포인트 네트워크

포인트 투 포인트(point-to-point) 네트워크는 하나의 인터페이스 또는 서브 인터페이스와 연결되는 상대 장비가 하나뿐인 네트워크를 말한다. 레이어 2 프로토콜로 HDLC, PPP 등을 사용하는 시리얼 인터페이스, 프레임 릴레이 포인트 투 포인트 서브 인터페이스 등이 대표적인 포인트 투 포인트 네트워크이다.

포인트 투 포인트 네트워크에서는 접속된 상대방이 하나뿐이어서 라우팅 정보를 전달할 때 한 라우터에게만 패킷을 보내면 된다. 이 때 목적지 주소를 브로드캐스트, 멀티캐스트 또는 유니캐스트 주소 중 어떤 것을 사용하여도 상관없다. 어차피 받는 라우터는 하나뿐이기 때문이다. 실제 라우팅 프로토콜들은 포인트 투 포인트 네트워크에서 라우팅 정보를 보낼 때 목적지 IP 주소를 브로드캐스트나 멀티캐스트 주소로 설정하여 사용하는 경우가 많다.

제2장

정적 경로

이번 장부터 본격적으로 라우팅에 대해서 살펴보자. 라우팅 경로는 크게 정적 경로와 동적 경로로 구분할 수 있다. 경로(static route)는 특정 목적지 네트워크로 가는 경로를 네트워크 관리자가 직접 지정한 것을 의미한다.

동적 경로(dynamic route)는 라우팅 프로토콜에 의해서 특정 목적지 네트워크로 가는 경로가 동적으로 결정된 것을 의미한다. 일반적으로 규모가 작은 네트워크에서는 주로 정적 경로를 사용한다. 그러나, 일정 규모 이상의 네트워크에서는 동적 경로와 정적 경로를 혼합하여 사용한다.

동적 경로에 비하여 정적 경로의 장점은 다음과 같다.

1) 라우팅 프로토콜 자체로 인한 부하가 거의 없다. 동적 경로는 라우팅 테이블을 유지하기 위한 정보를 라우터 간에 끊임없이 주고받는다. 그러나, 정적 경로는 이와 같은 정보 교환이 없으므로 라우팅 정보용 트래픽을 위해 대역폭을 사용하는 일이 없다. 또, 라우팅 정보 교환 및 재계산을 위해 라우터의 CPU를 사용하는 경우도 없다.

2) 경로를 네트워크 관리자의 의도대로 정밀하게 제어할 수 있다. 예를 들어, '목적지가 1.1.1.0/24이면 S1/0로 보내고, 1.1.1.128/25이면 S1/1로 전송하라'는 등 목적지와 그 목적지로 가기 위한 넥스트 홉을 네트워크 관리자가 마음대로 지정할 수 있다.

정적 경로의 단점은 다음과 같다.

1) 네트워크 변화를 제대로 반영하지 못한다. 정적 경로는 직접 접속되어 있는 링크(link)의 변화(업·다운)는 감지할 수 있다. 따라서, 직접 경로가 다운되면 해당 인터페이스로는 패킷을 전송하지 않는다. 대표적인 예가 다음과 같이 전용선으로 연결된 장거리 통신망의 경우이다. R1에서 S0 인터페이스가 다운되면 이를 감지하여 해당 인터페이스를 사용하는 정적 경로로는 패킷을 전송하지 않는다.

그림 2-1 전용선으로 연결된 경우 직접 연결된 링크가 다운된 것을 감지할 수 있다

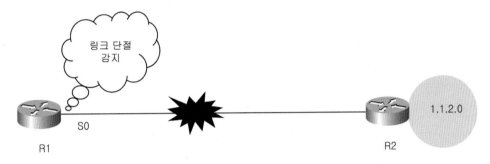

그러나, 다음처럼 인터넷, 이더넷 스위치 등에서 직접 연결된 링크가 아닌 것이 다운되면 라우터는 이를 감지하지 못한다. 결과적으로 대체 경로가 존재해도 이를 활용하지 못한다.

그림 2-2 교환망으로 연결된 경우 간접 링크가 다운된 것을 감지할 수 없다

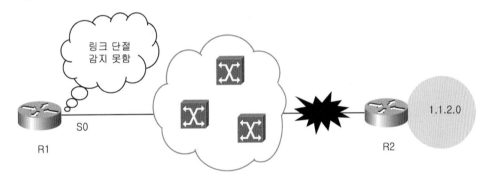

2) 정적 경로의 또 다른 단점은 네트워크의 규모가 커지면 설정 및 관리가 어렵다는 것이다. 따라서, 각각의 장·단점을 살려 정적 경로와 동적 경로를 혼합하여 사용하는 경우가 대부분이다.

정적 경로 설정

테스트 네트워크를 구축하고 정적 경로를 설정해 보자.

기본 네트워크 구성

다음과 같은 순서로 기본 네트워크를 구성한다.

1) 스위치 설정

2) 라우터 인터페이스 설정 및 IP 주소 부여

3) 넥스트 홉 IP까지 핑 확인

이렇게 기본 네트워크를 구성한 후 정적 경로를 설정하기로 한다.

그림 2-3 정적 경로 설정을 위한 네트워크

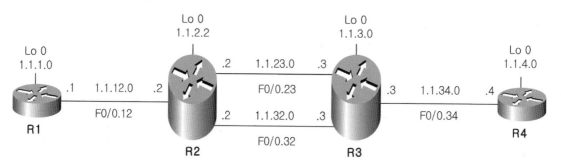

먼저, 스위치에서 VLAN을 만들고, 해당 포트에 할당한다.

예제 2-1 스위치 설정

```
SW1(config)# vlan 12,23,32,34
SW1(config-vlan)# exit

SW1(config)# int range f1/1 - 4
SW1(config-if-range)# switchport trunk encap dot1q
SW1(config-if-range)# switchport mode trunk
```

각 라우터에서 인터페이스를 설정하고 IP 주소를 부여한다.

예제 2-2 인터페이스 설정 및 IP 주소 부여

```
R1(config)# int lo0
R1(config-if)# ip address 1.1.1.1 255.255.255.0
R1(config-if)# int f0/0
R1(config-if)# no shut
R1(config-if)# int f0/0.12
R1(config-subif)# encap dot1q 12
R1(config-subif)# ip address 1.1.12.1 255.255.255.0

R2(config)# int lo0
R2(config-if)# ip address 1.1.2.2 255.255.255.0
R2(config-if)# int f0/0
R2(config-if)# no shut
R2(config-if)# int f0/0.12
R2(config-subif)# encap dot 12
R2(config-subif)# ip address 1.1.12.2 255.255.255.0
R2(config-subif)# int f0/0.23
R2(config-subif)# encap dot 23
R2(config-subif)# ip address 1.1.23.2 255.255.255.0
R2(config-subif)# int f0/0.32
R2(config-subif)# encap dot 32
R2(config-subif)# ip address 1.1.32.2 255.255.255.0

R3(config)# int lo0
R3(config-if)# ip address 1.1.3.3 255.255.255.0
R3(config-if)# int f0/0
R3(config-if)# no shut
R3(config-if)# int f0/0.23
R3(config-subif)# encap dot 23
R3(config-subif)# ip address 1.1.23.3 255.255.255.0
R3(config-subif)# int f0/0.32
R3(config-subif)# encap dot 32
R3(config-subif)# ip address 1.1.32.3 255.255.255.0
R3(config-subif)# int f0/0.34
R3(config-subif)# encap dot 34
R3(config-subif)# ip address 1.1.34.3 255.255.255.0

R4(config)# int lo0
R4(config-if)# ip address 1.1.4.4 255.255.255.0
R4(config-if)# int f0/0
R4(config-if)# no shut
R4(config-if)# int f0/0.34
```

```
R4(config-subif)# encap dot 34
R4(config-subif)# ip address 1.1.34.4 255.255.255.0
```

각 라우터에서 show ip interface brief 명령어를 사용하여 인터페이스 설정 및 동작 상태를 확인한다. 예를 들어, R1에서의 확인 결과는 다음과 같다.

예제 2-3 인터페이스 설정 및 동작 상태 확인

```
R1# show ip int brief
Interface               IP-Address       OK? Method  Status        Protocol
FastEthernet0/0         1.1.12.1         YES manual  up            up
    (생략)
Loopback0               1.1.1.1          YES manual  up            up
```

각 라우터에서 다음과 같이 인접한 IP 주소까지 핑을 해 본다.

예제 2-4 핑 확인

```
R1# ping 1.1.12.2

R2# ping 1.1.23.3
R2# ping 1.1.32.3

R3# ping 1.1.34.4
```

이제, 정적 경로를 설정할 준비가 되었다.

기본적인 정적 경로 설정

기본 네트워크 구성이 끝나면 다음과 같이 정적 경로를 설정한다. R1에서의 정적 경로 설정 방법은 다음과 같다.

예제 2-5 R1에서 정적 경로 설정하기

```
R1(config)# ip route 1.1.2.0 255.255.255.0 1.1.12.2
                       ①          ②           ③


R1(config)# ip route 1.1.3.0 255.255.255.0 1.1.12.2
R1(config)# ip route 1.1.4.0 255.255.255.0 1.1.12.2
R1(config)# ip route 1.1.23.0 255.255.255.0 1.1.12.2
R1(config)# ip route 1.1.32.0 255.255.255.0 1.1.12.2
R1(config)# ip route 1.1.34.0 255.255.255.0 1.1.12.2
```

① 목적지 네트워크를 지정한다.

② 목적지 네트워크의 서브넷 마스크를 지정한다.

③ 목적지 네트워크로 가기 위한 넥스트 홉 IP 주소를 지정한다. 정적 경로만을 이용하여 통신하려면 특정 라우터에 직접 접속되어 있지 않은 모든 네트워크에 대해서 정적 경로를 설정해주어야 한다. 설정 후 라우팅 테이블을 확인해 보면 다음과 같이 각 목적지 네트워크로 가는 경로가 설치되어 있다.

예제 2-6 R1의 라우팅 테이블

```
R1# show ip route
    (생략)
Gateway of last resort is not set

    1.0.0.0/8 is variably subnetted, 10 subnets, 2 masks
C       1.1.1.0/24 is directly connected, Loopback0
L       1.1.1.1/32 is directly connected, Loopback0
S       1.1.2.0/24 [1/0] via 1.1.12.2
S       1.1.3.0/24 [1/0] via 1.1.12.2
S       1.1.4.0/24 [1/0] via 1.1.12.2
C       1.1.12.0/24 is directly connected, FastEthernet0/0
L       1.1.12.1/32 is directly connected, FastEthernet0/0
S       1.1.23.0/24 [1/0] via 1.1.12.2
S       1.1.32.0/24 [1/0] via 1.1.12.2
S       1.1.34.0/24 [1/0] via 1.1.12.2
```

R1에서 1.1.2.2로 핑을 해보면 다음과 같이 성공한다.

예제 2-7 R2까지 통신 확인하기

```
R1# ping 1.1.2.2

Type escape sequence to abort.
Sending 5, 100-byte ICMP Echos to 1.1.2.2, timeout is 2 seconds:
!!!!!
Success rate is 100 percent (5/5), round-trip min/avg/max = 60/60/64 ms
```

그러나, R3의 루프백 주소로는 핑이 되지 않는다. 그 이유는 아직 R3이 핑의 출발지 주소인 1.1.12.1로 라우팅되는 경로를 모르기 때문이다. 나머지 라우터에서도 정적 경로를 설정한다. R2에서는 직접 접속되어 있지 않은 모든 경로에 대해서 일일이 정적 경로를 설정하지 말고, 롱기스트 매치 룰을 이용해서 좀 쉽게 설정해 보기로 한다.

R2에서 1.1.1.0/24로 가는 경로만 넥스트 홉 IP 주소를 R1로 설정하고, 나머지 1.1.0.0/16으로 시작되는 경로의 넥스트 홉은 모두 R3으로 설정하면 된다. 그러면, R2가 1.1.1.0/24로 가는 패킷을 수신하면 R1 방향으로 전송하고, 1.1.3.0/24, 1.1.4.0/24, 1.1.34.0/24로 가는 패킷은 모두 R3 방향으로 전송한다.

그림 2-4 정적 경로 설정

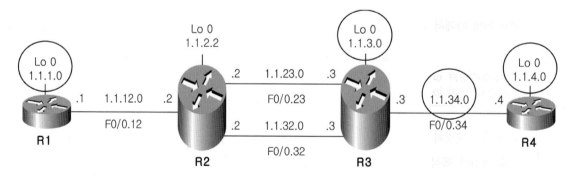

R2의 설정은 다음과 같다.

예제 2-8 R2에서 정적 경로 설정하기

```
R2(config)# ip route 1.1.1.0 255.255.255.0 1.1.12.1
R2(config)# ip route 1.1.0.0 255.255.0.0 1.1.23.3
```

```
R2(config)# ip route 1.1.0.0 255.255.0.0 1.1.32.3
```

R2의 라우팅 테이블은 다음과 같다.

예제 2-9 R2의 라우팅 테이블

```
R2# show ip route static
   (생략)
   1.0.0.0/8 is variably subnetted, 10 subnets, 3 masks
S      1.1.0.0/16 [1/0] via 1.1.32.3
                  [1/0] via 1.1.23.3
S      1.1.1.0/24 [1/0] via 1.1.12.1
```

1.1.0.0/16 네트워크로 가는 넥스트 홉이 두 개로 설치된 것은 해당 네트워크로 가는 경로가 두 개 존재한다는 의미이다. PPP, HDLC 등과 같이 해당 인터페이스와 연결되는 상대 장비가 하나뿐인 포인트 투 포인트 네트워크에서는 넥스홉 IP 주소 대신 현재 라우터의 인터페이스를 지정하여도 된다. R3에서도 R2와 동일한 방법으로 정적 경로를 설정한다.

예제 2-10 R3에서 정적 경로 설정하기

```
R3(config)# ip route 1.1.4.0 255.255.255.0 1.1.34.4
R3(config)# ip route 1.1.0.0 255.255.0.0 1.1.23.2
R3(config)# ip route 1.1.0.0 255.255.0.0 1.1.32.2
```

R4에서는 패킷의 목적지가 직접 접속된 네트워크가 아니면 모두 R3으로 전송하면 된다. 즉, 정적 경로 설정시 목적지 네트워크를 1.1.0.0 255.255.0.0 대신 0.0.0.0 0.0.0.0으로 지정해도 된다. 이처럼 목적지 경로를 0.0.0.0 0.0.0.0으로 지정하는 것을 디폴트 루트(default route)라고 한다. 라우팅 테이블에 상세한 목적지 네트워크가 존재하지 않는 패킷들은 모두 디폴트 루트로 라우팅된다. R4에서 정적인 디폴트 루트를 설정해 보자.

예제 2-11 디폴트 루트 설정하기

```
R4(config)# ip route 0.0.0.0 0.0.0.0 1.1.34.3
```

설정 후의 R4의 라우팅 테이블은 다음과 같다.

예제 2-12 R4의 라우팅 테이블

```
R4# show ip route
    (생략)


Gateway of last resort is 1.1.34.3 to network 0.0.0.0

S*      0.0.0.0/0 [1/0] via 1.1.34.3
        1.0.0.0/8 is variably subnetted, 4 subnets, 2 masks
C           1.1.4.0/24 is directly connected, Loopback0
L           1.1.4.4/32 is directly connected, Loopback0
C           1.1.34.0/24 is directly connected, FastEthernet0/0.34
L           1.1.34.4/32 is directly connected, FastEthernet0/0.34
```

라우팅 테이블에서 디폴트 루트 앞에는 별표(*)가 표시된다.

디폴트 루트는 정적 경로를 사용하여 설정할 수도 있지만 앞으로 공부할 여러 가지 동적인 라우팅 프로토콜에서도 설정할 수 있다. 동적인 라우팅 프로토콜에서 사용되는 디폴트 루트에 대해서는 나중에 설명하기로 한다.

이제, 모든 라우터에서 모든 네트워크까지 핑이 된다. 예를 들어, R1에서 다음과 같이 모든 네트워크로 핑을 해보면 성공한다.

예제 2-13 핑 확인

```
R1# ping 1.1.2.2
Type escape sequence to abort.
Sending 5, 100-byte ICMP Echos to 1.1.2.2, timeout is 2 seconds:
!!!!!
Success rate is 100 percent (5/5), round-trip min/avg/max = 8/13/20 ms
```

```
R1# ping 1.1.3.3
Type escape sequence to abort.
Sending 5, 100-byte ICMP Echos to 1.1.3.3, timeout is 2 seconds:
!!!!!
Success rate is 100 percent (5/5), round-trip min/avg/max = 16/17/20 ms

R1# ping 1.1.4.4
Type escape sequence to abort.
Sending 5, 100-byte ICMP Echos to 1.1.4.4, timeout is 2 seconds:
!!!!!
Success rate is 100 percent (5/5), round-trip min/avg/max = 28/32/44 ms
```

이상으로 정적 경로를 설정하고 동작을 확인해 보았다.

디폴트 루트와 디폴트 게이트웨이

앞서 설명한 디폴트 루트는 라우팅 기능과 함께 동작한다. 그러나, L2 스위치나 부트 모드(boot mode)에서의 라우터와 같이 라우팅 기능이 동작하지 않는 장비에서 직접 접속되어 있지 않은 네트워크로 패킷을 전송할 때 사용하는 것이 디폴트 게이트웨이(default gateway)이다. 예를 들어, R1에서 디폴트 게이트웨이를 R2로 설정하는 방법은 다음과 같다.

예제 2-14 디폴트 게이트웨이 설정하기

```
R1(config)# ip default-gateway 1.1.12.2
```

디폴트 게이트웨이는 보통 때에는 동작하지 않다가, **no ip routing** 명령어가 사용된 경우 등 라우팅 기능이 정지되면 동작한다.

플로팅 스태틱 루트

다음 네트워크처럼 두 라우터 간에 고속 링크와 백업용 저속 링크가 있는 경우를 생각해 보자. 평소에는 고속인 F0/0.23을 사용하다가 이 링크에 장애가 발생하면 저속인 F0/0.32를 자동으로 동작시키려 한다.

그림 2-5 이중 링크간의 속도가 다른 네트워크

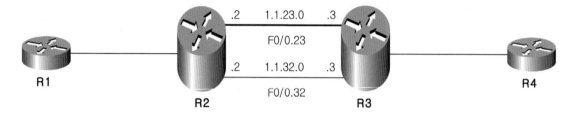

이 경우 저속 회선으로 연결되는 네트워크의 AD를 고속 회선보다 더 높게 설정해주면 된다. 이를 위하여 R2와 R3에서 다음과 같이 설정한다.

예제 2-15 플로팅 정적 경로 설정

```
R2(config)# ip route 1.1.0.0 255.255.0.0 1.1.32.3 10
R3(config)# ip route 1.1.0.0 255.255.0.0 1.1.32.2 10
```

위의 설정에서 백업 라인(F0/0.32)의 정적 경로를 설정하면서 AD 값을 10으로 지정하였다. 주 라인(F0/0.23)은 AD 값을 별도로 지정하지 않았기 때문에 기본 값인 1을 가진다. 결과적으로 동일한 정적 경로이지만 AD 값이 낮은 주 라인만 라우팅 테이블에 설치된다. 설정 후 R2의 라우팅 테이블에는 1.1.0.0/16으로 가는 경로가 F0/0.23을 경유하는 것만 설치되어 있다.

예제 2-16 R2의 라우팅 테이블

```
R2# show ip route static
    (생략)
    1.0.0.0/8 is variably subnetted, 10 subnets, 3 masks
S       1.1.0.0/16 [1/0] via 1.1.23.3
S       1.1.1.0/24 [1/0] via 1.1.12.1
```

이 상황에서 다음처럼 주 라인을 다운시켜 보자.

예제 2-17 주 라인 다운시키기

```
R2(config)# int f0/0.23
R2(config-subif)# shutdown
```

그러면 다음처럼 자동으로 백업 라인을 통과하는 경로가 라우팅 테이블에 설치된다.

예제 2-18 R2의 라우팅 테이블

```
R2# show ip route static
      (생략)
      1.0.0.0/8 is variably subnetted, 8 subnets, 3 masks
S        1.1.0.0/16 [10/0] via 1.1.32.3
S        1.1.1.0/24 [1/0] via 1.1.12.1
```

이와 같이 정적 경로의 AD 값을 상대적으로 높게 하여 평소에는 라우팅 테이블에 설치하지 않고, 주라인이 다운되었을 때만 설치되는 정적 경로를 플로팅 스태틱(floating static) 경로라고 한다. 이상으로 정적 경로에 대하여 살펴보았다.

스위칭 방식별 부하 분산

라우팅 테이블에 동일한 네트워크로 가는 경로가 다수 존재할 때, 이 다수의 경로를 모두 사용하는 것을 부하 분산(load balancing)이라고 한다. 시스코 라우터에서는 최대 32 개의 경로까지 부하를 분산시킬 수 있다.

부하가 분산되는 경로는 모두 라우팅 테이블에 인스톨된다. 그러나, 라우터가 패킷을 어떤 경로로 전송하느냐 하는 것은 해당 인터페이스가 사용하는 스위칭 방식에 따라서 달라진다.

라우터가 특정 인터페이스에서 수신한 패킷을 목적지로 가는 인터페이스로 전송하는 것을 스위칭 (switching)이라고 한다. 시스코 라우터의 스위칭 방식은 여러 가지가 있으며, 주로 CEF(Cisco Express Forwarding)를 사용하고 특별한 경우에 프로세스 스위칭(process switching), 패스트 스위칭 (fast switching) 등의 방식을 사용할 수도 있다.

부하 분산을 위한 테스트 네트워크 구축

다음과 같이 네트워크를 구축하고 부하가 분산되는 것을 확인해 보자.

그림 2-6 부하 분산을 위한 테스트 네트워크

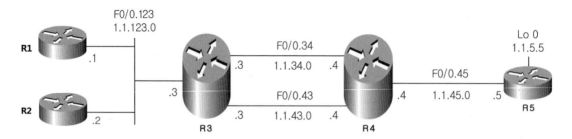

먼저, 스위치에서 VLAN을 만들고, 트렁킹을 설정한다.

예제 2-19 스위치 설정

```
SW1(config)# vlan 123,34,43,45
SW1(config-vlan)# exit

SW1(config)# int range f1/1 - 5
SW1(config-if-range)# switchport trunk encap dot1q
SW1(config-if-range)# switchport mode trunk
```

각 라우터에서 서브 인터페이스를 만들고 IP 주소를 부여한다.

예제 2-20 서브 인터페이스 및 IP 주소 설정

```
R1(config)# int f0/0
R1(config-if)# no sh
R1(config-if)# int f0/0.123
R1(config-subif)# encap dot 123
R1(config-subif)# ip address 1.1.123.1 255.255.255.0

R2(config)# int f0/0
R2(config-if)# no shut
R2(config-if)# int f0/0.123
R2(config-subif)# encap dot 123
R2(config-subif)# ip address 1.1.123.2 255.255.255.0

R3(config)# int f0/0
```

```
R3(config-if)# no shut
R3(config-if)# int f0/0.123
R3(config-subif)# encap dot 123
R3(config-subif)# ip address 1.1.123.3 255.255.255.0
R3(config-subif)# int f0/0.34
R3(config-subif)# encap dot 34
R3(config-subif)# ip address 1.1.34.3 255.255.255.0
R3(config-subif)# int f0/0.43
R3(config-subif)# encap dot 43
R3(config-subif)# ip address 1.1.43.3 255.255.255.0

R4(config)# int f0/0
R4(config-if)# no shut
R4(config-if)# int f0/0.34
R4(config-subif)# encap dot 34
R4(config-subif)# ip address 1.1.34.4 255.255.255.0
R4(config-subif)# int f0/0.43
R4(config-subif)# encap dot 43
R4(config-subif)# ip address 1.1.43.4 255.255.255.0
R4(config-subif)# int f0/0.45
R4(config-subif)# encap dot 45
R4(config-subif)# ip address 1.1.45.4 255.255.255.0

R5(config)# int lo0
R5(config-if)# ip address 1.1.5.5 255.255.255.0
R5(config-if)# int f0/0
R5(config-if)# no shut
R5(config-if)# int f0/0.45
R5(config-subif)# encap dot 45
R5(config-subif)# ip address 1.1.45.5 255.255.255.0
```

각 라우터에서 show ip interface brief 명령어를 사용하여 인터페이스 설정 및 동작 상태를 확인한다.
예를 들어, R1에서의 확인 결과는 다음과 같다.

예제 2-21 인터페이스 설정 및 동작 상태 확인

```
R1# show ip int brief
Interface             IP-Address      OK? Method  Status      Protocol
FastEthernet0/0       unassigned      YES unset   up          up
FastEthernet0/0.123   1.1.123.1       YES manual  up          up
```

> (생략)

각 라우터에서 다음과 같이 인접한 IP 주소까지 핑을 해 본다.

예제 2-22 핑 확인

```
R1# ping 1.1.123.3

R2# ping 1.1.123.3

R3# ping 1.1.34.4
R3# ping 1.1.43.4

R4# ping 1.1.45.5
```

이번에서 각 라우터에서 정적 경로를 이용하여 라우팅을 설정한다.

예제 2-23 정적 경로 설정

```
R1(config)# ip route 0.0.0.0 0.0.0.0 f0/0.123 1.1.123.3

R2(config)# ip route 0.0.0.0 0.0.0.0 f0/0.123 1.1.123.3

R3(config)# ip route 1.1.0.0 255.255.0.0 1.1.34.4
R3(config)# ip route 1.1.0.0 255.255.0.0 1.1.43.4

R4(config)# ip route 1.1.0.0 255.255.0.0 1.1.34.3
R4(config)# ip route 1.1.0.0 255.255.0.0 1.1.43.3
R4(config)# ip route 1.1.5.0 255.255.255.0 1.1.45.5

R5(config)# ip route 0.0.0.0 0.0.0.0 1.1.45.4
```

라우팅 설정이 끝나면 R1에서 R5의 루프백 IP 주소까지 핑이 되는지 확인한다.

예제 2-24 핑 확인

```
R1# ping 1.1.5.5
Type escape sequence to abort.
Sending 5, 100-byte ICMP Echos to 1.1.5.5, timeout is 2 seconds:
!!!!!
Success rate is 100 percent (5/5), round-trip min/avg/max = 32/41/56 ms
```

이상으로 부하 분산 동작 확인을 위한 네트워크를 구축하였다.

CEF

시스코 라우터는 기본적으로 CEF 스위칭을 사용한다. 인터페이스의 스위칭 방식을 확인하려면 다음과 같이 IP 주소가 활성화된 인터페이스에서 show ip interface 명령어를 사용하면 된다.

예제 2-25 인터페이스의 스위칭 방식 확인하기

```
R3# show ip interface f0/0.34
FastEthernet0/0.34 is up, line protocol is up
  Internet address is 1.1.34.3/24
  Broadcast address is 255.255.255.255
  Address determined by setup command
  MTU is 1500 bytes
  Helper address is not set
  Directed broadcast forwarding is disabled
  Outgoing access list is not set
  Inbound  access list is not set
  Proxy ARP is enabled
  Local Proxy ARP is disabled
  Security level is default
  Split horizon is enabled
  ICMP redirects are always sent
  ICMP unreachables are always sent
  ICMP mask replies are never sent
  IP fast switching is enabled
  IP fast switching on the same interface is enabled
  IP Flow switching is disabled
  IP CEF switching is enabled
  IP CEF switching turbo vector
  IP CEF turbo switching turbo vector
  IP multicast fast switching is enabled
```

```
IP multicast distributed fast switching is disabled
IP route-cache flags are Fast, CEF
      (생략)
```

CEF은 다음과 같은 특징을 가진다.

- CEF는 처음부터 라우팅 테이블을 캐시로 복사해 놓는다.

- 캐시를 검색하는 속도가 빠르다.

R3에서 R4로 패킷을 전송할 때 사용하는 스위칭 방식에 따른 부하 분산 동작을 R4에서 디버깅으로 확인해 보자. CEF는 캐시(cache)를 이용하여 스위칭시키므로 디버깅으로 확인할 수 없다. 따라서, R4의 스위칭 방식을 프로세스 스위칭으로 변경하고, R3에서 스위칭하여 전송하는 패킷을 R4에서 관찰하면 된다. 다음과 같이 전체 설정 모드에서 no ip cef 명령어를 사용하면 CEF 스위칭이 비활성화되고 대신 프로세스 스위칭 방식으로 동작한다.

예제 2-26 프로세스 스위칭 활성화 및 IP 디버깅

```
R3(config)# no ip cef
R3(config-subif)# end

R3# debug ip packet
IP packet debugging is on
```

출발지 IP 주소가 1.1.123.1과 1.1.123.2인 패킷만 디버깅하기 위하여 다음과 같이 액세스 리스트를 만들고, 디버깅을 설정한다.

예제 2-27 액세스 리스트를 이용한 디버깅 범위 축소

```
R4(config)# access-list 1 permit 1.1.123.1
R4(config)# access-list 1 permit 1.1.123.2
R4(config)# end

R4# debug ip packet 1
```

현재 R3의 라우팅 테이블을 보면 다음과 같이 1.1.0.0/16 네트워크로 가는 경로가 R4 방향으로

부하 분산된다.

예제 2-28 R3의 라우팅 테이블

```
R3# show ip route static
    (생략)
    1.0.0.0/8 is variably subnetted, 7 subnets, 3 masks
S        1.1.0.0/16 [1/0] via 1.1.43.4
                    [1/0] via 1.1.34.4
```

그러나, 실제 패킷을 어느 정도 정확히 분산시켜서 전송하느냐 하는 것은 스위치 방식에 따라 다르다. CEF는 출발지 IP 주소와 목적지 IP 주소를 사용하여 해시(hash) 알고리듬을 적용한 다음 출력 인터페이스를 결정한다. 결과적으로 CEF는 출발지 - 목적지별로 부하를 분산시킨다.

다음과 같이 R1과 R2에서 1.1.5.5와 1.1.45.5로 핑을 해보자.

예제 2-29 CEF 동작 확인을 위한 트래픽 발생시키기

```
R1# ping 1.1.5.5
R1# ping 1.1.45.5

R2# ping 1.1.5.5
R2# ping 1.1.45.5
```

다음과 같이 R4의 디버깅 결과를 보면 출발지 - 목적지별로 부하가 분산되지만 해싱 알고리듬을 사용하기 때문에 정확하게 1:1로 분산되지는 않는다. 그러나, 트래픽이 많으면 거의 정확하게 분산된다.

예제 2-30 CEF 사용시 목적지가 동일해도 출발지가 다르면 다른 인터페이스로 전송된다

```
R4#
IP: s=1.1.123.1 (FastEthernet0/0.43), d=1.1.5.5 (FastEthernet0/0.45), g=1.1.45.5, len 100, forward
IP: s=1.1.123.1 (FastEthernet0/0.43), d=1.1.5.5 (FastEthernet0/0.45), g=1.1.45.5, len 100, forward
IP: s=1.1.123.1 (FastEthernet0/0.43), d=1.1.5.5 (FastEthernet0/0.45), g=1.1.45.5, len 100, forward
```

```
IP: s=1.1.123.1 (FastEthernet0/0.43), d=1.1.5.5 (FastEthernet0/0.45), g=1.1.45.5, len 100, forward
IP: s=1.1.123.1 (FastEthernet0/0.43), d=1.1.5.5 (FastEthernet0/0.45), g=1.1.45.5, len 100, forward

R4#
IP: s=1.1.123.1 (FastEthernet0/0.34), d=1.1.45.5 (FastEthernet0/0.45), g=1.1.45.5, len 100, forward
IP: s=1.1.123.1 (FastEthernet0/0.34), d=1.1.45.5 (FastEthernet0/0.45), g=1.1.45.5, len 100, forward
IP: s=1.1.123.1 (FastEthernet0/0.34), d=1.1.45.5 (FastEthernet0/0.45), g=1.1.45.5, len 100, forward
IP: s=1.1.123.1 (FastEthernet0/0.34), d=1.1.45.5 (FastEthernet0/0.45), g=1.1.45.5, len 100, forward
IP: s=1.1.123.1 (FastEthernet0/0.34), d=1.1.45.5 (FastEthernet0/0.45), g=1.1.45.5, len 100, forward

R4#
IP: s=1.1.123.2 (FastEthernet0/0.43), d=1.1.5.5 (FastEthernet0/0.45), g=1.1.45.5, len 100, forward
IP: s=1.1.123.2 (FastEthernet0/0.43), d=1.1.5.5 (FastEthernet0/0.45), g=1.1.45.5, len 100, forward
IP: s=1.1.123.2 (FastEthernet0/0.43), d=1.1.5.5 (FastEthernet0/0.45), g=1.1.45.5, len 100, forward
IP: s=1.1.123.2 (FastEthernet0/0.43), d=1.1.5.5 (FastEthernet0/0.45), g=1.1.45.5, len 100, forward
IP: s=1.1.123.2 (FastEthernet0/0.43), d=1.1.5.5 (FastEthernet0/0.45), g=1.1.45.5, len 100, forward

R4#
IP: s=1.1.123.2 (FastEthernet0/0.43), d=1.1.45.5 (FastEthernet0/0.45), g=1.1.45.5, len 100, forward
IP: s=1.1.123.2 (FastEthernet0/0.43), d=1.1.45.5 (FastEthernet0/0.45), g=1.1.45.5, len 100, forward
IP: s=1.1.123.2 (FastEthernet0/0.43), d=1.1.45.5 (FastEthernet0/0.45), g=1.1.45.5, len 100, forward
IP: s=1.1.123.2 (FastEthernet0/0.43), d=1.1.45.5 (FastEthernet0/0.45), g=1.1.45.5, len 100, forward
IP: s=1.1.123.2 (FastEthernet0/0.43), d=1.1.45.5 (FastEthernet0/0.45), g=1.1.45.5, len 100, forward
```

CEF 스위칭에서 패킷별로 부하를 분산시키려면 다음과 같이 인터페이스 설정모드에서 ip load-sharing per-packet 명령어를 사용한다.

예제 2-31 CEF 사용시 패킷별 부하 분산 구현하기

```
R3(config)# int f0/0.34
R3(config-subif)# ip load-sharing per-packet
R3(config-subif)# int f0/0.43
R3(config-subif)# ip load-sharing per-packet
```

다음과 같이 show ip cef 명령어를 사용하여 확인해 보면 패킷별 부하 분산(per-packet sharing)이 구현되고 있다.

예제 2-32 CEF 테이블 확인하기

```
R3# show ip cef 1.1.5.5 detail
1.1.0.0/16, epoch 0, per-packet sharing
  recursive via 1.1.34.4
    attached to FastEthernet0/0.34
  recursive via 1.1.43.4
    attached to FastEthernet0/0.43
```

R1에서 1.1.5.5로 핑을 한다.

예제 2-33 CEF 사용시 패킷별 부하 분산 테스트를 위한 트래픽 발생

```
R1# ping 1.1.5.5
```

다음과 같이 R4의 디버깅 결과를 보면 출발지 1.1.123.1에서 1.1.5.5로 향하는 트래픽이 패킷별로 서로 다른 인터페이스를 통하여 R3으로부터 수신되고 있다.

예제 2-34 패킷별 부하 분산

```
R4#
IP: s=1.1.123.1 (FastEthernet0/0.34), d=1.1.5.5 (FastEthernet0/0.45), g=1.1.45.5, len 100, forward
IP: s=1.1.123.1 (FastEthernet0/0.43), d=1.1.5.5 (FastEthernet0/0.45), g=1.1.45.5, len 100, forward
IP: s=1.1.123.1 (FastEthernet0/0.34), d=1.1.5.5 (FastEthernet0/0.45), g=1.1.45.5, len 100, forward
IP: s=1.1.123.1 (FastEthernet0/0.43), d=1.1.5.5 (FastEthernet0/0.45), g=1.1.45.5, len 100, forward
IP: s=1.1.123.1 (FastEthernet0/0.34), d=1.1.5.5 (FastEthernet0/0.45), g=1.1.45.5, len 100, forward
```

즉, 패킷별로 부하가 분산되고 있다.

프로세스 스위칭

라우터가 각각의 패킷을 전송할 때마다 라우팅 테이블을 확인한 후 넥스트 홉을 결정하여 패킷을 전송하는 방식을 프로세스 스위칭(process switching)이라고 한다. 이 방식을 사용하면 라우터의 CPU에 많은 부하가 걸리며, 스위칭 속도도 느리다. 따라서, 프로세스 스위칭은 라우터를 통과하는 패킷을 디버깅 하기 위한 용도 등 특별한 경우에만 사용되고, 디버깅 등의 작업이 끝나면 다시 CEF 스위칭으로 복구시켜야 한다.

프로세스 스위칭은 패킷별로 부하를 분산시킨다. 앞서 CEF이 패킷별로 부하를 분산할 수 있도록 설정한 명령어를 제거한다.

예제 2-35 패킷별 부하 분산 비활성화

```
R3(config)# int f0/0.34
R3(config-subif)# no ip load-sharing per-packet
R3(config-subif)# int f0/0.43
R3(config-subif)# no ip load-sharing per-packet
```

전체 설정 모드에서 **no ip cef** 명령어를 사용하면 프로세스 스위칭이 동작한다.

예제 2-36 R3에서 프로세스 스위칭 동작 설정

```
R3(config)# no ip cef
```

다음과 같이 show ip interface f0/0.34 | include CEF 명령어를 사용하여 확인해 보면 CEF 스위칭이 비활성화되어 있다.

예제 2-37 CEF 스위칭 비활성화 확인

```
R3# show ip interface f0/0.34 | in CEF
  IP CEF switching is disabled
```

이제, 프로세스 스위칭을 사용할 때 부하 분산 방식을 확인하기 위하여 R1에서 1.1.5.5로 핑을 한다.

예제 2-38 CEF 사용시 패킷별 부하 분산 테스트를 위한 트래픽 발생

```
R1# ping 1.1.5.5
```

다음과 같이 R4의 디버깅 결과를 보면 출발지 1.1.123.1에서 1.1.5.5로 향하는 트래픽이 패킷별로 서로 다른 인터페이스를 통하여 R3으로부터 수신되고 있다.

예제 2-39 프로세스 스위칭 사용시의 부하 분산 방식

```
R4#
IP: s=1.1.123.1 (FastEthernet0/0.34), d=1.1.5.5 (FastEthernet0/0.45), g=1.1.45.5, len 100, forward
IP: s=1.1.123.1 (FastEthernet0/0.43), d=1.1.5.5 (FastEthernet0/0.45), g=1.1.45.5, len 100, forward
IP: s=1.1.123.1 (FastEthernet0/0.34), d=1.1.5.5 (FastEthernet0/0.45), g=1.1.45.5, len 100, forward
IP: s=1.1.123.1 (FastEthernet0/0.43), d=1.1.5.5 (FastEthernet0/0.45), g=1.1.45.5, len 100, forward
IP: s=1.1.123.1 (FastEthernet0/0.34), d=1.1.5.5 (FastEthernet0/0.45), g=1.1.45.5, len 100, forward
```

즉, 패킷별로 부하가 분산되고 있다.

지금까지 정적 경로 및 부하분산에 대하여 살펴보았다.

제3장

RIP

제3장에서는 동적인 라우팅 프로토콜중에서 설정 및 동작 방식이 가장 간단한 RIP(Routing Information Protocol)에 대해서 알아본다. 현재 사용되는 RIP는 RIP v1 (version 1)과 RIP v2 두 가지가 있으며, 라우팅 정보 전송을 위하여 UDP 포트번호 520을 사용한다.

RIP의 장점은 다음과 같다.

설정이 쉽다. RIP은 라우팅 설정모드에서 네트워크를 지정하는 것만으로 대부분의 토폴로지에서 문제없이 동작한다. 따라서, 소규모 네트워크나 대형 네트워크의 말단 지점에서 사용하면 편리하다.

거의 모든 회사의 라우터가 RIP을 지원한다. RIP은 다른 라우팅 프로토콜에 비해 개발된 지 오래되었다. 또, EIGRP와 달리 표준 라우팅 프로토콜이어서 대부분의 라우터가 RIP을 지원한다.

RIP의 단점은 다음과 같다.

RIP은 메트릭으로 홉 카운트(hop count)를 사용하므로, 경로 결정시 링크의 속도를 반영하지 못한다. 따라서, 복잡한 네트워크에서는 비효율적인 라우팅 경로가 만들어질 수 있다.

라우팅 정보 전송 방식이 비효율적이다. OSPF, EIGRP 및 BGP 등 대부분의 동적인 라우팅 프로토콜은 토폴로지 변화시 바뀐 네트워크 정보만 전송한다. 그러나, RIP는 토폴로지의 변화와 상관없이 30초마다 라우팅 테이블 내용 전체를 인접 라우터에게 전송한다. 라우팅 테이블의 크기가 작으면 별 문제가 되지 않지만, 큰 경우에는 라우팅 정보 전송을 위해 링크 대역폭을 많이 사용해야 한다.

컨버전스 시간(convergence time)이 길다. 특정 네트워크가 다운되거나 추가되었을 때 프로토콜이 이를 감지하고 대응을 완료할 때까지 걸리는 시간을 컨버전스 시간이라고 한다. RIP는 토폴로지에 따라 컨버전스 시간이 3~4분 이상 걸릴 수도 있다.

규모가 큰 네트워크에서는 사용이 힘들다. RIP는 홉 카운트가 16이면 도달 불가능한 네트워크로 간주한다. 따라서 최종 목적지까지 거쳐야 하는 라우터가 16개 이상인 네트워크에서는 RIP을 사용할 수 없다.

기본적인 RIP 설정 및 동작 확인

다음과 같은 네트워크에서 RIP을 설정하고, RIP의 동작방식에 대하여 좀 더 자세히 살펴보자.

기본 네트워크 구성

다음과 같은 순서로 기본 네트워크를 구성한다.

1) 스위치 설정

2) 라우터 서브 인터페이스 설정 및 IP 주소 부여

3) 넥스트 홉 IP까지 핑 확인

이렇게 기본 네트워크를 구성한 후 RIP을 설정하기로 한다.

그림 3-1 RIP 설정을 위한 네트워크

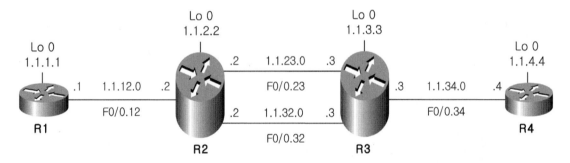

먼저, 스위치에서 VLAN을 만들고, 트렁킹을 설정한다.

예제 3-1 스위치 설정

```
SW1(config)# vlan 12,23,32,34
SW1(config-vlan)# exit

SW1(config)# int range f1/1 - 4
SW1(config-if-range)# switchport trunk encap dot1q
SW1(config-if-range)# switchport mode trunk
```

각 라우터에서 서브 인터페이스를 만들고 IP 주소를 부여한다.

예제 3-2 서브 인터페이스 및 IP 주소 설정

```
R1(config)# int lo0
R1(config-if)# ip address 1.1.1.1 255.255.255.0
R1(config-if)# int f0/0
R1(config-if)# no shut
R1(config-if)# int f0/0.12
R1(config-subif)# encapsulation dot1q 12
R1(config-subif)# ip address 1.1.12.1 255.255.255.0

R2(config)# int lo0
R2(config-if)# ip address 1.1.2.2 255.255.255.0
R2(config-if)# int f0/0
R2(config-if)# no shut
R2(config-if)# int f0/0.12
R2(config-subif)# encap dot1q 12
R2(config-subif)# ip address 1.1.12.2 255.255.255.0
R2(config-subif)# int f0/0.23
R2(config-subif)# encap dot1q 23
R2(config-subif)# ip address 1.1.23.2 255.255.255.0
R2(config-subif)# int f0/0.32
R2(config-subif)# encap dot1q 32
R2(config-subif)# ip address 1.1.32.2 255.255.255.0

R3(config)# int lo0
R3(config-if)# ip address 1.1.3.3 255.255.255.0
R3(config-if)# int f0/0
R3(config-if)# no shut
R3(config-if)# int f0/0.23
R3(config-subif)# encap dot1q 23
R3(config-subif)# ip address 1.1.23.3 255.255.255.0
R3(config-subif)# int f0/0.32
R3(config-subif)# encap dot1q 32
R3(config-subif)# ip address 1.1.32.3 255.255.255.0
R3(config-subif)# int f0/0.34
R3(config-subif)# encap dot1q 34
R3(config-subif)# ip address 1.1.34.3 255.255.255.0

R4(config)# int lo0
R4(config-if)# ip address 1.1.4.4 255.255.255.0
R4(config-if)# int f0/0
R4(config-if)# no shut
R4(config-if)# int f0/0.34
```

```
R4(config-subif)# encap dot1q 34
R4(config-subif)# ip address 1.1.34.4 255.255.255.0
```

각 라우터에서 show ip interface brief 명령어를 사용하여 인터페이스 설정 및 동작 상태를 확인한다.
예를 들어, R1에서의 확인 결과는 다음과 같다.

예제 3-3 인터페이스 설정 및 동작 상태 확인

```
R1# show ip int brief
Interface              IP-Address      OK? Method  Status        Protocol
FastEthernet0/0        unassigned      YES unset   up            up
FastEthernet0/0.12     1.1.12.1        YES manual  up            up
     (생략)
Loopback0              1.1.1.1         YES manual  up            up
```

각 라우터에서 다음과 같이 인접한 IP 주소까지 핑을 해 본다.

예제 3-4 핑 확인

```
R1# ping 1.1.12.2

R2# ping 1.1.23.3
R2# ping 1.1.32.3

R3# ping 1.1.34.4
```

이제, RIP을 설정할 준비가 되었다.

RIP 설정하기

모든 라우터에서 다음과 같이 RIP을 설정한다.

예제 3-5 R1의 설정

```
R1(config)# router rip     ①
R1(config-router)# version 2     ②
R1(config-router)# network 1.0.0.0     ③
```

① router rip 명령어를 사용하여 RIP 설정 모드로 들어간다.

② RIP 버전 2를 실정한다.

③ network 명령어를 사용하여 RIP을 통하여 알리고자 하는 네트워크의 주 네트워크 주소를 지정한다. network 명령어는 두 가지 기능을 가진다. 하나는 특정 라우터의 인터페이스에 설정된 네트워크를 RIP을 통하여 다른 라우터에게 광고하는 기능이고, 다른 하나는 특정 인터페이스로 RIP 광고를 전송하는 것이다. 다음 그림처럼 R1에 접속된 201.1.1.0 네트워크와 1.1.1.0, 1.1.12.0 네트워크를 RIP을 이용하여 R2에게 알리려면 해당 서브넷이 속하는 주 네트워크를 모두 RIP 프로세스에 포함시켜야 한다.

그림 3-2 RIP을 통해 광고하고자 하는 네트워크를 모두 RIP 프로세스에 포함시킨다

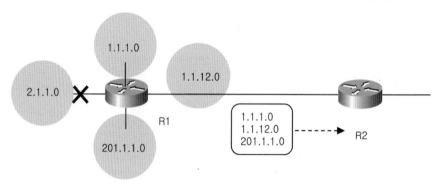

또, R1에 설정된 2.1.1.0 네트워크를 RIP을 통해서 다른 라우터에게 알리지 않으려면 해당 서브넷의 주 네트워크를 RIP에서 지정하지 않으면 된다.

예제 3-6 RIP 설정시 특정 네트워크 제외하기

```
R1(config)# router rip
R1(config-router)# network 1.0.0.0
R1(config-router)# network 201.1.1.0
```

그러나, RIP 라우팅 정보가 전송되는 인터페이스의 네트워크는 반드시 포함되어야 한다. 다음 그림과 같이 R1에서 R2와 연결되는 인터페이스의 서브넷인 1.1.12.0이 소속되는 주 네트워크인 1.0.0.0을 RIP에 포함시키지 않으면, R2로는 RIP 광고가 전송되지 않는다.

그림 3-3 RIP 프로세스에 출력 인터페이스의 주 네트워크가 포함되어야 한다

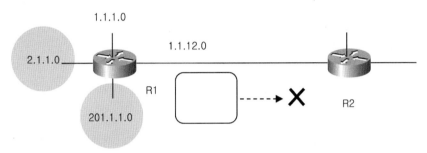

다른 라우터에서도 동일하게 설정한다. 잠시 후 R1에서 라우팅 테이블을 확인해 보면 다음과 같이 모든 네트워크가 다 보인다.

예제 3-7 R1의 라우팅 테이블

```
R1# show ip route rip
    (생략)
Gateway of last resort is not set

     1.0.0.0/8 is variably subnetted, 10 subnets, 2 masks
R       1.1.2.0/24 [120/1] via 1.1.12.2, 00:00:02, FastEthernet0/0.12
R       1.1.3.0/24 [120/2] via 1.1.12.2, 00:00:02, FastEthernet0/0.12
R       1.1.4.0/24 [120/3] via 1.1.12.2, 00:00:02, FastEthernet0/0.12
R       1.1.23.0/24 [120/1] via 1.1.12.2, 00:00:02, FastEthernet0/0.12
R       1.1.32.0/24 [120/1] via 1.1.12.2, 00:00:02, FastEthernet0/0.12
R       1.1.34.0/24 [120/2] via 1.1.12.2, 00:00:02, FastEthernet0/0.12
```

네트워크 앞에 'R'이라고 표시된 것은 RIP을 통하여 광고받은 정보임을 나타낸다. 다음과 같이 R1에서 R4의 네트워크인 1.1.4.4로 핑을 하면 성공한다.

예제 3-8 핑 확인

```
R1# ping 1.1.4.4
Type escape sequence to abort.
Sending 5, 100-byte ICMP Echos to 1.1.4.4, timeout is 2 seconds:
!!!!!
Success rate is 100 percent (5/5), round-trip min/avg/max = 36/50/68 ms
```

R2의 라우팅 테이블을 확인하면 다음과 같이 R3 방향으로는 부하 분산(load balancing)이 되고 있다.

예제 3-9 R2의 라우팅 테이블

```
R2# show ip route rip
    (설정)
Gateway of last resort is not set

     1.0.0.0/8 is variably subnetted, 12 subnets, 2 masks
R       1.1.1.0/24 [120/1] via 1.1.12.1, 00:00:03, FastEthernet0/0.12
R       1.1.3.0/24 [120/1] via 1.1.32.3, 00:00:09, FastEthernet0/0.32
                   [120/1] via 1.1.23.3, 00:00:05, FastEthernet0/0.23
R       1.1.4.0/24 [120/2] via 1.1.32.3, 00:00:09, FastEthernet0/0.32
                   [120/2] via 1.1.23.3, 00:00:05, FastEthernet0/0.23
R       1.1.34.0/24 [120/1] via 1.1.32.3, 00:00:09, FastEthernet0/0.32
                    [120/1] via 1.1.23.3, 00:00:05, FastEthernet0/0.23
```

이상으로 기본적인 RIP을 설정하였다.

RIP 네트워크 축약

앞서 설정한 기본적인 RIP 네트워크에서 RIP 네트워크를 축약하는 방법에 대하여 살펴보자.

디폴트 루트 광고하기

RIP은 RIP 설정 모드에서 **default−information originate** 명령어를 사용하면 RIP이 동작하는 인접한 라우터에게 디폴트 루트를 광고한다.

또, 디폴트 네트워크를 가지고 있는 다른 라우팅 프로토콜을 RIP으로 재분배시켜도 RIP이 동작하는 인접한 라우터에게 디폴트 루트를 광고한다. 다른 라우팅 프로토콜에 소속된 라우팅 정보를 특정 라우팅 프로토콜에게 알려주는 것을 재분배(redistribution)라고 한다. 재분배는 나중에 자세히 공부한다.

예를 들어, R3에서 **ip route 0.0.0.0 0.0.0.0** 명령어를 이용하여 정적인 디폴트 루트를 설정한 다음 이것을 RIP으로 재분배해 보자. 정적 경로도 일종의 라우팅 프로토콜로 간주한다.

예제 3-10 정적 디폴트 루트를 RIP으로 재분배하기

```
R3(config)# ip route 0.0.0.0 0.0.0.0 1.1.34.4

R3(config)# router rip
R3(config-router)# redistribute static
```

R1에서 확인해 보면 디폴트 루트가 저장되어 있다.

예제 3-11 R1의 라우팅 테이블

```
R1# show ip route rip
    (생략)
Gateway of last resort is 1.1.12.2 to network 0.0.0.0

R*     0.0.0.0/0 [120/2] via 1.1.12.2, 00:00:07, FastEthernet0/0.12
       1.0.0.0/8 is variably subnetted, 10 subnets, 2 masks
R          1.1.2.0/24 [120/1] via 1.1.12.2, 00:00:07, FastEthernet0/0.12
```

```
R    1.1.3.0/24 [120/2] via 1.1.12.2, 00:00:07, FastEthernet0/0.12
R    1.1.4.0/24 [120/3] via 1.1.12.2, 00:00:07, FastEthernet0/0.12
R    1.1.23.0/24 [120/1] via 1.1.12.2, 00:00:07, FastEthernet0/0.12
R    1.1.32.0/24 [120/1] via 1.1.12.2, 00:00:07, FastEthernet0/0.12
R    1.1.34.0/24 [120/2] via 1.1.12.2, 00:00:07, FastEthernet0/0.12
```

테스트를 위하여 다음과 같이 R4에서 Lo4 인터페이스를 만들고 IP 주소 4.4.4.4/24를 부여한다.

예제 3-12 R4의 설정

```
R4(config)# int lo4
R4(config-if)# ip address 4.4.4.4 255.255.255.0
```

R1의 라우팅 테이블을 확인해 보면 4.4.4.0/24 네트워크 정보가 없다.

예제 3-13 R1의 라우팅 테이블

```
R1# show ip route 4.4.4.0
% Network not in table
```

그러나, R1에서 4.4.4.4로 핑을 해보면 다음과 같이 성공한다.

예제 3-14 핑 확인

```
R1# ping 4.4.4.4
Type escape sequence to abort.
Sending 5, 100-byte ICMP Echos to 4.4.4.4, timeout is 2 seconds:
!!!!!
Success rate is 100 percent (5/5), round-trip min/avg/max = 12/37/52 ms
```

그 이유는 디폴트 루트를 이용하여 패킷이 전송되기 때문이다.

RIP 자동 축약

모든 라우팅 프로토콜에서 네트워크 축약(summary)의 역할은 대단히 중요하다. 즉, 효과적인 축약을 통하여 네트워크의 안정성과 성능을 향상시킬 수 있다.

RIP은 주 네트워크 경계(major network boundary)에서 자동으로 축약이 이루어진다. 이것을 자동 축약(auto summary)이라고 한다. 다음 그림의 R4에서 RIP을 통하여 4.4.4.0/24 네트워크를 광고하는 경우를 생각해 보자.

그림 3-4 R4에서 RIP을 통하여 4.4.4.0/24 네트워크를 광고하는 경우

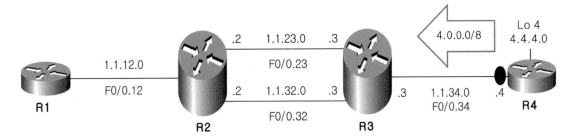

현재 광고하고자 하는 네트워크의 주 네트워크는 4.0.0.0/8이고, 광고를 전송해야 하는 인터페이스 F0/0.34에 설정된 IP 주소 1.1.34.4/24의 주 네트워크는 1.0.0.0/8이다. 따라서, F0/0.34 인터페이스는 4.4.4.0/24 네트워크에 대해서 주 네트워크 경계이다. 주 네트워크 경계에서는 주 네트워크만 광고하므로 결국 R4는 R3에게 4.4.4.0/24 네트워크가 아닌 4.0.0.0/8을 광고한다.

다음과 같이 R4에서 4.0.0.0 네트워크를 RIP에 포함시킨다.

예제 3-15 R4의 설정

```
R4(config)# router rip
R4(config-router)# network 4.0.0.0
```

R3에서 확인해 보면 다음과 같이 4.4.4.0/24 네트워크가 아닌 4.0.0.0/8이 인스톨되어 있다.

예제 3-16 R3의 라우팅 테이블

```
R3# show ip route
     (생략)
R    4.0.0.0/8 [120/1] via 1.1.34.4, 00:00:07, FastEthernet0/0.34
```

RIP의 자동 축약 기능을 중지시키려면 RIP 설정 모드에서 no auto-summary 명령어를 사용한다.

예제 3-17 R4의 설정

```
R4(config)# router rip
R4(config-router)# no auto-summary
```

라우팅 테이블에서 기존의 라우팅 정보를 제거하고 새로운 정보가 빨리 설치하도록 clear ip route * 명령어를 사용한다.

예제 3-18 라우팅 정보 갱신

```
R3# clear ip route *
```

R3에서 확인해 보면 다음과 같이 서브넷 4.4.4.0/24가 인스톨되어 있다.

예제 3-19 R3의 라우팅 테이블

```
R3# show ip route
     (생략)
R    4.4.4.0 [120/1] via 1.1.34.4, 00:00:02, FastEthernet0/0.34
```

이상으로 RIP의 자동 축약 기능과 이를 비활성화시키는 방법에 대하여 살펴보았다.

RIP의 수동 축약

이번에는 RIP의 수동 축약 기능에 대해서 살펴보자. 주 네트워크만 전송되는 자동 축약 기능과 달리, RIP의 수동 축약 기능을 이용하면 주 네트워크 범위내에서 임의의 길이로 축약할 수 있다. RIP에서 수동 축약 기능을 구현하려면 다음처럼 설정한다.

- no auto-summary 명령어를 이용하여 자동 축약 기능을 중지시킨다.

- 축약을 보내고자 하는 인터페이스에서 ip summary-address rip 명령어를 사용한다.

- 주 네트워크 범위내에서만 축약시킬 수 있다. 즉, 1.1.16.0/24부터 1.1.23.0/24까지를 1.1.16.0/21로 축약할 수 있다. 그러나, 4.0.0.0/8과 5.0.0.0/8 네트워크를 4.0.0.0/7로 축약할 수는 없다. 즉, 서로 다른 주 네트워크를 하나로 축약할 수는 없다. 이것은 RIP2에만 한정된 제한사항이다. EIGRP, OSPF, BGP 등에서는 이런 제약 사항이 없다. 만약 서로 다른 주 네트워크를 축약하면 다음과 같이 에러 메시지가 표시된다.

예제 3-20 RIP에서는 서로 다른 주 네트워크를 하나로 축약할 수 없다

```
R1(config)# int f0/0.34
R1(config-if)# ip summary-address rip 4.0.0.0 254.0.0.0
 Summary mask must be greater or equal to major net
```

축약 네트워크의 네트워크 마스크를 계산할 때, 현재의 마스크를 가진 네트워크 2^n개를 축약하려면 현재의 네트워크 마스크에서 n을 빼면 된다. 예를 들어, 1.1.16.0/24부터 1.1.31.0/24까지 $16(2^4)$개의 네트워크를 축약하면 서브넷 마스크의 길이가 24−4 즉, 20이 되어 축약된 네트워크는 1.1.16.0/20으로 표시된다. 또, 축약이 시작되는 수가 2^n의 배수이면 2^n개까지 하나의 네트워크로 축약할 수 있다. 앞의 예에서 축약이 시작되는 수가 1.1.16.0 즉, 16이므로 최대 축약 가능한 네트워크 수는 16개이다. R4에서 1.1.16.0/24부터 1.1.19.0/24까지의 네트워크 4개를 주 네트워크가 아닌 하나의 네트워크로 축약해보자. 4개의 네트워크를 축약해야 하므로 앞의 규칙에 따라 $4 = 2^2$이 되어 n=2이고, 24−2=22가 되어 축약 네트워크의 서버넷 마스크 길이는 22이다.

테스트를 위하여 다음과 같이 Lo5 인터페이스를 만들고 IP 주소 1.1.16.4/24부터 1.1.19.0/24까지 4개를 부여한다. 하나의 인터페이스에 다수개의 IP 주소를 부여하려면 secondary 옵션을 사용하면 된다.

예제 3-21 R4의 설정

```
R4(config)# int lo5
R4(config-if)# ip address 1.1.16.4 255.255.255.0
R4(config-if)# ip address 1.1.17.4 255.255.255.0 secondary
R4(config-if)# ip address 1.1.18.4 255.255.255.0 secondary
R4(config-if)# ip address 1.1.19.4 255.255.255.0 secondary
```

R3의 라우팅 테이블을 보면 다음과 같이 1.1.16.0/24부터 1.1.19.0/24까지 4개가 인스톨되어 있다.

예제 3-22 R3의 라우팅 테이블

```
R3# show ip route rip
    (생략)
R        1.1.16.0/24 [120/1] via 1.1.34.4, 00:00:22, FastEthernet0/0.34
R        1.1.17.0/24 [120/1] via 1.1.34.4, 00:00:22, FastEthernet0/0.34
R        1.1.18.0/24 [120/1] via 1.1.34.4, 00:00:22, FastEthernet0/0.34
R        1.1.19.0/24 [120/1] via 1.1.34.4, 00:00:22, FastEthernet0/0.34
```

이를 하나의 네트워크로 축약하려면 R4에서 다음과 같이 설정한다.

예제 3-23 R4의 설정

```
R4(config)# int f0/0.34
R4(config-subif)# ip summary-address rip 1.1.16.0 255.255.252.0
```

설정 후 R3에서 clear ip route * 명령어를 사용하여 라우팅 테이블을 새로 만들게 하고, 확인해 보면 다음과 같이 축약된 네트워크가 보인다.

예제 3-24 R3의 라우팅 테이블

```
R3# show ip route rip
    (생략)
R        1.1.16.0/22 [120/1] via 1.1.34.4, 00:00:03, FastEthernet0/0.34
```

만약 R2에서도 주 네트워크가 아닌 하나의 네트워크로 보내려면 R2의 RIP 설정모드에서 **no auto-summary** 명령어만 추가하면 된다.

RIP 네트워크 보안

RIP에 대한 보안 대책으로는 다음과 같은 것들이 있다.

- 라우팅 정보 인증
- 라우팅 정보 차단

각각에 대해 살펴보기로 하자.

라우팅 정보 인증

라우팅 정보 인증은 라우팅 정보 수신시 암호를 확인하고, 암호가 맞는 경우에만 해당 광고를 라우팅 테이블에 저장시키는 것을 말한다. RIP 인증은 직접 접속된 장비간에만 설정해주면 된다. 다음 그림에서 R1, R2간에 RIP 인증을 설정해 보자.

그림 3-5 RIP 인증을 위한 네트워크

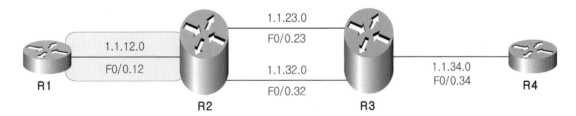

R1의 설정은 다음과 같다.

예제·3-25 R1에서의 RIP 인증 설정하기

```
R1(config)# key chain RIPKEY      ①
R1(config-keychain)# key 1      ②
R1(config-keychain-key)# key-string cisco123      ③
R1(config-keychain-key)# exit
```

```
R1(config-keychain)# exit

R1(config)# int f0/0.12    ④
R1(config-subif)# ip rip authentication key-chain RIPKEY    ⑤
R1(config-subif)# ip rip authentication mode md5    ⑥
```

① key chain 명령어와 함께 적당한 이름을 사용하여 암호 설정모드로 들어간다. 이 이름은 해당 라우터에서만 의미가 있다. 즉, 암호를 송·수신하는 라우터 간에 키 체인의 이름은 달라도 무관하다.

② key 명령어를 사용하여 암호 번호를 부여한다. 0 − 2,147,483,647 사이의 적당한 값을 사용한다. 이 번호는 암호를 송·수신하는 라우터 간에 서로 동일해야 한다.

③ key−string 명령어를 사용하여 암호를 정의한다. 이 암호도 인접하는 라우터 간에 반드시 일치해야 한다.

④ 인증을 사용할 라우터와 접속된 인터페이스 설정 모드로 들어간다.

⑤ 앞서 정의한 키 체인 이름을 지정한다.

⑥ 인증 방식을 지정한다. md5와 text 두 가지 방식이 있는데 특별히 지정하지 않으면 기본적으로 text 방식을 사용한다. 가능하면 md5를 사용하는 것이 더 높은 수준의 보안성을 유지한다. 양측이 모두 동일한 인증방식을 사용해야 한다.

R2의 설정은 다음과 같다.

예제 3-26 R2에서의 RIP 인증

```
R2(config)# key chain RIPKEY
R2(config-keychain)# key 1
R2(config-keychain-key)# key-string cisco123
R2(config-keychain-key)# exit
R2(config-keychain)# exit

R2(config)# int f0/0.12
R2(config-subif)# ip rip authentication key-chain RIPKEY
R2(config-subif)# ip rip authentication mode md5
```

R2의 설정내용은 R1과 동일하다. 인증이 제대로 되지 않으면 3~4분 후에 라우팅 테이블에서 라우팅 정보가 사라진다. 또, debug ip rip event 명령어를 사용하여 디버깅을 해보면 다음과 같이 'invalid authentication'메지시가 표시된다.

예제 3-27 디버깅 메시지

```
*Jun 15 10:16:28.851: RIP: ignored v2 packet from 1.1.12.2 (invalid authentication)
```

이상으로 RIP 인증에 대하여 살펴보았다.

라우팅 정보 차단

RIP 네트워크의 또 다른 보안대책으로 라우팅 정보를 차단하는 방법이 있다. R2에서 R1과 연결되는 F0/0.12 인터페이스를 통한 RIP 광고의 송·수신을 모두 차단하려면 다음과 같이 설정한다.

예제 3-28 라우팅 정보 차단하기

```
R2(config)# ip prefix-list BLOCK-RIP deny 0.0.0.0/0 le 32    ①

R2(config)# router rip
R2(config-router)# distribute-list prefix BLOCK-RIP in f0/0.12    ②
R2(config-router)# distribute-list prefix BLOCK-RIP out f0/0.12    ③
```

① 라우팅 정보를 차단하기 위한 프리픽스 리스트(prefix list)를 만든다. 특정 광고는 수신하려면 해당 네트워크에 대해서 **permit** 명령어를 사용하면 된다. 여기서는 모든 광고를 차단하기 위하여 **deny** 명령어를 사용하였다. 프리픽스 리스트에 대해서는 나중에 자세히 설명한다. 프리픽스 리스트 대신에 액세스 리스트를 사용해도 된다.

② RIP 설정모드에서 **distribute-list** 명령어를 사용하여 F0/0.12 인터페이스를 통하여 수신하는 모든 RIP 광고를 차단한다. **distribute-list** 명령어에 대해서는 나중에 '재분배 네트워크 차단'에서 자세히 설명한다.

③ RIP 설정모드에서 **distribute-list** 명령어를 사용하여 F0/0.12 인터페이스를 통하여 송신하는 모든 라우팅 정보를 차단한다. R2에서 **clear ip route *** 명령어를 사용하여 라우팅 테이블을 다시 만들고 확인해 보면 R1에서 보내는 광고가 저장되지 않는다.

예제 3-29 R2의 라우팅 테이블

```
R2# show ip route 1.1.1.0
% Subnet not in table
```

다음 테스트를 위하여 앞서 설정한 distribute-list 명령어를 제거한다.

예제 3-30 R2의 설정

```
R2(config)# router rip
R2(config-router)# no distribute-list prefix BLOCK-RIP in f0/0.12
R2(config-router)# no distribute-list prefix BLOCK-RIP out f0/0.12
```

이상으로 RIP 네트워크 보안에 대하여 살펴보았다.

RIP 메트릭 조정

RIP은 라우팅 정보를 송·수신하면서 오프셋 리스트(offset list)를 이용하여 메트릭 값을 증가시킬 수 있다. 이 기능을 이용하면 특정 경로를 부하 분산(load balancing)시키거나, 백업(backup) 링크로 활용할 수 있다.

오프셋 리스트를 이용한 부하 분산

먼저 오프셋 리스트를 이용한 부하 분산에 대해서 살펴보기로 하자. 다음 그림과 같은 네트워크의 R1에 설정된 1.1.1.0/24와 R3의 1.1.3.0/24 네트워크간를 RIP을 이용하여 라우팅시키면 R2를 통과하지 않고 R1-R3이 직접 연결된 F0/0.13 인터페이스만 사용한다.

그림 3-6 오프셋 리스트 설정을 위한 네트워크

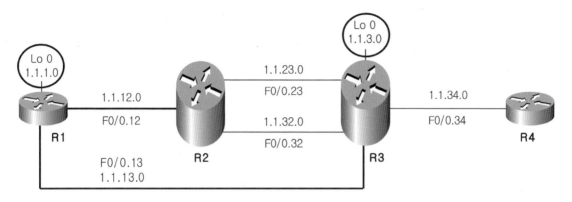

그 이유는 R2를 통과하면 홉 카운트(hop count)가 하나 더 증가하기 때문이다. 만약, R1-R3 사이의 통신에서 직접 연결된 인터페이스뿐만 아니라 R2를 통과하는 경로도 동시에 이용하여 부하를 분산시키려면 offset-list를 활용하면 된다. 즉, R1과 R3이 F0/0.13 인터페이스를 통하여 RIP 광고를 수신할 때 홉 카운트를 1 증가시켜 R2를 통과하는 경로의 홉 카운트와 동일하게 만들면 된다.

테스트를 위하여 R1-R3을 연결하는 경로를 만든다. 먼저, 스위치에서 VLAN 13을 추가한다.

예제 3-31 스위치 설정

```
SW1(config)# vlan 13
SW1(config-vlan)# exit
```

R1, R3에서 서브 인터페이스를 만들고, IP 주소를 설정한다.

예제 3-32 서브 인터페이스 및 IP 주소 설정

```
R1(config)# int f0/0.13
R1(config-subif)# encap dot1q 13
R1(config-subif)# ip address 1.1.13.1 255.255.255.0

R3(config)# int f0/0.13
R3(config-subif)# encap dot 13
R3(config-subif)# ip address 1.1.13.3 255.255.255.0
```

잠시 후 R1의 라우팅 테이블을 보면 다음과 같이 R3의 1.1.3.0/24 네트워크로 가는 경로가 R2를 이용하지 않고 직접 연결된다.

예제 3-33 R1의 라우팅 테이블

```
R1# show ip route
    (생략)
R        1.1.3.0/24 [120/1] via 1.1.13.3, 00:00:06, FastEthernet0/0.13
R        1.1.4.0/24 [120/2] via 1.1.13.3, 00:00:06, FastEthernet0/0.13
```

R1에서 다음과 같이 offset-list를 설정한다.

예제 3-34 R1의 설정

```
R1(config)# ip access-list standard MoreHops    ①
R1(config-std-nacl)# permit 1.1.3.0 0.0.0.255
R1(config-std-nacl)# permit 1.1.4.0 0.0.0.255
R1(config-std-nacl)# exit

R1(config)# router rip
                           ②          ③      ④  ⑤   ⑥
R1(config-router)# offset-list MoreHops in 1 f0/0.13
R1(config-router)# offset-list MoreHops out 1 f0/0.13
```

① 메트릭 값을 조정할 네트워크를 액세스 리스트를 사용하여 지정한다.

② RIP 설정 모드에서 offset-list 명령어를 사용한다.

③ 메트릭을 조정할 대상 네트워크를 액세스 리스트를 이용하여 지정한다. 0을 사용하면 모든 네트워크의 메트릭 값이 조정된다.

④ 메트릭 값을 증가시키는 방향을 지정한다. in을 사용하면 라우팅 정보 수신시 메트릭 값을 증가시킨다. out을 사용하면 라우팅 정보 송신시 메트릭 값을 증가시킨다.

⑤ 증가시킬 메트릭 값을 지정한다. 0에서 16 사이의 값을 지정할 수 있다.

⑥ 오프셋 리스트를 적용할 인터페이스를 지정한다. 설정 후 R1의 라우팅 테이블을 보면 R3, R4로 가는 트래픽이 두개의 경로로 부하 분산되고 있다.

예제 3-35 R1의 라우팅 테이블

```
R1# show ip route rip
   (생략)
R        1.1.3.0/24 [120/2] via 1.1.13.3, 00:00:16, FastEthernet0/0.13
                    [120/2] via 1.1.12.2, 00:00:03, FastEthernet0/0.12
R        1.1.4.0/24 [120/3] via 1.1.13.3, 00:00:16, FastEthernet0/0.13
                    [120/3] via 1.1.12.2, 00:00:03, FastEthernet0/0.12
```

이상으로 오프셋 리스트를 이용하여 RIP 네트워크에서 부하를 분산시키는 방법에 대하여 살펴보았다.

오프셋 리스트를 이용한 백업

이번에는 오프셋 리스트를 이용하여 백업 설정을 해보자. 다음 그림과 같이 R2와 R3이 두 개의 링크로 연결된 경우를 생각해보자. 예를 들어, 인터페이스 F0/0.23은 속도가 빠른 1 Gbps이고, F0/0.32는 느린 10 Mbps이다. RIP은 홉 카운트(hop count)만으로 최적 경로를 결정하기 때문에 두 링크가 동등하게 취급되어 부하가 분산된다. 이 때 저속 링크에 오프셋 리스트를 적용하면, 평소에는 이 경로가 라우팅 테이블에 저장되지 않고, 고속 링크가 다운되었을 때에만 저속 링크가 동작한다. 결국, 저속 링크가 백업 링크(backup link)의 역할을 수행한다.

그림 3-7 오프셋 리스트를 이용한 RIP 네트워크 백업

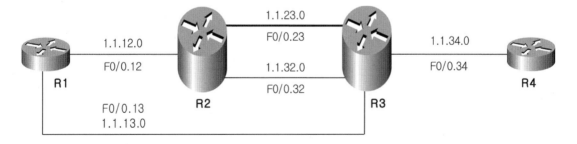

이를 위하여 R2에서 F0/0.32 인터페이스를 통하여 송·수신하는 RIP 광고에 메트릭 값을 1 증가시킨다.

예제 3-36 R2의 설정

```
R2(config)# router rip
R2(config-router)# offset-list 0 in 1 f0/0.32
R2(config-router)# offset-list 0 out 1 f0/0.32
```

설정 후 R2의 라우팅을 보면 R3, R4로 가는 경로가 F0/0.23 인터페이스를 사용하고 있다.

예제 3-37 R2의 라우팅 테이블

```
R2# show ip route rip
    (생략)
R        1.1.3.0/24 [120/1] via 1.1.23.3, 00:00:00, FastEthernet0/0.23
R        1.1.4.0/24 [120/2] via 1.1.23.3, 00:00:00, FastEthernet0/0.23
```

다음과 같이 F0/0.23 인터페이스를 다운시켜 보자.

예제 3-38 인터페이스 다운시키기

```
R2(config)# int f0/0.23
R2(config-subif)# shut
```

다시 라우팅 테이블을 확인해 보면 R3, R4로 가는 경로가 백업 경로인 F0/0.32 인터페이스를 사용하고 있다.

예제 3-39 R2의 라우팅 테이블

```
R2# show ip route rip
    (생략)
R        1.1.3.0/24 [120/2] via 1.1.32.3, 00:00:20, FastEthernet0/0.32
R        1.1.4.0/24 [120/3] via 1.1.32.3, 00:00:20, FastEthernet0/0.32
```

지금까지 RIP에 대하여 살펴보았다.

제4장

EIGRP

제4장에서는 EIGRP(Enhanced Interior Gateway Routing Protocol)에 대해서 알아본다. EIGRP는 시스코에서 만든 디스턴스 벡터 라우팅 프로토콜이다. EIGRP는 라우팅 정보 전송을 위하여 IP 프로토콜 번호 88번을 사용한다.

EIGRP는 OSPF와 더불어 가장 많이 사용되는 IGP이다. OSPF와 EIGRP 중에서 어느 것을 사용할지에 대해서 고민하는 경우가 많다. 각각의 장단점을 비교하여, 각 네트워크의 환경에 가장 적합한 것을 선택하면 된다.

EIGRP의 장점은 다음과 같다.

언이퀄 코스트(unequal cost) 부하 분산을 지원한다. RIP이나 OSPF는 메트릭 값이 동일한 최적 경로만을 사용하여 패킷을 전송한다. 그러나, EIGRP는 메트릭 값이 다른 다수개의 경로를 동시에 사용할 수 있다. 이 때 메트릭 값이 작은 경로(빠른 경로)를 상대적으로 많이 활용한다. 결과적으로 대체 경로의 대역폭까지 활용함으로써 링크 활용도를 극대화시킬 수 있다.

OSPF에 비해서 기본적인 설정이 간단하다. EIGRP는 소규모 네트워크에서는 RIP과 마찬가지로 설계 및 설정이 간단하다. 그러나, 규모가 큰 네트워크에서 EIGRP를 사용하려면 사전에 충분히 검토한 다음에 네트워크를 설계해야 한다. 설계에 신경쓰지 않으면 네트워크가 불안정해질 수 있다.

EIGRP의 단점은 다음과 같다.

시스코 라우터에서만 동작한다. EIGRP는 표준 라우팅 프로토콜이 아니기 때문에 시스코가 아닌 다른 회사의 라우터에서는 사용할 수 없다.

대규모 네트워크에서 관리가 힘들다. EIGRP의 가장 큰 단점은 대규모의 네트워크에서 나중에 설명할 SIA(Stuck In Active)라는 현상이 발생할 수 있다. SIA 현상이 발생하면 특정 라우터가 네트워크에서 분리되고, 그 원인을 찾기가 힘들어 장애처리에 많은 시간이 걸릴 수 있다.

네트워크의 한 부분에서 장애가 발생할 경우, 이 장애를 감지하고 대체 경로를 사용할 때까지 시간이 많이 걸릴 수 있다.

기본적인 EIGRP 설정

다음과 같은 네트워크에서 EIGRP를 설정하고, EIGRP의 동작방식에 대하여 살펴보자. IP 주소는 2.2.Y.X/24를 사용한다. Y는 그림에 표시된 각 서브넷의 번호이고, X는 라우터 번호이다. 또, 모든 라우터에서 Loopback 0 인터페이스를 만들고 IP 주소 2.2.X.X/24를 부여한다. 예를 들어, R3의 Loopback 0 IP 주소는 2.2.3.3/24이다.

다음 그림에서 R3-R4를 연결할 때에는 시리얼 인터페이스를 사용하고, 나머지는 모두 F0/0의 서브 인터페이스를 사용한다.

그림 4-1 EIGRP 설정을 위한 네트워크

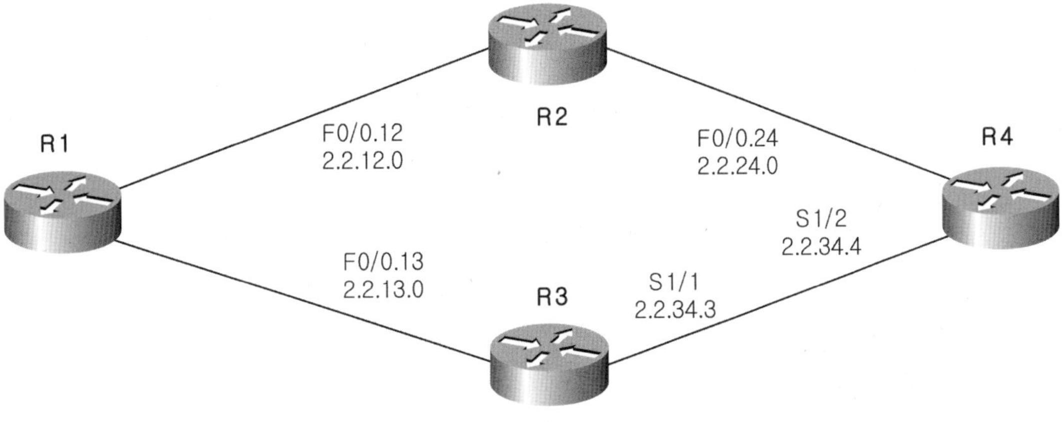

먼저, 각 라우터를 연결하는 스위치에서 VLAN을 만들고, 트렁킹을 설정한다.

예제 4-1 스위치 설정

```
SW1(config)# vlan 12,13,24
SW1(config-vlan)# exit

SW1(config)# int range f1/1 - 4
SW1(config-if-range)# switchport trunk encap dot
SW1(config-if-range)# switchport mode trunk
```

다음에는 각 라우터에서 인터페이스를 설정한다. R1의 설정은 다음과 같다.

예제 4-2 R1의 설정

```
R1(config)# int lo0
R1(config-if)# ip address 2.2.1.1 255.255.255.0

R1(config-if)# int f0/0
R1(config-if)# no shut

R1(config-if)# int f0/0.12
R1(config-subif)# encap dot 12
R1(config-subif)# ip address 2.2.12.1 255.255.255.0

R1(config-subif)# int f0/0.13
R1(config-subif)# encap dot 13
R1(config-subif)# ip address 2.2.13.1 255.255.255.0
```

R2의 설정은 다음과 같다.

예제 4-3 R2의 설정

```
R2(config)# int lo0
R2(config-if)# ip address 2.2.2.2 255.255.255.0

R2(config-if)# int f0/0
R2(config-if)# no shut

R2(config-if)# int f0/0.12
R2(config-subif)# encap dot 12
R2(config-subif)# ip address 2.2.12.2 255.255.255.0

R2(config-subif)# int f0/0.24
R2(config-subif)# encap dot 24
R2(config-subif)# ip address 2.2.24.2 255.255.255.0
```

R3의 설정은 다음과 같다.

예제 4-4 R3의 설정

```
R3(config)# int lo0
```

```
R3(config-if)# ip address 2.2.3.3 255.255.255.0

R3(config-if)# int f0/0
R3(config-if)# no shut

R3(config-if)# int f0/0.13
R3(config-subif)# encap dot 13
R3(config-subif)# ip address 2.2.13.3 255.255.255.0

R3(config-subif)# int s1/1
R3(config-if)# ip address 2.2.34.3 255.255.255.0
R3(config-if)# no shut
```

R4의 설정은 다음과 같다.

예제 4-5 R4의 설정

```
R4(config)# int lo0
R4(config-if)# ip address 2.2.4.4 255.255.255.0

R4(config-if)# int f0/0
R4(config-if)# no sh

R4(config-if)# int f0/0.24
R4(config-subif)# encap dot 24
R4(config-subif)# ip address 2.2.24.4 255.255.255.0

R4(config-subif)# int s1/2
R4(config-if)# ip address 2.2.34.4 255.255.255.0
R4(config-if)# no shut
```

이상으로 기본적인 네트워크 설정이 끝났다. 기본 네트워크 설정 후 각 라우터에서 설정한 IP 주소가 정확한 지, 넥스트 홉 IP 주소와 통신이 제대로 되는 지 확인한다. R1의 설정을 다음과 같이 show ip inteface brief 명령어를 사용하여 확인한다. 이 때 인터페이스 번호, IP 주소 및 인터페이스의 상태를 확인한다.

예제 4-6 R1의 인터페이스 설정 확인

```
R1# show ip int brief
Interface              IP-Address       OK?  Method   Status       Protocol
FastEthernet0/0        unassigned       YES  unset    up           up
FastEthernet0/0.12     2.2.12.1         YES  manual   up           up
FastEthernet0/0.13     2.2.13.1         YES  manual   up           up
Loopback0              2.2.1.1          YES  manual   up           up
```

설정이 정확하면 다음처럼 ping을 사용하여 넥스트 홉 IP 주소까지 통신이 되는지 확인한다.

예제 4-7 R1에서 넥스트 홉 IP까지 핑 테스트하기

```
R1# ping 2.2.12.2
R1# ping 2.2.13.3
```

나머지 라우터에서도 동일한 절차를 사용하여 기본적인 네트워크 설정 및 동작을 확인한다.

기본적인 EIGRP 설정

이상과 같이 EIGRP를 설정하기 위한 기본적인 준비가 끝나면, 각 라우터에서 다음과 같이 EIGRP를 설정한다. 다음 설정 예에서 보는 것처럼 기본적인 EIGRP 설정은 비교적 간단하다. 전체 설정모드에서 router eigrp 명령어를 이용하여 라우팅 설정모드로 들어간 다음, network 명령어를 이용하여 EIGRP를 통하여 다른 라우터에게 광고하고자 하는 네트워크를 지정하면 된다.

예제 4-8 각 라우터에서 기본적인 EIGRP 설정하기

```
R1(config)# router eigrp 1    ①
R1(config-router)# eigrp router-id 2.2.1.1    ②
R1(config-router)# network 2.2.1.1 0.0.0.0    ③
R1(config-router)# network 2.2.12.1 0.0.0.0
R1(config-router)# network 2.2.13.1 0.0.0.0

R2(config)# router eigrp 1
R2(config-router)# eigrp router-id 2.2.2.2
R2(config-router)# network 2.2.2.2 0.0.0.0
R2(config-router)# network 2.2.12.2 0.0.0.0
R2(config-router)# network 2.2.24.2 0.0.0.0
```

```
R3(config)# router eigrp 1
R3(config-router)# eigrp router-id 2.2.3.3
R3(config-router)# network 2.2.3.3 0.0.0.0
R3(config-router)# network 2.2.13.3 0.0.0.0
R3(config-router)# network 2.2.34.3 0.0.0.0

R4(config)# router eigrp 1
R4(config-router)# eigrp router-id 2.2.4.4
R4(config-router)# network 2.2.4.4 0.0.0.0
R4(config-router)# network 2.2.24.4 0.0.0.0
R4(config-router)# network 2.2.34.4 0.0.0.0
```

① 전체 설정모드에서 router eigrp 명령어와 함께 AS 번호를 지정하여 EIGRP 설정모드로 들어간다. AS 번호는 1에서 65535 사이의 적당한 값을 사용한다. 이 때 사용하는 AS 번호는 BGP에서 사용하는 것과 달리 네트워크 관리자가 임의의 값을 지정하면 된다. 그러나, 동일 EIGRP로 동작하는 모든 라우터에서 동일한 번호를 사용해야 한다.

② eigrp router—id 명령어를 사용하여 EIGRP의 라우터 ID를 지정한다. 별도로 지정하지 않으면 OSPF, BGP 등과 마찬가지로 루프백 인터페이스에 설정된 IP 주소중 가장 높은 것이 라우터 ID로 지정된다. 만약 루프백 인터페이스에 설정된 IP 주소가 없으면, 물리적인 인터페이스에 설정된 IP 주소중에서 가장 높은 것을 라우터 ID로 사용한다.

③ network 명령어를 사용하여 EIGRP를 통하여 알리고자 하는 네트워크를 지정할 때 앞의 설정과 같이 인터페이스 주소와 함께 와일드 카드 0.0.0.0을 사용하면 실수가 적고 편리하다. 연속되는 복수개의 네트워크를 지정할 때는 와일드 카드를 사용하여 한 문장으로 표현할 수 있다. 예를 들어, 2.2.4.0/24, 2.2.5.0/24 네트워크를 하나의 명령어를 사용하여 EIGRP에 포함시키려면 다음과 같이 설정한다.

예제 4-9 연속되는 복수개의 네트워크 지정하기

```
R1(config)# router eigrp 1
R1(config-router)# network 2.2.4.0 0.0.1.255
```

물론, 각 네트워크에 대해서 일일이 설정해도 된다. 서브넷팅 되지 않은 네트워크를 지정할 때는 와일드 카드를 생략해도 된다. 예를 들어, 201.1.1.0/24 네트워크를 지정하려면 다음과 같이 한다.

예제 4-10 서브넷팅되지 않은 네트워크 지정하기

```
R1(config)# router eigrp 1
R1(config-router)# network 201.1.1.0
```

각 라우터에서 EIGRP 설정이 끝나면 show ip route 명령어를 이용하여 라우팅 테이블을 확인한다.
R1의 라우팅 테이블은 다음과 같다.

예제 4-11 R1의 라우팅 테이블

```
R1# show ip route eigrp
    (생략)

Gateway of last resort is not set

      2.0.0.0/8 is variably subnetted, 11 subnets, 2 masks
D        2.2.2.0/24 [90/156160] via 2.2.12.2, 00:01:10, FastEthernet0/0.12
D        2.2.3.0/24 [90/156160] via 2.2.13.3, 00:00:52, FastEthernet0/0.13
D        2.2.4.0/24 [90/158720] via 2.2.12.2, 00:00:34, FastEthernet0/0.12
D        2.2.24.0/24 [90/30720] via 2.2.12.2, 00:01:07, FastEthernet0/0.12
D        2.2.34.0/24 [90/2172416] via 2.2.13.3, 00:00:31, FastEthernet0/0.13
```

라우팅 테이블에서 경로 앞의 코드 'D'는 해당 경로를 EIGRP를 통하여 광고 받았다는 것을 의미한다.
다른 라우터의 라우팅 테이블도 확인한다. 이처럼 모든 라우터에 원하는 네트워크가 모두 저장되어
있으면, 마지막 각 라우터에서 EIGRP를 통하여 알게 된 네트워크로 핑을 해 본다. 예를 들어, 다음과
같이 R1에서 다른 라우터의 루프백 주소로 핑을 해 보자.

예제 4-12 R1에서 다른 라우터의 루프백 주소로 핑하기

```
R1# ping 2.2.2.2
R1# ping 2.2.3.3
R1# ping 2.2.4.4
```

이상으로 기본적인 EIGRP 설정이 끝났다. 지금부터 EIGRP가 동작하는 방식에 대해서 살펴보자.

EIGRP 패킷

EIGRP는 다음과 같은 절차를 거쳐 라우팅 경로를 계산한다.

- 네이버(neighbor) 구성 및 네이버 테이블 생성
- 라우팅 정보 교환 및 토폴로지 테이블 생성
- 라우팅 경로 계산 및 라우팅 테이블 저장

특정 네트워크로 가는 경로 또는 인접 라우터가 다운되면 일반적으로 다음과 같은 절차를 거쳐 새로운 경로를 찾아낸다. 경우에 따라, 다음 절차를 거치지 않고, 토폴로지 테이블에서 바로 새로운 경로를 찾아 라우팅 테이블에 저장시킬 수도 있다.

- 라우팅 정보 요청 및 응답상태 테이블 생성
- 라우팅 정보 수신 및 토폴로지 테이블 저장
- 라우팅 경로 계산 및 라우팅 테이블 저장

이처럼 EIGRP가 인접 라우터와 네이버 관계를 유지하고, 라우팅 정보를 전송하며, 라우팅 테이블을 유지하기 위하여 헬로, 업데이트, 라우팅 정보요청, 응답 및 수신확인 패킷을 사용한다.

헬로 패킷

EIGRP 헬로(hello) 패킷은 네이버를 구성하고, 유지하기 위하여 사용된다. 헬로 패킷은 멀티캐스트 주소인 224.0.0.10을 목적지 IP 주소로 사용한다. EIGRP가 헬로 패킷을 전송하는 것을 확인하려면 **debug eigrp packet hello** 명령어를 사용한다.

예제 4-13 헬로 패킷 송·수신 확인하기

```
R1# debug eigrp packets hello
R1# debug ip packet

*Jun 26 15:53:42.679: IP: s=2.2.13.3 (FastEthernet0/0.13), d=224.0.0.10, len 60, rcvd 0
*Jun 26 15:53:42.695: EIGRP: Received HELLO on Fa0/0.13 - paklen 20 nbr 2.2.13.3

*Jun 26 15:53:44.135: IP: s=2.2.12.1 (local), d=224.0.0.10 (FastEthernet0/0.12), len 60,
sending broad/multicast
*Jun 26 15:53:44.147: EIGRP: Sending HELLO on Fa0/0.12 - paklen 20
```

```
R1# un all
```

디버깅 결과를 보면 EIGRP가 설정된 모든 인터페이스로 목적지 IP 주소가 224.0.0.10으로 지정된 헬로 패킷을 전송한다.

EIGRP는 인접 라우터에게 주기적으로 헬로 패킷을 전송한다. 그리고, 기본적으로 헬로 주기의 3배에 해당되는 기간 동안에 헬로 패킷을 받지 못하면 인접 라우터에 문제가 발생했다고 간주하고 네이버 관계를 해제하는데, 이 시간을 홀드 시간(hold time)이라고 한다. EIGRP의 헬로 주기와 홀드 시간은 다음표와 같이 인터페이스의 인캡슐레이션 방식 및 속도에 따라 다르다.

표 4-1 인캡슐레이션별 EIGRP 헬로 주기와 홀드 시간

인캡슐레이션	헬로 주기(초)	홀드 시간(초)
이더넷, HDLC, PPP, 프레임 릴레이 포인트 투 포인트 서브인터페이스	5	15
T1 이하의 NBMA 인터페이스, 프레임 릴레이 멀티포인트 서브인터페이스	60	180

EIGRP의 헬로 주기는 인터페이스 설정 모드에서 **ip hello-interval eigrp** 명령어를 사용하여 변경할 수 있다. 예를 들어, R1에서 R2에게 전송하는 헬로 주기를 10초로 변경하려면 다음과 같이 설정한다.

예제 4-14 헬로 패킷 전송 주기 변경하기

```
R1(config)# int f0/0.12
R1(config-subif)# ip hello-interval eigrp 1 10
```

EIGRP 홀드 시간도 인터페이스 설정모드에서 **ip hold-time eigrp** 명령어를 사용하여 변경할 수 있다. 예를 들어, R1이 자신에게서 30초 동안 헬로 패킷을 수신하지 못하면 R2가 네이버 관계를 해제하게 하려면 다음과 같이 R2와 연결되는 F0/0.12 인터페이스의 EIGRP 홀드 시간을 30초로 변경한다.

예제 4-15 홀드 시간 변경하기

```
R1(config)# int f0/0.12
R1(config-subif)# ip hold-time eigrp 1 30
```

앞서 살펴본 것처럼 헬로 주기는 라우터 자신이 헬로 패킷을 전송하는 주기이며, 홀드 시간은 인접
라우터에게 알려주는 자신의 홀드 시간이다.

업데이트 패킷

EIGRP 업데이트 패킷(update packet)은 라우팅 정보를 전송할 때 사용하는 패킷이다. 업데이트
패킷의 목적지 주소는 경우에 따라 유니캐스트 주소 또는 멀티캐스트 주소 224.0.0.10을 사용한다.
이더넷과 같은 브로드캐스트 멀티액세스 네트워크에서는 다음 그림과 같이 EIGRP 업데이트 패킷의
목적지 주소가 224.0.0.10으로 설정된다.

그림 4-2 이더넷에서는 EIGRP 업데이트 패킷의 목적지 주소가 224.0.0.10으로 설정된다

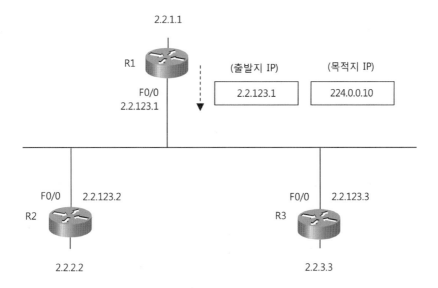

그러나, 특정 네이버에게서 수신확인 패킷을 수신하지 못하면, 해당 네이버에 대해서만 유니캐스트
주소로 설정하여 재전송한다.

다음 그림과 같이 ATM, 프레임 릴레이 등과 같은 NBMA(non-broadcast multiple access) 네트워크
에서는 EIGRP 업데이트 패킷의 목적지 주소가 네이버의 IP 주소로 설정된다.

그림 4-3 NBMA 네트워크에서는 EIGRP 업데이트 패킷의 목적지 주소가 유니캐스트로 설정된다

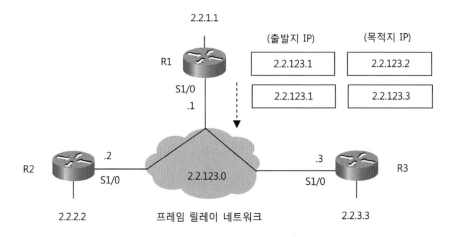

또, PPP, HDLC, 포인트 투 포인트 서브인터페이스 등과 같은 포인트 투 포인트 네트워크에서도
업데이트 패킷의 목적지 주소가 네이버의 IP 주소로 설정되어 전송된다.

그림 4-4 포인트 투 포인트 네트워크에서는 EIGRP 목적지 주소가 유니캐스트로 설정된다

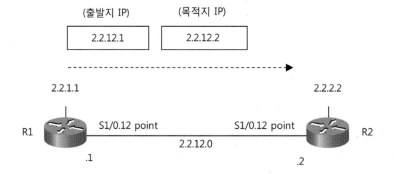

라우팅 정보요청 패킷

라우팅 정보요청 패킷(query packet)은 라우팅 정보를 요청할 때 사용되는 패킷이다. 라우팅 정보요청 패킷의 목적지 주소는 경우에 따라 유니캐스트 주소 또는 멀티캐스트 주소 224.0.0.10을 사용한다. 라우팅 정보요청 패킷은 자신의 라우팅 테이블에 있는 경로가 다운되거나 메트릭값이 증가하고, 토폴로지 테이블(topology table)에 대체 경로(feasible successor)가 없을 때, 인접 라우터에게 해당 경로에 대한 정보를 요청하기 위하여 사용된다. 라우팅 정보요청 패킷의 용도 및 동작에 대한 것은 뒤에 자세히 설명하기로 하고, 여기서는 목적지 주소에 대해서만 살펴보자. 라우팅 정보요청 패킷이 사용하는 목적지 주소는 앞서 설명한 업데이트 패킷과 유사하다.

즉, 이더넷과 같은 멀티액세스 브로드캐스트 네트워크(multiaccess broadcast network)에서는 라우팅 정보요청 패킷의 목적지 주소가 멀티캐스트 주소인 224.0.0.10으로 설정된다. 또, NBMA나 포인트 투 포인트 네트워크에서는 네이버 주소인 유니캐스트 주소를 사용한다.

이더넷에서도 만약 라우팅 정보요청 패킷에 대한 응답을 수신하지 못하면 해당 네이버에게만 유니캐스트 주소로 다시 정보요청 패킷을 전송한다.

응답 패킷

응답 패킷(reply packet)은 요청받은 라우팅 정보를 전송할 때 사용되는 패킷이다. 응답 패킷의 목적지 주소는 항상 유니캐스트를 사용한다. EIGRP는 라우팅 정보요청 패킷을 수신하면, 해당 패킷을 전송한 인접 라우터의 IP 주소를 목적지로 설정하여 응답 패킷을 전송한다.

수신확인 패킷

수신확인 패킷(acknowledgement packet)은 업데이트, 라우팅 정보 요청, 응답 패킷의 수신을 확인해 줄 때 사용된다. 수신확인 패킷과 헬로 패킷에 대해서는 수신 확인을 해주지 않는다. 수신확인 패킷의 목적지 주소는 항상 유니캐스트를 사용한다.

EIGRP 메트릭

EIGRP는 주로 링크의 대역폭과 지연(delay) 값을 기준으로 메트릭을 계산한다. 또, EIGRP는 경로의
종류에 따라 세가지의 기본적인 AD 값을 가진다.

EIGRP 메트릭

EIGRP가 라우팅 경로 결정시 사용하는 기준, 즉, 메트릭은 대역폭(bandwidth), 지연(delay), 신뢰도
(reliability), 부하(load), MTU(Maximum Transmission Unit) 및 홉 카운트(hop count)이다.
이와 같은 각각의 메트릭을 벡터 메트릭(vector metric)이라고 한다. 각각의 메트릭을 차례로 비교해
내려가면서 우선순위를 결정하는 BGP와는 달리, EIGRP는 벡터 메트릭을 특정한 공식에 대입하여
하나의 값을 계산한 다음, 이를 비교하여 우선순위를 결정한다. 이처럼 하나의 값으로 계산된 메트릭을
복합 메트릭(composite metric)이라고 한다.

벡터 메트릭으로 사용될 값들을 각 인터페이스에서 확인하려면 **show interface** 명령어를 사용한다.

예제 4-16 벡터 메트릭으로 사용되는 인터페이스 파라메터 확인하기

```
R1# show int f0/0.12
FastEthernet0/0.12 is up, line protocol is up
  Hardware is i82543 (Livengood), address is ca01.159c.0008 (bia ca01.159c.0008)
  Internet address is 2.2.12.1/24
  MTU 1500 bytes, BW 100000 Kbit/sec, DLY 100 usec,
     reliability 255/255, txload 1/255, rxload 1/255
  Encapsulation 802.1Q Virtual LAN, Vlan ID   12.
  ARP type: ARPA, ARP Timeout 04:00:00
  Keepalive set (10 sec)
  Last clearing of "show interface" counters never
```

벡터 메트릭 중 MTU는 목적지까지 가는 각 인터페이스의 MTU 중에서 가장 작은 것이 선택된다.
또, 홉 카운트는 기본적으로 100이다. 즉, 홉 카운트가 100을 초과하면 도달 불가능한 경로로 간주한다.
다음과 같이 라우팅 설정모드에서 **metric maximum-hops** 명령어를 사용하여 최대 홉카운트를
255까지 증가시킬 수 있다.

예제 4-17 최대 홉 카운트 증가시키기

```
R1(config-router)# metric maximum-hops ?
 <1-255>   Hop count
```

나머지 벡터 메트릭인 대역폭, 지연, 신뢰도 및 부하는 다음의 공식을 사용하여 복합 메트릭을 계산한다.

• K5 = 0인 경우

복합 메트릭 = [K1 * BW + K2 * BW / (256 - load) + K3 * DLY] * 256

• K5 = 0이 아닌 경우

복합 메트릭 = [K1 * BW + K2 * BW / (256 - load) + K3 * DLY] * 256
                  * K5 / (reliability + K4)

계산식에서 사용된 BW는 목적지까지 가는 도중의 모든 인터페이스에 설정된 대역폭 중에서 가장 낮은(느린) 값(kbps 단위)를 취한 후, 다음 공식에 대입하여 계산한다.

$BW = 10^7$ / 가장 느린 대역폭

예를 들어, 다음 그림의 R1에서 R4의 2.2.4.0 네트워크로 가는 복합 메트릭 계산시, BW 값은 경로상의 대역폭 중에서 가장 느린 F0/0.12에 설정된 100,000 kbps를 취한 후 다음 공식에 대입한다.

$BW = 10^7$ / 가장 느린 대역폭 = 10^7 / 100,000 = 100

BW값을 계산할 때 소수점 이하는 버린다.

그림 4-5 BW 계산에 사용되는 대역폭

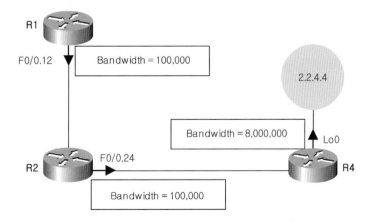

복합 메트릭 계산식에서 사용되는 DLY 값은 목적지까지 가는 경로상의 모든 지연값을 합친 다음 10으로 나눈 것이다.

그림 4-6 DLY 계산에 사용되는 지연값

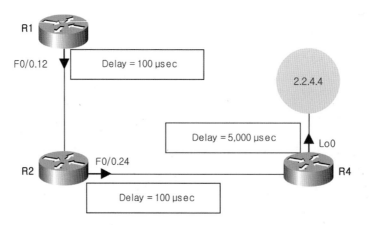

앞 그림의 R1에서 R4에 접속된 2.2.4.0 네트워크로 가는 복합 메트릭 계산시, DLY값은 다음과 같이 경로상의 모든 지연값을 합친 다음 10으로 나눈 값이다.

DLY = (100 + 100 + 5,000) / 10 = 5,200 / 10 = 520

복합 메트릭 계산식에서 사용되는 신뢰도(reliability)는 인터페이스의 에러 발생율을 의미하며, 부하(load)는 인터페이스의 부하를 의미한다.

복합 메트릭 계산식에서 사용되는 기본적인 K 상수 값은 다음과 같다.

K1 = K3 = 1

K2 = K4 = K5 = 0

결과적으로 기본적인 복합 메트릭 계산식은 다음과 같다.

복합 메트릭 = [1 * BW + 0 * BW / (256 − load) + 1 * DLY] * 256

= [BW + DLY] * 256

따라서 R1에서 R4의 2.2.4.0 네트워크까지의 복합 메트릭은 다음과 같다.

복합 메트릭 = [BW + DLY] * 256

= [100 + 520] * 256

= 158,720

R1의 라우팅 테이블에서 2.2.4.0 네트워크의 메트릭값을 확인해 보자.

예제 4-18 R1의 라우팅 테이블

```
R1# show ip route eigrp
    (생략)

Gateway of last resort is not set

     2.0.0.0/8 is variably subnetted, 11 subnets, 2 masks
D       2.2.2.0/24 [90/156160] via 2.2.12.2, 00:12:41, FastEthernet0/0.12
D       2.2.3.0/24 [90/156160] via 2.2.13.3, 00:12:23, FastEthernet0/0.13
D       2.2.4.0/24 [90/158720] via 2.2.12.2, 00:12:05, FastEthernet0/0.12
D       2.2.24.0/24 [90/30720] via 2.2.12.2, 00:12:38, FastEthernet0/0.12
D       2.2.34.0/24 [90/2172416] via 2.2.13.3, 00:12:02, FastEthernet0/0.13
```

결과를 보면 계산값과 라우팅 테이블상의 메트릭 값이 일치한다.

복합 메트릭 계산시 부하나 신뢰도까지 고려하면, 일시적으로는 부하가 적게 걸리고, 에러가 적게 발생하는 경로를 통하여 라우팅되는 장점이 있을 수 있다. 그러나, 수시로 라우팅 경로가 변경되어 네트워크가 불안해지고, 잦은 라우팅 계산으로 인해 라우터의 CPU 사용이 많아지며, 라우팅 정보 전송으로 인한 링크 점유율이 증가한다. 따라서, 부정적인 영향이 훨씬 더 크므로 기본적으로 복합 메트릭 계산시 K2, K4 및 K5 상수의 값을 0으로 설정하여 부하와 신뢰도를 제외시킨다.

그러나, 특별한 경우 K 상수값을 조정하여 부하나 신뢰도 복합 메트릭 계산식에 포함시킬 수 있다. 예를 들어, 복합 메트릭 계산시 부하도 고려되게 하려면 라우팅 설정모드에서 **metric weights** 명령어를 사용하여 부하와 관련된 상수인 K2의 값도 1로 설정해주면 된다.

예제 4-19 K 상수값 조정하기

```
R1(config)# router eigrp 1
R1(config-router)# metric weights 0 1 1 1 0 0
```

설정값중 첫 번째는 TOS(type of service) 값이며, 항상 0이다. 나머지 값들은 차례로 K1부터 K5까지의 상수값들이다. EIGRP는 헬로 패킷내에 해당 라우터의 K 상수값들이 표시되어 있으며,

네이버간 이 값들이 다르면 네이버가 구성되지 않는다. 앞서처럼 R1에서 상수값을 변경하면 다음과
같은 에러 메시지가 표시되면서 네이버 관계가 해제된다.

예제 4-20 인접 라우터 간 K 상수값이 다른 경우의 경고 메시지

```
16:29:21.986: %DUAL-5-NBRCHANGE: IP-EIGRP(0) 1: Neighbor 2.2.13.3 (Serial1/0.13)
is down: K-value mismatch
```

따라서, 모든 라우터에서 동일한 상수값을 사용하도록 설정해야 한다. 테스트를 위하여 다시 R1의
K 상수값을 원래대로 바꾼다.

예제 4-21 동일 EIGRP AS내에서 모든 라우터의 K 상수값이 동일해야 한다

```
R1(config)# router eigrp 1
R1(config-router)# metric weights 0 1 0 1 0 0
```

이상으로 EIGRP 메트릭에 대하여 살펴보았다.

EIGRP AD

EIGRP의 네트워크는 내부 네트워크와 외부 네트워크로 구분된다. 내부 네트워크는 동일한 EIGRP
AS내에서 **network** 명령어를 사용하여 EIGRP에 포함시킨 네트워크를 말한다. 외부 네트워크는
redistribute 명령어를 사용하여 EIGRP에 재분배시킨 네트워크를 말한다.
예를 들어, R1에서 Loopback 1 인터페이스를 만들고, 201.1.1.1이라는 IP 주소를 부여한 다음,
EIGRP에 재분배시키면 이 네트워크는 외부 네트워크가 된다.

예제 4-22 외부 네트워크를 EIGRP에 재분배시키기

```
R1(config)# int lo1
R1(config-if)# ip add 201.1.1.1 255.255.255.0
R1(config-if)# router eigrp 1
R1(config-router)# redistribute connected
```

재분배 후에 R2에서 확인해 보면 201.1.1.0/24 네트워크의 코드가 'D EX'로 표시되며, 이것은 해당 네트워크가 EIGRP 외부 네트워크임을 나타낸다. 나머지 네트워크는 모드 코드가 'D'로 표시되고, 이 네트워크들은 EIGRP 라우팅 설정모드에서 **network** 명령어를 이용하여 EIGRP에 포함시켰으므로 내부 네트워크이다.

예제 4-23 라우팅 테이블에서 EIGRP 내부 네트워크와 외부 네트워크 확인하기

```
R2# show ip route eigrp
Codes: L - local, C - connected, S - static, R - RIP, M - mobile, B - BGP
       D - EIGRP, EX - EIGRP external, O - OSPF, IA - OSPF inter area
       N1 - OSPF NSSA external type 1, N2 - OSPF NSSA external type 2
       E1 - OSPF external type 1, E2 - OSPF external type 2
       i - IS-IS, su - IS-IS summary, L1 - IS-IS level-1, L2 - IS-IS level-2
       ia - IS-IS inter area, * - candidate default, U - per-user static route
       o - ODR, P - periodic downloaded static route, H - NHRP, I - LISP
       + - replicated route, % - next hop override

Gateway of last resort is not set

      2.0.0.0/8 is variably subnetted, 11 subnets, 2 masks
D        2.2.1.0/24 [90/156160] via 2.2.12.1, 00:01:05, FastEthernet0/0.12
D        2.2.3.0/24 [90/158720] via 2.2.12.1, 00:01:05, FastEthernet0/0.12
D        2.2.4.0/24 [90/156160] via 2.2.24.4, 00:01:05, FastEthernet0/0.24
D        2.2.13.0/24 [90/30720] via 2.2.12.1, 00:01:05, FastEthernet0/0.12
D        2.2.34.0/24 [90/2172416] via 2.2.24.4, 00:01:05, FastEthernet0/0.24
D EX  201.1.1.0/24 [170/156160] via 2.2.12.1, 00:00:32, FastEthernet0/0.12
```

라우팅 테이블에서 확인할 수 있는 것처럼 EIGRP 내부 네트워크의 AD 값은 90이고, 외부 네트워크는 170이다. 또, EIGRP 네트워크를 축약하면 해당 라우터에서만 축약 네트워크의 AD 값이 5이다.

EIGRP 설정 확인하기

다른 라우팅 프로토콜과 마찬가지로 show ip protocols 명령어를 사용하면 EIGRP와 관련된 여러 가지 설정정보를 확인할 수 있다.

예제 4-24 EIGRP 설정 정보 확인하기

```
R1# show ip protocol
*** IP Routing is NSF aware ***

Routing Protocol is "eigrp 1"  ①
  Outgoing update filter list for all interfaces is not set
  Incoming update filter list for all interfaces is not set
  Default networks flagged in outgoing updates
  Default networks accepted from incoming updates
  Redistributing: connected
  EIGRP-IPv4 Protocol for AS(1)
    Metric weight K1=1, K2=0, K3=1, K4=0, K5=0  ②
    NSF-aware route hold timer is 240
    Router-ID: 2.2.1.1  ③
    Topology : 0 (base)
      Active Timer: 3 min
      Distance: internal 90 external 170  ④
      Maximum path: 4
      Maximum hopcount 100
      Maximum metric variance 1

  Automatic Summarization: disabled
  Maximum path: 4
  Routing for Networks:  ⑤
    2.2.1.1/32
    2.2.12.1/32
    2.2.13.1/32
  Routing Information Sources:
    Gateway          Distance      Last Update
    2.2.13.3            90         00:02:57
    2.2.12.2            90         00:02:57
  Distance: internal 90 external 170
```

① EIGRP 1에 관한 정보임을 나타낸다.

② 복합 메트릭 계산시 사용되는 K 상수값들을 표시한다.

③ EIGRP 라우터 ID를 표시한다.

④ EIGRP의 내부 및 외부 네트워크 AD를 나타낸다.

⑤ 현재의 라우터에서 network 명령어를 사용하여 EIGRP에 포함시킨 네트워크를 나타낸다.

네이버 관계 구성 및 네이버 테이블 생성

라우팅 프로세스에 포함된 인터페이스로 무조건 라우팅 정보를 전송하는 RIP과는 달리, EIGRP, OSPF 및 BGP는 상대 라우터와 먼저 네이버 관계를 구성한 다음 라우팅 정보를 전송한다. 따라서, 이와 같은 라우팅 프로토콜들은 네이버 관계가 만들어지지 않으면, 라우팅 정보를 전송하지 않는다. EIGRP는 인접 라우터에게서 헬로 패킷을 수신하면 바로 해당 라우터를 네이버로 간주한다. 네이버 관계를 구성하기 위하여 많은 절차를 거치는 OSPF와 비교하면 EIGRP가 인접 라우터와 네이버 관계를 구성하는 절차는 비교적 간단하다.

그러나, 수신한 헬로 패킷에 설정된 AS 번호, K 상수값, EIGRP 암호 등이 일치해야 하고, EIGRP 헬로 패킷의 출발지 주소와 수신 인터페이스의 서브넷이 동일해야만 네이버가 된다. 만약, 인접 라우터 간의 서브넷이 다르면 다음과 같이 헬로 패킷의 서브넷이 다르다는 에러 메시지를 표시한다.

예제 4-25 네이버간 서브넷이 다르다는 메시지

```
IP-EIGRP(Default-IP-Routing-Table:1): Neighbor 2.2.13.3 not on common subnet for Serial1/0.13
```

이 경우, 해당 네이버와 연결되는 인터페이스들의 서브넷 마스크를 제대로 설정해주면 된다. 프레임 릴레이 인터페이스 사용시, 인버스 ARP(inverse ARP) 기능에 의하여 다른 라우터가 전송하는 헬로 메시지를 수신할 때에도 이와 같은 메시지가 표시된다. 이 때는 프레임 릴레이 매핑을 확인하고, 그래도 문제가 지속되면 라우터를 재부팅하면 대부분 문제가 해결된다.

EIGRP는 네이버 관계가 맺어지면 네이버 리스트를 네이버 테이블에 저장한다. 네이버 테이블을 보려면 show ip eigrp neighbors 명령어를 사용한다.

예제 4-26 EIGRP 네이버 확인하기

H	Address	Interface	Hold (sec)	Uptime	SRTT (ms)	RTO	Q Cnt	Seq Num
①	②	③	④	⑤	⑥	⑦	⑧	⑨
1	2.2.13.3	Fa1/0.13	11	00:02:26	52	312	0	49
0	2.2.12.2	Fa1/0.12	130	00:03:36	58	348	0	51

R1# **show ip eigrp neighbors**
IP-EIGRP neighbors for process 1

① 해당 네이버가 네이버 테이블에 생성된 순서를 표시한다. 네이버가 리셋되어도 이 순서는 변하지 않는다.

② 네이버의 IP 주소를 표시한다.

③ 네이버와 연결되는 현재 라우터의 인터페이스를 표시한다.

④ 네이버의 홀드 시간 즉, 네이버가 알려준 네이버의 홀드 시간을 표시한다.

⑤ 네이버가 살아있는 시간을 표시한다. 네이버가 리셋되면 업타임(uptime)도 리셋된다.

⑥ SRTT(Smooth Round Trip Timer)는 다음 항목인 RTO를 계산하기 위하여 사용되며, 해당 네이버까지 패킷이 전송되었다가 돌아오는 시간을 표시한다.

⑦ EIGRP는 업데이트, 라우팅 정보요청 및 응답 패킷을 전송하면 네이버에게서 수신확인 패킷을 받아야만 한다. 만약 수신확인 패킷을 RTO(Retransmission Time-Out) 시간내에 수신하지 못하면 해당 패킷을 재전송한다. 업데이트 패킷의 경우, 만약 16회 재전송시까지 상대에게서 ACK 패킷을 수신하지 못하면 해당 라우터와 네이버 관계를 해제한다. 네이버 관계 해제후 헬로 패킷을 수신하면 다시 네이버 관계가 구성된다.

⑧ Q CNT(queue count)는 해당 네이버에게 전송되기 위하여 큐에 대기하고 있는 패킷의 수를 의미한다.

⑨ Seq Num(sequence number)는 해당 네이버에게 마지막으로 수신한 업데이트, 라우팅 정보요청 및 응답 패킷의 순서번호이다.

EIGRP 라우터 간 네이버 관계를 맺는 절차는 비교적 간단하다. 즉, 상대방에게서 헬로 패킷만 수신하면 바로 상대방을 네이버라고 간주하고, 네이버에게 라우팅 정보를 전송한다. 그러나, 상대방 라우터가 현재의 라우터에게서 헬로 패킷을 수신하기 전이면, 상대 라우터는 현재 라우터를 네이버로 간주하지 않고, 라우팅 정보도 전송하지 않는다. 결과적으로 네이버 테이블에는 보이지만 해당 네이버로부터 라우팅 정보를 수신하지 못하는 기간이 최대 1분 정도 지속될 수도 있다.

DUAL

EIGRP는 인접 라우터와 네이버 관계를 구성한 다음, DUAL(Diffusing Update ALgorithm)이라는 알고리듬을 이용하여 최적의 라우팅 경로를 계산한다. 먼저 DUAL에서 사용되는 용어를 살펴본 다음, DUAL이 동작하는 방식을 알아보자.

DUAL에서 사용되는 용어

DUAL에서 많이 사용하는 용어는 다음과 같은 것들이 있다.

- 토폴로지 테이블

토폴로지 테이블(topology table)이란 인접 라우터에게서 수신한 네트워크와 그 네트워크의 메트릭 정보를 저장하는 데이터베이스를 의미한다. 각 라우터에서 EIGRP 토폴로지 테이블을 보려면 **show ip eigrp topology** 또는 show eigrp address−family ipv4 topology 명령어를 사용하면 된다. 예를 들어, R4의 EIGRP 토폴로지 테이블을 확인해 보자.

예제 4-27 R4의 EIGRP 토폴로지 테이블

```
R4# show ip eigrp topology
EIGRP-IPv4 Topology Table for AS(1)/ID(2.2.4.4)
Codes: P - Passive, A - Active, U - Update, Q - Query, R - Reply,
       r - reply Status, s - sia Status

P 2.2.4.0/24, 1 successors, FD is 128256
        via Connected, Loopback0
P 201.1.1.0/24, 1 successors, FD is 158720
        via 2.2.24.2 (158720/156160), FastEthernet0/0.24
        via 2.2.34.3 (2300416/156160), Serial1/2
P 2.2.13.0/24, 1 successors, FD is 33280
        via 2.2.24.2 (33280/30720), FastEthernet0/0.24
        via 2.2.34.3 (2172416/28160), Serial1/2
P 2.2.34.0/24, 1 successors, FD is 2169856
        via Connected, Serial1/2
P 2.2.2.0/24, 1 successors, FD is 156160
        via 2.2.24.2 (156160/128256), FastEthernet0/0.24
P 2.2.3.0/24, 1 successors, FD is 161280
        via 2.2.24.2 (161280/158720), FastEthernet0/0.24
```

```
          via 2.2.34.3 (2297856/128256), Serial1/2
P 2.2.1.0/24, 1 successors, FD is 158720
                      ①          ②
          via 2.2.24.2 (158720/156160), FastEthernet0/0.24
                      ③          ④
          via 2.2.34.3 (2300416/156160), Serial1/2
P 2.2.12.0/24, 1 successors, FD is 30720
          via 2.2.24.2 (30720/28160), FastEthernet0/0.24
P 2.2.24.0/24, 1 successors, FD is 28160
          via Connected, FastEthernet0/0.24
```

토폴로지 테이블에는 현재의 라우터에서 목적지 네트워크까지의 메트릭 값과 넥스트 홉(next-hop)
라우터에서 목적지 네트워크까지의 메트릭 값이 모두 저장되어 있다. 예를 들어, R4에서 R1의 루프백에
접속된 2.2.1.0/24 네트워크에 대한 토폴로지 테이블에 표시된 값을 그림으로 나타내면 다음과 같다.

그림 4-7 토폴로지 테이블에 저장되는 값들

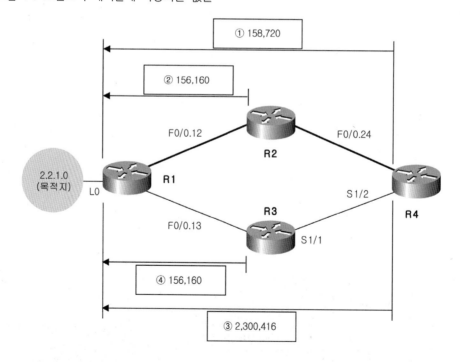

● 피저블 디스턴스

피저블 디스턴스(FD, Feasible Distance)란 현재 라우터에서 특정 목적지 네트워크까지의 최적 메트릭 말한다. 다른 라우팅 프로토콜에서 말하는 최적 경로의 메트릭과 동일한 의미이다. 앞 그림의 R4에서 2.2.1.0/24 네트워크로 가는 경로는 R2를 통하는 것과 R3을 통하는 두 가지가 있다. 이 중에서 R2를 통하는 경로의 메트릭은 158,720이고, R3을 통하는 메트릭은 2,300,416이다. 따라서, R2를 통하는 경로의 메트릭이 최저가 되며, 이것을 R4에서 2.2.1.0/24 네트워크까지의 피저블 디스턴스 라고 한다. (①)

● 석세서

최적 경로상의 넥스트 홉 라우터를 석세서(successor)라고 한다. 앞 그림의 R4에서 R1의 2.2.1.0/24 네트워크로 가는 석세서는 R2이다.

● 리포티드 디스턴스

리포티드 디스턴스(RD, Reported Distance)란 넥스트 홉 라우터에서 목적지 네트워크까지의 메트릭 값을 말한다. 리포티드 디스턴스를 애드버타이저드 디스턴스(advertised distance)라고도 한다. EIGRP 라우터들은 넥스트 홉 라우터가 알려주는 RD 값을 토폴로지 테이블에 저장한다. 앞 그림 R4에서 R3을 통한 2.2.1.0/24 네트워크까지의 RD는 156,160이다.(④)

● 피저블 석세서

피저블 석세서(feasible successor)란 석세서가 아닌 라우터중에서 'RD < FD'라는 조건을 만족하는 넥스트 홉 라우터를 말한다. 앞 그림에서 R3은 R4에서 2.2.1.0/24 네트워크로 가기 위한 피저블 석세서이다. 즉, RD(156,160) < FD(158,720) 조건을 만족한다.

그러나, 다음 그림과 같이 R1에서 2.2.4.0/24 네트워크로 가는 피저블 석세서는 존재하지 않는다. 왜냐하면 피저블 석세서 후보인 R3이 RD(2,297,856)가 FD(158,720)보다 더 적어야 하는 'RD < FD'조건을 만족시키지 못하기 때문이다.

그림 4-8 피저블 석세서가 없는 경우

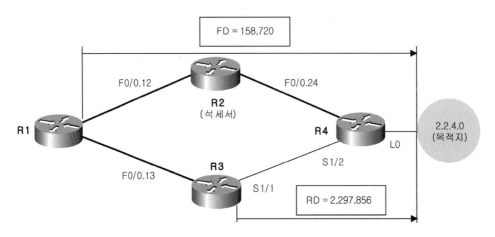

show ip eigrp topology 명령어로 볼 수 있는 것은 석세서와 피저블 석세서이다. 그러나, show ip eigrp topology all-links 명령어나 show ip eigrp topology detail-links 명령어를 사용하면 석세서나 피저블 석세서외에도 토폴로지 테이블내에 있는 모든 정보를 확인할 수 있다.

예제 4-28 all-links 옵션을 사용한 EIGRP 토폴로지 테이블 보기

```
R1# show ip eigrp topology all-links
EIGRP-IPv4 Topology Table for AS(1)/ID(2.2.1.1)
Codes: P - Passive, A - Active, U - Update, Q - Query, R - Reply,
       r - reply Status, s - sia Status

P 2.2.4.0/24, 1 successors, FD is 158720, serno 10
        via 2.2.12.2 (158720/156160), FastEthernet0/0.12
P 201.1.1.0/24, 1 successors, FD is 128256, serno 1
        via Rconnected (128256/0)
P 2.2.13.0/24, 1 successors, FD is 28160, serno 4
        via Connected, FastEthernet0/0.13
P 2.2.34.0/24, 1 successors, FD is 2172416, serno 18
        via 2.2.13.3 (2172416/2169856), FastEthernet0/0.13
        via 2.2.12.2 (2174976/2172416), FastEthernet0/0.12
P 2.2.2.0/24, 1 successors, FD is 156160, serno 5
        via 2.2.12.2 (156160/128256), FastEthernet0/0.12
P 2.2.3.0/24, 1 successors, FD is 156160, serno 17
        via 2.2.13.3 (156160/128256), FastEthernet0/0.13
P 2.2.1.0/24, 1 successors, FD is 128256, serno 2
```

```
      via Connected, Loopback0
P 2.2.12.0/24, 1 successors, FD is 28160, serno 3
      via Connected, FastEthernet0/0.12
P 2.2.24.0/24, 1 successors, FD is 30720, serno 6
         via 2.2.12.2 (30720/28160), FastEthernet0/0.12
```

토폴로지 테이블에서 특정한 네트워크로 가는 모든 메트릭 값을 확인하려면 다음과 같이 show ip eigrp topology 명령어와 함께 네트워크를 직접 지정하면 된다.

예제 4-29 특정 네트워크에 대한 상세한 EIGRP 토폴로지 테이블 보기

```
R1# show ip eigrp topology 2.2.34.0/24
EIGRP-IPv4 Topology Entry for AS(1)/ID(2.2.1.1) for 2.2.34.0/24
  State is Passive, Query origin flag is 1, 1 Successor(s), FD is 2172416
  Descriptor Blocks:
  2.2.13.3 (FastEthernet0/0.13), from 2.2.13.3, Send flag is 0x0
     Composite metric is (2172416/2169856), route is Internal
     Vector metric:
        Minimum bandwidth is 1544 Kbit
        Total delay is 20100 microseconds
        Reliability is 255/255
        Load is 1/255
        Minimum MTU is 1500
        Hop count is 1
        Originating router is 2.2.3.3
  2.2.12.2 (FastEthernet0/0.12), from 2.2.12.2, Send flag is 0x0
     Composite metric is (2174976/2172416), route is Internal
     Vector metric:
        Minimum bandwidth is 1544 Kbit
        Total delay is 20200 microseconds
        Reliability is 255/255
        Load is 1/255
        Minimum MTU is 1500
        Hop count is 2
        Originating router is 2.2.4.4
```

이상으로 EIGRP 알고리듬인 DUAL에서 많이 사용하는 용어에 대해서 살펴보았다.

업데이트 패킷의 전송

EIGRP는 인접 라우터와 네이버 관계가 구성되면 자신의 토폴로지 테이블에 있는 최적 경로를 업데이트 패킷을 이용하여 네이버에게 전송한다. 업데이트 패킷을 수신한 라우터는 해당 네트워크의 벡터 메트릭과 수신 인터페이스의 벡터 메트릭을 비교하여 수정한 다음 토폴로지 테이블에 저장한다. 또, 인접 라우터에게서 수신한 RD외에 자신의 FD를 계산하여 함께 저장한다. 예를 들어, R2에 접속된 2.2.2.0/24 네트워크에 대한 메트릭값이 R1에서 변화되는 것을 살펴보자.

그림 4-9 EIGRP 메트릭 값의 변화

2.2.2.0/24 네트워크에 대한 메트릭 값을 R2에서 **show ip eigrp topology** 명령어로 확인하면 다음과 같다.

예제 4-30 R2에서의 2.2.2.0/24 네트워크의 메트릭 값

```
R2# show ip eigrp topology 2.2.2.0/24
IP-EIGRP (AS 1): Topology entry for 2.2.2.0/24
  State is Passive, Query origin flag is 1, 1 Successor(s), FD is 128256
  Routing Descriptor Blocks:
  0.0.0.0 (Loopback0), from Connected, Send flag is 0x0
    Composite metric is (128256/0), Route is Internal
    Vector metric:
      Minimum bandwidth is 10000000 Kbit
      Total delay is 5000 microseconds
      Reliability is 255/255
      Load is 1/255
      Minimum MTU is 1514
      Hop count is 0
```

그러나, R1이 R2로부터 2.2.2.0/24 네트워크에 대한 정보를 F0/0.12 인터페이스를 수신한 다음

이를 토폴로지 테이블에 저장하면서 다음과 같이 그 값이 변경된다.

예제 4-31 R1에서의 2.2.2.0/24 네트워크의 메트릭 값

```
R1# show ip eigrp topology 2.2.2.0/24
EIGRP-IPv4 Topology Entry for AS(1)/ID(2.2.1.1) for 2.2.2.0/24
  State is Passive, Query origin flag is 1, 1 Successor(s), FD is 156160
  Descriptor Blocks:
  2.2.12.2 (FastEthernet0/0.12), from 2.2.12.2, Send flag is 0x0
      Composite metric is (156160/128256), route is Internal
      Vector metric:
        Minimum bandwidth is 100000 Kbit
        Total delay is 5100 microseconds
        Reliability is 255/255
        Load is 1/255
        Minimum MTU is 1500
        Hop count is 1
        Originating router is 2.2.2.2
```

이상으로 EIGRP 광고가 라우터를 거치면서 변화되는 것을 살펴보았다.

업데이트 수신시 DUAL 동작

EIGRP가 업데이트 패킷을 수신했을 때의 동작을 개략적인 흐름도로 표시하면 다음과 같다. 업데이트 패킷을 수신했을 때 EIGRP가 동작하는 방식은 다음처럼 경우에 따라 다르다.

- 기존의 경로보다 더 좋거나 동일한 메트릭의 업데이트를 수신했을 때
- 기존보다 나쁜 업데이트를 석세서가 아닌 네이버에게서 수신했을 때
- 기존보다 나쁜 업데이트를 석세서에게서 수신했고, 피저블 석세서가 있을 때
- 기존보다 나쁜 업데이트를 석세서에게서 수신했고, 피저블 석세서가 없을 때

그림 4-10 업데이트 수신시 EIGRP의 동작

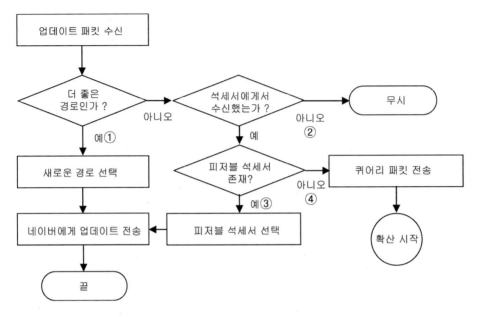

1) 기존의 경로보다 메트릭이 더 좋거나(값이 작거나) 동일한 업데이트를 수신했을 때 DUAL이 동작하는 방식은 다음과 같다.

• 새로운 경로를 알려준 네이버를 석세서로 지정한다.
• 새로운 경로를 다른 네이버에게 알린다.

2) 기존보다 나쁜 라우팅 정보를 석세서가 아닌 네이버에게서 수신시에는 다음과 같이 동작한다.

• 무시하고 더 이상의 동작을 취하지 않는다.

3) 석세서에게서 기존의 경로보다 메트릭이 더 나쁜(값이 큰) 라우팅 정보를 수신했고, 피저블 석세서가 있을 때 DUAL이 동작하는 방식은 다음과 같다.

• 피저블 석세서를 석세서로 지정한다.
• 새로운 경로를 다른 네이버에게 알린다.

4) 석세서에게서 기존의 경로보다 메트릭이 더 나쁜(값이 큰) 라우팅 정보를 수신했으나 피저블 석세서가 없을 때 DUAL이 동작하는 방식은 다음과 같다.

- 네이버에게 쿼리 패킷을 전송한다. 이 과정을 확산(diffusion)이라고 한다. 쿼리 패킷을 보내어 확산을 시작하는 과정에 대하여는 바로 다음 섹션에서 자세히 설명한다.
- 쿼리에 대한 응답 패킷을 모두 수신하면 석세서와 피저블 석세서를 결정한다. (석세서와 피저블 석세서가 존재하는 경우)
- 새로운 경로를 다른 네이버에게 알린다.

쿼리 패킷의 전송

EIGRP는 석세서로부터 나쁜 메트릭을 광고 받았지만(네트워크 다운 포함), 피저블 석세서가 없을 때 네이버에게 쿼리 패킷을 전송한다. 즉, 확산을 시작한다. 쿼리 패킷을 수신한 라우터는 인접 라우터에게 다시 쿼리 패킷을 전송한다. 토폴로지 테이블에 해당 네트워크에 대한 정보가 없거나, 액티브 상태이거나, 네이버가 없거나, 피저블 석세서가 존재하면 그 라우터에서 쿼리 패킷의 전송이 종료된다.

그림 4-11 쿼리 패킷의 전송

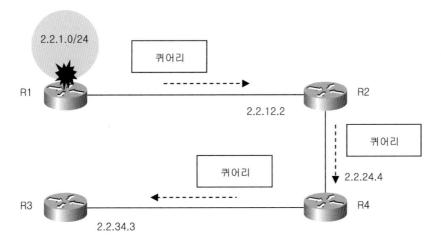

쿼리 패킷을 전송하고, 아직 응답을 받지 못한 상태를 액티브(active)라고 하며, 응답을 받았거나, 쿼리 패킷을 전송하지 않은 상태를 패시브(passive)라고 한다.

그림 4-12 응답 패킷의 전송

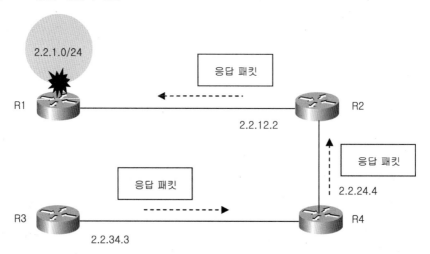

각 라우터들은 쿼리 패킷을 전송한 네이버들의 리스트를 유지하면서, 응답을 보내는 라우터를 확인한다. 쿼리 패킷을 전송한 모든 네이버에게서 응답 패킷을 받아야만 해당 경로가 패시브 상태로 변경된다. 패시브 상태가 되어야 자신에게 쿼리를 보낸 라우터에게 응답을 할 수 있으며, 자신도 해당 네트워크에 대한 라우팅 경로를 계산할 수 있다. 기본적으로 3분 이내에 쿼리 패킷에 대한 응답을 수신하지 못하면 네이버 관계를 해제한다.

EIGRP 라우터 ID 및 대역폭 제한

이번 절에서는 EIGRP 라우터 ID의 역할과 EIGRP가 네트워크 정보를 송신할 때 사용하는 대역폭을 제한하는 방법에 대하여 살펴보자.

EIGRP 라우터 ID

EIGRP가 라우터 ID를 결정하는 방식은 OSPF나 BGP 등과 동일하다. 즉, EIGRP 동작시 설정된 루프백의 IP 주소 중에서 가장 높은 것을 라우터 ID로 결정한다. 만약, 루프백에 설정된 IP 주소가 없으면 물리적인 인터페이스에 설정된 IP 주소 중에서 가장 높은 것을 선택한다.

만약, 두개의 라우터가 동일한 EIGRP 라우터 ID를 사용하면 어떻게 될까? EIGRP는 외부 네트워크에 대한 라우팅 정보를 전송할 때 해당 네트워크를 EIGRP 도메인으로 광고한 라우터의 라우터 ID를 함께 전송한다. EIGRP 라우팅 정보를 수신한 라우터가 업데이트 패킷에 포함된 라우터 ID와 자신의 라우터 ID를 비교하고, 동일하면 라우팅 정보를 폐기한다. 결과적으로 자신과 동일한 라우터 ID를 가진 라우터가 전송한 외부 네트워크는 라우팅 테이블에 저장되지 않는다.

따라서, EIGRP 설정시 EIGRP 설정모드에서 **eigrp router-id** 명령어를 사용하여 직접 라우터 ID를 지정하는 것이 제일 바람직하다.

EIGRP 제어용 대역폭 제한

기본적으로 EIGRP 패킷들은 대역폭의 50%까지 사용할 수 있다. 이 비율을 조정하려면 인터페이스 설정모드에서 **ip bandwidth-percent eigrp** 명령어를 사용하면 된다. 예를 들어, R1의 F0/0.12 인터페이스에서 EIGRP 패킷 전송을 위한 대역폭을 70%까지 사용할 수 있게 하려면 다음과 같이 설정한다.

예제 4-32 EIGRP용 대역폭 지정하기

```
R1(config)# int f0/0.12
R1(config-subif)# ip bandwidth-percent eigrp 1 70
```

EIGRP AS 번호 다음에 지정하는 수의 단위는 퍼센트이고, 다음과 같이 1에서 999,999 사이의 값을 가질 수 있다. 이처럼 100% 이상의 값을 지정할 수 있는 이유는 실제 속도와 설정된 대역폭 값이 서로 다를 수 있기 때문이다.

예제 4-33 EIGRP용 대역폭 지정 범위

```
R1(config-if)# ip bandwidth-percent eigrp 1 ?
  <1-999999>   Maximum bandwidth percentage that EIGRP may use
```

이상으로 EIGRP 라우터 ID 및 EIGRP 용 대역폭 할당 방법에 대해서 살펴보았다.

EIGRP 네트워크 축약

EIGRP는 디스턴스 벡터 라우팅 프로토콜이므로 주 네트워크 경계에서 주 네트워크로 축약을 할
수 있다. 또, 임의의 인터페이스에서 임의의 길이로 수동 축약이 가능하다.

EIGRP 자동 축약

주 네트워크 경계(major network boundary)에서 주 네트워크 정보만 광고하는 것을 자동 축약이라고
한다. EIGRP는 IOS 버전에 따라 동작하는 방식이 약간씩 달라서 최근의 것은 자동 축약을 하지
않는다.

다음 그림과 같이 R1의 Lo1 인터페이스에 IP 주소 1.1.2.1/24와 1.1.3.1/24를 부여하고 이를 EIGRP에
포함시켜 보자.

그림 4-13 EIGRP 자동 축약

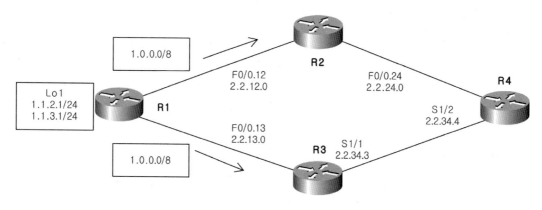

이를 위한 R1의 설정은 다음과 같다.

예제 4-34 R1의 설정

```
R1(config)# int lo1
R1(config-if)# ip address 1.1.2.1 255.255.255.0
R1(config-if)# ip address 1.1.3.1 255.255.255.0 secondary
R1(config-if)# exit
```

```
R1(config)# router eigrp 1
R1(config-router)# network 1.1.2.0 0.0.1.255
```

설정 후 R1의 라우팅 테이블을 보면 자동 축약되지 않고 상세한 네트워크 정보가 인스톨된다.

예제 4-35 R2의 라우팅 테이블

```
R2# show ip route eigrp
      (생략)
      1.0.0.0/24 is subnetted, 2 subnets
D        1.1.2.0 [90/156160] via 2.2.12.1, 00:00:34, FastEthernet0/0.12
D        1.1.3.0 [90/156160] via 2.2.12.1, 00:00:34, FastEthernet0/0.12
```

다음과 같이 R1에서 자동 축약 기능을 활성화시켜 보자.

예제 4-36 자동 축약 기능을 활성화

```
R1(config)# router eigrp 1
R1(config-router)# auto-summary
```

설정 후 다른 라우터의 라우팅 테이블을 확인하면 다음과 같이 주 네트워크인 1.0.0.0/8만 저장되어 있다. 즉, 주 네트워크로 축약되어 있다.

예제 4-37 R2의 라우팅 테이블

```
R2# show ip route eigrp
      (생략)
D     1.0.0.0/8 [90/156160] via 2.2.12.1, 00:00:24, FastEthernet0/0.12
```

다시 R1에서 자동 축약 기능을 비활성화시킨다.

예제 4-38 자동 축약 기능 비활성화

```
R1(config)# router eigrp 1
R1(config-router)# no auto-summary
```

자동 축약 기능은 동일한 메이저 네트워크가 다른 메이저 네트워크에 의해 분리되어 있을 때 라우팅 문제를 발생시킨다. 또, 다음에 설명하는 수동 축약 기능이 훨씬 더 정교하므로 자동 축약 기능은 거의 사용하지 않는다.

EIGRP 수동 축약

다른 클래스리스(classless) 라우팅 프로토콜과 마찬가지로 EIGRP도 임의의 크기로 네트워크를 축약할 수 있다. EIGRP 수동 축약은 축약된 네트워크를 전송하고자 하는 인터페이스에서 설정한다. 다음 그림과 같이 R2, R3에서 R4 방향으로 1.1.2.0/24, 1.1.3.0/24 네트워크 2개를 하나로 축약하여 광고하도록 해 보자.

그림 4-14 수동 축약

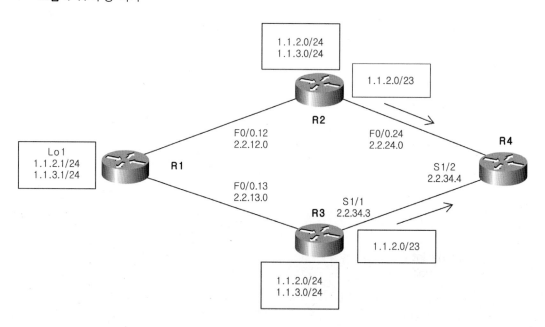

R2에서 다음과 같이 설정한다.

예제 4-39 EIGRP 수동 축약은 인터페이스에서 설정한다

```
R2(config)# int f0/0.24
R2(config-subif)# ip summary-address eigrp 1 1.1.2.0 255.255.254.0
```

R3에서 다음과 같이 설정한다.

예제 4-40 R3 EIGRP 수동 축약

```
R3(config)# int s1/1
R3(config-if)# ip summary-address eigrp 1 1.1.2.0 255.255.254.0
```

설정 후 R4에서 확인해보면 라우팅 테이블에 상세 네트워크 대신 축약된 1.1.2.0/23 네트워크가
저장되어 있다.

예제 4-41 R4에 축약된 네트워크가 저장되어 있다

```
R4# show ip route eigrp
    (생략)
    1.0.0.0/23 is subnetted, 1 subnets
D       1.1.2.0 [90/158720] via 2.2.24.2, 00:00:51, FastEthernet0/0.24
```

현재, R3에서 축약한 네트워크가 보이지 않는 것은 R3-R4 사이의 대역폭이 R2-R4 사이 보다
느리기 때문이다. R4에서 R2-R4 사이의 링크를 다운시켜 보자.

예제 4-42 링크 다운시키기

```
R4(config)# int f0/0.24
R4(config-subif)# shut
```

이번에는 R4의 라우팅 테이블에 R3이 광고하는 축약 경로가 인스톨된다.

예제 4-43 R4의 라우팅 테이블

```
R4# show ip route eigrp
    (생략)

    1.0.0.0/23 is subnetted, 1 subnets
D       1.1.2.0 [90/2300416] via 2.2.34.3, 00:00:47, Serial1/2
```

다시 R2-R4 사이의 링크를 활성화시킨다.

예제 4-44 링크 활성화

```
R4(config)# int f0/0.24
R4(config-subif)# no shut
```

지금까지 EIGRP 수동 축약에 대하여 살펴보았다.

축약 네트워크와 null 0

R2의 라우팅 테이블을 보면 다음과 같이 축약 네트워크의 게이트웨이가 null 0 인터페이스로 설정되어
있다.

예제 4-45 축약 네트워크의 게이트웨이가 null 0 인터페이스로 설정된다

```
R2# show ip route eigrp
    (생략)

    1.0.0.0/8 is variably subnetted, 3 subnets, 2 masks
D       1.1.2.0/23 is a summary, 00:11:10, Null0
D       1.1.2.0/24 [90/156160] via 2.2.12.1, 00:11:10, FastEthernet0/0.12
D       1.1.3.0/24 [90/156160] via 2.2.12.1, 00:11:10, FastEthernet0/0.12
    2.0.0.0/8 is variably subnetted, 11 subnets, 2 masks
D       2.2.1.0/24 [90/156160] via 2.2.12.1, 01:17:45, FastEthernet0/0.12
D       2.2.3.0/24 [90/158720] via 2.2.12.1, 01:17:43, FastEthernet0/0.12
D       2.2.4.0/24 [90/156160] via 2.2.24.4, 00:01:37, FastEthernet0/0.24
D       2.2.13.0/24 [90/30720] via 2.2.12.1, 01:17:45, FastEthernet0/0.12
D       2.2.34.0/24 [90/2172416] via 2.2.24.4, 00:01:37, FastEthernet0/0.24
```

이처럼 축약이 이루어지는 라우터의 라우팅 테이블에서 축약 네트워크의 게이트웨이가 null 0 인터페이스로 설정되는 이유는 축약이 설정되는 네트워크에서 라우팅 루프가 발생하는 것을 방지하기 위해서이다. 다음과 같이 R2에 R4 방향으로 디폴트 루트가 설정된 네트워크를 생각해 보자.

그림 4-15 null 0 인터페이스가 없으면 라우팅 루프가 발생할 수 있다

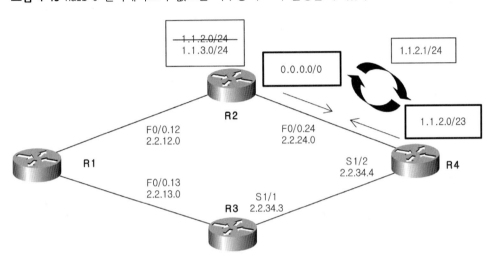

만약, R1의 네트워크중 1.1.2.0/24가 다운되면 R1은 자신의 라우팅 테이블에서 이를 제거하고 R2에게 통보한다. 그러면, R2도 라우팅 테이블에서 1.1.2.0/24 네트워크를 제거하지만, R4에게는 통보하지 않는다. 그 이유는 축약시 축약에 포함된 상세 네트워크가 모두 다 다운되었을 때에만 축약 네트워크가 다운되었다고 알려주기 때문이다. 결과적으로 R4의 라우팅 테이블에는 축약 네트워크인 1.1.2.0/23이 R2 방향으로 인스톨되어 있다.

이때, R4가 1.1.2.0/24로 향하는 패킷을 수신하면 축약 정보를 이용하여 R2 방향으로 라우팅시킨다. 그러나, R2에서는 해당 네트워크가 다운되었으므로 상세 네트워크 1.1.2.0/24는 라우팅 테이블에 존재하지 않는다. 따라서, R2는 디폴트 루트를 참조하여 이 패킷을 다시 R4로 전송한다. 다시, R4는 이 패킷을 R2로 라우팅시키는 과정이 반복된다. 즉, 목적지가 1.1.2.0/24 네트워크인 패킷에 대해서 R2와 R4 사이에서 라우팅 루프(routing loop)가 발생한다.

그러나, 축약된 네트워크에 대해서 null 0 인터페이스가 설정되어 있으면, 라우팅 루프가 발생하지 않는다. 그 이유는 다음과 같다.

그림 4-16 null 0 인터페이스가 라우팅 루프를 방지한다

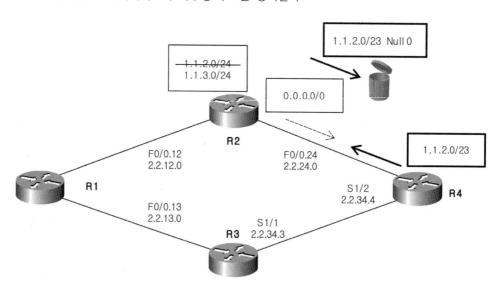

R4가 1.1.2.0이 목적지인 패킷을 수신하면, 라우팅 테이블에서 축약 네트워크인 1.1.2.0/23을 참조하여
이 패킷을 R2로 라우팅시킨다. R2에서는 해당 네트워크가 다운되었으므로 상세 네트워크는 라우팅
테이블에 존재하지 않는다.

이 때, R2는 디폴트 루트를 참조하기 전에 롱기스트 매치 룰(longest match rule)에 의해서 디폴트
루트보다 더 상세한 1.1.2.0/23 네트워크를 참조한다. 이 네트워크의 게이트웨이가 null 0으로 설정되
어 있으므로 해당 패킷을 폐기한다. 즉, 목적지가 null 0인 패킷은 폐기된다. 결과적으로 축약된
네트워크에 포함된 상세 네트워크가 다운되면, 축약을 설정한 라우터가 해당 네트워크로 가는
패킷을 폐기하여 라우팅 루프가 발생하는 것을 방지한다.

그리고, EIGRP가 축약한 네트워크는 축약을 설정한 라우터에서만 AD가 5이다.

예제 4-46 EIGRP 축약 네트워크의 AD는 5이다

```
R2# show ip route 1.1.2.0 255.255.254.0
Routing entry for 1.1.2.0/23
  Known via "eigrp 1", distance 5, metric 156160, type internal
  Redistributing via eigrp 1
```

```
Routing Descriptor Blocks:
* directly connected, via Null0
    Route metric is 156160, traffic share count is 1
    Total delay is 5100 microseconds, minimum bandwidth is 100000 Kbit
    Reliability 255/255, minimum MTU 1500 bytes
    Loading 1/255, Hops 0
```

축약 네트워크의 메트릭은 상세 네트워크의 메트릭 중에서 가장 낮은 것을 취한다. 또, 축약 네트워크는 상세 네트워크가 모두 다운되어야 축약 네트워크의 광고를 중지한다.

EIGRP와 디폴트 루트

EIGRP 라우팅 테이블을 줄이려면 앞서 설명한 축약 외에 디폴트 루트를 사용하는 방법이 있다. EIGRP에서 디폴트 루트를 설정하려면 디폴트 루트를 재분배하거나 인터페이스에서 디폴트 루트를 축약한다.

재분배에 의한 디폴트 루트 생성

먼저, 디폴트 루트를 EIGRP로 재분배하는 방법을 살펴보자. 다음 그림과 같이 기존의 네트워크에 R5를 추가해 보자.

그림 4-17 R5 추가하기

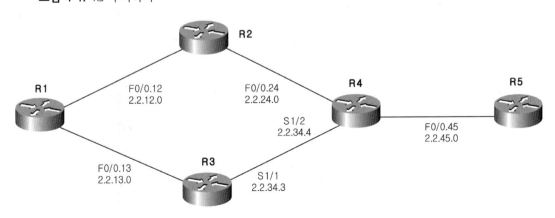

이를 위하여 스위치에서 필요한 VLAN과 트렁킹을 설정한다.

예제 4-47 스위치 설정

```
SW1(config)# vlan 45
SW1(config-vlan)# exit

SW1(config)# int f1/5
SW1(config-if)# switchport trunk encap dot
SW1(config-if)# switchport mode trunk
```

R4와 R5에서 IP 주소를 추가한다.

예제 4-48 IP 주소 추가

```
R4(config)# int f0/0.45
R4(config-subif)# encap dot 45
R4(config-subif)# ip address 2.2.45.4 255.255.255.0

R5(config)# int lo0
R5(config-if)# ip address 2.2.5.5 255.255.255.0
R5(config-if)# int f0/0
R5(config-if)# no shut
R5(config-if)# int f0/0.45
R5(config-subif)# encap dot 45
R5(config-subif)# ip address 2.2.45.5 255.255.255.0
```

R4에서 R5와 핑이 되는지 확인한다.

이제, R4에서 R5 방향으로 정적인 디폴트 루트를 설정하고, 이를 EIGRP에 재분배시켜 다음 그림과 같이 R2, R3에게 광고하도록 설정해 보기로 한다.

그림 4-18 디폴트 루트 재분배

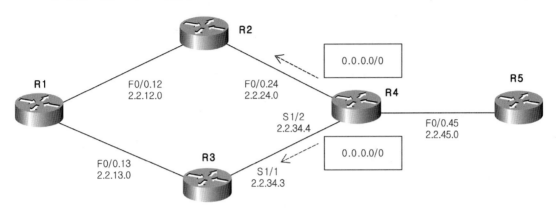

이를 위한 R4의 설정은 다음과 같다.

예제 4-49 정적인 디폴트 루트를 EIGRP로 재분배하기

```
R4(config)# ip route 0.0.0.0 0.0.0.0 2.2.45.5   ①

R4(config)# router eigrp 1
R4(config-router)# redistribute static   ②
```

① 정적으로 디폴트 루트를 설정한다.

② 정적으로 설정한 디폴트 루트를 EIGRP에 재분배한다. 설정 후 R4의 라우팅 테이블은 다음과 같다.

예제 4-50 R4의 라우팅 테이블에는 정적인 디폴트 루트가 설정된다

```
R4# show ip route
     (생략)

Gateway of last resort is 2.2.45.5 to network 0.0.0.0

S*    0.0.0.0/0 [1/0] via 2.2.45.5
```

R1의 라우팅 테이블에 다음과 같이 디폴트 루트가 EIGRP 외부 경로로 저장되어 있다.

147

예제 4-51 R1의 라우팅 테이블에는 EIGRP에서 전달받은 디폴트 루트가 저장된다

```
R1# show ip route eigrp
     (생략)

Gateway of last resort is 2.2.12.2 to network 0.0.0.0

D*EX   0.0.0.0/0 [170/33280] via 2.2.12.2, 00:02:19, FastEthernet0/0.12
          2.0.0.0/8 is variably subnetted, 11 subnets, 2 masks
D         2.2.2.0/24 [90/156160] via 2.2.12.2, 02:59:50, FastEthernet0/0.12
D         2.2.3.0/24 [90/156160] via 2.2.13.3, 02:59:55, FastEthernet0/0.13
D         2.2.4.0/24 [90/158720] via 2.2.12.2, 01:37:50, FastEthernet0/0.12
D         2.2.24.0/24 [90/30720] via 2.2.12.2, 02:59:50, FastEthernet0/0.12
D         2.2.34.0/24 [90/2172416] via 2.2.13.3, 01:37:50, FastEthernet0/0.13
```

R3의 라우팅 테이블에도 다음과 같이 디폴트 루트가 저장되어 있다.

예제 4-52 R3에도 디폴트 루트가 저장된다

```
R3# show ip route 0.0.0.0 0.0.0.0
Routing entry for 0.0.0.0/0, supernet
  Known via "eigrp 1", distance 170, metric 35840, candidate default path, type external
  Redistributing via eigrp 1
  Last update from 2.2.13.1 on FastEthernet0/0.13, 00:04:07 ago
  Routing Descriptor Blocks:
  * 2.2.13.1, from 2.2.13.1, 00:04:07 ago, via FastEthernet0/0.13
      Route metric is 35840, traffic share count is 1
      Total delay is 400 microseconds, minimum bandwidth is 100000 Kbit
      Reliability 255/255, minimum MTU 1500 bytes
      Loading 1/255, Hops 3
```

R1에서 R4의 2.2.45.4로 핑을 해보면 디폴트 루프를 이용하여 라우팅된다.

예제 4-53 디폴트 루트를 이용한 라우팅 확인하기

```
R1# ping 2.2.45.4
Type escape sequence to abort.
Sending 5, 100-byte ICMP Echos to 2.2.45.4, timeout is 2 seconds:
```

```
!!!!!
Success rate is 100 percent (5/5), round-trip min/avg/max = 12/18/28 ms
```

지금까지 EIGRP에 정적인 디폴트 루트를 재분배 하였다.

축약에 의한 디폴트 루트 생성

EIGRP를 이용하여 디폴트 루트를 전달할 수 있는 또 다른 방법은 인터페이스에서 디폴트 루트를 축약하는 방법이다. 앞서 설명한 디폴트 루트를 재분배하는 방식은 모든 네이버에게 디폴트 루트를 전달한다.

다음과 같이 R4-R5 사이에도 EIGRP를 설정해 보자.

예제 4-54 R4-R5 사이의 EIGRP 설정

```
R4(config)# router eigrp 1
R4(config-router)# network 2.2.45.4 0.0.0.0

R5(config)# router eigrp 1
R5(config-router)# network 2.2.5.5 0.0.0.0
R5(config-router)# network 2.2.45.5 0.0.0.0
```

그러면 R4에서 설정한 디폴트 루트가 R5에게도 광고된다.

예제 4-55 R5의 라우팅 테이블

```
R5# show ip route eigrp
    (생략)
Gateway of last resort is 2.2.45.4 to network 0.0.0.0

D*EX   0.0.0.0/0 [170/30720] via 2.2.45.4, 00:00:05, FastEthernet0/0.45
```

즉, 다음 그림과 같이 R4에서 재분배한 디폴트 루트가 모든 EIGRP 네이버에게 광고된다.

그림 4-19 재분배한 디폴트 루트가 모든 EIGRP 네이버에게 광고된다

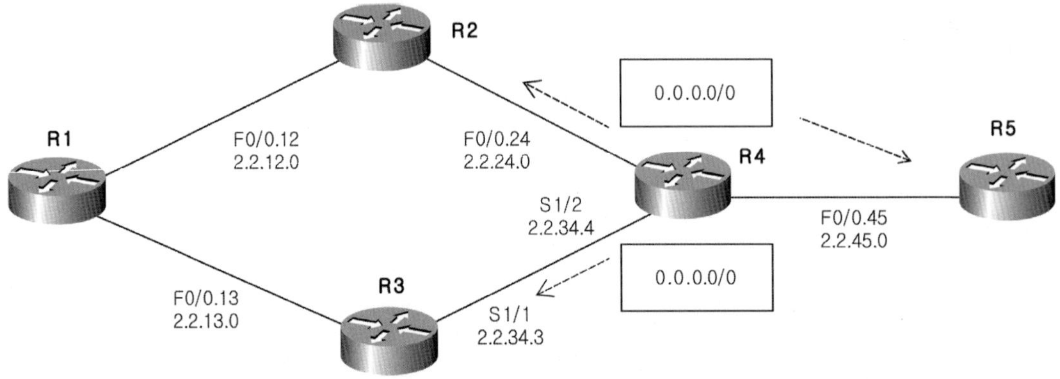

그러나, 인터페이스에서 디폴트 루트를 축약하면 특정한 방향으로만 디폴트 루트를 전달하므로, 경우에 따라서 편리하다. 다음 그림과 같이 R2, R3에서 R1과 연결되는 인터페이스에서 디폴트 루트를 축약해 보자.

그림 4-20 인터페이스에서 디폴트 루트를 축약하기

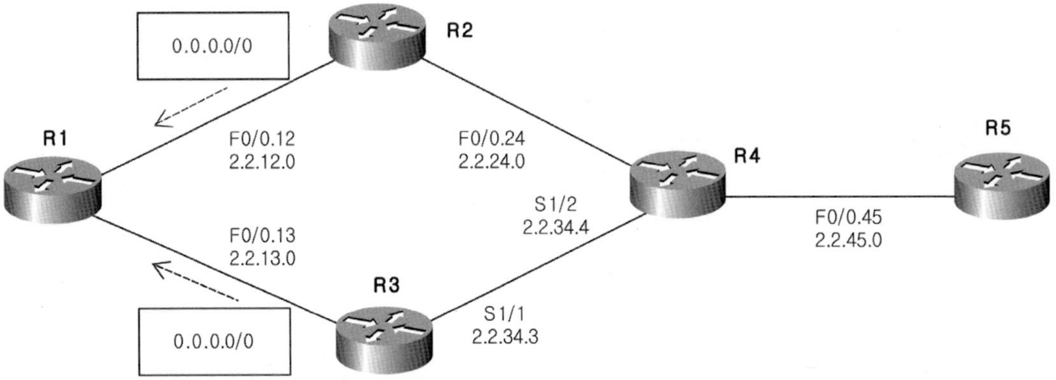

테스트를 위해서 R4에서 정적인 디폴트 루트 재분배 설정을 제거한다.

예제 4-56 정적 디폴트 루트와 재분배 삭제하기

```
R4(config)# no ip route 0.0.0.0 0.0.0.0 2.2.45.5

R4(config)# router eigrp 1
R4(config-router)# no redistribute static
```

EIGRP 축약 기능을 이용하여 R2와 R3에서 R1 방향으로만 디폴트 루트를 전달하려면 다음과 같이
설정한다.

예제 4-57 EIGRP 축약 기능을 이용하여 디폴트 루트 전달하기

```
R2(config)# int f0/0.12
R2(config-subif)# ip summary-address eigrp 1 0.0.0.0/0

R3(config)# int f0/0.13
R3(config-subif)# ip summary-address eigrp 1 0.0.0.0/0
```

설정 후 R1의 라우팅 테이블은 다음과 같다.

예제 4-58 R1의 라우팅 테이블

```
R1# show ip route eigrp
     (생략)
Gateway of last resort is 2.2.13.3 to network 0.0.0.0

D*    0.0.0.0/0 [90/30720] via 2.2.13.3, 00:00:42, FastEthernet0/0.13
                [90/30720] via 2.2.12.2, 00:00:42, FastEthernet0/0.12
R1#
```

R1의 라우팅 테이블에는 디폴트 루트가 내부 경로로 저장되어 있다. 또, R2와 R3의 인터페이스에서
디폴트 루트를 축약하였기 때문에 2.2.2.0/24, 2.2.3.0/24, 2.2.4.0/24와 같은 상세 경로는 전달하지
않아서 R1의 라우팅 테이블에 이 경로들이 없다. 그러나, 디폴트 루트를 이용하여 다른 네트워크와
핑이 된다.

예제 4-59 핑 확인

```
R1# ping 2.2.4.4
Type escape sequence to abort.
Sending 5, 100-byte ICMP Echos to 2.2.4.4, timeout is 2 seconds:
!!!!!
Success rate is 100 percent (5/5), round-trip min/avg/max = 16/19/28 ms
```

R4의 라우팅 테이블에는 디폴트 루트가 없다.

예제 4-60 R4의 라우팅 테이블

```
R4# show ip route 0.0.0.0 0.0.0.0
% Network not in table
```

이상으로 축약을 이용하여 디폴트 루트를 광고하도록 설정해 보았다.

플로팅 축약 경로

축약을 설정한 라우터에서 축약 경로의 AD는 5이다. 그러나, 축약을 하면서 이 값을 조정할 수 있는데 이를 플로팅 축약 경로(floating summary route)라고 한다. 다음과 같이 R5에서도 디폴트 루트를 생성하여 R4에게 광고해 보자.

예제 4-61 R5의 설정

```
R5(config)# int f0/0.45
R5(config-subif)# ip summary-address eigrp 1 0.0.0.0/0
```

R4의 라우팅 테이블은 다음과 같다.

예제 4-62 R4의 라우팅 테이블

```
R4# show ip route eigrp
    (생략)
```

```
Gateway of last resort is 2.2.45.5 to network 0.0.0.0

D*      0.0.0.0/0 [90/30720] via 2.2.45.5, 00:02:29, FastEthernet0/0.45
        1.0.0.0/8 is variably subnetted, 3 subnets, 2 masks
D           1.1.2.0/23 [90/158720] via 2.2.24.2, 00:17:00, FastEthernet0/0.24
D           1.1.2.0/24 [90/2300416] via 2.2.34.3, 00:17:00, Serial1/2
D           1.1.3.0/24 [90/2300416] via 2.2.34.3, 00:17:00, Serial1/2
        2.0.0.0/8 is variably subnetted, 13 subnets, 2 masks
D           2.2.1.0/24 [90/158720] via 2.2.24.2, 00:17:00, FastEthernet0/0.24
D           2.2.2.0/24 [90/156160] via 2.2.24.2, 00:17:03, FastEthernet0/0.24
D           2.2.3.0/24 [90/2297856] via 2.2.34.3, 00:17:21, Serial1/2
D           2.2.12.0/24 [90/30720] via 2.2.24.2, 00:17:00, FastEthernet0/0.24
D           2.2.13.0/24 [90/33280] via 2.2.24.2, 00:17:00, FastEthernet0/0.24
```

R4의 라우팅 테이블에는 R5에서 광고한 디폴트 루트가 설치되어 있다. 이제, R1에서 R4, R5의 루프백 IP 주소로 핑을 해보자.

예제 4-63 핑 확인

```
R1# ping 2.2.4.4
Type escape sequence to abort.
Sending 5, 100-byte ICMP Echos to 2.2.4.4, timeout is 2 seconds:
!!!!!
Success rate is 100 percent (5/5), round-trip min/avg/max = 16/19/20 ms
R1# ping 2.2.5.5
Type escape sequence to abort.
Sending 5, 100-byte ICMP Echos to 2.2.5.5, timeout is 2 seconds:
U.U.U
Success rate is 0 percent (0/5)
```

R4의 루프백까지는 핑이 되지만 R5의 루프백 IP 주소까지는 핑이 되지 않는다. 그 원인은 R2의 라우팅 테이블에 있다.

예제 4-64 R2의 라우팅 테이블

```
R2# show ip route eigrp
    (생략)
```

```
Gateway of last resort is 0.0.0.0 to network 0.0.0.0

D*      0.0.0.0/0 is a summary, 00:06:10, Null0
        1.0.0.0/8 is variably subnetted, 3 subnets, 2 masks
D          1.1.2.0/23 is a summary, 00:20:50, Null0
D          1.1.2.0/24 [90/156160] via 2.2.12.1, 00:20:48, FastEthernet0/0.12
D          1.1.3.0/24 [90/156160] via 2.2.12.1, 00:20:48, FastEthernet0/0.12
        2.0.0.0/8 is variably subnetted, 12 subnets, 2 masks
D          2.2.1.0/24 [90/156160] via 2.2.12.1, 00:20:50, FastEthernet0/0.12
D          2.2.3.0/24 [90/2300416] via 2.2.24.4, 00:20:55, FastEthernet0/0.24
D          2.2.4.0/24 [90/156160] via 2.2.24.4, 00:20:55, FastEthernet0/0.24
D          2.2.13.0/24 [90/30720] via 2.2.12.1, 00:20:48, FastEthernet0/0.12
D          2.2.34.0/24 [90/2172416] via 2.2.24.4, 00:20:55, FastEthernet0/0.24
D          2.2.45.0/24 [90/30720] via 2.2.24.4, 00:20:55, FastEthernet0/0.24
```

R4는 R5에게서 광고받은 디폴트 루트와 자신이 알고 있는 네트워크(2.2.4.0/24, 2.2.45.0/24 등)를 R2에게 광고하고, R2는 이 중 2.2.4.0/24, 2.2.45.0/24 네트워크를 라우팅 테이블에 설치한다. 결과적으로 R4의 루프백 주소인 2.2.4.4까지 핑이 된다. 그러나, R2에는 이미 자신이 축약해서 만든 디폴트 루트가 설치되어 있고, AD 값이 5이다. 또, 이 디폴트 루트가 Null 0을 가리키므로 R2는 상세 네트워크가 라우팅 테이블에 없는 패킷을 수신하면 폐기한다.

예제 4-65 R2의 라우팅 테이블

```
R2# show ip route 0.0.0.0 0.0.0.0
Routing entry for 0.0.0.0/0, supernet
  Known via "eigrp 1", distance 5, metric 28160, candidate default path, type internal
  Redistributing via eigrp 1
  Routing Descriptor Blocks:
  * directly connected, via Null0
      Route metric is 28160, traffic share count is 1
      Total delay is 100 microseconds, minimum bandwidth is 100000 Kbit
      Reliability 255/255, minimum MTU 1500 bytes
      Loading 1/255, Hops 0
```

이를 해결하려면 R2의 라우팅 테이블에 R4에서 광고받은 디폴트 루트가 설치되어야 한다. R4에서 광고받은 디폴트 루트의 AD 값이 90이므로 R2 자신이 축약한 디폴트 루트의 AD 값을 이보다 더 높게 설정해 주면 된다. R3도 마찬가지이다.

예제 4-66 R2의 설정

```
R2(config)# router eigrp 1
R2(config-router)# summary-metric 0.0.0.0/0 distance 220

R3(config)# router eigrp 1
R3(config-router)# summary-metric 0.0.0.0/0 distance 220
```

설정 후 R2의 라우팅 테이블에는 R4에게서 광고받은 디폴트 루트가 설치된다.

예제 4-67 R2의 라우팅 테이블

```
R2# show ip route eigrp
    (생략)
Gateway of last resort is 2.2.24.4 to network 0.0.0.0

D*     0.0.0.0/0 [90/33280] via 2.2.24.4, 00:00:08, FastEthernet0/0.24
```

R1의 라우팅 테이블은 다음과 같다.

예제 4-68 R1의 라우팅 테이블

```
R1# show ip route eigrp
    (생략)
Gateway of last resort is 2.2.12.2 to network 0.0.0.0

D*     0.0.0.0/0 [90/35840] via 2.2.12.2, 00:07:46, FastEthernet0/0.12
```

이제, R1에서 R5까지 핑이 된다.

예제 4-69 핑 확인

```
R1# ping 2.2.5.5
Type escape sequence to abort.
Sending 5, 100-byte ICMP Echos to 2.2.5.5, timeout is 2 seconds:
!!!!!
```

```
Success rate is 100 percent (5/5), round-trip min/avg/max = 16/25/32 ms
```

다음 테스트를 위하여 R5에서 설정한 디폴트 루트를 제거한다.

예제 4-70 R5의 설정

```
R5(config)# int f0/0.45
R5(config-subif)# no ip summary-address eigrp 1 0.0.0.0/0
```

이상으로 플로팅 축약 경로에 대하여 살펴보았다.

SIA 방지대책

이번에는 대규모의 EIGRP 네트워크에서 가장 문제가 되는 SIA(Stuck In Active) 현상과 그 대책을
살펴본다.

SIA 현상

EIGRP가 정보 요청 패킷(query packet)을 보낸 후에 응답 패킷을 받지 못한 상태를 액티브(active)
상태라고 하며, 이 상태가 장시간 유지되는 것을 SIA라고 한다. 기본적으로 EIGRP 라우터는 액티브
상태에서 최대 3분간을 기다리며, 이 기간이 경과하면 응답 패킷을 보내지 않는 라우터와의 네이버
관계를 해제한다.

예를 들어, 다음 그림의 R3에 접속된 2.2.30.0 네트워크가 다운되면 R3은 인접 라우터에게 라우팅
정보 요청 패킷을 전송한다. 이 패킷은 인접 라우터를 거쳐 전체 EIGRP 라우터에게 모두 전송된다.

그림 4-21 한 라우터의 네트워크가 다운되면 모든 라우터에게 라우팅 정보 요청 패킷을 전송한다

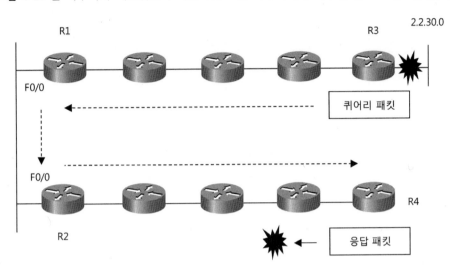

만약 장애가 발생한 R4가 응답 패킷을 보내지 못하면 모든 라우터가 해당 패킷을 기다리며, 응답 패킷을 받기 전에는 장애가 발생한 EIGRP 네트워크의 대체 경로를 계산하지 못하는 SIA가 지속된다. 기본적으로 3분이 지나도록 응답 패킷을 수신하지 못하면 라우터들은 인접 라우터와의 네이버 관계를 해제한다. 결과적으로 다음 그림과 같이 응답 패킷을 전송하지 못한 R4가 인접 라우터와 분리된다. 네이버 관계가 해제된 후에라도, 헬로 패킷을 수신하면 다시 R4와 네이버가 구성되며, 라우팅 정보를 교환한다.

그림 4-22 응답 패킷을 수신하지 못하면 네이버 구성을 해제한다

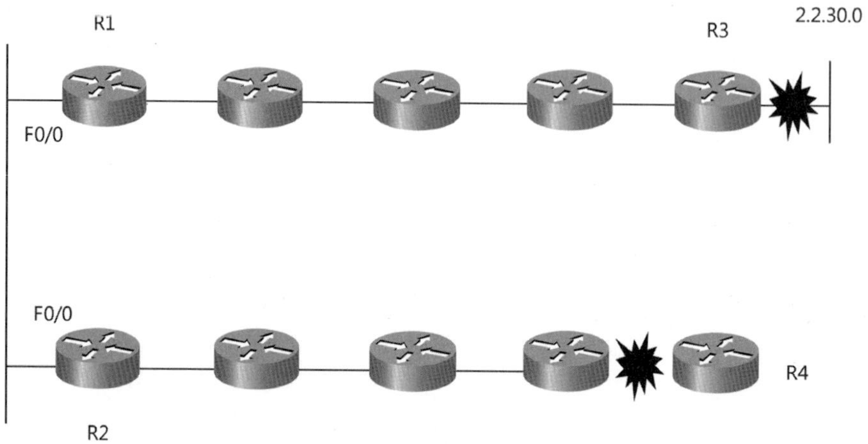

이와 같은 과정이 반복되면서 전체 EIGRP 네트워크가 아주 불안정해진다. EIGRP 네트워크에서 SIA가 야기시키는 문제는 네트워크의 불안정뿐만 아니다. 앞 그림에서 보는 것처럼 라우터 R3에서 발생한 장애 때문에 라우터 R4도 영향을 받는다. 이 경우 라우터 R3에서는 인터페이스가 다운되는 등 원인을 찾기 쉬운 장애일 가능성이 크다. 그러나, 라우터 R4에서는 엉뚱한 곳에 있는 R3이 장애의 원인을 제공했다는 것을 찾기까지는 시간이 많이 걸릴 수 있다.

쿼어리 패킷(정보 요청 패킷)에 대한 응답을 하지 못하는 것은 해당 라우터와 연결된 링크의 트래픽이 과다하거나, 설정이 잘못되었거나, 해킹 등으로 인해 라우터에 과도한 부하가 걸리는 경우 등 여러 가지가 있다. 이제, SIA를 방지하기 위한 대책에 대해서 살펴보자.

SIA 타이머 조정

SIA 때문에 네이버 관계가 해제되는 것을 지연시키려면 EIGRP 설정모드에서 **timers active-time** 명령어를 사용하여 분(minute) 단위로 SIA로 인해서 네이버가 해제되는 시간을 연장시킬 수 있다. 예를 들어, 다음과 같이 R3에서 **timers active-time 4**라고 설정하면 R4가 쿼어리 패킷에 대한 응답 패킷을 전송하지 못해도 4 분 동안은 네이버 관계를 해제하지 않고 기다린다.

예제 4-71 SIA 타이머 조정하기

```
R3(config)# router eigrp 1
R3(config-router)# timers active-time ?
  <1-65535>   EIGRP active-state time limit in minutes
  disabled    disable EIGRP time limit for active state
  <cr>

R3(config-router)# timers active-time 4
```

그러나, 이 방법은 장애가 발생한 네트워크로 가는 대체 경로가 있을 때, 오히려 대체 경로가 라우팅 테이블에 저장되는 시간을 지연시켜 결과적으로 컨버전스 시간(convergence time)이 더 길어지므로 유의해야 한다.

축약에 의한 SIA 방지

SIA란 쿼리 패킷에 대한 응답을 장시간 수신하지 못하는 상태를 말한다. 많은 경우, SIA가 발생하는 것은 쿼리 패킷이 성능이 떨어지고 저속의 링크로 연결된 말단 라우터까지 전송되었다가, 이에 대한 응답을 받지 못하기 때문이다. 따라서, EIGRP 네트워크 설계시 쿼리 패킷이 적당한 선에서 멈출 수 있도록 하는 것이 중요하다. 쿼리 패킷을 적당한 곳에서 멈추게 하는 것을 쿼리 스코핑(query scoping)이라고 한다.

EIGRP 라우터는 쿼리 받은 것과 동일한 네트워크가 토폴로지 테이블에 존재하지 않으면 다른 네이버에게 더 이상 쿼리 패킷을 전파하지 않는다. 따라서, 쿼리의 전파를 방지하기 위하여 적당한 위치에 있는 EIGRP 라우터의 토폴로지 테이블에 특정 네트워크가 저장되지 않게 하면 된다. 이렇게 하는 방법은 축약, 네트워크 차단, 재분배 등의 방법이 있다. 우선, 축약을 이용하여 SIA를 방지하는 방법에 대해서 알아보자.

다음 그림의 R1에 설정된 2.2.1.0/24 네트워크에 대하여 살펴보자. R1이 2.2.1.0/24 네트워크에 대한 EIGRP 광고를 R2에게 전송한다. 만약, R2에서 2.2.0.0/16으로 축약을 하면 R4에게 2.2.1.0/24 네트워크의 광고는 전송하지 않는다. R4의 토폴로지 테이블에 2.2.1.0/24 네트워크 정보가 없으므로 나중에 이 네트워크에 대한 쿼리를 수신하면 더 이상 R5에게는 쿼리 패킷을 전송하지 않는다. 즉, R4에서 쿼리가 중지된다.

그림 4-23 축약을 하면 다음 라우터에서 쿼리가 멈춘다

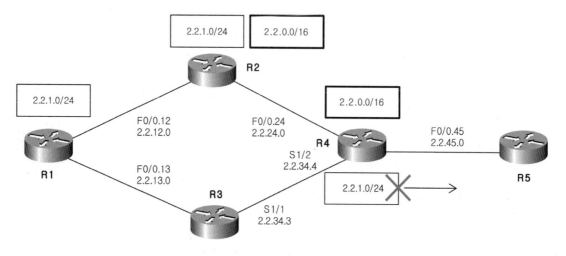

이를 확인해 보자. 다음과 같이 R2, R3에서 2.2.0.0/16으로 네트워크를 축약한다.

예제 4-72 R2의 설정

```
R2(config)# int f0/0.24
R2(config-subif)# ip summary-address eigrp 1 2.2.0.0 255.255.0.0

R3(config)# int s1/1
R3(config-if)# ip summary-address eigrp 1 2.2.0.0 255.255.0.0
```

R2, R3의 토폴로지 테이블에는 R1에게서 수신한 2.2.1.0/24 네트워크 정보가 존재한다.

예제 4-73 R2의 토폴로지 테이블

```
R2# show eigrp address-family ipv4 topology 2.2.1.0/24
EIGRP-IPv4 Topology Entry for AS(1)/ID(2.2.2.2) for 2.2.1.0/24
  State is Passive, Query origin flag is 1, 1 Successor(s), FD is 156160
  Descriptor Blocks:
  2.2.12.1 (FastEthernet0/0.12), from 2.2.12.1, Send flag is 0x0
      Composite metric is (156160/128256), route is Internal
      Vector metric:
        Minimum bandwidth is 100000 Kbit
        Total delay is 5100 microseconds
```

```
            Reliability is 255/255
            Load is 1/255
            Minimum MTU is 1500
            Hop count is 1
            Originating router is 2.2.1.1
```

그러나, R4에게는 축약된 네트워크 정보만 전송되었기 때문에 토폴로지 테이블에 2.2.1.0/24 정보가 없다.

예제 4-74 R4의 토폴로지 테이블

```
R4# show eigrp address-family ipv4 topology 2.2.1.0/24
EIGRP-IPv4 Topology Entry for AS(1)/ID(2.2.4.4)
%Entry 2.2.1.0/24 not in topology table
```

테스트를 위하여 R4, R5에서 EIGRP 쿼어리 패킷을 디버깅한다.

예제 4-75 EIGRP 쿼어리 패킷 디버깅

```
R4# debug eigrp packets query
R5# debug eigrp packets query
```

R1에서 2.2.1.0/24 네트워크를 다운시킨다.

예제 4-76 R1의 네트워크 다운

```
R1(config)# int lo0
R1(config-if)# shutdown
```

그러면 R1이 전송한 쿼어리 패킷이 R2, R3을 거쳐 R4에게 전달된다.

예제 4-77 퀴어리 패킷 디버깅 결과

```
R4#
*Jun 27 20:33:43.543: EIGRP: Received QUERY on Fa0/0.24 - paklen 44 nbr 2.2.24.2
*Jun 27 20:33:43.547: EIGRP: Received QUERY on Se1/2 - paklen 44 nbr 2.2.34.3
```

그러나, R5에게는 퀴어리 패킷이 전달되지 않는다.

예제 4-78 R5의 퀴어리 패킷 디버깅 결과

```
R5#
```

즉, 말단 라우터(종단 라우터, 액세스 라우터, 지사 라우터)까지 퀴어리가 전송되지 않고, 결과적으로 SIA가 발생할 확률이 줄어든다.

다음 테스트를 위하여 R1의 Lo0 인터페이스를 다시 활성화시킨다.

예제 4-79 인터페이스 활성화

```
R1(config)# int lo0
R1(config-if)# no shutdown
```

이상으로 축약을 사용하여 SIA가 발생할 가능성을 감소시키는 방법에 대하여 살펴보았다.

스텁 라우팅에 의한 SIA 방지

특정 EIGRP 라우터를 스텁 라우터(stub router)로 지정하면 SIA 퀴어리 전송범위를 줄일 수 있다. 예를 들어, 다음 그림의 R5를 EIGRP 스텁 라우터로 지정했을 때 각 라우터가 동작하는 방식은 다음과 같다.

그림 4-24 EIGRP 스텁 라우터

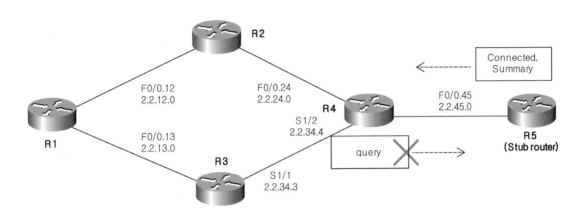

- 스텁 라우터인 R5는 자신에게 직접 접속된 네트워크와 축약 네트워크 정보만을 네이버에게 전송한다.
- 네이버인 R4는 스텁 라우터인 R5에게 어떤 퀴어리 패킷도 전송하지 않는다. 그러나, 업데이트, 수신확인 및 응답 패킷 전송은 정상적으로 이루어진다. R5를 스텁 라우터로 지정하려면 다음과 같이 EIGRP 설정모드에서 **eigrp stub** 명령어를 사용한다.

예제 4-80 R5를 스텁 라우터로 지정하기

```
R5(config)# router eigrp 1
R5(config-router)# eigrp stub
```

이렇게 R5를 스텁 라우터로 지정하면 네이버인 R4가 R5에게 퀴어리 패킷을 전송하지 않는다. **eigrp stub** 명령어 다음에 사용할 수 있는 옵션은 다음과 같다.

예제 4-81 EIGRP 스텁 옵션들

```
R5(config-router)# eigrp stub ?
   connected      Do advertise connected routes      ①
   leak-map       Allow dynamic prefixes based on the leak-map   ②
   receive-only   Set receive only neighbor   ③
   redistributed  Do advertise redistributed routes   ④
```

static	Do advertise static routes ⑤
summary	Do advertise summary routes ⑥
<cr> ⑦	

① connected 옵션을 사용하면 현재의 라우터에 접속된 네트워크에 대한 라우팅 정보를 네이버에게 전송한다. 즉, EIGRP 설정모드에서 network 명령어를 사용하여 EIGRP에 포함된 네트워크에 대한 광고를 전송한다.

② leak-map 옵션 다음에 루트 맵을 사용하여 특정한 네트워크 정보를 전송하거나 차단할 수 있다.

③ receive-only 옵션을 사용하면 네이버에게 자신의 토폴로지 테이블에 있는 어떤 정보에 대한 라우팅 정보도 전송하지 않는다. 즉, 네이버에게서 새로운 네트워크 정보에 대한 라우팅 정보를 수신하기만 한다. 이 옵션은 단독으로만 사용할 수 있다. 다른 옵션은 모두 조합으로 사용할 수 있다.

④ redistributed 옵션은 재분배된 네트워크 정보를 네이버에게 전송시킨다.

⑤ static 옵션은 정적인 경로에 대한 정보를 네이버에게 전송시킨다.

⑥ summary 옵션은 축약 경로에 대한 정보를 네이버에게 전송시킨다.

⑦ 아무런 옵션도 지정하지 않으면 connected와 summary 옵션을 사용한 것과 동일하다. 즉, 직접 접속된 네트워크와 축약 네트워크에 대한 라우팅 정보만을 네이버에게 전송한다. 다음과 같이 설정 파일을 확인해 보면 설정시에는 eigrp stub 명령어만 사용했는데 실제로는 eigrp stub connected summary 명령어가 입력되어 있다.

예제 4-82 설정 파일 내용

```
R5# show run | section eigrp
router eigrp 1
 network 2.2.5.5 0.0.0.0
 network 2.2.45.5 0.0.0.0
 eigrp stub connected summary
```

스텁 라우터로 동작하는 것을 확인하려면 다음과 같이 네이버 라우터에서 show ip eigrp neighbors detail 명령어를 사용한다.

예제 4-83 스텁 라우터 동작 확인하기

```
R4# show ip eigrp neighbors detail f0/0.45
EIGRP-IPv4 Neighbors for AS(1)
H   Address        Interface      Hold    Uptime    SRTT   RTO   Q     Seq
                                  (sec)             (ms)         Cnt   Num
2   2.2.45.5       Fa0/0.45       10      00:17:56  29     174   0     15
    Version 10.0/2.0, Retrans: 1, Retries: 0, Prefixes: 1
    Topology-ids from peer - 0
    Stub Peer Advertising (CONNECTED SUMMARY ) Routes
    Suppressing queries
```

스텁 라우터로 지정하면 네이버가 쿼리 패킷을 전송하지 않는다. 그러나, 스텁 라우터 자신은 네이버에게 쿼리 패킷을 전송한다. 또, 스텁 라우터는 설정시 사용한 옵션에 따라 특정 네트워크만 네이버에게 광고하지만, 네이버는 스텁 라우터에게 모든 네트워크를 알려준다. 따라서, 스텁 라우터의 네이버 라우터에서 상세 네트워크는 차단하고 디폴트 루트만 전송하는 등 적절한 설정을 함께 해주어야 안정된 EIGRP 네트워크를 운영할 수 있다.

재분배에 의한 SIA 감소

SIA를 감소시키는 또 다른 방법은 다음 그림과 같이 종단 라우터인 R5에는 EIGRP를 사용하지 않아 쿼리가 전송되는 것을 차단하는 것이다.

그림 4-25 재분배를 이용한 SIA 방지

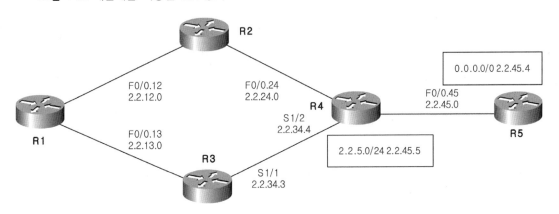

예를 들어, 정적 경로를 사용해 보자. 먼저 R4, R5 사이에 설정된 EIGRP를 제거한다.

예제 4-84 EIGRP 제거

```
R4(config)# router eigrp 1
R4(config-router)# no network 2.2.45.4 0.0.0.0

R5(config)# no router eigrp 1
```

R5에서는 디폴트 루트만 설정하면 된다.

예제 4-85 디폴트 루트 설정

```
R5(config)# ip route 0.0.0.0 0.0.0.0 2.2.45.4
```

R4에서는 R5 방향으로 정적 경로를 설정하고, 이것을 EIGRP에 재분배하여 다른 라우터들에게 2.2.5.0/24 네트워크 정보를 광고한다. R4, R5 사이의 네트워크도 광고하기 위하여 정적 경로를 재분배하는 redistribute static 명령어와 더불어 redistribute connected 명령어도 사용하였다.

예제 4-86 정적 경로 설정 및 재분배

```
R4(config)# ip route 2.2.5.0 255.255.255.0 2.2.45.5

R4(config)# router eigrp 1
R4(config-router)# redistribute static
R4(config-router)# redistribute connected
```

설정 후 R5에서 R1까지 핑이 된다.

예제 4-87 R5에서 핑 확인하기

```
R5# ping 2.2.1.1
Type escape sequence to abort.
Sending 5, 100-byte ICMP Echos to 2.2.1.1, timeout is 2 seconds:
```

```
!!!!!
Success rate is 100 percent (5/5), round-trip min/avg/max = 8/25/32 ms
```

이상과 같이 R5에는 EIGRP를 설정하지 않아 쿼어리가 R4에서 중지되도록 하였고, 결과적으로 SIA가 발생할 가능성을 줄였다. 다음 테스트를 위하여 R4-R5 사이에 다시 EIGRP를 동작시킨다.

예제 4-88 EIGRP 설정

```
R4(config)# no ip route 2.2.5.0 255.255.255.0 2.2.45.5
R4(config)# router eigrp 1
R4(config-router)# no redistribute static
R4(config-router)# no redistribute connected
R4(config-router)# network 2.2.45.4 0.0.0.0

R5(config)# no ip route 0.0.0.0 0.0.0.0 2.2.45.4
R5(config)# router eigrp 1
R5(config-router)# network 2.2.5.5 0.0.0.0
R5(config-router)# network 2.2.45.5 0.0.0.0
```

이상 EIGRP SIA에 대하여 살펴보았다.

EIGRP 부하 분산

EIGRP, RIP, OSPF, IS-IS, BGP 등은 동일한 메트릭 값을 갖는 32개의 경로까지 부하를 분산(load balancing)시킬 수 있다. 이처럼 동일한 메트릭 값을 가지는 경로에 대한 부하 분산을 ECMP(Equal Cost MultiPath)라고 한다. 또, EIGRP와 BGP는 메트릭 값이 다른 경로에 대한 부하 분산을 지원하며 이를 UCMP(Unequal Cost MultiPath)라고 한다.

ECMP 설정

BGP를 제외한 모든 라우팅 프로토콜에서 동일 메트릭 값을 가지는 경로가 다수개 있으면 자동으로 ECMP가 동작한다. 다음과 같이 R4, R5 사이에 링크를 추가하고 IP 주소 2.2.54.0/24를 설정한다.

그림 4-26 R4, R5 사이 링크 추가

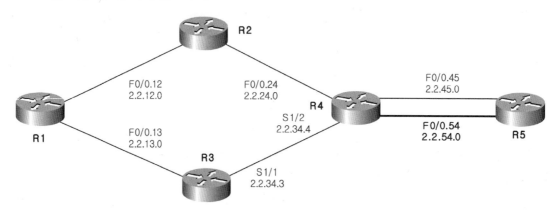

먼저, 스위치에서 VLAN 54를 추가한다.

예제 4-89 스위치 설정

```
SW1(config)# vlan 54
SW1(config-vlan)# exit
```

R4, R5에서 서브 인터페이스를 만들고 IP 주소를 부여한다.

예제 4-90 IP 주소 부여

```
R4(config)# int f0/0.54
R4(config-subif)# encap dot 54
R4(config-subif)# ip address 2.2.54.4 255.255.255.0

R5(config)# int f0/0.54
R5(config-subif)# encap dot 54
R5(config-subif)# ip address 2.2.54.5 255.255.255.0
```

R5에서 R4까지 새로운 링크를 통하여 핑이 되는지 확인한다.

예제 4-91 핑 확인

```
R5# ping 2.2.54.4
Type escape sequence to abort.
Sending 5, 100-byte ICMP Echos to 2.2.54.4, timeout is 2 seconds:
.!!!!
Success rate is 80 percent (4/5), round-trip min/avg/max = 8/12/16 ms
```

R4, R5에서 새로운 링크를 EIGRP에 포함시킨다.

예제 4-92 새로운 링크를 EIGRP에 포함시키기

```
R4(config)# router eigrp 1
R4(config-router)# network 2.2.54.4 0.0.0.0

R5(config)# router eigrp 1
R5(config-router)# network 2.2.54.5 0.0.0.0
```

R4와 R5가 2개의 패스트 이더넷 링크로 연결되었다. 두 링크가 모두 EIGRP 벡터 메트릭 값이 동일하다. 따라서, 다음과 같이 라우팅 테이블에 자동으로 ECMP 경로가 설치된다.

예제 4-93 R5의 라우팅 테이블

```
R5# show ip route eigrp
   (생략)

     1.0.0.0/23 is subnetted, 1 subnets
D       1.1.2.0 [90/161280] via 2.2.54.4, 00:03:25, FastEthernet0/0.54
                [90/161280] via 2.2.45.4, 00:03:25, FastEthernet0/0.45
     2.0.0.0/8 is variably subnetted, 10 subnets, 3 masks
D       2.2.0.0/16 [90/33280] via 2.2.54.4, 00:03:25, FastEthernet0/0.54
                   [90/33280] via 2.2.45.4, 00:03:25, FastEthernet0/0.45
D       2.2.4.0/24 [90/156160] via 2.2.54.4, 00:03:25, FastEthernet0/0.54
                   [90/156160] via 2.2.45.4, 00:03:25, FastEthernet0/0.45
D       2.2.24.0/24 [90/30720] via 2.2.54.4, 00:03:25, FastEthernet0/0.54
                    [90/30720] via 2.2.45.4, 00:03:25, FastEthernet0/0.45
D       2.2.34.0/24 [90/2172416] via 2.2.54.4, 00:03:25, FastEthernet0/0.54
                    [90/2172416] via 2.2.45.4, 00:03:25, FastEthernet0/0.45
```

이처럼 EIGRP ECMP를 위해서는 별도로 설정할 것이 없다. 기본적으로 EIGRP는 메트릭 값이 동일한 경로 4개까지 부하를 분산시킨다. 다음과 같이 show ip protocol 명령어를 사용하여 이를 확인할 수 있다.

예제 4-94 maximum-paths 확인

```
R5# show ip protocol
*** IP Routing is NSF aware ***

Routing Protocol is "eigrp 1"
  Outgoing update filter list for all interfaces is not set
  Incoming update filter list for all interfaces is not set
  Default networks flagged in outgoing updates
  Default networks accepted from incoming updates
  EIGRP-IPv4 Protocol for AS(1)
    Metric weight K1=1, K2=0, K3=1, K4=0, K5=0
    NSF-aware route hold timer is 240
    Router-ID: 2.2.5.5
    Topology : 0 (base)
      Active Timer: 3 min
      Distance: internal 90 external 170
      Maximum path: 4
      Maximum hopcount 100
      Maximum metric variance 1

  Automatic Summarization: disabled
  Maximum path: 4
  Routing for Networks:
    2.2.5.5/32
    2.2.45.5/32
    2.2.54.5/32
  Routing Information Sources:
    Gateway          Distance       Last Update
    2.2.45.4            90          00:06:03
    2.2.54.4            90          00:06:03
  Distance: internal 90 external 170
```

만약, 동일 메트릭 값을 가지는 경로가 많아서 8개까지 부하를 분산시키려면 다음과 같이 설정한다.

예제 4-95 maximum-paths 변경

```
R5(config)# router eigrp 1
R5(config-router)# maximum-paths ?
  <1-32>   Number of paths

R5(config-router)# maximum-paths 8
```

설정 후 확인해 보면 다음과 같이 최대 ECMP가 8로 변경된다.

예제 4-96 maximum-paths 확인

```
R5# show ip protocol
    (생략)
  EIGRP-IPv4 Protocol for AS(1)
    Metric weight K1=1, K2=0, K3=1, K4=0, K5=0
    NSF-aware route hold timer is 240
    Router-ID: 2.2.5.5
    Topology : 0 (base)
      Active Timer: 3 min
      Distance: internal 90 external 170
      Maximum path: 8
      Maximum hopcount 100
      Maximum metric variance 1

  Automatic Summarization: disabled
  Maximum path: 8
```

이상과 같이 EIGRP ECMP에 대하여 살펴보았다.

EIGRP UCMP

EIGRP와 BGP는 메트릭 값이 달라도 부하를 분산시킬 수 있는 UCMP(Unequal Cost MultiPath) 기능이 있다.

테스트를 위하여 앞서 R2, R3에서 설정한 디폴트 루트를 제거한다.

예제 4-97 디폴트 루트 제거

```
R2(config)# int f0/0.12
R2(config-subif)# no ip summary-address eigrp 1 0.0.0.0/0

R3(config)# int f0/0.13
R3(config-subif)# no ip summary-address eigrp 1 0.0.0.0/0
```

EIGRP UCMP가 동작하려면 다음 두 가지 조건을 만족해야 한다.

● 피저블 석세서(feasible successor)를 통하는 경로이어야 한다. 즉, RD < FD인 경로이어야 한다.
RD(Reported Distance)는 넥스트 홉 라우터부터 목적지까지의 메트릭을 말하고, FD(Feasible Distance)
는 현재 라우터에서의 메트릭을 의미한다.

● 부하를 분산시키고자 하는 경로의 메트릭 값이 최적 FD x variance 값보다 적어야 한다.

다음 그림에서 좀 더 자세히 살펴보자. R1에서 R4의 2.2.4.0/24 네트워크로 가는 경로가 R2를 통하는
것과 R3을 통과하는 것 두 개가 있다.

그림 4-27 언이퀄 코스트 부하 분산

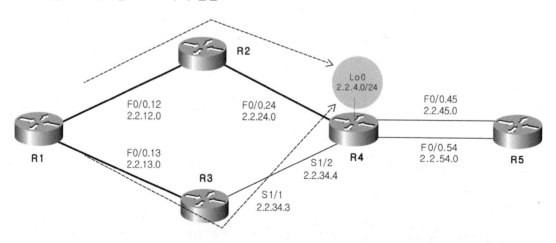

여기서, R3을 통하는 경로는 R3-R4 사이의 링크가 R2-R4 링크보다 저속이고 지연값도 크다.
결과적으로 메트릭 값이 R2를 통하는 경로보다 커서 라우팅 테이블에 설치되지 않는다.

EIGRP UCMP는 메트릭 값이 달라도 부하를 분산시킬 수 있다. 그러나, 메트릭 값이 높아도(나빠도)
반드시 피저블 석세서를 통하는 경로이어야 한다. 즉, R3이 R1에서 2.2.4.0/24 네트워크로 가는

피저블 석세서이어야 한다. 이렇게 되기 위해서는 R1에서 2.2.4.0/24까지의 메트릭 값(FD)보다 R3에서 R3-R4 링크를 경유하여 2.2.4.0/24까지 가는 메트릭(RD)이 더 작아야 한다. R1에서 2.2.4.0/24까지의 메트릭 값(FD)은 다음과 같이 158,720이다.

예제 4-98 R1의 토폴로지 테이블

```
R1# show ip eigrp topology 2.2.4.0/24
EIGRP-IPv4 Topology Entry for AS(1)/ID(2.2.1.1) for 2.2.4.0/24
  State is Passive, Query origin flag is 1, 1 Successor(s), FD is 158720
  Descriptor Blocks:
  2.2.12.2 (FastEthernet0/0.12), from 2.2.12.2, Send flag is 0x0
      Composite metric is (158720/156160), route is Internal
      Vector metric:
        Minimum bandwidth is 100000 Kbit
        Total delay is 5200 microseconds
        Reliability is 255/255
        Load is 1/255
        Minimum MTU is 1500
        Hop count is 2
        Originating router is 2.2.4.4
```

R3에서 R3-R4 링크를 경유하여 2.2.4.0/24까지 가는 메트릭(RD) 값은 다음과 같이 2,297,856이다.

예제 4-99 R3의 토폴로지 테이블

```
R3# show ip eigrp topology 2.2.4.0/24
EIGRP-IPv4 Topology Entry for AS(1)/ID(2.2.3.3) for 2.2.4.0/24
  State is Passive, Query origin flag is 1, 1 Successor(s), FD is 161280
  Descriptor Blocks:
  2.2.13.1 (FastEthernet0/0.13), from 2.2.13.1, Send flag is 0x0
      Composite metric is (161280/158720), route is Internal
      Vector metric:
        Minimum bandwidth is 100000 Kbit
        Total delay is 5300 microseconds
        Reliability is 255/255
        Load is 1/255
        Minimum MTU is 1500
        Hop count is 3
        Originating router is 2.2.4.4
```

> **2.2.34.4 (Serial1/1)**, from 2.2.34.4, Send flag is 0x0
>   Composite metric is (**2297856**/128256), route is Internal
>   Vector metric:
>   Minimum bandwidth is 1544 Kbit
>   Total delay is 25000 microseconds
>   Reliability is 255/255
>   Load is 1/255
>   Minimum MTU is 1500
>   Hop count is 1
>   Originating router is 2.2.4.4

결과적으로 RD(2,297,856) < FD(158,720) 조건을 만족하지 못하여 R3이 피저블 석세서가 될 수 없고, UCMP가 만들어지지 않는다.

그림 4-28 FD와 RD

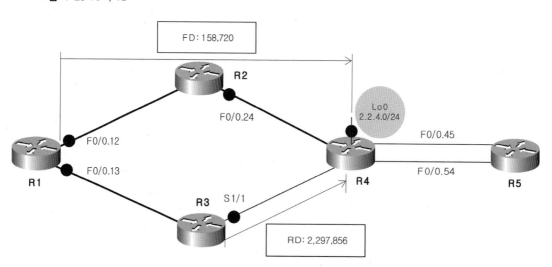

FD와 RD 값의 차이는 2,297,856 − 158,720 = 2,139,136이므로 R3을 피저블 석세서로 만들기 위해서는 FD 값이 이 차이보다 1이상 크면 된다. EIGRP에서 메트릭 값을 증가시키려면 대역폭이나 지연 값을 조정하거나 offset-list를 사용해서 직접 메트릭 값을 증가시킬 수 있다.

오프셋 리스트를 이용한 EIGRP UCMP

오프셋 리스트(offset-list)를 이용하면 특정 인터페이스를 통하여 특정 네트워크에 대한 라우팅 정보를 송·수신할 때 메트릭 값을 증가시킬 수 있다. 먼저, offset-list를 사용해서 R1에서 R2 방향으로 가는 메트릭 값을 증가시켜 보자.

예제 4-100 R1의 설정

```
R1(config)# ip access-list standard R4-LOOPBACK    ①
R1(config-std-nacl)# permit 2.2.4.0
R1(config-std-nacl)# exit

R1(config)# router eigrp 1
                                ②            ③      ④      ⑤
R1(config-router)# offset-list R4-LOOPBACK in 2139137 f0/0.12
```

① 액세스 리스트를 사용하여 메트릭 값을 증가시킬 대상 네트워크를 지정한다.

② offset-list 명령어를 사용하고, 앞에서 설정한 대상 네트워크를 지정한다.

③ 메트릭 값을 증가시킬 방향을 지정한다. 라우팅 정보를 수신하면서 메트릭 값을 증가시키려면 in 옵션을 사용한다.

④ 증가시킬 메트릭 값을 지정한다.

⑤ 라우팅 정보를 수신하는 인터페이스를 지정한다.

설정 후 R1에서 토폴로지 테이블을 확인해 보면 FD 값이 2,297,857로 변경되었다. 또, R3을 통과하는 경로도 보인다. 즉, R3이 피저블 석세서가 되었다는 의미이다.

예제 4-101 R1의 토폴로지 테이블

```
R1# show ip eigrp topology 2.2.4.0/24
EIGRP-IPv4 Topology Entry for AS(1)/ID(2.2.1.1) for 2.2.4.0/24
  State is Passive, Query origin flag is 1, 1 Successor(s), FD is 2297857
  Descriptor Blocks:
  2.2.12.2 (FastEthernet0/0.12), from 2.2.12.2, Send flag is 0x0
    Composite metric is (2297857/2295296), route is Internal
    Vector metric:
      Minimum bandwidth is 100000 Kbit
```

```
        Total delay is 88760 microseconds
        Reliability is 255/255
        Load is 1/255
        Minimum MTU is 1500
        Hop count is 2
        Originating router is 2.2.4.4
    2.2.13.3 (FastEthernet0/0.13), from 2.2.13.3, Send flag is 0x0
        Composite metric is (2300416/2297856), route is Internal
        Vector metric:
        Minimum bandwidth is 1544 Kbit
        Total delay is 25100 microseconds
        Reliability is 255/255
        Load is 1/255
        Minimum MTU is 1500
        Hop count is 2
        Originating router is 2.2.4.4
```

그러나, 라우팅 테이블에는 아직 R3을 통과하는 경로가 설치되지 않았다.

예제 4-102 R1의 라우팅 테이블

```
R1# show ip route eigrp
    (생략)


    2.0.0.0/8 is variably subnetted, 14 subnets, 2 masks
D       2.2.2.0/24 [90/156160] via 2.2.12.2, 01:37:04, FastEthernet0/0.12
D       2.2.3.0/24 [90/156160] via 2.2.13.3, 01:36:48, FastEthernet0/0.13
D       2.2.4.0/24 [90/2297857] via 2.2.12.2, 00:04:40, FastEthernet0/0.12
D       2.2.5.0/24 [90/161280] via 2.2.12.2, 01:37:04, FastEthernet0/0.12
D       2.2.24.0/24 [90/30720] via 2.2.12.2, 01:37:04, FastEthernet0/0.12
D       2.2.34.0/24 [90/2172416] via 2.2.13.3, 01:36:48, FastEthernet0/0.13
D       2.2.45.0/24 [90/33280] via 2.2.12.2, 01:37:04, FastEthernet0/0.12
D       2.2.54.0/24 [90/33280] via 2.2.12.2, 01:37:04, FastEthernet0/0.12
```

그 이유는 UCMP의 두 번째 조건인 '부하를 분산시키고자 하는 경로의 메트릭 값이 **FD x 배리언스**
(**variance**) 보다 작아야 한다'를 만족시키지 못하기 때문이다. 이를 위하여 R1에서 다음과 같이
variance 값을 조정한다.

예제 4-103 R1의 설정

```
R1(config)# router eigrp 1
R1(config-router)# variance ?
  <1-128>   Metric variance multiplier

R1(config-router)# variance 128
```

이제, R1의 라우팅 테이블에 다음과 같이 2.2.4.0/24로 가는 UCMP가 설치된다.

예제 4-104 R1의 라우팅 테이블

```
R1# show ip route eigrp
   (생략)

     2.0.0.0/8 is variably subnetted, 14 subnets, 2 masks
D       2.2.2.0/24 [90/156160] via 2.2.12.2, 00:01:06, FastEthernet0/0.12
D       2.2.3.0/24 [90/156160] via 2.2.13.3, 00:01:06, FastEthernet0/0.13
D       2.2.4.0/24 [90/2300416] via 2.2.13.3, 00:01:06, FastEthernet0/0.13
                   [90/2297857] via 2.2.12.2, 00:01:06, FastEthernet0/0.12
D       2.2.5.0/24 [90/161280] via 2.2.12.2, 00:01:06, FastEthernet0/0.12
D       2.2.24.0/24 [90/30720] via 2.2.12.2, 00:01:06, FastEthernet0/0.12
D       2.2.34.0/24 [90/2172416] via 2.2.13.3, 00:01:06, FastEthernet0/0.13
D       2.2.45.0/24 [90/33280] via 2.2.12.2, 00:01:06, FastEthernet0/0.12
D       2.2.54.0/24 [90/33280] via 2.2.12.2, 00:01:06, FastEthernet0/0.12
```

EIGRP의 언이퀄 코스트 부하 분산 설정시 지정하는 배리언스(variance) 값은 1에서 128 사이이다. 배리언스 값의 역할은 UCMP를 이용하여 부하를 분산시킬 메트릭 값의 범위를 지정하는 것이다. 배리언스 값 결정시 **show ip eigrp topology** 명령어로 토폴로지 테이블을 확인한 다음, 원하는 경로들을 포함시키기 위한 적당한 정수를 선택한다. 그러나, 일단 최대값인 128을 지정한 다음, UCMP가 설치된 라우팅 테이블을 참조하여, 다시 적절한 배리언스 값을 선택해도 된다. 부하 분산 비율은 배리언스 값과는 상관없이, 메트릭 값에 역비례한다.

이처럼 오프셋 리스트나 다음에 설명하는 벡터 메트릭을 조정하여 UCMP를 구현하는 경우, 오히려 네트워크 성능이 저하될 수도 있으므로 주의하여야 한다.

부하 분산은 항상 현재의 라우터가 전송하는 트래픽에 대하여 적용된다. 즉, 송·수신 트래픽에 대해서 모두 부하를 분산시키려면 현재의 라우터뿐만 아니라 인접 라우터의 라우팅 테이블에도 UCMP가 설치되도록 조정해야 한다.

벡터 메트릭 조정을 통한 EIGRP UCMP 설정

이번에는 벡터 메트릭을 조정하여 UCMP(Unequal Cost MultiPath)를 설정해 보자. 앞서 사용한 offset-list를 제거한다.

예제 4-105 offset-list 제거하기

```
R1(config)# router eigrp 1
R1(config-router)# no offset-list R4-LOOPBACK in 2139137 f0/0.12
```

그러면, R1에서 2.2.4.0/24에 대한 UCMP가 사라진다.

예제 4-106 R1의 라우팅 테이블

```
R1# show ip route eigrp
    (생략)
      2.0.0.0/8 is variably subnetted, 14 subnets, 2 masks
D        2.2.2.0/24 [90/156160] via 2.2.12.2, 00:08:16, FastEthernet0/0.12
D        2.2.3.0/24 [90/156160] via 2.2.13.3, 00:16:14, FastEthernet0/0.13
D        2.2.4.0/24 [90/158720] via 2.2.12.2, 00:00:11, FastEthernet0/0.12
D        2.2.5.0/24 [90/161280] via 2.2.12.2, 00:08:16, FastEthernet0/0.12
D        2.2.24.0/24 [90/30720] via 2.2.12.2, 00:08:16, FastEthernet0/0.12
D        2.2.34.0/24 [90/2172416] via 2.2.13.3, 00:08:16, FastEthernet0/0.13
D        2.2.45.0/24 [90/33280] via 2.2.12.2, 00:08:16, FastEthernet0/0.12
D        2.2.54.0/24 [90/33280] via 2.2.12.2, 00:08:16, FastEthernet0/0.12
```

R1에서 R4의 2.2.4.0/24 네트워크까지의 EIGRP 메트릭 값에 영향을 미치는 벡터 메트릭은 다음 그림에서 굵은 점으로 표시된 부분의 대역폭과 지연 값들이다.

그림 4-29 UCMP에 영향을 미치는 벡터 메트릭

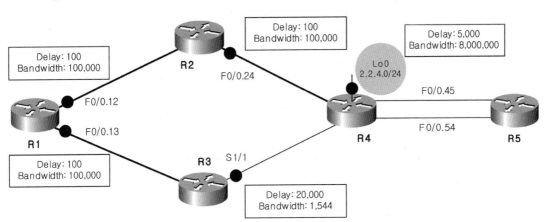

어느 라우터에서 조정해도 무관하지만 R1의 부하 분산을 조정하는 것이므로 R1에서 F0/0.12의 메트릭 값 조정하여 FD가 커지게 하는 것이 더 직관적이서 좋다. 이 때 조정하는 벡터 메트릭은 대역폭보다는 지연 값을 사용하는 것이 계산하기 쉽고, QoS나 OSPF 등 다른 설정에 영향을 미치지 않아서 좋다. 조정해야 할 정확한 값을 계산하려면 머리가 아플것 같아 적당한 값을 설정한 후 라우팅 테이블을 확인하는 몇 번의 시행착오를 거쳐 다음과 같이 설정하였다.

예제 4-107 R1의 설정

```
R1(config)# int f0/0.12
R1(config-subif)# delay 8370
```

조정후 R1의 라우팅 테이블을 보면 다음과 같이 R2, R3 방향의 두 링크를 모두 사용하는 UCMP가 설치되어 있다.

예제 4-108 R1의 라우팅 테이블

```
R1# show ip route eigrp
    (생략)
    2.0.0.0/8 is variably subnetted, 14 subnets, 2 masks
D      2.2.2.0/24 [90/2296320] via 2.2.12.2, 00:00:44, FastEthernet0/0.12
```

```
D        2.2.3.0/24 [90/156160] via 2.2.13.3, 00:38:46, FastEthernet0/0.13
D        2.2.4.0/24 [90/2300416] via 2.2.13.3, 00:00:44, FastEthernet0/0.13
                    [90/2298880] via 2.2.12.2, 00:00:44, FastEthernet0/0.12
D        2.2.5.0/24 [90/2302976] via 2.2.13.3, 00:00:44, FastEthernet0/0.13
                    [90/2301440] via 2.2.12.2, 00:00:44, FastEthernet0/0.12
D        2.2.24.0/24 [90/2170880] via 2.2.12.2, 00:00:44, FastEthernet0/0.12
D        2.2.34.0/24 [90/2172416] via 2.2.13.3, 00:00:44, FastEthernet0/0.13
D        2.2.45.0/24 [90/2174976] via 2.2.13.3, 00:00:44, FastEthernet0/0.13
                     [90/2173440] via 2.2.12.2, 00:00:44, FastEthernet0/0.12
D        2.2.54.0/24 [90/2174976] via 2.2.13.3, 00:00:44, FastEthernet0/0.13
                     [90/2173440] via 2.2.12.2, 00:00:44, FastEthernet0/0.12
```

이상으로 벡터 메트릭을 조정하여 EIGRP의 UCMP 부하 분산 기능을 구현해 보았다.

메트릭 조정이 필요없는 EIGRP UCMP

이번에는 메트릭 조정이 필요없는 EIGRP UCMP를 설정해 보자. 다음 그림과 같이 R4, R5 사이의 시리얼 인터페이스를 활성화시키고 IP 주소를 부여한 후 EIGRP에 포함시킨다.

그림 4-30 인터페이스 추가하기

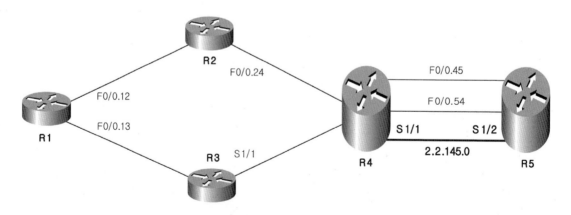

이를 위하여 R4에서 다음과 같이 설정한다.

예제 4-109 R4에서 인터페이스 추가하기

```
R4(config)# int s1/1
R4(config-if)# ip address 2.2.145.4 255.255.255.0
R4(config-if)# no shut
R4(config-if)# exit

R4(config)# router eigrp 1
R4(config-router)# network 2.2.145.4 0.0.0.0
```

R5의 설정은 다음과 같다.

예제 4-110 R5에서 인터페이스 추가하기

```
R5(config)# int s1/2
R5(config-if)# ip address 2.2.145.5 255.255.255.0
R5(config-if)# no shut
R5(config-if)# exit

R5(config)# router eigrp 1
R5(config-router)# network 2.2.145.5 0.0.0.0
```

설정 후 R5의 라우팅 테이블을 확인해 보면 다음과 같이 R4를 통과하는 모든 목적지 네트워크에 ECMP(Equal Cost MultiPath)가 설치되어 있다.

예제 4-111 R5의 라우팅 테이블

```
R5# show ip route eigrp
     (생략)
Gateway of last resort is not set

     1.0.0.0/23 is subnetted, 1 subnets
D       1.1.2.0 [90/161280] via 2.2.54.4, 00:01:30, FastEthernet0/0.54
                [90/161280] via 2.2.45.4, 00:01:30, FastEthernet0/0.45
     2.0.0.0/8 is variably subnetted, 12 subnets, 3 masks
D       2.2.0.0/16 [90/33280] via 2.2.54.4, 00:01:31, FastEthernet0/0.54
                   [90/33280] via 2.2.45.4, 00:01:31, FastEthernet0/0.45
D       2.2.4.0/24 [90/156160] via 2.2.54.4, 00:02:00, FastEthernet0/0.54
```

```
                    [90/156160] via 2.2.45.4, 00:02:00, FastEthernet0/0.45
D        2.2.24.0/24 [90/30720] via 2.2.54.4, 00:02:00, FastEthernet0/0.54
                     [90/30720] via 2.2.45.4, 00:02:00, FastEthernet0/0.45
D        2.2.34.0/24 [90/2172416] via 2.2.54.4, 00:02:00, FastEthernet0/0.54
                     [90/2172416] via 2.2.45.4, 00:02:00, FastEthernet0/0.45
```

그러나, 속도가 느리고 지연값이 큰 시리얼 인터페이스를 통과하는 경로는 아직 없다. R5에서 다른 링크에 비해 속도도 느리고, 지연 값도 큰 시리얼 인터페이스를 통하는 UCMP(Unequal Cost MulthPath)도 설치되도록 해보자.

다음 그림과 같이 R4는 R5에서 외부로 연결되는 모든 네트워크의 피저블 석세서이다.

그림 4-31 R4는 R5에서 외부로 연결되는 모든 네트워크의 피저블 석세서이다

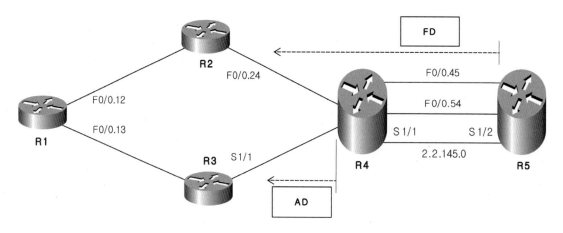

따라서, 자동으로 UCMP의 조건중 하나인 RD < FD 조건이 만족되므로 R5에서 다음과 같이 배리언스 값만 조정해 주면 된다.

예제 4-112 R5의 설정

```
R5(config)# router eigrp 1
R5(config-router)# variance 128
```

설정 후 R5의 라우팅 테이블을 확인해 보면 다음과 같이 R4를 통하는 모든 경로에 ECMP와 UCMP가 설치되어 있다.

예제 4-113 R5의 라우팅 테이블

```
R5# show ip route eigrp
    (생략)
    1.0.0.0/23 is subnetted, 1 subnets
D      1.1.2.0 [90/2302976] via 2.2.145.4, 00:00:36, Serial1/2
               [90/161280] via 2.2.54.4, 00:00:36, FastEthernet0/0.54
               [90/161280] via 2.2.45.4, 00:00:36, FastEthernet0/0.45
    2.0.0.0/8 is variably subnetted, 12 subnets, 3 masks
D      2.2.0.0/16 [90/2174976] via 2.2.145.4, 00:00:36, Serial1/2
               [90/33280] via 2.2.54.4, 00:00:36, FastEthernet0/0.54
               [90/33280] via 2.2.45.4, 00:00:36, FastEthernet0/0.45
D      2.2.4.0/24 [90/2297856] via 2.2.145.4, 00:00:36, Serial1/2
               [90/156160] via 2.2.54.4, 00:00:36, FastEthernet0/0.54
               [90/156160] via 2.2.45.4, 00:00:36, FastEthernet0/0.45
D      2.2.24.0/24 [90/2172416] via 2.2.145.4, 00:00:36, Serial1/2
               [90/30720] via 2.2.54.4, 00:00:36, FastEthernet0/0.54
               [90/30720] via 2.2.45.4, 00:00:36, FastEthernet0/0.45
D      2.2.34.0/24 [90/2681856] via 2.2.145.4, 00:00:36, Serial1/2
               [90/2172416] via 2.2.54.4, 00:00:36, FastEthernet0/0.54
               [90/2172416] via 2.2.45.4, 00:00:36, FastEthernet0/0.45
```

이상으로 EIGRP의 ECMP 및 UCMP에 대하여 살펴보았다.

EIGRP 네트워크 보안

이번 절에서는 EIGRP에 대한 보안 침해를 방지하는 방법에 대하여 살펴보기로 한다. EIGRP를 포함한 라우팅 프로토콜을 공격하는 방법은 무척 간단하다. DDoS 처럼 사전에 대량의 좀비를 만들 필요도 없다. 그러나, 라우팅 보안 침해를 방어하는 것도 쉽다. 몇 가지 간단한 설정으로 보안 침해의 가능성을 현저히 줄일 수 있다.

테스트를 위하여 네트워크를 다음과 같이 수정한다.

그림 4-32 라우팅 보안을 위한 네트워크

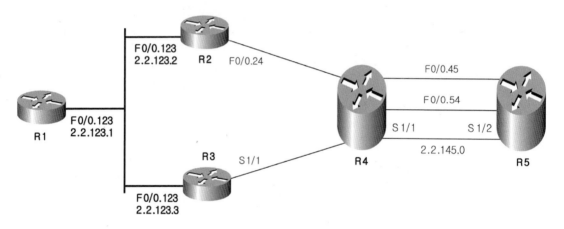

스위치에서 VLAN을 추가한다.

예제 4-114 VLAN 추가

```
SW1(config)# vlan 123
SW1(config-vlan)# exit
```

각 라우터에서 기존의 F0/0.12, F0/0.13 인터페이스에 부여된 IP 주소를 제거한다.

예제 4-115 IP 주소 제거

```
R1(config)# int f0/0.12
```

```
R1(config-subif)# no ip address
R1(config-subif)# int f0/0.13
R1(config-subif)# no ip address

R2(config)# int f0/0.12
R2(config-subif)# no ip address

R3(config)# int f0/0.13
R3(config-subif)# no ip address
```

각 라우터에서 F0/0.123 인터페이스를 만들고 IP 주소를 부여한 다음, EIGRP에 포함시킨다. R1의
설정은 다음과 같다.

예제 4-116 R1의 설정

```
R1(config)# int f0/0.123
R1(config-subif)# encap dot 123
R1(config-subif)# ip address 2.2.123.1 255.255.255.0
R1(config-subif)# exit

R1(config)# router eigrp 1
R1(config-router)# network 2.2.123.1 0.0.0.0
```

R2의 설정은 다음과 같다.

예제 4-117 R2의 설정

```
R2(config)# int f0/0.123
R2(config-subif)# encap dot 123
R2(config-subif)# ip address 2.2.123.2 255.255.255.0
R2(config-subif)# exit

R2(config)# router eigrp 1
R2(config-router)# network 2.2.123.2 0.0.0.0
```

R3의 설정은 다음과 같다.

예제 4-118 R3의 설정

```
R3(config)# int f0/0.123
R3(config-subif)# encap dot 123
R3(config-subif)# ip address 2.2.123.3 255.255.255.0

R3(config-subif)# exit
R3(config)# router eigrp 1
R3(config-router)# network 2.2.123.3 0.0.0.0
```

설정 후 R3의 라우팅 테이블을 확인해 보면 다음과 같이 R1, R2의 루프백 네트워크도 설치되어
있다.

예제 4-119 R3의 라우팅 테이블

```
R3# show ip route eigrp
   (생략)
   1.0.0.0/8 is variably subnetted, 3 subnets, 2 masks
D       1.1.2.0/23 is a summary, 00:01:07, Null0
D       1.1.2.0/24 [90/156160] via 2.2.123.1, 00:01:07, FastEthernet0/0.123
D       1.1.3.0/24 [90/156160] via 2.2.123.1, 00:01:07, FastEthernet0/0.123
   2.0.0.0/8 is variably subnetted, 15 subnets, 3 masks
D       2.2.0.0/16 is a summary, 00:01:09, Null0
D       2.2.1.0/24 [90/156160] via 2.2.123.1, 00:01:07, FastEthernet0/0.123
D       2.2.2.0/24 [90/156160] via 2.2.123.2, 00:01:07, FastEthernet0/0.123
D       2.2.4.0/24 [90/158720] via 2.2.123.2, 00:01:07, FastEthernet0/0.123
D       2.2.5.0/24 [90/161280] via 2.2.123.2, 00:01:07, FastEthernet0/0.123
D       2.2.24.0/24 [90/30720] via 2.2.123.2, 00:01:07, FastEthernet0/0.123
D       2.2.45.0/24 [90/33280] via 2.2.123.2, 00:01:07, FastEthernet0/0.123
D       2.2.54.0/24 [90/33280] via 2.2.123.2, 00:01:07, FastEthernet0/0.123
D       2.2.145.0/24
          [90/2174976] via 2.2.123.2, 00:01:07, FastEthernet0/0.123
```

이제, EIGRP 네트워크 보안을 테스트하기 위한 준비가 끝났다.

EIGRP 네트워크 보안 침해의 예

EIGRP 네트워크 보안 침해가 가장 많이 발생할 수 있는 위치는 최종 사용자의 PC와 연결되는 액세스 망이나 서버와 연결되는 부분이다. 다음 그림과 같이 R1에서 Lo2를 만들고 IP 주소 2.2.4.4/25를 부여한 다음 EIGRP에 포함시켜 보자.

그림 4-33 잘못된 네트워크 광고하기

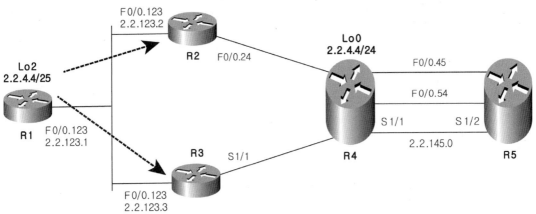

이를 위하여 R1에서 다음과 같이 설정한다.

예제 4-120 R1의 설정

```
R1(config)# int lo2
R1(config-if)# ip address 2.2.4.4 255.255.255.128
R1(config-if)# exit

R1(config)# line vty 0 4
R1(config-line)# password cisco
R1(config-line)# transport input all

R1(config)# router eigrp 1
R1(config-router)# network 2.2.4.4 0.0.0.0
```

이제, R2에서 2.2.4.4로 텔넷을 해보자.

예제 4-121 텔넷하기

```
R2# telnet 2.2.4.4
Trying 2.2.4.4 ... Open


User Access Verification

Password:
R1>
```

R4가 아니라 R1과 연결된다. 만약, R4가 서버인 경우, 이런 상황이 발생하면 서버 등 중요한 자원과의
통신이 단절되고, ID와 암호 및 중요한 데이터 등이 노출된다.

이와 같은 라우팅 보안 침해를 방지하려면 해커(R1)와 연결되는 액세스 라우터인 R2, R3에서 라우팅
패킷 인증, 불필요한 라우팅 광고 차단 등 보안 관련 설정을 하면 된다.

EIGRP 패킷 인증

EIGRP는 MD5 또는 HMAC−SHA−256 방식을 사용하여 EIGRP 패킷의 인증을 지원한다. 먼저,
MD5 방식으로 R2, R3 사이의 EIGRP 패킷을 인증해 보자.

R2의 설정은 다음과 같다.

예제 4-122 R2에서 EIGRP 인증 설정하기

```
① R2(config)# key chain SecureEigrp
② R2(config-keychain)# key 1
③ R2(config-keychain-key)# key-string cisco123
   R2(config-keychain-key)# exit
   R2(config-keychain)# exit
④ R2(config)# int f0/0.123
⑤ R2(config-if)# ip authentication key-chain eigrp 1 SecureEigrp
⑥ R2(config-if)# ip authentication mode eigrp 1 md5
```

① key chain 명령어와 함께 적당한 이름을 사용하여 키 체인 설정모드로 들어간다. 키 체인의 이름은
해당 라우터에서만 의미가 있으며, 라우터 간에 서로 동일하게 설정하지 않아도 된다.

② 키 번호를 지정한다. 라우터 간에 키 번호는 반드시 동일해야 한다. 서로 다른 키 번호를 사용하면

인증이 되지 않는다. 키 번호는 다음과 같이 0 - 2147483647 사이의 값을 사용할 수 있다. 라우팅 중단없이 암호를 변경하려면 동일한 키 체인내에 복수개의 키 번호를 사용하여 복수개의 키 값 즉, 암호를 만들면 된다.

예제 4-123 사용 가능한 키 번호

```
R2(config-keychain)# key ?
  <0-2147483647>   Key identifier
```

③ key-string 명령어를 이용하여 암호를 지정한다. 키 번호와 함께 라우터 간 암호도 일치해야만 한다.

④ EIGRP 인증을 설정할 네이버와 연결되는 인터페이스 설정모드로 들어간다.

⑤ ip authenticaion key-chain 명령어를 이용하여 인증에 사용할 키 체인을 지정한다.

⑥ ip authentication mode 명령어를 이용하여 인증 방식을 지정한다.

R3에서의 인증 설정은 다음과 같다.

예제 4-124 R3에서의 EIGRP 인증 설정

```
R3(config)# key chain SecureEigrp
R3(config-keychain)# key 1
R3(config-keychain-key)# key-string cisco123
R3(config-keychain-key)# exit
R3(config-keychain)# exit
R3(config)# int f0/0.123
R3(config-subif)# ip authentication key-chain eigrp 1 SecureEigrp
R3(config-subif)# ip authentication mode eigrp 1 md5
```

설정 후 R2의 라우팅 테이블을 확인하면 R1에서 광고하는 2.2.4.0/25 네트워크가 차단되고, R4에서 광고하는 2.2.4.0/24가 설치된다.

예제 4-125 R2의 라우팅 테이블

```
R2# show ip route eigrp
```

```
(생략)
       2.0.0.0/8 is variably subnetted, 14 subnets, 3 masks
D         2.2.0.0/16 is a summary, 00:38:00, Null0
D         2.2.3.0/24 [90/156160] via 2.2.123.3, 00:02:05, FastEthernet0/0.123
D         2.2.4.0/24 [90/156160] via 2.2.24.4, 00:02:05, FastEthernet0/0.24
D         2.2.5.0/24 [90/158720] via 2.2.24.4, 00:02:05, FastEthernet0/0.24
D         2.2.34.0/24 [90/2172416] via 2.2.123.3, 00:02:05, FastEthernet0/0.123
                     [90/2172416] via 2.2.24.4, 00:02:05, FastEthernet0/0.24
D         2.2.45.0/24 [90/30720] via 2.2.24.4, 00:02:05, FastEthernet0/0.24
D         2.2.54.0/24 [90/30720] via 2.2.24.4, 00:02:05, FastEthernet0/0.24
D         2.2.145.0/24 [90/2172416] via 2.2.24.4, 00:02:05, FastEthernet0/0.24
```

이상으로 MD5 방식을 이용하여 EIGRP 패킷을 인증하는 방법에 대하여 살펴보았다.

액세스 네트워크 재분배

만약, 다음 그림에서 PC 등 종단 장비와 연결되는 액세스 네트워크 방향으로 라우팅 정보를 전송할
필요가 없다면 이 부분에는 EIGRP를 활성화시키지 않는 것이 훌륭한 보안 대책이 된다.

그림 4-34 재분배 네트워크

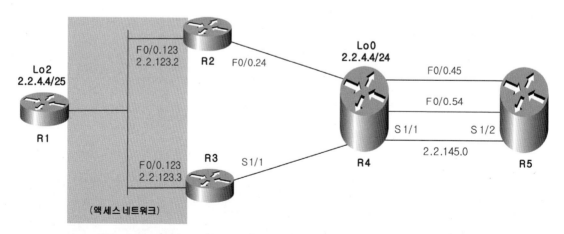

이 경우, 종단 장비 라우팅을 위하여 액세스 네트워크를 EIGRP에 재분배하면 된다. 이를 위하여
R2, R3에서 다음과 같이 설정한다.

예제 4-126 재분배하기

```
R2(config)# router eigrp 1
R2(config-router)# no network 2.2.123.2 0.0.0.0
R2(config-router)# redistribute connected

R3(config)# router eigrp 1
R3(config-router)# no network 2.2.123.3 0.0.0.0
R3(config-router)# redistribute connected
```

재분배 외에도 비슷한 효과를 가지는 패시브 인터페이스(passive-interface)를 설정할 수 있다. 예를 들어, R3의 F0/0.123 인터페이스에 다음과 같이 passive-interface를 설정한다.

예제 4-127 EIGRP 패시브 인터페이스 설정하기

```
R3(config)# router eigrp 1
R3(config-router)# network 2.2.123.3 0.0.0.0
R3(config-router)# passive-interface f0/0.123
```

이렇게 설정하면 해당 인터페이스로 헬로 패킷을 전송하지 않으며, 수신하지도 않아 네이버 관계를 구성하지 않는다.

이상으로 EIGRP에 대해서 살펴보았다.

제5장

EIGRP 네임드 모드

EIGRP 네임드 모드 개요

EIGRP 네임드 모드(named mode) 또는 이름을 사용한 EIGRP는 EIGRP 설정시 **router eigrp 1**과 같이 처음부터 AS 번호를 사용하지 않고 **router eigrp myEigrp**와 같이 이름을 사용한다. EIGRP 네임드 모드는 다음과 같은 특징을 가진다.

● 와이드 메트릭(wide metric)을 사용하여 1Gbps 보다 더 빠른 고속 링크에서도 정확한 경로 선택을 할 수 있다. IOS는 대역폭이 1Gbps 이상이 되는 인터페이스의 delay 값을 모두 동일하게 여긴다. 또, 기존의 EIGRP 대역폭 계산식이 10Gbps 이상의 속도를 구분하지 못한다. 결과적으로 고속의 링크를 가진 네트워크에서 기존의 EIGRP는 최적 경로 선택을 제대로 할 수 없다.

그러나, EIGRP 네임드 모드는 자동으로 와이드 메트릭이라는 64비트 길이의 새로운 메트릭 계산식을 사용하므로 고속 링크로 구성된 네트워크에서도 최적의 경로를 선택할 수 있다.

● EIGRP 관련 설정의 대부분을 하나의 EIGRP 설정 모드에서 구현할 수 있다.

예를 들어, IPv4와 IPv6 라우팅을 하나의 EIGRP 설정 모드에서 구현한다. 클래식 EIGRP에서는 다음과 같이 별개의 EIGRP 설정 모드를 사용하였다.

예제 5-1 별개의 EIGRP 설정 모드 사용하기

```
R2(config)# router eigrp 1
R2(config-router)# exit

R2(config)# ipv6 unicast-routing
R2(config)# ipv6 router eigrp 1
```

그러나, EIGRP 네임드 모드에서는 다음과 같이 하나의 EIGRP 설정 모드에서 IPv4와 IPv6 라우팅을 설정한다.

예제 5-2 하나의 EIGRP 설정 모드에서 IPv4와 IPv6 라우팅 설정하기

```
R1(config)# ipv6 unicast-routing

R1(config)# router eigrp myEigrp
R1(config-router)# address-family ipv6 unicast autonomous-system 1
R1(config-router-af)# exit

R1(config-router)# address-family ipv4 unicast autonomous-system 1
R1(config-router-af)# exit
```

또, 클래식 EIGRP에서는 인터페이스에서 설정했던 내용들을 모두 EIGRP 설정 모드로 모았다. 예를 들어, EIGRP 네트워크를 축약하려면 기존에는 다음과 같이 인터페이스에서 필요한 설정을 하였다.

예제 5-3 EIGRP 네트워크 축약

```
R1(config)# int s1/1
R1(config-if)# ip summary-address eigrp 1 1.1.0.0 255.255.0.0
```

그러나, EIGRP 네임드 모드에서는 다음과 같이 EIGRP 설정 모드에서 축약한다.

예제 5-4 EIGRP 네임드 모드에서의 축약

```
R1(config)# router eigrp myEigrp
R1(config-router)# address-family ipv4 unicast autonomous-system 1
R1(config-router-af)# af-interface s1/1
R1(config-router-af-interface)# summary-address 1.1.0.0/16
```

이제, 직접 EIGRP 네임드 모드를 설정해 보자.

EIGRP 네임드 모드 설정을 위한 네트워크 구성

다음과 같은 네트워크에서 EIGRP 네임드 모드를 설정하고, EIGRP의 동작방식에 대하여 살펴보자. IP 주소의 서브넷 마스크 길이는 24비트로 설정하고, 모든 라우터에서 Lo0 인터페이스를 만든 후 IP 주소 1.1.X.X/24를 부여한다. X는 라우터 번호이다. R3과 R4는 시리얼 인터페이스를 사용하여

연결한다.

그림 5-1 EIGRP 네임드 모드 설정을 위한 네트워크

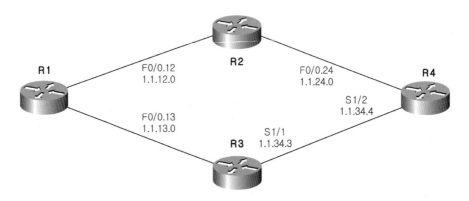

이더넷 스위치에서 필요한 VLAN을 만들고, 트렁킹을 설정한다.

예제 5-5 VLAN과 트렁킹 설정

```
SW1(config)# vlan 12,13,24
SW1(config-vlan)# exit

SW1(config)# int range f1/1 - 4
SW1(config-if-range)# switchport trunk encap dot
SW1(config-if-range)# switchport mode trunk
```

각 라우터의 인터페이스에 IP 주소를 할당하고 활성화시킨다.

예제 5-6 인터페이스에 IP 주소 할당 및 활성화

```
R1(config)# int lo0
R1(config-if)# ip address 1.1.1.1 255.255.255.0
R1(config-if)# int f0/0
R1(config-if)# no shut
R1(config-if)# int f0/0.12
R1(config-subif)# encap dot 12
R1(config-subif)# ip address 1.1.12.1 255.255.255.0
```

```
R1(config-subif)# int f0/0.13
R1(config-subif)# encap dot 13
R1(config-subif)# ip address 1.1.13.1 255.255.255.0

R2(config)# int lo0
R2(config-if)# ip address 1.1.2.2 255.255.255.0
R2(config-if)# int f0/0
R2(config-if)# no shut
R2(config-if)# int f0/0.12
R2(config-subif)# encap dot 12
R2(config-subif)# ip address 1.1.12.2 255.255.255.0
R2(config-subif)# int f0/0.24
R2(config-subif)# encap dot 24
R2(config-subif)# ip address 1.1.24.2 255.255.255.0

R3(config)# int lo0
R3(config-if)# ip address 1.1.3.3 255.255.255.0
R3(config-if)# int f0/0
R3(config-if)# no shut
R3(config-if)# int f0/0.13
R3(config-subif)# encap dot 13
R3(config-subif)# ip address 1.1.13.3 255.255.255.0
R3(config-subif)# int s1/1
R3(config-if)# ip address 1.1.34.3 255.255.255.0
R3(config-if)# no shut

R4(config)# int lo0
R4(config-if)# ip address 1.1.4.4 255.255.255.0
R4(config-if)# int f0/0
R4(config-if)# no shut
R4(config-if)# int f0/0.24
R4(config-subif)# enc dot 24
R4(config-subif)# ip address 1.1.24.4 255.255.255.0
R4(config-subif)# int s1/2
R4(config-if)# ip address 1.1.34.4 255.255.255.0
R4(config-if)# no shut
```

각 라우터에서 show ip interface brief 명령어를 사용하여 인터페이스 설정 및 동작 상태를 확인하고,
넥스트 홉 IP 주소까지 핑을 해본다.

197

EIGRP 네임드 모드 설정 내용

이상과 같이 EIGRP를 설정하기 위한 기본적인 준비가 끝나면, 각 라우터에서 다음과 같이 **router eigrp** 명령어 다음에 20자 이하의 적당한 이름을 사용하여 네임드 EIGRP 설정 모드로 들어간다. 이 때 사용하는 이름은 해당 라우터에서만 의미가 있다. 즉, 라우터별로 이름이 달라도 된다.

예제 5-7 EIGRP 네임드 모드로 들어가기

```
R1(config)# router eigrp myEigrp
R1(config-router)#
```

네임드 EIGRP 설정 모드에서 address—family 명령어 다음에 **ipv4** 또는 **ipv6** 옵션을 사용한다.

예제 5-8 address-family 옵션

```
R1(config)# router eigrp myEigrp
R1(config-router)# address-family ?
  ipv4   Address family IPv4
  ipv6   Address family IPv6
```

ipv4 어드레스 패밀리에서는 다음과 같이 바로 AS 번호를 지정하거나 멀티캐스트, 유니캐스트 및 특정한 VRF 이름을 지정할 수도 있다. VRF(Virtual Routing and Forwarding 또는 VPN Routing and Forwarding)는 L2 스위치의 VLAN과 같이 L3 장비 가상화 기술중 하나이다.

즉, 하나의 라우터에 여러개의 VRF를 설정하면 각 VRF 별로 별개의 라우팅 테이블이 생성된다. 결과적으로 하나의 라우터를 여러 조직에서 별도로 사용하는 것처럼 동작한다. VRF에 대해서는 나중에 자세히 설명한다.

예제 5-9 address-family ipv4 옵션

```
R1(config)# router eigrp myEigrp
R1(config-router)# address-family ipv4 ?
  autonomous-system   Specify Address-Family Autonomous System Number
  multicast           Address Family Multicast
  unicast             Address Family Unicast
```

vrf	Specify a specific virtual routing/forwarding instance

ipv6 어드레스 패밀리에서는 다음과 같이 바로 AS 번호를 지정하거나 유니캐스트 및 특정한 VRF 이름을 지정할 수도 있다.

예제 5-10 address-family ipv6 옵션

```
R1(config)# router eigrp myEigrp
R1(config-router)# address-family ipv6 ?
  autonomous-system  Specify Address-Family Autonomous System Number
  unicast            Address Family Unicast
  vrf                Specify a specific virtual routing/forwarding instance
```

ipv4 unicast 옵션 다음에 다시 AS 번호나 VRF 이름을 지정할 수 있다.

예제 5-11 ipv4 unicast 옵션

```
R1(config)# router eigrp myEigrp
R1(config-router)# address-family ipv4 unicast ?
  autonomous-system  Specify Address-Family Autonomous System Number
  vrf                Specify a specific virtual routing/forwarding instance
```

AS 번호 1을 사용하려면 다음과 같이 autonomous-system 옵션 다음에 AS 번호를 지정한다. 번호를 사용하는 EIGRP와 마찬가지로 EIGRP 네임드 모드에서도 AS 번호는 1에서 65535 사이의 값을 사용한다. network 명령어 다음에 EIGRP를 활성화시키고자 하는 인터페이스를 지정한다.

예제 5-12 network 명령어 사용하기

```
R1(config)# router eigrp myEigrp
R1(config-router)# address-family ipv4 unicast autonomous-system 1
R1(config-router-af)# network 1.1.1.1 0.0.0.0
R1(config-router-af)# network 1.1.12.1 0.0.0.0
R1(config-router-af)# network 1.1.13.1 0.0.0.0
```

다른 모든 라우터에서도 동일하게 EIGRP 네임드 모드를 설정한다.

예제 5-13 EIGRP 네임드 모드 설정

```
R2(config)# router eigrp myEigrp
R2(config-router)# address-family ipv4 unicast autonomous-system 1
R2(config-router-af)# network 1.1.2.2 0.0.0.0
R2(config-router-af)# network 1.1.12.2 0.0.0.0
R2(config-router-af)# network 1.1.24.2 0.0.0.0

R3(config)# router eigrp myEigrp
R3(config-router)# address-family ipv4 unicast autonomous-system 1
R3(config-router-af)# network 1.1.3.3 0.0.0.0
R3(config-router-af)# network 1.1.13.3 0.0.0.0
R3(config-router-af)# network 1.1.34.3 0.0.0.0

R4(config)# router eigrp myEigrp
R4(config-router)# address-family ipv4 unicast autonomous-system 1
R4(config-router-af)# network 1.1.4.4 0.0.0.0
R4(config-router-af)# network 1.1.24.4 0.0.0.0
R4(config-router-af)# network 1.1.34.4 0.0.0.0
```

긴 명령어가 귀찮으면 다음과 같이 단축 명령어를 만들어 사용하면 된다.

예제 5-14 단축 명령어

```
R2(config)# alias configure ei router eigrp myEigrp
R2(config)# alias router_eigrp_named af address-family ipv4 unicast autonomous-system 1
```

이후로는 ei라고 입력하면 router eigrp myEigrp 명령어가 실행되고, af라고 입력하면 address−family ipv4 unicast autonomous−system 1 명령어가 실행된다.

설정이 끝나면 각 라우터의 라우팅 테이블을 확인한다. 예를 들어, R1의 라우팅 테이블은 다음과 같다.

예제 5-15 R1의 라우팅 테이블

```
R1# show ip route eigrp
    (생략)

        1.0.0.0/8 is variably subnetted, 11 subnets, 2 masks
D        1.1.2.0/24 [90/103040] via 1.1.12.2, 00:03:04, FastEthernet0/0.12
D        1.1.3.0/24 [90/103040] via 1.1.13.3, 00:02:13, FastEthernet0/0.13
D        1.1.4.0/24 [90/154240] via 1.1.12.2, 00:01:25, FastEthernet0/0.12
D        1.1.24.0/24 [90/153600] via 1.1.12.2, 00:03:01, FastEthernet0/0.12
D        1.1.34.0/24 [90/13607262] via 1.1.13.3, 00:01:20, FastEthernet0/0.13
```

R1에서 각 라우터의 루프백 IP 주소까지 핑이 되는지 확인한다.

예제 5-16 핑 확인

```
R1# ping 1.1.2.2
R1# ping 1.1.3.3
R1# ping 1.1.4.4
```

기본적인 EIGRP 네임드 모드 설정이 끝났다.

EIGRP 네임드 모드 설정 옵션

EIGRP 네임드 모드에서는 다음과 같이 여러 가지 EIGRP 관련 설정을 할 수 있는 옵션들이 있다.

예제 5-17 EIGRP 네임드 모드 옵션

```
R1(config)# router eigrp myEigrp
R1(config-router)# address-family ipv4 unicast autonomous-system 1
R1(config-router-af)# ?
Address Family configuration commands:
  ① af-interface        Enter Address Family interface configuration
     default            Set a command to its defaults
  ② eigrp               EIGRP Address Family specific commands
     exit-address-family Exit Address Family configuration mode
     help               Description of the interactive help system
  ③ maximum-prefix      Maximum number of prefixes acceptable in aggregate
  ④ metric              Modify metrics and parameters for address advertisement
  ⑤ neighbor            Specify an IPv4 neighbor router
```

```
⑥ network        Enable routing on an IP network
  no             Negate a command or set its defaults
⑦ shutdown       Shutdown address family
⑧ timers         Adjust peering based timers
⑨ topology       Topology configuration mode
```

예를 들어, 번호를 사용한 EIGRP에서는 헬로나 홀드 타이머, 인증, 축약 등을 해당 인터페이스에서
설정하였다. 그러나, EIGRP 네임드 모드에서는 모두 EIGRP 설정 모드내에서 모아 설정하므로 설정도
편리하고, 설정 내용을 한 눈에 확인할 수 있어 좋다. 각 어드레스 패밀리 내에서 설정할 수 있는
내용을 좀 더 자세히 살펴보자.

① af-interface 명령어 다음에 설정을 원하는 인터페이스 이름을 지정하면 다음과 같이 해당 인터페이
스의 EIGRP 관련 동작을 조정할 수 있다.

예제 5-18 af-interface 옵션

```
R1(config-router-af)# af-interface f0/0.12
R1(config-router-af-interface)# ?
Address Family Interfaces configuration commands:
  ⓐ authentication       authentication subcommands
  ⓑ bandwidth-percent    Set percentage of bandwidth percentage limit
  ⓒ bfd                  Enable Bidirectional Forwarding Detection
  ⓓ dampening-change     Percent interface metric must change to cause update
  ⓔ dampening-interval   Time in seconds to check interface metrics
    default              Set a command to its defaults
    exit-af-interface    Exit from Address Family Interface configuration mode
  ⓕ hello-interval       Configures hello interval
  ⓖ hold-time            Configures hold time
  ⓗ next-hop-self        Configures EIGRP next-hop-self
    no                   Negate a command or set its defaults
  ⓘ passive-interface    Suppress address updates on an interface
  ⓙ shutdown             Disable Address-Family on interface
  ⓚ split-horizon        Perform split horizon
  ⓛ summary-address      Perform address summarization
```

ⓐ EIGRP 패킷 인증을 설정한다.

ⓑ EIGRP가 사용할 수 있는 대역폭을 지정한다.

ⓒ BFD(Bidirectional Forwarding Detection)를 활성화시킨다.

ⓓ 댐프닝(dampening) 관련 설정을 한다.

ⓔ 댐프닝 주기를 설정한다.

ⓕ 헬로 주기를 설정한다.

ⓖ 홀드 타임을 설정한다.

ⓗ EIGRP 네트워크를 광고할 때 넥스트 홉 IP 주소를 자신의 것으로 바꾸거나 또는 변경하지 않도록 설정한다.

ⓘ passive-interface 기능을 설정한다. 이 기능을 설정하면 EIGRP가 해당 인터페이스로 헬로를 전송하지 않으며, 수신도 하지 않아 네이버가 맺어지지 않는다.

ⓙ 해당 인터페이스에 EIGRP를 동작시키지 않는다.

ⓚ 스플릿 호라이즌 기능을 활성화 또는 비활성화시킨다.

ⓛ 축약 기능을 설정한다.

② eigrp 명령어 다음에 설정할 수 있는 것들은 다음과 같다.

예제 5-19 eigrp 명령어 옵션

```
R1(config-router-af)# eigrp ?
  ⓐ default-route-tag      Default Route Tag for the Internal Routes
  ⓑ log-neighbor-changes   Enable/Disable EIGRP neighbor logging
  ⓒ log-neighbor-warnings  Enable/Disable EIGRP neighbor warnings
  ⓓ router-id              router id for this EIGRP process
  ⓔ stub                   Set address-family in stubbed mode
```

ⓐ 모든 EIGRP 내부 경로에 태그를 설정할 수 있다.

ⓑ EIGRP 네이버 관련 로깅을 활성화 또는 비활성화시킨다.

ⓒ EIGRP 네이버 관련 경로 메시지 간격을 초 단위로 지정할 수 있다.

ⓓ EIGRP 라우터 ID를 IP 주소 형식으로 표시한다.

ⓔ EIGRP 스텁(stub) 에어리어 관련 설정을 한다.

③ maximum-prefix 명령어 다음에 설정할 수 있는 것들은 다음과 같이 네이버에게서 수신할 수
있는 최대 네트워크 수와 이를 초과했을 때 취할 수 있는 동작을 지정할 수 있다.

예제 5-20 maximum-prefix 명령어 옵션

```
R1(config-router-af)# maximum-prefix 100 ?
  <1-100>        Threshold value (%) at which to generate a warning message
  dampened       Exponentially increase restart time interval
  reset-time     Duration after which restart history is cleared
  restart        Duration for which a prefix source is ignored
  restart-count  Number of times sessions are auto-restarted
  warning-only   Only give warning message when limit is exceeded
  <cr>
```

④ metric 명령어 다음에는 EIGRP 메트릭 계산시 사용하는 K 상수의 값 등을 설정할 수 있다.

예제 5-21 metric 명령어 옵션

```
R1(config-router-af)# metric ?
  rib-scale   set scaling value for rib installation
  weights     Modify address-family metric coefficients
```

⑤ neighbor 명령어 다음에는 EIGRP 네이버 주소를 지정하거나, 모든 네이버에게서 수신 가능한
네트워크의 수량을 지정할 수 있다.

예제 5-22 neighbor 명령어 옵션

```
R1(config-router-af)# neighbor ?
  A.B.C.D          Neighbor address
  maximum-prefix   Maximum number of prefixs acceptable from all neighbors
```

⑥ network 명령어는 전통적인 EIGRP의 network 명령어와 동일하다. 즉, EIGRP를 활성화시킬
인터페이스의 주소를 지정한다.

⑦ shutdown 명령어는 EIGRP를 일시적으로 비활성화시킬 때 사용한다.

⑧ timers 명령어는 설정 변경 등으로 인하여 EIGRP가 자동으로 다시 동작할 때 남아있는 EIGRP 경로를 제거하는 시간을 지정한다.

예제 5-23 timers 명령어 설정

```
R1(config-router-af)# timers graceful-restart purge-time ?
  <20-300>   Seconds
```

⑨ topology 명령어는 다음과 같이 재분배, 부하 분산 등과 관련된 내용을 설정할 수 있다.

예제 5-24 topology 명령어 옵션

```
R1(config-router-af)# topology base
R1(config-router-af-topology)# ?
Address Family Topology configuration commands:
  ⓐ auto-summary         Enable automatic network number summarization
     default             Set a command to its defaults
  ⓑ default-information   Control distribution of default information
  ⓒ default-metric        Set metric of redistributed routes
  ⓓ distance             Define an administrative distance
  ⓔ distribute-list       Filter entries in eigrp updates
  ⓕ eigrp                EIGRP specific commands
     exit-af-topology     Exit from Address Family Topology configuration mode
  ⓖ maximum-paths        Forward packets over multiple paths
  ⓗ metric               Modify metrics and parameters for advertisement
     no                  Negate a command or set its defaults
  ⓘ offset-list           Add or subtract offset from EIGRP metrics
  ⓙ redistribute          Redistribute IPv4 routes from another routing protocol
     snmp                Modify snmp parameters
  ⓚ summary-metric        Specify summary to apply metric/filtering
  ⓛ timers               Adjust topology specific timers
  ⓜ traffic-share         How to compute traffic share over alternate paths
  ⓝ variance             Control load balancing variance
```

ⓐ auto-summary 명령어를 자동 축약을 활성화 또는 비활성화시킨다.

ⓑ 디폴트 루트 광고의 송·수신을 제어한다.

ⓒ 재분배된 경로의 기본 EIGRP 메트릭 값을 지정한다.

ⓓ EIGRP 경로의 AD 값을 조정한다.

ⓔ distribute-list 명령어는 EIGRP 경로 광고의 송·수신을 제어한다.

ⓕ EIGRP 로그 저장 수량을 지정한다.

ⓖ 1에서 32 사이의 최대 부하분산 경로의 수를 지정한다.

ⓗ metric 명령어는 1에서 255 사이의 최대 홉 카운트 수를 지정한다.

ⓘ offset-list는 메트릭 값을 추가할 때 사용한다.

ⓙ redistribute는 다른 라우팅 프로토콜을 EIGRP로 재분배할 때 사용한다.

ⓚ summary-metric은 축약 네트워크의 메트릭 값이나 디스턴스 값을 지정한다.

ⓛ timers는 EIGRP 경로가 액티브 상태에 머물수 있는 시간을 표시한다.

ⓜ traffic-share는 부하 분산 방식을 지정한다.

ⓝ variance는 부하 분산시킬 경로의 메트릭 값 범위를 지정한다.

EIGRP 와이드 메트릭

기존의 EIGRP 복합 메트릭은 $(BW+DLY)*256$이다.

이때, BW = $(10^{10}$ / 가장 느린 대역폭)이다. 10Gbps(10^{10} bps)의 BW가 1이며, 10Gbps 보다 빠른 속도의 BW는 1보다 작은 소수가 되어 모두 0으로 계산된다. 따라서, 10Gbps 보다 빠른 속도는 기존의 EIGRP 메트릭에서 구분할 수 없다.

또, DLY는 마이크로 초 단위로 설정된 인터페이스의 delay 값을 10으로 나눈 값을 모두 합친 것인데, IOS는 1Gbps 이상의 대역폭을 가진 인터페이스의 delay를 모두 동일하게 여기기 때문에 더 빠른 속도의 delay 값을 정확히 알려주지 못한다.

결과적으로 1Gbps 이상의 링크를 사용하는 환경에서는 EIGRP가 정확한 경로 선택을 할 수 없다. 따라서, 10GE와 같은 고속 링크를 제대로 반영하지 못한다. 이를 해결하기 위하여 64 비트의 새로운 메트릭 계산 방식을 도입하였다.

와이드 메트릭 계산식

64 비트를 사용하는 새로운 EIGRP 와이드 메트릭(wide metric)은 네임드 모드에서만 동작하고, 기존의 번호를 사용하는 EIGRP에서는 지원하지 않는다.

와이드 메트릭의 복합 메트릭 계산식은 다음과 같다.

(K5가 0이 아닌 경우):

$$(K1*Throughput + \frac{K2*Throughput}{256-Load} + K3*Latency + K6*External\,Attribute)*\frac{K5}{K4+Reliability}$$

(K5가 0인 경우):

$$K1*Throughput + \frac{K2*Throughput}{256-Load} + K3*Latency + K6*External\,Attribute$$

일반적으로는 K1=K3=1이고 K2=K4=K5=K6=0이므로 결국 와이드 메트릭의 복합 메트릭 계산식 은 $Throughput + Latency$이다.

와이드 메트릭 쓰루풋

EIGRP 와이드 메트릭 쓰루풋(throughput)은 목적지 네트워크와 연결되는 인터페이스 중에서 속도가 가장 느린 인터페이스의 대역폭(kbps)을 이용하여 다음 공식을 적용한다.

쓰루풋 = 10^7 * 65536 / 인터페이스 대역폭

이 계산식으로 계산한 흔히 사용하는 대역폭의 쓰루풋은 다음 표와 같다.

표 5-1 EIGRP 쓰루풋

대역폭	EIGRP 쓰루풋(throughput)
100kbps(tunnel)	6,553,600,000
1.544Mbps(serial)	424,455,958
10Mbps(ethernet)	65,536,000
100Mbps(fast ethernet)	6,553,600
1Gbps	655,360
8Gbps(loopback)	81,920
10Gbps	65,536
20Gbps	32,768
1Tbps(Tera bps: 10^9kbps)	655

결과적으로 와이드 메트릭의 쓰루풋은 기존 메트릭의 BW 값에 65536을 곱한 값이 된다.

와이드 메트릭 레이턴시

EIGRP 와이드 메트릭 레이턴시(latency)는 기존 EIGRP의 DLY(delay)와 유사하다. 즉, 목적지까지 가는 각 인터페이스의 delay를 합친 값이다. 그러나, 다음과 같은 차이가 있다.

• 기존의 delay 값의 단위는 마이크로 초(micro second)이지만 와이드 메트릭에서는 피코 초(pico second) 단위를 사용한다.

• 속도가 1Gbps 이하이거나, 속도와 무관하게 인터페이스에 **delay** 명령어를 사용하여 설정한 값이

있으면 그 delay 값을 사용한다.

예를 들어, 패스트 이더넷의 경우 기본적인 delay 값이 100 마이크로 초이고, 이를 피코 초(pico second)로 환산하면 10^6을 곱하면 되므로 패스트 이더넷의 delay 값은 $100 * 10^6$ 즉, 100,000,000 피코 초이다.

● 1Gbps를 넘는 인터페이스의 delay 값이 정확하지 않으므로 다음과 같은 방법으로 인터페이스의 delay 값을 결정한다.

delay = 10^{13} / 인터페이스 대역폭(kbps)

예를 들어, 10Gbps(10^7kbps)의 속도를 가진 인터페이스의 delay 값은 10^{13} / 10^7 = 10^6 = 1,000,000 피코 초이다.

표 5-2 EIGRP 와이드 메트릭 delay

대역폭	EIGRP delay(피코 초)
100kbps(tunnel)	50,000,000,000
1.544Mbps(serial)	20,000,000,000
10Mbps(ethernet)	1,000,000,000
100Mbps(fast ethernet)	100,000,000
1Gbps	10,000,000
8Gbps(loopback)	1,250,000
10Gbps	1,000,000
20Gbps	500,000
1Tbps(Tera bps: 10^9kbps)	10,000

특정 네트워크의 와이드 메트릭 총 지연(total latency) 값 계산시 해당 네트워크로 가는 경로상의 모든 인터페이스 delay 값을 더한 후에 10^6으로 나누고 65536을 곱한다.

네트워크별 벡터 메트릭 값 확인하기

각 네트워크별 벡터 메트릭 값들을 확인하려면 show eigrp address−family ipv4 topology 명령어를
사용한다.

예제 5-25 벡터 메트릭으로 사용되는 인터페이스 파라메터 확인하기

```
R1# show eigrp address-family ipv4 topology 1.1.4.0/24
EIGRP-IPv4 VR(myEigrp) Topology Entry for AS(1)/ID(1.1.1.1) for 1.1.4.0/24
  State is Passive, Query origin flag is 1, 1 Successor(s), FD is 19742720, RIB is 154240
  Descriptor Blocks:
  1.1.12.2 (FastEthernet0/0.12), from 1.1.12.2, Send flag is 0x0
      Composite metric is (19742720/13189120), route is Internal
      Vector metric:
        Minimum bandwidth is 100000 Kbit
        Total delay is 201250000 picoseconds
        Reliability is 255/255
        Load is 1/255
        Minimum MTU is 1500
        Hop count is 2
        Originating router is 1.1.4.4
```

벡터 메트릭 중에서 MTU는 목적지까지 가는 각 인터페이스의 MTU 중에서 가장 작은 것이 선택된다.
또, 홉 카운트는 기본적으로 100이다. 즉, 홉 카운트가 100을 초과하면 도달 불가능한 경로로 간주한다.
다음과 같이 topology 설정모드에서 metric maximum−hops 명령어를 사용하여 최대 홉카운트를
255까지 증가시킬 수 있다.

예제 5-26 최대 홉 카운트 증가시키기

```
R1(config)# router eigrp myEigrp
R1(config-router)# address-family ipv4 unicast autonomous-system 1
R1(config-router-af)# topology base
R1(config-router-af-topology)# metric maximum-hops ?
  <1-255>  Hop count
```

나머지 벡터 메트릭인 대역폭, 지연을 다음의 공식에 대입하여 복합 메트릭을 계산한다.

와이드 복합 메트릭 $= Throughput + Latency$

계산식에서 사용된 Throughput은 목적지까지 가는 도중의 모든 인터페이스에 설정된 대역폭 중에서

가장 낮은 (느린) 값을 취한 후, 다음 공식에 대입하여 계산한다.

Throughput = $(10^7 * 65536)/$ 가장 느린 대역폭

예를 들어, R1에서 R4의 1.1.4.0/24 네트워크로 가는 쓰루풋은 경로 상의 대역폭 중에서 가장 느린 패스트 이더넷의 100,000kbps를 취한 후 다음 공식에 대입한다.

Throughput = $(10^7 * 65536)/$ 100,000 = 6,553,600

복합 메트릭 계산식에서 사용되는 총 지연(total latency) 값은 목적지까지 가는 경로상의 모든 delay를 합친 다음 10^6으로 나누고 다시 65536을 곱한 것이다. 예를 들어, R1에서 R4의 1.1.4.0/24 네트워크로 가는 총 지연 값은 R1-R2, R2-R4 사이의 패스트 이더넷 지연값(100,000,000 + 100,000,000)과 R4의 루프백 지연값(1,250,000)을 더하고(201,250,000), 10^6으로 나누고(201.250), 여기에 65536을 곱한 값인 13,189,120이 된다.

결과적으로 R1에서 R4의 1.1.4.0/24 네트워크까지의 와이드 메트릭 값은 throughput + total latency = 6,553,600 + 13,189,120 = 19,742,720이 된다.

라우팅 테이블과 와이드 메트릭

라우팅 테이블에 저장되는 메트릭 값은 32비트이고 와이드 메트릭 값은 64비트이다. 따라서, 와이드 메트릭 값을 라우팅 테이블에 저장할 때 이를 감안하여 조정해 주어야 하며, 이때 사용하는 것이 rib-scale이다.

다음과 같이 show eigrp address-family ipv4 topology 1.1.4.0/24 명령어를 사용하여 확인해 보면 FD 값은 19,742,720이지만 라우팅 테이블(RIB, Routing Information Base)에 저장되는 값은 154,240이다.

예제 5-27 벡터 메트릭으로 사용되는 인터페이스 파라메터 확인하기

```
R1# show eigrp address-family ipv4 topology 1.1.4.0/24
EIGRP-IPv4 VR(myEigrp) Topology Entry for AS(1)/ID(1.1.1.1) for 1.1.4.0/24
  State is Passive, Query origin flag is 1, 1 Successor(s), FD is 19742720, RIB is 154240
  Descriptor Blocks:
  1.1.12.2 (FastEthernet0/0.12), from 1.1.12.2, Send flag is 0x0
      Composite metric is (19742720/13189120), route is Internal
      Vector metric:
        Minimum bandwidth is 100000 Kbit
```

```
Total delay is 201250000 picoseconds
Reliability is 255/255
Load is 1/255
Minimum MTU is 1500
Hop count is 2
Originating router is 1.1.4.4
```

라우팅 테이블을 보면 1.1.4.0/24 네트워크의 메트릭이 154,240이다.

예제 5-28 R1의 라우팅 테이블

```
R1# show ip route eigrp
   (생략)
   1.0.0.0/8 is variably subnetted, 11 subnets, 2 masks
D     1.1.2.0/24 [90/103040] via 1.1.12.2, 00:39:27, FastEthernet0/0.12
D     1.1.3.0/24 [90/103040] via 1.1.13.3, 00:39:28, FastEthernet0/0.13
D     1.1.4.0/24 [90/154240] via 1.1.12.2, 00:39:27, FastEthernet0/0.12
D     1.1.24.0/24 [90/153600] via 1.1.12.2, 00:39:27, FastEthernet0/0.12
D     1.1.34.0/24 [90/13607262] via 1.1.13.3, 00:39:28, FastEthernet0/0.13
```

기본적인 rib-scale 값은 128이다. 따라서, 와이드 메트릭 값 19,742,720이 라우팅 테이블에 저장될 때는 19,742,720 / 128이 되어 최종 메트릭 값은 154,240이 된다. 필요시 다음과 같이 rib-scale 값을 1에서 255 사이의 값으로 조정할 수 있다.

예제 5-29 rib-scale 값 조정하기

```
R1(config)# router eigrp myEigrp
R1(config-router)# address-family ipv4 unicast autonomous-system 1
R1(config-router-af)# metric rib-scale ?
  <1-255>  Rib scale
R1(config-router-af)# metric rib-scale 1
```

조정후 show eigrp address-family ipv4 topology 1.1.4.0/24 명령어를 사용하여 확인해 보면 RIB의 값이 변경된다.

예제 5-30 RIB 값 변경 확인

```
R1# show eigrp address-family ipv4 topology 1.1.4.0/24
EIGRP-IPv4 VR(myEigrp) Topology Entry for AS(1)/ID(1.1.1.1) for 1.1.4.0/24
   State is Passive, Query origin flag is 1, 1 Successor(s), FD is 19742720, RIB is 19742720
      (생략)
```

라우팅 테이블에 표시되는 메트릭 값도 달라진다.

예제 5-31 R1의 라우팅 테이블

```
R1# show ip route eigrp
   (생략)
      1.0.0.0/8 is variably subnetted, 11 subnets, 2 masks
D        1.1.2.0/24 [90/13189120] via 1.1.12.2, 00:01:25, FastEthernet0/0.12
D        1.1.3.0/24 [90/13189120] via 1.1.13.3, 00:01:25, FastEthernet0/0.13
D        1.1.4.0/24 [90/19742720] via 1.1.12.2, 00:01:25, FastEthernet0/0.12
```

rib-scale의 값을 다시 기본값인 128로 변경한다.

예제 5-32 rib-scale 값 변경

```
R1(config)# router eigrp myEigrp
R1(config-router)# address-family ipv4 unicast autonomous-system 1
R1(config-router-af)# metric rib-scale 128
```

특별한 경우가 아니면 rib-scale의 값을 변경하지 않는 것이 좋다. 메트릭 값이 큰 경우 서로 구분이 안 되고, 하나의 라우터에서만 수정할 경우 서로 메트릭 계산 방법이 달라 최적 경로 라우팅이 되지 않을 수 있다.

af-interface 설정

EIGRP 네임드 모드의 **af-interface** 명령어 다음에 설정을 원하는 인터페이스 이름을 지정하면 다음과 같이 해당 인터페이스의 EIGRP 관련 동작을 조정할 수 있다.

예제 5-33 af-interface 명령어 옵션

```
R1(config)# router eigrp myEigrp
R1(config-router)# address-family ipv4 unicast autonomous-system 1
R1(config-router-af)# af-interface f0/0.12
R1(config-router-af-interface)# ?
Address Family Interfaces configuration commands:
    authentication      authentication subcommands
    bandwidth-percent   Set percentage of bandwidth percentage limit
    bfd                 Enable Bidirectional Forwarding Detection
    dampening-change    Percent interface metric must change to cause update
    dampening-interval  Time in seconds to check interface metrics
    default             Set a command to its defaults
    exit-af-interface   Exit from Address Family Interface configuration mode
    hello-interval      Configures hello interval
    hold-time           Configures hold time
    next-hop-self       Configures EIGRP next-hop-self
    no                  Negate a command or set its defaults
    passive-interface   Suppress address updates on an interface
    shutdown            Disable Address-Family on interface
    split-horizon       Perform split horizon
    summary-address     Perform address summarization
```

각 기능들에 대해서 살펴보자.

EIGRP 인증

EIGRP는 네이버 사이에 메시지를 주고 받으면서 MD5 또는 HMAC-SHA-256 방식으로 인증을 할 수 있다. R1과 R2가 HMAC-SHA-256으로 EIGRP 인증을 하도록 설정하는 방법은 다음과 같다.

예제 5-34 EIGRP 인증

```
R1(config)# router eigrp myEigrp
R1(config-router)#  address-family ipv4 unicast autonomous-system 1
R1(config-router-af)# af-interface f0/0.12
R1(config-router-af-interface)# authentication mode hmac-sha-256 7 cisco123

R2(config)# router eigrp myEigrp
R2(config-router)# address-family ipv4 unicast autonomous-system 1
R2(config-router-af)# af-interface f0/0.12
R2(config-router-af-interface)# authentication mode hmac-sha-256 7 cisco123
```

R1과 R3이 MD5로 EIGRP 인증을 하도록 설정해 보자. R1의 설정은 다음과 같다.

예제 5-35 EIGRP 인증

```
R1(config)# key chain EIGRP-KEY
R1(config-keychain)# key 1
R1(config-keychain-key)# key-string cisco123
R1(config-keychain-key)# exit
R1(config-keychain)# exit

R1(config)# router eigrp myEigrp
R1(config-router)# address-family ipv4 unicast autonomous-system 1
R1(config-router-af)# af-interface f0/0.13
R1(config-router-af-interface)# authentication mode md5
R1(config-router-af-interface)# authentication key-chain EIGRP-KEY
```

R3의 설정은 다음과 같다.

예제 5-36 EIGRP 인증

```
R3(config)# key chain EIGRP-KEY
R3(config-keychain)# key 1
R3(config-keychain-key)# key-string cisco123
R3(config-keychain-key)# exit
R3(config-keychain)# exit

R3(config)# router eigrp myEigrp
```

```
R3(config-router)# address-family ipv4 unicast autonomous-system 1
R3(config-router-af)# af-interface f0/0.13
R3(config-router-af-interface)# authentication mode md5
R3(config-router-af-interface)# authentication key-chain EIGRP-KEY
```

설정 후 R1에서 EIGRP 헬로 패킷을 디버깅해보면 다음과 같이 특정한 인증 방식을 사용한 패킷을 수신하고 있다.

예제 5-37 EIGRP 헬로 패킷 디버깅

```
R1# debug eigrp packets hello

*Jun 21 13:08:53.430: EIGRP: received packet with MD5 authentication, key id = 1
*Jun 21 13:08:53.430: EIGRP: Received HELLO on Fa0/0.13 - paklen 60 nbr 1.1.13.3

*Jun 21 13:08:53.690: EIGRP: received packet with HMAC-SHA-256 authentication
*Jun 21 13:08:53.690: EIGRP: Received HELLO on Fa0/0.12 - paklen 76 nbr 1.1.12.2

R1# un all
```

이상으로 EIGRP 네임드 모드에서 인증하는 방법에 대하여 살펴보았다.

EIGRP 제어용 대역폭 제한

기본적으로 EIGRP 패킷들은 대역폭의 50%까지 사용할 수 있다. 이 비율을 조정하려면 af-interface에서 bandwidth-percent 명령어를 사용하면 된다. 예를 들어, R1의 F0/0.12 인터페이스에서 EIGRP 패킷을 위한 대역폭을 70%로 지정하려면 다음과 같이 설정한다.

예제 5-38 EIGRP용 대역폭 지정하기

```
R1(config)# router eigrp myEigrp
R1(config-router)# address-family ipv4 unicast autonomous-system 1
R1(config-router-af)# af-interface f0/0.12
R1(config-router-af-interface)# bandwidth-percent 70
```

EIGRP AS 번호 다음에 지정하는 수의 단위는 퍼센트이고, 1에서 999,999 사이의 값을 가질 수 있다. 이처럼 100% 이상의 값을 지정할 수 있는 이유는 실제 속도와 설정된 대역폭 값이 서로 다를 수 있기 때문이다.

Hello/Hold 주기 변경하기

EIGRP의 Hello 패킷 전송 주기나 Hold 타임 값을 변경하는 방법은 다음과 같다.

예제 5-39 Hello 패킷 전송 주기, Hold 타임 변경

```
R1(config)# router eigrp myEigrp
R1(config-router)# address-family ipv4 unicast autonomous-system 1
R1(config-router-af)# af-interface f0/0.12
R1(config-router-af-interface)# hello-interval 3
R1(config-router-af-interface)# hold-time 9
```

Hello 및 Hold 값 모두 1에서 65535 사이의 값을 지정할 수 있다.

EIGRP 네트워크 축약

다음 그림과 같이 R1에서 1.1.10.0/24과 1.1.11.0/24 네트워크를 EIGRP로 광고하고, R2, R3에서 이를 축약하여 R4로 전송하도록 해보자.

그림 5-2 네트워크 축약

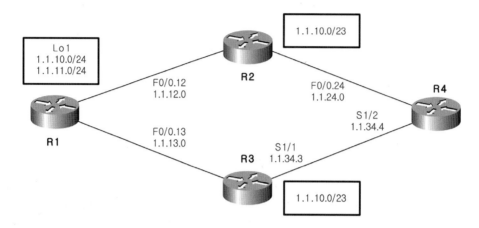

먼저, R1에서 다음과 같이 설정한다.

예제 5-40 R1의 설정

```
R1(config)# int lo1
R1(config-if)# ip address 1.1.10.1 255.255.255.0
R1(config-if)# ip address 1.1.11.1 255.255.255.0 secondary
R1(config-if)# exit

R1(config)# router eigrp myEigrp
R1(config-router)# address-family ipv4 unicast autonomous-system 1
R1(config-router-af)# network 1.1.10.1 0.0.0.0
R1(config-router-af)# network 1.1.11.1 0.0.0.0
```

설정 후 R4에서 확인해 보면 다음과 같이 방금 광고한 두 네트워크가 보인다.

예제 5-41 R4의 라우팅 테이블

```
R4# show ip route eigrp
    (생략)
    1.0.0.0/8 is variably subnetted, 13 subnets, 2 masks
D      1.1.10.0/24 [90/154240] via 1.1.24.2, 00:01:16, FastEthernet0/0.24
D      1.1.11.0/24 [90/154240] via 1.1.24.2, 00:01:11, FastEthernet0/0.24
```

다음과 같이 R2와 R3에서 두개의 네트워크를 하나로 축약시킨다.

예제 5-42 네트워크 축약

```
R2(config)# router eigrp myEigrp
R2(config-router)# address-family ipv4 unicast autonomous-system 1
R2(config-router-af)# af-interface f0/0.24
R2(config-router-af-interface)# summary-address 1.1.10.0/23

R3(config)# router eigrp myEigrp
R3(config-router)# address-family ipv4 unicast autonomous-system 1
R3(config-router-af)# af-interface s1/1
R3(config-router-af-interface)# summary-address 1.1.10.0/23
```

축약후 R4에서 확인해 보면 다음과 같이 축약된 네트워크가 보인다.

예제 5-43 R4의 라우팅 테이블

```
R4#show ip route
Codes: L - local, C - connected, S - static, R - RIP, M - mobile, B - BGP
       D - EIGRP, EX - EIGRP external, O - OSPF, IA - OSPF inter area
       N1 - OSPF NSSA external type 1, N2 - OSPF NSSA external type 2
       E1 - OSPF external type 1, E2 - OSPF external type 2
       i - IS-IS, su - IS-IS summary, L1 - IS-IS level-1, L2 - IS-IS level-2
       ia - IS-IS inter area, * - candidate default, U - per-user static route
       o - ODR, P - periodic downloaded static route, H - NHRP, I - LISP
       + - replicated route, % - next hop override

Gateway of last resort is not set

      1.0.0.0/8 is variably subnetted, 12 subnets, 3 masks
D        1.1.1.0/24 [90/154240] via 1.1.24.2, 00:01:08, FastEthernet0/0.24
D        1.1.2.0/24 [90/103040] via 1.1.24.2, 00:01:08, FastEthernet0/0.24
D        1.1.3.0/24 [90/205440] via 1.1.24.2, 00:01:08, FastEthernet0/0.24
C        1.1.4.0/24 is directly connected, Loopback0
L        1.1.4.4/32 is directly connected, Loopback0
D        1.1.10.0/23 [90/154240] via 1.1.24.2, 00:01:08, FastEthernet0/0.24
D        1.1.12.0/24 [90/153600] via 1.1.24.2, 00:01:08, FastEthernet0/0.24
D        1.1.13.0/24 [90/204800] via 1.1.24.2, 00:01:08, FastEthernet0/0.24
C        1.1.24.0/24 is directly connected, FastEthernet0/0.24
```

```
L        1.1.24.4/32 is directly connected, FastEthernet0/0.24
C        1.1.34.0/24 is directly connected, Serial1/2
L        1.1.34.4/32 is directly connected, Serial1/2
```

이상으로 af-interface 설정 모드에서 흔히 사용하는 기능에 대하여 살펴보았다.

EIGRP 스텁 모드와 태깅

이번 절에서는 EIGRP 스텁 모드 설정 방법과 경로 태깅(tagging, 꼬리표 붙이기)에 대해서 살펴보기로 한다.

EIGRP 스텁 모드

특정 EIGRP 라우터를 스텁 라우터(stub router)로 지정하면 해당 라우터가 동작하는 방식은 다음과 같다.

• 스텁 라우터는 자신에게 직접 접속된 네트워크와 축약 정보만을 네이버에게 전송한다.

• 네이버는 스텁 라우터에게 어떤 쿼리 패킷도 전송하지 않는다. 그러나, 업데이트, 수신확인 및 응답 패킷 전송은 정상적으로 이루어진다. EIGRP 네임드 모드에서 스텁 라우팅을 테스트하기 위하여 다음 그림과 같이 R5를 추가한다.

그림 5-3 스텁 라우팅 설정을 위한 네트워크

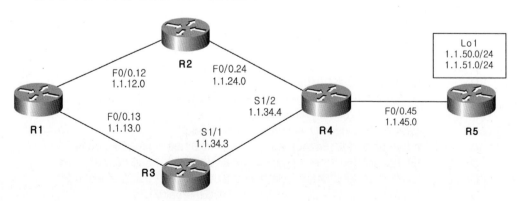

다음과 같이 스위치에서 VLAN 45를 추가하고, 트렁킹을 설정한다.

예제 5-44 VLAN 45 추가

```
SW1(config)# vlan 45
SW1(config)# int f1/5
SW1(config-if)# switchport trunk encapsulation dot1q
SW1(config-if)# switchport mode trunk
```

R4에서 인터페이스를 설정하고, IP 주소를 부여한 후, 해당 인터페이스에 EIGRP를 활성화시킨다.

예제 5-45 인터페이스 설정 및 EIGRP 활성화

```
R4(config)# int f0/0.45
R4(config-subif)# encap dot 45
R4(config-subif)# ip address 1.1.45.4 255.255.255.0
R4(config-subif)# exit

R4(config)# router eigrp myEigrp
R4(config-router)# address-family ipv4 unicast autonomous-system 1
R4(config-router-af)# network 1.1.45.4 0.0.0.0
```

R5에서도 인터페이스를 설정하고, IP 주소를 부여한 후, 해당 인터페이스에 EIGRP를 활성화시킨다.

예제 5-46 인터페이스 설정 및 EIGRP 활성화

```
R5(config)# int lo0
R5(config-if)# ip address 1.1.5.5 255.255.255.0

R5(config-if)# int lo1
R5(config-if)# ip address 1.1.50.5 255.255.255.0
R5(config-if)# ip address 1.1.51.5 255.255.255.0 secondary

R5(config-if)# int f0/0
R5(config-if)# no shut
R5(config-if)# int f0/0.45
R5(config-subif)# encap dot 45
R5(config-subif)# ip address 1.1.45.5 255.255.255.0
```

```
R5(config-subif)# exit

R5(config)# router eigrp myEigrp
R5(config-router)# address-family ipv4 unicast autonomous-system 1
R5(config-router-af)# network 1.1.5.5 0.0.0.0
R5(config-router-af)# network 1.1.45.5 0.0.0.0
R5(config-router-af)# network 1.1.50.0 0.0.1.255
```

다음과 같이 R4를 EIGRP 스텁 라우터로 지정하고, R5에서 광고받은 네트워크를 축약한다.

예제 5-47 R4를 스텁 라우터로 지정하기

```
R4(config)# router eigrp myEigrp
R4(config-router)# address-family ipv4 unicast autonomous-system 1
R4(config-router-af)# eigrp stub

R4(config-router-af)# af-interface f0/0.24
R4(config-router-af-interface)# summary-address 1.1.50.0 255.255.254.0
R4(config-router-af)# af-interface s1/2
R4(config-router-af-interface)# summary-address 1.1.50.0 255.255.254.0
```

설정 후 R4의 라우팅 테이블에 다음과 같이 R5의 네트워크가 인스톨된다.

예제 5-48 R4의 라우팅 테이블

```
R4# show ip route eigrp
   (생략)
D        1.1.5.0/24 [90/103040] via 1.1.45.5, 00:03:05, FastEthernet0/0.45
```

스텁 라우터인 R4는 자신에게 직접 접속된 네트워크와 축약 정보만을 네이버에게 전송하므로 R2의
라우팅 테이블에 다음과 같이 축약 네트워크가 인스톨된다.

예제 5-49 R2의 라우팅 테이블

```
R2# show ip route eigrp
```

```
       (생략)
       1.0.0.0/8 is variably subnetted, 16 subnets, 3 masks
D        1.1.1.0/24 [90/103040] via 1.1.12.1, 03:05:12, FastEthernet0/0.12
D        1.1.3.0/24 [90/154240] via 1.1.12.1, 02:57:04, FastEthernet0/0.12
D        1.1.4.0/24 [90/103040] via 1.1.24.4, 00:14:24, FastEthernet0/0.24
D        1.1.10.0/23 is a summary, 02:04:47, Null0
D        1.1.10.0/24 [90/103040] via 1.1.12.1, 02:04:47, FastEthernet0/0.12
D        1.1.11.0/24 [90/103040] via 1.1.12.1, 02:04:47, FastEthernet0/0.12
D        1.1.13.0/24 [90/153600] via 1.1.12.1, 03:05:12, FastEthernet0/0.12
D        1.1.34.0/24 [90/13607262] via 1.1.24.4, 00:14:24, FastEthernet0/0.24
D        1.1.45.0/24 [90/153600] via 1.1.24.4, 00:14:24, FastEthernet0/0.24
D        1.1.50.0/23 [90/154240] via 1.1.24.4, 00:09:26, FastEthernet0/0.24
```

그러나, R5에게서 광고받은 1.1.5.0/24 네트워크는 스텁 라우터인 R4가 네이버인 R2에게 광고하지 않는다.

예제 5-50 R2의 라우팅 테이블

```
R2# show ip route 1.1.5.0
% Subnet not in table
```

connected나 축약 네트워크가 아닌 것 중에서 추가적으로 특정 네트워크를 광고하려면 다음과 같이 설정한다.

예제 5-51 특정 네트워크 광고

```
R4(config)# ip prefix-list SendThisNetwork permit 1.1.5.0/24   ①

R4(config)# route-map SendThisNetwork   ②
R4(config-route-map)# match ip address prefix-list SendThisNetwork
R4(config-route-map)# exit

R4(config)# router eigrp myEigrp
R4(config-router)# address-family ipv4 unicast autonomous-system 1
R4(config-router-af)# eigrp stub leak-map SendThisNetwork   ③
```

① prefix-list 명령어를 사용하여 네트워크를 지정한다.

② route-map에서 match 명령어로 프리픽스 리스트를 호출한다.

③ eigrp stub leak-map 명령어를 사용하여 앞서 만든 루트 맵을 지정한다.

그러면 R5에게서 광고받은 1.1.5.0/24 네트워크를 스텁 라우터인 R4가 네이버인 R2에게 광고한다.

예제 5-52 R2의 라우팅 테이블

```
R2# show ip route 1.1.5.0
Routing entry for 1.1.5.0/24
  Known via "eigrp 1", distance 90, metric 154240, type internal
  Redistributing via eigrp 1
  Last update from 1.1.24.4 on FastEthernet0/0.24, 00:13:38 ago
  Routing Descriptor Blocks:
  * 1.1.24.4, from 1.1.24.4, 00:13:38 ago, via FastEthernet0/0.24
      Route metric is 154240, traffic share count is 1
      Total delay is 202 microseconds, minimum bandwidth is 100000 Kbit
      Reliability 255/255, minimum MTU 1500 bytes
      Loading 1/255, Hops 2
```

이상으로 EIGRP 스텁 모드에 대하여 살펴보았다.

EIGRP 경로 태깅

라우팅 프로토콜이 광고하는 경로(네트워크)에 꼬리표(태그, tag)를 달면, 이를 이용하여 특정 네트워크를 차단 또는 허용하는 등의 작업을 하기에 편리하다. 보통 루트 맵(route-map)을 사용하여 이와같은 작업을 한다. 그러나, EIGRP 설정모드에서 별도의 루트 맵을 사용하지 않고 태그를 붙일 수 있다. 예를 들어, R4에 접속된 네트워크를 EIGRP로 광고하면서 '1.1.4.4'라는 태그를 붙이는 방법은 다음과 같다.

예제 5-53 태그 붙이기

```
R4(config)# route-tag notation dotted-decimal   ①

R4(config)# router eigrp myEigrp
R4(config-router)# address-family ipv4 unicast autonomous-system 1
```

```
R4(config-router-af)# eigrp default-route-tag 1.1.4.4   ②
```

① 기본적으로는 태그 값이 32비트 값을 가진 하나의 수로 표시되어 불편하다. 이 명령어를 사용하면 태그 값이 IP 주소의 형식으로 표시된다.

② R4에 접속된 네트워크에 1.1.4.4라는 태그를 붙인다.

설정 후 R4의 설정 파일을 다음과 같다.

예제 5-54 R4의 설정 파일

```
R4# show run | section eigrp
router eigrp myEigrp
 !
 address-family ipv4 unicast autonomous-system 1
  !
  af-interface FastEthernet0/0.24
   summary-address 1.1.50.0 255.255.254.0
  exit-af-interface
  !
  af-interface Serial1/2
   summary-address 1.1.50.0 255.255.254.0
  exit-af-interface
  !
  topology base
  exit-af-topology
  network 1.1.4.4 0.0.0.0
  network 1.1.24.4 0.0.0.0
  network 1.1.34.4 0.0.0.0
  network 1.1.43.4 0.0.0.0
  network 1.1.45.4 0.0.0.0
  eigrp stub connected summary leak-map SendThisNetwork
  eigrp default-route-tag 1.1.4.4
 exit-address-family
```

R1에서 show ip route tag 1.1.4.4 명령어를 사용하면 태그 값이 1.1.4.4인 경로를 모두 보여준다.

예제 5-55 R1의 라우팅 테이블

```
R1(config)# route-tag notation dotted-decimal
R1(config)# end

R1# show ip route tag 1.1.4.4
Routing entry for 1.1.4.0/24
  Known via "eigrp 1", distance 90, metric 154240
  Tag 1.1.4.4, type internal
  Redistributing via eigrp 1
  Last update from 1.1.12.2 on FastEthernet0/0.12, 00:02:22 ago
  Routing Descriptor Blocks:
  * 1.1.12.2, from 1.1.12.2, 00:02:22 ago, via FastEthernet0/0.12
      Route metric is 154240, traffic share count is 1
      Total delay is 202 microseconds, minimum bandwidth is 100000 Kbit
      Reliability 255/255, minimum MTU 1500 bytes
      Loading 1/255, Hops 2
      Route tag 1.1.4.4
Routing entry for 1.1.45.0/24
  Known via "eigrp 1", distance 90, metric 204800
  Tag 1.1.4.4, type internal
  Redistributing via eigrp 1
  Last update from 1.1.12.2 on FastEthernet0/0.12, 00:02:22 ago
  Routing Descriptor Blocks:
  * 1.1.12.2, from 1.1.12.2, 00:02:22 ago, via FastEthernet0/0.12
      Route metric is 204800, traffic share count is 1
      Total delay is 300 microseconds, minimum bandwidth is 100000 Kbit
      Reliability 255/255, minimum MTU 1500 bytes
      Loading 1/255, Hops 2
      Route tag 1.1.4.4
```

라우팅 테이블에서 특정한 네트워크를 직접 지정해도 다음과 같이 해당 경로에 표시된 태그 값을
알 수 있다.

예제 5-56 R1의 라우팅 테이블

```
R1# show ip route 1.1.4.0
Routing entry for 1.1.4.0/24
  Known via "eigrp 1", distance 90, metric 154240
  Tag 1.1.4.4, type internal
```

```
Redistributing via eigrp 1
Last update from 1.1.12.2 on FastEthernet0/0.12, 00:04:10 ago
Routing Descriptor Blocks:
* 1.1.12.2, from 1.1.12.2, 00:04:10 ago, via FastEthernet0/0.12
    Route metric is 154240, traffic share count is 1
    Total delay is 202 microseconds, minimum bandwidth is 100000 Kbit
    Reliability 255/255, minimum MTU 1500 bytes
    Loading 1/255, Hops 2
    Route tag 1.1.4.4
```

이상으로 EIGRP 네임드 모드에서 스텁 라우팅을 설정하는 방법과 태깅하는 방법에 대하여 살펴보았다.

topology 관련 설정

EIGRP 네임드 모드에서 topology 명령어는 다음과 같이 재분배, 부하 분산 등과 관련된 내용을 설정할 수 있다.

예제 5-57 topology 명령어 옵션

```
R1(config-router-af)# topology base
R1(config-router-af-topology)# ?
Address Family Topology configuration commands:
  auto-summary        Enable automatic network number summarization
  default             Set a command to its defaults
  default-information Control distribution of default information
  default-metric      Set metric of redistributed routes
  distance            Define an administrative distance
  distribute-list     Filter entries in eigrp updates
  eigrp               EIGRP specific commands
  exit-af-topology    Exit from Address Family Topology configuration mode
  maximum-paths       Forward packets over multiple paths
  metric              Modify metrics and parameters for advertisement
  no                  Negate a command or set its defaults
  offset-list         Add or subtract offset from EIGRP metrics
  redistribute        Redistribute IPv4 routes from another routing protocol
  snmp                Modify snmp parameters
  summary-metric      Specify summary to apply metric/filtering
  timers              Adjust topology specific timers
```

traffic-share	How to compute traffic share over alternate paths
variance	Control load balancing variance

이제, 자주 사용되는 항목을 설정하고 동작을 확인해 보기로 한다.

topology 관련 설정을 위한 네트워크 추가

테스트를 위하여 다음과 같이 R1, R2 사이에 시리얼 링크를 추가한다. 또, R2에서 Lo1을 만들고
IP 주소 2.2.2.2/24와 2.2.3.2/24를 부여한 다음, EIGRP에서 광고하도록 설정한다.

그림 5-4 topology 관련 설정을 위한 네트워크

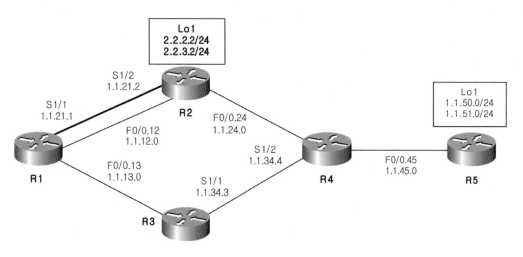

R1에서 다음과 같이 설정한다.

예제 5-58 R1의 설정

```
R1(config)# int s1/1
R1(config-if)# ip address 1.1.21.1 255.255.255.0
R1(config-if)# no shut
R1(config-if)# exit

R1(config)# router eigrp myEigrp
```

```
R1(config-router)# address-family ipv4 unicast autonomous-system 1
R1(config-router-af)# network 1.1.21.1 0.0.0.0
```

R2에서 다음과 같이 설정한다.

예제 5-59 R2의 설정

```
R2(config)# int lo1
R2(config-if)# ip address 2.2.2.2 255.255.255.0
R2(config-if)# ip address 2.2.3.2 255.255.255.0 secondary
R2(config-if)# int s1/2
R2(config-if)# ip address 1.1.21.2 255.255.255.0
R2(config-if)# no shut
R2(config-if)# exit

R2(config)# router eigrp myEigrp
R2(config-router)# address-family ipv4 unicast autonomous-system 1
R2(config-router-af)# network 2.2.2.0 0.0.1.255
R2(config-router-af)# network 1.1.21.2 0.0.0.0
```

설정 후 R1의 라우팅 테이블에 R2에서 추가한 2.2.2.0/24, 2.2.3.0/24 네트워크가 설치되어 있다.

예제 5-60 R1의 라우팅 테이블

```
R1# show ip route eigrp
     (생략)
     1.0.0.0/8 is variably subnetted, 20 subnets, 3 masks
D       1.1.2.0/24 [90/103040] via 1.1.12.2, 00:44:52, FastEthernet0/0.12
D       1.1.3.0/24 [90/103040] via 1.1.13.3, 00:44:52, FastEthernet0/0.13
D       1.1.4.0/24 [90/154240] via 1.1.12.2, 00:44:52, FastEthernet0/0.12
D       1.1.5.0/24 [90/205440] via 1.1.12.2, 00:44:52, FastEthernet0/0.12
D       1.1.24.0/24 [90/153600] via 1.1.12.2, 00:44:52, FastEthernet0/0.12
D       1.1.34.0/24 [90/13607262] via 1.1.13.3, 00:44:52, FastEthernet0/0.13
D       1.1.45.0/24 [90/204800] via 1.1.12.2, 00:44:52, FastEthernet0/0.12
D       1.1.50.0/23 [90/205440] via 1.1.12.2, 00:44:52, FastEthernet0/0.12
     2.0.0.0/24 is subnetted, 2 subnets
D       2.2.2.0 [90/103040] via 1.1.12.2, 00:44:52, FastEthernet0/0.12
D       2.2.3.0 [90/103040] via 1.1.12.2, 00:44:52, FastEthernet0/0.12
```

이상과 같이 R1, R2에서 필요한 인터페이스와 네트워크를 추가하였다.

EIGRP 자동 축약

최근의 IOS에서는 EIGRP 자동 축약이 비활성화 되어 있다. R2에서 자동 축약을 활성화 시키려면
다음과 같이 설정한다.

예제 5-61 자동 축약 활성화

```
R2(config)# router eigrp myEigrp
R2(config-router)# address-family ipv4 unicast autonomous-system 1
R2(config-router-af)# topology base
R2(config-router-af-topology)# auto-summary
```

설정 후 R1의 라우팅 테이블을 확인해 보면 다음과 같이 R2의 2.2.2.0/24, 2.2.3.0/24 네트워크가
자동 축약되어 2.0.0.0/8이 인스톨되어 있다.

예제 5-62 R1의 라우팅 테이블

```
R1# show ip route eigrp
    (생략)
D      2.0.0.0/8 [90/103040] via 1.1.12.2, 00:00:46, FastEthernet0/0.12
```

다음 테스트를 위하여 R2에서 자동 축약 기능을 다시 비활성화 시킨다.

예제 5-63 자동 축약 기능 비활성화

```
R2(config)# router eigrp myEigrp
R2(config-router)# address-family ipv4 unicast autonomous-system 1
R2(config-router-af)# topology base
R2(config-router-af-topology)# no auto-summary
```

자동 축약 기능은 과거 메모리 등 라우터의 자원이 부족할 때 많이 사용되었으나 요즈음은 거의
사용하지 않는다.

경로 재분배

network 명령어 대신 redistribute 명령어를 사용하여 특정 네트워크를 라우팅 프로세스에 포함시키는 것을 재분배(redistibution)라고 한다. 예를 들어, R2에서 Lo1에 설정된 2.2.2.0/24, 2.2.3.0/24 네트워크를 재분배시켜 보자.

예제 5-64 네트워크 재분배

```
R2(config)# router eigrp myEigrp
R2(config-router)# address-family ipv4 unicast autonomous-system 1
R2(config-router-af)# no network 2.2.2.0 0.0.1.255
R2(config-router-af)# topology base
R2(config-router-af-topology)# redistribute connected metric 1000 1 1 1 1500
```

재분배 후 R1의 라우팅 테이블에 EIGRP 외부 네트워크(D EX)가 인스톨된다.

예제 5-65 R1의 라우팅 테이블

```
R1# show ip route eigrp
    (생략)

      2.0.0.0/24 is subnetted, 2 subnets
D EX    2.2.2.0 [170/5176320] via 1.1.12.2, 00:01:15, FastEthernet0/0.12
D EX    2.2.3.0 [170/5176320] via 1.1.12.2, 00:01:15, FastEthernet0/0.12
```

redistribute 명령어 다음에 metric 옵션을 사용하여 재분배되는 네트워크의 초기 메트릭 값을 지정하는 대신 다음과 같이 default-metric 명령어를 사용하여 별도로 초기 메트릭을 지정할 수도 있다.

예제 5-66 기본 메트릭 지정

```
R2(config-router-af-topology)# no redistribute connected metric 1000 1 1 1 1500

R2(config-router-af-topology)# redistribute connected
R2(config-router-af-topology)# default-metric 1000 1 1 1 1500
```

EIGRP로 외부 네트워크를 재분배할 때 직접 접속되어 있는 네트워크(connected)나 정적 경로(static)

는 초기 메트릭을 지정하지 않아도 동작한다.

디스턴스 값 조정하기

network 명령어를 사용하여 라우팅 프로세스에 포함된 네트워크를 내부 네트워크라고 하고, redistribute 명령어를 사용하여 포함시킨 것을 외부 네트워크라고 한다. 내부 EIGRP 네트워크의 디스턴스 값은 90이고, 외부 네트워크는 170이다. R4에서 이 디스턴스 값들을 변경시켜 보자.

예제 5-67 디스턴스 값 변경

```
R4(config)# router eigrp myEigrp
R4(config-router)# address-family ipv4 unicast autonomous-system 1
R4(config-router-af)# topology base
R4(config-router-af-topology)# distance eigrp 100 105
```

distance eigrp 명령어 다음에 내부 네트워크와 외부 네트워크의 디스턴스 값을 차례로 지정한다. 설정 후 R4의 라우팅 테이블을 보면 다음과 같이 디스턴스 값이 변경된다.

예제 5-68 R4의 라우팅 테이블

```
R4# show ip route eigrp
Codes: L - local, C - connected, S - static, R - RIP, M - mobile, B - BGP
       D - EIGRP, EX - EIGRP external, O - OSPF, IA - OSPF inter area
    (생략)
    1.0.0.0/8 is variably subnetted, 19 subnets, 3 masks
D      1.1.1.0/24 [100/154240] via 1.1.24.2, 00:01:33, FastEthernet0/0.24
D      1.1.2.0/24 [100/103040] via 1.1.24.2, 00:01:33, FastEthernet0/0.24
D      1.1.3.0/24 [100/205440] via 1.1.24.2, 00:01:33, FastEthernet0/0.24
D      1.1.5.0/24 [100/103040] via 1.1.45.5, 00:01:32, FastEthernet0/0.45
D      1.1.10.0/23 [100/154240] via 1.1.24.2, 00:01:33, FastEthernet0/0.24
D      1.1.12.0/24 [100/153600] via 1.1.24.2, 00:01:33, FastEthernet0/0.24
D      1.1.13.0/24 [100/204800] via 1.1.24.2, 00:01:33, FastEthernet0/0.24
D      1.1.21.0/24 [100/13607262] via 1.1.24.2, 00:01:33, FastEthernet0/0.24
D      1.1.50.0/23 is a summary, 00:01:34, Null0
D      1.1.50.0/24 [100/103040] via 1.1.45.5, 00:01:34, FastEthernet0/0.45
D      1.1.51.0/24 [100/103040] via 1.1.45.5, 00:01:34, FastEthernet0/0.45
```

```
         2.0.0.0/24 is subnetted, 2 subnets
D EX     2.2.2.0 [105/103040] via 1.1.24.2, 00:01:33, FastEthernet0/0.24
D EX     2.2.3.0 [105/103040] via 1.1.24.2, 00:01:33, FastEthernet0/0.24
```

특정 라우터에게서 광고받은 특정 네트워크의 디스턴스 값을 변경하는 방법은 다음과 같다.

예제 5-69 디스턴스 값 변경

```
R4(config)# ip access-list standard R5-LOOPBACK0   ①
R4(config-std-nacl)# permit 1.1.5.0 0.0.0.255
R4(config-std-nacl)# exit

R4(config)# router eigrp myEigrp
R4(config-router)# address-family ipv4 unicast autonomous-system 1
R4(config-router-af)# topology base
                                      ②        ③       ④           ⑤
R4(config-router-af-topology)# distance 70 1.1.45.5 0.0.0.0 R5-LOOPBACK0
```

① 디스턴스 값을 조정하려는 특정 네트워크를 액세스 리스트로 지정한다.

② distance 명령어 다음에 디스턴스 값을 지정한다.

③ 네트워크 광고의 출발지 주소를 지정한다.

④ 와일드 카드를 지정한다. 만약, EIGRP 광고의 출발지 주소가 1.1.45.0/24인 라우터를 모두 지정하려면 1.1.45.0 0.0.0.255로 하면 된다.

⑤ 앞서 만든 액세스 리스트를 지정한다.

설정 후 R4의 라우팅 테이블을 보면 1.1.45.5에게서 광고받은 1.1.5.0/24 네트워크의 EIGRP 내부 네트워크 디스턴스가 다음과 같이 70으로 변경된다.

예제 5-70 R4의 라우팅 테이블

```
R4# show ip route eigrp
    (생략)
    1.0.0.0/8 is variably subnetted, 19 subnets, 3 masks
D      1.1.1.0/24 [100/154240] via 1.1.24.2, 00:01:33, FastEthernet0/0.24
D      1.1.2.0/24 [100/103040] via 1.1.24.2, 00:01:33, FastEthernet0/0.24
D      1.1.3.0/24 [100/205440] via 1.1.24.2, 00:01:33, FastEthernet0/0.24
D      1.1.5.0/24 [70/103040] via 1.1.45.5, 00:01:33, FastEthernet0/0.45
```

디스턴스 값은 설정한 라우터에서만 적용된다. 즉, 다른 라우터로 변경된 디스턴스 값을 광고하지 않는다.

네트워크 광고 차단

특정 네트워크에 대한 광고를 차단하려면 distribute-list 명령어를 사용한다. 현재 R3의 라우팅 테이블에는 R1(1.1.13.1)에게서 광고받은 1.1.4.0/24 네트워크가 인스톨되어 있다.

예제 5-71 R3의 라우팅 테이블

```
R3# show ip route 1.1.4.0
Routing entry for 1.1.4.0/24
  Known via "eigrp 1", distance 90, metric 205440
  Tag 1.1.4.4, type internal
  Redistributing via eigrp 1
  Last update from 1.1.13.1 on FastEthernet0/0.13, 01:03:01 ago
  Routing Descriptor Blocks:
  * 1.1.13.1, from 1.1.13.1, 01:03:01 ago, via FastEthernet0/0.13
      Route metric is 205440, traffic share count is 1
      Total delay is 302 microseconds, minimum bandwidth is 100000 Kbit
      Reliability 255/255, minimum MTU 1500 bytes
      Loading 1/255, Hops 3
      Route tag 1.1.4.4
```

R3이 R1에게서 수신하는 EIGRP 네트워크중에서 1.1.4.0/24를 차단해 보자.

예제 5-72 EIGRP 네트워크 차단

```
R3(config)# ip prefix-list R4-LOOPBACK deny 1.1.4.0/24   ①
R3(config)# ip prefix-list R4-LOOPBACK permit 0.0.0.0/0 le 32   ②

R3(config)# router eigrp myEigrp
R3(config-router)# address-family ipv4 unicast autonomous-system 1
R3(config-router-af)# topology base
R3(config-router-af-topology)# distribute-list prefix R4-LOOPBACK in f0/0.13   ③
```

① 1.1.4.0/24 네트워크를 차단하는 프리픽스 리스트를 만든다.

② 나머지 네트워크는 모두 허용한다.

③ 앞서 만든 프리픽스 리스트를 적용한다.

distribute-list 명령어 다음에 프리픽스 리스트 뿐만 아니라 액세스 리스트, 루트 맵 등을 사용하여 특정 네트워크를 차단할 수도 있다.

예제 5-73 distribute-list 명령어 옵션

```
R3(config)# router eigrp myEigrp
R3(config-router)# address-family ipv4 unicast autonomous-system 1
R3(config-router-af)# topology base
R3(config-router-af-topology)# distribute-list ?
  <1-199>       IP access list number
  <1300-2699>   IP expanded access list number
  WORD          Access-list name
  gateway       Filtering incoming address updates based on gateway
  prefix        Filter prefixes in address updates
  route-map     Filter prefixes based on the route-map
```

설정 후 R3의 라우팅 테이블을 확인해 보면 다음과 같이 R1(1.1.13.1)에서 광고하는 1.1.4.0/24 네트워크가 차단되고 대신 R4(1.1.34.4)가 광고하는 것이 인스톨된다.

예제 5-74 R3의 라우팅 테이블

```
R3# show ip route 1.1.4.0
Routing entry for 1.1.4.0/24
```

```
Known via "eigrp 1", distance 90, metric 13556702
Tag 1.1.4.4, type internal
Redistributing via eigrp 1
Last update from 1.1.34.4 on Serial1/1, 00:00:15 ago
Routing Descriptor Blocks:
* 1.1.34.4, from 1.1.34.4, 00:00:15 ago, via Serial1/1
    Route metric is 13556702, traffic share count is 1
    Total delay is 20002 microseconds, minimum bandwidth is 1544 Kbit
    Reliability 255/255, minimum MTU 1500 bytes
    Loading 1/255, Hops 1
    Route tag 1.1.4.4
```

이상으로 EIGRP 네트워크 광고를 차단하는 방법에 대하여 살펴보았다.

EIGRP의 부하 분산

이번에는 EIGRP가 트래픽의 부하를 분산하는 방법에 대하여 살펴보자. R1, R2는 2개의 링크로 연결되어 있지만 F0/0.12가 속도가 빠르고 지연도 적어서 라우팅 테이블에 F0/0.12 인터페이스를 통하는 경로만 인스톨된다.

그림 5-5 EIGRP의 부하 분산을 위한 네트워크

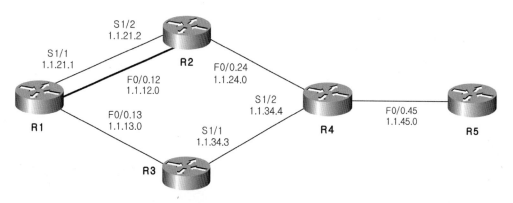

현재, R1에서 R2 방향의 1.1.2.0/24 등의 네트워크는 모두 F0/0.12를 통하여 라우팅된다.

예제 5-75 R1의 라우팅 테이블

```
R1# show ip route eigrp
   (생략)
      1.0.0.0/8 is variably subnetted, 20 subnets, 3 masks
D        1.1.2.0/24 [90/103040] via 1.1.12.2, 00:00:10, FastEthernet0/0.12
D        1.1.3.0/24 [90/103040] via 1.1.13.3, 00:00:10, FastEthernet0/0.13
D        1.1.4.0/24 [90/154240] via 1.1.12.2, 00:00:10, FastEthernet0/0.12
D        1.1.5.0/24 [90/205440] via 1.1.12.2, 00:00:10, FastEthernet0/0.12
D        1.1.24.0/24 [90/153600] via 1.1.12.2, 00:00:10, FastEthernet0/0.12
D        1.1.34.0/24 [90/13607262] via 1.1.13.3, 00:00:10, FastEthernet0/0.13
D        1.1.45.0/24 [90/204800] via 1.1.12.2, 00:00:10, FastEthernet0/0.12
D        1.1.50.0/23 [90/205440] via 1.1.12.2, 00:00:10, FastEthernet0/0.12
      2.0.0.0/24 is subnetted, 2 subnets
D EX     2.2.2.0 [170/103040] via 1.1.12.2, 00:00:10, FastEthernet0/0.12
D EX     2.2.3.0 [170/103040] via 1.1.12.2, 00:00:10, FastEthernet0/0.12
```

다음과 같이 variance 값을 조정해 보자.

예제 5-76 variance 값 조정

```
R1(config)# router eigrp myEigrp
R1(config-router)# address-family ipv4 unicast autonomous-system 1
R1(config-router-af)# topology base
R1(config-router-af-topology)# variance 128
```

variance 128의 의미는 경로 중에서 메트릭 값이 최적 메트릭 * 128 이내이면 해당 경로를 라우팅 테이블에 인스톨시키라는 뜻이다. 이제, R1의 라우팅 테이블을 보면 R2 방향 경로들의 부하가 분산되고 있다.

예제 5-77 R1의 라우팅 테이블

```
R1# show ip route eigrp
   (생략)
      1.0.0.0/8 is variably subnetted, 20 subnets, 3 masks
D        1.1.2.0/24 [90/103040] via 1.1.12.2, 00:00:57, FastEthernet0/0.12
D        1.1.3.0/24 [90/103040] via 1.1.13.3, 00:00:57, FastEthernet0/0.13
```

```
D          1.1.4.0/24 [90/13607902] via 1.1.21.2, 00:00:57, Serial1/1
                      [90/154240] via 1.1.12.2, 00:00:57, FastEthernet0/0.12
D          1.1.5.0/24 [90/13659102] via 1.1.21.2, 00:00:57, Serial1/1
                      [90/205440] via 1.1.12.2, 00:00:57, FastEthernet0/0.12
D          1.1.24.0/24 [90/13607262] via 1.1.21.2, 00:00:57, Serial1/1
                       [90/153600] via 1.1.12.2, 00:00:57, FastEthernet0/0.12
D          1.1.34.0/24 [90/13607262] via 1.1.13.3, 00:00:57, FastEthernet0/0.13
D          1.1.45.0/24 [90/13658462] via 1.1.21.2, 00:00:57, Serial1/1
                       [90/204800] via 1.1.12.2, 00:00:57, FastEthernet0/0.12
D          1.1.50.0/23 [90/13659102] via 1.1.21.2, 00:00:57, Serial1/1
                       [90/205440] via 1.1.12.2, 00:00:57, FastEthernet0/0.12
```

topology base 설정 모드 내부에서 다음과 같이 maximum-paths 명령어를 사용하여 최대 32개까지의 경로를 로드 밸런싱시킬 수 있다.

예제 5-78 maximum-paths 명령어 옵션

```
R1(config-router-af)# topology base
R1(config-router-af-topology)# maximum-paths ?
  <1-32>   Number of paths
```

또, 다음과 같이 offset-list 명령어를 사용하여 수신 또는 송신 네트워크의 메트릭 값을 0에서 2,147,483,647까지 증가시킬 수 있다.

예제 5-79 offset-list 명령어 옵션

```
R1(config-router-af)# topology base
R1(config-router-af-topology)# offset-list ?
  <0-99>          Access list of networks to apply offset (0 selects all networks)
  <1300-1999>     Access list of networks to apply offset (extended range)
  WORD            Access-list name
```

다음과 같이 timers active-time 명령어를 이용하여 SIA(Stuck In Active) 타이머를 조정할 수 있다.

예제 5-80 timers active-time 명령어 옵션

```
R1(config-router-af-topology)# timers active-time ?
 <1-65535>   active state time limit in minutes
 disabled    disable time limit for active state
```

이상으로 EIGRP 네임드 모드에 대하여 살펴보았다.

제6장

OSPF

OSPF(Open Shortest Path First)는 링크 상태 라우팅 프로토콜이다. 현재 사용되고 있는 OSPF는 버전 2이며 RFC 2328에 규정되어 있다. OSPF는 IP 패킷에서 프로토콜 번호 89번을 사용하여 라우팅 정보를 전송하며, 안정되고 다양한 기능으로 인하여 가장 많이 사용되는 IGP이다. OSPF의 장점은 다음과 같다.

대규모의 안정된 네트워크를 운영할 수 있다. OSPF는 네트워크가 에어리어(area) 단위로 구성하기 때문에 특정 에어리어에서 발생하는 상세한 라우팅 정보가 다른 에어리어로는 전송되지 않아 큰 규모의 네트워크에서도 안정된 운영을 할 수 있다. 또, 스텁(stub) 에어리어라는 강력한 축약 기능이 있어 연속되지 않은 IP 주소를 사용하는 네트워크라도 라우팅 테이블의 크기를 획기적으로 감소시킬 수 있다.

EIGRP와 달리 OSPF는 표준 라우팅 프로토콜이다. 따라서, 대부분의 라우터에서 OSPF가 지원되어, 융통성있는 네트워크 설계 및 라우터 선택이 가능해진다. OSPF의 단점은 다음과 같다.

라우팅 정보 계산 및 유지를 위해 네트워크 자원이 많이 소요된다. 요즈음은 대부분의 장비들이 성능이 좋아 별 문제가 없지만 불안정한 네트워크에서는 OSPF는 라우팅 정보 유지 및 계산을 위하여 라우터의 CPU, DRAM 등과 같은 자원을 비교적 많이 사용한다.

OSPF가 라우팅 테이블을 만들고 유지하는 과정은 개략적으로 다음과 같다.

1) OSPF가 설정된 라우터 간에 헬로 패킷을 주고 받아 네이버(neighbor) 및 어드제이션트 네이버 (adjancent neighbor) 관계를 구성한다. 다른 라우팅 프로토콜들과는 달리 OSPF는 모든 네이버간에 라우팅 정보를 교환하는 것은 아니다. 라우팅 정보를 교환하는 네이버를 어드제이션트 네이버라고 한다.

2) 어드제이션트 네이버끼리 라우팅 정보를 교환한다. OSPF에서는 라우팅 정보를 LSA(Link State Advertisement)라고 한다. 각 라우터들은 전송받은 LSA를 링크 상태 데이터베이스에 저장한다.

3) LSA 교환이 끝나면 이를 근거로 SPF(Shortest Path First) 또는 다이크스트라(Dijkstra)라는 알고리듬을 이용하여 각 목적지까지의 최적 경로를 계산하고 이를 라우팅 테이블에 저장한다.

4) 이후 주기적으로 헬로 패킷을 전송하여 각 라우터가 정상적으로 동작하고 있음을 인접 라우터에게 알린다.

5) 만약 네트워크의 상태가 변하면 위의 과정을 반복하여 다시 라우팅 테이블을 만든다.

기본적인 OSPF 설정

이번 절에서는 기본적인 OSPF를 설정하고 OSPF가 동작하는 방식을 살펴보기로 한다.

기본 네트워크 구성

OSPF의 설정 및 동작을 확인하기 위하여 다음 그림과 같은 네트워크를 구성한다.

그림 6-1 OSPF 구성을 위한 기본 네트워크

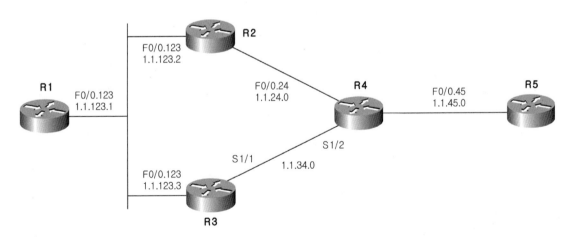

각 라우터의 인터페이스에 IP 주소는 1.1.Y.X/24를 부여한다. Y는 그림에 표시된 서브넷 번호이고, X는 라우터 번호이다. 또, 모든 라우터에 Loopback 0 인터페이스를 만들고, IP 주소 1.1.X.X/24를 부여한다. 예를 들어, R1의 Loopback 0 인터페이스에 부여하는 IP 주소는 1.1.1.1/24이다. 이를 위하여 다음과 같이 스위치에서 VLAN을 만들고, 트렁킹을 설정한다.

예제 6-1 스위치 설정

```
SW1(config)# vlan 123,24,34,45
SW1(config-vlan)# exit

SW1(config)# int range f1/1 - 5
SW1(config-if-range)# switchport trunk encap dot1q
SW1(config-if-range)# switchport mode trunk
```

각 라우터에서 인터페이스를 설정하고 IP 주소를 부여한다.

R1의 설정은 다음과 같다.

예제 6-2 R1의 인터페이스 설정 및 IP 주소 부여

```
R1(config)# int lo0
R1(config-if)# ip add 1.1.1.1 255.255.255.0

R1(config-if)# int f0/0
R1(config-if)# no shut

R1(config-if)# int f0/0.123
R1(config-subif)# encap dot 123
R1(config-subif)# ip add 1.1.123.1 255.255.255.0
```

R2의 설정은 다음과 같다.

예제 6-3 R2의 인터페이스 설정 및 IP 주소 부여

```
R2(config)# int lo0
R2(config-if)# ip address 1.1.2.2 255.255.255.0

R2(config-if)# int f0/0
R2(config-if)# no shut

R2(config-if)# int f0/0.123
R2(config-subif)# encap dot 123
R2(config-subif)# ip address 1.1.123.2 255.255.255.0
```

```
R2(config-subif)# int f0/0.24
R2(config-subif)# encap dot 24
R2(config-subif)# ip address 1.1.24.2 255.255.255.0
```

R3의 설정은 다음과 같다.

예제 6-4 R3의 인터페이스 설정 및 IP 주소 부여

```
R3(config)# int lo0
R3(config-if)# ip address 1.1.3.3 255.255.255.0

R3(config-if)# int f0/0
R3(config-if)# no shut

R3(config-if)# int f0/0.123
R3(config-subif)# encap dot 123
R3(config-subif)# ip address 1.1.123.3 255.255.255.0

R3(config-subif)# int s1/1
R3(config-if)# ip address 1.1.34.3 255.255.255.0
R3(config-if)# no shut
```

R4의 설정은 다음과 같다.

예제 6-5 R4의 인터페이스 설정 및 IP 주소 부여

```
R4(config)# int lo0
R4(config-if)# ip address 1.1.4.4 255.255.255.0

R4(config-if)# int f0/0
R4(config-if)# no shut

R4(config-if)# int f0/0.24
R4(config-subif)# encap dot 24
R4(config-subif)# ip address 1.1.24.4 255.255.255.0

R4(config-subif)# int f0/0.45
R4(config-subif)# encap dot 45
```

```
R4(config-subif)# ip address 1.1.45.4 255.255.255.0

R4(config-subif)# int s1/2
R4(config-if)# ip address 1.1.34.4 255.255.255.0
R4(config-if)# no shut
```

R5의 설정은 다음과 같다.

예제 6-6 R5의 인터페이스 설정 및 IP 주소 부여

```
R5(config)# int lo0
R5(config-if)# ip address 1.1.5.5 255.255.255.0

R5(config-if)# int f0/0
R5(config-if)# no shut

R5(config-if)# int f0/0.45
R5(config-subif)# encap dot 45
R5(config-subif)# ip address 1.1.45.5 255.255.255.0
```

인터페이스 설정이 끝나면 각 라우터에서 인접한 IP 주소까지의 통신을 핑으로 확인한다. 예를 들어, R1에서 다음과 같이 확인한다.

예제 6-7 R1에서의 핑 확인

```
R1# ping 1.1.123.2
Type escape sequence to abort.
Sending 5, 100-byte ICMP Echos to 1.1.123.2, timeout is 2 seconds:
.!!!!
Success rate is 80 percent (4/5), round-trip min/avg/max = 4/18/32 ms
R1# ping 1.1.123.3
Type escape sequence to abort.
Sending 5, 100-byte ICMP Echos to 1.1.123.3, timeout is 2 seconds:
.!!!!
Success rate is 80 percent (4/5), round-trip min/avg/max = 16/25/36 ms
```

이제, 기본적인 토폴로지가 완성되었다.

기본적인 OSPF 설정

넥스트 홉 IP 주소까지 이상없이 핑이 성공하면 각 라우터에서 기본적인 OSPF를 설정한다. OSPF는 네트워크를 에어리어(area)로 구분한다. 각 라우터의 인터페이스는 하나의 에어리어에 소속된다. 다음 그림과 같이 에어리어를 구분하기로 하고, R2, R3, R4의 루프백 0은 에어리어 0에 포함시키기로 한다.

그림 6-2 기본적인 OSPF 네트워크

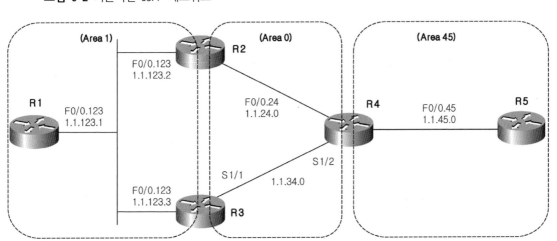

각 라우터에서 다음과 같이 OSPF를 설정한다.

예제 6-8 OSPF 설정

```
R1(config)# router ospf 1   ①
R1(config-router)# router-id 1.1.1.1   ②
R1(config-router)# network 1.1.1.1 0.0.0.0 area 1   ③
R1(config-router)# network 1.1.123.1 0.0.0.0 area 1

R2(config)# router ospf 1
R2(config-router)# router-id 1.1.2.2
R2(config-router)# network 1.1.2.2 0.0.0.0 area 0
R2(config-router)# network 1.1.123.2 0.0.0.0 area 1
R2(config-router)# network 1.1.24.2 0.0.0.0 area 0
```

```
R3(config)# router ospf 1
R3(config-router)# router-id 1.1.3.3
R3(config-router)# network 1.1.3.3 0.0.0.0 area 0
R3(config-router)# network 1.1.123.3 0.0.0.0 area 1
R3(config-router)# network 1.1.34.3 0.0.0.0 area 0

R4(config)# router ospf 1
R4(config-router)# router-id 1.1.4.4
R4(config-router)# network 1.1.4.4 0.0.0.0 area 0
R4(config-router)# network 1.1.24.4 0.0.0.0 area 0
R4(config-router)# network 1.1.34.4 0.0.0.0 area 0
R4(config-router)# network 1.1.45.4 0.0.0.0 area 45

R5(config)# router ospf 1
R5(config-router)# router-id 1.1.5.5
R5(config-router)# network 1.1.5.5 0.0.0.0 area 45
R5(config-router)# network 1.1.45.5 0.0.0.0 area 45
```

① router ospf 명령어를 사용하여 OSPF 설정 모드로 들어간다. 이 때 사용하는 수를 프로세스 (process) ID라고 하며, 1에서 65535사이의 적당한 값을 지정하면 된다. 프로세스 ID는 동일한 라우터에서 다수개의 OSPF 프로세스를 동작시킬 때 상호 구분하기 위한 목적으로 사용한다. 일반적 으로는 하나의 라우터에서 하나의 프로세스만 사용한다. 프로세스 ID는 라우터별로 다른 값을 가져도 상관없다.

② 라우터 ID를 지정한다. OSPF와 같은 링크 상태 라우팅 프로토콜은 라우팅 정보 전송시 목적지 네트워크, 메트릭 값과 더불어 해당 라우팅 정보를 만든 라우터, 해당 라우팅 정보를 전송하는 라우터, 인접한 라우터 등의 정보도 동시에 광고한다. 이를 바탕으로 각 라우터들은 동일 에어리어의 구성도를 그리고, 다른 에어리어나 외부 네트워크가 어느 라우터와 연결되는 지를 파악한다. 이 때 각 라우터를 구분하는 것이 라우터 ID이다. 따라서, OSPF에서는 변동되지 않는 IP 주소를 라우터 ID로 사용하는 것이 중요하다.

특별히 지정하지 않아도 자동으로 라우터 ID가 결정되지만, 라우터 ID를 직접 지정하는 것이 안전하다. 라우터 ID로 사용하는 네트워크는 OSPF에 포함시키지 않아도 되고, 동일한 라우터에서 다른 라우팅 프로토콜에 포함된 IP 주소를 사용해도 된다.

뿐만 아니라, 현재의 라우터에 설정되어 있지 않은 IP 주소를 라우터 ID로 사용해도 된다. 예를 들어,

R2에서 OSPF 라우터 ID를 인터페이스에 부여되어 있지 않은 2.2.2.2를 사용해도 된다. 다만, 모든 라우터에서 다른 라우터와 중복되지 않은 유일한 값을 사용해야 한다.

직접 라우터 ID를 지정하지 않으면 OSPF가 설정될 당시 동작중인 인터페이스의 IP 주소중에서 자동으로 선택한다. 만약 루프백 인터페이스에 IP 주소가 설정되어 있으면 그 중에서 가장 높은 것이 라우터 ID가 된다. 루프백 인터페이스가 없으면, 동작중인 물리적인 인터페이스중 가장 높은 IP 주소가 라우터 ID가 된다. OSPF를 설정할 당시 IP 주소가 설정된 인터페이스가 없으면 다음과 같은 에러 메시지가 출력된다.

예제 6-9 OSPF 설정시 IP 주소가 설정된 인터페이스가 있어야 한다

```
R1(config)# router ospf 1
05:09:45: %OSPF-4-NORTRID: OSPF process 1 cannot start. There must be at least
one "up" IP interface, for OSPF to use as router ID
```

OSPF 라우터 ID는 한 번 결정되면 라우터를 재부팅하거나 **clear ip ospf process** 명령어를 사용하여 OSPF를 리셋하기 전에는 변경되지 않는다.

③ **network** 명령어와 함께 OSPF에 포함시킬 인터페이스의 IP 주소, 와일드 카드 및 에어리어를 지정한다. OSPF 설정시 네트워크와 와일드카드(wild card)의 역할은 OSPF 프로세스에 포함시키고자 하는 인터페이스를 지정하는 것이다. R1에서는 OSPF에 포함시킬 인터페이스가 F0/0.123(1.1.123.1/24)와 Loopback 0(1.1.1.1/24)이다. 따라서, 이 인터페이스들에 설정된 주소가 포함될 수 있도록 네트워크 주소와 와일드 카드를 지정하면 된다. 다음중 어느 방법을 사용해도 된다.

예제 6-10 OSPF 네트워크 지정시 와일드 카드 사용방법

```
network 1.1.123.1 0.0.0.0 area 0
network 1.1.1.1 0.0.0.0 area 0
        (또는)
network 1.1.123.0 0.0.0.255 area 0
network 1.1.1.0 0.0.0.255 area 0
```

```
        (또는)
network 1.1.0.0  0.0.255.255  area  0
        (또는)
network 1.0.0.0  0.255.255.255  area  0
        (또는)
network 0.0.0.0  255.255.255.255  area  0
```

OSPF 에어리어 번호는 32 비트이며, 앞의 예처럼 10진수를 사용해도 되고, IP 주소 형식으로 표시해도 된다. 따라서, area 0이나 area 0.0.0.0은 같은 의미이다. 전체 OSPF 네트워크에서 에어리어를 하나만 사용하면 에어리어 번호로 어떤 것을 사용해도 상관없다. 그러나, 에어리어가 2개 이상 있을 때는 그 중 하나는 반드시 백본 에어리어가 되어야 하고, 백본 에어리어는 항상 에어리어 번호가 0(또는 0.0.0.0)이어야 한다.

동일한 방법으로 모든 라우터에 OSPF를 설정한다.

설정이 끝난 후 1분 정도 기다렸다가, 각 라우터에서 라우팅 테이블을 확인해보면 모든 네트워크가 보인다. 예를 들어, R1의 라우팅 테이블은 다음과 같다.

예제 6-11 R1의 라우팅 테이블

```
R1# show ip route ospf
Codes: L - local, C - connected, S - static, R - RIP, M - mobile, B - BGP
       D - EIGRP, EX - EIGRP external, O - OSPF, IA - OSPF inter area
       N1 - OSPF NSSA external type 1, N2 - OSPF NSSA external type 2
       E1 - OSPF external type 1, E2 - OSPF external type 2
       i - IS-IS, su - IS-IS summary, L1 - IS-IS level-1, L2 - IS-IS level-2
       ia - IS-IS inter area, * - candidate default, U - per-user static route
       o - ODR, P - periodic downloaded static route, H - NHRP, I - LISP
       + - replicated route, % - next hop override

Gateway of last resort is not set

      1.0.0.0/8 is variably subnetted, 11 subnets, 2 masks
O IA     1.1.2.2/32 [110/2] via 1.1.123.2, 00:07:05, FastEthernet0/0.123
O IA     1.1.3.3/32 [110/2] via 1.1.123.3, 00:07:10, FastEthernet0/0.123
O IA     1.1.4.4/32 [110/66] via 1.1.123.3, 00:07:10, FastEthernet0/0.123
O IA     1.1.5.5/32 [110/67] via 1.1.123.3, 00:05:59, FastEthernet0/0.123
```

```
O IA      1.1.24.0/24 [110/2] via 1.1.123.2, 00:07:05, FastEthernet0/0.123
O IA      1.1.34.0/24 [110/65] via 1.1.123.3, 00:07:10, FastEthernet0/0.123
O IA      1.1.45.0/24 [110/66] via 1.1.123.3, 00:07:05, FastEthernet0/0.123
```

OSPF를 통하여 전송받은 네트워크 앞에는 'O'라는 기호가 표시되어 있다. 또, 루프백 인터페이스에 설정된 네트워크의 서브넷 마스크는 32 비트로 표시된다. 이를 원래의 서브넷 마스크 값으로 광고하게 하려면 다음과 같이 인터페이스 설정 모드에서 ip ospf network point-to-point 명령어를 사용한다.

예제 6-12 ip ospf network point-to-point 명령어 설정하기

```
R1(config)# int lo0
R1(config-if)# ip ospf network point-to-point

R2(config)# int lo0
R2(config-if)# ip ospf network point-to-point

R3(config)# int lo0
R3(config-if)# ip ospf network point-to-point

R4(config)# int lo0
R4(config-if)# ip ospf network point-to-point

R5(config)# int lo0
R5(config-if)# ip ospf network point-to-point
```

설정 후 R1의 라우팅 테이블을 확인해 보면 다음과 같이 다른 라우터의 루프백에 설정된 네트워크가 원래의 서브넷을 가지고 있다.

예제 6-13 R1의 라우팅 테이블

```
R1# show ip route ospf
     (생략)



     1.0.0.0/8 is variably subnetted, 11 subnets, 2 masks
O IA      1.1.2.0/24 [110/2] via 1.1.123.2, 00:02:32, FastEthernet0/0.123
O IA      1.1.3.0/24 [110/2] via 1.1.123.3, 00:02:26, FastEthernet0/0.123
```

```
O IA    1.1.4.0/24 [110/66] via 1.1.123.3, 00:02:16, FastEthernet0/0.123
O IA    1.1.5.0/24 [110/67] via 1.1.123.3, 00:02:06, FastEthernet0/0.123
O IA    1.1.24.0/24 [110/2] via 1.1.123.2, 00:11:53, FastEthernet0/0.123
O IA    1.1.34.0/24 [110/65] via 1.1.123.3, 00:11:58, FastEthernet0/0.123
O IA    1.1.45.0/24 [110/66] via 1.1.123.3, 00:11:53, FastEthernet0/0.123
```

이제, OSPF를 통하여 전송받은 네트워크와 정상적인 통신이 이루어지는지 핑으로 확인한다. 예를 들어, R1에서는 다음과 같이 확인한다.

예제 6-14 원격 네트워크와의 통신 확인하기

```
R1# ping 1.1.2.2
R1# ping 1.1.3.3
R1# ping 1.1.4.4
R1# ping 1.1.5.5
```

핑이 모두 성공하면 기본적인 OSPF 설정이 끝났다.

OSPF 패킷

OSPF가 동작하는데 사용되는 패킷은 다음 표와 같이 헬로, DDP, LSR, LSU, LS ACK 5가지가 있다.

표 6-1 OSPF 패킷

패킷 타입	패킷 이름	역할
1	hello	네이버 구성 및 유지
2	Database Description	데이터베이스 내용 요약
3	Link State Request	데이터베이스 상세내용 요청
4	Link State Update	데이터베이스 업데이트
5	Link State Ack	ACK 전송

각각의 내용과 역할을 좀 더 자세히 살펴보자.

헬로(hello) 패킷

OSPF 네이버를 형성하고 유지하는데 사용되는 패킷이다. OSPF가 설정된 인터페이스를 통하여 헬로 패킷을 송·수신하여 인접 라우터와 네이버 관계를 형성한다. 또, 네이버 라우터에게서 일정 기간 동안 헬로 패킷을 수신하지 못하면 해당 네이버가 다운된 것으로 간주하여 네이버 관계를 해제한다. 헬로 패킷내에는 라우터 ID, 에어리어 ID, 암호(설정된 경우만), 서브넷 마스크, 헬로 주기, 스텁 에어리어 표시(stub area flag), 라우터 우선 순위, 데드 주기(dead interval), DR(Designated Router), BDR(Backup DR), 네이버 리스트 정보가 들어 있다. 이 중에서 에어리어 ID, 암호, 서브넷 마스크, 헬로/데드 주기, 스텁 에어리어 표시가 반드시 같아야만 OSPF 네이버가 될 수 있다. 헬로 패킷의 내용을 간단히 살펴보면 다음과 같다.

● 라우터 ID

OSPF 도메인내에서 유일한 값을 가지며, OSPF 라우터를 구분하는데 사용된다.

● 에어리어 ID

OSPF가 설정된 인터페이스가 소속된 OSPF 에어리어 번호를 표시한다.

● 암호

OSPF 라우팅 정보를 송·수신하면서 인증(authentication)을 하는 경우에 사용되는 암호이다. 한 라우터가 인증을 하면 네이버도 반드시 같은 인증 방식과 암호로 인증해야 한다.

● 서브넷 마스크

인터페이스의 서브넷 마스크를 표시한다.

● 헬로 주기

헬로 패킷을 송신하는 주기를 표시한다. 기본 값은 브로드캐스트 네트워크와 포인트 투 포인트 네트워크에서는 10초이고, 논브로드캐스트 네트워크에서는 30초이다.

● 스텁 에어리어 플래그(flag)

스텁(stub) 에어리어임을 표시하는 필드이다. 자세한 것은 나중에 설명한다.

- 라우터 우선순위

멀티 엑세스 네트워크에서 DR, BDR 선출시 사용되는 우선 순위(priority)를 표시하는 필드이다.

- 데드 주기

이 기간동안 헬로 패킷을 수신하지 못하면 해당 네이버가 다운된 것으로 간주하는 시간이다(dead interval). 기본 값은 헬로 주기의 4배로 브로드캐스트 네트워크와 포인트 투 포인트 네트워크에서는 40초, 논브로드캐스트 네트워크에서는 120초이다.

- DR

멀티 액세스 네트워크에서 OSPF 라우팅 정보 송·수신의 중심 라우터인 DR(Designated Router)의 라우터 ID가 표시된다.

- BDR

DR 다운시 DR 역할을 이어받을 BDR(Backup DR)의 라우터 ID이다.

- 네이버 리스트

헬로 패킷을 송신한 라우터가 네이버(neighbor)라고 여기는 라우터의 라우터 ID들이 표시된다.

DDP

OSPF의 네트워크 정보를 LSA(Link State Advertisement)라고 부른다. OSPF는 자신이 만든 LSA 및 네이버에게서 수신한 LSA를 모두 링크 상태 데이터베이스(link state database)라고 하는 곳에 저장한다. DDP(Database Description Packet)는 OSPF 라우터의 링크 상태 데이터베이스에 있는 LSA들을 요약한 정보를 알려주는 패킷이다. OSPF 네이버 라우터 간에 LSA들을 교환하기 전에 자신의 링크 상태 데이터베이스에 있는 LSA 목록을 상대 라우터에게 알려주기 위해서 사용한다. DDP를 DBD 패킷이라고도 한다.

LSR

LSR(Link State Request) 패킷은 상대 라우터가 보낸 DDP를 보고, 자신에게 없는 네트워크 정보(LSA)가 있으면, 상세한 내용(LSA)을 요청할 때 사용하는 패킷이다.

LSU

LSU(Link State Update)는 상대 라우터에게서 LSR을 받거나 네트워크 상태가 변했을 경우 해당 라우팅 정보를 전송할 때 사용하는 패킷이다. 즉, LSU는 LSA를 실어나를 때 사용하는 패킷이다.

LS ACK

LS ACK(Link State Acknowledgment) 패킷은 OSPF 패킷을 정상적으로 수신했음을 알려줄 때 사용한다. OSPF는 DDP, LSR 및 LSU 패킷을 수신하면 반드시 LS ACK 패킷을 사용하여 상대에게 패킷을 정상적으로 수신했음을 알려야 한다.

OSPF 동작 방식

앞서 설명한 다섯 종류의 패킷을 이용하여 OSPF가 동작하는 방식에 대해서 알아보자.

OSPF 네이버

OSPF는 헬로 패킷을 이용하여 인접한 라우터와 먼저 네이버(neighbor) 관계를 구성한다. 다음 그림에서 R1은 F0/0.123 인터페이스를 통하여 R2, R3과 네이버가 된다. 또, R2도 F0/0.123을 통하여 R1, R3과 네이버가 되며, 동시에 F0/0.24를 통하여 R4와 네이버 관계를 구성한다.

OSPF는 물리적으로 직접 연결되는 라우터 중에서 헬로 패킷을 수신하고, 헬로 패킷에 포함된 네이버 리스트에 자신의 라우터 ID가 포함되어 있으면 그 라우터를 네이버라고 간주한다. 이 때, 헬로 패킷에 기록된 에어리어 ID, 암호, 서브넷 마스크 길이, 헬로/데드 주기, 스텁 에어리어 표시가 서로 동일해야 한다.

그림 6-3 물리적으로 직접 연결된 인터페이스를 통하여 네이버를 구성한다

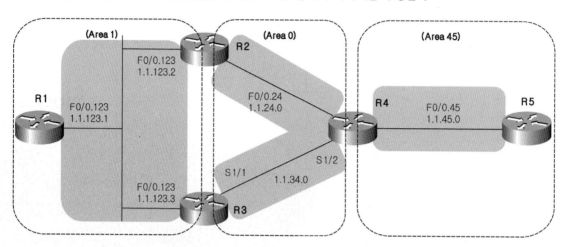

네이버를 확인하려면 **show ip ospf neighbor** 명령어를 사용한다. R2에서 확인해 보면 다음과 같이
F0/0.24 인터페이스를 통하여 R4(1.1.4.4)와 네이버를 맺고 있으며, F0/0.123 인터페이스를 통하여
R1(1.1.1.1), R3(1.1.3.3)과 네이버 관계에 있는 것을 알 수 있다.

예제 6-15 R2에서 OSPF 네이버 확인하기

```
R2# show ip ospf neighbor

Neighbor ID  Pri  State           Dead Time  Address    Interface
1.1.4.4       1   FULL/BDR        00:00:35   1.1.24.4   FastEthernet0/0.24
1.1.1.1       1   FULL/DROTHER    00:00:35   1.1.123.1  FastEthernet0/0.123
1.1.3.3       1   FULL/DR         00:00:31   1.1.123.3  FastEthernet0/0.123
```

OSPF가 헬로 패킷을 전송할 때 사용하는 목적지 주소는 네트워크 종류에 따라 다르다. 이더넷과
같은 브로드캐스트가 지원되는 멀티액세스 네트워크와 포인트 투 포인트 네트워크에서는 멀티캐스트
주소인 224.0.0.5를 헬로 패킷의 목적지 IP 주소로 사용한다. 그러나, 논브로드캐스트 네트워크에서는
상대방의 IP 주소인 유니캐스트 주소를 사용한다.

DR과 BDR

이더넷, NBMA 등의 멀티 액세스 네트워크에 접속된 모든 OSPF 라우터끼리 N:N으로 LSA를 교환하면 동일 네트워크에서 중복된 LSA 및 ACK가 많이 발생하게 된다. 이를 방지하기 위하여 LSA를 하나의 대표 라우터에게만 보내고, 이 라우터가 나머지 라우터에게 중계하면 훨씬 효과적이다.

이와 같이 LSA 중계 역할을 하는 라우터를 DR(Designated Router)이라고 하며, DR에 장애가 발생하면 DR 역할을 이어받는 라우터를 BDR(Backup DR)이라고 한다. 다음 그림은 DR을 사용하지 않았을 때 전송되는 LSA 및 ACK 패킷을 나타낸다.

그림 6-4 DR이 없는 경우

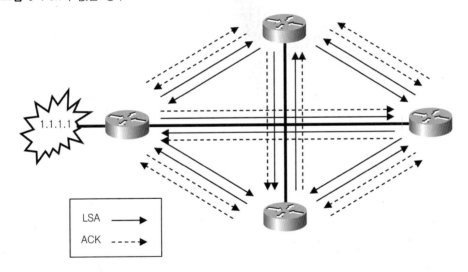

그러나, 다음과 같이 DR을 사용하면 전송해야 하는 LSA 및 ACK 패킷이 훨씬 줄어든다.

그림 6-5 DR을 사용하는 경우

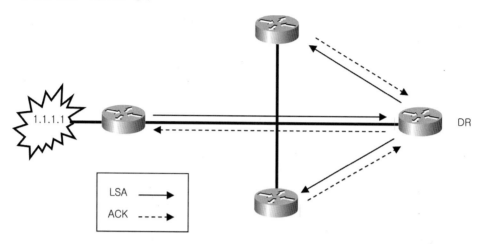

DR, BDR은 브로드캐스트 및 논브로드캐스트 네트워크에서만 사용되며, 포인트 투 포인트나 멀티 포인트 네트워크에서는 사용하지 않는다. DR/BDR은 다음과 같은 기준 및 순서에 의해서 선출된다.

1) 인터페이스의 OSPF 우선순위(priority)가 가장 높은 라우터가 DR이 된다. 다음 순위의 라우터가 BDR이 된다. OSPF 우선순위가 0이면 DR이나 BDR이 될 수 없다. 인터페이스의 OSPF 우선순위는 ip ospf priority 명령어를 사용하여 변경할 수 있다.

예제 6-16 OSPF 우선순위 값의 범위

```
R1(config)# int f0/0.123
R1(config-if)# ip ospf priority ?
  <0-255>   Priority
```

2) 만약 OSPF 우선순위가 모두 동일하면(기본 값이 1이다), 라우터 ID가 높은 것이 DR, 그 다음이 BDR이 된다.

3) 이렇게 한 번 DR, BDR이 선출되면 더 높은 우선 순위의 라우터가 추가되어도 라우터를 재부팅하거나 clear ip ospf process 명령어를 사용하기 전에는 DR, BDR을 다시 선출하지 않는다. (단, DR이나 BDR의 OSPF 우선순위를 0으로 조정하면 해당 DR, BDR을 새로 뽑는다.)

4) DR이 다운되면 BDR이 DR이 되고, BDR을 새로 선출한다. BDR이 다운되면 BDR을 새로 선출한다.

DR, BDR이 아닌 라우터를 DROTHER 라우터라고 부른다. DR/BDR을 확인하려면 다음과 같이 show ip ospf neighbor 명령어를 사용한다.

예제 6-17 R2에서 OSPF 네이버 확인하기

```
R2# show ip ospf neighbor

Neighbor ID  Pri  State           Dead Time   Address      Interface
1.1.4.4        1  FULL/BDR        00:00:35    1.1.24.4     FastEthernet0/0.24
1.1.1.1        1  FULL/DROTHER    00:00:35    1.1.123.1    FastEthernet0/0.123
1.1.3.3        1  FULL/DR         00:00:31    1.1.123.3    FastEthernet0/0.123
```

결과를 보면 R2는 F0/0.123 인터페이스를 통하여 R1, R3과 네이버가 되며, R1(1.1.1.1)은 DROTHER이고, R3(1.1.3.3)이 DR이므로 R2 자신은 BDR이다.

또, show ip ospf interface 명령어를 사용해도 DR/BDR을 확인할 수 있다.

예제 6-18 show ip ospf interface 명령어 사용 결과

```
R2# show ip ospf int f0/0.123
FastEthernet0/0.123 is up, line protocol is up
  Internet Address 1.1.123.2/24, Area 1, Attached via Network Statement
  Process ID 1, Router ID 1.1.2.2, Network Type BROADCAST, Cost: 1
  Topology-MTID    Cost    Disabled    Shutdown      Topology Name
        0            1        no         no              Base
  Transmit Delay is 1 sec, State BDR, Priority 1
  Designated Router (ID) 1.1.3.3, Interface address 1.1.123.3
  Backup Designated router (ID) 1.1.2.2, Interface address 1.1.123.2
  Timer intervals configured, Hello 10, Dead 40, Wait 40, Retransmit 5
    oob-resync timeout 40
    Hello due in 00:00:05
  Supports Link-local Signaling (LLS)
  Cisco NSF helper support enabled
  IETF NSF helper support enabled
  Index 1/2, flood queue length 0
  Next 0x0(0)/0x0(0)
  Last flood scan length is 0, maximum is 4
  Last flood scan time is 0 msec, maximum is 4 msec
  Neighbor Count is 2, Adjacent neighbor count is 2
```

```
    Adjacent with neighbor 1.1.1.1
    Adjacent with neighbor 1.1.3.3   (Designated Router)
  Suppress hello for 0 neighbor(s)
```

다음 그림에서 이더넷으로 연결되는 브로드캐스트 네트워크에서 각 네트워크당 하나씩의 DR/BDR이
선출된다. 그러나, 포인트 투 포인트 네트워크에서는 DR/BDR을 선출하지 않는다. 이런 이유로 R3-R4
구간에서는 DR/BDR이 없다. 다음과 같이 R3에서 **show ip ospf neighbor s1/1** 명령어를 사용하여
확인해 보면 이를 알 수 있다.

예제 6-19 포인트 투 포인트 네트워크에서는 DR/BDR을 선출하지 않는다

```
R3# show ip ospf neighbor s1/1

Neighbor ID       Pri   State            Dead Time    Address         Interface
1.1.4.4            0   FULL/  -         00:00:32     1.1.34.4        Serial1/1
```

DR은 동일한 서브넷으로 연결된 다른 라우터들과 반드시 물리적으로 직접 연결되어 있어야 한다.
다음 그림의 1.1.123.0 네트워크에서는 R1, R2, R3이 모두 물리적으로 직접 연결되어 있으므로
어떤 라우터가 DR이 되어도 문제가 없다.

그림 6-6 DR은 멀티액세스 네트워크당 하나씩 선출된다

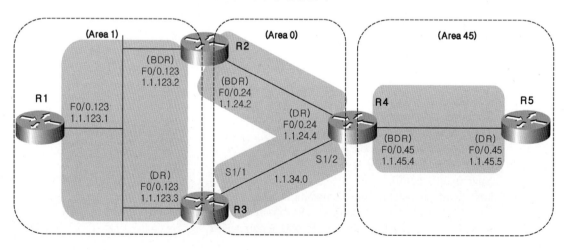

그러나, 다음 그림과 같이 부분 메시(partial mesh) 구조를 가진 네트워크에서는 R1, R3과 직접 연결된 R2가 DR이 되어야만 한다.

그림 6-7 DR은 동일 네트워크를 사용하는 라우터들과 물리적으로 직접 접속되어 있어야 한다

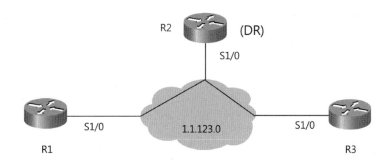

이렇게 DR, BDR이 선출되면 라우터들은 DR 및 BDR 네이버와 라우팅 정보를 교환한다. 또, DR과 BDR도 서로 라우팅 정보를 교환한다. 그러나, DROTHER 네이버끼리는 라우팅 정보를 교환하지 않는다.

DROTHER 라우터가 전송하는 업데이트 패킷의 목적지 주소는 224.0.0.6(OSPF DR 주소)이다. 이를 수신한 DR은 목적지 주소가 224.0.0.5(All OSPF 주소)로 설정된 업데이트 패킷을 이용하여 다른 라우터에게 해당 정보를 중계한다. DR/BDR은 자신의 라우팅 정보를 전송할 때에도 224.0.0.5를 목적지 주소로 설정한다. DROTHER 라우터들은 목적지가 224.0.0.5인 패킷만 수신하고, DR/BDR은 목적지 주소가 224.0.0.5와 224.0.0.6인 것 모두를 수신한다.

OSPF 어드제이션시

OSPF 라우팅 정보를 주고 받는 네이버를 어드제이션트 네이버(adjacent neighbor)라고 한다. EIGRP 는 네이버가 되면 라우팅 정보를 주고 받으므로 모든 EIGRP 네이버는 서로 어드제이션트 네이버이다. 그러나, OSPF는 네이버 중에서 어드제이션트 네이버가 되는 경우는 다음과 같다.

- DR과 다른 라우터들
- BDR과 다른 라우터들

- 포인트 투 포인트 네트워크로 연결된 두 라우터
- 포인트 투 멀티포인트 네트워크로 연결된 라우터들
- 가상 링크(virtual link)로 연결된 두 라우터

종류가 많아서 좀 헷갈린다. 다르게 표현하면 OSPF 네이버 중에서 DROTHER 끼리만 어드제이션트 네이버가 되지 못하고 나머지 네이버는 모두 어드제이션트 네이버이다.

R3에서 show ip ospf interface f0/0.123 명령어를 사용하여 확인해 보면 다음과 같이 네이버가 2개이고, (R3이 DR이니까 이 2개의 네이버와 모두 어드제이션트 네이버가 되어) 어드제이션트 네이버 도 2개라고 표시되어 있다.

예제 6-20 R3에서 OSPF 인터페이스 확인하기

```
R3# show ip ospf int f0/0.123
FastEthernet0/0.123 is up, line protocol is up
  Internet Address 1.1.123.3/24, Area 1, Attached via Network Statement
  Process ID 1, Router ID 1.1.3.3, Network Type BROADCAST, Cost: 1
  Topology-MTID   Cost    Disabled    Shutdown    Topology Name
        0          1         no          no           Base
  Transmit Delay is 1 sec, State DR, Priority 1
  Designated Router (ID) 1.1.3.3, Interface address 1.1.123.3
  Backup Designated router (ID) 1.1.2.2, Interface address 1.1.123.2
  Timer intervals configured, Hello 10, Dead 40, Wait 40, Retransmit 5
    oob-resync timeout 40
    Hello due in 00:00:04
  Supports Link-local Signaling (LLS)
  Cisco NSF helper support enabled
  IETF NSF helper support enabled
  Index 1/2, flood queue length 0
  Next 0x0(0)/0x0(0)
  Last flood scan length is 1, maximum is 3
  Last flood scan time is 0 msec, maximum is 0 msec
  Neighbor Count is 2, Adjacent neighbor count is 2
    Adjacent with neighbor 1.1.1.1
    Adjacent with neighbor 1.1.2.2   (Backup Designated Router)
  Suppress hello for 0 neighbor(s)
```

R3에서 show ip ospf interface s1/1 명령어를 사용하여 확인하면 포인트 투 포인트 네트워크인

S1/1을 통하여 R3과 R4가 어드제이션트 네이버가 되어 있다.

예제 6-21 R3에서 OSPF 인터페이스 확인하기

```
R3# show ip ospf int s1/1
    (생략)
Neighbor Count is 1, Adjacent neighbor count is 1
    Adjacent with neighbor 1.1.4.4
```

다음과 같이 멀티 액세스 네트워크(이더넷)으로 연결된 경우에 DR인 R1과 나머지 라우터들은 서로 어드제이션트 라우터가 된다. 또, BDR인 R2도 다른 라우터들로 모두 어드제이션트 네이버가 된다. 즉, 서로 라우팅 정보를 송·수신한다.

그림 6-8 DRother 라우터 간에는 어드제이션트 네이버 관계를 구성하지 못한다

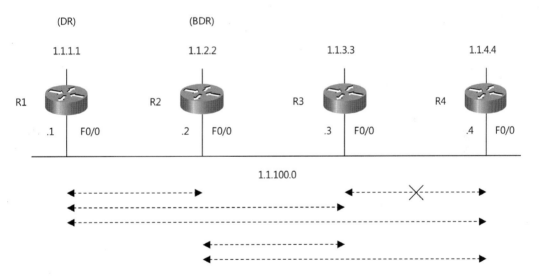

그러나, DROTHER 라우터인 R3과 R4는 어드제이션트 네이버가 되지 못한다. 즉, R3에서 확인하면 네이버는 3개이지만, 같은 DROTHER 라우터인 R4와는 어드제이션트 네이버가 되지 않는다. 다음과 같은 부분 메시 네트워크에서 R1과 R3은 OSPF 네이버가 되지 못하므로 어드제이션트 네이버도 되지 못한다.

그림 6-9 네이버가 아니면 어드제이션트 네이버도 아니다

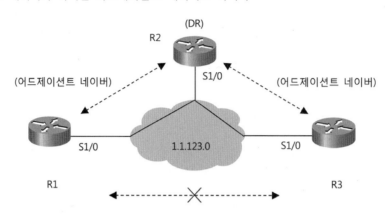

이상으로 OSPF 어드제이션시에 대하여 살펴보았다.

OSPF 네이버 상태의 변화

일반적으로 OSPF가 설정된 인터페이스에서 네이버의 상태는 네이버가 없는 다운(down) 상태에서 시작하여 네이버와 라우팅 정보 교환을 끝낸 풀(full) 상태로 변한다. OSPF의 네이버 상태 변화 단계를 좀 더 구체적으로 살펴보자.

● 다운(down) 상태 : OSPF가 설정되고, 헬로 패킷을 전송했지만 아직 다른 라우터에게서는 헬로 패킷을 받지 못한 상태이다. 또, 뒤에 설명할 풀(full) 상태에서 데드 주기(dead interval) 동안 OSPF 패킷을 받지 못해도 다운 상태가 된다. 이외에도 비정상적인 상황이 발생하면 어떤 상태에서라도 다운 상태로 바뀔 수 있다.

● 어템트(attempt) 상태 : 논브로드캐스트 네트워크에서만 적용되는 상태이다. OSPF 설정모드에서 **neighbor** 명령어를 사용하여 지정한 네이버에게서 헬로 패킷을 수신하지 못한 상태를 의미한다. 또, 해당 네이버와의 연결이 끊긴 경우에도 어템트 상태가 된다.

● 이닛(init) 상태 : 네이버에게서 헬로 패킷을 받았으나 상대 라우터는 아직 나의 헬로 패킷을 수신하지 못한 상태이다. 이 경우, 상대방이 보낸 헬로 패킷의 네이버 리스트(neighbor list)에 나의 라우터

ID가 없다.

● 투 웨이(two-way) 상태: 네이버와 쌍방향 통신이 이루어진 상태이다. 즉, 상대 라우터가 보낸 헬로 패킷내의 네이버 리스트에 나의 라우터 ID가 포함되어 있는 경우를 말한다. 멀티 액세스 네트워크 (브로드캐스트, 논브로드캐스트)라면 이 단계에서 DR과 BDR을 선출한다.

DROTHER 라우터끼리는 라우팅 정보를 교환하지 않으므로, 즉, 어드제이션시를 맺지 않으므로 네이버 상태가 투 웨이 상태로 남아 있게 된다. 그러나, DR 또는 BDR 라우터들과는 다음 단계인 엑스 스타트 상태로 진행된다. 포인트 투 포인트 네트워크에서도 다음 상태로 진행된다.

투 웨이 상태에서 바로 DR/BDR을 선출하지 않고 모든 네이버에게 공정하게 DR/BDR로 선출되는 기회를 부여하기 위하여 웨이트(wait) 시간 만큼 기다린다. 웨이트 시간은 데드 주기와 동일하다. 즉, 브로드캐스트나 논브로드캐스트 네트워크에서는 OSPF 라우터들이 라우팅 정보를 교환하기 전에 웨이트 시간인 40초 또는 120초동안 DR/BDR을 선출하기 위하여 기다린다.

따라서, L3 스위치 등으로 이루어진 OSPF 네트워크에서는 OSPF 네트워크 타입을 포인트 투 포인트나 포인트 투 멀티 포인트로 설정하여 DR/BDR을 선출하지 않게 해야 이 시간동안 기다리지 않고 바로 라우팅 정보를 교환한다.

● 엑스스타트(exstart) 상태 : 어드제이션트 네이버가 되는 첫 단계이다. 마스터(master) 라우터와 슬레이브(slave) 라우터를 선출한다. 라우터 ID가 높은 것이 마스터가 된다. 또, 다음 단계에서 DDP(Database Description Packet) 패킷 교환시 사용하는 DDP 패킷의 순서 번호(sequence number)를 결정한다.

● 익스체인지(exchange) 상태 : 각 라우터 자신의 링크 상태 데이터베이스에 저장된 LSA의 헤더 (header)만을 DDP 또는 DBD(DataBase Description)이라고 부르는 패킷에 담아 상대방에게 전송한다. DDP 패킷을 수신한 라우터는 자신의 링크 상태 데이터베이스의 내용과 비교해 보고, 자신에게 없거나 자신의 정보가 더 오래된 것이면 상대방에게 상세한 정보를 요청하기 위하여 링크 상태 요청 리스트(link state request list)에 기록해 둔다. 상대로부터의 DDP 수신이 끝난 후, 링크 상태 요청 리스트에 기록해 둔 것이 없으면, 바로 풀 상태로 들어간다.

- 로딩(loading) 상태 : 상대로부터의 DDP 수신이 끝난 후, 링크 상태 요청 리스트에 기록해 둔 것이 있으면, 링크 상태 요청 패킷(LSR)을 보내어 특정 LSA의 상세 정보를 보내줄 것을 요청한다. 이 요청을 받은 라우터는 특정 LSA 전체 정보를 LSU에 담아 전송한다.

- 풀(full) 상태 : 어드제이선트 라우터들간에 라우팅 정보교환이 끝난 상태이다. 이제, 어드제이선트 라우터들의 링크 상태 데이터베이스 내용이 모두 일치된다.

OSPF 네이버간의 상태가 항상 앞서 설명한 것과 같은 모든 상태를 거치면서 차례로 변화하는 것은 아니다. 각 상태에서 발생할 수 있는 여러 가지 상황에 따라 몇 단계를 건너 뛰기도 하고, 다시 이전의 상태로 돌아갈 수도 있다.

다음 그림과 같이 브로드캐스트 네트워크(이더넷)인 R1, R2, R3의 F0/0.123 인터페이스에서 OSPF 네이버가 맺어지는 과정을 디버깅해보자. F0/0.123 인터페이스를 셧다운시켰다가 다시 살리면 OSPF 네이버가 맺어지는 과정을 관찰할 수 있다.

먼저, 각 라우터의 F0/0.123 인터페이스를 셧다운시킨다.

예제 6-22 인터페이스 셧다운

```
R1(config)# int f0/0.123
R1(config-subif)# shutdown

R2(config)# int f0/0.123
R2(config-subif)# shutdown

R3(config)# int f0/0.123
R3(config-subif)# shutdown
```

다음에는 OSPF 네이버가 맺어지는 것을 확인하는 디버깅 명령어를 사용한다.

그림 6-10 브로드캐스트 네트워크에서의 네이버 맺기

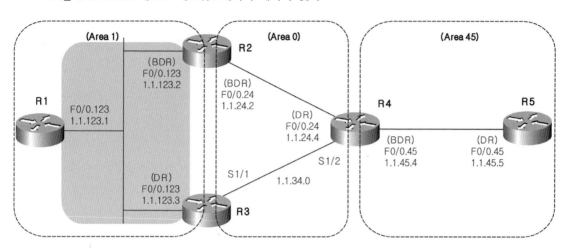

R1에서 다음과 같은 명령어를 사용한다.

예제 6-23 R1에서 디버깅하기

```
R1(config-subif)# do debug ip ospf adj
OSPF adjacency debugging is on
```

다시 모든 라우터의 인터페이스를 활성화시킨다.

예제 6-24 인터페이스 활성화

```
R1(config)# int f0/0.123
R1(config-subif)# no shut

R2(config)# int f0/0.123
R2(config-subif)# no shut

R3(config)# int f0/0.123
R3(config-subif)# no shut
```

잠시 후 다음과 같은 디버깅 메시지가 표시된다. (쉽게 이해할 수 있도록 디버깅 출력 결과에서 많은 정보를 생략했다)

예제 6-25 디버깅 메시지

```
R1(config-subif)#
12:26:07.235: OSPF-1 ADJ    Fa0/0.123: Interface going Up
12:26:07.235: OSPF-1 ADJ    Fa0/0.123: new ospf state WAIT    ①

12:26:15.899: OSPF-1 ADJ    Fa0/0.123: 2 Way Communication to 1.1.3.3, state 2WAY    ②

12:26:47.235: OSPF-1 ADJ    Fa0/0.123: end of Wait on interface    ③
12:26:47.235: OSPF-1 ADJ    Fa0/0.123: DR/BDR election
12:26:47.235: OSPF-1 ADJ    Fa0/0.123: Elect BDR 1.1.3.3
12:26:47.239: OSPF-1 ADJ    Fa0/0.123: Elect DR 1.1.3.3
12:26:47.239: OSPF-1 ADJ    Fa0/0.123: DR: 1.1.3.3 (Id)    BDR: 1.1.3.3 (Id)

12:26:50.903: OSPF-1 ADJ    Fa0/0.123: NBR Negotiation Done. We are the SLAVE
12:26:50.903: OSPF-1 ADJ    Fa0/0.123: Send DBD to 1.1.3.3
12:26:50.911: OSPF-1 ADJ    Fa0/0.123: Rcv DBD from 1.1.3.3 state EXCHANGE    ④
12:26:50.915: OSPF-1 ADJ    Fa0/0.123: Exchange Done with 1.1.3.3

12:26:50.915: OSPF-1 ADJ    Fa0/0.123: Send LS REQ to 1.1.3.3
12:26:50.915: OSPF-1 ADJ    Fa0/0.123: Send DBD to 1.1.3.3

12:26:50.923: OSPF-1 ADJ    Fa0/0.123: Rcv LS UPD from 1.1.3.3
12:26:50.923: OSPF-1 ADJ    Fa0/0.123: Synchronized with 1.1.3.3, state FULL    ⑤

12:26:50.927: OSPF-1 ADJ    Fa0/0.123: Rcv LS REQ from 1.1.3.3

12:26:54.663: OSPF-1 ADJ    Fa0/0.123: Neighbor change event
12:26:54.663: OSPF-1 ADJ    Fa0/0.123: DR/BDR election
12:26:54.663: OSPF-1 ADJ    Fa0/0.123: Elect BDR 1.1.2.2
12:26:54.663: OSPF-1 ADJ    Fa0/0.123: Elect DR 1.1.3.3
12:26:54.663: OSPF-1 ADJ    Fa0/0.123: DR: 1.1.3.3 (Id)    BDR: 1.1.2.2 (Id)
```

① OSPF에 포함된 인터페이스가 살아났다.

② 헬로 패킷을 주고 받아 투 웨이 상태가 된다. DR/BDR을 뽑기 전에 웨이트 타임(40초) 동안 기다린다.

③ 인터페이스가 살아나고(12:26:07) 40초가 지나면 웨이트 타임이 끝난다(12:26:47).

④ 마스터/슬레이브 협상이 끝나면 익스체인지 상태로 들어간다.

⑤ R3으로부터 라우팅 정보가 요약된 DBD(DataBase Description) 패킷과 라우팅 정보가 들어있는

LSU(Link State Update) 패킷을 모두 수신하면 R3이 가지고 있는 라우팅 정보와 동일한 내용을 가지게 되고, 이 것이 풀(Full) 상태이다.

결과적으로 R3에게서 라우팅 정보를 수신하는데 약 43초가 소요되었다. 이렇게 시간이 많이 소요된 이유는 투 웨이 상태에서 DR/BDR 선출전에 40초를 기다린 것 때문이다.

이번에는 다음 그림과 같이 R3-R4 사이의 시리얼 인터페이스에서 OSPF 네이버가 맺어지는 것을 디버깅 해보자.

그림 6-11 포인트 투 포인트 네트워크에서의 네이버 관계 맺기

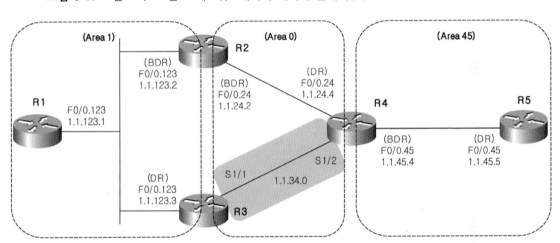

현재, R3,R4는 시리얼 인터페이스로 연결되어 있고, 링크 레이어 프로토콜이 시스코 라우터가 시리얼 인터페이스에서 기본적으로 사용하는 HDLC이다. HDLC 프로토콜을 사용하면 OSPF는 포인트 투 포인트 네트워크라고 여긴다.

R4에서 시리얼 인터페이스를 셧다운시킨다.

예제 6-26 시리얼 인터페이스 셧다운

```
R4(config)# int s1/2
R4(config-if)# shutdown
```

R4에서 OSPF 어드제이션시 과정을 디버깅한다.

예제 6-27 OSPF 어드제이션시 과정 디버깅

```
R4# debug ip ospf adj
```

R4에서 시리얼 인터페이스를 살린다.

예제 6-28 시리얼 인터페이스 활성화

```
R4(config)# int s1/2
R4(config-if)# no shutdown
```

잠시 후 다음과 같은 디버깅 메시지가 표시된다.

예제 6-29 OSPF 어드제이션시 과정 디버깅

```
R4(config-if)#
13:08:06.723: OSPF-1 ADJ    Se1/2: Interface going Up
13:08:06.723: OSPF-1 ADJ    Se1/2: new ospf state P2P   ①
13:08:06.751: OSPF-1 ADJ    Se1/2: 2 Way Communication to 1.1.3.3, state 2WAY   ②

13:08:06.787: OSPF-1 ADJ    Se1/2: Rcv DBD from 1.1.3.3 state EXSTART   ③

13:08:06.807: OSPF-1 ADJ    Se1/2: Rcv DBD from 1.1.3.3 state EXCHANGE   ④
13:08:06.807: OSPF-1 ADJ    Se1/2: Send LS REQ to 1.1.3.3
13:08:06.815: OSPF-1 ADJ    Se1/2: Rcv LS UPD from 1.1.3.3

13:08:06.815: OSPF-1 ADJ    Se1/2: Synchronized with 1.1.3.3, state FULL   ⑤
```

① OSPF에 포함된 인터페이스가 살아나면 링크 계층 프로토콜이 HDLC이므로 OSPF 포인트 투 포인트(P2P) 네트워크라는 것을 감지한다.

② R3과 헬로 패킷을 송수신하여 투 웨이 상태가 된다.

③ OSPF 포인트 투 포인트 네트워크라서 DR/BDR을 사용하지 않으므로 투 웨이 상태에서 기다리지 않고 즉시 엑스스타트 상태로 들어가서 마스터와 슬레이브를 선출한다.

④ 익스체인지 상태에서 DBD와 LSU를 주고 받는다.

⑤ 수신한 라우팅 정보(LSU)로 인하여 R3과 동일한 라우팅 정보를 가지게 되어 풀(Full) 상태가 된다.

이처럼 DR/BDR을 뽑지 않는 네트워크 타입에서는 인터페이스가 살아난 다음 거의 바로 라우팅 정보를 수신한다.

OSPF는 네이버 라우터와 라우팅 정보 교환을 끝낸 다음 5초를 더 기다린 후 라우팅 알고리듬 계산을 하고 그 결과를 라우팅 테이블에 기록한다. OSPF가 최적 경로 계산을 위해서 사용하는 라우팅 알고리듬을 SPF(Shortest Path First) 또는 다이크스트라(Dijkstra) 알고리듬이라고 한다.

OSPF 메트릭

OSPF의 메트릭을 코스트(cost)라고 부르며, 출발지부터 목적지까지의 각 인터페이스에서 기준 대역폭(reference bandwidth)을 실제 대역폭으로 나눈 값의 합계이다. 시스코 IOS의 OSPF 기준 대역폭은 10^8이다.

그림 6-12 OSPF 코스트 계산에 사용되는 인터페이스

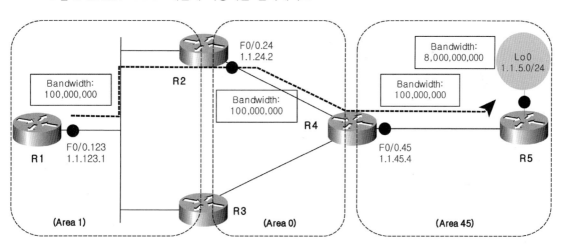

예를 들어, 앞 네트워크 R1에서 R5의 1.1.5.0/24 네트워크에 대한 OSPF 코스트는 목적지까지 가는 경로상에 존재하는 모든 인터페이스의 OSPF 코스트 값들을 합친 것이다. 패스트 이더넷(100,000,000 bps)의 코스트는 10^8/100,000,000 이므로 1이다. 루프백 인터페이스(8,000,000,000 bps)의 코스트

는 $10^8/8,000,000,000$이고, 계산시 소수점 이하의 수는 버리므로 역시 1이다.

결과적으로 R1에서 1.1.5.0/24 네트워크까지의 코스트 값은 4(1 + 1 + 1 +1)이다. R1에서 라우팅 테이블을 보면 1.1.5.0/24 네트워크의 메트릭(코스트)이 4이다.

예제 6-30 R1의 라우팅 테이블

```
R1# show ip route ospf
    (생략)
        1.0.0.0/8 is variably subnetted, 11 subnets, 2 masks
O IA    1.1.2.0/24 [110/2] via 1.1.123.2, 01:08:44, FastEthernet0/0.123
O IA    1.1.3.0/24 [110/2] via 1.1.123.3, 01:08:44, FastEthernet0/0.123
O IA    1.1.4.0/24 [110/3] via 1.1.123.2, 01:08:44, FastEthernet0/0.123
O IA    1.1.5.0/24 [110/4] via 1.1.123.2, 01:08:44, FastEthernet0/0.123
O IA    1.1.24.0/24 [110/2] via 1.1.123.2, 01:08:44, FastEthernet0/0.123
O IA    1.1.34.0/24 [110/65] via 1.1.123.3, 00:27:49, FastEthernet0/0.123
O IA    1.1.45.0/24 [110/3] via 1.1.123.2, 01:08:44, FastEthernet0/0.123
```

이상으로 OSPF 메트릭에 대하여 살펴보았다.

기준 대역폭 변경

OSPF 코스트 계산시 기준 대역폭을 기본 값인 10^8으로 하면 패스트 이더넷(10^8/100,000,000 = 1), 기가비트 이더넷(10^8/1,000,000,000 = 0.1), 루프백(10^8/8,000,000,000 = 0.0125), 10G 이더넷((10^8/10,000,000,000 = 0.01) 등의 코스트가 모두 1이다. 만약, R3, R4가 다음 그림과 같이 패스트 이더넷과 기가비트 이더넷으로 연결되어 있다면, 코스트를 모두 1로 계산하여 R3에서 R4의 1.1.4.4 네트워크로 가는 경로에서 동일하게 부하가 분산되어 결과적으로 비효율적인 라우팅이 일어난다.

그림 6-13 비효율적인 부하분산이 일어나는 OSPF 네트워크

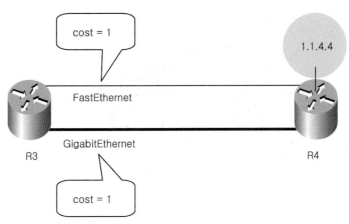

이 경우 OSPF 코스트 계산시 기준 대역폭을 증가시킬 필요가 있으며, OSPF 설정모드에서 auto-cost reference-bandwidth 명령어를 사용하면 된다.

예제 6-31 OSPF 기준 대역폭의 범위

```
R1(config)# router ospf 1
R1(config-router)# auto-cost reference-bandwidth ?
  <1-4294967>   The reference bandwidth in terms of Mbits per second
```

예를 들어, 기준 대역폭 값을 10^9로 설정하면 패스트 이더넷의 코스트는 $10(10^9 / 10^8)$, 기가비트 이더넷의 코스트는 $1(10^9 / 10^9)$이 되어 구분이 가능하다. OSPF 기준 대역폭 변경시 필요한 라우터에서만 설정하면 된다. 다음 그림에서는 R3, R4에서만 기준 대역폭을 변경하면 된다. 그러나, 라우터가 많지 않다면 OSPF가 동작하는 모든 라우터에서 기준 대역폭을 변경해주면 추후에 발생할 수 있는 토폴로지의 변화에 미리 대비할 수 있어 좋다.

그림 6-14 OSPF 기준 대역폭을 수정해야하는 네트워크

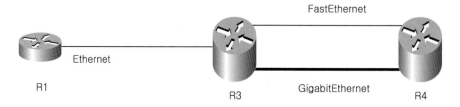

OSPF 기준 대역폭을 10^{12} bps 즉, 1,000,000,000,000 bps로 변경하려면 다음과 같이 OSPF 설정모드에서 기준 대역폭을 Mbps 단위로 지정한다.(1,000,000,~~000,000~~)

예제 6-32 OSPF 기준 대역폭 변경하기

```
R1(config)# router ospf 1
R1(config-router)# auto-cost reference-bandwidth 1000000
% OSPF: Reference bandwidth is changed.
        Please ensure reference bandwidth is consistent across all routers.
```

이상으로 OSPF의 기준 대역폭을 변경하는 방법에 대하여 살펴보았다.

인터페이스 코스트 변경

다음처럼 인터페이스에서 **ip ospf cost** 명령을 사용하여 직접 OSPF 코스트를 변경시킬 수 있다.

예제 6-33 OSPF 코스트 변경하기

```
R4(config-if)# ip ospf cost ?
  <1-65535>   Cost
```

추후 대역폭 값을 변경하여 경로를 조정하면 QoS(Quality of Service), PfR(Performance Routing) 등 다른 프로토콜에 영향을 미친다. 그러나, 이 명령어를 사용하면 대역폭 값에 영향을 주지 않으며, 또한 시스코 라우터와 코스트 계산 방식이 다른 회사의 장비와 접속할 때에도 유용하다.

OSPF 에어리어

OSPF는 네트워크를 복수개의 에어리어(area)로 나누어 설정한다. 규모가 작은 네트워크에서는 하나의 에어리어만 사용해도 된다. 에어리어가 하나일 때에는 에어리어 번호를 아무것이나 사용해도 된다. 그러나, 두개 이상의 에어리어로 구성할 때에는 그 중 하나는 반드시 에어리어 번호를 0으로 설정해야 한다.

그리고, 다른 에어리어들은 항상 백본 에어리어(backbone area)라고 부르는 '에어리어 0'과 물리적으로 직접 연결되어야 한다. OSPF를 적절한 에어리어로 구분하여 구성하면 안정된 대규모 네트워크를 운영할 수 있다. 그 이유는 다음과 같다.

- OSPF의 라우팅 정보를 LSA(Link State Advertisement)라고 하며, 여러 종류가 있다. 이 중 LSA 타입 1과 타입 2는 동일 에어리어 내부로만 전달된다. 즉, 에어리어가 다르면 이 두 가지의 LSA는 전달되지 않는다. 결과적으로 토폴로지의 변화가 심한 불안정한 네트워크라도 그 영향을 하나의 에어리어 내부에만 국한시킬 수 있다.

- 임의의 라우터에서 축약이 가능한 RIP이나 EIGRP와 달리 OSPF는 에어리어별로 축약을 설정한다. 따라서, 특정 에어리어에 소속된 네트워크를 축약함으로써 특정 에어리어의 네트워크 정보를 광고하는 LSA 타입 3의 전송을 최소화할 수 있다. 결과적으로, 특정 에어리어에서 발생하는 토폴로지 변화가 다른 에어리어에 미치는 영향을 최소화시킬 수 있다.

- 스텁 에어리어란 OSPF 외부 네트워크(재분배된 네트워크) 또는 다른 에어리어의 라우팅 정보가 모두 차단되어 라우팅 테이블이 획기적으로 줄어든 에어리어를 말한다. 이처럼 다른 라우팅 프로토콜에 없는 아주 강력한 네트워크 안정화 기능인 스텁 에어리어 구성도 에어리어별로 설정된다. OSPF 에어리어는 인터페이스별로 설정된다.

OSPF 라우터의 종류

OSPF 라우터들은 소속된 에어리어와 역할에 따라서 내부 라우터, 백본 라우터, ABR 및 ASBR로 구분된다.

그림 6-15 OSPF 라우터의 종류

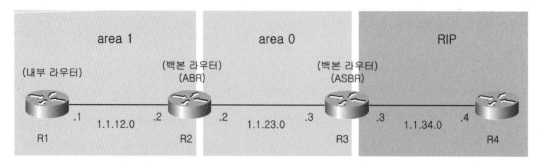

- 백본 라우터(backbone router) : 백본 에어리어에 소속된 라우터를 말한다. 그림에서 R2, R3 라우터가 백본 라우터이다.

- 내부 라우터(internal router) : 하나의 에어리어에만 소속된 라우터를 말한다. 그림에서 R1이 내부 라우터이다.

- ABR(Area Border Router) : 두개 이상의 에어리어에 소속된 에어리어 경계 라우터를 말하며, 그림에서 R2가 여기에 해당한다.

- ASBR(AS Boundary Router) : OSPF 네트워크와 다른 라우팅 프로토콜이 설정된 네트워크를 연결하는 AS 경계 라우터를 말하며, 그림에서 R3이 ASBR이다. 즉, ASBR이란 다른 라우팅 프로토콜을 OSPF로 재분배시키는 라우터를 말한다.

OSPF 네트워크 타입

EIGRP나 BGP는 네트워크 타입별로 설정방식이 다르지 않다. 그러나, OSPF는 네트워크 타입별 설정 및 동작 방식이 다르다. OSPF 네트워크 타입은 다음과 같이 분류된다.

- 브로드캐스트 네트워크
- 포인트 투 포인트 네트워크
- 포인트 투 멀티포인트 네트워크
- 논브로드캐스트(non-broadcast) 네트워크

OSPF는 네트워크 타입에 따라 자동적인 네이버 구성 여부, DR 선출 여부 및 헬로/데드 주기 등이 다르다.

네트워크 타입별 OSPF 동작 방식

네트워크 타입별로 OSPF가 동작하는 것을 정리하면 다음 표와 같다.

표 6-2 네트워크 타입별 OSPF 동작 방식

네트워크 타입	네이버	DR	헬로/데드 주기	기본 인터페이스
브로드캐스트	자동	선출	10 / 40	이더넷
포인트 투 포인트	자동	없음	10 / 40	포인트 투 포인트 서브인터페이스, HDLC, PPP
포인트 투 멀티포인트	자동	없음	30 / 120	없음
논브로드캐스트	지정	선출	30 / 120	멀티포인트 서브인터페이스, 프레임 릴레이, ATM, X.25

앞의 표처럼 인터페이스의 종류에 따라 자동으로 OSPF 네트워크 타입이 결정된다. 그러나, 인터페이스 설정모드에서 **ip ospf network** 명령어를 사용하면 기본적인 네트워크 종류와 상관없이 OSPF 네트워크 타입을 다른 것으로 변경시킬 수 있다.

다음과 같은 원칙이 지켜져야만 OSPF 어드제이션트 네이버가 구성되고, 라우팅 정보가 교환된다.

1) OSPF 네트워크 타입이 달라도 네이버끼리 헬로(hello)와 데드(dead) 주기는 반드시 같아야 한다. 이 주기가 다른 경우 **ip ospf network** 명령을 사용하거나, **ip ospf hello-interval** 명령어를 사용하며 헬로/데드 주기를 일치시켜야 한다.

2) 네이버간의 네트워크 타입이 모두 DR을 선출해야하거나 모두 DR을 선출하지 않아야 한다. 예를 들어, DR이 필요한 브로드캐스트 네트워크와 DR을 선출하지 않는 포인트 투 포인트 네트워크에 연결된 라우터끼리는 OSPF 라우팅 정보를 교환할 수 없다. 그러나, 하나의 네트워크 타입은 브로드캐스트이고 다른 하나는 논브로드캐스트인 경우 모두 DR이 필요하므로, 헬로와 데드 주기를 맞추어 주면 OSPF가 동작한다.

마찬가지로 포인트 투 포인트 네트워크와 포인트 투 멀티포인트 네트워크는 모두 DR을 선출하지 않으므로, 헬로와 데드 주기를 일치시키면 역시 OSPF가 동작한다.

3) 위의 조건들을 만족시키면 네트워크 타입이 서로 달라도 OSPF가 동작한다. 그러나, 바람직한 것은 서브인터페이스 타입을 조정하거나, **ip ospf network** 명령어를 사용하여 네이버끼리 OSPF 네트워크 타입을 일치시키는 것이다.

OSPF 설정시 논브로드캐스트 네트워크외에는 자동으로 네이버를 맺는다. 즉, 논브로드캐스트 네트워크 에서는 네이버를 지정해 주어야 한다.

논브로드캐스트 네트워크에서의 OSPF 설정

논브로드캐스트 네트워크에서 OSPF를 설정할 때는 네이버를 지정해주어야 하며, 모든 라우터와 직접 연결된 라우터가 DR로 동작할 수 있도록 해야 한다. 링크 레이어 프로토콜로 프레임 릴레이 (frame-relay)를 사용하면 OSPF는 논브로드캐스트 네트워크로 여긴다. 논브로드캐스트 네트워크에 서의 OSPF 설정 테스트를 위하여 다음 그림과 같이 R4, R5 사이를 시리얼 인터페이스로 연결하고 프레임 릴레이를 설정하기로 한다.

그림 6-16 네트워크 추가하기

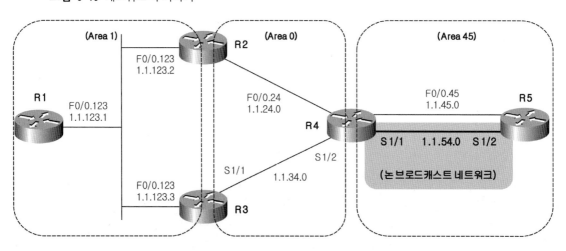

이를 위하여 R4에서 다음과 같이 설정한다.

예제 6-34 프레임 릴레이 DCE 설정

```
R4(config)# frame-relay switching   ①

R4(config)# int s1/1
R4(config-if)# encap frame-relay   ②
R4(config-if)# frame-relay intf-type dce   ③
R4(config-if)# frame-relay map ip 1.1.54.5 405 broadcast   ④
R4(config-if)# ip address 1.1.54.4 255.255.255.0
R4(config-if)# no shut
```

① R4를 프레임 릴레이 스위치로 동작시킨다.

② S1/1 인터페이스의 링크 레이어 프로토콜을 프레임 릴레이로 설정한다.

③ R4의 S1/1과 연결된 R5의 S1/2 인터페이스에게 DLCI(Data Link Connection Identifier) 값을 전달하도록 한다.

④ 목적지 IP 주소가 1.1.54.5인 프레임은 DLCI 405를 사용하도록 한다.

요즘 프레임 릴레이는 거의 사용하지 않으므로 설정에 별로 신경 쓰지 않아도 된다.

R5에서는 다음과 같이 설정한다.

예제 6-35 프레임 릴레이 DTE 설정

```
R5(config)# int s1/2
R5(config-if)# encap frame-relay
R5(config-if)# frame-relay map ip 1.1.54.4 405 broadcast
R5(config-if)# ip address 1.1.54.5 255.255.255.0
R5(config-if)# no shut
```

잠시 후 R5에서 R4에 설정된 1.1.54.4로 핑을 해보면 성공한다.

예제 6-36 핑 확인

```
R5# ping 1.1.54.4
Type escape sequence to abort.
Sending 5, 100-byte ICMP Echos to 1.1.54.4, timeout is 2 seconds:
!!!!!
```

```
Success rate is 100 percent (5/5), round-trip min/avg/max = 8/9/12 ms
```

이제 방금 설정한 프레임 릴레이 인터페이스를 OSPF에 포함시켜 보자.

예제 6-37 프레임 릴레이 인터페이스를 OSPF에 포함시키기

```
R4(config)# router ospf 1
R4(config-router)# network 1.1.54.4 0.0.0.0 area 45

R5(config)# router ospf 1
R5(config-router)# network 1.1.54.5 0.0.0.0 area 45
```

설정 후 아무리 기다려도 OSPF 네이버가 맺어지지 않는다. R4에서 show ip ospf int s1/1 명령어를 사용하여 확인해 보면 OSPF 네트워크 타입이 NON_BROADCAST이다.

예제 6-38 OSPF 네트워크 타입 확인

```
R4# show ip ospf int s1/1
Serial1/1 is up, line protocol is up
  Internet Address 1.1.54.4/24, Area 45, Attached via Network Statement
  Process ID 1, Router ID 1.1.4.4, Network Type NON_BROADCAST, Cost: 64
  Topology-MTID   Cost    Disabled    Shutdown      Topology Name
       0           64       no          no            Base
  Transmit Delay is 1 sec, State WAITING, Priority 1
  No designated router on this network
  No backup designated router on this network
  Timer intervals configured, Hello 30, Dead 120, Wait 120, Retransmit 5
    oob-resync timeout 120
    Hello due in 00:00:29
    Wait time before Designated router selection 00:00:05
  Supports Link-local Signaling (LLS)
  Cisco NSF helper support enabled
  IETF NSF helper support enabled
  Index 2/5, flood queue length 0
  Next 0x0(0)/0x0(0)
  Last flood scan length is 0, maximum is 0
  Last flood scan time is 0 msec, maximum is 0 msec
  Neighbor Count is 0, Adjacent neighbor count is 0
```

```
Suppress hello for 0 neighbor(s)
```

논브로드캐스트 네트워크에서 OSPF를 설정할 때는 DR에서 네이버를 지정해주어야 한다. 다음과 같이 R4를 DR로 동작시키고 네이버를 지정한다.

예제 6-39 네이버 지정

```
R4(config)# int s1/1
R4(config-if)# ip ospf priority 255    ①
R4(config-if)# exit

R4(config)# router ospf 1
R4(config-router)# neighbor 1.1.54.5    ②
```

① 인터페이스의 OSPF 우선순위가 높은 라우터가 DR로 동작한다. 기본값은 1이다.

② R5를 네이버로 지정한다.

잠시 후 R4, R5가 프레임 릴레이 인터페이스를 통하여 OSPF 네이버 관계를 구성한다.

예제 6-40 OSPF 네이버 관계 구성

```
R4# show ip ospf neighbor s1/1

Neighbor ID    Pri   State        Dead Time    Address      Interface
1.1.5.5         1    FULL/BDR     00:01:35     1.1.54.5     Serial1/1
```

이처럼 OSPF 논브로드캐스트 네트워크에서는 직접 네이버를 지정해주어야 한다.

OSPF 네트워크 타입 선택

여러 종류의 OSPF 네트워크 타입중에서 어느 것을 사용하는 것이 좋을까? 결론은 네이버가 2개 이상이거나 추후 네이버가 추가될 수 있으면 포인트 투 멀티포인트를 사용하고, 네이버가 하나이면 포인트 투 포인트를 사용하는 것이 좋다. 두 가지 네트워크 타입 모두 DR/BDR을 사용하지 않기 때문에 보다 빠른 장애 복구가 가능하기 때문이다. DR/BDR을 사용한다면 투 웨이 상태에서 웨이트 타임만큼 기다리기 때문에 장애 복구 시간이 느리다.

다음 OSPF 네트워크에서 R1, R2, R3이 F0/0.123으로 연결된 부분만 포인트 투 멀티포인트로 동작시키고 나머지는 모두 포인트 투 포인트로 설정하면 된다.

그림 6-17 OSPF 네트워크 타입

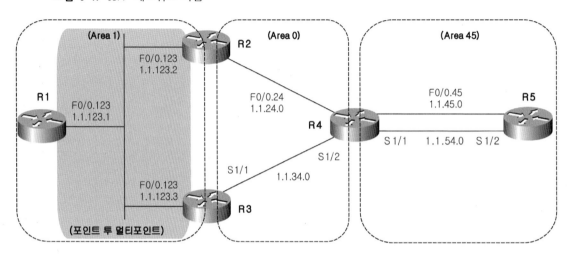

다음과 같이 각 라우터에서 OSPF 네트워크 타입을 변경한다. R1, R2, R3의 F0/0.123 인터페이스를 OSPF 포인트 투 멀티포인트 네트워크로 설정한다.

예제 6-41 포인트 투 멀티포인트 네트워크 설정

```
R1(config)# int f0/0.123
R1(config-subif)# ip ospf network point-to-multipoint
R1(config-subif)# ip ospf hello-interval 5

R2(config)# int f0/0.123
R2(config-subif)# ip ospf network point-to-multipoint
R1(config-subif)# ip ospf hello-interval 5

R3(config)# int f0/0.123
R3(config-subif)# ip ospf network point-to-multipoint
R1(config-subif)# ip ospf hello-interval 5
```

OSPF 네트워크 타입이 포인트 투 멀티포인트이면 헬로 전송 주기가 30초이므로 장애 탐지 시간이 느리다. 따라서, **ip ospf hello-interval 5** 명령어를 사용하여 헬로 전송 주기를 5초로 조정하였다. 헬로 주기를 조정하면 자동으로 데드 주기(dead interval)도 헬로 주기의 4배로 변경된다.

예제 6-42 OSPF 인터페이스

```
R1# show ip ospf int f0/0.123
FastEthernet0/0.123 is up, line protocol is up
  Internet Address 1.1.123.1/24, Area 1, Attached via Network Statement
  Process ID 1, Router ID 1.1.1.1, Network Type POINT_TO_MULTIPOINT, Cost: 1
  Topology-MTID    Cost    Disabled    Shutdown        Topology Name
       0            1         no          no                Base
  Transmit Delay is 1 sec, State POINT_TO_MULTIPOINT
  Timer intervals configured, Hello 5, Dead 20, Wait 20, Retransmit 5
    oob-resync timeout 40
    Hello due in 00:00:03
    (생략)
```

R2, R4의 F0/0.24 인터페이스를 OSPF 포인트 투 포인트 네트워크로 설정한다.

예제 6-43 포인트 투 포인트 네트워크 설정

```
R2(config)# int f0/0.24
R2(config-subif)# ip ospf network point-to-point

R4(config)# int f0/0.24
R4(config-subif)# ip ospf network point-to-point
```

R4, R5의 F0/0.45 인터페이스를 OSPF 포인트 투 포인트 네트워크로 설정한다.

예제 6-44 포인트 투 포인트 네트워크 설정

```
R4(config)# int f0/0.45
R4(config-subif)# ip ospf network point-to-point

R5(config)# int f0/0.45
```

```
R5(config-subif)# ip ospf network point-to-point
```

R4, R5의 프레임 릴레이 시리얼 인터페이스를 OSPF 포인트 투 포인트 네트워크로 설정한다.

예제 6-45 포인트 투 포인트 네트워크 설정

```
R4(config)# int s1/1
R4(config-if)# ip ospf network point-to-point
R4(config-if)# exit

R4(config)# router ospf 1
R4(config-router)# no neighbor 1.1.54.5

R5(config)# int s1/2
R5(config-if)# ip ospf network point-to-point
```

포인트 투 포인트 네트워크에서는 자동으로 네이버가 맺어지므로 R4의 OSPF 설정 모드에서 앞서 설정한 네이버를 제거했다. 설정 후 R4에서 확인해 보면 다음과 같이 모든 인터페이스를 통하여 다른 라우터와 네이버가 맺어진다.

예제 6-46 R4의 네이버

```
R4# show ip ospf neighbor

Neighbor ID    Pri    State        Dead Time   Address     Interface
1.1.3.3          0    FULL/  -      00:00:38    1.1.34.3    Serial1/2
1.1.2.2          0    FULL/  -      00:00:31    1.1.24.2    FastEthernet0/0.24
1.1.5.5          0    FULL/  -      00:00:30    1.1.54.5    Serial1/1
1.1.5.5          0    FULL/  -      00:00:38    1.1.45.5    FastEthernet0/0.45
```

또, 상태를 나타내는 항목에서 DR/BDR이 없다. R1의 라우팅 테이블을 보면 다음과 같이 모든 네트워크가 설치되어 있다.

예제 6-47 R1의 라우팅 테이블

```
R1# show ip route ospf
    (생략)
      1.0.0.0/8 is variably subnetted, 14 subnets, 2 masks
O IA      1.1.2.0/24 [110/2] via 1.1.123.2, 00:12:32, FastEthernet0/0.123
O IA      1.1.3.0/24 [110/2] via 1.1.123.3, 00:12:32, FastEthernet0/0.123
O IA      1.1.4.0/24 [110/3] via 1.1.123.2, 00:08:08, FastEthernet0/0.123
O IA      1.1.5.0/24 [110/4] via 1.1.123.2, 00:08:08, FastEthernet0/0.123
O IA      1.1.24.0/24 [110/2] via 1.1.123.2, 00:12:32, FastEthernet0/0.123
O IA      1.1.34.0/24 [110/65] via 1.1.123.3, 00:12:32, FastEthernet0/0.123
O IA      1.1.45.0/24 [110/3] via 1.1.123.2, 00:08:08, FastEthernet0/0.123
O IA      1.1.54.0/24 [110/66] via 1.1.123.2, 00:08:08, FastEthernet0/0.123
O         1.1.123.2/32 [110/1] via 1.1.123.2, 00:12:32, FastEthernet0/0.123
O         1.1.123.3/32 [110/1] via 1.1.123.3, 00:12:32, FastEthernet0/0.123
```

포인트 투 멀티포인트 네트워크에서는 각 인터페이스의 IP 주소가 서브넷 마스크 32비트인 호스트 루트(host route)로 광고된다.

OSPF 경로

OSPF 네트워크(경로)는 에어리어 내부 네트워크, 다른 에어리어 네트워크, 타입 1 외부 네트워크, 타입 2 외부 네트워크 등이 있다.

표 6-3 OSPF 네트워크

네트워크 타입	코드	우선 순위	내용
에어리어 내부 네트워크	O	1	동일 에어리어에 소속된 네트워크
다른 에어리어 네트워크	O IA	2	다른 에어리어에 소속된 네트워크
도메인 외부 네트워크	O E1	3	변동 코스트 값을 가지는 외부 네트워크
	O N1	4	변동 코스트 값을 가지는 NSSA 외부 네트워크
	O E2	5	고정 코스트 값을 가지는 외부 네트워크
	O N2	6	고정 코스트 값을 가지는 NSSA 외부 네트워크

OSPF 네트워크의 AD는 모두 110이다. 그러나, 표에서 보는 바와 같이 OSPF 네트워크간에는 우선 순위가 존재한다. 예를 들어, 코스트가 100인 에어리어 내부 네트워크가 코스트 20인 외부 네트워크보다 우선한다. OSPF 네트워크에 대해서 좀 더 자세히 살펴보자.

OSPF 에어리어 내부 네트워크

OSPF 에어리어 내부 네트워크(intra-area route)는 동일한 에어리어에 소속된 네트워크를 의미하며, 라우팅 테이블에서 'O'로 표시된다. 예를 들어, R4에서는 에어리어 0에 소속된 R2, R3의 루프백 주소와 에어리어 45에 소속된 R5의 루프백 주소가 에어리어 내부 네트워크에 해당한다.

예제 6-48 R4의 라우팅 테이블

```
R4# show ip route ospf
Codes: L - local, C - connected, S - static, R - RIP, M - mobile, B - BGP
       D - EIGRP, EX - EIGRP external, O - OSPF, IA - OSPF inter area
       N1 - OSPF NSSA external type 1, N2 - OSPF NSSA external type 2
       E1 - OSPF external type 1, E2 - OSPF external type 2
       (생략)
       1.0.0.0/8 is variably subnetted, 17 subnets, 2 masks
O IA      1.1.1.0/24 [110/3] via 1.1.24.2, 00:07:22, FastEthernet0/0.24
O         1.1.2.0/24 [110/2] via 1.1.24.2, 00:24:53, FastEthernet0/0.24
O         1.1.3.0/24 [110/65] via 1.1.34.3, 02:20:46, Serial1/2
O         1.1.5.0/24 [110/2] via 1.1.45.5, 00:26:54, FastEthernet0/0.45
O IA      1.1.123.1/32 [110/2] via 1.1.24.2, 00:07:22, FastEthernet0/0.24
O IA      1.1.123.2/32 [110/1] via 1.1.24.2, 00:24:53, FastEthernet0/0.24
O IA      1.1.123.3/32 [110/2] via 1.1.24.2, 00:24:53, FastEthernet0/0.24
```

다른 에어리어 네트워크

다른 에어리어 네트워크(inter-area route)는 라우팅 테이블에서 'O IA'로 표시된다. 예를 들어, R4에서는 에어리어 1에 소속된 1.1.1.0/24와 1.1.123.X/32 네트워크가 다른 에어리어 네트워크에 해당하며, 앞의 라우팅 테이블에서 확인할 수 있는 것처럼 'O IA'로 표시된다.

E1 외부 네트워크

다른 라우팅 프로토콜에서 OSPF로 재분배된 네트워크를 OSPF 외부 네트워크라고 하며, E1, E2, N1 및 N2 네가지 타입이 있다. E1 네트워크는 타입 1 외부 네트워크(type 1 external route)라고도 부른다. E1 네트워크는 다른 OSPF 라우터가 광고를 수신할 때 메트릭 값이 누적되는 네트워크를 말한다. 다음과 같이 R5에서 Loopback 5 인터페이스를 만들고, 5.5.5.5/24 네트워크를 설정한 다음 OSPF 타입 1 외부 네트워크로 재분배해 보자.

예제 6-49 외부 네트워크를 E1 타입으로 재분배하기

```
R5(config)# int lo5
R5(config-if)# ip address 5.5.5.5 255.255.255.0
R5(config-if)# exit

R5(config)# router ospf 1
R5(config-router)# redistribute connected metric-type 1 subnets
```

외부 네트워크를 E1 타입으로 재분배하려면 앞의 설정과 같이 metric-type 1 옵션을 사용하면 된다. 또, OSPF는 재분배할 때 subnets 옵션을 지정해야 서브넷팅된 네트워크도 재분배된다. 재분배후 R4의 라우팅 테이블을 보면 다음과 같이 2.2.2.0/24 네트워크가 E1 네트워크로 저장되어 있다.

예제 6-50 R4의 라우팅 테이블

```
R4# show ip route ospf
Codes: L - local, C - connected, S - static, R - RIP, M - mobile, B - BGP
       D - EIGRP, EX - EIGRP external, O - OSPF, IA - OSPF inter area
       N1 - OSPF NSSA external type 1, N2 - OSPF NSSA external type 2
       E1 - OSPF external type 1, E2 - OSPF external type 2
       i - IS-IS, su - IS-IS summary, L1 - IS-IS level-1, L2 - IS-IS level-2
       ia - IS-IS inter area, * - candidate default, U - per-user static route
       o - ODR, P - periodic downloaded static route, H - NHRP, I - LISP
       + - replicated route, % - next hop override

Gateway of last resort is not set

      1.0.0.0/8 is variably subnetted, 17 subnets, 2 masks
```

```
O IA      1.1.1.0/24 [110/3] via 1.1.24.2, 00:59:23, FastEthernet0/0.24
O         1.1.2.0/24 [110/2] via 1.1.24.2, 01:16:54, FastEthernet0/0.24
O         1.1.3.0/24 [110/65] via 1.1.34.3, 03:12:47, Serial1/2
O         1.1.5.0/24 [110/2] via 1.1.45.5, 00:29:32, FastEthernet0/0.45
O IA      1.1.123.1/32 [110/2] via 1.1.24.2, 00:59:23, FastEthernet0/0.24
O IA      1.1.123.2/32 [110/1] via 1.1.24.2, 01:16:54, FastEthernet0/0.24
O IA      1.1.123.3/32 [110/2] via 1.1.24.2, 01:16:54, FastEthernet0/0.24
          5.0.0.0/24 is subnetted, 1 subnets
O E1      5.5.5.0 [110/21] via 1.1.45.5, 00:00:45, FastEthernet0/0.45
```

E1 네트워크는 OSPF 도메인으로 재분배된 다음 네이버 라우터에게 전달되면서 코스트 값이 증가한다. R2에서 확인해보면 코스트가 R4의 21 보다 1이 증가한 22이다.

예제 6-51 R2의 라우팅 테이블

```
R2# show ip route ospf
    (생략)
          5.0.0.0/24 is subnetted, 1 subnets
O E1      5.5.5.0 [110/22] via 1.1.24.4, 00:01:39, FastEthernet0/0.24
```

이상으로 OSPF E1 네트워크에 대하여 살펴보았다.

E2 외부 네트워크

E2 네트워크는 타입 2 외부 네트워크(type 2 external route)라고도 부른다. E2 네트워크의 메트릭 값은 OSPF 도메인 내부에서 변화되지 않는 고정값을 가진다. 외부 네트워크를 OSPF로 재분배하면 BGP 네트워크는 기본 OSPF 코스트가 1이며, 나머지는 20이다.

R5에서 전에 E1로 재분배한 것을 지우고 다시 E2로 재분배한다. OSPF는 재분배할 때 **metric-type**을 지정하지 않으면 기본적으로 E2 타입이 된다.

예제 6-52 외부 네트워크를 E2 타입으로 재분배하기

```
R5(config)# router ospf 1
R5(config-router)# no redistribute connected
```

R5(config-router)# **redistribute connected subnets**

재분배 후 R4의 라우팅 테이블을 보면 5.5.50/24 네트워크가 다음과 같이 코스트가 20인 E2 네트워크로
저장되어 있다.

예제 6-53 R4의 라우팅 테이블

```
R4# show ip route ospf
Codes: L - local, C - connected, S - static, R - RIP, M - mobile, B - BGP
       D - EIGRP, EX - EIGRP external, O - OSPF, IA - OSPF inter area
       N1 - OSPF NSSA external type 1, N2 - OSPF NSSA external type 2
       E1 - OSPF external type 1, E2 - OSPF external type 2
       i - IS-IS, su - IS-IS summary, L1 - IS-IS level-1, L2 - IS-IS level-2
       ia - IS-IS inter area, * - candidate default, U - per-user static route
       o - ODR, P - periodic downloaded static route, H - NHRP, I - LISP
       + - replicated route, % - next hop override

Gateway of last resort is not set

      1.0.0.0/8 is variably subnetted, 17 subnets, 2 masks
O IA     1.1.1.0/24 [110/3] via 1.1.24.2, 01:06:43, FastEthernet0/0.24
O        1.1.2.0/24 [110/2] via 1.1.24.2, 01:24:14, FastEthernet0/0.24
O        1.1.3.0/24 [110/65] via 1.1.34.3, 03:20:07, Serial1/2
O        1.1.5.0/24 [110/2] via 1.1.45.5, 00:36:52, FastEthernet0/0.45
O IA     1.1.123.1/32 [110/2] via 1.1.24.2, 01:06:43, FastEthernet0/0.24
O IA     1.1.123.2/32 [110/1] via 1.1.24.2, 01:24:14, FastEthernet0/0.24
O IA     1.1.123.3/32 [110/2] via 1.1.24.2, 01:24:14, FastEthernet0/0.24
      5.0.0.0/24 is subnetted, 1 subnets
O E2     5.5.5.0 [110/20] via 1.1.45.5, 00:01:51, FastEthernet0/0.45
```

E2 네트워크는 OSPF 도메인으로 재분배된 다음 네이버 라우터를 통하여 전달되면서 코스트 값이
증가하지 않는다. R1에서 확인해보면 3.3.3.0/24 네트워크의 코스트가 R2와 동일한 20이다.

예제 6-54 R1의 라우팅 테이블

```
R1# show ip route ospf
      (생략)
```

```
       5.0.0.0/24 is subnetted, 1 subnets
O E2      5.5.5.0 [110/20] via 1.1.123.2, 00:02:51, FastEthernet0/0.123
```

OSPF E2 네트워크는 메트릭 값이 모두 동일하지만 다수개의 경로가 있을 때에는 포워드 메트릭 (forward metric)이 더 작은 경로를 선택한다. 즉, 보조 메트릭을 사용하여 경로별로 메트릭이 다른 것처럼 동작한다. 현재, R4에서 R5의 5.5.5.0/24로 가는 경로는 다음과 같이 속도가 빠른 F0/0.45 인터페이스를 통과한다.

예제 6-55 R4의 라우팅 테이블

```
R4# show ip route 5.5.5.0
Routing entry for 5.5.5.0/24
   Known via "ospf 1", distance 110, metric 20, type extern 2, forward metric 1
   Last update from 1.1.45.5 on FastEthernet0/0.45, 00:11:56 ago
   Routing Descriptor Blocks:
   * 1.1.45.5, from 1.1.5.5, 00:11:56 ago, via FastEthernet0/0.45
       Route metric is 20, traffic share count is 1
```

그 이유는 포워드 메트릭이 시리얼 인터페이스를 통과하는 경로보다 더 작기 때문이다. R4에서 F0/0.45 인터페이스를 셧다운시켜 보자.

예제 6-56 인터페이스 셧다운

```
R4(config)# int f0/0.45
R4(config-subif)# shutdown
```

그러면 S1/1 인터페이스를 통하는 경로가 사용된다.

예제 6-57 R4의 라우팅 테이블

```
R4# show ip route 5.5.5.0
Routing entry for 5.5.5.0/24
   Known via "ospf 1", distance 110, metric 20, type extern 2, forward metric 64
   Last update from 1.1.54.5 on Serial1/1, 00:00:41 ago
```

```
Routing Descriptor Blocks:
* 1.1.54.5, from 1.1.5.5, 00:00:41 ago, via Serial1/1
  Route metric is 20, traffic share count is 1
```

S1/1 인터페이스를 통하는 경로의 포워드 메트릭 값은 F0/0.45보다 더 크다. 다음 테스트를 위하여 다시 F0/0.45 인터페이스를 살린다.

예제 6-58 인터페이스 활성화

```
R4(config)# int f0/0.45
R4(config-subif)# no shut
```

N1, N2 네트워크는 뒤에서 공부할 NSSA(Not-So-Stubby Area)에서 사용되며, 의미는 E1, E2 네트워크와 유사하다. 자세한 내용은 나중에 설명한다.

LSA와 링크 상태 데이터베이스

OSPF가 사용하는 라우팅 정보를 LSA(Link State Advertisement)라고 한다. OSPF는 타입 1부터 타입 11까지 모두 11 종류의 LSA를 이용하여 라우팅 정보를 전송한다. OSPF는 네이버로부터 수신한 LSA를 모두 링크 상태 데이터베이스(Link State Database)에 저장한다. 그런 다음, 이들을 이용하여 특정 목적지로 가는 최적 경로를 계산하고, 이를 라우팅 테이블에 저장시킨다. 많이 사용되는 OSPF LSA는 다음 표와 같다.

표 6-4 OSPF LSA 종류

타입	이름	생성 라우터	내용	확인 명령어	전송 범위
1	router	모든 라우터	인터페이스 상태	router	area
2	network	DR	DR과 연결된 라우터 ID	network	area
3	summary	ABR	타 에어리어 네트워크	summary	area
4	summary	ABR	ASBR 라우터 ID	asbr-summary	area
5	AS-external	ASBR	외부 네트워크	external	AS
7	AS-external	NSSA ASBR	NSSA 외부 네트워크	nssa-external	AS

LSA 타입 6은 MOSPF(멀티캐스트 프로토콜)용으로 사용되며, 시스코 라우터에서는 지원되지 않는다. LSA 타입 8(external-attributes-LSA)은 iBGP 대신 OSPF를 사용할 때를 대비하여 제안되었으나 구현되지는 않았다.

링크 상태 데이터베이스에 저장된 LSA의 내용을 확인하려면 show ip ospf database 명령어를 사용한다. 각 LSA는 20 바이트 크기의 공통적인 헤더를 가지며, 여기에는 LS 타입, 링크 상태 ID, 해당 LSA를 광고하는 라우터의 라우터 ID 등의 정보가 기록되어 있다.

링크 상태 데이터베이스는 에어리어별로 관리되며, 동일한 에어리어에 소속된 내부 라우터들의 링크 상태 정보 데이터베이스 내용은 모두 동일하다. show ip ospf database 명령어를 사용하면 요약된 링크 상태 데이터베이스 내용을 확인할 수 있다.

예제 6-59 OSPF 링크 상태 데이터베이스 확인하기

```
R1# show ip ospf database

            OSPF Router with ID (1.1.1.1) (Process ID 1)

            Router Link States (Area 1)

Link ID         ADV Router      Age         Seq#        Checksum  Link count
1.1.1.1         1.1.1.1         1040        0x8000000F 0x0070F0   4
1.1.2.2         1.1.2.2         1071        0x8000000C 0x006A08   3
1.1.3.3         1.1.3.3         1071        0x8000000B 0x006905   3
```

```
                 Summary Net Link States (Area 1)

Link ID          ADV Router      Age       Seq#         Checksum
1.1.2.0          1.1.2.2         823       0x80000008   0x002BFF
1.1.2.0          1.1.3.3         33        0x80000005   0x00B03A
1.1.3.0          1.1.2.2         84        0x80000005   0x00B239
1.1.3.0          1.1.3.3         809       0x80000008   0x001315
1.1.4.0          1.1.2.2         84        0x80000005   0x002506
1.1.4.0          1.1.3.3         809       0x80000008   0x008A5C
1.1.5.0          1.1.2.2         84        0x80000008   0x001E08
1.1.5.0          1.1.3.3         33        0x80000008   0x00895B
1.1.24.0         1.1.2.2         823       0x80000008   0x0038DC
1.1.24.0         1.1.3.3         809       0x80000008   0x00AD25
1.1.34.0         1.1.2.2         84        0x80000005   0x00527B
1.1.34.0         1.1.3.3         809       0x80000008   0x003594
1.1.45.0         1.1.2.2         84        0x80000008   0x005AA4
1.1.45.0         1.1.3.3         33        0x8000000C   0x00BDFB
1.1.54.0         1.1.2.2         1586      0x80000003   0x007942
1.1.54.0         1.1.3.3         1571      0x80000003   0x00E495

                 Summary ASB Link States (Area 1)

Link ID          ADV Router      Age       Seq#         Checksum
1.1.5.5          1.1.2.2         84        0x80000006   0x00D74B
1.1.5.5          1.1.3.3         33        0x80000006   0x00439E

                 Type-5 AS External Link States

Link ID          ADV Router      Age       Seq#         Checksum   Tag
5.5.5.0          1.1.5.5         1146      0x80000002   0x00DEA5    0
```

앞의 결과에서 보는 것처럼 LSA 종류별로 링크 상태 ID(Link ID)가 의미하는 것이 다르다. 각각에 대한 자세한 내용은 다음과 같다.

타입 1 LSA

타입 1 LSA는 OSPF가 동작하는 모든 라우터가 생성하며, 동일 에어리어내의 모든 라우터에게 전달된다. 타입 1 LSA를 라우터 LSA(router-LSA)라고 하며, 인터페이스의 종류에 따라 다음 표와 같이 링크 타입, 링크 ID(링크 상태 ID와 다르다), 링크 데이터 정보와 함께 각 인터페이스의 코스트를 다른 라우터에게 알려주는 역할을 한다.

표 6-5 타입 1 LSA의 내용

인터페이스	링크 타입	링크 ID	링크 데이터
루프백 인터페이스	스텁 네트워크	자신의 I/F 주소	/32
브로드캐스트/NBMA	트랜짓 네트워크	DR의 I/F 주소	자신의 I/F 주소
포인트 투 포인트	포인트 투 포인트 링크	인접 라우터 ID	자신의 I/F 주소
	스텁 네트워크	네트워크 번호	서브넷 마스크
포인트 투 멀티포인트	포인트 투 포인트 링크	인접 라우터 ID	자신의 I/F 주소
	스텁 네트워크	자신의 I/F 주소	/32
가상 링크	가상 링크	인접 라우터 ID	자신의 I/F 주소

다음과 같이 show ip ospf database router 명령어를 사용하여 R1이 생성한 타입 1 LSA의 내용을 확인해보자.

예제 6-60 R1이 생성한 타입 1 LSA 확인하기

```
                             ①
R1# show ip ospf database router 1.1.1.1

              OSPF Router with ID (1.1.1.1) (Process ID 1)

                  Router Link States (Area 1)

    LS age: 1314
    Options: (No TOS-capability, DC)
    LS Type: Router Links  ②
    Link State ID: 1.1.1.1  ③
    Advertising Router: 1.1.1.1  ④
    LS Seq Number: 8000000F
    Checksum: 0x70F0
    Length: 72
    Number of Links: 4  ⑤
```

```
        Link connected to: a Stub Network   ⑥
         (Link ID) Network/subnet number: 1.1.1.0   ⑦
         (Link Data) Network Mask: 255.255.255.0   ⑧
          Number of MTID metrics: 0
           TOS 0 Metrics: 1   ⑨

        Link connected to: another Router (point-to-point)
         (Link ID) Neighboring Router ID: 1.1.3.3
         (Link Data) Router Interface address: 1.1.123.1
          Number of MTID metrics: 0
           TOS 0 Metrics: 1

        Link connected to: another Router (point-to-point)
         (Link ID) Neighboring Router ID: 1.1.2.2
         (Link Data) Router Interface address: 1.1.123.1
          Number of MTID metrics: 0
           TOS 0 Metrics: 1

        Link connected to: a Stub Network
         (Link ID) Network/subnet number: 1.1.123.1
         (Link Data) Network Mask: 255.255.255.255
          Number of MTID metrics: 0
           TOS 0 Metrics: 0
```

① show ip ospf database router 명령어 다음에 생성 라우터의 라우터 ID를 지정하면 해당 라우터가 만든 LSA만 표시된다.

② LSA의 이름을 표시한다. 즉, 타입 1 LSA의 이름은 'Router link'이다.

③ 링크 상태 ID를 표시한다. 타입 1 LSA의 링크 상태 ID는 생성 라우터의 라우터 ID를 의미한다.

④ 해당 LSA를 알려주는 라우터의 라우터 ID를 의미한다.

⑤ R1이 생성한 타입 1 LSA가 4개임을 나타낸다.

⑥ 링크 타입이 스텁(stub)임을 나타낸다.

⑦ 네트워크 주소를 표시한다.

⑧ 서브넷 마스크를 표시한다.

⑨ 메트릭 값을 표시한다.

이상과 같이 R1은 타입 1 LSA를 이용하여 자신에게 직접 접속되어 있는 네트워크 번호, 종류, 메트릭 값 등의 정보를 네이버 라우터에게 광고한다. 타입 1 LSA는 동일한 에어리어에 소속된 모든 라우터들에게 전송된다.

타입 2 LSA

타입 2 LSA는 DR이 만들며, 동일 에어리어내의 모든 라우터에게 전달된다. 타입 2 LSA를 네트워크 LSA(network-LSA)라고 하며, 링크 상태 ID는 DR의 인터페이스 주소를 의미한다. 타입 2 LSA의 내용은 현재의 DR과 연결된 라우터들의 라우터 ID를 표시한다. 타입 2 LSA의 내용을 보려면 다음과 같이 show ip ospf database network 명령어를 사용한다.

예제 6-61 R1에서 타입 2 LSA 확인하기

```
R1# show ip ospf database network

           OSPF Router with ID (1.1.1.1) (Process ID 1)
```

현재, DR/BDR을 사용하는 네트워크가 없으므로 타입 2 LSA가 없다.

타입 3 LSA

타입 3 LSA는 ABR이 만들며, 다른 에어리어에 소속된 네트워크를 현재의 에어리어에 소속된 라우터들에게 알리기 위하여 사용된다. 타입 3 LSA를 서머리 LSA(summary-LSA)라고 하며, 링크 상태 ID는 다른 에어리어에 소속된 네트워크 주소를 의미한다. 예를 들어, 에어리어 1의 ABR인 R2, R3이 생성하는 타입 3 LSA는 에어리어 0과 에어리어 45에 소속된 네트워크에 대한 정보이다.

타입 3 LSA의 내용을 보려면 다음과 같이 show ip ospf database summary 명령어를 사용한다.

예제 6-62 타입 3 LSA 확인하기

```
R1# show ip ospf database summary adv-router 1.1.2.2

             OSPF Router with ID (1.1.1.1) (Process ID 1)

                Summary Net Link States (Area 1)

   Routing Bit Set on this LSA in topology Base with MTID 0
```

```
LS age: 1850
Options: (No TOS-capability, DC, Upward)
LS Type: Summary Links(Network)
Link State ID: 1.1.2.0 (summary Network Number)   ①
Advertising Router: 1.1.2.2   ②
LS Seq Number: 80000008
Checksum: 0x2BFF
Length: 28
Network Mask: /24   ③
     MTID: 0          Metric: 1   ④

   (생략)
Link State ID: 1.1.3.0 (summary Network Number)

Link State ID: 1.1.4.0 (summary Network Number)

Link State ID: 1.1.5.0 (summary Network Number)

Link State ID: 1.1.24.0 (summary Network Number)

Link State ID: 1.1.34.0 (summary Network Number)

Link State ID: 1.1.45.0 (summary Network Number)

Link State ID: 1.1.54.0 (summary Network Number)
```

① 타입 3 LSA의 링크 상태 ID는 다른 에어리어에 소속된 네트워크를 의미한다.

② 생성 라우터는 현재 에어리어의 ABR이다.

③ 해당 네트워크의 서브넷 마스크 길이를 표시한다.

④ 해당 네트워크의 코스트를 표시한다.

타입 4 LSA

타입 4 LSA는 ABR이 만들며, 다른 에어리어에 소속된 ASBR의 라우터 ID와 그 ASBR까지의 코스트를 현재의 에어리어에 소속된 라우터들에게 알리기 위하여 사용된다. 타입 4 LSA도 타입 3과 마찬가지로 서머리 LSA(summary-LSA)라고 하며, 링크 상태 ID는 다른 에어리어에 소속된 ASBR의 라우터 ID를 의미한다. 타입 4 LSA의 내용을 보려면 다음과 같이 **show ip ospf database asbr-summary**

명령어를 사용한다.

예제 6-63 타입 4 LSA 확인하기

```
R1# show ip ospf database asbr-summary adv-router 1.1.2.2

          OSPF Router with ID (1.1.1.1) (Process ID 1)

              Summary ASB Link States (Area 1)

Routing Bit Set on this LSA in topology Base with MTID 0
LS age: 1891
Options: (No TOS-capability, DC, Upward)
LS Type: Summary Links(AS Boundary Router)
Link State ID: 1.1.5.5 (AS Boundary Router address)   ①
Advertising Router: 1.1.2.2   ②
LS Seq Number: 80000006
Checksum: 0xD74B
Length: 28
Network Mask: /0
      MTID: 0          Metric: 2   ③
```

① 타입 4 LSA의 링크 상태 ID는 다른 에어리어에 소속된 ASBR의 라우터 ID를 의미한다.

② 생성 라우터는 현재 에어리어의 ABR이다.

③ 해당 ASBR까지의 코스트를 표시한다.

타입 5 LSA

타입 5 LSA는 ASBR이 만들며, OSPF 도메인 외부 네트워크를 OSPF 도메인 내부의 라우터들에게 알리기 위하여 사용된다. 타입 5 LSA를 AS 외부 LSA(AS−external−LSA)라고 하며, 링크 상태 ID는 OSPF 도메인 외부 네트워크를 의미한다. 타입 5 LSA의 내용을 보려면 다음과 같이 **show ip ospf database external** 명령어를 사용한다.

예제 6-64 타입 5 LSA 확인하기

```
R1# show ip ospf database external
```

```
              OSPF Router with ID (1.1.1.1) (Process ID 1)

                 Type-5 AS External Link States

   Routing Bit Set on this LSA in topology Base with MTID 0
   LS age: 1070
   Options: (No TOS-capability, DC, Upward)
   LS Type: AS External Link
   Link State ID: 5.5.5.0 (External Network Number )   ①
   Advertising Router: 1.1.5.5   ②
   LS Seq Number: 80000003
   Checksum: 0xDCA6
   Length: 36
   Network Mask: /24   ③
         Metric Type: 2 (Larger than any link state path)   ④
         MTID: 0
         Metric: 20   ⑤
         Forward Address: 0.0.0.0
         External Route Tag: 0
```

① 타입 5 LSA의 링크 상태 ID는 OSPF 도메인 외부 네트워크를 의미한다.

② 타입 5 LSA를 만든 라우터인 ASBR의 라우터 ID를 표시한다.

③ 해당 네트워크의 서브넷 마스크를 표시한다.

④ 외부 네트워크 타입을 표시한다.

⑤ 해당 네트워크의 코스트를 표시한다.

OSPF 스텁 에어리어

다른 IGP들에 비해서 OSPF가 가진 장점중의 하나가 스텁 에어리어(stub area)를 구성할 수 있다는 것이다. OSPF 스텁 에어리어에서는 ABR이 내부 라우터에게 외부 경로에 대한 LSA를 차단하고 대신 디폴트 루트를 전달한다. 결과적으로 라우팅 테이블의 크기를 대폭 감소되어 네트워크의 안정성이 향상되고, 라우팅 성능도 좋아지며, 장애처리가 쉬워진다.

스텁 에어리어의 종류는 스텁(stub) 에어리어, 완전 스텁(totally stubby) 에어리어 및 NSSA(not-so-stubby area)가 있다. 각 스텁 에어리어의 특징은 다음과 같다.

표 6-6 OSPF 스텁 에어리어

종류	설정 명령어	차단 네트워크
스텁 에어리어	area n stub	E1, E2
완전 스텁 에어리어	area n stub no-summary	E1, E2, IA
NSSA	area n nssa default-information-originate	E1, E2
NSSA 완전 스텁 에어리어	area n nssa no-summary	E1, E2, IA

그러나, 스텁 에어리어는 다음과 같은 제약사항이 있다.

● 백본 에어리어가 될 수 없다.

● 가상 링크 설정시 트랜짓(transit) 에어리어가 될 수 없다.

● 에어리어 내부에 ASBR을 둘 수 없다.(NSSA는 예외)

지금부터 각 스텁 에어리어의 특성 및 설정방법에 대해서 살펴보자.

스텁 에어리어

다음 그림과 같이 에어리어 1을 스텁 에어리어(stub area)로 구성해 보자. 그러면, 에어리어 1의 ABR인 R2, R3이 에어리어 1 내부로 OSPF 외부 네트워크를 모두 차단하고, 대신 디폴트 루트를 만들어 전송한다.

그림 6-18 스텁 에어리어 동작 방식

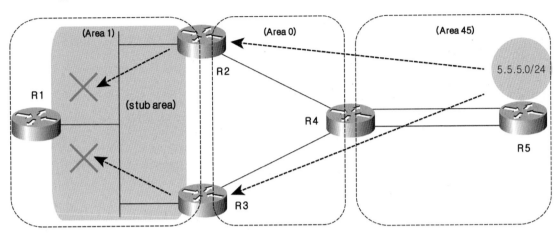

에어리어 1을 스텁 에어리어로 설정하려면 다음과 같이 에어리어 1에 소속된 모든 라우터의 OSPF 설정 모드에서 area 1 stub 명령어만 사용하면 된다.

예제 6-65 스텁 에어리어 설정하기

```
R1(config)# router ospf 1
R1(config-router)# area 1 stub

R2(config)# router ospf 1
R2(config-router)# area 1 stub

R3(config)# router ospf 1
R3(config-router)# area 1 stub
```

설정 후 에어리어 1의 내부 라우터인 R1의 라우팅 테이블을 보면 OSPF 외부 네트워크인 5.5.5.0/24 네트워크가 없다. 대신 ABR인 R2, R3이 만들어 보낸 디폴트 루트가 설치된다.

예제 6-66 R1의 라우팅 테이블

```
R1# show ip route ospf
    (생략)

Gateway of last resort is 1.1.123.3 to network 0.0.0.0

O*IA   0.0.0.0/0 [110/2] via 1.1.123.3, 00:01:40, FastEthernet0/0.123
                 [110/2] via 1.1.123.2, 00:01:40, FastEthernet0/0.123
       1.0.0.0/8 is variably subnetted, 14 subnets, 2 masks
O IA      1.1.2.0/24 [110/2] via 1.1.123.2, 00:01:40, FastEthernet0/0.123
O IA      1.1.3.0/24 [110/2] via 1.1.123.3, 00:01:40, FastEthernet0/0.123
O IA      1.1.4.0/24 [110/3] via 1.1.123.2, 00:01:40, FastEthernet0/0.123
O IA      1.1.5.0/24 [110/4] via 1.1.123.2, 00:01:40, FastEthernet0/0.123
O IA      1.1.24.0/24 [110/2] via 1.1.123.2, 00:01:40, FastEthernet0/0.123
O IA      1.1.34.0/24 [110/65] via 1.1.123.3, 00:01:40, FastEthernet0/0.123
O IA      1.1.45.0/24 [110/3] via 1.1.123.2, 00:01:40, FastEthernet0/0.123
O IA      1.1.54.0/24 [110/66] via 1.1.123.2, 00:01:40, FastEthernet0/0.123
O         1.1.123.2/32 [110/1] via 1.1.123.2, 00:01:40, FastEthernet0/0.123
O         1.1.123.3/32 [110/1] via 1.1.123.3, 00:01:40, FastEthernet0/0.123
```

즉, 에어리어 1의 ABR인 R2, R3이 스텁 에어리어 내부로 E1, E2 네트워크를 모두 차단하고, 대신 디폴트 루트를 만들어 전송한다. 따라서, 외부 네트워크로 향하는 패킷들은 모두 디폴트 루트를 이용하여 라우팅된다. R1에서 외부 네트워크인 5.5.5.5로 핑을 해보면 성공한다.

예제 6-67 원격 네트워크로 통신하기

```
R1# ping 5.5.5.5
Type escape sequence to abort.
Sending 5, 100-byte ICMP Echos to 5.5.5.5, timeout is 2 seconds:
!!!!!
Success rate is 100 percent (5/5), round-trip min/avg/max = 36/39/44 ms
```

R1의 링크 상태 데이터베이스를 확인해보면 타입 4, 5 LSA가 없다. 즉, 스텁 에어리어 내부로는 타입 5 LSA를 차단된다. 또, 외부 네트워크를 광고하지 않으므로 ASBR을 알릴 필요가 없어 타입 4 LSA도 차단한다.

예제 6-68 스텁 에어리어내부로 타입 4 및 5 LSA가 차단된다

```
R1# show ip ospf database asbr-summary

            OSPF Router with ID (1.1.1.1) (Process ID 1)
R1#

R1# show ip ospf database external

            OSPF Router with ID (1.1.1.1) (Process ID 1)
R1#
```

그러나, 스텁 에어리어의 ABR인 R2는 모든 내부, 외부 네트워크 정보를 다 가지고 있다. R2의 라우팅 테이블에는 다음과 같이 외부 네트워크가 저장되어 있다.

예제 6-69 R2의 라우팅 테이블

```
R2# show ip route
    (생략)

    3.0.0.0/24 is subnetted, 1 subnets
O E2    3.3.3.0 [110/20] via 1.1.23.3, 00:17:29, Serial1/0.23
```

이상으로 OSPF 스텁 에어리어에 대하여 살펴보았다.

완전 스텁 에어리어

완전 스텁 에어리어(totally stubby area)는 OSPF 외부 네트워크(E1, E2)뿐만 아니라 다른 에어리어에 소속된 네트워크(IA)도 차단되는 에어리어를 말한다.

에어리어 1을 완전 스텁 에어리어로 설정하려면 다음과 같이 에어리어 1의 ABR인 R2, R3의 OSPF 설정모드에서 **area 1 stub no-summary** 명령어를 사용하고, 동일 에어리어의 내부 라우터에서는 **area 1 stub** 명령어만 사용하면 된다.

예제 6-70 완전 스텁 에어리어 설정하기

```
R1(config)# router ospf 1
R1(config-router)# area 1 stub

R2(config)# router ospf 1
R2(config-router)# area 1 stub no-summary

R3(config)# router ospf 1
R3(config-router)# area 1 stub no-summary
```

설정 후 에어리어 1의 내부 라우터인 R1의 라우팅 테이블을 보면 OSPF 외부 네트워크인 5.5.5.0/24 네트워크뿐만 아니라 다른 에어리어에 소속된 네트워크인 1.1.2.0/24, 1.1.3.0/24, 1.1.4.0/24 등의 네트워크도 없다. 대신 ABR인 R2, R3이 광고한 디폴트 루트가 저장된다.

예제 6-71 R1의 라우팅 테이블

```
R1# show ip route ospf
    (생략)

Gateway of last resort is 1.1.123.3 to network 0.0.0.0

O*IA  0.0.0.0/0 [110/2] via 1.1.123.3, 00:00:04, FastEthernet0/0.123
               [110/2] via 1.1.123.2, 00:00:16, FastEthernet0/0.123
      1.0.0.0/8 is variably subnetted, 6 subnets, 2 masks
O        1.1.123.2/32 [110/1] via 1.1.123.2, 00:05:43, FastEthernet0/0.123
O        1.1.123.3/32 [110/1] via 1.1.123.3, 00:05:43, FastEthernet0/0.123
```

즉, 에어리어 1의 ABR인 R2, R3이 완전 스텁 에어리어 내부로 E1, E2, IA 네트워크를 모두 차단하고, 대신 디폴트 루트를 만들어 전송한다. 따라서, 외부 네트워크로 향하는 패킷들은 모두 디폴트 루트를 이용하여 라우팅된다. R1의 링크 상태 데이터베이스를 확인해보면 타입 3으로 광고받는 LSA는 코스트가 1인 디폴트 루트 뿐이며, 타입 4, 5 LSA는 없다.

예제 6-72 타입 3, 4, 5 LSA 확인하기

```
R1# sh ip os da summary adv-router 1.1.2.2

                OSPF Router with ID (1.1.1.1) (Process ID 1)

                Summary Net Link States (Area 1)

  Routing Bit Set on this LSA in topology Base with MTID 0
  LS age: 171
  Options: (No TOS-capability, DC, Upward)
  LS Type: Summary Links(Network)
  Link State ID: 0.0.0.0 (summary Network Number)
  Advertising Router: 1.1.2.2
  LS Seq Number: 80000003
  Checksum: 0x82B3
  Length: 28
  Network Mask: /0
        MTID: 0          Metric: 1

R1#
```

ABR이 하나뿐인 에어리어라면 완전 스텁 에어리어로 설정하는 것이 가장 안정되고, 성능도 개선되며, 장애처리도 간편하다. 그러나, 완전 스텁 에어리어는 시스코 라우터에서만 지원되므로 타사의 라우터와 혼합된 네트워크에서는 나중에 설명하는 NSSA 완전 스텁 에어리어를 사용하면 된다.

스텁 또는 완전 스텁 에어리어 ABR이 타입 3 LSA를 이용하여 전송하는 디폴트 루트의 코스트를 다음처럼 area *n* default-cost 명령어를 사용하여 변경할 수 있다.

예제 6-73 디폴트 루트의 디폴트 코스트 변경하기

```
R2(config-router)# area 1 default-cost 10
```

이상으로 완전 스텁 에어리어에 대하여 살펴보았다.

NSSA

다음 그림의 에어리어 45와 같이 에어리어 내부에 ASBR이 존재할 때에는 스텁이나 완전 스텁 에어리어를 구성할 수 없다. 이 경우 해당 에어리어를 NSSA(Not-So-Stubby Area)로 구성하면 된다. 즉, '아주 스터비하지 않은 에어리어'라는 다소 우스운 이름을 가진 NSSA로 구성하면 스텁 에어리어 내부에 ASBR을 둘 수 있다.

이 경우 NSSA 에어리어 ABR은 에어리어 내부로 외부 네트워크 광고가 전송되는 것을 차단한다. 예를 들어, 다음 그림에서 R2에서 2.2.2.0/24 네트워크를 재분배해도 이 정보가 R5에게 전송되지 않는다.

그림 6-19 에어리어 내부에 ASBR이 존재하면 NSSA로 구성한다

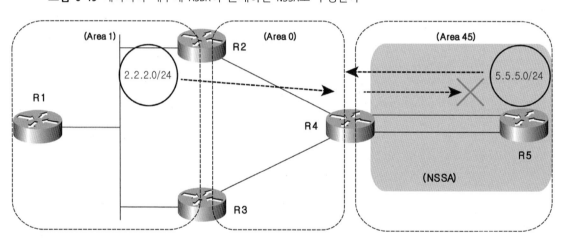

테스트를 위하여 R2에 Lo2를 만들고 IP 주소 2.2.2.2/24를 부여한 다음 OSPF로 재분배한다.

예제 6-74 R2의 설정

```
R2(config)# int lo2
R2(config-if)# ip address 2.2.2.2 255.255.255.0
R2(config-if)# exit

R2(config)# router ospf 1
R2(config-router)# redistribute connected subnets
```

설정 후 R5의 라우팅 테이블에 외부 네트워크 2.2.2.0/24가 설치된다.

예제 6-75 R5의 라우팅 테이블

```
R5# show ip route ospf
     (생략)
     2.0.0.0/24 is subnetted, 1 subnets
O E2     2.2.2.0 [110/20] via 1.1.45.4, 00:00:34, FastEthernet0/0.45
```

에어리어 45를 NSSA로 설정하려면 다음과 같이 에어리어 45의 ABR인 R4에서 **area 45 nssa default-information-originate** 명령어를 사용하고, 모든 내부 라우터의 OSPF 설정모드에서는 **area 45 nssa** 명령어만 사용하면 된다.

예제 6-76 NSSA 설정하기

```
R4(config)# router ospf 1
R4(config-router)# area 45 nssa default-information-originate

R5(config)# router ospf 1
R5(config-router)# area 45 nssa
```

설정 후 에어리어 45의 내부 라우터인 R5의 라우팅 테이블을 보면 OSPF 외부 네트워크인 2.2.2.0/24 네트워크가 없다. 그러나, 디폴트 루트가 N2 네트워크로 내부 라우터들에게 광고된다.

예제 6-77 R5의 라우팅 테이블

```
R5# show ip route ospf
     (생략)

Gateway of last resort is 1.1.45.4 to network 0.0.0.0

O*N2  0.0.0.0/0 [110/1] via 1.1.45.4, 00:02:18, FastEthernet0/0.45
      1.0.0.0/8 is variably subnetted, 15 subnets, 2 masks
O IA     1.1.1.0/24 [110/4] via 1.1.45.4, 00:02:18, FastEthernet0/0.45
O IA     1.1.2.0/24 [110/3] via 1.1.45.4, 00:02:18, FastEthernet0/0.45
O IA     1.1.3.0/24 [110/66] via 1.1.45.4, 00:02:18, FastEthernet0/0.45
O IA     1.1.4.0/24 [110/2] via 1.1.45.4, 00:02:18, FastEthernet0/0.45
O IA     1.1.24.0/24 [110/2] via 1.1.45.4, 00:02:18, FastEthernet0/0.45
```

```
O IA      1.1.34.0/24 [110/65] via 1.1.45.4, 00:02:18, FastEthernet0/0.45
O IA      1.1.123.1/32 [110/3] via 1.1.45.4, 00:02:18, FastEthernet0/0.45
O IA      1.1.123.2/32 [110/2] via 1.1.45.4, 00:02:18, FastEthernet0/0.45
O IA      1.1.123.3/32 [110/3] via 1.1.45.4, 00:02:18, FastEthernet0/0.45
```

NSSA 내부의 ASBR이 OSPF 도메인 외부 네트워크를 다른 라우터로 광고할 때 타입 7 LSA를
사용한다. 링크 상태 정보 데이터베이스에서 타입 7 LSA를 확인하려면 다음과 같이 show ip ospf
database nssa-external 명령어를 사용한다.

예제 6-78 타입 7 LSA 확인하기

```
R5# show ip ospf database nssa-external

           OSPF Router with ID (1.1.5.5) (Process ID 1)

           Type-7 AS External Link States (Area 45)

Routing Bit Set on this LSA in topology Base with MTID 0
LS age: 227
Options: (No TOS-capability, No Type 7/5 translation, DC, Upward)
LS Type: AS External Link
Link State ID: 0.0.0.0 (External Network Number )
Advertising Router: 1.1.4.4
LS Seq Number: 80000001
Checksum: 0xC7DF
Length: 36
Network Mask: /0
      Metric Type: 2 (Larger than any link state path)
      MTID: 0
      Metric: 1
      Forward Address: 0.0.0.0
      External Route Tag: 0

LS age: 219
Options: (No TOS-capability, Type 7/5 translation, DC, Upward)
LS Type: AS External Link
Link State ID: 5.5.5.0 (External Network Number )
Advertising Router: 1.1.5.5
LS Seq Number: 80000001
```

```
Checksum: 0xEA84
Length: 36
Network Mask: /24
        Metric Type: 2 (Larger than any link state path)
        MTID: 0
        Metric: 20
        Forward Address: 1.1.5.5
        External Route Tag: 0
```

NSSA 내부에서는 OSPF 도메인으로 재분배된 외부 네트워크들이 N1 또는 N2 네트워크로 광고된다. 그러나, NSSA ABR에서 백본 에어리어로 광고될 때는 E1 또는 E2 네트워크로 변경된다.

그림 6-20 N1/N2 네트워크는 NSSA 에어리어를 벗어나면 E1/E2로 변경된다

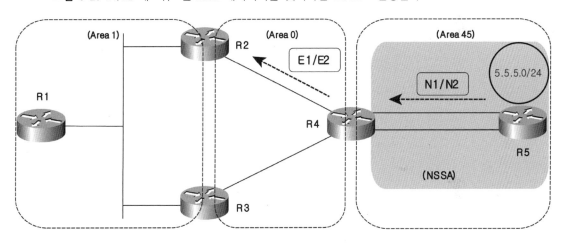

예를 들어, R4의 라우팅 테이블에서 확인해 보면 R5에서 재분배된 외부 네트워크가 N2로 저장되어 있다.

예제 6-79 R4의 라우팅 테이블

```
R4# show ip route ospf
    (생략)

    5.0.0.0/24 is subnetted, 1 subnets
O N2    5.5.5.0 [110/20] via 1.1.45.5, 00:10:11, FastEthernet0/0.45
```

그러나, R2의 라우팅 테이블에서는 다음과 같이 5.5.5.0 네트워크가 E2로 저장되어 있다.

예제 6-80 R2의 라우팅 테이블

```
R2# show ip route ospf
    (생략)
      5.0.0.0/24 is subnetted, 1 subnets
O E2     5.5.5.0 [110/20] via 1.1.24.4, 00:10:53, FastEthernet0/0.24
```

이상으로 NSSA 에어리어에 대하여 살펴보았다.

NSSA 완전 스텁 에어리어

NSSA 완전 스텁 에어리어(totally stubby area)는 OSPF 외부 도메인 네트워크뿐만 아니라 다른 에어리어에 소속된 네트워크도 차단되는 에어리어를 말한다. 일반 완전 스텁 에어리어와의 차이점은 에어리어 내부에 ASBR이 존재할 수 있다는 것이다.

에어리어 45를 NSSA 완전 스텁 에어리어로 설정하려면 다음과 같이 에어리어 45의 ABR인 R4의 OSPF 설정모드에서 **area 45 nssa no-summary** 명령어를 사용하고, 동일 에어리어의 내부 라우터에서는 **area 45 nssa** 명령어만 사용하면 된다. 테스트를 위하여, R4에서 앞서 설정한 NSSA 관련사항을 다음과 같이 제거한다.

예제 6-81 기존 설정 제거하기

```
R4(config)# router ospf 1
R4(config-router)# no area 45 nssa
```

스텁 에어리어 설정을 제거할 때 no area 45 nssa no-summary default-information-originate 명령어를 사용하면 default-information-originate 옵션만 제거되고 area 45 nssa 명령어는 그대로 남아있다. 따라서, 완전히 제거하려면 앞서의 예와 같이 **no area 45 nssa** 명령어를 사용해야 된다. 다음과 같이 에어리어 45를 NSSA 완전 스텁 에어리로 설정한다.

예제 6-82 NSSA 완전 스텁 에어리어 설정

```
R4(config)# router ospf 1
R4(config-router)# area 45 nssa no-summary

R5(config)# router ospf 1
R5(config-router)# area 45 nssa
```

설정 후 에어리어 45의 내부 라우터인 R5의 라우팅 테이블을 보면 OSPF 도메인 외부 네트워크인 2.2.2.0/24 네트워크뿐만 아니라 다른 에어리어에 소속된 네트워크도 없다. 대신 ABR인 R4가 자동으로 디폴트 루트를 생성하여 타입 3 LSA로 R5에게 전달한 것이 저장되어 있다.

예제 6-83 R5의 라우팅 테이블

```
R5# show ip route ospf
     (생략)

Gateway of last resort is 1.1.45.4 to network 0.0.0.0

O*IA    0.0.0.0/0 [110/2] via 1.1.45.4, 00:01:12, FastEthernet0/0.45
```

즉, 에어리어 45의 ABR인 R4가 NSSA 완전 스텁 에어리어 내부로 E1, E2, IA 네트워크를 모두 차단하고, 대신 디폴트 루트를 만들어 전송한다. 따라서, 외부 네트워크로 향하는 패킷들은 모두 디폴트 루트를 이용하여 라우팅된다. R5의 링크 상태 데이터베이스를 확인해보면 디폴트 루트외에는 타입 3, 4, 5 LSA가 없다.

예제 6-84 OSPF 링크 상태 데이터베이스 확인하기

```
R5# show ip ospf database

            OSPF Router with ID (1.1.5.5) (Process ID 1)

            Router Link States (Area 45)

Link ID         ADV Router      Age       Seq#       Checksum Link count
1.1.4.4         1.1.4.4         178       0x80000028 0x00A8A8 4
1.1.5.5         1.1.5.5         177       0x8000002A 0x0090A5 5
```

```
                  Summary Net Link States (Area 45)

Link ID           ADV Router      Age        Seq#         Checksum
0.0.0.0           1.1.4.4         186        0x80000001 0x00F338

                  Type-7 AS External Link States (Area 45)

Link ID           ADV Router      Age        Seq#         Checksum Tag
5.5.5.0           1.1.5.5         1169       0x80000001 0x00EA84 0
```

이상으로 NSSA 완전 스텁 에어리어에 대하여 살펴보았다.

N1/N2 네트워크 차단하기

테스트를 위하여 R4에 Lo4를 만들고 IP 주소 4.4.4.4/24를 부여한 다음 OSPF로 재분배한다.

예제 6-85 R4의 설정

```
R4(config)# int lo4
R4(config-if)# ip address 4.4.4.4 255.255.255.0
R4(config-if)# exit

R4(config)# router ospf 1
R4(config-router)# redistribute connected subnets
```

R5의 라우팅 테이블을 보면 다음과 같다.

예제 6-86 R5의 라우팅 테이블

```
R5# show ip route ospf
    (생략)

Gateway of last resort is 1.1.45.4 to network 0.0.0.0

O*IA   0.0.0.0/0 [110/2] via 1.1.45.4, 00:10:16, FastEthernet0/0.45
       4.0.0.0/24 is subnetted, 1 subnets
```

```
O N2        4.4.4.0 [110/20]  via  1.1.45.4,  00:00:06,  FastEthernet0/0.45
```

즉, 다음 그림과 같이 NSSA ABR이면서 동시에 ASBR인 R4에서 OSPF 도메인으로 재분배된 외부 네트워크 4.4.4.0/24를 NSSA 내부 라우터들에게 N1 또는 N2로 광고하고 있다.

그림 6-21 NSSA ABR이면서 ASBR이면 불필요한 외부 네트워크 정보를 내부로 광고한다

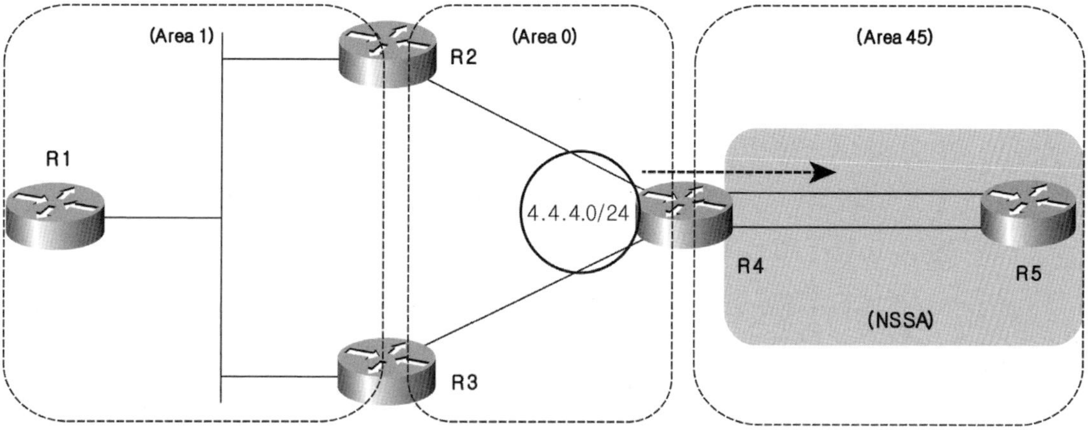

그러나, ABR이 하나뿐인 에어리어 45의 내부 라우터들은 디폴트 루트만으로 자신들의 ABR인 R4까지 패킷을 라우팅시킬 수 있다. 따라서, ABR이 생성한 N1/N2 네트워크는 필요없다. 이처럼 NSSA ABR이면서 ASBR에서는 OSPF 설정모드에서 다음과 같이 **area x nssa no-redistribution** 명령어를 사용하면 N1/N2 네트워크가 NSSA 내부로 광고되는 것을 차단해 준다.

예제 6-87 NSSA ABR/ASBR에서 N1/N2 네트워크 차단하기

```
R4(config)# router ospf 1
R4(config-router)# area 45 nssa no-redistribution
```

설정 후 R5의 라우팅 테이블을 보면 N2로 광고되던 R4에서 재분배된 4.4.4.0/24 네트워크가 보이지 않는다.

예제 6-88 R5의 라우팅 테이블

```
R5# show ip route ospf
     (생략)

Gateway of last resort is 1.1.45.4 to network 0.0.0.0

O*IA   0.0.0.0/0 [110/2] via 1.1.45.4, 00:00:34, FastEthernet0/0.45
R5#
```

이상으로 OSPF 스텁 에어리어에 대하여 살펴보았다.

OSPF 네트워크 축약

앞서 설명한 스텁 에어리어들은 특정 에어리어 내부 라우터들의 라우팅 테이블 크기를 대폭 감소시키는 역할을 하지만 백본 에어리어에 소속된 라우터의 라우팅 테이블의 크기는 감소시키지 않는다. 또, NSSA 내부 라우터들의 N1/N2 네트워크 수를 감소시키지도 않는다.

그러나, 축약을 하면 위의 문제들을 해결할 수 있다. 임의의 인터페이스에서 축약이 가능한 RIP v2나 EIGRP와 달리 OSPF는 축약을 할 수 있는 위치가 정해져 있다. 즉, 자신의 에어리어 소속된 네트워크를 축약하여 다른 에어리어로 전송시키려면 ABR에서, 외부 도메인에서 재분배된 네트워크를 축약하려면 ASBR에서 축약해야 한다. 다른 라우팅 프로토콜과 마찬가지로 OSPF에서도 축약을 함으로써 기대할 수 있는 효과는 다음과 같은 것들이 있다.

• 안정된 네트워크를 유지할 수 있다. 축약에 포함된 상세 네트워크의 변화(업·다운)가 전체 네트워크에 미치는 영향이 최소화된다.

• 네트워크 성능을 향상시킬 수 있다. 축약에 의해 LSA 수량과 라우팅 테이블의 크기가 줄어들고, 대역폭 및 라우터의 메모리, CPU가 절약된다. 결과적으로 라우팅 테이블 검색 속도가 향상되고, 통신 속도도 빨라진다.

내부 네트워크 축약

다음 그림과 같이 R5의 Lo50 인터페이스에 IP 주소 1.1.50.5/24, 1.1.51.5/24를 부여하고 OSPF에 포함시킨다. 그런 다음 이 두개의 네트워크를 1.1.50.0/23으로 축약해서 다른 라우터에게 광고한다. 1.1.50.5/24, 1.1.51.5/24 네트워크는 **network** 명령어를 사용하여 OSPF에 포함시킬 것이므로 OSPF 내부 네트워크이다.

OSPF 내부 네트워크는 해당 네트워크가 소속된 에어리어의 ABR에서만 축약이 가능하다. 즉, 다음 그림에서 에어리어 45의 ABR인 R4에서만 축약할 수 있다.

그림 6-22 ABR에서의 축약

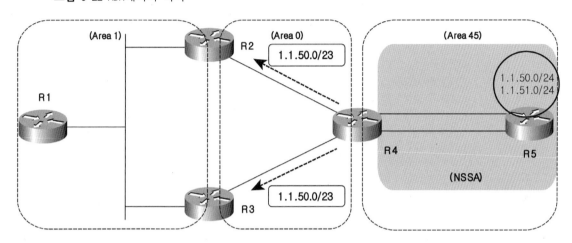

R5에서 인터페이스에 IP 주소를 부여하고, OSPF에 포함시킨다.

예제 6-89 R5의 설정

```
R5(config)# int lo50
R5(config-if)# ip address 1.1.50.5 255.255.255.0
R5(config-if)# ip address 1.1.51.5 255.255.255.0 secondary
R5(config-if)# ip ospf network point-to-point
R5(config-if)# exit

R5(config)# router ospf 1
R5(config-router)# network 1.1.50.0 0.0.1.255 area 45
```

설정 후 R2의 라우팅 테이블에 1.1.50.5/24, 1.1.51.5/24 네트워크가 설치된다.

예제 6-90 R2의 라우팅 테이블

```
R2# show ip route ospf
```

```
       (생략)

       1.0.0.0/8 is variably subnetted, 17 subnets, 2 masks
O          1.1.1.0/24 [110/2] via 1.1.123.1, 02:53:10, FastEthernet0/0.123
O          1.1.3.0/24 [110/66] via 1.1.24.4, 02:53:10, FastEthernet0/0.24
O          1.1.4.0/24 [110/2] via 1.1.24.4, 02:53:10, FastEthernet0/0.24
O IA       1.1.5.0/24 [110/3] via 1.1.24.4, 01:54:57, FastEthernet0/0.24
O          1.1.34.0/24 [110/65] via 1.1.24.4, 02:53:10, FastEthernet0/0.24
O IA       1.1.45.0/24 [110/2] via 1.1.24.4, 02:53:10, FastEthernet0/0.24
O IA       1.1.50.0/24 [110/3] via 1.1.24.4, 00:01:33, FastEthernet0/0.24
O IA       1.1.51.0/24 [110/3] via 1.1.24.4, 00:01:33, FastEthernet0/0.24
O IA       1.1.54.0/24 [110/65] via 1.1.24.4, 02:53:10, FastEthernet0/0.24
O          1.1.123.1/32 [110/1] via 1.1.123.1, 02:53:10, FastEthernet0/0.123
O          1.1.123.3/32 [110/1] via 1.1.123.3, 02:53:10, FastEthernet0/0.123
       4.0.0.0/24 is subnetted, 1 subnets
O E2       4.4.4.0 [110/20] via 1.1.24.4, 01:44:38, FastEthernet0/0.24
       5.0.0.0/24 is subnetted, 1 subnets
O E2       5.5.5.0 [110/20] via 1.1.24.4, 01:54:56, FastEthernet0/0.24
```

에어리어 45의 ABR인 R4에서 이 두개의 네트워크를 1.1.50.0/23으로 축약해서 다른 라우터에게
광고한다.

예제 6-91 ABR 축약

```
R4(config)# router ospf 1
R4(config-router)# area 45 range 1.1.50.0 255.255.254.0
```

설정 후 R2의 라우팅 테이블에 1.1.50.5/24, 1.1.51.5/24 네트워크가 1.1.50.0/23으로 축약되어
설치된다.

예제 6-92 R2의 라우팅 테이블

```
R2# show ip route ospf
       (생략)

       1.0.0.0/8 is variably subnetted, 16 subnets, 3 masks
O IA       1.1.50.0/23 [110/3] via 1.1.24.4, 00:00:44, FastEthernet0/0.24
```

R4의 라우팅 테이블을 확인해 보면 다음과 같이 축약된 네트워크의 게이트웨이가 null 0으로 지정되어 있다. 이것은 EIGRP와 마찬가지로 축약에 포함되는 상세 네트워크가 다운되었을 때 라우팅 루프를 방지하기 위함이다.

예제 6-93 R4의 라우팅 테이블

```
R4# show ip route ospf
    (생략)
O          1.1.50.0/23 is a summary, 00:02:45, Null0
```

이상으로 ABR에서의 축약에 대해서 살펴보았다.

외부 네트워크 축약

OSPF로 재분배된 네트워크는 그 네트워크를 재분배한 ASBR에서만 축약이 가능하다. 다음 그림과 같이 R5의 Lo5 인터페이스에 IP 주소 5.5.50.5/24, 5.5.51.5/24를 부여하고 OSPF로 재분배한 다음 이를 축약해 보자.

그림 6-23 ASBR 축약

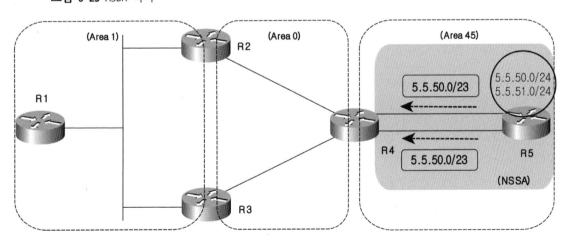

R5에서 다음과 같이 설정한다.

예제 6-94 R5의 설정

```
R5(config)# int lo5
R5(config-if)# ip address 5.5.50.5 255.255.255.0
R5(config-if)# ip address 5.5.51.5 255.255.255.0 secondary
R5(config-if)# exit

R5(config)# router ospf 1
R5(config-router)# redistribute connected subnets
```

설정 후 R2의 라우팅 테이블에 5.5.50.5/24, 5.5.51.5/24 네트워크가 설치된다.

예제 6-95 R2의 라우팅 테이블

```
R2# show ip route ospf
    (생략)

     5.0.0.0/24 is subnetted, 2 subnets
O E2    5.5.50.0 [110/20] via 1.1.24.4, 00:01:13, FastEthernet0/0.24
O E2    5.5.51.0 [110/20] via 1.1.24.4, 00:01:05, FastEthernet0/0.24
```

이 네트워크는 OSPF 외부 네트워크이므로 축약하려면 반드시 ASBR인 R5에서만 가능하다. ASBR에서 네트워크를 축약하려면 다음과 같이 OSPF 설정모드에서 summry-address 명령어를 사용한다.

예제 6-96 ASBR에서의 축약

```
R5(config)# router ospf 1
R5(config-router)# summary-address 5.5.50.0 255.255.254.0
```

R2의 라우팅 테이블을 확인해 보면 축약된 5.5.50.0/23 네트워크가 저장된다.

예제 6-97 R2의 라우팅 테이블

```
R2# show ip route ospf
    (생략)
     5.0.0.0/23 is subnetted, 1 subnets
```

```
O E2      5.5.50.0 [110/20] via 1.1.24.4, 00:00:56, FastEthernet0/0.24
```

이상으로 OSPF ASBR 축약에 대하여 살펴보았다.

OSPF 디폴트 루트

앞서 공부한 바와 같이 OSPF 스텁 에어리어, 완전 스텁 에어리어에서는 ABR이 자동으로 디폴트 루트를 만들어 LSA 3을 이용하여 내부로 전송한다. 일반 에어리어에서 디폴트 루트를 만들어 전달하려 면 default-information originate 명령어를 사용한다. 예를 들어, R4에서 R5 방향으로 정적인 디폴트 네트워크를 설정하고 이것을 R2, R3에게에게 광고하려면 다음과 같이 설정한다.

예제 6-98 OSPF 디폴트 루트 생성하기

```
R4(config)# ip route 0.0.0.0 0.0.0.0 1.1.45.5
R4(config)# ip route 0.0.0.0 0.0.0.0 1.1.54.5 220

R4(config)# router ospf 1
R4(config-router)# default-information originate
```

속도가 느린 S1/1 인터페이스는 백업(backup)으로 사용하기 위하여 디스턴스 값을 높게 잡았다. 또, default-information originate always 명령어를 사용하면 정적인 디폴트 루트가 모두 다운되어도 항상 디폴트 루트를 생성하여 다른 라우터로 광고한다. 설정 후 R2의 라우팅 테이블에 OSPF를 통하여 광고받은 디폴트 루트가 설치된다.

예제 6-99 R2의 라우팅 테이블

```
R2# show ip route ospf
    (생략)
Gateway of last resort is 1.1.24.4 to network 0.0.0.0

O*E2  0.0.0.0/0 [110/1] via 1.1.24.4, 00:04:26, FastEthernet0/0.24
```

이상으로 OSPF 네트워크 축약에 대하여 살펴보았다.

OSPF 네트워크 보안

다른 라우팅 프로토콜과 마찬가지로 OSPF도 인증을 적용시켜 보안을 강화시킬 수 있다. 네이버간에만 인증을 구현하는 RIP, EIGRP 및 BGP와는 달리, OSPF는 네이버 인증 외에 특정 에어리어 전체를 인증할 수 있다. OSPF에서 사용하는 인증 방식의 종류 및 설정을 위한 명령어는 다음과 같다.

표 6-7 OSPF 인증 방식별 사용 명령어

인증 범위	인증 방식	사용 명령어
네이버 인증	평문 (clear text)	interface xxx ip ospf authentication ip ospf authentication-key cisco
	MD5	interface xxx ip ospf authentication message-digest ip ospf message-digest-key 1 md5 cisco
에어리어 인증	평문 (clear text)	router ospf 1 area xxx authentication interface xxx ip ospf authentication-key cisco
	MD5	router ospf 1 area xxx authentication message-digest interface xxx ip ospf message-digest-key 1 md5 cisco

인증을 하지 않는 것을 타입 0, 평문 인증을 타입 1이라 하며, MD5 방식으로 인증하는 것을 타입 2 인증이라고 한다. 먼저, 다음과 같이 인증을 위한 OSPF 네트워크를 구성해 보자. 평문 인증을 하면 인증키(암호)를 전송할 때 평문으로 보내기 때문에 보안성이 떨어진다. MD5로 인증하면 인증키를 암호화하여 전송한다.

에어리어 인증

OSPF 에어리어 인증이란 동일한 에어리어에 소속된 모든 라우터가 OSPF 패킷을 송·수신할 때 인증을 하게 하는 것을 말한다. 에어리어 인증시 적용되는 원칙은 다음과 같다.

● 동일한 에어리어에 소속된 모든 라우터의 인증방식(MD5 또는 평문)은 동일해야 한다.

● 인증키는 네이버간에만 일치하면 된다.

에어리어 1을 MD5 방식으로 인증해 보자.

그림 6-24 Area 1 MD5 인증

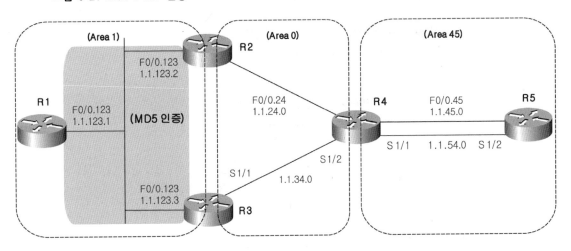

에어리어 인증은 OSPF 라우팅 설정 모드에서 인증 방식(평문 또는 MD5)을 정의하고, 네이버와
연결되는 인터페이스에서 인증 키(암호)를 지정한다. R1에서의 설정은 다음과 같다.

예제 6-100 R1에서 MD5로 에어리어 인증하기

```
R1(config)# router ospf 1
R1(config-router)# area 1 authentication message-digest
R1(config-router)# exit

R1(config)# int f0/0.123
R1(config-subif)# ip ospf message-digest-key 1 md5 cisco
```

R1에서 인증 설정 후 **debug ip ospf adj** 명령어를 이용하여 디버깅해 보면 다음과 같이 인증 타입이
다르다는 메시지와 함께 상대측에서는 인증을 하지 않은 패킷(타입 0)을 전송하는 반면 현재의 라우터는
MD5 인증(타입 2)이 설정되어 있다는 메시지를 보여준다.

예제 6-101 OSPF 인증 디버깅하기

```
R1# debug ip ospf adj
OSPF adjacency debugging is on

R1#
*Jun 30 19:20:25.161: OSPF-1 ADJ    Fa0/0.123: Send with youngest Key 1
*Jun 30 19:20:26.061: OSPF-1 ADJ    Fa0/0.123: Rcv pkt from 1.1.123.2 : Mismatched
Authentication type. Input packet specified type 0, we use type 2

R1# un all
```

다음과 같이 R2에서도 에어리어 1에 대한 인증을 설정한다.

예제 6-102 R2에서 MD5로 에어리어 인증하기

```
R2(config)# router ospf 1
R2(config-router)# area 1 authentication message-digest
R2(config-router)# exit

R2(config)# int f0/0.123
R2(config-subif)# ip ospf message-digest-key 1 md5 cisco
```

R3에서도 에어리어 1에 대한 인증을 설정한다.

예제 6-103 R3에서 MD5로 에어리어 인증하기

```
R3(config)# router ospf 1
R3(config-router)# area 1 authentication message-digest
R3(config-router)# exit

R3(config)# int f0/0.123
R3(config-subif)# ip ospf message-digest-key 1 md5 cisco
```

이번에는 에어리어 0을 평문으로 인증해 보자.

그림 6-25 Area 0 평문 인증

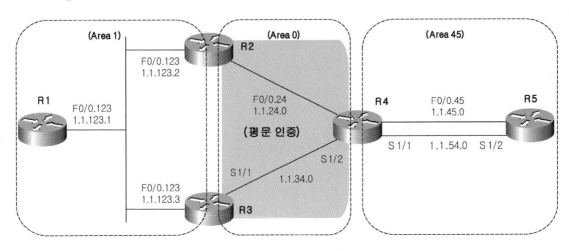

MD5 인증시와 마찬가지로 각 라우터의 OSPF 설정 모드에서 인증 방식을 정의하고, 인터페이스에서 인증 키를 지정하면 된다. 각 라우터에서의 설정은 다음과 같다.

예제 6-104 에어리어 0을 평문으로 인증하기

```
R2(config)# router ospf 1
R2(config-router)# area 0 authentication
R2(config-router)# exit
R2(config)# int f0/0.24
R2(config-subif)# ip ospf authentication-key cisco

R3(config)# router ospf 1
R3(config-router)# area 0 authentication
R3(config-router)# exit
R3(config)# int s1/1
R3(config-if)# ip ospf authentication-key cisco

R4(config)# router ospf 1
R4(config-router)# area 0 authentication
R4(config-router)# exit
R4(config)# int f0/0.24
R4(config-subif)# ip ospf authentication-key cisco
R4(config-subif)# exit
R4(config)# int s1/2
```

```
R4(config-if)# ip ospf authentication-key cisco
```

이렇게 설정하면 에어리어 0에 소속된 라우터들이 상호 OSPF 패킷을 전송할 때 'cisco'라는 인증
키를 함께 보낸다.

네이버 인증

OSPF 네이버 인증을 하려면 인증 방식과 인증 키를 모두 해당 인터페이스에서 설정하면 된다. 예를
들어, R4와 R5간에서 F0/0.45 인터페이스를 통하여 OSPF 메시지를 주고 받을 때 평문으로 인증을
하려면 다음과 같이 설정한다.

예제 6-105 네이버를 평문으로 인증하기

```
R4(config)# int f0/0.45
R4(config-subif)# ip ospf authentication
R4(config-subif)# ip ospf authentication-key cisco

R5(config)# int f0/0.45
R5(config-subif)# ip ospf authentication
R5(config-subif)# ip ospf authentication-key cisco
```

OSPF 패킷 인증을 설정한 다음 debug ip ospf packet 명령어를 이용하여 디버깅해 보면 다음과
같이 수신하는 패킷의 인증 타입이 표시된다. 또, MD5 인증시 키 번호까지 표시해 준다.

예제 6-106 OSPF 인증 디버깅하기

```
R2# debug ip ospf packet

R2#
10:02:36.907: OSPF-1 PAK  : rcv. v:2 t:1 l:52 rid:1.1.3.3 aid:0.0.0.1 chk:0 aut:2 keyid:1
seq:0x5593BAA7 from FastEthernet0/0.123
R2#
10:02:38.567: OSPF-1 PAK  : rcv. v:2 t:1 l:48 rid:1.1.4.4 aid:0.0.0.0 chk:E491 aut:1 auk:
from FastEthernet0/0.24
```

R2# **un all**

이번에는 R4, R5간의 시리얼 인터페이스에 MD5 방식으로 OSPF 네이버 인증을 설정해 보자. 평문으로 네이버 인증할 때와 마찬가지로 다음과 같이 네이버와 연결되는 인터페이스에서 인증 방식과 인증 키를 모두 지정하면 된다.

예제 6-107 MD5 방식으로 OSPF 네이버 인증하기

```
R4(config)# int s1/1
R4(config-if)# ip ospf authentication message-digest
R4(config-if)# ip ospf message-digest-key 1 md5 cisco

R5(config)# int s1/2
R5(config-if)# ip ospf authentication message-digest
R5(config-if)# ip ospf message-digest-key 1 md5 cisco
```

이상으로 OSPF 네이버 인증에 대하여 살펴보았다.

인증 키 변경

OSPF 인증 키를 변경하면 일시적으로 네이버 관계가 단절되어서 정상적인 라우팅이 이루어지지 않을 수도 있다. 이 때에는 인증 키를 두개 정의하면 된다. 즉, 하나의 인터페이스에 인증 키를 두개 정의하면 두개의 인증 키를 모두 전송한다. 수신측에서는 수신한 인증 키 중에서 자신의 인터페이스에 설정된 키 중에서 가장 높은 키 번호와 일치하는 것을 선택하여 인증한다.

그림 6-26 인증 키 변경 과정

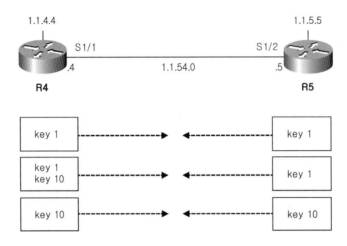

따라서, 인증 키 불일치로 인한 네이버 관계 단절 현상이 발생하지 않는다. 이후 수신 인터페이스에서도 상대측이 전송하는 동일한 키 번호를 가지는 인증 키를 정의한다. 그러면, 양측에서 모두 새로운 키 값만을 사용하여 인증하게 된다.

이를 확인하기 위하여 다음과 같이 R5에서 **debug ip ospf adj** 명령어를 사용하여 인증 키를 전송하는 상황을 디버깅한다. 현재 키 1번만을 전송하고 있다.

예제 6-108 OSPF 인증 디버깅하기

```
R5# debug ip ospf adj
OSPF adjacency events debugging is on
R5#
10:29:37.731: OSPF-1 ADJ    Se1/2: Send with youngest Key 1
```

다음과 같이 R5의 S1/2 인터페이스에서 cisco10이라는 인증 키를 정의해 보자.

예제 6-109 추가적인 인증 키 설정하기

```
R5(config)# int s1/2
R5(config-subif)# ip ospf message-digest-key 10 md5 cisco10
```

그러면, R5가 다음과 같이 키 1, 키 10을 동시에 전송한다.

예제 6-110 R5에서의 복수개의 인증 키 전송 디버깅

```
R5(config-if)#
10:31:12.831: OSPF-1 ADJ    Se1/2: Send with key 1
10:31:12.831: OSPF-1 ADJ    Se1/2: Send with key 10
```

그러나, R4에서는 인터페이스에 설정된 키 1만을 전송하고 있다.

예제 6-111 R4에서의 하나의 인증 키 전송 디버깅

```
R4# debug ip ospf adj
OSPF adjacency events debugging is on
R4#
R4#
10:32:36.251: OSPF-1 ADJ    Se1/1: Send with youngest Key 1
```

양측에서 동일한 키 1을 사용하여 네이버를 인증하고 있으므로 네이버 관계가 유지된다.

예제 6-112 OSPF 네이버 확인하기

```
R5# show ip ospf neighbor

Neighbor ID     Pri   State         Dead Time   Address     Interface
1.1.4.4          0    FULL/  -      00:00:32    1.1.54.4    Serial1/2
1.1.4.4          0    FULL/  -      00:00:36    1.1.45.4    FastEthernet0/0.45
```

이번에는 R4에서도 다음과 같이 키 10을 정의해 보자.

예제 6-113 R4에서의 추가적인 인증 키 설정

```
R4(config)# int s1/2
R4(config-subif)# ip ospf message-digest-key 10 md5 cisco10
```

그러면, 양측에서 높은 번호의 키를 전송하고 이를 사용하여 인증한다.

예제 6-114 높은 번호의 키를 이용한 인증

```
R4(config-if)#
10:35:18.627: OSPF-1 ADJ    Se1/1: Send with youngest Key 10
```

다음과 같이 불필요한 키 1을 양측에서 제거한다.

예제 6-115 불필요한 키 제거

```
R4(config)# int s1/1
R4(config-subif)# no ip ospf message-digest-key 1

R5(config)# int s1/2
R5(config-subif)# no ip ospf message-digest-key 1
```

이처럼 네이버 관계의 단절없이 OSPF 인증 키를 변경하는 것은 MD5 인증 방식을 사용할 때만 가능하다. 즉, 평문 인증방식에서는 동일 인터페이스에서 동시에 두개의 인증 키를 사용할 수 없다.

MD5 인증을 사용해도 라우터에 저장시 인증 키가 암호화되지 않는다. 따라서, show runnig-config 명령을 사용하면 인증 키가 노출된다.

예제 6-116 MD5 인증을 사용해도 라우터 저장시 인증 키가 암호화되지 않는다

```
R5# show run int s1/2
Building configuration...

Current configuration : 270 bytes
!
interface Serial1/2
 ip address 1.1.54.5 255.255.255.0
 encapsulation frame-relay
 ip ospf authentication message-digest
 ip ospf message-digest-key 10 md5 cisco10
 ip ospf network point-to-point
 serial restart-delay 0
 frame-relay map ip 1.1.54.4 405 broadcast
```

```
end
```

이를 방지하려면 다음과 같이 service password-encryption 명령어를 사용하면 된다.

예제 6-117 라우터에 저장시 인증 키 암호화시키기

```
R5(config)# service password-encryption
```

이제 다음과 같이 show running-config나 show startup-config 명령어를 사용해도 쉽게 암호를 확인할 수 없다.

예제 6-118 라우터에 저장시 인증 키 암호화 확인

```
R5# show run int s1/2
Building configuration...

Current configuration : 281 bytes
!
interface Serial1/2
 ip address 1.1.54.5 255.255.255.0
 encapsulation frame-relay
 ip ospf authentication message-digest
 ip ospf message-digest-key 10 md5 7 104D000A0618435B
 ip ospf network point-to-point
 serial restart-delay 0
 frame-relay map ip 1.1.54.4 405 broadcast
end
```

이상으로 OSPF 인증에 대하여 살펴보았다.

OSPF 패시브 인터페이스

다음 네트워크에서 R4의 F0/1 인터페이스와 같이 OSPF 네이버가 없는 인터페이스에 대해서 passive-interface 명령어를 사용하면 간단하면서도 강력한 OSPF 보안 대책이 된다.

그림 6-27 OSPF passive-interface 명령어가 필요한 네트워크

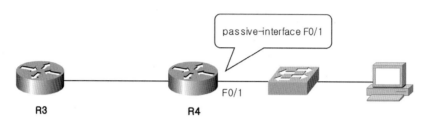

다음과 같이 passive-interface 명령어를 사용한 인터페이스로는 OSPF 헬로 패킷을 전송하지 않을 뿐만 아니라, 상대가 헬로 패킷을 전송해도 무시한다.

예제 6-119 passive-interface 설정하기

```
R4(config)# router ospf 1
R4(config-router)# passive-interface f0/1
```

따라서 해당 인터페이스를 통하여 OSPF 네이버가 맺어지지 않으므로 잘못된 OSPF 라우팅 정보로 인한 피해를 최소화할 수 있다.

가상 링크와 디맨드 써킷

OSPF의 모든 에어리어는 반드시 백본 에어리어와 직접 접속되어야 한다. 그러나, 네트워크 설정을 변경하는 경우, 네트워크의 특정 링크가 다운된 경우, 두개의 회사가 합병하는 등의 경우에 직접 백본 에어리어와 연결되지 못한 에어리어가 생길 수 있다. 이 때, 사용하는 것이 가상 링크(virtual link)이다.

백본 에어리어에 접속되어 있지 않은 에어리어

다음 그림과 같이 R5, R6을 연결하고 에어리어 56을 설정해 보자.

그림 6-28 백본 에어리어와 직접 연결되어 있지 않은 에어리어

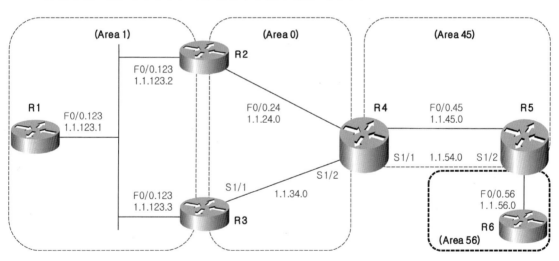

앞서 에어리어 45에 설정한 nssa를 제거한다.

예제 6-120 nssa 제거

```
R4(config)# router ospf 1
R4(config-router)# no area 45 nssa

R5(config)# router ospf 1
R5(config-router)# no area 45 nssa
```

스위치에서 VLAN과 트렁킹을 설정한다.

예제 6-121 스위치 설정

```
SW1(config)# vlan 56
SW1(config-vlan)# exit

SW1(config)# int f1/6
SW1(config-if)# switchport trunk encap dot
SW1(config-if)# switchport mode trunk
```

각 라우터에서 인터페이스를 설정하고 IP 주소를 부여한다. R5의 설정은 다음과 같다.

예제 6-122 R5의 설정

```
R5(config)# int f0/0.56
R5(config-subif)# encap dot 56
R5(config-subif)# ip address 1.1.56.5 255.255.255.0
```

R6의 설정은 다음과 같다.

예제 6-123 R6의 설정

```
R6(config)# int lo0
R6(config-if)# ip address 1.1.6.6 255.255.255.0
R6(config-if)# exit

R6(config)# int f0/0
R6(config-if)# no shut
R6(config-if)# int f0/0.56
R6(config-subif)# encap dot 56
R6(config-subif)# ip address 1.1.56.6 255.255.255.0
R6(config-subif)# exit
```

R6에서 R5의 IP 주소 1.1.56.5까지 핑이 되는 지 확인하고, 다음과 같이 각 라우터에서 OSPF를
설정한다.

예제 6-124 OSPF 설정

```
R5(config)# router ospf 1
R5(config-router)# network 1.1.56.5 0.0.0.0 area 56
R5(config-router)# exit

R5(config)# int f0/0.56
R5(config-subif)# ip ospf network point-to-multipoint
R5(config-subif)# ip ospf hello 5

R6(config)# router ospf 1
R6(config-router)# network 1.1.6.6 0.0.0.0 area 56
R6(config-router)# network 1.1.56.6 0.0.0.0 area 56
R6(config-router)# exit

R6(config)# int f0/0.56
R6(config-subif)# ip ospf network point-to-multipoint
R6(config-subif)# ip ospf hello 5

R6(config-subif)# iint lo0
R6(config-if)# ip ospf network point-to-point
```

잠시 후 R5의 라우팅 테이블에 R6의 1.1.6.0/24 네트워크가 설치된다.

예제 6-125 R5의 라우팅 테이블

```
R5# show ip route 1.1.6.0
Routing entry for 1.1.6.0/24
  Known via "ospf 1", distance 110, metric 2, type intra area
  Last update from 1.1.56.6 on FastEthernet0/0.56, 00:03:51 ago
  Routing Descriptor Blocks:
  * 1.1.56.6, from 1.1.6.6, 00:03:51 ago, via FastEthernet0/0.56
      Route metric is 2, traffic share count is 1
```

그러나, R4의 라우팅 테이블에는 1.1.6.0/24 네트워크가 없다.

예제 6-126 R4의 라우팅 테이블

```
R4# show ip route 1.1.6.0
```

```
% Subnet not in table
```

R6의 라우팅 테이블에도 R5, R4 등의 네트워크가 보이지 않는다.

예제 6-127 R6의 라우팅 테이블

```
R6# show ip route ospf
    (생략)
    1.0.0.0/8 is variably subnetted, 5 subnets, 2 masks
O       1.1.56.5/32 [110/1] via 1.1.56.5, 00:15:04, FastEthernet0/0.56
    5.0.0.0/23 is subnetted, 1 subnets
O E2    5.5.50.0 [110/20] via 1.1.56.5, 00:15:04, FastEthernet0/0.56
```

그 이유는 에어리어 56이 백본 에어리어와 직접 연결되어 있지 않기 때문이다. 따라서 에어리어
56과 에어리어 0 사이에 에어리어 45를 통하여 가상 링크를 설정해 주어야 한다.

그림 6-29 가상 링크

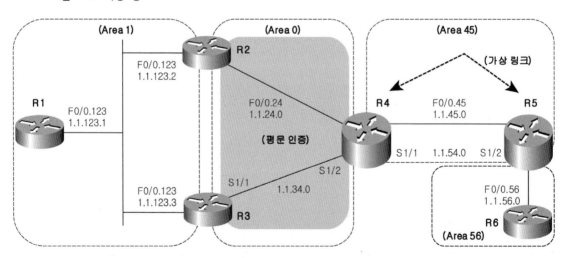

에어리어 45와 같이 가상 링크가 통과하는 에어리어를 트랜짓 에어리어(transit area)라고 한다.
가상 링크는 트랜짓 에어리어 45의 ABR인 R4와 R5 사이에 설정한다.

예제 6-128 가상 링크 설정하기

```
R4(config)# router ospf 1
R4(config-router)# area 45 virtual-link 1.1.5.5

R5(config)# router ospf 1
R5(config-router)# area 45 virtual-link 1.1.4.4
R5(config-router)# area 0 authentication
```

가상 링크 설정시 area 45 virtual-link 다음에 상대측 ABR의 라우터 ID를 지정한다. 또, R5가 백본 라우터인 R4와 가상 링크로 연결되면 R5도 에어리어 0에 소속된다. 따라서, 현재 에어리어 0을 평문으로 인증하고 있으므로 R5에서도 평문 인증 설정을 해주어야 한다. 잠시 후 다음과 같이 가상 링크를 통하여 OSPF 네이버 관계가 구성된다.

예제 6-129 가상 링크를 통한 네이버 구성

```
R5(config-router)#
*Jul  1 11:31:49.687: %OSPF-5-ADJCHG: Process 1, Nbr 1.1.4.4 on OSPF_VL0 from
LOADING to FULL, Loading Done
```

가상 링크의 상황을 확인하려면 show ip ospf virtual-link 명령어를 사용한다.

예제 6-130 가상 링크 상태 확인하기

```
R5# show ip ospf virtual-links
Virtual Link OSPF_VL0 to router 1.1.4.4 is up
  Run as demand circuit
  DoNotAge LSA allowed.
  Transit area 45, via interface FastEthernet0/0.45
 Topology-MTID   Cost   Disabled   Shutdown    Topology Name
       0          1        no         no          Base
  Transmit Delay is 1 sec, State POINT_TO_POINT,
  Timer intervals configured, Hello 10, Dead 40, Wait 40, Retransmit 5
    Hello due in 00:00:02
    Adjacency State FULL (Hello suppressed)
    Index 1/4, retransmission queue length 0, number of retransmission 0
    First 0x0(0)/0x0(0) Next 0x0(0)/0x0(0)
```

```
Last retransmission scan length is 0, maximum is 0
Last retransmission scan time is 0 msec, maximum is 0 msec
Simple password authentication enabled
```

가상 링크는 다음에 공부할 디맨드 써킷(demand circuit)으로 동작한다. 즉, OSPF 토폴로지 변화가
없으면 헬로 패킷을 전송하지 않으며, 30분마다 LSA를 다시 만들어 보내는 LSA 리프레시(refresh)도
하지 않는다. 또, 가상 링크의 OSPF 네트워크 타입은 포인트 투 포인트이다.

show ip ospf neighbor 명령어를 사용하여 확인해 보면 다음과 같이 R5와 R4간에 가상 링크를
통하여 OSPF 네이버 관계가 구성되어 있다.

예제 6-131 가상 링크를 통한 OSPF 네이버 관계 확인하기

```
R5# show ip ospf neighbor

Neighbor ID    Pri    State         Dead Time    Address      Interface
1.1.4.4        0      FULL/ -       -            1.1.45.4     OSPF_VL0
1.1.4.4        0      FULL/ -       00:00:34     1.1.54.4     Serial1/2
1.1.4.4        0      FULL/ -       00:00:38     1.1.45.4     FastEthernet0/0.45
1.1.6.6        0      FULL/ -       00:00:16     1.1.56.6     FastEthernet0/0.56
```

이제 정상적인 라우팅 정보 교환이 이루어져 모든 라우터의 라우팅 테이블에 모든 네트워크가 모두
저장된다. 예를 들어, R6의 라우팅 테이블은 다음과 같다.

예제 6-132 R6의 라우팅 테이블

```
R6# show ip route ospf
     (생략)

Gateway of last resort is 1.1.56.5 to network 0.0.0.0

O*E2   0.0.0.0/0 [110/1] via 1.1.56.5, 00:06:30, FastEthernet0/0.56
       1.0.0.0/8 is variably subnetted, 20 subnets, 3 masks
O IA      1.1.1.0/24 [110/5] via 1.1.56.5, 00:05:57, FastEthernet0/0.56
O IA      1.1.2.0/24 [110/4] via 1.1.56.5, 00:05:57, FastEthernet0/0.56
O IA      1.1.3.0/24 [110/67] via 1.1.56.5, 00:05:57, FastEthernet0/0.56
```

```
O IA      1.1.4.0/24 [110/3] via 1.1.56.5, 00:05:57, FastEthernet0/0.56
O IA      1.1.5.0/24 [110/2] via 1.1.56.5, 00:06:30, FastEthernet0/0.56
O IA      1.1.24.0/24 [110/3] via 1.1.56.5, 00:05:57, FastEthernet0/0.56
O IA      1.1.34.0/24 [110/66] via 1.1.56.5, 00:06:02, FastEthernet0/0.56
O IA      1.1.45.0/24 [110/2] via 1.1.56.5, 00:06:30, FastEthernet0/0.56
O IA      1.1.50.0/23 [110/4] via 1.1.56.5, 00:05:57, FastEthernet0/0.56
O IA      1.1.50.0/24 [110/2] via 1.1.56.5, 00:06:30, FastEthernet0/0.56
O IA      1.1.51.0/24 [110/2] via 1.1.56.5, 00:06:30, FastEthernet0/0.56
O IA      1.1.54.0/24 [110/65] via 1.1.56.5, 00:06:30, FastEthernet0/0.56
O         1.1.56.5/32 [110/1] via 1.1.56.5, 00:37:03, FastEthernet0/0.56
O IA      1.1.123.1/32 [110/4] via 1.1.56.5, 00:05:57, FastEthernet0/0.56
O IA      1.1.123.2/32 [110/3] via 1.1.56.5, 00:05:57, FastEthernet0/0.56
O IA      1.1.123.3/32 [110/4] via 1.1.56.5, 00:05:57, FastEthernet0/0.56
          2.0.0.0/24 is subnetted, 1 subnets
O E2       2.2.2.0 [110/20] via 1.1.56.5, 00:05:57, FastEthernet0/0.56
          4.0.0.0/24 is subnetted, 1 subnets
O E2       4.4.4.0 [110/20] via 1.1.56.5, 00:06:30, FastEthernet0/0.56
          5.0.0.0/23 is subnetted, 1 subnets
O E2       5.5.50.0 [110/20] via 1.1.56.5, 00:37:03, FastEthernet0/0.56
```

다음 그림과 같이 백본 에어리어가 특정 에어리어(에어리어 2)에 의해서 분리되어 있는 경우에도
가상 링크를 이용하여 연결해주어야 한다.

그림 6-30 백본 에어리어가 분리된 경우에도 경우 가상 링크가 필요하다

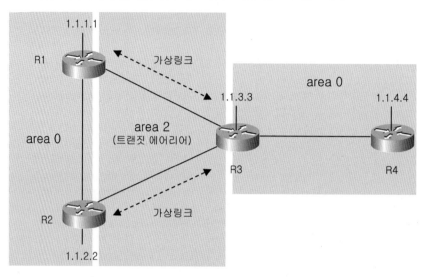

가상 링크 설정 방법은 동일하다. 즉, 분리된 양 백본 에어리어의 ABR간에 가상 링크를 설정하면
된다.

다음 그림과 같이 에어리어 2를 통하여 R2, R3에 대한 백업 링크를 구성한 경우를 생각해 보자.
정상적인 경우에는 R1, R3간의 링크를 통하여 라우팅이 이루어지기 때문에 별 문제가 없다. 그러나,
R1, R3간의 링크가 다운되면 에어리어 3이 백본 에어리어로부터 분리된다. 따라서, 백업 링크를
제대로 동작시키기 위하여 R2, R3간에 가상 링크를 설정해주어야 한다. 주 링크와 백업 링크의 대역폭이
동일하면 로드 밸런싱이 일어난다. 필요시 한 링크의 OSPF 코스트를 조정해주면 된다.

그림 6-31 백업 링크가 제대로 동작하기 위해서 가상 링크가 필요한 경우

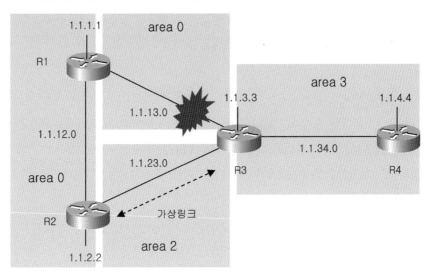

다음 그림의 R3에서 R1, R2로 가는 경로는 기본적으로 R1을 통한다.

그림 6-32 최적 경로 라우팅을 위해서 가상 링크가 필요한 경우

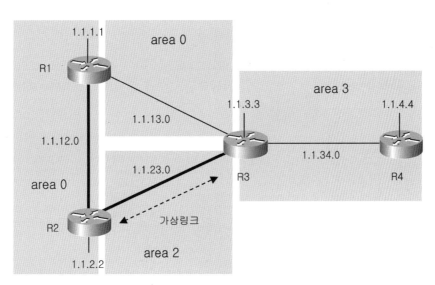

즉, 동일 에어리어 네트워크(O)가 다른 에어리어에 소속된 네트워크(O IA)보다 우선하기 때문이다. 에어리어 2를 통과하는 R2, R3간의 링크 속도가 더 빨라도 상황은 변하지 않는다. 이 경우 R2, R3간에 가상 링크를 설정하면 속도가 빠른 R2, R3간의 링크를 이용한 라우팅이 이루어진다.

OSPF 디맨드 써킷

OSPF는 네이버 관계를 유지하기 위하여 주기적으로(10초 또는 30초) 헬로 패킷을 전송한다. 또, 링크 상태 데이터베이스의 정확성을 유지하기 위하여 30분마다 기존에 광고했던 LSA를 다시 전송하는 데 이것을 LSA 리프레시(refresh)라고 한다. 그러나, 포인트 투 포인트와 포인트 투 멀티포인트 인터페이스를 OSPF 디맨드 써킷(demand circuit)으로 설정하면 주기적인 헬로 패킷의 전송과 LSA 리프레시가 일어나지 않는다.

멀티액세스 모드(브로드캐스트, 논브로드캐스트 네트워크)의 인터페이스를 디맨드 써킷으로 설정하면 헬로 패킷은 주기적으로 전송되고, LSA 리프레시만 일어나지 않는다. 따라서, OSPF 디맨드 써킷은 주로 포인트 투 포인트나 포인트 투 멀티포인트 인터페이스에서 사용한다.

OSPF 디맨드 써킷 기능은 이동통신망에서 같이 트래픽이 없어도 계속 링크가 살아있어 비용이 발생하는 것을 방지하는데 아주 유용하게 사용된다.

그림 6-33 디맨드 써킷

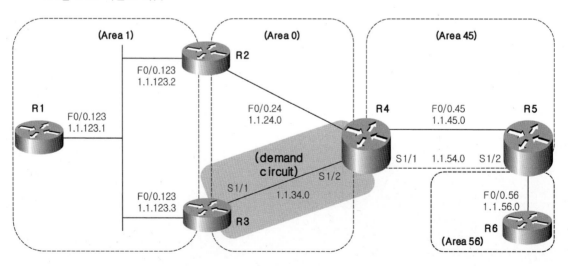

앞 그림에서 R3, R4를 연결하는 시리얼 인터페이스 구간에 OSPF 디맨드 써킷을 설정하려면 다음과 같이 해당 인터페이스에 **ip ospf demand—circuit** 명령어만 설정하면 된다. 이 명령어는 한쪽 인터페이스에서만 설정해 주면 OSPF 네이버 구성시 서로 협상하여 나머지 쪽 인터페이스도 디맨드 써킷으로 동작된다. 그러나, 상대측 인터페이스에 중복되게 설정해도 별 문제는 없다.

예제 6-133 OSPF 디맨드 써킷 설정하기

```
R3(config)# int s1/1
R3(config-subif)# ip ospf demand-circuit
```

설정이 끝나면 네이버 관계를 해제한 후 다시 네이버를 맺는다.

예제 6-134 OSPF 디맨드 써킷 설정으로 인한 네이버 관계 재설정

```
R3(config-if)#
11:49:23.891: %OSPF-5-ADJCHG: Process 1, Nbr 1.1.4.4 on Serial1/1 from FULL to DOWN,
Neighbor Down: Interface down or detached
11:49:23.955: %OSPF-5-ADJCHG: Process 1, Nbr 1.1.4.4 on Serial1/1 from LOADING
to FULL, Loading Done
```

R3 또는 R4의 시리얼 인터페이스를 확인해 보면 다음과 같다.

예제 6-135 OSPF 디맨드 써킷 설정 확인

```
R4# show ip ospf int s1/2
Serial1/2 is up, line protocol is up
  Internet Address 1.1.34.4/24, Area 0, Attached via Network Statement
  Process ID 1, Router ID 1.1.4.4, Network Type POINT_TO_POINT, Cost: 64
  Topology-MTID    Cost    Disabled    Shutdown    Topology Name
       0            64        no          no          Base
  Run as demand circuit  ①
  DoNotAge LSA allowed  ②
  Transmit Delay is 1 sec, State POINT_TO_POINT
  Timer intervals configured, Hello 10, Dead 40, Wait 40, Retransmit 5
    oob-resync timeout 40
    Hello due in 00:00:06
```

```
Supports Link-local Signaling (LLS)
Cisco NSF helper support enabled
IETF NSF helper support enabled
Index 3/3, flood queue length 0
Next 0x0(0)/0x0(0)
Last flood scan length is 4, maximum is 9
Last flood scan time is 0 msec, maximum is 4 msec
Neighbor Count is 1, Adjacent neighbor count is 1
   Adjacent with neighbor 1.1.3.3  (Hello suppressed)  ③
Suppress hello for 1 neighbor(s)
Simple password authentication enabled
```

① 디맨드 써킷으로 동작중이다.

② LSA의 필드의 DoNotAge 비트가 설정된 것을 허용한다는 것은 LSA 리프레시를 하지 않는다는 것이다.

③ 네이버 1.1.34.3(R3)에 대해서 헬로를 보내지 않는다.

디맨드 써킷이 설정되어 있어도 네트워크 상태가 안정적이지 못하고 계속 변화하는 경우에는 변화된 네트워크 상태를 알려주는 LSA가 생성, 전송되므로 디맨드 써킷이 제대로 동작하지 않는다. 이것은 디맨드 써킷의 문제가 아니라 네트워크가 불안정하기 때문이므로 원인을 찾아 해결하면 된다. 또, 디맨드 써킷이 구성된 에어리어를 완전 스텁(totally stubby)으로 설정하면 네트워크 변화에 따른 영향을 최소화할 수도 있다.

OSPF 타이머

OSPF 네트워크의 동작에 영향을 미치는 주요 타이머들은 다음과 같은 것이 있다.

헬로와 데드 주기

헬로(hello) 주기는 OSPF가 헬로 패킷을 전송하는 주기이며, 기본적으로 브로드캐스트와 포인트 투 포인트 네트워크에서는 10초, 논브로드캐스트와 포인트 투 멀티포인트 네트워크에서는 30초이다. 헬로 주기가 다르면 OSPF 네이버 관계를 구성하지 못한다. 헬로 주기를 조정하려면 인터페이스 설정모드에서 ip ospf hello-interval 명령어를 사용한다.

예제 6-136 헬로 주기 범위

```
R1(config-if)# ip ospf hello-interval ?
  <1-65535>   Seconds
```

데드 주기를 조정하려면 다음 명령어를 사용한다.

예제 6-137 데드 주기 범위

```
R1(config-if)# ip ospf dead-interval ?
  <1-65535>   Seconds
```

기본적으로 데드 주기는 헬로 주기의 4배이다. 헬로 주기를 변경하면 자동으로 데드 주기도 변경된다. 그러나, 데드 주기를 변경하는 경우에는 헬로 주기가 자동으로 변경되지 않는다.

재전송 타이머

OSPF 패킷중에서 DBD, LSA 및 LSR은 전송후 상대에게서 ACK를 받아야만 한다. 그러나, 재전송 타이머 기간내에 ACK를 받지 못하면 문제가 발생한 것으로 간주하고 다시 전송한다. 재전송 타이머 주기를 조정하려면 다음처럼 ip ospf retransmit-interval 명령어를 사용한다.

예제 6-138 재전송 타이머 설정하기

```
R1(config-if)# ip ospf retransmit-interval ?
  <1-65535>   Seconds
```

기본 재전송 타이머 주기는 5초이다.

LSA 그룹 페이싱 타이머

기본적으로 LSA는 변화가 없어도 30분마다 해당 LSA를 만든 라우터가 LSA를 다시 만들어 전송(리프레시, refresh)한다. 예를 들어, 한 라우터가 여러개의 LSA를 만들어 전송한다고 가정했을 때 생각할 수 있는 동작 방식은 다음과 같다. 우선, 생성후 경과된 시간(에이지, age)가 30분이 된 LSA를 개별적으로 리프레시할 수 있다. 이 경우 LSA 패킷 수가 많아질 수 있다.

다음은 개별적인 LSA의 에이지를 고려하지 않고 라우터 전체의 주기에 따라 LSA를 리프레시할 수 있다. 이 경우에는 라우터와 링크에 순간적인 과부하가 걸릴 수 있다. 따라서, 두 가지 경우를 절충하여 일정한 시간 사이에 에이지가 만료되는 LSA를 모아서 리프레시를 시키는데 이 시간 간격을 LSA 그룹 페이싱(LSA group pacing) 타이머라고 한다. 기본적인 LSA 그룹 페이싱 타이머는 4분(240초)이며 timers lsa-group-pacing 명령어로 조정할 수 있다.

예제 6-139 그룹 페이싱 타이머 설정하기

```
R1(config-router)# timers pacing lsa-group ?
  <10-1800>   Interval between group of LSA being refreshed or maxaged
```

링크 상태 데이터베이스가 크면 이 타이머 값을 줄이는 것이 좋고, 적으면 반대로 타이머를 늘이는 것이 좋다.

OSPF 트로틀 타이머

OSPF 트로틀 타이머(throttle timer)란 OSPF가 LSA를 수신한 다음 SPF(Shortest Path First) 알고리듬을 계산할 때까지의 시간을 의미한다. SPF 계산과 연관된 각 타이머들의 값을 확인하려면 show ip ospf 명령어를 사용한다.

예제 6-140 트로틀 타이머 값 확인하기

```
R3# show ip ospf
Routing Process "ospf 1" with ID 1.1.3.3
    (생략)
Initial SPF schedule delay 5000 msecs    ①
Minimum hold time between two consecutive SPFs 10000 msecs    ②
Maximum wait time between two consecutive SPFs 10000 msecs    ③
Minimum LSA interval 5 secs. Minimum LSA arrival 1 secs
LSA group pacing timer 240 secs
Interface flood pacing timer 33 msecs
Retransmission pacing timer 66 msecs
    (생략)
        SPF algorithm last executed 00:01:12.860 ago    ④
        SPF algorithm executed 77 times    ⑤
```

① OSPF가 LSA를 수신한 다음 SPF 알고리듬 계산을 시작할 때까지의 지연 시간을 의미한다. 기본적으로 5초(5000 msec)후에 SPF 알고리듬을 계산하여 라우팅 테이블에 저장한다. 이렇게 지연 값을 설정한 이유는 불안정한 네트워크에서 끊임없이 LSA가 생성될 경우, 라우터의 CPU, DRAM 등이 모두 SPF 계산에 할당되어 정상적인 라우팅이 불가능한 경우가 발생하는 것을 방지하기 위해서이다.

② SPF 계산간의 초기 지연 시간을 의미한다. 즉, 한 번 SPF 계산이 이루어진 후 이 시간 이내에는 추가적인 SPF 계산을 하지 않는다. 기본 값이 10초(10000 msec)이다. 만약 이 지연 시간내에 추가적인 LSA를 수신하면 이 기간이 두배로 늘어난다. 예를 들어, 한 번 SPF 계산후 10초 이내에 LSA를 수신하면 10초 후에 SPF 계산을 하고, 다음 지연 시간은 두 배인 20초로 증가한다. 20초 사이에 또 LSA를 수신하면 다음 지연 시간은 40초가 된다. 그러나, 현재의 지연 시간 동안에 수신되는 LSA가 없으면 다음 지연 시간은 초기 값으로 환원된다.

③ 네트워크가 불안정하여 추가적인 LSA를 연속적으로 하여도 SPF 계산을 이 기간 이상 지연시키지는 않는다. 기본 값이 10초(10000 msec)이다.

예를 들어, LSA를 수신한 다음 0.001초(1 msec) 후에 SPF 계산을 하고, 또 LSA를 수신하면 2초(2000 msec) 후에 다음 SPF 계산을 하며, 네트워크가 불안정해도 SPF 계산 지연시간을 최대 10 초가 넘지 않게 하려면 다음과 같이 설정한다.

예제 6-141 트로틀 타이머 수정하기

```
R3(config)# router ospf 1
R3(config-router)# timers throttle spf 1 2000 10000
```

④ 특정 에어리어에서 가장 최근에 이루어진 SPF 계산후의 경과 시간을 표시한다.

⑤ 특정 에어리어에서 이루어진 SPF 계산 회수를 표시한다. 이 값으로 OSPF 네트워크의 안정도를 확인할 수 있다. 이 값이 높은 수치를 나타내면 네트워크가 불안정함을 의미한다.

이상으로 OSPF에 대해서 살펴보았다.

제7장

BGP 기본

BGP(Border Gateway Protocol)는 서로 다른 AS(Autonomous System) 사이에서 사용되는 라우팅 프로토콜이다. 서로 다른 인터넷간을 연결하거나, 일반 네트워크를 두 개 이상의 ISP(Internet Service Provider, 인터넷 망)과 동시에 접속할 때 BGP를 사용한다. 주로 멀티캐스트 방식으로 라우팅 정보를 전송하는 IGP와 달리 BGP는 유니캐스트 방식으로 라우팅 정보를 전송하며, TCP 포트 번호 179번을 사용하여 신뢰성 있는 통신을 한다.

현재 사용되는 BGP는 버전 4이고, 보통 'BGP4'라고 부른다. IGP는 각 라우팅 프로토콜이 사용하는 메트릭에 따라 가장 '빠른'경로를 최적 경로로 선택하지만 BGP는 라우팅의 성능보다는 조직간에 계약된 정책에 따라 최적 경로를 결정한다. BGP와 IGP는 동작 방식이 좀 다르기는 하지만, RIP, EIGRP, OSPF 등 IGP간에도 동작 방식에 차이가 나므로 BGP를 IGP와 완전히 다른 라우팅 프로토콜로 취급할 필요는 없다.

BGP와 IGP의 차이를 살펴보자. IGP는 하나의 조직이 자신의 IGP 전체를 관리한다. 따라서, 라우팅 정책을 다른 조직에 구애받지 않고 설정할 수 있다. 그러나, BGP는 수많은 AS로 구성되어 있고, 그 중의 하나인 해당 조직의 AS에서 라우팅 정책을 설정하여 원하는 라우팅이 이루어지게 해야 한다. IGP는 장애발생시 해당 조직의 라우팅에만 영향을 미친다. 그러나, BGP는 장애발생시 잘못되면 한 국가 또는 전세계의 네트워크에 영향을 미칠 수도 있다. 일반적인 조직에서 IGP에 의해 유지되는 네트워크(프리픽스) 수는 작게는 두어개에서 많아도 수천개를 넘지 않지만 BGP는 보통 수만개에서 수십만개 이상의 네트워크가 라우팅 테이블에 인스톨된다.

기본적인 BGP 설정

BGP를 기본적으로 동작시키기 위하여 몇 가지 고려 사항이 있다. 먼저, BGP 설정을 위한 네트워크를 구축하고 기본적인 BGP를 설정해 보자.

기본적인 BGP 설정을 위한 네트워크 구축

다음 그림과 같은 네트워크를 구축한 다음 BGP를 설정하기로 한다.

그림 7-1 기본적인 BGP 설정을 위한 네트워크

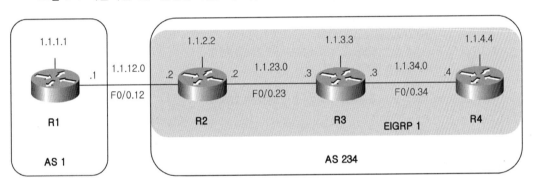

먼저, 스위치에서 필요한 VLAN을 만들고 트렁킹을 설정한다.

예제 7-1 스위치 설정

```
SW1(config)# vlan 12,23,34
SW1(config-vlan)# exit

SW1(config)# int range f1/1 - 4
SW1(config-if-range)# switchport trunk encap dot
SW1(config-if-range)# switchport mode trunk
```

각 라우터의 인터페이스를 활성화시키고 IP 주소를 부여한다. IP 주소의 서브넷 마스크는 모두 24비트로 설정한다.

예제 7-2 인터페이스 설정

```
R1(config)# int lo0
R1(config-if)# ip address 1.1.1.1 255.255.255.0
R1(config-if)# int f0/0
R1(config-if)# no shut
R1(config-if)# int f0/0.12
R1(config-subif)# encap dot 12
R1(config-subif)# ip address 1.1.12.1 255.255.255.0

R2(config)# int lo0
R2(config-if)# ip address 1.1.2.2 255.255.255.0
R2(config-if)# int f0/0
R2(config-if)# no shut
R2(config-if)# int f0/0.12
R2(config-subif)# encap dot 12
R2(config-subif)# ip address 1.1.12.2 255.255.255.0
R2(config-subif)# int f0/0.23
R2(config-subif)# encap dot 23
R2(config-subif)# ip address 1.1.23.2 255.255.255.0

R3(config)# int lo0
R3(config-if)# ip address 1.1.3.3 255.255.255.0
R3(config-if)# int f0/0
R3(config-if)# no shut
R3(config-if)# int f0/0.23
R3(config-subif)# encap dot 23
R3(config-subif)# ip address 1.1.23.3 255.255.255.0
R3(config-subif)# int f0/0.34
R3(config-subif)# encap dot 34
R3(config-subif)# ip address 1.1.34.3 255.255.255.0

R4(config)# int lo0
R4(config-if)# ip address 1.1.4.4 255.255.255.0
R4(config-if)# int f0/0
R4(config-if)# no shut
R4(config-if)# int f0/0.34
R4(config-subif)# encap dot 34
R4(config-subif)# ip address 1.1.34.4 255.255.255.0
```

설정이 끝나면 각 라우터에서 인접한 IP 주소까지의 통신을 핑으로 확인한다. 이상이 없으면 라우터 R2, R3, R4에서 EIGRP를 설정한다. 그림의 AS 234와 같이 동일한 AS내에 BGP로 동작하는 라우터가 복수개 존재할 때는 해당 AS내에서 별개로 IGP를 설정한다. 이 때 IGP의 용도는 다음과 같다.

- BGP 네이버로 가는 경로를 알리기 위하여
- BGP 넥스트 홉 문제 해결을 위하여
- BGP 싱크(synchronization) 문제 해결을 위하여
- AS 내부에서의 라우팅을 위하여

각 경우에 대한 상세한 내용은 해당 항목에서 설명하기로 한다.

예제 7-3 EIGRP 설정하기

```
R2(config)# router eigrp 1
R2(config-router)# eigrp router-id 1.1.2.2
R2(config-router)# network 1.1.2.2 0.0.0.0
R2(config-router)# network 1.1.12.2 0.0.0.0
R2(config-router)# network 1.1.23.2 0.0.0.0
R2(config-router)# passive-interface f0/0.12    ①

R3(config)# router eigrp 1
R3(config-router)# eigrp router-id 1.1.3.3
R3(config-router)# network 1.1.3.3 0.0.0.0
R3(config-router)# network 1.1.23.3 0.0.0.0
R3(config-router)# network 1.1.34.3 0.0.0.0

R4(config)# router eigrp 1
R4(config-router)# eigrp router-id 1.1.4.4
R4(config-router)# network 1.1.4.4 0.0.0.0
R4(config-router)# network 1.1.34.4 0.0.0.0
```

① R1과 R2는 서로 다른 조직에 속해 있는 라우터이므로 IGP인 EIGRP가 동작하지 말아야 한다. 따라서, passive-interface 명령어를 사용하여 R2의 F0/0.12 인터페이스로 EIGRP 패킷이 전송되는 것을 차단한다. 설정 후 라우팅 테이블을 확인한다.

예제 7-4 R2의 라우팅 테이블

```
R2# show ip route eigrp
    (생략)
```

```
       1.0.0.0/8 is variably subnetted, 9 subnets, 2 masks
D        1.1.3.0/24 [90/156160] via 1.1.23.3, 00:02:07, FastEthernet0/0.23
D        1.1.4.0/24 [90/158720] via 1.1.23.3, 00:01:47, FastEthernet0/0.23
D        1.1.34.0/24 [90/30720] via 1.1.23.3, 00:02:02, FastEthernet0/0.23
```

원격 라우터와의 통신여부를 핑으로 확인한다.

예제 7-5 원격 네트워크와 통신 확인하기

```
R2# ping 1.1.3.3
R2# ping 1.1.4.4
```

이것으로 BGP 설정을 위한 준비가 끝났다.

eBGP 설정

인접한 BGP 라우터를 BGP 피어(peer) 또는 네이버(neighbor)라고 한다. 서로 다른 AS에 속하는 네이버를 eBGP(external BGP) 네이버 또는 eBGP 피어라고 한다. 예를 들어, R1과 R2는 서로 소속된 AS 번호가 다르므로 eBGP 네이버이다.

동일한 AS에 속하는 네이버를 iBGP(internal BGP) 네이버 또는 iBGP 피어라고 한다. R2, R3, R4는 상호 iBGP 네이버들이다. eBGP와 iBGP 네이버는 설정 방식이 약간 다르다. 다음 그림과 같은 네트워크에서 R1과 R2간의 eBGP를 설정하는 방법은 다음과 같다.

그림 7-2 eBGP 네이버 설정하기

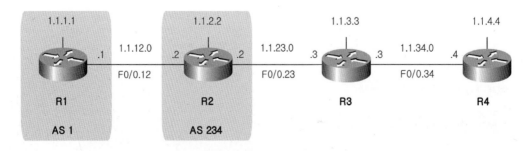

R1의 BGP 설정은 다음과 같다.

예제 7-6 R1의 BGP 설정

```
R1(config)# router bgp 1     ①
R1(config-router)# bgp router-id 1.1.1.1     ②
R1(config-router)# neighbor 1.1.12.2 remote-as 234     ③
R1(config-router)# network 1.1.1.0 mask 255.255.255.0     ④
```

① router bgp 명령어와 함께 AS 번호를 지정하면서 BGP 설정모드로 들어간다. AS 번호는 2 바이트와 4 바이트 두 종류가 있다. 2 바이트 AS 번호중 64496에서 65534까지는 사설 AS 번호이다. 또, 23456과 65535는 유보된 번호이다. 4 바이트 AS 번호중 65536에서 65551까지는 사설 AS 번호이다. IP 주소와 마찬가지로 IANA에서 공인 AS 번호를 부여한다.

② bgp router-id 명령어를 이용하여 BGP의 라우터 ID를 지정한다. 특별히 지정하지 않으면 OSPF가 라우터 ID를 지정하는 것과 동일한 방식으로 라우터 ID가 지정된다. BGP의 라우터 ID는 장애처리 등에서 중요하므로 이렇게 직접 지정하는 것이 좋다.

③ neighbor 명령어를 사용하여 eBGP 네이버의 IP 주소와 해당 네이버의 AS 번호를 지정한다. eBGP 네이버를 지정할 때 사용하는 IP 주소는 특별한 경우를 제외하고는 네이버와 직접 연결된 넥스트 홉 IP 주소를 사용한다. 자동으로 네이버가 지정되는 IGP와는 달리 BGP는 반드시 네이버를 지정해 주어야 한다.

④ BGP를 통하여 다른 라우터에게 전송할 네트워크를 지정한다. 서브넷팅되지 않은 네트워크를 지정할 때는 mask 옵션을 사용할 필요가 없다. 대부분의 경우 IGP는 반드시 해당 라우터에 접속되어 있는 네트워크만을 자신의 라우팅 프로세스에 포함시킬 수 있다.

그러나, BGP는 network 명령어를 사용할 때 네트워크가 꼭 해당 라우터에 접속된 것이 아니어도 된다. 하지만, 해당 라우터의 라우팅 테이블에는 반드시 저장되어 있어야 한다. 라우터 간의 링크에 설정된 주소는 조직 외부로 광고할 필요가 없는 경우가 대부분이다. 외부로 알려야 하는 네트워크는 서버나 PC 등이 접속된 부분이다. 따라서, 본서에서도 필요한 경우를 제외하고는 각 라우터의 루프백 네트워크만 BGP에 포함시키기로 한다.

1.1.12.0/24와 같이 두 AS 사이에 있는 네트워크를 DMZ 네트워크라고 한다. 일반적으로 DMZ 네트워크는 BGP 네트워크에 포함시키지 않는다. R2의 BGP 설정은 다음과 같다.

예제 7-7 R2의 eBGP 설정

```
R2(config)# router bgp 234
R2(config-router)# bgp router-id 1.1.2.2
R2(config-router)# neighbor 1.1.12.1 remote-as 1
R2(config-router)# network 1.1.2.0 mask 255.255.255.0
```

R2에서도 루프백 네트워크만 BGP에 포함시킨다. AS 234에서 각 라우터를 연결하는 구간의 네트워크인 1.1.23.0/24, 1.1.34.0/24 네트워크는 BGP에 포함시키지 않는다. 그러나, 라우터 간의 네트워크를 외부에 광고하려면 BGP 네트워크에 포함시키거나, 나중에 공부할 BGP의 축약 기법을 사용하면된다.

설정 후 각 라우터에서 라우팅 테이블을 확인해 보자. R1의 라우팅 테이블은 다음과 같다. R2로부터 BGP를 통하여 광고받은 1.1.2.0/24 네트워크가 라우팅 테이블에 저장되어 있다.

예제 7-8 R1의 라우팅 테이블

```
R1# show ip route bgp
    (생략)
Gateway of last resort is not set

     1.0.0.0/8 is variably subnetted, 5 subnets, 2 masks
B        1.1.2.0/24 [20/0] via 1.1.12.2, 00:01:11
```

R2의 라우팅 테이블은 다음과 같다. 역시 AS 1에 속하는 R1로부터 수신한 1.1.1.0/24 네트워크가 라우팅 테이블에 저장되어 있다. BGP를 통하여 광고받은 네트워크 앞에는 'B'라는 코드가 첨가된다.

예제 7-9 R2의 라우팅 테이블

```
R2# show ip route bgp
    (생략)
     1.0.0.0/8 is variably subnetted, 10 subnets, 2 masks
B        1.1.1.0/24 [20/0] via 1.1.12.1, 00:07:24
```

R2에서 AS 1의 R1에 접속되어 있는 1.1.1.0/24 네트워크로 핑을 해보면 다음과 같이 성공한다.

예제 7-10 R2에서 eBGP 네트워크와의 통신 확인하기

```
R2# ping 1.1.1.1
Type escape sequence to abort.
Sending 5, 100-byte ICMP Echos to 1.1.1.1, timeout is 2 seconds:
!!!!!
Success rate is 100 percent (5/5), round-trip min/avg/max = 4/8/12 ms
```

또, R1에서 AS 234의 R2에 접속된 1.1.2.0/24 네트워크와도 다음처럼 통신이 된다.

예제 7-11 R1에서 eBGP 네트워크와의 통신 확인하기

```
R1# ping 1.1.2.2
Type escape sequence to abort.
Sending 5, 100-byte ICMP Echos to 1.1.2.2, timeout is 2 seconds:
!!!!!
Success rate is 100 percent (5/5), round-trip min/avg/max = 8/8/12 ms
```

이상으로 기본적인 eBGP를 설정했다.

iBGP 설정

이번에는 AS 234에서 R2, R3, R4간의 iBGP를 설정해 보자.

그림 7-3 iBGP 네이버 설정하기

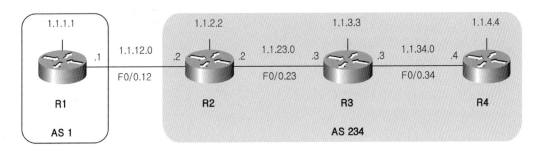

R2의 설정은 다음과 같다.

예제 7-12 R2의 iBGP 설정

```
R2(config)# router bgp 234
R2(config-router)# bgp router-id 1.1.2.2
R2(config-router)# neighbor 1.1.3.3 remote-as 234    ①
R2(config-router)# neighbor 1.1.3.3 update-source lo0    ②
R2(config-router)# neighbor 1.1.4.4 remote-as 234    ③
R2(config-router)# neighbor 1.1.4.4 update-source lo0    ④
```

① iBGP 네이버를 지정할 때는 보통 네이버 라우터의 루프백 주소를 사용한다. 다음 그림과 같이 R2에서 iBGP 네이버인 R3과 직접 연결된 IP 주소인 1.1.23.3으로 네이버를 지정해도 된다. 그러나, R2와 R3간의 링크가 다운될 경우 R5를 통한 백업 경로가 있음에도 불구하고 R2와 R3간의 iBGP 네이버 구성이 해제된다.

그림 7-4 루프백 주소를 사용하면 장애 발생에 대비한 이중화가 가능하다

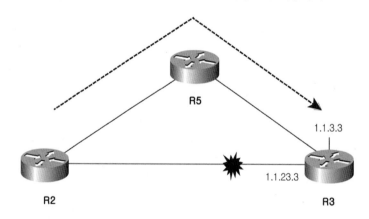

따라서, 앞 설정과 같이 iBGP 네이버는 루프백 주소로 설정하는 것이 좋다. R2가 iBGP 네이버인 R3에게 BGP 세션을 맺기 위한 메시지를 보내려면 해당 IP 주소와 연결되는 경로를 알아야 한다. 앞의 경우, R2의 라우팅 테이블에 네이버 주소로 사용하는 1.1.3.0/24 네트워크에 대한 정보가 저장되어 있어야만 R2와 R3간에 iBGP 네이버가 구성된다. 이것이 BGP와 더불어 IGP를 사용하는 이유 중의 하나이다.

② BGP가 상대 라우터와 네이버를 맺기 위하여 전송하는 메시지에 설정되는 현재 라우터의 주소로 Lo0 인터페이스의 주소를 사용하게 설정한다.

③ R2에서 R3과 R4를 iBGP 네이버로 지정하였다. 또, R3에서는 R2, R4를 iBGP 네이버로 지정하고, R4에서도 R2, R3을 iBGP 네이버로 지정한다. 이와 같이 동일 AS에 포함된 모든 BGP 라우터를 iBGP로 지정하는 것을 완전 메시(full mesh) 방식이라고 한다. R3의 설정은 다음과 같다.

예제 7-13 R3의 BGP 설정

```
R3(config)# router bgp 234
R3(config-router)# bgp router-id 1.1.3.3
R3(config-router)# neighbor 1.1.2.2 remote-as 234
R3(config-router)# neighbor 1.1.2.2 update-source loopback 0
R3(config-router)# neighbor 1.1.4.4 remote-as 234
R3(config-router)# neighbor 1.1.4.4 update-source loopback 0
R3(config-router)# network 1.1.3.0 mask 255.255.255.0
```

R4의 설정은 다음과 같다.

예제 7-14 R4의 BGP 설정

```
R4(config)# router bgp 234
R4(config-router)# bgp router-id 1.1.4.4
R4(config-router)# neighbor 1.1.2.2 remote-as 234
R4(config-router)# neighbor 1.1.2.2 update-source loopback 0
R4(config-router)# neighbor 1.1.3.3 remote-as 234
R4(config-router)# neighbor 1.1.3.3 update-source loopback 0
R4(config-router)# network 1.1.4.0 mask 255.255.255.0
```

설정 후 각 라우터의 라우팅 테이블을 확인해 보자. R1의 라우팅 테이블은 다음과 같다.

예제 7-15 R1의 라우팅 테이블

```
R1# show ip route bgp
    (생략)
    1.0.0.0/8 is variably subnetted, 7 subnets, 2 masks
B      1.1.2.0/24 [20/0] via 1.1.12.2, 00:38:01
B      1.1.3.0/24 [20/0] via 1.1.12.2, 00:01:53
B      1.1.4.0/24 [20/0] via 1.1.12.2, 00:00:17
```

R2의 라우팅 테이블은 다음과 같다.

예제 7-16 R2의 라우팅 테이블

```
R2# show ip route bgp
     (생략)

     1.0.0.0/8 is variably subnetted, 10 subnets, 2 masks
B        1.1.1.0/24 [20/0] via 1.1.12.1, 00:38:44
```

R3의 라우팅 테이블은 다음과 같다.

예제 7-17 R3의 라우팅 테이블

```
R3# show ip route bgp
     (생략)

     1.0.0.0/8 is variably subnetted, 10 subnets, 2 masks
B        1.1.1.0/24 [200/0] via 1.1.12.1, 00:03:26
```

라우터 간의 통신을 확인하기 위하여 R4에서 R1에 접속된 IP 주소 1.1.1.1로 핑을 해보면 다음과
같이 성공한다.

예제 7-18 R4에서 R1까지의 통신 확인

```
R4# ping 1.1.1.1 source 1.1.4.4

Type escape sequence to abort.
Sending 5, 100-byte ICMP Echos to 1.1.1.1, timeout is 2 seconds:
Packet sent with a source address of 1.1.4.4
!!!!!
Success rate is 100 percent (5/5), round-trip min/avg/max = 172/176/184 ms
```

앞서 R4와 R1간에 핑을 할 때 출발지 IP 주소로 1.1.4.4를 사용했다. 그냥 핑을 하면 출발지 주소가
1.1.34.4로 설정되고, 1.1.34.0 네트워크는 R1이 모르기 때문에 통신이 되지 않는다.

BGP 테이블

BGP는 OSPF의 링크 상태 데이터베이스, EIGRP의 토폴로지 데이터베이스와 유사한 BGP 테이블을 유지한다. 네이버에게서 BGP 라우팅 정보를 수신하면 입력 정책을 적용한 다음 BGP 테이블에 저장한다. BGP 테이블에 저장된 경로 중에서 최적의 경로를 선택하고, 다른 라우팅 프로토콜과 AD를 비교한 다음 라우팅 테이블에 저장한다. 또, BGP 테이블에 있는 네트워크에 출력 정책을 적용한 다음 인접 라우터에게 라우팅 정보를 전송한다.

그림 7-5 BGP 정책과 BGP 테이블의 관계

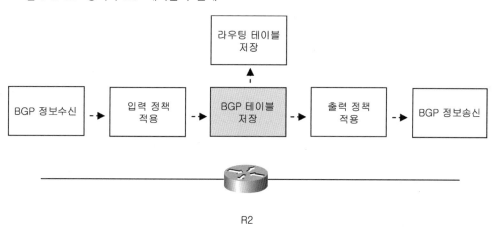

BGP 테이블을 확인하려면 **show ip bgp** 명령어를 사용한다. R2의 BGP 테이블은 다음과 같다.

예제 7-19 R2의 BGP 테이블

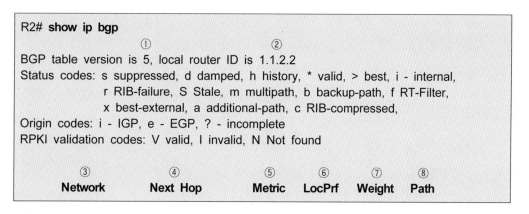

```
⑨
*>   1.1.1.0/24      1.1.12.1          0                    0   1 i
*>   1.1.2.0/24      0.0.0.0           0                32768   i
⑩
r>i  1.1.3.0/24      1.1.3.3           0        100          0   i
r>i  1.1.4.0/24      1.1.4.4           0        100          0   i
```

① BGP 테이블이 변화된 횟수를 의미한다. 규모가 큰 네트워크에서는 이 값도 아주 크다. 그러나, 소규모의 BGP 네트워크에서 테이블 버전이 지나치게 높다면 네트워크가 불안정하므로 확인해 보아야 한다.

② BGP 라우터 ID를 의미한다.

③ 목적지 네트워크를 의미한다.

④ 목적지 네트워크와 연결되는 넥스트 홉 IP 주소를 의미한다.

⑤ MED 값을 의미한다. MED는 나중에 자세히 설명한다.

⑥ 로컬 프레퍼런스(local preference) 값을 의미한다. 로컬 프레퍼런스도 나중에 자세히 설명한다.

⑦ 웨이트(weight) 값을 의미한다. 웨이트도 나중에 자세히 설명한다.

⑧ AS 경로를 의미한다. AS 경로도 나중에 자세히 설명한다.

⑨ 별표(*)는 나중에 설명할 넥스트 홉의 문제가 없는 경로를 의미한다. 화살표(>)는 최적 경로를 의미한다. 동일 목적지 네트워크에 대해서 다수개의 넥스트 홉 IP가 존재하는 경우에도 항상 '>' 표시가 붙은 최적 경로만 다른 라우터에게 광고된다. 또, BGP 부하 분산(load balancing)이 설정되어 있지 않은 경우, 항상 최적 경로만 라우팅 테이블에 인스톨된다.

⑩ 'r(RIB-failure)'은 BGP 최적 경로이기는 하나 IGP보다 AD가 높아서 라우팅 테이블에는 BGP 경로로 인스톨되지 못한 것을 의미한다. 앞의 예에서, R2는 1.1.3.0/24 네트워크에 대한 광고를 R3으로부터 BGP와 EIGRP를 통하여 중복해서 받는다. EIGRP 내부 네트워크의 AD 값이 90이고, iBGP의 AD 값이 200이므로 라우팅 테이블에는 EIGRP 경로로 인스톨된다.

IGP들은 AD 경쟁에서 탈락하여 라우팅 테이블에 인스톨시키지 못한 네트워크는 인접 라우터에게 광고하지 않는다. 예를 들어, 앞의 R2에서 1.1.3.0/24 네트워크에 대한 EIGRP의 AD값이 220이어서 라우팅 테이블에 BGP 네트워크가 저장된다면 EIGRP는 이 네트워크를 인접 EIGRP 네이버에게 광고하지 않는다.

그러나, 시스코 라우터에서 BGP는 라우팅 테이블에 인스톨되는 것과는 상관없이 해당 라우터의 BGP

테이블내에서 최적 경로(best route)이면 'r' 표시가 된 경로라도 네이버에게 광고한다. 결과적으로 1.1.3.0/24 네트워크가 BGP 네이버인 R2로 광고되고, 역시 동일한 이유로 R2는 R1에게도 광고한다. 'i'는 iBGP 네이버에게서 광고받은 네트워크를 의미한다.

⑪ 가장 오른쪽에 표시된 'i'는 해당 네트워크가 network 명령어를 사용하여 BGP에 포함되었다는 것을 의미한다.

BGP 네이버 테이블

BGP 네이버를 확인하려면 show ip bgp neighbor 명령어를 사용한다.

예제 7-20 BGP 네이버 확인하기

```
R2# show ip bgp neighbors
BGP neighbor is 1.1.3.3,   remote AS 234, internal link
  BGP version 4, remote router ID 1.1.3.3
  BGP state = Established, up for 01:01:29
     (생략)

BGP neighbor is 1.1.4.4,   remote AS 234, internal link
  BGP version 4, remote router ID 1.1.4.4
  BGP state = Established, up for 00:59:48
     (생략)

BGP neighbor is 1.1.12.1,   remote AS 1, external link
  BGP version 4, remote router ID 1.1.1.1
  BGP state = Established, up for 00:31:57
     (생략)
```

show ip bgp neighbor 명령어는 나타내는 정보가 너무 많아 불편한 경우가 있다. 따라서, 다음과 같이 show ip bgp summary 명령어를 사용하면 요약된 정보만을 확인할 수 있어 편리하다.

예제 7-21 단순한 BGP 네이버 확인하기

```
R2# show ip bgp summary
```

```
BGP router identifier 1.1.2.2, local AS number 234
BGP table version is 13, main routing table version 13
4 network entries using 404 bytes of memory
4 path entries using 192 bytes of memory
3 BGP path attribute entries using 180 bytes of memory
1 BGP AS-PATH entries using 24 bytes of memory
0 BGP route-map cache entries using 0 bytes of memory
0 BGP filter-list cache entries using 0 bytes of memory
BGP using 800 total bytes of memory
BGP activity 4/0 prefixes, 6/2 paths, scan interval 60 secs

                                                            ①            ②
Neighbor    V    AS MsgRcvd MsgSent   TblVer  InQ OutQ  Up/Down   State/PfxRcd
1.1.3.3     4   234      74      87       13    0    0  01:06:36        1
1.1.4.4     4   234      72      85       13    0    0  01:04:52        1
1.1.12.1    4     1      91      97       13    0    0  00:36:55        1
```

① 네이버가 구성된 이후의 시간을 표시한다.

② 네이버와의 상태(State) 또는 네이버에게서 광고받은 네트워크 수(Prefix Received)를 표시한다. 처음 네이버를 구성할 때에는 일시적으로 'Active', 'Idle' 등의 상태가 표시되나, 약 30초 이후부터는 반드시 상태가 아닌 네이버에게서 광고받은 네트워크의 수가 표시되어야 한다. 또, 다음과 같이 show tcp brief 명령어를 사용해도 현재 BGP 네이버 관계를 확인할 수 있다.

예제 7-22 show tcp brief 명령어를 사용한 BGP 네이버 확인

```
R2# show tcp brief
TCB        Local Address         Foreign Address       (state)
0088518C   1.1.2.2.179           1.1.3.3.11000         ESTAB
00883E00   1.1.12.2.179          1.1.12.1.11001        ESTAB
0088220C   1.1.2.2.11007         1.1.4.4.179           ESTAB
```

이상으로 기본적인 BGP를 설정해 보았다.

BGP 동기

기본적으로 BGP가 동작하려면 BGP와 IGP의 동기화(synchronization), 넥스트 홉(next hop) 까지의 통신 및 스플릿 호라이즌(split horizon) 문제가 해결되어야 한다.

BGP 동기화란 BGP가 알고 있는 네트워크를 IGP도 알고 있어야 한다는 것이다. 즉, BGP와 IGP가 동기화되어야 한다는 것이다. BGP 동기 법칙은 다음과 같이 표현할 수 있다.

'iBGP로 광고받은 네트워크는 IGP가 확인해주어야만 사용할 수 있다.'

이 때 사용한다는 의미는 라우팅 테이블에 저장시키거나, 다른 BGP 네이버에게 라우팅 정보를 보내는 것을 말한다. 인접 라우터 간에 동일한 프로토콜이 동작하는 IGP와는 달리, BGP는 인접 라우터 모두에 설정하지 않을 때도 많다. 다음 그림에서 AS 234에 속한 라우터중에서 R3은 BGP가 동작하지 않는 경우를 가정해 보자.

그림 7-6 특정 라우터에서 BGP를 동작시키지 않은 경우

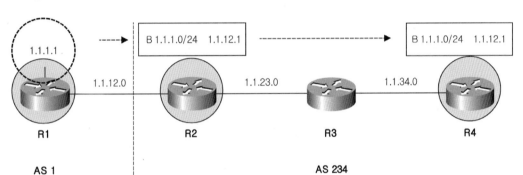

R1이 1.1.1.0/24 네트워크에 대한 라우팅 정보를 R2에게 전송하면 R2는 이것을 R4로 전송한다. 물리적으로는 R3을 경유하겠지만, R3에는 BGP가 설정되어 있지 않으므로 R3은 패킷의 목적지인 R4로 라우팅만 시킨다. 만약, R4가 방금 광고 받은 1.1.1.0/24 네트워크를 라우팅 테이블에 저장시키는 경우에 어떤 일이 발생할 수 있는지를 살펴보자.

R4가 1.1.1.0/24 네트워크를 목적지로 하는 패킷을 수신하면, 라우팅 테이블을 참조하여 R3으로 라우팅시킨다. 이 패킷을 수신한 R3은 자신의 라우팅 테이블에 1.1.1.0/24 네트워크 정보가 없으므로 해당 패킷을 폐기한다.

그림 7-7 BGP가 동작하지 않는 라우터가 블랙홀이 될 수 있다

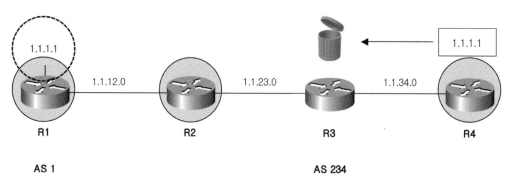

결과적으로 1.1.1.0/24 네트워크에 대하여 R3이 블랙홀이 된다. 따라서, 이와 같은 경우를 방지하려면 R3의 라우팅 테이블에도 1.1.1.0/24 네트워크가 저장되어 있어야 하며, R4가 R3의 라우팅 테이블에 이 네트워크가 저장되어 있다는 확신을 해야만 한다. 인접 라우터의 라우팅 테이블에 특정 네트워크가 저장되어 있다는 것을 알 수 있는 방법은 IGP를 통하여 인접 라우터에게서 그 네트워크에 대한 라우팅 정보를 받는 것이다. 따라서, 'iBGP로 광고받은 네트워크는 IGP가 확인해주어야만 사용할 수 있다.'는 BGP 동기 법칙이 만들어졌다. BGP 동기 법칙을 만족시켜주는 방법은 다음과 같이 세가지가 있다.

- no sync 명령어 사용
- BGP를 IGP에게 재분배
- 컨페더레이션 사용

각각에 대하여 살펴보자.

no sync 명령어 사용

만약 BGP로 동작하는 라우터가 연속되어 있다면 동기 법칙을 적용하지 않아도 라우팅의 블랙홀이 발생하지 않는다. 왜냐하면 모든 라우터에서 BGP가 동작하므로 BGP가 동작하지 않는 특정 라우터가 특정 네트워크에 대한 정보를 모르는 경우가 없을 것이기 때문이다. 따라서, 이 때에는 **no synchronization** 명령어를 사용하여 BGP 동기 법칙을 적용시키지 않을 수 있다. 최근 IOS는 모두 기본적으로 'no synchronization'이 적용된다. 앞서 설정한 네트워크를 다시 한 번 사용하여 이를 확인한다.

그림 7-8 iBGP 설정을 위한 기본 네트워크

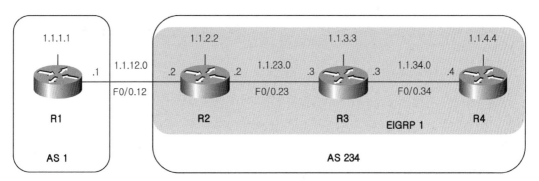

테스트를 위하여 R3에서 sync 명령어를 사용해 보자. 즉, iBGP로 광고받은 정보를 IGP가 한 번 확인해 주어야 싱크가 되게 한다.

예제 7-23 BGP 동기 설정하기

```
R3(config)# router bgp 234
R3(config-router)# sync
```

라우터 R1에서는 iBGP 네이버가 없기 때문에 BGP 동기 법칙에 대해서 신경쓸 필요가 없다. R2에서도 1.1.1.0/24 네트워크에 대한 BGP 동기 법칙 문제가 발생하지 않는다. 왜냐하면 eBGP 네이버인 R1에게서 수신했기 때문이다. 그러나, R3과 R4에서는 iBGP 네이버인 R2에게서 수신한 1.1.1.0/24 네트워크에 대해서 BGP 동기 법칙을 해결해 주어야 한다. 다음처럼 R3에서 show ip bgp 명령어를 사용해서 확인해 보자.

예제 7-24 R3의 BGP 테이블

```
R3# show ip bgp
BGP table version is 14, local router ID is 1.1.3.3
Status codes: s suppressed, d damped, h history, * valid, > best, i - internal,
              r RIB-failure, S Stale
Origin codes: i - IGP, e - EGP, ? - incomplete

   Network          Next Hop            Metric  LocPrf Weight Path
* i 1.1.1.0/24      1.1.12.1                 0     100      0 1 i
```

r>i 1.1.2.0/24	1.1.2.2	0	100	0	i
*> 1.1.3.0/24	0.0.0.0	0		32768	i
r>i 1.1.4.0/24	1.1.4.4	0	100	0	i

결과를 보면 1.1.1.0/24 네트워크 앞에 최적 경로 표시(>)가 없다. 또, 다음과 같이 show ip bgp 명령어 다음에 직접 네트워크를 명시하면 '동기가 되지 않았다(not synchronized)'는 메시지가 표시된다.

예제 7-25 R3의 BGP 테이블

```
R3# show ip bgp 1.1.1.0
BGP routing table entry for 1.1.1.0/24, version 14
Paths: (1 available, no best path)
  Not advertised to any peer
  1
    1.1.12.1 (metric 2681856) from 1.1.2.2 (1.1.2.2)
      Origin IGP, metric 0, localpref 100, valid, internal, not synchronized
```

동기 법칙을 해결하기 위하여 R3의 BGP 설정모드에서 다시 no sync 명령어를 사용해 보자.

예제 7-26 R3에서 BGP 동기 해결하기

```
R3(config)# router bgp 234
R3(config-router)# no sync
```

잠시 후 R3에서 BGP 테이블을 확인해 보면 다음과 같이 1.1.1.0/24 네트워크가 최적 경로로 변경되어 있다.

예제 7-27 R3의 BGP 테이블

```
R3# show ip bgp 1.1.1.0
BGP routing table entry for 1.1.1.0/24, version 15
Paths: (1 available, best #1, table Default-IP-Routing-Table)
Flag: 0x820
  Not advertised to any peer
```

```
1
    1.1.12.1 (metric 2681856) from 1.1.2.2 (1.1.2.2)
        Origin IGP, metric 0, localpref 100, valid, internal, best
```

이상으로 no sync 명령어에 대하여 살펴보았다.

BGP를 IGP에게 재분배

BGP 동기 법칙이 문제가 되는 네트워크는 주로 외부 AS에서 광고받은 것들이다. (경우에 따라서는 AS 내부의 네트워크에 대해서도 동기 문제가 발생할 수 있으며, 이에 대해서는 나중에 살펴본다.) 따라서, 'iBGP로 광고받은 네트워크는 IGP가 확인해주어야만 사용할 수 있다.'는 BGP 동기 법칙을 만족시키는 방법중 하나는 외부 AS와 연결되는 경계 라우터에서 BGP를 IGP에게 재분배하는 것이다. 앞 그림에서 경계 라우터인 R2에서 BGP를 IGP로 재분배시키면, AS 1에서 광고받은 1.1.1.0/24 네트워크가 EIGRP로 재분배된다. 그러면, R3 및 R4가 R2로부터 BGP를 통하여 광고받은 1.1.1.0/24 네트워크를 IGP인 EIGRP를 통하여 다시 광고를 받으므로 BGP 동기 법칙이 만족된다. 다음과 같이 R2에서 BGP를 EIGRP로 재분배한다.

예제 7-28 BGP를 IGP로 재분배하기

```
R2(config)# router eigrp 1
R2(config-router)# redistribute bgp 234 metric 1000 1 1 1 1500
```

재분배후 R3의 라우팅 테이블에 IGP를 통하여 광고받은 1.1.1.0/24 네트워크가 저장된다. 이것은 iBGP의 AD인 200보다 외부 EIGRP의 AD인 170이 더 낮기 때문이다.

예제 7-29 R3의 라우팅 테이블

```
R3# show ip route
    (생략)

Gateway of last resort is not set
```

367

```
     7.0.0.0/24 is subnetted, 7 subnets
D EX   1.1.1.0 [170/2681856] via 1.1.23.2, 00:00:18, Serial1/0.23
D      1.1.2.0 [90/2297856] via 1.1.23.2, 03:01:13, Serial1/0.23
C      1.1.3.0 is directly connected, Loopback0
D      1.1.4.0 [90/2297856] via 1.1.34.4, 03:00:19, Serial1/0.34
D      1.1.12.0 [90/2681856] via 1.1.23.2, 03:01:13, Serial1/0.23
C      1.1.23.0 is directly connected, Serial1/0.23
C      1.1.34.0 is directly connected, Serial1/0.34
```

이처럼 BGP를 IGP로 재분배하면 대부분의 경우 라우팅 테이블에는 IGP가 저장된다. 그러나, BGP의 동기 문제가 해결되므로, 다른 AS에서 수신한 BGP 네트워크들을 또 다른 AS로 중계할 수 있게 된다. 대부분의 경우, BGP 네트워크가 많아 IGP로 재분배하면 라우터가 다운될 수도 있고, 장애처리도 힘들다. 따라서, BGP를 IGP로 재분배하는 경우는 많지 않다.

다음 테스트를 위하여 BGP를 IGP로 재분배하는 것을 제거한다.

예제 7-30 기존 재분배 설정 제거하기

```
R2(config)# router eigrp 1
R2(config-router)# no redistribute bgp 234
```

또, R2, R3, R4의 BGP 설정을 제거한다.

예제 7-31 기존 BGP 설정 제거하기

```
R2(config)# no router bgp 234

R3(config)# no router bgp 234

R4(config)# no router bgp 234
```

이상으로 IGP를 BGP로 재분배하여 BGP 동기 문제를 해결해 보았다.

컨페더레이션을 이용한 BGP 동기화

컨페더레이션(confederation)은 하나의 AS를 다시 서브 AS(sub-AS)로 분할하여 설정하는 것을 말한다. 분할된 서브 AS들은 eBGP로 연결된다. 따라서, 컨페더레이션을 사용하면 'iBGP로 광고받은 네트워크는 IGP가 확인해주어야만 사용할 수 있다.'는 BGP 동기 법칙이 적용되지 않는다. 왜냐하면, iBGP 네이버가 eBGP 네이버로 변경되기 때문이다. 또, 컨페더레이션을 사용하면 동일 AS내에서 eBGP를 사용하여 eBGP간에 사용할 수 있는 라우팅 정책들을 적용시킬 수 있어 컨페더레이션을 사용하기도 한다.

컨페더레이션 외부의 AS에서는 컨페더레이션의 존재를 알지 못한다. 즉, AS 1에서는 AS 234에서 컨페더레이션이 사용된 것을 모른다. 컨페더레이션 내부의 서브 AS들은 서로 eBGP로 연결된다. 컨페더레이션 eBGP와 일반 eBGP의 차이점은 다음과 같다.

- 컨페더레이션 외부에서 광고받은 네트워크의 넥스트 홉은 전체 컨페더레이션을 통과할 동안 바뀌지 않는다. 즉, 서브 AS간에서는 변경되지 않는다.

- MED도 서브 AS간에서는 변경되지 않는다.

- 컨페더레이션내의 한 서브 AS에서 설정된 로컬 프레퍼런스도 전체 컨페더레이션에서 동일한 값을 가진다.

- 서브 AS간에 업데이트될 때마다 서브 AS 번호가 추가되지만, 컨페더레이션 외부로 광고될 때는 서브 AS 번호가 모두 제거된다.

- 일반 AS 경로와는 달리, 컨페더레이션 내부에서 추가되는 AS 번호는 경로결정에 사용되지 않고, 루프 방지용으로만 사용된다. 경로 결정시 다른 조건이 동일하다면 일반 eBGP, 컨페더레이션 eBGP, iBGP의 순으로 우선 순위를 가진다.

일반 AS와 마찬가지로 컨페더레이션도 넥스트 홉을 해결하기 위해서 IGP를 사용한다. 이 때 전체 컨페더레이션에 하나의 IGP만 사용해도 되고, 각각의 서브 AS에서 별개의 IGP를 사용할 수도 있다. 물론 가능하다면 IGP를 사용하지 않아도 된다. 다음과 같은 네트워크에서 컨페더레이션을 이용하여 BGP를 설정해 보자.

그림 7-9 컨페더레이션을 사용한 네트워크

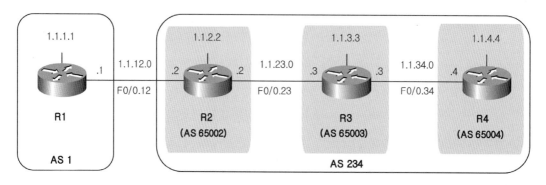

각 라우터에서 컨페더레이션을 이용한 BGP 설정은 다음과 같다.

예제 7-32 R2에서의 컨페더레이션 설정

```
R2(config)# router bgp 65002   ①
R2(config-router)# bgp router-id 1.1.2.2
R2(config-router)# bgp confederation identifier 234   ②
R2(config-router)# bgp confederation peers 65003   ③
R2(config-router)# neighbor 1.1.12.1 remote 1   ④
R2(config-router)# neighbor 1.1.3.3 remote-as 65003   ⑤
R2(config-router)# neighbor 1.1.3.3 update-source loopback 0
R2(config-router)# neighbor 1.1.3.3 ebgp-multihop 2   ⑥
R2(config-router)# network 1.1.2.0 mask 255.255.255.0
```

① 적당한 사설 AS 번호를 사용하여 BGP 설정모드로 들어간다. 컨페이더레이션 내부에서 사용되는
서브 AS 번호는 외부로 전달되지 않으므로 보통 사설 AS 번호를 사용한다.

② bgp confed id 명령어를 사용하여 원래의 AS 번호를 지정한다.

③ bgp confed peers 명령어를 사용하여 인접한 서브 AS 번호들을 열거한다. 복수개의 서브 AS와
인접한 경우 스페이스를 사용하여 모두 열거하면 된다.

④ 외부 AS와 연결되는 부분은 변함이 없다. 직접 연결되는 넥스트 홉 IP 주소를 이용하여 네이버를
설정한다.

⑤ 인접한 서브 AS와 네이버를 설정할 때, 서브 AS 번호를 사용한다.

⑥ 서브 AS간의 네이버도 eBGP 네이버로 동작하므로, 직접 접속된 네트워크가 아닌 루프백 주소를

사용하여 네이버를 설정할 때는 **ebgp-multihop** 명령어를 사용해야 한다. 홉 카운트 수는 양쪽 네이버 라우터를 포함하여 중간에 존재하는 라우터의 수를 지정해주면 된다. 이 명령어는 BGP의 보안과 밀접한 관계가 있다.

예제 7-33 R3에서의 컨페더레이션 설정

```
R3(config)# router bgp 65003
R3(config-router)# bgp router-id 1.1.3.3
R3(config-router)# bgp confed id 234
R3(config-router)# bgp confed peer 65002 65004
R3(config-router)# neighbor 1.1.2.2 remote 65002
R3(config-router)# neighbor 1.1.2.2 up lo0
R3(config-router)# neighbor 1.1.2.2 ebgp-multihop 2
R3(config-router)# neighbor 1.1.4.4 remote 65004
R3(config-router)# neighbor 1.1.4.4 up lo0
R3(config-router)# neighbor 1.1.4.4 ebgp-multihop 2
R3(config-router)# network 1.1.3.0 mask 255.255.255.0
```

R4의 설정은 다음과 같다.

예제 7-34 R4에서의 컨페더레이션 설정

```
R4(config)# router bgp 65004
R4(config-router)# bgp router-id 1.1.4.4
R4(config-router)# bgp confed id 234
R4(config-router)# bgp confed peer 65003
R4(config-router)# neighbor 1.1.3.3 remote 65003
R4(config-router)# neighbor 1.1.3.3 up lo0
R4(config-router)# neighbor 1.1.3.3 ebgp-multihop 2
R4(config-router)# network 1.1.4.0 mask 255.255.255.0
```

컨페더레이션 설정 후 R3의 BGP 테이블은 다음과 같다.

예제 7-35 R3의 BGP 테이블

```
R3# show ip bgp
```

```
BGP table version is 7, local router ID is 1.1.3.3
Status codes: s suppressed, d damped, h history, * valid, > best, i - internal,
              r RIB-failure, S Stale
Origin codes: i - IGP, e - EGP, ? - incomplete

   Network          Next Hop           Metric  LocPrf Weight Path
*> 1.1.1.0/24       1.1.12.1              0       100      0 (65002) 1 i
r> 1.1.2.0/24       1.1.2.2               0       100      0 (65002) i
*> 1.1.3.0/24       0.0.0.0               0             32768 i
r> 1.1.4.0/24       1.1.4.4               0       100      0 (65004) i
```

1.1.1.0/24 네트워크가 최적 경로로 설정되어 있다. 즉, 동기 법칙이 만족된다. 또, AS 1의 라우터 R1에 접속된 1.1.1.0/24 네트워크의 넥스트 홉이 컨페더레이션 내부의 서브 AS 65002를 통과하면서도 변경되지 않았음을 알 수 있다. 서브 AS 번호는 괄호안에 표시되어 있다.

R3의 라우팅 테이블은 다음과 같다.

예제 7-36 R3의 라우팅 테이블

```
R3# show ip route
   (생략)
   1.0.0.0/8 is variably subnetted, 10 subnets, 2 masks
B      1.1.1.0/24 [200/0] via 1.1.12.1, 00:04:10
D      1.1.2.0/24 [90/156160] via 1.1.23.2, 00:06:23, FastEthernet0/0.23
C      1.1.3.0/24 is directly connected, Loopback0
L      1.1.3.3/32 is directly connected, Loopback0
D      1.1.4.0/24 [90/156160] via 1.1.34.4, 00:06:23, FastEthernet0/0.34
D      1.1.12.0/24 [90/30720] via 1.1.23.2, 00:06:23, FastEthernet0/0.23
C      1.1.23.0/24 is directly connected, FastEthernet0/0.23
L      1.1.23.3/32 is directly connected, FastEthernet0/0.23
C      1.1.34.0/24 is directly connected, FastEthernet0/0.34
L      1.1.34.3/32 is directly connected, FastEthernet0/0.34
```

R1의 BGP 테이블은 다음과 같다.

예제 7-37 R1의 BGP 테이블

```
R1# show ip bgp
BGP table version is 11, local router ID is 1.1.1.1
Status codes: s suppressed, d damped, h history, * valid, > best, i - internal,
              r RIB-failure, S Stale
Origin codes: i - IGP, e - EGP, ? - incomplete

   Network          Next Hop          Metric  LocPrf Weight Path
*> 1.1.1.0/24       0.0.0.0                0          32768 i
*> 1.1.2.0/24       1.1.12.2               0              0 234 i
*> 1.1.3.0/24       1.1.12.2                              0 234 i
*> 1.1.4.0/24       1.1.12.2                              0 234 i
```

컨페더레이션이 설정된 AS 234에서 광고받은 네트워크에 서브 AS 번호가 없다. 즉, 외부 AS에서는 컨페더레이션의 존재를 모른다.

다음 테스트를 위하여 R2, R3, R4에서 IGP와 BGP 설정을 제거한다.

예제 7-38 기존 설정 제거하기

```
R2(config)# no router eigrp 1
R2(config)# no router bgp 65002

R3(config)# no router eigrp 1
R3(config)# no router bgp 65003

R4(config)# no router eigrp 1
R4(config)# no router bgp 65004
```

이상으로 컨페더레이션을 이용하여 BGP의 동기 문제를 해결해 보았다.

루프백 주소를 24비트로 전송해야 하는 경우

특정 네트워크를 BGP에 포함시킬 때 **netmask** 명령어 다음에 지정하는 서브넷 마스크와 정확히 일치하는 네트워크가 라우팅 테이블에 존재해야 한다. OSPF를 IGP로 사용하는 경우, 별도의 설정을 하지 않으면 루프백 주소는 호스트 루트(host route) 즉, 32 비트로 전송된다. 만약, 다른 라우터의 루프백 네트워크를 BGP에 포함시키기 위하여 **netmask 255.255.255.0**으로 설정했다면 OSPF가 루프백 주소에 대한 라우팅 정보를 호스트 루트가 아닌 서브넷으로 광고하도록 해야 한다. R2, R3, R4에서 OSPF 에어리어 0을 설정한다.

예제 7-39 OSPF 설정하기

```
R2(config)# router ospf 1
R2(config-router)# router-id 1.1.2.2
R2(config-router)# network 1.1.2.2 0.0.0.0 area 0
R2(config-router)# network 1.1.12.2 0.0.0.0 area 0
R2(config-router)# network 1.1.23.2 0.0.0.0 area 0
R2(config-router)# passive-interface f0/0.12

R3(config)# router ospf 1
R3(config-router)# router-id 1.1.3.3
R3(config-router)# network 1.1.3.3 0.0.0.0 area 0
R3(config-router)# network 1.1.23.3 0.0.0.0 area 0
R3(config-router)# network 1.1.34.3 0.0.0.0 area 0

R4(config)# router ospf 1
R4(config-router)# router-id 1.1.4.4
R4(config-router)# network 1.1.4.4 0.0.0.0 area 0
R4(config-router)# network 1.1.34.4 0.0.0.0 area 0
```

OSPF 설정이 끝나면 다음 그림과 같이 AS 234에서 BGP를 R2에서만 설정하고, R3, R4의 루프백에 접속된 1.1.3.0/24, 1.1.4.0/24 네트워크를 R2에서 BGP에 포함시켜 보자.

그림 7-10 AS 234에서 R2에서만 BGP를 설정한다

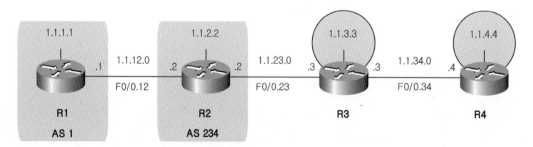

R2의 설정은 다음과 같다.

예제 7-40 R2의 BGP 설정

```
R2(config)# router bgp 234
R2(config-router)# bgp router-id 1.1.2.2
R2(config-router)# neighbor 1.1.12.1 remote 1
R2(config-router)# network 1.1.2.0 mask 255.255.255.0
R2(config-router)# network 1.1.3.0 mask 255.255.255.0
R2(config-router)# network 1.1.4.0 mask 255.255.255.0
```

설정 후 R2의 BGP 테이블을 보면 다음과 같이 1.1.3.0/24, 1.1.4.0/24 네트워크가 없다.

예제 7-41 R2의 BGP 테이블

```
R2# show ip bgp
BGP table version is 3, local router ID is 1.1.2.2
Status codes: s suppressed, d damped, h history, * valid, > best, i - internal,
              r RIB-failure, S Stale
Origin codes: i - IGP, e - EGP, ? - incomplete

   Network          Next Hop          Metric  LocPrf Weight Path
*> 1.1.1.0/24       1.1.12.1              0                0 1 i
*> 1.1.2.0/24       0.0.0.0               0            32768 i
```

BGP는 라우팅 테이블에 있는 네트워크에 대해서만 라우팅 정보를 전송할 수 있다. 즉, BGP 설정모드에서 **network** 명령어를 이용하여 네트워크를 지정해도, 라우팅 테이블에 그 네트워크가 존재하지 않으면 해당 네트워크에 대한 광고를 전송하지 않는다.

예에서도 1.1.3.0/24, 1.1.4.0/24 네트워크를 BGP로 광고하려 했지만 R2의 라우팅 테이블에 해당 네트워크가 없고 대신 서브넷 마스크가 다른 1.1.3.3/32, 1.1.4.4/32 네트워크만 존재하기 때문에 1.1.3.0/24, 1.1.4.0/24 네트워크가 BGP로 광고되지 않는다. R2의 라우팅 테이블은 다음과 같다.

예제 7-42 R2의 라우팅 테이블

```
R2# show ip route ospf
```

```
    (생략)
      1.0.0.0/8 is variably subnetted, 10 subnets, 2 masks
O        1.1.3.3/32 [110/2] via 1.1.23.3, 00:03:47, FastEthernet0/0.23
O        1.1.4.4/32 [110/3] via 1.1.23.3, 00:03:11, FastEthernet0/0.23
O        1.1.34.0/24 [110/2] via 1.1.23.3, 00:03:21, FastEthernet0/0.23
```

R2의 라우팅 테이블에 1.1.3.0, 1.1.4.0 네트워크를 /24 서브넷으로 저장시키기 위하여 다음과 같이 설정한다.

예제 7-43 루프백 네트워크의 OSPF 타입 변경하기

```
R3(config)# int lo0
R3(config-if)# ip ospf network point-to-point

R4(config)# int lo0
R4(config-if)# ip ospf network point-to-point
```

R2의 라우팅 테이블을 보면 다음과 같이 해당 네트워크의 서브넷 마스크가 24 비트로 저장된다.

예제 7-44 R2의 라우팅 테이블

```
R2# show ip route ospf
    (생략)
      1.0.0.0/8 is variably subnetted, 10 subnets, 2 masks
O        1.1.3.0/24 [110/2] via 1.1.23.3, 00:00:11, FastEthernet0/0.23
O        1.1.4.0/24 [110/3] via 1.1.23.3, 00:00:01, FastEthernet0/0.23
O        1.1.34.0/24 [110/2] via 1.1.23.3, 00:05:11, FastEthernet0/0.23
```

이제, 다음과 같이 R2의 BGP 테이블에도 1.1.3.0, 1.1.4.0 네트워크가 최적 경로로 저장된다.

예제 7-45 R2의 BGP 테이블

```
R2# show ip bgp
BGP table version is 4, local router ID is 1.1.2.2
Status codes: s suppressed, d damped, h history, * valid, > best, i - internal,
```

```
                  r RIB-failure, S Stale
Origin codes: i - IGP, e - EGP, ? - incomplete

    Network         Next Hop         Metric   LocPrf Weight Path
*>  1.1.1.0/24      1.1.12.1              0                0  1 i
*>  1.1.2.0/24      0.0.0.0               0            32768  i
*>  1.1.3.0/24      1.1.23.3              2            32768  i
*>  1.1.4.0/24      1.1.23.3              3            32768  i
```

결과적으로 AS 1에 소속된 R1의 라우팅 테이블에 1.1.3.0/24, 1.1.4.0/24 네트워크가 인스톨된다.

예제 7-46 R1의 라우팅 테이블

```
R1# show ip route bgp
    (생략)
    1.0.0.0/8 is variably subnetted, 7 subnets, 2 masks
B       1.1.2.0/24 [20/0] via 1.1.12.2, 00:06:39
B       1.1.3.0/24 [20/2] via 1.1.12.2, 00:02:58
B       1.1.4.0/24 [20/3] via 1.1.12.2, 00:02:27
```

다음 테스트를 위하여 모든 라우터에서 BGP와 OSPF 설정을 제거한다.

예제 7-47 BGP와 OSPF 설정 제거

```
R1(config)# no router bgp 1

R2(config)# no router ospf 1
R2(config)# no router bgp 234

R3(config)# no router ospf 1
R3(config)# no router bgp 234

R4(config)# no router ospf 1
R4(config)# no router bgp 234
```

이상으로 BGP 동기화에 대하여 살펴보았다.

BGP 넥스트 홉

목적지 네트워크로 가기 위한 다음 라우터를 넥스트 홉(next hop) 라우터라고 한다. IGP의 넥스트 홉 IP 주소는 항상 물리적으로 접속된 인접 라우터의 IP 주소이다. 예를 들어, 다음 그림의 R2, R3에서 R4에 접속된 1.1.4.0 네트워크로 가기 위한 넥스트 홉 IP 주소는 인접 라우터의 IP 주소이다.

그림 7-11 IGP는 각 라우터가 자신의 주소를 넥스트 홉 주소로 설정한다

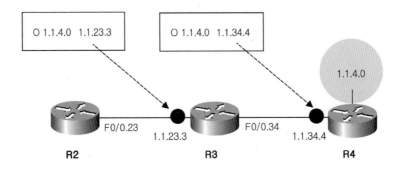

그러나, BGP는 다음 그림과 같이 버스 형태의 네트워크에서는 처음 라우팅 정보를 보낸 라우터가 넥스트 홉으로 설정되고, 다른 AS로 넘어갈 때는 그 AS와 연결되는 라우터가 넥스트 홉이 된다.

그림 7-12 BGP는 동일 AS 내부에서 넥스트 홉 주소를 변경하지 않는다

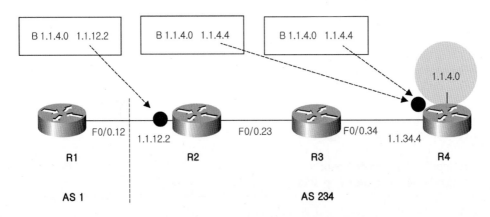

또, 멀티 액세스 네트워크에서는 다음 그림처럼 eBGP, iBGP를 막론하고 처음 라우팅 정보를 보낸 라우터가 넥스트 홉으로 설정되고, 끝까지 바뀌지 않는다.

그림 7-13 멀티 액세스 네트워크에서는 넥스트 홉 주소가 변경되지 않는다

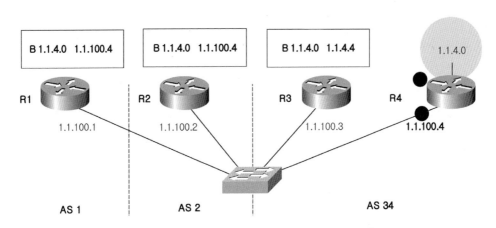

BGP에서 넥스트 홉의 IP 주소는 네이버를 설정할 때 사용된 IP를 사용한다. 예를 들어, eBGP처럼 인터페이스에 직접 연결된 IP 주소를 사용하여 네이버를 설정한 경우에는 그 주소가 넥스트 홉 IP 주소가 된다. iBGP처럼 루프백 주소를 사용하여 네이버를 설정한 경우에는 루프백 주소가 넥스트 홉 IP 주소가 된다.

BGP는 광고받은 네트워크의 넥스트 홉 주소가 라우팅 가능한 것이어야만 해당 네트워크를 사용할 수 있다. 예를 들어, 다음 그림의 R2, R3, R4에서 AS 1에 속한 1.1.1.0/24 네트워크의 넥스트 홉은 기본적으로 AS 1과 AS 234를 연결하는 라우터인 R1의 인터페이스 주소인 1.1.12.1이 된다.

그림 7-14 외부 네트워크에 대한 넥스트 홉 주소는 DMZ 네트워크가 사용된다

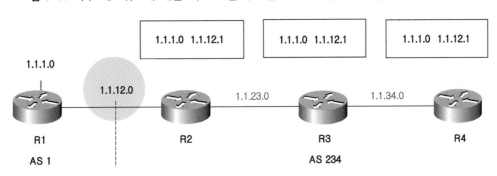

따라서, AS 234에 속한 각 라우터에서 1.1.1.0/24 네트워크를 사용하려면 넥스트 홉 주소가 포함된 DMZ인 1.1.12.0 네트워크로 라우팅이 가능해야 한다. BGP에서 넥스트 홉 문제를 해결하는 방법은

다음과 같이 두 가지가 있다.

- DMZ를 IGP에 포함시키기
- next-hop-self 옵션 사용

각 방법에 대하여 살펴보자.

DMZ를 IGP에 포함시키기

DMZ를 IGP에 포함시키는 방법을 사용하여 BGP 넥스트 홉 문제를 해결해 보자. 다음 그림과 같이 IGP 및 BGP를 설정한다.

그림 7-15 넥스트 홉 IP 주소 동작 확인을 위한 네트워크

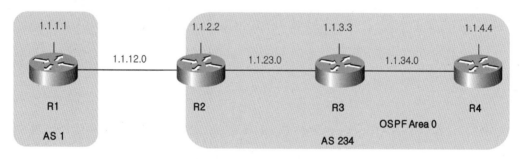

AS 234에 소속된 R2, R3, R4 라우터에서 다음과 같이 OSPF를 설정한다.

예제 7-48 OSPF 설정

```
R2(config)# router ospf 1
R2(config-router)# router-id 1.1.2.2
R2(config-router)# network 1.1.2.2 0.0.0.0 area 0
R2(config-router)# network 1.1.23.2 0.0.0.0 area 0
R2(config-router)# int lo0
R2(config-if)# ip ospf network point-to-point

R3(config)# router ospf 1
R3(config-router)# router-id 1.1.3.3
R3(config-router)# network 1.1.3.3 0.0.0.0 area 0
R3(config-router)# network 1.1.23.3 0.0.0.0 area 0
```

```
R3(config-router)# network 1.1.34.3 0.0.0.0 area 0
R3(config-router)# int lo0
R3(config-if)# ip ospf network point-to-point

R4(config)# router ospf 1
R4(config-router)# router-id 1.1.4.4
R4(config-router)# network 1.1.4.4 0.0.0.0 area 0
R4(config-router)# network 1.1.34.4 0.0.0.0 area 0
R4(config-router)# int lo0
R4(config-if)# ip ospf network point-to-point
```

OSPF 설정이 끝나면 BGP를 설정한다. R1의 설정은 다음과 같다.

예제 7-49 R1의 설정

```
R1(config)# router bgp 1
R1(config-router)# bgp router-id 1.1.1.1
R1(config-router)# neighbor 1.1.12.2 remote-as 234
R1(config-router)# network 1.1.1.0 mask 255.255.255.0
```

R2의 설정은 다음과 같다.

예제 7-50 R2에서의 BGP 설정

```
R2(config)# router bgp 234
R2(config-router)# bgp router-id 1.1.2.2
R2(config-router)# neighbor 1.1.12.1 remote-as 1
R2(config-router)# neighbor 1.1.3.3 remote-as 234
R2(config-router)# neighbor 1.1.3.3 update-source loopback 0
R2(config-router)# neighbor 1.1.4.4 remote-as 234
R2(config-router)# neighbor 1.1.4.4 update-source loopback 0
R2(config-router)# network 1.1.2.0 mask 255.255.255.0
```

R3의 설정은 다음과 같다.

예제 7-51 R3에서의 BGP 설정

```
R3(config)# router bgp 234
R3(config-router)# bgp router-id 1.1.3.3
R3(config-router)# neighbor 1.1.2.2 remote-as 234
R3(config-router)# neighbor 1.1.2.2 update-source loopback 0
R3(config-router)# neighbor 1.1.4.4 remote-as 234
R3(config-router)# neighbor 1.1.4.4 update-source loopback 0
R3(config-router)# network 1.1.3.0 mask 255.255.255.0
```

R4의 설정은 다음과 같다.

예제 7-52 R4에서의 BGP 설정

```
R4(config)# router bgp 234
R4(config-router)# bgp router-id 1.1.4.4
R4(config-router)# neighbor 1.1.2.2 remote-as 234
R4(config-router)# neighbor 1.1.2.2 update-source loopback 0
R4(config-router)# neighbor 1.1.3.3 remote-as 234
R4(config-router)# neighbor 1.1.3.3 update-source loopback 0
R4(config-router)# network 1.1.4.0 mask 255.255.255.0
```

설정 후 R1과 R2의 BGP 테이블은 이상이 없다. 그러나, R3과 R4의 BGP 테이블을 보면 1.1.1.0/24 네트워크가 최적 경로로 설정되지 않는다. show ip bgp 명령어와 함께 네트워크를 명시해서 확인하면 다음과 같이 넥스트 홉 IP 주소(1.1.12.1)가 라우팅 불가능(inaccessible)하다는 메시지를 볼 수 있다.

예제 7-53 R3, R4의 BGP 테이블

```
R3# show ip bgp 1.1.1.0
BGP routing table entry for 1.1.1.0/24, version 0
Paths: (1 available, no best path)
  Not advertised to any peer
  1
    1.1.12.1 (inaccessible) from 1.1.2.2 (1.1.2.2)
      Origin IGP, metric 0, localpref 100, valid, internal
```

```
R4# show ip bgp 1.1.1.0
BGP routing table entry for 1.1.1.0/24, version 0
Paths: (1 available, no best path)
  Not advertised to any peer
  1
    1.1.12.1 (inaccessible) from 1.1.2.2 (1.1.2.2)
      Origin IGP, metric 0, localpref 100, valid, internal
```

예를 들어, R3의 라우팅 테이블을 확인해보면 다음처럼 넥스트 홉 네트워크인 1.1.12.0 네트워크가 없다.

예제 7-54 R3의 라우팅 테이블에 DMZ 네트워크가 존재하기 않는다

```
R3# show ip route 1.1.12.0
% Subnet not in table
```

즉, R2에서 OSPF 설정시 S1/0.12 인터페이스를 포함시키지 않았기 때문에, R3, R4의 라우팅 테이블에 1.1.12.0 네트워크가 존재하지 않는다. R3, R4에게 AS 1과 연결되는 넥스트 홉 IP 주소인 1.1.12.0 네트워크로 가는 경로를 광고하기 위하여 다음 그림과 같이 AS 경계 라우터인 R2에서 OSPF에 DMZ 네트워크를 추가해 보자.

그림 7-16 DMZ 네트워크를 IGP에 포함시키면 넥스트 홉 IP 주소 문제가 해결된다

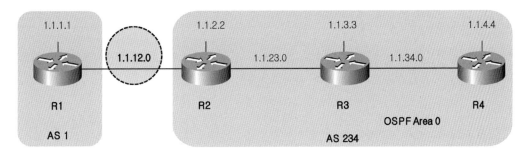

이를 위한 R2의 설정은 다음과 같다.

예제 7-55 R2에서 DMZ 네트워크를 OSPF에 포함시키기

```
   R2(config)# router ospf 1
①  R2(config-router)# network 1.1.12.2 0.0.0.0 area 0
②  R2(config-router)# passive-interface f0/0.12
```

① R1이 넥스트 홉이라고 광고하는 1.1.12.0 네트워크를 AS 234에 소속된 라우터들에게 알리기
위하여 DMZ를 OSPF에 포함시킨다.

② AS 1으로 전송되는 불필요한 OSPF 헬로 패킷을 차단한다. 이제, R3과 R4에 넥스트 홉인 1.1.12.1로
가는 경로가 저장된다. R3의 라우팅 테이블은 다음과 같다.

예제 7-56 R3의 라우팅 테이블

```
R3# show ip route
   (생략)
       1.0.0.0/8 is variably subnetted, 10 subnets, 2 masks
B         1.1.1.0/24 [200/0] via 1.1.12.1, 00:00:28
O         1.1.2.0/24 [110/2] via 1.1.23.2, 00:06:52, FastEthernet0/0.23
C         1.1.3.0/24 is directly connected, Loopback0
L         1.1.3.3/32 is directly connected, Loopback0
O         1.1.4.0/24 [110/2] via 1.1.34.4, 00:06:20, FastEthernet0/0.34
O         1.1.12.0/24 [110/2] via 1.1.23.2, 00:00:33, FastEthernet0/0.23
C         1.1.23.0/24 is directly connected, FastEthernet0/0.23
L         1.1.23.3/32 is directly connected, FastEthernet0/0.23
C         1.1.34.0/24 is directly connected, FastEthernet0/0.34
L         1.1.34.3/32 is directly connected, FastEthernet0/0.34
```

다음과 같이 show ip bgp 명령어를 사용하여 확인해 보면 'inaccessible' 메시지가 사라지고,
1.1.1.0/24 네트워크가 최적 경로로 설정되었다.

예제 7-57 R3의 BGP 테이블

```
R3# show ip bgp 1.1.1.0
BGP routing table entry for 1.1.1.0/24, version 7
Paths: (1 available, best # 1, table Default-IP-Routing-Table)
  Not advertised to any peer
```

> 1
> **1.1.12.1 (metric 2)** from 1.1.2.2 (1.1.2.2)
>   Origin IGP, metric 0, localpref 100, valid, internal, **best**

다음 테스트를 위하여 R2에서 DMZ 네트워크를 OSPF에서 제거한다.

예제 7-58 기존 설정 제거하기

```
R2(config)# router ospf 1
R2(config-router)# no network 1.1.12.2 0.0.0.0 area 0
R2(config-router)# no passive-interface f0/0.12
```

이상으로 DMZ 네트워크를 IGP에 포함시켜서 BGP의 넥스트 홉 문제를 해결하였다.

next-hop-self 옵션 사용

이번에는 **next-hop-self** 옵션를 이용하여 BGP 넥스트 홉 문제를 해결해 보자. 이 방법은 경계 라우터인 R2가 네이버를 설정하면서, 넥스트 홉 IP 주소를 R3, R4 라우터가 알고 있는 R2 자신의 주소로 변경하는 것이다.

그림 7-17 경계 라우터의 주소를 사용해도 넥스트 홉 IP 주소 문제가 해결된다

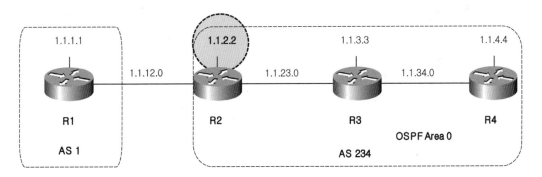

R2에서 다음과 같이 설정한다.

385

예제 7-59 BGP 넥스트 홉 IP 주소 변경하기

```
R2(config)# router bgp 234
R2(config-router)# neighbor 1.1.3.3 next-hop-self
R2(config-router)# neighbor 1.1.4.4 next-hop-self
```

그러면, R3과 R4가 R2에서 수신하는 모든 네트워크의 넥스트 홉이 R2로 변경된다.

예제 7-60 R3의 BGP 테이블

```
R3# show ip bgp
BGP table version is 9, local router ID is 1.1.3.3
Status codes: s suppressed, d damped, h history, * valid, > best, i - internal,
              r RIB-failure, S Stale
Origin codes: i - IGP, e - EGP, ? - incomplete

   Network          Next Hop          Metric   LocPrf Weight Path
*>i 1.1.1.0/24      1.1.2.2               0       100      0 1 i
r>i 1.1.2.0/24      1.1.2.2               0       100      0 i
*>  1.1.3.0/24      0.0.0.0               0            32768 i
r>i 1.1.4.0/24      1.1.4.4               0       100      0 i
```

R3의 라우팅 테이블에 다음과 같이 1.1.1.0/24 네트워크가 저장된다.

예제 7-61 R3의 라우팅 테이블

```
R3# show ip route
   (생략)
      1.0.0.0/8 is variably subnetted, 9 subnets, 2 masks
B        1.1.1.0/24 [200/0] via 1.1.2.2, 00:00:47
O        1.1.2.0/24 [110/2] via 1.1.23.2, 00:12:06, FastEthernet0/0.23
C        1.1.3.0/24 is directly connected, Loopback0
L        1.1.3.3/32 is directly connected, Loopback0
O        1.1.4.0/24 [110/2] via 1.1.34.4, 00:11:34, FastEthernet0/0.34
C        1.1.23.0/24 is directly connected, FastEthernet0/0.23
L        1.1.23.3/32 is directly connected, FastEthernet0/0.23
C        1.1.34.0/24 is directly connected, FastEthernet0/0.34
L        1.1.34.3/32 is directly connected, FastEthernet0/0.34
```

다음 테스트를 위하여 R2, R3, R4의 BGP 설정을 제거한다.

예제 7-62 기존 설정 제거하기

```
R2(config)# no router bgp 234
R3(config)# no router bgp 234
R4(config)# no router bgp 234
```

지금까지 BGP의 넥스트 홉 문제를 해결하는 두 가지 방법을 살펴보았다.

BGP 스플릿 호라이즌

BGP도 RIP, EIGRP 등과 마찬가지로 디스턴스 벡터(distance vector) 라우팅 프로토콜이어서 라우팅 루프를 방지하기 위한 스플릿 호라이즌 룰(split horizon rule)이 적용된다. 그러나, BGP의 스플릿 호라이즌 룰은 IGP와는 약간 다르다. BGP의 스플릿 호라이즌 룰은 다음과 같다.

'iBGP로 광고받은 네트워크는 iBGP로 광고하지 못한다'

즉, iBGP 네이버에게서 광고받은 네트워크에 관한 라우팅 정보는 다른 iBGP 네이버에게 전달하지 못한다. 다음 그림에서 R2가 R1에게서 1.1.1.0/24 네트워크에 대한 광고를 받을 때는 BGP 스플릿 호라이즌 룰이 적용되지 않는다. 왜냐하면 R1과 R2는 eBGP 네이버이어서 eBGP로 광고받은 네트워크는 iBGP로 광고할 수 있기 때문이다. 따라서, R2가 R1에게서 수신한 1.1.1.0/24 네트워크에 대한 라우팅 정보를 R3에게 전송한다.

그림 7-18 BGP 스플릿 호라이즌이 적용되는 네트워크

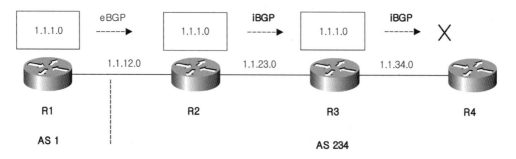

그러나, R3과 R2는 iBGP 네이버이므로, R3은 R2에게서 수신한 1.1.1.0/24 네트워크에 대한 라우팅 정보를 또 다른 iBGP 네이버인 R4에게 전달하지 못한다. 즉, iBGP 네이버에게서 광고받은 네트워크는 또 다른 iBGP 네이버에게 광고하지 못한다. 결과적으로 R4의 BGP 테이블에는 1.1.1.0 네트워크가 존재하지 않는다.

다음 그림과 같이 AS 234에서 BGP를 설정한다.

그림 7-19 BGP 스플릿 호라이즌 테스트를 위한 기본 네트워크

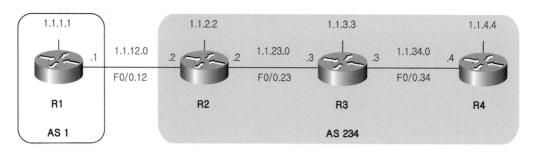

R2의 BGP 설정은 다음과 같다.

예제 7-63 R2의 BGP 설정

```
R2(config)# router bgp 234
R2(config-router)# bgp router-id 1.1.2.2
R2(config-router)# neighbor 1.1.12.1 remote-as 1
```

```
R2(config-router)# neighbor 1.1.3.3 remote-as 234
R2(config-router)# neighbor 1.1.3.3 update-source loopback 0
R2(config-router)# neighbor 1.1.3.3 next-hop-self
R2(config-router)# network 1.1.2.0 mask 255.255.255.0
```

R3의 설정은 다음과 같다.

예제 7-64 R3의 BGP 설정

```
R3(config)# router bgp 234
R3(config-router)# bgp router-id 1.1.3.3
R3(config-router)# neighbor 1.1.2.2 remote-as 234
R3(config-router)# neighbor 1.1.2.2 update-source loopback 0
R3(config-router)# neighbor 1.1.4.4 remote-as 234
R3(config-router)# neighbor 1.1.4.4 update-source loopback 0
R3(config-router)# network 1.1.3.0 mask 255.255.255.0
```

R4의 설정은 다음과 같다.

예제 7-65 R4의 BGP 설정

```
R4(config)# router bgp 234
R4(config-router)# bgp router-id 1.1.4.4
R4(config-router)# neighbor 1.1.3.3 remote-as 234
R4(config-router)# neighbor 1.1.3.3 update-source loopback 0
R4(config-router)# network 1.1.4.0 mask 255.255.255.0
```

설정 후 R3의 BGP 테이블을 보면 다음과 같이 R2(1.1.2.2)에서 광고받은 1.1.1.0/24 네트워크가 최적 경로로 설정되어 있다.

예제 7-66 R3의 BGP 테이블

```
R3# show ip bgp 1.1.1.0
BGP routing table entry for 1.1.1.0/24, version 2
Paths: (1 available, best #1, table default)
  Not advertised to any peer
```

```
Refresh Epoch 1
1
    1.1.2.2 (metric 2) from 1.1.2.2 (1.1.2.2)
        Origin IGP, metric 0, localpref 100, valid, internal, best
```

그러나, R4의 BGP 테이블에는 1.1.1.0/24 네트워크가 없다.

예제 7-67 R4의 BGP 테이블에 1.1.1.0/24 네트워크가 존재하지 않는다

```
R4# show ip bgp 1.1.1.0/24
% Network not in table
```

그 이유는 R3이 iBGP 네이버인 R2에게서 수신한 1.1.1.0/24 네트워크를 BGP 스플릿 호라이즌 룰 때문에 또 다른 iBGP 네이버인 R4에게 전송하지 못하기 때문이다. 동일한 이유 때문에 R2의 BGP 테이블에는 R4의 네트워크인 1.1.4.0/24 네트워크가 없다.

예제 7-68 R2의 BGP 테이블에도 1.1.4.0/24 네트워크가 존재하지 않는다

```
R2# show ip bgp 1.1.4.0/24
% Network not in table
```

앞서 살펴본 BGP 넥스트 홉이나 동기 법칙이 해결되지 않은 네트워크들은 show ip bgp 명령어로 확인하면 네트워크는 보이지만 최적 경로가 되지 못했다. 그러나, BGP 스플릿 호라이즌 룰이 해결되지 않은 네트워크들은 해당 라우터에서는 정상적으로 저장되지만 넥스트 홉 라우터로는 전달되지 못한다. BGP 스플릿 호라이즌 룰을 해결하는 방법은 다음과 같은 것들이 있다.

- 완전 메시(full mesh) 설정
- 루트 리플렉터(route reflector)
- 컨페더레이션(confederation)

각 경우에 대하여 살펴보자.

완전 메시 설정

완전 메시(full mesh)란 모든 iBGP 라우터 간에 네이버를 설정하는 방법을 말한다.

그림 7-20 완전 메시를 이용하면 BGP 스플릿 호라이즌 문제가 해결된다

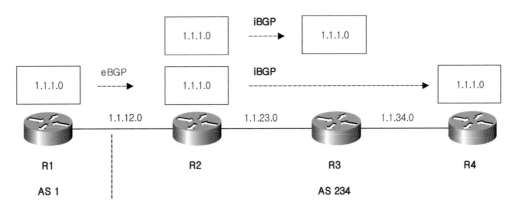

예를 들어, 앞 그림과 같이 R2에서 R3뿐만 아니라 R4와도 네이버를 설정하면, R2는 1.1.1.0 네트워크에 대한 라우팅 정보를 R3, R4에게 동시에 전송한다. 결과적으로 iBGP로 라우팅 정보를 수신한 R3이 또 다른 iBGP 네이버인 R4에게 동일한 라우팅 정보를 전송하지 않아도 R4는 1.1.1.0 네트워크에 대한 정보를 가지게 된다. R2에서 R4로 전송한 라우팅 정보가 물리적으로는 가운데 위치한 R3을 거치지만, R3은 일반 데이터와 마찬가지로 목적지 라우터인 R4로 전송한다.

완전 메시 설정 방법은 iBGP로 수신한 라우팅 정보를 iBGP로 전송할 필요가 없기 때문에(다른 네이버들도 이미 동일한 정보를 알고 있기 때문에) BGP 스플릿 호라이즌 문제가 해결된다. 이 방법은 소규모의 BGP 네트워크에서 사용하면 편리하다. 그러나, BGP 라우터의 수량이 많으면 설정 작업이 많아져서 불편하다. 예를 들어, BGP 라우터가 1,000 대이면 1,000 * 999 = 999,000 번을 설정해야 한다!!! 더욱 문제는 BGP 테이블이 너무 커진다.

앞의 네트워크에서 BGP 스플릿 호라이즌 문제를 완전 메시로 해결하려면 다음과 같이 설정한다. 즉, R2와 R4간에도 서로 네이버를 설정하면 된다.

예제 7-69 완전 메시를 이용하여 BGP 스플릿 호라이즌 문제 해결하기

```
R2(config)# router bgp 234
R2(config-router)# neighbor 1.1.4.4 remote-as 234
R2(config-router)# neighbor 1.1.4.4 update-source lo0
R2(config-router)# neighbor 1.1.4.4 next-hop-self

R4(config)# router bgp 234
R4(config-router)# neighbor 1.1.2.2 remote-as 234
R4(config-router)# neighbor 1.1.2.2 update-source lo0
```

잠시 후, R4의 BGP 테이블에 R2에게서 수신한 1.1.1.0/24 네트워크가 보인다. 그 이유는 R2가 1.1.1.0/24 네트워크에 대한 광고를 R3뿐만 아니라 R4에게도 보냈기 때문이다.

예제 7-70 R4의 BGP 테이블에 1.1.1.0/24 네트워크가 인스톨된다

```
R4# show ip bgp 1.1.1.0
BGP routing table entry for 1.1.1.0/24, version 0
Paths: (1 available, no best path)
  Not advertised to any peer
  Refresh Epoch 1
  1
    1.1.12.1 (inaccessible) from 1.1.2.2 (1.1.2.2)
      Origin IGP, metric 0, localpref 100, valid, internal
```

R2의 BGP 테이블에도 R4에서 수신한 1.1.4.0/24 네트워크가 보인다. R4도 1.1.4.0/24 네트워크에 대한 광고를 R3뿐만 아니라 동시에 R2에게도 전송했기 때문이다.

예제 7-71 R2의 BGP 테이블에 1.1.4.0/24 네트워크가 인스톨된다

```
R2# show ip bgp 1.1.4.0
BGP routing table entry for 1.1.4.0/24, version 5
Paths: (1 available, best #1, table default, RIB-failure(17))
  Advertised to update-groups:
    1
  Refresh Epoch 2
  Local
    1.1.4.4 (metric 3) from 1.1.4.4 (1.1.4.4)
```

> Origin IGP, metric 0, localpref 100, valid, internal, best

다음 테스트를 위하여 iBGP 완전 메시 설정을 제거한다.

예제 7-72 기존 설정 제거하기

```
R2(config)# router bgp 234
R2(config-router)# no neighbor 1.1.4.4

R4(config)# router bgp 234
R4(config-router)# no neighbor 1.1.2.2
```

지금까지 BGP의 스플릿 호라이즌 룰을 만족시키기 위해서 완전 메시로 iBGP 네이버를 설정하는 방법에 대해서 알아보았다.

루트 리플렉터

iBGP 스플릿 호라이즌 룰을 해결하는 또 다른 방법으로 루트 리플렉터를 사용할 수 있다. 즉, 특정 라우터가 루트 리플렉터(route reflector)가 되면 iBGP 네이버 중에서 루트 리플렉터 클라이언트 (client)에 대해서는 iBGP 스플릿 호라이즌 룰을 적용하지 않는다.

그림 7-21 루트 리플렉터를 이용해도 BGP 스플릿 호라이즌 문제가 해결된다

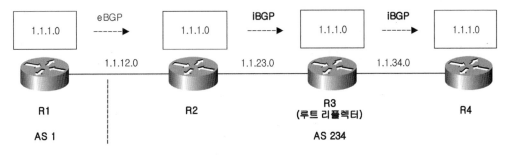

앞 그림과 같이 R3을 루트 리플렉터로 지정하여 스플릿 호라이즌 룰을 해결하려면 다음과 같이 설정한다.

예제 7-73 루트 리플렉터 설정하기

```
R3(config)# router bgp 234
R3(config-router)# neighbor 1.1.2.2 route-reflector-client
R3(config-router)# neighbor 1.1.4.4 route-reflector-client
```

특정 라우터를 루트 리플렉터로 설정하려면 앞과 같이 해당 라우터에서 다른 라우터를 루트 리플렉터 클라이언트로 지정하면 된다. 설정 후 R4에 1.1.1.0/24 네트워크가 iBGP로 전달된다.

예제 7-74 R4의 BGP 테이블

```
R4# show ip bgp 1.1.1.0
BGP routing table entry for 1.1.1.0/24, version 13
Paths: (1 available, best #1, table default)
  Not advertised to any peer
  Refresh Epoch 2
  1
    1.1.2.2 (metric 3) from 1.1.3.3 (1.1.3.3)
      Origin IGP, metric 0, localpref 100, valid, internal, best
      Originator: 1.1.2.2, Cluster list: 1.1.3.3
```

또, R2에 1.1.4.0/24 네트워크도 iBGP로 전달된다.

예제 7-75 R2의 BGP 테이블

```
R2# show ip bgp 1.1.4.0
BGP routing table entry for 1.1.4.0/24, version 11
Paths: (1 available, best #1, table default, RIB-failure(17))
  Advertised to update-groups:
    1
  Refresh Epoch 1
  Local
    1.1.4.4 (metric 3) from 1.1.3.3 (1.1.3.3)
      Origin IGP, metric 0, localpref 100, valid, internal, best
      Originator: 1.1.4.4, Cluster list: 1.1.3.3
```

루트 리플렉터에 대해서 좀 더 자세히 살펴본다. 먼저, 루트 리플렉터 관련 용어를 정리하고 넘어가자.

- 루트 리플렉터(route reflector)

BGP 스플릿 호라이즌 규칙의 적용을 면제받은 라우터를 말한다. 루트 리플렉터는 iBGP로 받은 정보를 iBGP로 전송할 수 있다. 루트 리플렉터를 사용하면 iBGP 네이버를 완전 메시로 설정해야 하는 번거로움을 피할 수 있다. 루트 리플렉터는 다시 다른 루트 리플렉터의 클라이언트가 될 수 있다.

- 루트 리플렉터 클라이언트(client)

루트 리플렉터에서 **neighbor route-reflector-client** 명령어로 지정된 라우터를 말한다.

- 비 클라이언트(nonclient)

루트 리플렉터와 네이버 관계에 있지만 클라이언트가 아닌 라우터를 비 클라이언트라고 한다.

- 클러스터(cluster)

루트 리플렉터와 클라이언트의 집합을 클러스터라고 한다.

- 클러스터 ID

클러스터의 ID를 클러스터 ID라고 한다. 루트 리플렉터의 라우터 ID가 클러스터 ID로 사용된다. 그러나, 복수개의 루트 리플렉터와 클라이언트를 하나의 클러스터로 묶으려면 다음과 같이 **bgp cluster-id** 명령어를 사용하여 지정한다.

예제 7-76 클러스터 ID 지정 방식

```
R3(config-router)# bgp cluster-id ?
  <1-4294967295>   Route-Reflector Cluster-id as 32 bit quantity
  A.B.C.D          Route-Reflector Cluster-id in IP address format
```

- 클러스터 리스트(list)

특정 경로가 통과해온 클러스터의 ID 리스트가 클러스터 리스트이다. 루트 리플렉터는 iBGP로 수신한 정보를 iBGP 라우팅 정보를 보낼 때는 클러스트 ID를 첨부한다. 만약 클러스터 외부에서 받은 라우팅 정보에 자신이 속한 클러스터의 ID가 포함되어 있다면 라우팅 루프가 발생한 것이다. 이때는 해당 라우팅 정보를 무시한다.

- 오리지네이터 ID

오리지네이터(originator) ID는 루트 리플렉터가 만드는 옵셔널 논트랜지티브 속성이다. 현재의 AS에서 특정 경로를 BGP에 포함시킨 라우터의 라우터 ID를 의미한다. 이 속성은 해당 AS 내부에서만 사용된다. 광고받은 특정 경로의 오리지내이터 ID가 자기 자신이면 해당 라우터는 이를 무시한다. 루트 리플렉터의 설정에서 라우팅 루프 방지를 위한 대책이 두 가지 있다. 클러스터 리스트는 AS 내부에서 루트 리플렉터가 라우팅 루프를 방지할 때 사용한다. 오리지내이터 ID는 클러스터 내부에서 오리지내이터가 사용하는 라우팅 루프 방지 대책이다.

루트 리플렉터는 클라이언트와 송·수신하는 BGP 라우팅 정보에 대해서만 스플릿 호라이즌 룰의 적용이 면제된다. 따라서, 루트 리플렉터가 라우팅 정보를 수신하면 다음과 같이 동작한다.

- eBGP 네이버에게서 수신한 라우팅 정보는 모든 클라이언트와 비 클라이언트에게 전송한다.

- 비 클라이언트에게서 수신한 라우팅 정보는 모든 클라이언트에게 전송한다. 비 클라이언트에게서 수신한 라우팅 정보를 다른 비 클라이언트에게는 전송하는 것은 스플릿 호라이즌 룰에 어긋나므로 불가능하다.

- 클라이언트에게서 수신한 정보는 모든 클라이언트와 비 클라이언트에게 전송한다.

루트 리플렉터를 설정할 때 루트 리플렉터와 물리적으로 연결된 라우터(또는 중간에 다른 BGP 라우터를 끼우지 말고)를 클라이언트로 지정하지 않으면 라우팅 루프가 발생할 수 있다. 다음 테스트를 위하여 R2, R3, R4의 BGP 설정을 삭제한다.

예제 7-77 기존 설정 제거하기

```
R2(config)# no router bgp 234
R3(config)# no router bgp 234
R4(config)# no router bgp 234
```

지금까지 루트 리플렉터를 사용하여 BGP의 스플릿 호라이즌 조건을 만족시키는 방법에 대하여 살펴보았다.

컨페더레이션을 이용한 BGP 스플릿 호라이즌 해결

컨페더레이션(confederation)을 사용해도 BGP 스플릿 호라이즌 룰을 만족시킬 수 있다.

그림 7-22 컨페더레이션을 이용해도 BGP 스플릿 호라이즌 문제가 해결된다

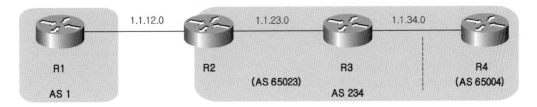

컨페더레이션을 사용하면 iBGP 네이버가 eBGP 네이버로 변경되기 때문에 'iBGP로 받은 네트워크는 iBGP로 광고하지 못한다'는 스플릿 호라이즌 룰 자체가 적용되지 않는다. 앞 그림과 같이 AS 234를 두 개의 서브 AS로 분할하여 컨페더레이션을 설정해 보자. R2의 BGP 설정은 다음과 같다.

예제 7-78 R2에서 컨페더레이션을 이용하여 BGP 설정하기

```
R2(config)# router bgp 65023
R2(config-router)# bgp router-id 1.1.2.2
R2(config-router)# bgp confed id 234
R2(config-router)# neighbor 1.1.12.1 remote-as 1
R2(config-router)# neighbor 1.1.3.3 remote-as 65023
R2(config-router)# neighbor 1.1.3.3 update-source loopback 0
R2(config-router)# neighbor 1.1.3.3 next-hop-self
R2(config-router)# network 1.1.2.0 mask 255.255.255.0
```

R3의 BGP 설정은 다음과 같다.

예제 7-79 R3에서 컨페더레이션을 이용하여 BGP 설정하기

```
R3(config)# router bgp 65023
R3(config-router)# bgp router-id 1.1.3.3
R3(config-router)# bgp confed id 234
R3(config-router)# bgp confed peers 65004
R3(config-router)# neighbor 1.1.2.2 remote-as 65023
R3(config-router)# neighbor 1.1.2.2 update-source loopback 0
R3(config-router)# neighbor 1.1.4.4 remote-as 65004
R3(config-router)# neighbor 1.1.4.4 update-source loopback 0
R3(config-router)# neighbor 1.1.4.4 ebgp-multihop 2
R3(config-router)# network 1.1.3.0 mask 255.255.255.0
```

R4의 BGP 설정은 다음과 같다.

예제 7-80 R4에서 컨페더레이션을 이용하여 BGP 설정하기

```
R4(config)# router bgp 65004
R4(config-router)# bgp router-id 1.1.4.4
R4(config-router)# bgp confed id 234
R4(config-router)# bgp confed peer 65023
R4(config-router)# neighbor 1.1.3.3 remote-as 65023
R4(config-router)# neighbor 1.1.3.3 update-source loopback 0
R4(config-router)# neighbor 1.1.3.3 ebgp-multihop 2
R4(config-router)# network 1.1.4.0 mask 255.255.255.0
```

잠시 후 다음과 같이 R4의 BGP 테이블에 1.1.1.0/24 네트워크가 저장된다. 즉, R3이 R2에게서 수신한 1.1.1.0/24 네트워크를 R4에게 광고하였다.

예제 7-81 R4의 BGP 테이블

```
R4# show ip bgp
BGP table version is 7, local router ID is 1.1.4.4
Status codes: s suppressed, d damped, h history, * valid, > best, i - internal,
              r RIB-failure, S Stale
Origin codes: i - IGP, e - EGP, ? - incomplete

   Network          Next Hop         Metric  LocPrf Weight Path
*> 1.1.1.0/24       1.1.2.2               0     100      0 (65023) 1 i
r> 1.1.2.0/24       1.1.2.2               0     100      0 (65023) i
r> 1.1.3.0/24       1.1.3.3               0     100      0 (65023) i
*> 1.1.4.0/24       0.0.0.0               0          32768 i
```

또, R2의 BGP 테이블에도 1.1.4.0/24 네트워크가 저장된다.

예제 7-82 R2의 BGP 테이블

```
R2# show ip bgp 1.1.4.0
BGP routing table entry for 1.1.4.0/24, version 5
Paths: (1 available, best #1, table default, RIB-failure(17))
```

```
Advertised to update-groups:
   1
Refresh Epoch 1
(65004)
   1.1.4.4 (metric 3) from 1.1.3.3 (1.1.3.3)
      Origin IGP, metric 0, localpref 100, valid, confed-internal, best
```

이상으로 BGP의 스플릿 호라이즌 규칙 및 해결 방법에 대하여 살펴보았다.

BGP 속성

IGP의 메트릭에 해당하는 것을 BGP에서는 속성(attribute)이라고 한다. 동일한 IGP가 동작하는 모든 라우터들은 해당 IGP의 메트릭을 모두 알고 있어야 한다. 예를 들어, EIGRP를 사용한다면 모든 EIGRP 라우터들이 특정 경로에 대한 대역폭, 지연 등을 알아야 하고, OSPF를 사용한다면 모든 OSPF 라우터들이 코스트를 이해하고, 다른 라우터에게도 알려주어야 한다.

그러나, BGP가 사용하는 다양한 종류의 메트릭(속성)은 모든 BGP 라우터가 반드시 다 알고 구현해야하는 것은 아니다. 또, EIGRP는 개별적인 벡터 메트릭을 특정한 공식에 대입하여 하나의 복합 메트릭 값을 산출한 다음 이를 비교하여 최적 경로를 결정하는 반면, BGP는 최적 경로가 가려질 때까지 각 속성을 개별적으로 비교해 내려간다.

BGP 속성 확인을 위한 기본 네트워크

BGP의 속성에 대해서 알아보기 위하여 다음과 같이 네트워크를 구성한다.

그림 7-23 BGP 속성 확인을 위한 기본 네트워크

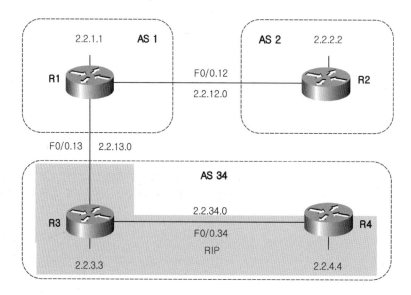

스위치에서 VLAN과 트렁킹을 설정한다.

예제 7-83 스위치 설정

```
SW1(config)# vlan 12,13,34
SW1(config-vlan)# exit

SW1(config)# int range f1/1 - 4
SW1(config-if-range)# switchport trunk encap dot
SW1(config-if-range)# switchport mode trunk
```

각 라우터에서 인터페이스를 설정하고 IP 주소를 부여한다.

예제 7-84 인터페이스 설정

```
R1(config)# int lo0
R1(config-if)# ip address 2.2.1.1 255.255.255.0
R1(config-if)# int f0/0
R1(config-if)# no shut
R1(config-if)# int f0/0.12
```

```
R1(config-subif)# encap dot 12
R1(config-subif)# ip address 2.2.12.1 255.255.255.0
R1(config-subif)# int f0/0.13
R1(config-subif)# encap dot 13
R1(config-subif)# ip address 2.2.13.1 255.255.255.0

R2(config)# int lo0
R2(config-if)# ip address 2.2.2.2 255.255.255.0
R2(config-if)# int f0/0
R2(config-if)# no shut
R2(config-if)# int f0/0.12
R2(config-subif)# encap dot 12
R2(config-subif)# ip address 2.2.12.2 255.255.255.0

R3(config)# int lo0
R3(config-if)# ip address 2.2.3.3 255.255.255.0
R3(config-if)# int f0/0
R3(config-if)# no shut
R3(config-if)# int f0/0.13
R3(config-subif)# encap dot 13
R3(config-subif)# ip address 2.2.13.3 255.255.255.0
R3(config-subif)# int f0/0.34
R3(config-subif)# encap dot 34
R3(config-subif)# ip address 2.2.34.3 255.255.255.0

R4(config)# int lo0
R4(config-if)# ip address 2.2.4.4 255.255.255.0
R4(config-if)# int f0/0
R4(config-if)# no shut
R4(config-if)# int f0/0.34
R4(config-subif)# encap dot 34
R4(config-subif)# ip address 2.2.34.4 255.255.255.0
```

설정 후 각 라우터에서 show ip interface brief 명령어와 show ip route 명령어를 사용하여 IP 주소와 인터페이스가 정상적으로 동작하는 지 확인한 다음, 넥스트 홉 IP까지 통신이 이루어지는지 핑으로 확인한다.

예제 7-85 넥스트 홉 IP 주소와의 통신 확인하기

```
R1# ping 2.2.12.2
R1# ping 2.2.13.3
R3# ping 2.2.34.4
```

확인후 다음과 같이 IGP를 설정한다.

예제 7-86 IGP 설정하기

```
R3(config)# router rip
R3(config-router)# version 2
R3(config-router)# network 2.0.0.0
R3(config-router)# passive-interface default
R3(config-router)# no passive-interface f0/0.34

R4(config)# router rip
R4(config-router)# version 2
R4(config-router)# network 2.0.0.0
```

IGP 설정 후 R3, R4에서 show ip route 명령어를 이용하여 라우팅 테이블을 확인한다. R4의 라우팅 테이블은 다음과 같다.

예제 7-87 R4의 라우팅 테이블

```
R4# show ip route rip
    (생략)
    2.0.0.0/8 is variably subnetted, 6 subnets, 2 masks
R      2.2.3.0/24 [120/1] via 2.2.34.3, 00:00:18, FastEthernet0/0.34
R      2.2.13.0/24 [120/1] via 2.2.34.3, 00:00:18, FastEthernet0/0.34
```

라우팅 테이블이 정상이면 R4에서 R3의 루프백 네트워크와 통신이 되는 지 핑으로 확인한다. IGP 설정이 끝나면 다음과 같이 BGP 설정을 한다.

예제 7-88 각 라우터에서 기본적인 BGP 설정하기

```
R1(config)# router bgp 1
```

```
R1(config-router)# bgp router-id 2.2.1.1
R1(config-router)# neighbor 2.2.12.2 remote-as 2
R1(config-router)# neighbor 2.2.13.3 remote-as 34
R1(config-router)# network 2.2.1.0 mask 255.255.255.0

R2(config)# router bgp 2
R2(config-router)# bgp router-id 2.2.2.2
R2(config-router)# neighbor 2.2.12.1 remote-as 1
R2(config-router)# network 2.2.2.0 mask 255.255.255.0

R3(config)# router bgp 34
R3(config-router)# bgp router-id 2.2.3.3
R3(config-router)# neighbor 2.2.13.1 remote-as 1
R3(config-router)# neighbor 2.2.4.4 remote-as 34
R3(config-router)# neighbor 2.2.4.4 update-source loopback 0
R3(config-router)# network 2.2.3.0 mask 255.255.255.0

R4(config)# router bgp 34
R4(config-router)# bgp router-id 2.2.4.4
R4(config-router)# neighbor 2.2.3.3 remote-as 34
R4(config-router)# neighbor 2.2.3.3 update-source loopback 0
R4(config-router)# network 2.2.4.0 mask 255.255.255.0
```

BGP 설정 후 각 라우터에서 show ip bgp 명령어와 show ip route 명령어를 사용하여 BGP 테이블과 라우팅 테이블을 확인한다. 예를 들어, R4의 BGP 테이블은 다음과 같다.

예제 7-89 R4의 BGP 테이블

```
R4# show ip bgp
BGP table version is 6, local router ID is 2.2.4.4
Status codes: s suppressed, d damped, h history, * valid, > best, i - internal,
              r RIB-failure, S Stale
Origin codes: i - IGP, e - EGP, ? - incomplete

   Network          Next Hop          Metric  LocPrf Weight Path
*>i 2.2.1.0/24      2.2.13.1              0      100      0 1 i
*>i 2.2.2.0/24      2.2.13.1              0      100      0 1 2 i
r>i 2.2.3.0/24      2.2.3.3               0      100      0 i
*>  2.2.4.0/24      0.0.0.0               0           32768 i
```

R4의 라우팅 테이블은 다음과 같다.

예제 7-90 R4의 라우팅 테이블

```
R4# show ip route
    (생략)
    2.0.0.0/8 is variably subnetted, 8 subnets, 2 masks
B       2.2.1.0/24 [200/0] via 2.2.13.1, 00:00:29
B       2.2.2.0/24 [200/0] via 2.2.13.1, 00:00:29
R       2.2.3.0/24 [120/1] via 2.2.34.3, 00:00:11, FastEthernet0/0.34
C       2.2.4.0/24 is directly connected, Loopback0
L       2.2.4.4/32 is directly connected, Loopback0
R       2.2.13.0/24 [120/1] via 2.2.34.3, 00:00:11, FastEthernet0/0.34
C       2.2.34.0/24 is directly connected, FastEthernet0/0.34
L       2.2.34.4/32 is directly connected, FastEthernet0/0.34
```

BGP를 통하여 광고받은 네트워크와 통신이 가능한지 다음처럼 핑으로 확인해 본다.

예제 7-91 원격 네트워크와의 통신 확인하기

```
R4# ping 2.2.1.1 source 2.2.4.4
R4# ping 2.2.2.2 source 2.2.4.4
```

이제, 기본적인 BGP 설정이 끝났다.

BGP 속성의 분류

BGP 속성들은 다음 4가지 분류중 하나에 속한다.

* 웰논 맨디터리(well-known mandatory)

모든 BGP 라우터가 지원해야 하고(well-known), BGP 라우팅 정보에 반드시(mandatory) 포함
되어야만 하는 속성을 말한다.

* 웰논 디스크래셔너리(well-known discretionary)

모든 BGP 라우터가 이 속성을 지원해야 하지만, BGP 라우팅 정보 전송시 반드시 포함될 필요는
없는 속성을 말한다.

- 옵셔널 트랜지티브(optional transitive)

모든 BGP 라우터가 이 속성을 지원할 필요는 없다(optional). 그러나, 이 속성을 지원하지 않는 라우터라도 해당 경로를 수용함과 동시에 네이버에게도 넘겨주어야 한다. 만약, BGP 라우터가 특정 옵셔널 트랜지티브 속성을 지원하지 않으면, 속성 플래그(flag)중 파셜(partial) 비트를 1로 설정해서 네이버에게 전송한다.

- 옵셔널 논트랜지티브(optional nontransitive)

모든 BGP 라우터가 이 속성을 지원할 필요는 없다(optional). 그리고, 이 속성을 지원하지 않는 라우터라면, 라우팅 정보에 이 속성이 포함되어 있는 경우, 해당 라우팅 정보를 무시하고, 네이버에게도 넘겨주지 않는다(nontransitive).

이제 BGP의 각 경로 속성에 대해 좀 더 상세히 알아보자.

오리진

오리진(origin)이란 해당 네트워크를 BGP에 포함시킨 방법을 표시하며, IGP, EGP 및 incomplete(인컴플리트)가 있다. 오리진은 웰논 맨디터리 속성이다.

- IGP

오리진이 IGP인 것은 다음과 같이 해당 네트워크가 **network** 명령어를 사용하여 BGP에 포함된 것을 의미한다.

예제 7-92 네트워크를 **network** 명령어로 BGP에 포함시키기

```
R1(config)# router bgp 1
R1(config-router)# network 2.2.1.0 mask 255.255.255.0
```

설정 후 **show ip bgp** 명령어를 이용하여 BGP 테이블을 확인하면 다음처럼 2.2.1.0 네트워크의 오리진 코드가 'i'로 표시된다. BGP 테이블에서 IGP는 'i', EGP는 'e', 인컴플리트는 '?'로 표시한다.

예제 7-93 R1의 BGP 테이블

```
R1# show ip bgp
BGP table version is 5, local router ID is 2.2.1.1
```

```
Status codes: s suppressed, d damped, h history, * valid, > best, i - internal
Origin codes: i - IGP, e - EGP, ? - incomplete

   Network          Next Hop          Metric   LocPrf Weight Path
*> 2.2.1.0/24       0.0.0.0              0              32768 i
        (생략)
```

- EGP

해당 네트워크가 BGP의 전신이며, 지금은 사용되지 않는 EGP라는 라우팅 프로토콜을 통하여 BGP에 포함된 것을 의미한다. BGP 테이블의 코드에만 있고 사용하지 않는다.

- incomplete

네트워크가 IGP나 EGP가 아닌 방법으로 BGP에 포함된 것을 의미하며, 보통 BGP로 재분배된 네트워크를 의미한다. 다음과 같이 재분배를 이용하여 201.1.0.0/24 네트워크를 BGP에 포함시켜 보자.

예제 7-94 네트워크를 재분배를 이용하여 BGP에 포함시키기

```
① R1(config)# interface looopback 1
   R1(config-if)# ip add 201.1.0.1 255.255.255.0
   R1(config-if)# exit
② R1(config)# route-map Loopback1Only
③ R1(config-route-map)# match interface loopback 1
   R1(config-route-map)# exit
   R1(config)# router bgp 1
④ R1(config-router)# redistribute connected route-map Loopback1Only
```

① 재분배 테스트를 위한 인터페이스를 하나 만들고, 적절한 IP 주소를 부여한다.

② 특정한 인터페이스만 재분배하기 위하여 루트 맵을 만든다.

③ match interface 명령어를 이용하여 재분배시키고자 하는 인터페이스를 지정한다.

④ redistribute connected 명령어를 사용하여 현재의 라우터에 직접 접속된 네트워크를 재분배한다. 루트 맵에 의해서 이 중 loopback 1 인터페이스에 설정된 네트워크만 BGP로 재분배된다.

잠시 후 show ip bgp 명령어로 확인하면 앞서 재분배를 통하여 BGP에 포함시킨 201.1.0.0/24 네트워크의 오리진 코드가 다음과 같이 BGP 테이블에서 '?'로 표시된다.

예제 7-95 R1의 BGP 테이블

```
R1# show ip bgp
BGP table version is 8, local router ID is 2.2.1.1
Status codes: s suppressed, d damped, h history, * valid, > best, i - internal,
              r RIB-failure, S Stale, m multipath, b backup-path, f RT-Filter,
              x best-external, a additional-path, c RIB-compressed,
Origin codes: i - IGP, e - EGP, ? - incomplete
RPKI validation codes: V valid, I invalid, N Not found

    Network          Next Hop          Metric  LocPrf Weight Path
     (생략)
*> 201.1.0.0         0.0.0.0              0            32768 ?
```

오리진은 BGP 경로 결정 기준의 하나로 사용된다. 다른 조건이 같다면 IGP, EGP, incomplete의 순으로 결정된다. 축약된 경로의 오리진은 축약전의 상세 네트워크 중에서 가장 높은 순위의 것을 취한다. 예를 들어, 오리진이 각각 IGP와 incomplete인 네트워크를 축약하면 축약 네트워크의 오리진은 IGP가 된다.

다음과 같이 201.1.1.0 네트워크를 network 명령어를 사용하여 BGP에 포함시킨후 201.1.0.0/24, 201.1.1.0/24 두 네트워크를 축약해 보자. 축약에 대해서는 나중에 다시 상세히 설명한다.

예제 7-96 BGP 네트워크 축약하기

```
R1(config)# int lo2
R1(config-if)# ip add 201.1.1.1 255.255.255.0
R1(config-if)# router bgp 1
R1(config-router)# network 201.1.1.0
R1(config-router)# aggregate-address 201.1.0.0 255.255.254.0
```

축약후에 BGP 테이블을 확인해보면 축약된 네트워크인 201.1.0.0/23의 오리진 코드는 'i'로 설정되어 있다.

예제 7-97 R1의 BGP 테이블

```
R1# show ip bgp
```

```
BGP table version is 8, local router ID is 2.2.1.1
Status codes: s suppressed, d damped, h history, * valid, > best, i - internal,
              r RIB-failure, S Stale, m multipath, b backup-path, f RT-Filter,
              x best-external, a additional-path, c RIB-compressed,
Origin codes: i - IGP, e - EGP, ? - incomplete
RPKI validation codes: V valid, I invalid, N Not found

   Network          Next Hop          Metric   LocPrf Weight Path
     (생략)
*> 201.1.0.0        0.0.0.0               0            32768  ?
*> 201.1.0.0/23     0.0.0.0                            32768  i
*> 201.1.1.0        0.0.0.0               0            32768  i
```

확인후 다음 테스트를 위하여 축약을 제거한다.

예제 7-98 기존 설정 제거하기

```
R1(config-if)# router bgp 1
R1(config-router)# no aggregate-address 201.1.0.0 255.255.254.0
```

이상으로 오리진에 대하여 살펴보았다.

AS 경로

AS 경로(AS path)는 해당 네트워크까지 가는 경로상에 있는 AS의 번호들을 기록해 놓은 속성이며, AS 세트(AS_SET)와 AS 시퀀스(AS_SEQUENCE) 두 가지가 있다. AS 시퀀스는 해당 네트워크가 소속된 AS번호가 가장 오른쪽에 기록되고, 현재의 AS와 인접한 AS 번호가 가장 왼쪽에 기록에 기록된다.

다음 그림과 같이 AS 2에 속하는 2.2.2.0/24 네트워크가 AS 1을 거쳐 AS 34로 광고될 때 AS 시퀀스는 '1 2'로 표시된다.

그림 7-24 AS를 빠져나올 때 AS 경로가 추가된다

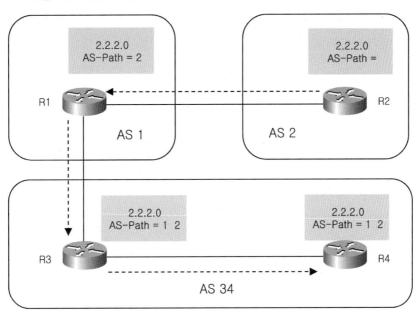

다음과 같이 R4의 BGP 테이블을 보면 2.2.2.0/24 네트워크의 AS 시퀀스가 '1 2'로 되어 있는 것을 확인할 수 있다.(①)

예제 7-99 R4의 BGP 테이블

```
R4# show ip bgp
BGP table version is 9, local router ID is 2.2.4.4
Status codes: s suppressed, d damped, h history, * valid, > best, i - internal,
              r RIB-failure, S Stale, m multipath, b backup-path, f RT-Filter,
              x best-external, a additional-path, c RIB-compressed,
Origin codes: i - IGP, e - EGP, ? - incomplete
RPKI validation codes: V valid, I invalid, N Not found

    Network          Next Hop         Metric LocPrf Weight Path
 *>i 2.2.1.0/24       2.2.13.1            0    100      0 1 i
 *>i 2.2.2.0/24       2.2.13.1            0    100      0 1 2 i    ①
 r>i 2.2.3.0/24       2.2.3.3             0    100      0 i        ②
 *>  2.2.4.0/24       0.0.0.0             0            32768 i
 *>i 201.1.0.0        2.2.13.1            0    100      0 1 ?
 *>i 201.1.1.0        2.2.13.1            0    100      0 1 i
```

동일한 AS내에서는 AS 번호가 추가되지 않는다. 즉, iBGP 네이버에게 라우팅 정보를 전송할 때는 자신의 AS 번호를 추가하지 않으며, eBGP 네이버에게 라우팅 정보를 보낼 때에만 자신의 AS 번호를 추가한다. 앞의 예에서 iBGP 네이버인 R3에게서 광고받은 2.2.3.0/24 네트워크에는 AS 번호가 없다.(②)

AS 세트는 AS 번호를 순서없이 기록한 것을 말하며, 보통 축약 네트워크에 사용된다. 다음 그림과 같이 AS 1에 속하는 201.1.0.0, 201.1.1.0 네트워크와 AS 2에 속하는 201.1.2.0, 201.1.3.0 네트워크 4개를 R3에서 축약하는 경우를 생각해 보자.

그림 7-25 AS 세트 확인을 위해 BGP 네트워크 축약하기

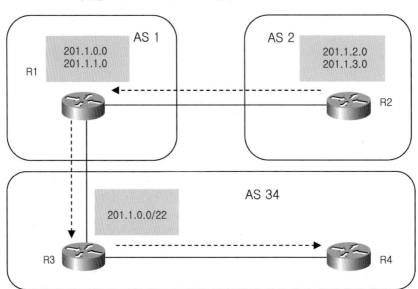

다음과 같이 R2에서 두개의 네트워크를 BGP에 추가한다.

예제 7-100 네트워크 추가하기

```
R2(config)# int lo1
R2(config-if)# ip add 201.1.2.1 255.255.255.0
R2(config-if)# ip add 201.1.3.1 255.255.255.0 secondary
R2(config-if)# router bgp 2
R2(config-router)# network 201.1.2.0
```

```
R2(config-router)# network 201.1.3.0
```

다음과 같이 R3에서 as-set 옵션을 추가하여 축약한다. as-set 옵션은 축약 네트워크에 포함된 상세 네트워크들이 가진 AS 경로 정보를 버리지 말고 순서없이 나열할 때 사용한다.

예제 7-101 as-set 옵션을 사용한 BGP 네트워크 축약

```
R3(config)# router bgp 34
R3(config-router)# aggregate-address 201.1.0.0 255.255.252.0 as-set
```

다음과 같이 R4에서 BGP 테이블을 확인해 보면 201.1.0.0/22 네트워크의 AS 경로에 축약되기 전의 상세 네트워크가 통과해 온 AS 번호들이 순서없이 기록되어 있다. AS 세트는 괄호({ })안에 표시가 된다.

예제 7-102 R4의 BGP 테이블

```
R4# show ip bgp

   Network          Next Hop          Metric  LocPrf Weight Path
     (생략)
*> i 201.1.0.0/22   2.2.3.3                     100      0  {1,2} ?
*> i 201.1.1.0      2.2.13.1            0        100      0  1 i
*> i 201.1.2.0      2.2.13.1                     100      0  1 2 i
*> i 201.1.3.0      2.2.13.1                     100      0  1 2 i
```

BGP에서 AS 경로 속성의 중요한 역할중의 하나는 라우팅 루프를 방지하는 것이다. eBGP 네이버에게서 라우팅 정보를 수신한 BGP 라우터는 AS 경로를 확인하고, 자신이 속한 AS 번호가 이미 포함되어 있으면 루프가 발생했음을 의미하므로 버린다. BGP의 경로결정 과정에서 다른 조건이 같다면 AS 경로의 길이가 짧은 경로가 선택된다. 즉, 중간에 거쳐가야 할 AS의 수가 적은 경로가 우선한다.

넥스트 홉

넥스트 홉(NEXT_HOP)은 웰논 맨디터리 속성이며, 해당 네트워크로 가는 넥스트 홉을 표시한다. 또, 라우터 자신이 BGP에 포함시킨 네트워크의 넥스트 홉 IP는 0.0.0.0으로 표시한다. 다음 예와 같이, R4에서 BGP 테이블을 보면 2.2.4.0/24는 R4 자신이 BGP에 포함시킨 네트워크이므로 넥스트 홉이 0.0.0.0으로 표시되어 있다.

예제 7-103 R4의 BGP 테이블

```
R4# show ip bgp
    (생략)
    Network         Next Hop          Metric   LocPrf Weight   Path
*> i 2.2.1.0/24     2.2.13.1              0      100      0    1 i
*> i 2.2.2.0/24     2.2.13.1                     100      0    1 2 i
*> i 2.2.3.0/24     2.2.3.3               0      100      0    i
*>   2.2.4.0/24     0.0.0.0               0            32768   i
```

넥스트 홉은 앞서 BGP 기본설정에서 자세히 설명하였으므로, 여기서는 설명을 생략한다.

MED

MED(multi-exit discriminator)는 인접 AS의 라우팅 결정에 영향을 미쳐서, 인접 AS에서 입력되는 트래픽의 입력 경로를 지정할 때 사용되는 속성이다. MED는 0 - 4,294,967,295 사이의 값을 가지며, BGP 경로 결정시 다른 조건이 같다면 MED 값이 낮은 것을 선택한다. MED를 BGP의 메트릭이라고도 부른다. 예를 들어, AS 34에 있는 R3이 AS 12에 있는 R1, R2에게 '2.2.3.0 네트워크로 패킷을 라우팅시킬 때는 R1 - R3간의 경로로 보내라'고 요청할 때 사용한다.

MED 값의 결정 및 전송 방법은 다음과 같다.

• iBGP 네이버간에는 MED 값이 변경없이 전송된다.

• eBGP 네이버로 전송할 때는 다음과 같이 동작한다.

1) iBGP 네이버에게서 수신한 MED 값은 무시하고, 전송하지 않는다.

2) 자신이 BGP에 포함시킨 네트워크의 MED 값은 전송한다. 이 때의 MED 값은 라우팅 테이블상의 해당 네트워크 메트릭 값이 사용된다.

3) 위의 항목들과 무관하게 루트 맵을 사용하여 eBGP 네이버에게 전송하는 네트워크의 MED 값을 변경시킬 수 있다.

설명을 위하여 네트워크를 다음과 같이 다시 구성한다.

그림 7-26 MED 동작 방식 확인을 위한 기본 네트워크

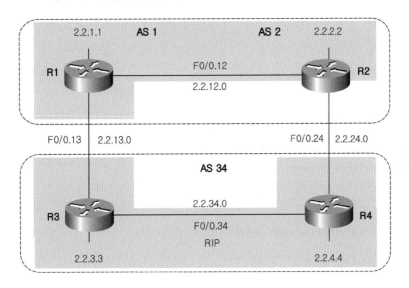

스위치에서 VLAN을 추가한다.

예제 7-104 스위치 설정

```
SW1(config)# vlan 24
SW1(config-vlan)# exit
```

R2, R4에서 인터페이스를 추가하고 IP 주소를 부여한다.

예제 7-105 인터페이스 추가

```
R2(config)# int f0/0.24
R2(config-subif)# encap dot 24
R2(config-subif)# ip address 2.2.24.2 255.255.255.0
```

```
R4(config)# int f0/0.24
R4(config-subif)# encap dot 24
R4(config-subif)# ip address 2.2.24.4 255.255.255.0
```

설정 후 R4에서 2.2.24.2까지 핑이 되는지 확인한다. 다음과 같이 R1, R2에서 OSPF 에어리어 0을 설정한다.

예제 7-106 OSPF 설정

```
R1(config)# router ospf 1
R1(config-router)# router-id 2.2.1.1
R1(config-router)# network 2.2.1.1 0.0.0.0 area 0
R1(config-router)# network 2.2.12.1 0.0.0.0 area 0
R1(config-router)# network 2.2.13.1 0.0.0.0 area 0
R1(config-router)# passive-interface f0/0.13
R1(config-router)# exit
R1(config)# int lo0
R1(config-if)# ip ospf network point-to-point

R2(config)# router ospf 1
R2(config-router)# router-id 2.2.2.2
R2(config-router)# network 2.2.2.2 0.0.0.0 area 0
R2(config-router)# network 2.2.12.2 0.0.0.0 area 0
R2(config-router)# exit
R2(config)# int lo0
R2(config-if)# ip ospf network point-to-point
```

R3, R4에서 RIP은 앞서 이미 설정하였다. 이번에는 BGP를 설정한다. 앞서 설정한 내용과 조금 다르므로 모든 라우터에서 기존의 BGP 설정을 제거하기로 한다.

예제 7-107 BGP 설정 제거

```
R1(config)# no router bgp 1
R2(config)# no router bgp 2
R3(config)# no router bgp 34
R4(config)# no router bgp 34
```

다음과 같이 BGP를 설정한다.

예제 7-108 기본적인 BGP 설정

```
R1(config)# router bgp 12
R1(config-router)# bgp router-id 2.2.1.1
R1(config-router)# neighbor 2.2.13.3 remote-as 34
R1(config-router)# neighbor 2.2.2.2 remote-as 12
R1(config-router)# neighbor 2.2.2.2 update-source loopback 0
R1(config-router)# network 2.2.1.0 mask 255.255.255.0

R2(config)# router bgp 12
R2(config-router)# bgp router-id 2.2.2.2
R2(config-router)# neighbor 2.2.24.4 remote-as 34
R2(config-router)# neighbor 2.2.1.1 remote-as 12
R2(config-router)# neighbor 2.2.1.1 update-source loopback 0
R2(config-router)# neighbor 2.2.1.1 next-hop-self
R2(config-router)# network 2.2.2.0 mask 255.255.255.0

R3(config)# router bgp 34
R3(config-router)# bgp router-id 2.2.3.3
R3(config-router)# neighbor 2.2.13.1 remote-as 12
R3(config-router)# neighbor 2.2.4.4 remote-as 34
R3(config-router)# neighbor 2.2.4.4 update-source loopback 0
R3(config-router)# network 2.2.3.0 mask 255.255.255.0
R3(config-router)# network 2.2.4.0 mask 255.255.255.0

R4(config)# router bgp 34
R4(config-router)# bgp router-id 2.2.4.4
R4(config-router)# neighbor 2.2.24.2 remote-as 12
R4(config-router)# neighbor 2.2.3.3 remote-as 34
R4(config-router)# neighbor 2.2.3.3 update-source lo0
R4(config-router)# network 2.2.3.0 mask 255.255.255.0
R4(config-router)# network 2.2.4.0 mask 255.255.255.0
```

R3, R4에서 2.2.3.0/24, 2.2.4.0/24 네트워크를 중복하여 BGP에 포함시켰다.

① 다음 그림과 같이 AS 34의 R3이 2.2.3.0 네트워크에 대한 라우팅 정보를 eBGP 네이버인 AS 12의 R1에게 전송한다. 별도로 MED 값을 조정하지 않은 경우, R3은 자신이 2.2.3.0 네트워크를 BGP에 포함시켰고, R3에서 2.2.3.0 네트워크의 메트릭이 0이므로, MED 값을 0으로 설정하여 전송한다.

② R4에서 2.2.3.0/24 네트워크의 IGP 메트릭 값은 다음과 같이 1이다.

예제 7-109 R4의 라우팅 테이블

```
R4# show ip route rip
   (생략)

   2.0.0.0/8 is variably subnetted, 10 subnets, 2 masks
R        2.2.3.0/24 [120/1] via 2.2.34.3, 00:00:10, FastEthernet0/0.34
R        2.2.13.0/24 [120/1] via 2.2.34.3, 00:00:10, FastEthernet0/0.34
```

AS 34의 R4도 2.2.3.0 네트워크에 대한 라우팅 정보를 AS 12의 R2에게 전송한다.

그림 7-27 상대 AS에 소속된 라우터들간에 MED 정보가 교환된다

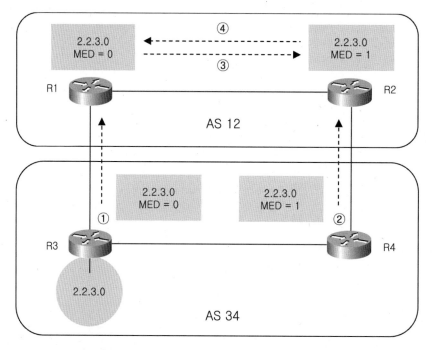

R4는 자신이 2.2.3.0 네트워크를 BGP에 포함시켰고, R4에서 2.2.3.0 네트워크의 메트릭이 1이므로, MED 값을 1로 설정하여 전송한다.

예제 7-110 R4의 BGP 테이블

```
R4# show ip bgp 2.2.3.0
BGP routing table entry for 2.2.3.0/24, version 4
Paths: (2 available, best #2, table default)
  Advertised to update-groups:
      1          2
  Refresh Epoch 1
  Local
    2.2.3.3 (metric 1) from 2.2.3.3 (2.2.3.3)
      Origin IGP, metric 0, localpref 100, valid, internal
  Refresh Epoch 1
  Local
    2.2.34.3 from 0.0.0.0 (2.2.4.4)
      Origin IGP, metric 1, localpref 100, weight 32768, valid, sourced, local, best
```

③ R1, R2는 인접 AS에서 eBGP 네이버를 통하여 MED 값이 각각 다른 BGP 라우팅 정보를 수신한다. R1는 iBGP 네이버인 R2에게 2.2.3.0 네트워크에 대한 MED 값이 0이라고 알린다.

예제 7-111 R1의 BGP 테이블

```
R1# show ip bgp 2.2.3.0
BGP routing table entry for 2.2.3.0/24, version 4
Paths: (1 available, best #1, table default)
  Advertised to update-groups:
      1
  Refresh Epoch 1
  34
    2.2.13.3 from 2.2.13.3 (2.2.3.3)
      Origin IGP, metric 0, localpref 100, valid, external, best
```

④ R2는 2.2.3.0 네트워크에 대한 자신의 MED 값이 1이어서 MED 값이 낮은 R1이 우선한다는 것을 알게 된다. 이미 R1에게 자신의 MED 값을 전송한 경우라면, 취소 메시지를 보내고, 전송하기 전이라면 자신의 MED 값은 R1에게 전송하지 않는다. 결과적으로 2.2.3.0 네트워크에 대한 MED 값이 R3을 통할 때 더 작다는 것을 R1, R2가 알게 된다.

예제 **7-112** R2의 BGP 테이블

```
R2# show ip bgp 2.2.3.0
BGP routing table entry for 2.2.3.0/24, version 4
Paths: (2 available, best #2, table default)
  Advertised to update-groups:
     3
  Refresh Epoch 1
  34
    2.2.24.4 from 2.2.24.4 (2.2.4.4)
      Origin IGP, metric 1, localpref 100, valid, external
  Refresh Epoch 1
  34
    2.2.13.3 (metric 2) from 2.2.1.1 (201.1.1.1)
      Origin IGP, metric 0, localpref 100, valid, internal, best
```

이후 R1이나 R2가 2.2.3.0 네트워크가 목적지인 IP 패킷을 수신하면 다음 그림과 같이 모두 R1
- R3간의 링크를 통하여 AS 34로 전송한다.

그림 **7-28** MED 값이 적은 곳으로 라우팅된다

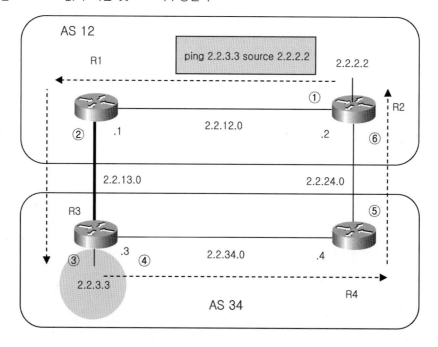

이것을 다음과 같이 확장 핑 명령어에서 record 옵션을 사용해도 확인할 수 있다.

예제 7-113 record 옵션을 사용한 확장 핑

```
R2# ping
Protocol [ip]:
Target IP address: 2.2.3.3
Extended commands [n]: y
Source address or interface: 2.2.2.2
Loose, Strict, Record, Timestamp, Verbose[none]: record
      (생략)

Type escape sequence to abort.
Sending 1, 100-byte ICMP Echos to 2.2.3.3, timeout is 2 seconds:
Packet sent with a source address of 2.2.2.2
Packet has IP options:  Total option bytes= 39, padded length=40
      (생략)


Reply to request 0 (124 ms).  Received packet has options
 Total option bytes= 40, padded length=40
 Record route:
   (2.2.12.2)   ①
   (2.2.13.1)   ②
   (2.2.3.3)    ③
   (2.2.34.3)   ④
   (2.2.24.4)   ⑤
   (2.2.2.2) <*> ⑥
   (0.0.0.0)
   (0.0.0.0)
   (0.0.0.0)
 End of list

Success rate is 100 percent (1/1), round-trip min/avg/max = 124/124/124 ms
```

현재의 AS에서 네트워크를 BGP에 포함시키는 방식에 따라서 MED 값이 달라지고, 결과적으로 인접 AS에서 현재의 AS로 라우팅되는 경로가 달라진다. 그 이유는 앞서 설명한 것처럼 eBGP 네이버로 MED 값을 전송할 때, iBGP 네이버에게서 수신한 MED 값은 무시하고 전송하지 않으며, 자신이 BGP에 포함시킨 네트워크의 MED 값은 전송하기 때문이다. 또, 이 때의 MED 값은 해당 네트워크의 IGP 메트릭 값이 사용되기 때문이다. 이에 대해서 좀 더 자세히 살펴보자.

● 최적 출구 라우팅

인접 AS와 연결되는 라우터에서 직접 BGP에 포함시킨 네트워크는, 현재 AS에서 각 네트워크의 IGP 메트릭이 MED 값으로 변환되어 인접 AS로 전송된다. 따라서, 현재의 BGP 라우터에서 멀리 떨어진(IGP 메트릭이 큰) 네트워크의 MED 값은 크고, 가까운(IGP 메트릭이 작은) 네트워크의 MED 값은 작다. 예를 들어, 다음 그림에서 R3에 접속된 2.2.3.0 네트워크를 R3뿐만 아니라, R4에서도 추가적으로 BGP에 포함시키는 경우를 살펴보자.

그림 7-29 동일 네트워크를 모든 경계 라우터에서 중복 지정하면 최적 출구 라우팅이 일어난다

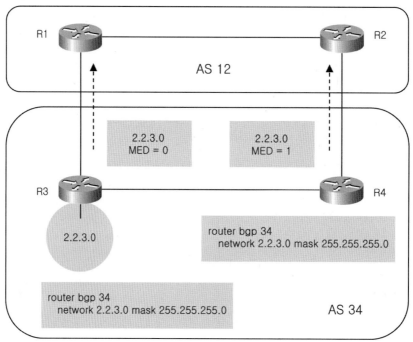

2.2.3.0 네트워크가 R3에 직접 접속되어 있는 네트워크이므로 메트릭이 0이고, 따라서 MED 값을 0으로 설정하여 R1에게 전송한다. 또, R4에서 2.2.3.0 네트워크에 대한 RIP의 메트릭이 1이므로, R4에서 BGP에 포함시킨 2.2.3.0 네트워크의 MED 값이 메트릭 값과 동일한 1로 설정되어 AS 12로 전송된다. AS 12에서는 MED 값이 0인 R3으로의 경로가 우선하므로, 목적지가 2.2.3.0인 패킷은 모두 R1 – R3 경로를 통하여 라우팅시킨다.

그림 7-30 최적 출구 라우팅을 위한 테스트

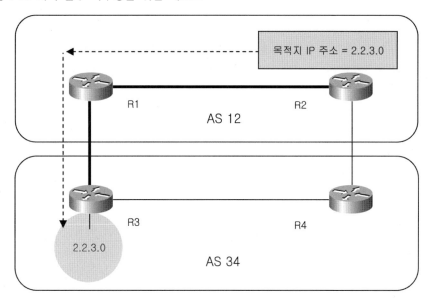

결과적으로, AS 34로 라우팅되는 모든 트래픽들이 AS 12 내부의 링크를 통하여 목적지와 가장 근접한 라우터인 R1까지 와서 AS 34로 들어오게 된다. 만약 AS 12가 규모가 큰 ISP라면 AS 34의 입장에서는 내부 링크의 사용을 최소화시키면서, R1 – R2간의 고속 회선을 사용할 수 있어, 네트워크 성능 향상에 도움이 되어 아주 좋다. 이와 같이 ISP가 MED 값을 사용하여 다른 AS를 위한 최선의 라우팅을 한 후에 트래픽을 넘기는 것을 최적 출구 라우팅(best exit routing)이라고 한다.

따라서, 나중에 설명할 MED 값을 조정하는 방법을 사용하지 않고, 특정 네트워크나 전체 네트워크에 대해서 최적 출구 라우팅을 구현하려면, 외부 AS와 연결되는 모든 BGP 라우터에서 특정 네트워크나 전체 네트워크를 BGP에 포함시키면 된다.

● 근접 출구 라우팅

eBGP 네이버로 MED 값을 전송할 때, iBGP 네이버에게서 수신한 MED 값은 무시하고 전송하지 않으며, 수신측에서는 수신한 라우팅 정보에 MED 값이 없으면 0으로 간주한다. 따라서, 동일 AS에 속한 네트워크를 하나의 라우터에서만 BGP에 포함시키면, 이를 수신한 iBGP 네이버들은 MED 값을 무시하고, eBGP 네이버에게 전송하지 않아 결과적으로 상대 AS에서의 MED 값이 0이 된다.

다음 그림처럼 R3에 접속된 2.2.3.0 네트워크를 R3에서만 BGP에 포함시키고 R4에서는 별도로
포함시키지 않는 경우를 살펴보자.

그림 7-31 네트워크를 하나의 라우터에서만 BGP에 포함시키면 근접 출구 라우팅이 일어난다

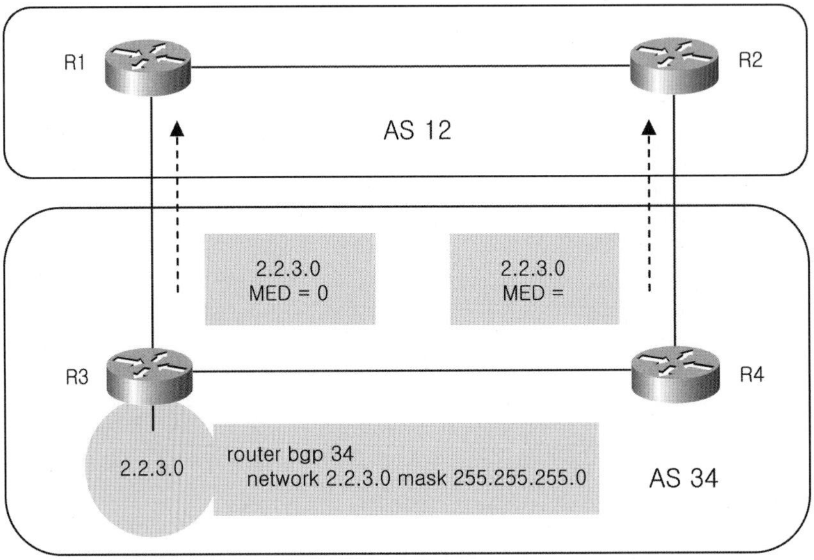

R3은 자신에게 직접 접속된 네트워크이므로 메트릭이 0이고, 결과적으로 MED 값도 0으로 설정하여
R1에게 전송한다. R4는 2.2.3.0 네트워크를 iBGP 네이버인 R3에게서 수신하였으므로, MED 값이
얼마로 설정되어있든간에, eBGP 네이버인 R2로 전송할 때 이를 무시하고 MED 값을 설정하지 않고
보낸다. 결과적으로, AS 12에서는 2.2.3.0 네트워크에 대한 MED 값이 R3, R4 모두 동일한 것으로
간주되어 MED 값으로는 최적 경로를 판단할 수 없다.

결과적으로 AS 12에서 AS 34의 R3에 접속된 2.2.3.0 네트워크로의 라우팅 경로는 다음 그림과
같이 R1에서는 R3으로, R2에서는 R4로 이루어진다.

이 경우에 AS 12에서 AS 34로 전송되는 트래픽은 AS 34 내부 구조가 고려되지 않고, 무조건
가장 인접한 AS 34의 라우터로 전송시킨다. 이것을 근접 출구 라우팅(closest exit routing) 또는,
뜨거우니까 급하게 가까운 쪽으로 던진다는 의미로 핫 포테이토(hot potato 뜨거운 감자) 라우팅이라고
한다. 만약 AS 34의 R3 – R4간의 링크가 고속이고, 두 AS를 연결하는 R1 – R3, R2 – R4간의
속도가 비슷하다면 이 방식도 적용할만하다.

그림 7-32 근접 출구 라우팅

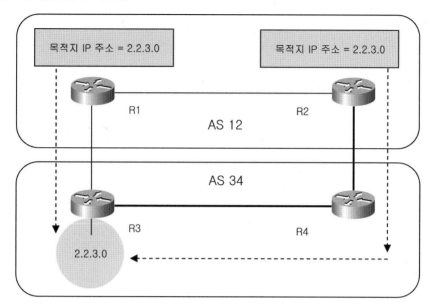

그러나, AS 34의 R3 - R4간의 링크가 저속이거나, 두 AS를 연결하는 R1 - R3, R2 - R4간의 속도 차이가 많으면, AS 34에서 모든 네트워크를 모든 경계 라우터에서 BGP에 포함시켜 최적 출구 라우팅이 일어나게 하거나, 나중에 설명할 방법을 이용하여 MED 값을 조정해주는 것이 좋다.

로컬 프레퍼런스

로컬 프레퍼런스(local preference)는 AS 외부로 가는 경로를 결정할 때 사용된다. 즉, 인접 AS에서 들어오는 경로를 조정할 때 사용되는 MED와 반대로, 로컬 프레퍼런스는 인접 AS로 나가는 경로를 조정할 때 사용한다. 로컬 프레퍼런스는 iBGP 피어간에만 전달되며, AS 외부로는 전송되지 않는다. MED와는 달리 로컬 프레퍼런스는 값이 높은 것이 우선한다. 로컬 프레퍼런스는 0 - 4,294,967,295 사이의 값을 가지며 디폴트 값은 100이다.

로컬 프레퍼런스가 동작하는 방식을 다음 그림을 통해서 살펴보자.

① R3이 eBGP 네이버인 R1에게서 2.2.2.0 네트워크에 대한 라우팅 정보를 수신한다. eBGP 네이버로 라우팅 정보를 전송할 때에는 로컬 프레퍼런스 값을 알리지 않는다. R3은 eBGP 네이버인 R1에게서 2.2.2.0 네트워크 정보를 수신하면서 해당 네트워크의 로컬 프레퍼런스 값을 기본값인 100보다 높게

지정한다.

그림 7-33 로컬 프레퍼런스 값은 현재 AS에서 iBGP 네이버들간에 교환된다

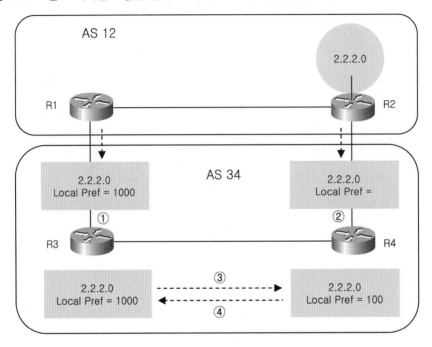

테스트를 위하여 다음과 같이 R3에서 루트 맵을 이용하여 R1으로부터 수신하는 네트워크에 대한 로컬 프레퍼런스 값을 1000으로 설정한다.

예제 7-114 로컬 프레퍼런스 값 설정하기

```
R3(config)# route-map HigherPreference
R3(config-route-map)# set local-preference 1000
R3(config-route-map)# exit
R3(config)# router bgp 34
R3(config-router)# neighbor 2.2.13.1 route-map HigherPreference in
```

루트 맵을 사용하는 방법은 나중에 자세히 설명한다.

② R4는 R2에게서 2.2.2.0 네트워크에 대한 라우팅 정보를 수신하면서 별도의 로컬 프레퍼런스 값을 지정하지 않는다. 로컬 프레퍼런스는 별도의 값을 지정하지 않으면 기본값인 100으로 지정된다.

③ R3은 로컬 프레퍼런스 값이 1000으로 설정된 2.2.2.0 네트워크에 대한 라우팅 정보를 iBGP 네이버인 R4에게 전송한다. 로컬 프레퍼런스는 iBGP 네이버간에 공유된다. R3에서 **clear ip bgp * soft** 명령어를 사용하여 설정을 적용시킨다. R3에서 확인해 보면 2.2.2.0 네트워크의 로컬 프레퍼런스가 1000으로 설정되어 있다.

예제 7-115 R3의 BGP 테이블

```
R3# show ip bgp 2.2.2.0
BGP routing table entry for 2.2.2.0/24, version 7
Paths: (1 available, best #1, table default)
  Advertised to update-groups:
     2
  Refresh Epoch 2
  12
    2.2.13.1 from 2.2.13.1 (201.1.1.1)
      Origin IGP, localpref 1000, valid, external, best
```

④ R4는 2.2.2.0 네트워크에 대한 자신의 로컬 프레퍼런스 값이 기본값인 100이어서 로컬 프레퍼런스 값이 높은 R3이 우선한다는 것을 알게된다. 이미 R3에게 자신의 로컬 프레퍼런스 값을 전송한 경우라면, 취소 메시지를 보내고, 전송하기 전이라면 자신의 로컬 프레퍼런스 값은 R3에게 전송하지 않는다. 결과적으로 2.2.2.0 네트워크에 대한 로컬 프레퍼런스 값이 R3을 통할 때 더 높다는 것을 R3, R4가 알게된다.

R4의 BGP 테이블을 확인해 보면 다음과 같이 R3(2.2.3.3)에서 수신한 네트워크의 로컬 프레퍼런스 값은 1000으로 설정되어 있다. 또, R2(2.2.24.2)에서 수신한 네트워크의 로컬 프레퍼런스 값은 기본값인 100으로 설정되어 있다.

예제 7-116 R4의 BGP 테이블

```
R4# show ip bgp 2.2.2.0
BGP routing table entry for 2.2.2.0/24, version 7
Paths: (2 available, best #1, table default)
  Advertised to update-groups:
     1
  Refresh Epoch 2
```

```
12
   2.2.13.1 (metric 1) from 2.2.3.3 (2.2.3.3)
       Origin IGP, metric 0, localpref 1000, valid, internal, best
Refresh Epoch 1
12
   2.2.24.2 from 2.2.24.2 (201.1.2.1)
       Origin IGP, metric 0, localpref 100, valid, external
```

이후 R3이나 R4가 2.2.2.0 네트워크가 목적지인 IP 패킷을 수신하면 다음 그림과 같이 모두 로컬 프레퍼런스 값이 높은 R3 – R1간의 링크를 통하여 AS 12로 전송한다.

그림 7-34 로컬 프레퍼런스 값이 높은 네이버로 라우팅된다

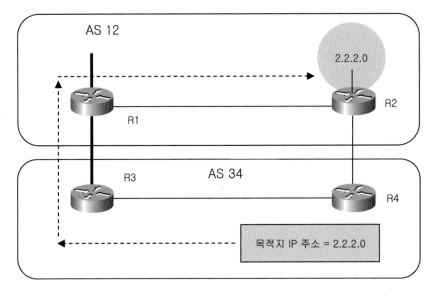

다음과 같이 R3이나 R4에서 확장 핑을 사용하여 확인할 수도 있다.

예제 7-117 확장 핑을 사용한 라우팅 경로 확인

```
R4# ping
Protocol [ip]:
Target IP address: 2.2.2.2
Repeat count [5]: 1
```

```
Extended commands [n]: y
Source address or interface: 2.2.4.4
Loose, Strict, Record, Timestamp, Verbose[none]: r
Sending 1, 100-byte ICMP Echos to 2.2.2.2, timeout is 2 seconds:
Packet sent with a source address of 2.2.4.4
Packet has IP options:  Total option bytes= 39, padded length=40
     (생략)
 Record route:
  (2.2.34.4)   ①
  (2.2.13.3)   ②
  (2.2.12.1)   ③
  (2.2.2.2)    ④
  (2.2.24.2)   ⑤
  (2.2.4.4) <*>   ⑥
```

경로를 그림으로 보면 다음과 같다.

그림 7-35 로컬 프레퍼런스에 의해서 출력 경로가 조절된다

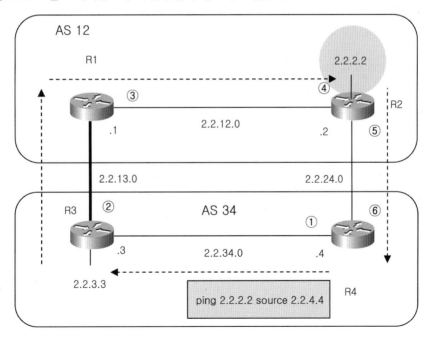

이상으로 로컬 프레퍼런스에 대하여 살펴보았다.

아토믹 애그리기트

아토믹 애그리기트(atomic aggregate)는 축약으로 인하여 원래 가지고 있던 AS 경로 정보가 없어졌을 수도 있음을 표시할 때 사용한다. 아토믹 애그리기트 속성을 가진 네트워크는 다시 상세 네트워크로 분할해서는 안된다. 만약 상세 네트워크로 분할하면, 축약되기 전의 동일한 상세 네트워크와 혼동되어 제대로 라우팅이 되지 않는다. 예를 들어, R1에서 201.1.16.0, 201.1.17.0, 201.1.18.0, 201.1.19.0 네트워크 4 개를 만들고 이를 축약해 보자.

예제 7-118 축약을 위한 네트워크 추가하기

```
R1(config)# int lo1
R1(config-if)# ip add 201.1.16.1 255.255.255.0
R1(config-if)# ip add 201.1.17.1 255.255.255.0 secondary
R1(config-if)# ip add 201.1.18.1 255.255.255.0 secondary
R1(config-if)# ip add 201.1.19.1 255.255.255.0 secondary
R1(config-if)# router bgp 12
R1(config-router)# network 201.1.16.0
R1(config-router)# network 201.1.17.0
R1(config-router)# network 201.1.18.0
R1(config-router)# network 201.1.19.0
```

이 네트워크 4개를 다음과 같이 R3에서 축약해 보자.

예제 7-119 BGP 네트워크 축약하기

```
R3(config)# router bgp 34
R3(config-router)# aggregate-address 201.1.16.0 255.255.252.0
```

축약한 후 R4의 BGP 테이블을 보면 다음과 같이 아토믹 애그리기트 표시가 되어 있다.

예제 7-120 R4의 BGP 테이블

```
R4# show ip bgp 201.1.16.0 255.255.252.0
BGP routing table entry for 201.1.16.0/22, version 12
Paths: (1 available, best #1, table default)
Flag: 0x820
  Not advertised to any peer
  Refresh Epoch 2
  Local, (aggregated by 34 2.2.3.3)
    2.2.3.3 (metric 1) from 2.2.3.3 (2.2.3.3)
      Origin IGP, metric 0, localpref 100, valid, internal, atomic-aggregate, best
```

그러나, R3에서 축약할 때, **as-set** 옵션을 사용하여 상세 네트워크들이 거쳐온 AS 번호 정보를
가지고 있게 하면, 아토믹 애그리키트 속성이 생성되지 않는다. 이를 확인하기 위하여 다음과 같이
R3에서 **as-set** 옵션을 사용하여 축약한다.

예제 7-121 **as-set** 옵션을 사용한 BGP 축약

```
R3(config)# router bgp 34
R3(config-router)# aggregate-address 201.1.16.0 255.255.252.0 as-set
```

R4에서 확인해보면 축약된 네트워크에 아토믹 애그리기트 속성이 표시되지 않는다.

예제 7-122 R4의 BGP 테이블

```
R4# show ip bgp 201.1.16.0 255.255.252.0
BGP routing table entry for 201.1.16.0/22, version 13
Paths: (1 available, best #1, table default)
  Advertised to update-groups:
    1
  Refresh Epoch 2
  12, (aggregated by 34 2.2.3.3)
    2.2.3.3 (metric 1) from 2.2.3.3 (2.2.3.3)
      Origin IGP, metric 0, localpref 1000, valid, internal, best
```

이상으로 아토믹 애그리기트 속성에 대하여 살펴보았다.

애그리게이터

애그리게이터(aggregator)는 축약된 네트워크에 표시하는 속성이며, 해당 네트워크가 축약된 AS의 번호와 축약한 라우터의 라우터 ID로 표시한다. 앞서의 BGP 테이블을 다시 보면, 다음과 같이 해당 네트워크가 AS 34에서 축약되었으며, 축약을 한 라우터의 라우터 ID는 2.2.3.3이라는 것을 표시한다.

예제 7-123 R4의 BGP 테이블

```
R4# show ip bgp 201.1.16.0 255.255.252.0
BGP routing table entry for 201.1.16.0/22, version 13
Paths: (1 available, best #1, table default)
  Advertised to update-groups:
     1
  Refresh Epoch 2
  12, (aggregated by 34 2.2.3.3)
     2.2.3.3 (metric 1) from 2.2.3.3 (2.2.3.3)
        Origin IGP, metric 0, localpref 1000, valid, internal, best
```

지금까지 설명한 7가지의 속성이 기본적인 BGP를 정의한 RFC 1771에서 사용하는 것들이다.

커뮤니티

커뮤니티(community)는 4바이트의 값을 가지는 옵셔널 트랜지티브 속성이다. 커뮤니티는 네트워크를 특정 그룹으로 묶어서 라우팅 정책 설정을 쉽게 해준다.

커뮤니티를 표시하려면 다음과 같이 1 – 4,294,967,295사이의 숫자를 사용하거나, **aa:nn**의 형식을 사용할 수 있다. aa는 AS 번호이며 1 – 65534, nn은 커뮤니티 번호로 0 – 65535 사이의 값을 사용할 수 있다.

예제 7-124 사용 가능한 커뮤니티 값

```
R3(config)# route-map SetCommunity
R3(config-route-map)# set community ?
  <1-4294967295>  community number
  aa:nn           community number in aa:nn format
  gshut           Graceful Shutdown (well-known community)
```

internet	Internet (well-known community)
local-AS	Do not send outside local AS (well-known community)
no-advertise	Do not advertise to any peer (well-known community)
no-export	Do not export to next AS (well-known community)
none	No community attribute

커뮤니티 번호가 미리 정해진 것을 웰 논 커뮤니티(well-known community)라고 하며, no-export (0xFFFFFF01), no-advertise(0xFFFFFF02), local-AS(0xFFFFFF03) 등이 있으며, 의미는 다음 과 같다.

커뮤니티가 no-export인 네트워크는 라우팅 정보를 수신한 AS이외의 다른 AS로 전송되어서는 안된다. 커뮤니티가 no-advertise인 네트워크는 광고받은 라우터이외의 다른 라우터로 전송되어서는 안된다. 커뮤니티가 local-AS인 네트워크는 컨페더레이션내의 특정 서브 AS 외부로 전송되어서는 안된다. 커뮤니티를 지정할 때는 커뮤니티 이름(웰 논 커뮤니티), 16진수, 10진수, aa:nn 중 어떤 양식을 사용해도 무방하다.

예제 7-125 루트 맵을 이용하여 커뮤니티 값 설정하기

```
R1(config)# route-map SetCommunity
R1(config-route-map)# set community 0xffffff01
R1(config-route-map)# set community local-as
R1(config-route-map)# set community 100:1000
R1(config-route-map)# set community 123456
```

그러나, show route-map 명령어로 확인해보면 웰 논 커뮤니티는 이름으로 표시되고, 나머지는 모두 10진수로 변환되어 표시된다.

예제 7-126 설정된 커뮤니티 값 확인하기

```
R3# show route-map
route-map SetCommunity, permit, sequence 10
  Match clauses:
  Set clauses:
    community 123456 6554600 no-export local-AS
  Policy routing matches: 0 packets, 0 bytes
```

커뮤니티를 aa:nn 양식으로 표시하면 이해하기가 편하다. 이렇게 보려면 전체 설정모드에서 ip bgp new-format 명령어를 사용하면 된다.

예제 7-127 커뮤니티 값을 aa:nn 양식으로 표시하기

```
R3(config)# ip bgp-community new-format
R3(config)# end
R3# show route-map
route-map SetCommunity, permit, sequence 10
  Match clauses:
  Set clauses:
    community 1:57920 100:1000 no-export local-AS
  Policy routing matches: 0 packets, 0 bytes
```

이제 커뮤니티가 이해하기 쉽게 표시되었다.

오리지내이터 ID

오리지내이터(originator) ID는 루트 리플렉터가 만드는 옵셔널 논트랜지티브 속성이다. 현재의 AS에서 특정 경로를 BGP에 포함시킨 라우터의 라우터 ID를 의미한다. 이 속성은 해당 AS 내부에서만 사용된다. 오리지내이터 ID는 클러스터 내부에서 오리지내이터가 사용하는 라우팅 루프 방지 대책이다. 광고받은 특정 경로의 오리지내이터 ID가 자기 자신이면 해당 라우터는 이를 무시한다.

클러스터 리스트

클러스터 리스트(cluster list)는 옵셔널 논트랜지티브 속성이다. 특정 경로가 통과해온 클러스터 ID를 나열한 것이 클러스터 리스트이다. 클러스터 리스트는 AS 내부에서 루트 리플렉터가 라우팅 루프를 방지할 때 사용한다. 루트 리플렉터는 iBGP로 수신한 정보를 iBGP 네이버에게 광고할 때는 클러스트 ID를 첨부한다. 만약 클러스터 외부에서 받은 광고에 자신이 속한 클러스터의 ID가 포함되어 있다면 라우팅 루프가 발생한 것이므로 무시한다.

웨이트

웨이트(weight)는 BGP 속성은 아니지만 시스코 라우터에서 경로 결정을 할 때 속성과 같이 중요하게 사용된다. 속성과 달리 웨이트는 해당 라우터에서만 의미를 가지며, 다른 네이버에게 전송되지 않는 값이다. 시스코 라우터가 BGP 경로를 선택할 때 웨이트 값이 높은 경로가 가장 우선한다.

즉, 로컬 프레퍼런스와 같이 외부로 가는 경로를 결정할 때 사용되며, 웨이트 값이 가장 높은 경로가 우선한다. 그러나, 로컬 프레퍼런스는 다른 iBGP 네이버에게 전송되어, 경로 결정에 영향을 주는 반면, 웨이트는 다른 BGP 네이버에게는 직접적인 영향을 주지 않는다.

다음과 같은 그림에서 이것을 살펴보자. AS 12의 2.2.2.0 네트워크로 패킷을 라우팅시킬 때 R3, R4에서는 R1 - R3간의 경로를 이용하고, R5에서는 R2 - R5 경로를 이용하는 경우에 어떤 속성을 사용할지 알아보자. 만약 R3에서 2.2.2.0 네트워크에 대한 로컬 프레퍼런스를 R5의 값보다 높게, 예를 들어, 1000으로 설정하면 R3과 R4에서 2.2.2.0으로 라우팅되는 경로가 원하는 것처럼 R1 - R3간의 링크를 사용하도록 설정된다. 그러나, 동시에 R5도 2.2.2.0 네트워크에 대한 라우팅을 R1 - R3간의 링크를 통하게 설정된다.

그림 7-36 웨이트는 자신의 출력 경로에만 영향을 미친다

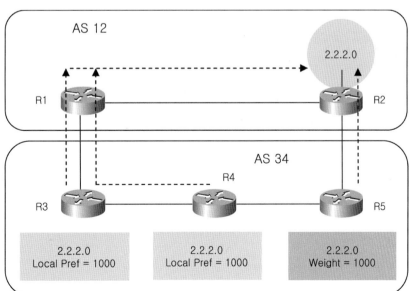

이 때, R5에서는 다른 라우터의 라우팅 결정에는 영향을 미치지 않으면서, 자신만의 외부 경로를 지정하기 위하여 웨이트를 사용하면 된다. 즉, R5에서 2.2.2.0 네트워크에 대한 웨이트 값을 기본값보다 높게 설정하면, R5는 R5 - R2간의 링크를 통하여 목적지가 2.2.2.0인 패킷을 라우팅시킨다. 기본적인 웨이트 값은 자신이 BGP 프로세스에 넣은 네트워크는 32768이고, 다른 라우터에게서 전송 받은 네트워크는 0이다. 예를 들어, 자신에게 직접 접속되어 있는 네트워크라도, 자신이 아닌 다른 라우터가 재분배시킨 것을 BGP를 통해 받으면 웨이트가 0으로 표시된다. 반대로 다른 라우터에 접속되어 있는 네트워크를 IGP를 통해서 광고받은 후 자신이 BGP 프로세스에 넣은 네트워크는 웨이트 값이 32768로 설정된다.

BGP 경로결정 우선 순위

IGP는 광고받은 네트워크중에서 메트릭 값이 가장 작은 경로를 선택하여 라우팅 테이블에 저장한다. EIGRP와 같이 여러개의 메트릭(벡터 메트릭)이 있어도, 계산식에 의하여 하나의 메트릭 값으로 변환하고(복합 메트릭), 선택해야 하는 네트워크간에 복합 메트릭 값만 비교한다.

그러나, BGP는 광고받은 네트워크들의 속성을 혼합하여 하나의 값으로 변환하여 비교하지 않는다. 대신, 다음과 같은 기준에 의해서 선택 대상인 네트워크들의 우선순위가 가려질 때까지 속성들을 차례로 비교해 나간다. BGP는 넥스트 홉으로 가는 경로를 알고 있고, 동기 문제가 해결된 네트워크에 대해서만 다음과 같이 속성을 비교하여 경로를 결정한다.

1) 웨이트가 가장 큰 경로

2) 로컬 프레퍼런스가 가장 큰 경로

3) 현재의 라우터가 BGP에게 포함시킨 경로

(network 명령어나 redistribute 명령어를 사용한 경로가 aggregate-address 명령어를 사용한 경로보다 우선한다)

4) AS 경로 길이가 가장 짧은 경로

(bgp bestpath as-path ignore 명령어를 사용하면 이 단계를 무시한다)

5) 오리진 코드 비교

(i, e, ?의 순으로 우선순위를 가진다)

6) MED가 가장 작은 경로

7) eBGP로 받은 경로

(iBGP 경로보다 우선한다)

8) BGP 넥스트 홉까지 IGP 메트릭이 가장 작은 경로

9) **maximum-paths** 명령어로 부하 분산을 하도록 설정되어 있으면, 최대 6개까지의 경로를 모두 저장

10) 비교 대상 경로가 모두 외부 경로인 경우, 먼저 광고받은 경로

(**bgp bestpath compare-routerid** 명령어를 사용했거나, 동일한 네이버에게서 수신한 경로일 때에는 이 과정을 무시한다)

11) 라우터 ID가 가장 낮은 네이버로부터 수신한 경로

(루트 리플렉터를 사용하는 경우, 라우터 ID 대신 오리지네이터 ID가 가장 낮은 경로)

12) 루트 리플렉터를 사용하는 경우, 클러스터 리스트 길이가 가장 짧은 경로

13) BGP 설정시 **neighbor** 명령어에서 사용한 네이버 IP 주소가 가장 낮은 경로

지금까지 기본적인 BGP의 설정 및 동작방식에 대해서 살펴보았다.

가장 좋은 성능을 낼 수 있는 경로를 통하여 라우팅시키는 것이 목적인 IGP들과는 달리, BGP는 네트워크 관리자가 지정하는 정책에 따라 라우팅시키는 것이 더 중요한 목적이다. 따라서, 기본적인 설정만 했을 때 BGP는 최적 경로 라우팅이 일어나지 않으므로, 많은 경우, 추가적인 조정 작업을 해 주어야 한다.

BGP 네트워크 조정 절차

BGP 조정 작업은 네트워크 차단, 입·출력 경로 지정, 네트워크 안정화, 보안 대책, 부하 분산 등 여러가지가 있다.

- 네트워크 차단

네트워크 차단은 불필요한 BGP 네트워크 광고의 송·수신을 차단하는 것으로 BGP 네트워크의 입·출력 경로 조정, 보안 등에 대단히 중요한 영향을 미치는 작업이다. 네트워크 차단은 프리픽스 리스트나 AS 경로 액세스 리스트를 사용하여 차단 또는 허용할 네트워크를 지정한 다음, 직접 특정 네이버에게 적용하거나, 추가적으로 루트 맵을 사용하여 차단하기도 한다.

- 입·출력 경로 지정

IGP는 메트릭에 의해서 최적 경로가 결정된다. 그러나, BGP는 입력 및 출력 경로를 조정해야만 원하는 라우팅이 이루어진다. BGP의 입·출력 경로를 조정하는 방법으로 MED, 로컬 프레퍼런스 등과 같은 속성값을 조정하거나, 축약과 함께 특정 네트워크에 대한 광고 전송을 차단하는 방법 등이 있다.

- 네트워크 안정화

BGP 네트워크를 안정화시키기 위한 방법으로 축약, 댐프닝, 최대 수신 프리픽스 수 제한 등의 방법이 있다.

BGP 조정 작업의 중요한 특징중 하나는 모든 조정 작업이 현재의 AS에서 이루어진다는 것이다. IGP는 한 조직에서 모든 스위치나 라우터를 관리한다. 그러나, BGP는 다른 조직의 네트워크와 연결되어 동작하므로 모든 통신 장비를 한 조직에서 관리하지 못한다. 따라서, 현재의 AS에 소속된 라우터만을 조정하여 원하는 라우팅이 이루어지도록 해야하는 것이 BGP 조정 작업의 특징이다.

BGP 조정을 위한 일반적인 절차

BGP 네트워크를 조정하는 일반적인 절차는 다음과 같다.

1) 조정할 대상을 지정한다.

조정할 대상에는 네트워크, AS 번호, 커뮤니티 및 특정 네이버 등이 있다. 이 같은 조정 대상을 지정하기 위해서는 액세스 리스트, 프리픽스 리스트, AS 경로 액세스 리스트 및 루트 맵 등을 사용한다.

2) 선택한 대상을 조정한다.

이 과정에서는 주로 루트 맵을 이용하여 필요한 속성을 조정한다. 그러나, 특정 네트워크나 AS에 대한 BGP 광고를 차단하거나 허용하는 작업만 할 경우에는 이 과정을 거치지 않는다. 즉, 1)번 과정에서 대상을 선택하고, 다음에 설명할 3)번 과정에서 바로 적용시키면 된다.

3) 조정한 내용을 적용한다.

1)번에서 선택한 대상에 대하여 2)번에서 속성을 조정하고, 마지막으로 선택 대상에게 적용시킨다. 조정한 내용은 주로 네이버에게 적용한다. 그런 다음, **clear ip bgp** 명령어를 사용하여 경로를 리프레시 (route refresh)시킨다.

4) 조정한 내용을 확인한다.

BGP 정책을 적용한 다음에 항상 제대로 동작하는지 확인해 보아야 한다. 주로 BGP 테이블이나 라우팅 테이블을 확인하고, 핑이나 경로 추적 방법을 사용한다.

새로운 정책의 적용

BGP는 다음과 같은 내용을 변경하면 BGP 세션을 리셋하거나 루트 리프레시를 해야만 변경된 내용이 적용된다.

- BGP 관련 루트 맵 변경
- 웨이트(weight) 변경
- 디스트리뷰션 리스트 변경
- BGP 관련 액세스 리스트 추가 또는 변경

변경된 BGP 정책을 적용하려면 다음과 같이 **clear ip bgp** 명령어를 사용한다.

예제 8-1 clear ip bgp 옵션

```
R1# clear ip bgp ?
  *                      Clear all peers    ①
  <1-4294967295>         Clear peers with the AS number    ②
  <1.0-XX.YY>            Clear peers with the AS number
  A.B.C.D                BGP neighbor address to clear    ③
  X:X:X:X::X             BGP neighbor address to clear
  all                    All address families
  dampening              Clear route flap dampening information
  external               Clear all external peers    ④
  flap-statistics        Clear route flap statistics
  internal               Clear BGP internal statistics counters
  ipv4                   Address family
  ipv6                   Address family
  l2vpn                  Address family
  nsap                   Address family
  peer-group             Clear all members of peer-group    ⑤
  rtfilter               Address family
  sso                    SSO related
  table-map              Update BGP table-map configuration
  topology               Routing topology instance
  update-group           Clear all members of update-group
  vpnv4                  Address family
  vpnv6                  Address family
```

① clear ip bgp * 명령어를 사용하면 모든 네이버가 끊기고 다시 네이버를 맺는 절차가 시작된다. clear ip bgp * soft 명령어를 사용하면 네이버가 끊기지 않고 방금 설정한 정책이 적용된다.

② 특정한 AS 번호를 가진 네이버만 리셋된다.

③ 특정한 주소를 가진 네이버만 리셋된다. 이 때 사용하는 주소는 네이버 설정시 사용한 주소이다.

④ 모든 eBGP 네이버가 리셋된다.

⑤ 특정 피어그룹에 속한 네이버들만 리셋된다.

별도의 옵션을 사용하지 않고, 위와 같이 네이버를 리셋하면, BGP 네이버간의 TCP 세션도 리셋된다. 결과적으로 다음과 같이, BGP 네이버간에 TCP 세션을 다시 맺고 네이버 관계가 구성될 때까지 30초 정도 소요된다. 이 기간 동안에는 라우팅이 되지 않아 BGP 네트워크가 단절되므로 주의해야 한다.

예제 8-2 모든 BGP 세션 리셋하기

```
R2# clear ip bgp *
03:02:36: %BGP-5-ADJCHANGE: neighbor 3.3.3.3 Down User reset
03:02:36: %BGP-5-ADJCHANGE: neighbor 3.3.12.1 Down User reset
R2#
03:03:04: %BGP-5-ADJCHANGE: neighbor 3.3.3.3 Up
03:03:14: %BGP-5-ADJCHANGE: neighbor 3.3.12.1 Up
```

이 방법을 보완한 것이 루트 리프레시(route refresh)이다. 루트 리프레시란 BGP 네이버간의 TCP 세션은 유지하면서, 새로운 정책을 적용시키는 것을 말한다. 루트 리프레시 기능을 사용하려면 다음과 같이 clear ip bgp 명령어 다음에 soft, in 또는 out 옵션을 사용하면 된다.

예제 8-3 루트 리프레시 옵션

```
R2# clear ip bgp * ?
①   in        Soft reconfig inbound update
    ipv4      Address family
②   out       Soft reconfig outbound update
③   soft      Soft reconfig
    vpnv4     Address family
    <cr>
```

① in 옵션을 사용하면 입력정책만 루트 리프레시된다.
② out 옵션을 사용하면 출력정책만 루트 리프레시된다.
③ soft 옵션을 사용하면 입력 및 출력정책 모두 루트 리프레시된다.
지금부터 다양한 BGP 조정 방법에 대해서 살펴본다. 먼저, 네트워크 차단 방법부터 살펴보자.

네트워크 광고 제어

네트워크 광고 제어는 특정 네이버에게 라우팅 정보를 전송할 때 또는 수신할 때 적용할 수 있다. 또, 특정 네트워크의 광고를 차단하거나, 특정 네트워크를 허용할 수 있다. 일반적으로 ISP간의 접속시에는 특정 네트워크만 차단하고 나머지는 모두 허용한다. 그러나, 기업체나 대학, 관공서 등 일반 고객들과 연결할 때에는 사전에 등록된 특정 네트워크만 허용하는 방식을 사용한다.

BGP 네트워크 광고 제어를 위한 토폴로지 구성

먼저 다음 그림과 같이 네트워크를 구성한다.

그림 8-1 BGP 네트워크 광고 차단을 위한 기본 네트워크

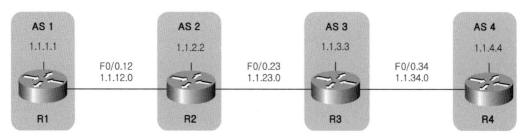

스위치에 필요한 VLAN과 트렁킹을 설정한다.

예제 8-4 스위치 설정

```
SW1(config)# vlan 12,23,34
SW1(config-vlan)# exit

SW1(config)# int range f1/1 - 4
SW1(config-if-range)# switchport trunk encap dot
SW1(config-if-range)# switchport mode trunk
```

각 라우터에서 인터페이스를 설정하고 IP 주소를 부여한다.

예제 8-5 인터페이스 설정

```
R1(config)# int lo0
R1(config-if)# ip address 1.1.1.1 255.255.255.0
R1(config-if)# int f0/0
R1(config-if)# no shut
R1(config-if)# int f0/0.12
R1(config-subif)# encap dot 12
R1(config-subif)# ip address 1.1.12.1 255.255.255.0

R2(config)# int lo0
```

```
R2(config-if)# ip address 1.1.2.2 255.255.255.0
R2(config-if)# int f0/0
R2(config-if)# no shut
R2(config-if)# int f0/0.12
R2(config-subif)# encap dot 12
R2(config-subif)# ip address 1.1.12.2 255.255.255.0
R2(config-subif)# int f0/0.23
R2(config-subif)# encap dot 23
R2(config-subif)# ip address 1.1.23.2 255.255.255.0

R3(config)# int lo0
R3(config-if)# ip address 1.1.3.3 255.255.255.0
R3(config-if)# int f0/0
R3(config-if)# no shut
R3(config-if)# int f0/0.23
R3(config-subif)# encap dot 23
R3(config-subif)# ip address 1.1.23.3 255.255.255.0
R3(config-subif)# int f0/0.34
R3(config-subif)# encap dot 34
R3(config-subif)# ip address 1.1.34.3 255.255.255.0

R4(config)# int lo0
R4(config-if)# ip address 1.1.4.4 255.255.255.0
R4(config-if)# int f0/0
R4(config-if)# no shut
R4(config-if)# int f0/0.34
R4(config-subif)# encap dot 34
R4(config-subif)# ip address 1.1.34.4 255.255.255.0
```

설정 후, 핑으로 넥스트 홉 IP 주소까지 통신이 되는지 확인한다. 확인이 끝나면 다음과 같이 BGP를 설정한다.

예제 8-6 기본적인 BGP 설정하기

```
R1(config)# router bgp 1
R1(config-router)# bgp router-id 1.1.1.1
R1(config-router)# neighbor 1.1.12.2 remote-as 2
R1(config-router)# network 1.1.1.0 mask 255.255.255.0

R2(config)# router bgp 2
```

```
R2(config-router)# bgp router-id 1.1.2.2
R2(config-router)# neighbor 1.1.12.1 remote-as 1
R2(config-router)# neighbor 1.1.23.3 remote-as 3
R2(config-router)# network 1.1.2.0 mask 255.255.255.0

R3(config)# router bgp 3
R3(config-router)# bgp router-id 1.1.3.3
R3(config-router)# neighbor 1.1.23.2 remote-as 2
R3(config-router)# neighbor 1.1.34.4 remote-as 4
R3(config-router)# network 1.1.3.0 mask 255.255.255.0

R4(config)# router bgp 4
R4(config-router)# bgp router-id 1.1.4.4
R4(config-router)# neighbor 1.1.34.3 remote-as 3
R4(config-router)# network 1.1.4.0 mask 255.255.255.0
```

설정 후 각 라우터에서 BGP 테이블 및 라우팅 테이블을 확인한다. 예를 들어, R1의 BGP 테이블은
다음과 같다.

예제 8-7 R1의 BGP 테이블

```
R1# show ip bgp
     (생략)

   Network          Next Hop         Metric  LocPrf Weight Path
*> 1.1.1.0/24       0.0.0.0              0           32768 i
*> 1.1.2.0/24       1.1.12.2             0               0 2 i
*> 1.1.3.0/24       1.1.12.2                             0 2 3 i
*> 1.1.4.0/24       1.1.12.2                             0 2 3 4 i
```

R1의 라우팅 테이블은 다음과 같다.

예제 8-8 R1의 라우팅 테이블

```
R1# show ip route bgp
     (생략)

     1.0.0.0/8 is variably subnetted, 7 subnets, 2 masks
B       1.1.2.0/24 [20/0] via 1.1.12.2, 00:00:32
```

```
B        1.1.3.0/24 [20/0] via 1.1.12.2, 00:00:01
B        1.1.4.0/24 [20/0] via 1.1.12.2, 00:00:01
```

R1에서 다른 AS에 있는 네트워크와 통신이 되는지 핑으로 확인한다.

예제 8-9 원격 네트워크와의 통신 확인하기

```
R1# ping 1.1.2.2 source 1.1.1.1
R1# ping 1.1.3.3 source 1.1.1.1
R1# ping 1.1.4.4 source 1.1.1.1
```

이제 BGP 네트워크 제어를 위한 기본 토폴로지 구성이 끝났다. 특정 BGP 네트워크에 대한 광고를 차단 또는 허용하려면 디스트리뷰트 리스트, 프리픽스 리스트, 필터 리스트 또는 루트 맵을 사용한다.

디스트리뷰트 리스트를 이용한 네트워크 광고 제어

디스트리뷰트 리스트(distribute-list)를 이용하여 특정 네이버로부터 특정 네트워크에 대한 광고를 차단 또는 허용하려면 다음과 같이 BGP 설정모드에서 **distribute-list** 명령어 다음에 차단 또는 허용하고자 하는 네트워크를 지정한 액세스 리스트를 설정하면 된다.

예제 8-10 distribute-list 명령어 옵션

```
R1(config)# router bgp 1
R1(config-router)# neighbor 1.1.12.2 distribute-list ?
  <1-199>        IP access list number
  <1300-2699>    IP access list number (expanded range)
  WORD           IP Access-list name
```

예를 들어, AS 2에서 보내는 라우팅 정보 중에서 1.1.2.0/24 네트워크를 차단하려면 다음과 같이 설정한다.

예제 8-11 distribute-list를 사용한 네트워크 차단

```
R1(config)# access-list 1 deny 1.1.2.0 0.0.0.0
R1(config)# access-list 1 permit any

R1(config)# router bgp 1
R1(config-router)# neighbor 1.1.12.2 distribute-list 1 in
```

설정 후 R1의 BGP 테이블을 보면 1.1.2.0/24 네트워크가 없다.

예제 8-12 R1의 BGP 테이블

```
R1# show ip bgp
    (생략)

   Network          Next Hop       Metric  LocPrf Weight Path
*> 1.1.1.0/24       0.0.0.0           0             32768 i
*> 1.1.3.0/24       1.1.12.2                           0 2 3 i
*> 1.1.4.0/24       1.1.12.2                           0 2 3 4 i
```

앞서 설정한 액세스 리스트 'deny 1.1.2.0 0.0.0.0'또는 'deny 1.1.2.0 0.0.0.255'는 1.1.2.0/24에서
1.1.2.255/32까지를 의미한다. 즉, '1.1.2.'로 시작되는 모든 네트워크를 의미한다. 확인을 위하여
R2에서 1.1.2.0/25 네트워크를 BGP에 포함시켜 보자.

예제 8-13 테스트를 위한 네트워크 추가하기

```
R2(config)# ip route 1.1.2.0 255.255.255.128 null 0
R2(config)# router bgp 2
R2(config-router)# network 1.1.2.0 mask 255.255.255.128
```

라우팅 테이블에 존재하는 네트워크만 BGP에 포함시킬 수 있으므로 정적 경로를 사용하여 1.1.2.0/25
네트워크를 라우팅 테이블에 저장한 다음 BGP 설정모드에서 **network** 명령어를 사용하였다. 설정
후 R2의 BGP 테이블을 보면 다음과 같이 1.1.2.0/25 네트워크가 보인다.

예제 8-14 R2의 BGP 테이블

```
R2# show ip bgp
   (생략)

   Network          Next Hop          Metric   LocPrf Weight Path
*> 1.1.1.0/24       1.1.12.1          0                   0 1 i
*> 1.1.2.0/25       0.0.0.0           0               32768 i
*> 1.1.2.0/24       0.0.0.0           0               32768 i
*> 1.1.3.0/24       1.1.23.3          0                   0 3 i
*> 1.1.4.0/24       1.1.23.3                            0 3 4 i
```

그러나, R1의 BGP 테이블에는 1.1.2.0/25 네트워크가 없다.

예제 8-15 R1의 BGP 테이블

```
R1# show ip bgp
   (생략)

   Network          Next Hop          Metric   LocPrf Weight Path
*> 1.1.1.0/24       0.0.0.0           0               32768 i
*> 1.1.3.0/24       1.1.12.2                          0 2 3 i
*> 1.1.4.0/24       1.1.12.2                        0 2 3 4 i
```

그 이유는 액세스 리스트 deny 1.1.2.0 0.0.0.0에 의해서 1.1.2.0/25 네트워크에 대한 광고도 차단되기 때문이다. 만약 distribute-list 명령어를 사용하여 1.1.2.0/24 네트워크만 차단하려면 다음과 같이 확장 액세스 리스트를 사용해야 한다. 즉, 확장 IP 액세스 리스트의 목적지 부분에 '255.255.255.0 0.0.0.0'과 같이 서브넷 마스크와 와일드 카드를 적는다. 이렇게 지정하면 서브넷 마스크가 정확히 24비트인 네트워크만 차단하라는 의미이다.

예제 8-16 확장 액세스 리스트를 사용한 네트워크 차단

```
R1(config)# access-list 100 deny ip 1.1.2.0 0.0.0.0 255.255.255.0 0.0.0.0
R1(config)# access-list 100 permit ip any any

R1(config)# router bgp 1
R1(config-router)# neighbor 1.1.12.2 distribute-list 100 in
```

설정 후 R1의 BGP 테이블을 확인해보면 다음과 같이 1.1.2.0/24 네트워크는 차단되지만 1.1.2.0/25

네트워크는 보인다.

예제 8-17 R1의 BGP 테이블

```
R1# clear ip bgp * soft
R1# show ip bgp
   (생략)

   Network          Next Hop           Metric   LocPrf Weight Path
*> 1.1.1.0/24       0.0.0.0              0              32768 i
*> 1.1.2.0/25       1.1.12.2             0                0 2 i
*> 1.1.3.0/24       1.1.12.2                             0 2 3 i
*> 1.1.4.0/24       1.1.12.2                             0 2 3 4 i
```

다음 테스트를 위하여 R1에서 설정한 디스트리뷰트 리스트 관련 사항을 삭제한다.

예제 8-18 기존 설정 삭제하기

```
R1(config)# no access-list 100

R1(config)# router bgp 1
R1(config-router)# no neighbor 1.1.12.2 distribute-list 100 in
```

이상으로 디스트리뷰트 리스트를 이용하여 BGP 네트워크 광고를 제어해 보았다.

프리픽스 리스트를 이용한 네트워크 광고 제어

프리픽스 리스트(prefix-list)는 액세스 리스트를 개선하여 만든 것으로, BGP 뿐만 아니라 모든 라우팅 프로토콜에서 정책설정을 위한 대상 네트워크를 지정할 때 사용된다. 프리픽스 리스트는 해당 경로를 검색하는 시간이 빠르고, 내용의 일부를 지우거나 추가할 수 있다. 무엇보다 설정 내용이 직관적이어서 사용이 편리하다.

예를 들어, R1에서 프리픽스 리스트를 사용하여 1.1.2.0/24 네트워크에 대한 BGP 광고를 차단하려면 다음과 같이 설정한다.

예제 8-19 프리픽스 리스트를 사용한 네트워크 차단

```
    R1(config)# ip prefix-list EXCEPT-R2 deny 1.1.2.0/24
                          ①            ②        ③

④  R1(config)# ip prefix-list EXCEPT-R2 permit 0.0.0.0/0 le 32

    R1(config)# router bgp 1
⑤  R1(config-router)# neighbor 1.1.12.2 prefix-list EXCEPT-R2 in
```

① 프리픽스 리스트의 이름을 지정한다. 대소문자를 구분한다.

② deny 또는 permit 옵션을 사용하여 지정된 네트워크를 거부하거나 허용한다.

③ 네트워크와 서브넷 마스크의 길이를 지정한다. 추가적으로 뒤에 따라오는 ge나 le 옵션이 없으면, 여기서 명시하는 서브넷 마스크를 가진 네트워크만 지정된다. 서브넷 마스크 길이 다음에 ge나 le 옵션을 사용하여 네트워크의 범위를 지정할 수 있다.

• ge : 여기서 지정하는 길이(len) 이상(greater or equal)의 서브넷 마스크를 의미한다. 예를 들어, ge 24란 서스넷 마스크의 길이가 24부터 32비트까지인 네트워크 모두를 의미한다.

• le : 네트워크에서 지정하는 길이(len) 이상과 여기서 지정하는 길이 이하(less or equal)의 서브넷 마스크를 의미한다. 예를 들어, 10.1.1.0/16 le 24란 서스넷 마스크의 길이가 16부터 24비트까지인 네트워크 모두를 의미한다. 따라서, 다음과 같은 식이 성립한다.

len < ge ≤ le ≤ 32

④ 'permit 0.0.0.0/0 le 32'는 모든 네트워크를 허용하라는 의미이다.

⑤ 프리픽스 리스트 설정이 끝나면 BGP 설정모드에서 neighbor 명령어와 함께 prefix-list 옵션을 사용하여 프리픽스 리스트를 적용시킨다.

프리픽스 리스트의 예를 몇 가지 들어보자.

0.0.0.0/0은 디폴트 루트를 의미한다.

0.0.0.0/0 le 32는 모든 네트워크이다.

0.0.0.0/0 ge 8 le 24는 서브넷 마스크 길이가 8 이상 24 이하인 모든 네트워크를 의미한다.

1.1.2.0/24는 정확히 1.1.2.0/24 네트워크만을 의미한다.

1.1.0.0/16 ge 25는 1.1/16 네트워크중에서 서브넷 마스크 길이가 25 비트 이상인 네트워크를 의미한다. 이 문장은 1.1.0.0/16 ge 25 le 32와 같은 의미이지만 'le 32'는 설정할 필요가 없다. 설정해도

프리픽스 리스트를 확인해보면 'le 32'는 생략된다.

1.1.0.0/16 le 24는 1.1/16 네트워크중에서 서브넷 마스크 길이가 24 비트 이하인 네트워크를 의미한다.

1.1.0.0/16 ge 24 le 24는 1.1/16 네트워크중에서 서브넷 마스크 길이가 정확히 24 비트인 네트워크, 즉, 1.1.0.0/24부터 1.1.255.0/24 네트워크 256개를 의미한다.

1.1.2.0/24 le 16은 잘못된 사용예이다. le 다음의 값은 항상 ' / '다음의 값보다 커야하기 때문이다(len < le). 실제로 프리픽스 리스트를 만들때 이와 같이 잘못된 식을 입력하면 다음과 같이 에러 메시지가 표시된다.

예제 8-20 잘못된 범위 지정으로 인한 에러 메시지

```
% Invalid prefix range for 1.1.2.0/24, make sure: len < ge-value <= le-value
```

사설 IP 주소에 대한 라우팅 광고를 모두 차단하려면 다음과 같이 설정한다.

예제 8-21 사설 IP 주소를 지정하는 프리픽스 리스트

```
R1(config)# ip prefix-list PRIVATE-ADDRESS deny 10.0.0.0/8 le 32
R1(config)# ip prefix-list PRIVATE-ADDRESS deny 172.16.0.0/12 le 32
R1(config)# ip prefix-list PRIVATE-ADDRESS deny 192.168.0.0/16 le 32
```

액세스 리스트와 마찬가지로 프리픽스 리스트도 마지막에는 항상 'deny 0.0.0.0/0 le 32'즉, '나머지 모든 네트워크는 차단하라'는 묵시적인 문장이 있다.

프리픽스 리스트의 각 문장에 특별히 번호를 부여하지 않으면 자동으로 처음 문장은 5번이 되고, 이후로는 10, 15, 20 등으로 증가한다.

예제 8-22 프리픽스 리스트의 일련 번호는 자동으로 5씩 증가한다

```
R1(config)# ip prefix-list NETS-IN-AS3 deny 1.1.5.0/24
R1(config)# ip prefix-list NETS-IN-AS3 permit 1.1.0.0/16 ge 24 le 24

R1# show ip prefix-list
ip prefix-list NETS-IN-AS3: 3 entries
```

```
seq 5 deny 1.1.5.0/24
seq 10 permit 1.1.0.0/16 ge 24 le 24
```

따라서, 기존에 만들어진 프리픽스 리스트의 특정한 문장 사이에 새로운 것을 위치시키려면 다음과 같이 seq 옵션을 사용한다.

예제 8-23 새로운 문장 끼워넣기

```
R1(config)# ip prefix-list NETS-IN-AS3 seq 7 deny 1.1.7.0/24
R1(config)# end

R1# show ip prefix-list
ip prefix-list NETS-IN-AS3: 4 entries
    seq 5 deny 1.1.5.0/24
    seq 7 deny 1.1.7.0/24
    seq 10 permit 1.1.0.0/16 ge 24 le 24
```

다음 테스트를 위하여 R1에서 설정한 프리픽스 리스트 관련 사항을 삭제한다.

예제 8-24 기존 설정 삭제하기

```
R1(config)# no ip prefix-list EXCEPT-R2

R1(config)# router bgp 1
R1(config-router)# no neighbor 1.1.12.2 prefix-list EXCEPT-R2 in
```

이상으로 프리픽스 리스트를 이용하여 BGP 네트워크 광고를 제어해 보았다.

AS 경로 액세스 리스트를 이용한 네트워크 광고 제어

AS 경로 액세스 리스트(AS path access-list)는 특정 AS 번호를 지정할 때 사용한다. AS 경로 액세스 리스트를 만들 때는 레귤러 익스프레션(regular expression) 또는 줄여서 레직스(regix)라고 하는 표현 방식을 사용한다.

표 8-1 AS 경로 액세스 리스트 설정시 사용하는 레직스

기 호	의 미
. (마침표)	1 글자 (스페이스 포함)
? (물음표)	0 글자 또는 1 글자
* (별표)	0 글자 이상
+ (플러스 기호)	1 글자 이상
− (마이너스 기호)	범위내의 임의의 글자
[ ] (대괄호)	괄호내의 임의의 글자
_ (언더 스코어)	문자열의 시작, 끝, 스페이스
^ (삿갓)	^ 기호 뒤의 글자 제외 또는 줄(라인)의 시작
$ (달러)	줄(라인)의 끝

예를 들어, 인접한 AS 2에서 시작된 네트워크만 허용하려면 다음과 같이 설정한다.

예제 8-25 인접한 AS 2에서 시작된 네트워크만 허용하기

```
①  R1(config)# ip as-path access-list 1 permit ^2$

    R1(config)# router bgp 1
②  R1(config-router)# neighbor 1.1.12.2 filter-list 1 in
```

① AS 경로 액세스 리스트를 설정하려면 **ip as-path access-list** 명령어 다음에 1 − 500 사이의 번호를 사용한다. 레직스를 사용하여 AS 2에서 시작한 네트워크를 '^2$'로 표현한다.

② 앞서 작성한 AS 경로 액세스 리스트를 **neighbor filter-list** 명령어를 이용하여 특정 네이버에게 적용시킨다. 설정 후 R1의 BGP 테이블을 보면 AS 2에서 시작된 네트워크만 보이고, AS 3에서 시작된 네트워크인 1.1.3.0/24와 AS 4의 네트워크인 1.1.4.0/24는 없다.

예제 8-26 R1의 BGP 테이블

```
R1# clear ip bgp * soft
R1# show ip bgp
     (생략)

     Network            Next Hop          Metric   LocPrf Weight Path
*>  1.1.1.0/24          0.0.0.0            0               32768 i
*>  1.1.2.0/25          1.1.12.2           0                  0 2 i
*>  1.1.2.0/24          1.1.12.2           0                  0 2 i
```

AS 경로 액세스 리스트를 설정할 때에는, BGP 광고 내용중에서 AS 경로 부분을 염두에 두고 작업을
한다. 자주 사용하는 AS 경로 액세스 리스트의 예를 몇 가지 들어보자. 현재 설정된 AS 경로 액세스
리스트를 확인하려면 show ip as-path-access-list 명령어를 사용한다.

예제 8-27 AS 경로 액세스 리스트 확인하기

```
R1# show ip as
AS path access list 1
   permit ^2$
```

현재의 AS에서 시작하는 네트워크만 허용하려면 다음과 같이 설정한다. 즉, AS 경로의 시작(^)과
끝($) 사이에 아무 AS 번호도 없는 것으므로 현재의 AS에서 시작하는 네트워크를 의미한다.

예제 8-28 현재의 AS에서 시작하는 네트워크

```
R1(config)# ip as-path access-list 1 permit ^$
```

모든 AS 경로를 다 허용하려면 다음과 같이 설정한다.

예제 8-29 모든 AS 경로를 다 허용하는 AS 경로 액세스 리스트

```
R1(config)# ip as-path access-list 1 permit .*
```

액세스 리스트와 마찬가지로 AS 경로 액세스 리스트도 마지막에는 항상 deny .* 즉, '나머지 모든
AS는 차단하라'는 묵시적인 문장이 있다. 다음과 같이 AS 3에서 시작한 네트워크만 허용하는 AS

경로 액세스 리스트를 테스트해보자.

예제 8-30 AS 3에서 시작한 네트워크만 허용하는 AS 경로 액세스 리스트 테스트하기

```
R1(config)# no ip as-path access-list 1
R1(config)# ip as-path access-list 1 permit 3$
R1(config)# end

R1# clear ip bgp * soft
R1# show ip bgp
    (생략)

   Network          Next Hop          Metric  LocPrf Weight Path
*> 1.1.1.0/24       0.0.0.0                0          32768 i
*> 1.1.3.0/24       1.1.12.2                             0 2 3 i
```

언더스코어 '_'는 스페이스를 의미한다. 그러나, 언더스코어에 의해서 분리되는 문자열이 없을 때에는 언더스코어를 무시한다. 예를 들어, 다음 네가지 문장의 의미는 동일하다. 즉, AS 3에서 시작된 네트워크는 모두 허용한다.

예제 8-31 다음 네가지 문장은 모두 AS 3에서 시작된 네트워크를 허용한다

```
R1(config)# ip as-path access-list 1 permit 3$
R1(config)# ip as-path access-list 1 permit _3$
R1(config)# ip as-path access-list 1 permit 3_$
R1(config)# ip as-path access-list 1 permit _3_$
```

이 AS 경로 액세스 리스트를 적용 결과는 다음과 같다.

예제 8-32 R1의 BGP 테이블

```
R1# show ip bgp
    (생략)

   Network          Next Hop          Metric  LocPrf Weight Path
*> 1.1.1.0/24       0.0.0.0                0          32768 i
*> 1.1.3.0/24       1.1.12.2                             0 2 3 i
```

AS 4와 AS 3을 거쳐온 네트워크만 허용하려면 다음과 같이 설정한다.

예제 8-33 AS 4와 AS 3을 거쳐온 네트워크만 허용하기

```
R1(config)# ip as-path access-list 1 permit 3_4
```

다음과 같이 문자열 사이에 언더스코어(−)를 생략해도 동일한 결과를 보인다.

예제 8-34 문자열 사이의 언더스코어는 생략해도 된다

```
R1(config)# ip as-path access-list 1 permit 3 4
```

이 AS 경로 액세스 리스트 적용 결과는 다음과 같다.

예제 8-35 R1의 BGP 테이블

```
R1# show ip bgp
     (생략)

    Network          Next Hop          Metric   LocPrf Weight Path
*>  1.1.1.0/24       0.0.0.0                0           32768 i
*>  1.1.4.0/24       1.1.12.2                              0 2 3 4 i
```

AS 2 및 AS 2와 인접한 AS(AS 3)에서 시작한 네트워크만 수신하려면 다음과 같이 한다.

예제 8-36 AS 2 및 AS 2와 인접한 AS에서 시작한 네트워크만 허용하기

```
R1(config)# ip as-path access-list 1 permit ^2_[0-9]*$
```

이 AS 경로 액세스 리스트 적용 결과는 다음과 같다.

예제 8-37 R1의 BGP 테이블

```
R1# show ip bgp
```

```
    (생략)
    Network          Next Hop        Metric   LocPrf Weight Path
 *> 1.1.1.0/24       0.0.0.0            0             32768 i
 *> 1.1.2.0/25       1.1.12.2           0                 0 2 i
 *> 1.1.2.0/24       1.1.12.2           0                 0 2 i
 *> 1.1.3.0/24       1.1.12.2                             0 2 3 i
```

AS 3을 거쳐온 모든 네트워크를 허용하려면 다음과 같이 설정한다.

예제 8-38 AS 3을 거쳐온 모든 네트워크를 허용하기

```
R1(config)# ip as-path access-list 1 permit 3
```

이 AS 경로 액세스 리스트 적용 결과는 다음과 같다.

예제 8-39 R1의 BGP 테이블

```
R1# show ip bgp
    (생략)
    Network          Next Hop        Metric   LocPrf Weight Path
 *> 1.1.1.0/24       0.0.0.0            0             32768 i
 *> 1.1.3.0/24       1.1.12.2                             0 2 3 i
 *> 1.1.4.0/24       1.1.12.2                             0 2 3 4 i
```

다음 테스트를 위하여 R1에서 설정한 AS 경로 액세스 리스트 관련 사항을 삭제한다.

예제 8-40 기존 설정 제거하기

```
R1(config)# no ip as-path access-list 1

R1(config)# router bgp 1
R1(config-router)# no neighbor 1.1.12.2 filter-list 1 in
```

이상으로 AS 경로 액세스 리스트를 이용하여 BGP 네트워크 광고를 제어해 보았다.

루트 맵을 이용한 네트워크 광고 제어

단순히 특정 네트워크를 차단 또는 허용만 하는 경우에는 앞서 설명한 프리픽스 리스트 또는
필터 리스트를 이용하는 방법을 주로 사용한다. 그러나, 특정 네트워크를 허용함과 동시에 BGP
속성도 조정하는 경우에는 루트 맵을 사용한다. 예를 들어, 1.1.2.0/24 네트워크의 로컬 프레퍼런스는
200, AS 3에서 시작된 네트워크의 로컬 프레퍼런스는 300으로 설정하는 방법은 다음과 같다.

예제 8-41 특정 네트워크의 로컬 프레퍼런스 값 조정하기

```
① R1(config)# ip prefix-list R2 permit 1.1.2.0/24
② R1(config)# ip as-path access-list 1 permit 3$

③ R1(config)# route-map CHANGE-LP
④ R1(config-route-map)# match ip address prefix-list R2
⑤ R1(config-route-map)# set local-preference 200
   R1(config-route-map)# exit
⑥ R1(config)# route-map CHANGE-LP 20
⑦ R1(config-route-map)# match as-path 1
⑧ R1(config-route-map)# set local-preference 300
   R1(config-route-map)# exit

⑨ R1(config)# router bgp 1
⑩ R1(config-router)# neighbor 1.1.12.2 route-map CHANGE-LP in
```

① 조정을 원하는 대상을 프리픽스 리스트를 사용하여 지정한다.

② 조정을 원하는 대상을 AS 경로 액세스 리스트 사용하여 지정한다. 대상을 지정할 때 프리픽스
리스트 또는 AS 경로 액세스 리스트 중 편리한 방법을 사용하면 된다.

③ 루트 맵 설정 모드로 들어간다.

④ 앞서 프리픽스 리스트를 이용하여 지정한 대상을 불러온다.

⑤ 지정한 대상의 속성을 설정한다. 예에서는 로컬 프레퍼런스 값을 200으로 설정했다.

⑥ 동일한 이름을 가진 두 번째 루트 맵 문장을 설정한다. 프리픽스 리스트는 자동으로 순서 번호가
증가하지만 루트 맵은 모든 문장 번호가 10이므로 두 번째 문장부터는 직접 번호를 지정해주어야
한다.

⑦ 앞서 AS 경로 액세스 리스트를 이용하여 지정한 대상을 불러온다.

⑧ 대상에 대한 속성값을 지정한다.

⑨ BGP 설정 모드로 들어간다.

⑩ 특정 네이버에게 루트 맵을 적용한다.

액세스 리스트 등과 마찬가지로 루트 맵의 맨 마지막 문장도 묵시적으로 '나머지는 모두 차단하라'는 것이다. 앞서 루트 맵에서 1.1.2.0/24 네트워크와 AS 3에서 출발한 네트워크(1.1.3.0/24)에 대해서만 속성을 조정하고 광고 수신을 허용했으므로 나머지 네트워크는 모두 차단된다. 설정 결과를 확인해 보면 다음과 같이 루트 맵에서 지정된 각 네트워크에 대한 광고를 수신하면서(허용하면서) 동시에 로컬 프레퍼런스 값이 조정된다. 그러나, 나머지 네트워크는 모두 차단되었다.

예제 8-42 R1의 BGP 테이블

```
R1# clear ip bgp * soft
R1# show ip bgp
    (생략)
    Network          Next Hop          Metric   LocPrf Weight Path
*>  1.1.1.0/24       0.0.0.0           0               32768 i
*>  1.1.2.0/24       1.1.12.2          0        200      0 2 i
*>  1.1.3.0/24       1.1.12.2                   300      0 2 3 i
```

루트 맵은 BGP 조정뿐만 아니라, 재분배, 정책기반 라우팅(PBR) 등 용도가 다양하다. 루트 맵을 설정하는 방법에 대해서 좀 더 자세히 살펴보자. 루트 맵을 설정하려면 다음과 같이 전체 설정 모드에서 route-map 명령어와 함께 적당한 이름을 사용하여 루트 맵 설정모드로 들어간다.

예제 8-43 루트 맵 설정모드

```
R1(config)# route-map MAP1
R1(config-route-map)#
```

루트 맵 이름 다음에 사용할 수 있는 옵션들은 다음과 같다.

예제 8-44 루트 맵 이름 다음에 사용할 수 있는 옵션들

```
R1(config)# route-map MAP1 ?
① <0-65535>   Sequence to insert to/delete from existing route-map entry
② deny        Route map denies set operations
③ permit      Route map permits set operations
④ <cr>
```

① 루트 맵의 번호를 지정할 수 있다. 루트 맵 내에서 여러개의 문장을 사용할 때 실행되는 순서를 지정한다. 별도로 지정하지 않으면 기본값인 10번으로 지정되며, 자동으로 번호가 증가하지 않는다. 만약 별도로 번호를 지정하지 않고 연속해서 루트 맵 문장을 사용하면 앞서 사용한 문장이 수정된다. 따라서, 동일한 이름으로 여러개의 루트 맵 문장을 사용할 때는 반드시 번호를 지정해야 한다.

② deny 옵션은 현재의 번호 아래에 설정된 내용을 거부한다는 의미이다.

③ permit 옵션은 현재의 번호 아래에 설정된 내용을 허용한다는 의미이다.

④ 루트 맵 번호, deny, permit 등을 지정하지 않으면 다음과 같이 기본으로 permit 10이다. 설정된 루트 맵의 내용을 확인하려면 show run이나 show route-map 명령어를 사용한다.

예제 8-45 루트 맵 내용 보기

```
R1# show route-map

route-map MAP1, permit, sequence 10
  Match clauses:
  Set clauses:
  Policy routing matches: 0 packets, 0 bytes
```

일반적인 루트 맵의 구조는 다음과 같이 '특정 조건에 해당하면(match), 특정한 값을 설정하라(set)'이다. 그러나, 경우에 따라서는 match나 set 문장중 하나가 없거나 모두 없는 루트 맵을 사용할 수도 있다.

루트 맵 match 명령어

루트 맵에서 match 명령어로 지정할 수 있는 옵션은 다음과 같다.

예제 8-46 R1의 설정

```
R1(config-route-map)# match ?
①  as-path           Match BGP AS path list
    clns              CLNS information
②  community         Match BGP community list
③  extcommunity      Match BGP/VPN extended community list
    interface         Match first hop interface of route
④  ip                IP specific information
⑤  ipv6              IPv6 specific information
    length            Packet length
⑥  local-preference  Local preference for route
    mdt-group         Match routes corresponding to MDT group
    metric            Match metric of route
    mpls-label        Match routes which have MPLS labels
⑦  policy-list       Match IP policy list
⑧  route-type        Match route-type of route
    rpki              Match RPKI state of route
    source-protocol   Match source-protocol of route
    tag               Match tag of route
```

① as-path는 AS 경로 액세스 리스트를 이용하여 조건을 지정할 때 즉, 대상을 지정할 때 사용한다.

② community는 커뮤니티 리스트를 지정할 때 사용한다.

③ extcommunity는 확장 커뮤니티 리스트를 지정할 때 사용한다.

④ ip는 다음과 같이 IP 주소, 넥스트 홉 IP 주소 및 경로를 광고하는 출발지의 IP 주소 등을 지정할 때 사용한다.

예제 8-47 match ip 다음에 사용할 수 있는 옵션들

```
R1(config-route-map)# match ip ?
    address       Match address of route or match packet
    next-hop      Match next-hop address of route
    route-source  Match advertising source address of route
```

address, next-hop 및 route-source 옵션 모두 해당 IP 주소를 지정할 때 번호 또는 이름을 사용한 표준 및 확장 액세스 리스트 또는 프리픽스 리스트를 사용할 수 있다.

예제 8-48 match ip address 다음에 사용할 수 있는 옵션들

```
R1(config-route-map)# match ip address ?
  <1-199>          IP access-list number
  <1300-2699>      IP access-list number (expanded range)
  WORD             IP access-list name
  prefix-list      Match entries of prefix-lists
  <cr>
```

⑤ ipv6는 다음과 같이 IPv6 주소, 넥스트 홉 IPv6 주소 및 경로를 광고하는 출발지의 IPv6 주소 등을 지정할 때 사용한다.

예제 8-49 `match ipv6` 다음에 사용할 수 있는 옵션들

```
R1(config-route-map)# match ipv6 ?
  address       Match address of route or match packet
  next-hop      Match next-hop address of route
  route-source  Match advertising source address of route
```

address, next-hop 및 route-source 옵션 모두 다음과 같이 해당 IPv6 주소를 지정할 때 이름을 사용한 액세스 리스트 또는 프리픽스 리스트를 사용할 수 있다.

예제 8-50 `match ipv6 address` 다음에 사용할 수 있는 옵션들

```
R1(config-route-map)# match ipv6 address ?
  WORD          IPv6 access-list name
  prefix-list   IPv6 prefix-list
```

⑥ local-preference는 BGP 로컬 프레퍼런스 값으로 대상을 지정할 때 사용한다.

⑦ policy-list는 IP 폴리시 맵(policy map)을 지정할 때 사용한다.

⑧ route-type은 경로의 종류를 지정할 때 사용한다.

예제 8-51 `match route-type` 다음에 사용할 수 있는 옵션들

```
R1(config-route-map)# match route-type ?
  external      external route (BGP, EIGRP and OSPF type 1/2)
```

```
internal          internal route (including OSPF intra/inter area)
level-1           IS-IS level-1 route
level-2           IS-IS level-2 route
local             locally generated route
nssa-external     nssa-external route (OSPF type 1/2)
<cr>
```

나머지들은 정책기반 라우팅, 재분배 등에서 사용된다.

루트 맵 set 명령어

루트 맵에서 set 명령어로 설정할 수 있는 옵션은 다음과 같다.

예제 8-52 루트 맵 set 명령어 옵션

```
R1(config-route-map)# set ?
①  as-path            Prepend string for a BGP AS-path attribute
    automatic-tag      Automatically compute TAG value
    clns               OSI summary address
②  comm-list          set BGP community list (for deletion)
③  community          BGP community attribute
④  dampening          Set BGP route flap dampening parameters
    default            Set default information
    extcomm-list       Set BGP/VPN extended community list (for deletion)
⑤  extcommunity       BGP extended community attribute
    global             Set to global routing table
    interface          Output interface
⑥  ip                 IP specific information
⑦  ipv6               IPv6 specific information
    level              Where to import route
⑧  local-preference   BGP local preference path attribute
⑨  metric             Metric value for destination routing protocol
⑩  metric-type        Type of metric for destination routing protocol
    mpls-label         Set MPLS label for prefix
⑪  nlri               BGP NLRI type
⑫  origin             BGP origin code
    tag                Tag value for destination routing protocol
⑬  traffic-index      BGP traffic classification number for accounting
    vrf                Define VRF name
⑭  weight             BGP weight for routing table
```

① as-path는 AS 경로를 추가할 때 사용한다.

② comm-list는 특정 커뮤니티 값을 삭제할 때 사용한다.

③ community는 커뮤니티 값을 설정할 때 사용한다.

④ dampening은 댐프닝 관련 설정을 할 때 사용한다.

⑤ extcommunity는 확장 커뮤니티 값을 설정할 때 사용한다.

⑥ ip는 IP 넥스트 홉 설정을 위해서 사용한다.

⑦ ipv6는 IPv6 넥스트 홉 설정을 위해서 사용한다.

⑧ local-preference는 로컬 프레퍼런스 값을 설정하기 위하여 사용한다.

⑨ metric은 MED 값을 설정할 때 사용한다.

⑩ metric-type은 IGP의 메트릭을 BGP의 MED 값으로 사용하게 한다.

⑪ nlri는 BGP 네트워크 타입(멀티캐스트 또는 유니캐스트)을 설정할 때 사용한다.

⑫ origin은 다음과 같이 오리진 타입을 지정할 때 사용한다.

예제 8-53 set origin 다음에 사용할 수 있는 옵션들

```
R1(config-route-map)# set origin ?
  igp          local IGP
  incomplete   unknown heritage
```

⑬ traffic-index는 트래픽을 분류할 때 사용한다. match 명령어에서 트래픽을 커뮤니티, AS 번호 등으로 구분한 다음, set 명령어를 사용하여 다음과 같이 traffic-index 옵션을 사용하여 1에서 8 사이의 값을 부여한다. 그리고 BGP 폴리시 어카운팅(BGP Policy Accounting) 기능을 이용하면 분류된 트래픽별로 전송된 트래픽의 양을 알 수 있다.

예제 8-54 set traffic-index 다음에 사용할 수 있는 옵션들

```
R1(config-route-map)# set traffic-index ?
  <1-64>   Bucket number
```

⑭ weight는 웨이트 값을 지정할 때 사용한다.

루트 맵 사용예

루트 맵의 사용 예를 몇 가지 더 살펴보자.

다음은 IP 주소가 프리픽스 리스트 LIST1에 해당하면 로컬 프레퍼런스를 10000으로 설정하라는 루트 맵이다. 프리픽스 리스트 LIST1에서 허용하지 않은 나머지 모든 네트워크는 차단한다.

예제 8-55 match와 set 명령어가 모두 있는 루트 맵

```
R1(config)# route-map MAP1
R1(config-route-map)# match ip address prefix-list LIST1
R1(config-route-map)# set local-preference 10000
```

다음은 '① IP 주소가 프리픽스 리스트 LIST1에 해당하면 로컬 프레퍼런스를 10000, ② LIST2에 해당하면 로컬 프레퍼런스를 20000으로 설정하고, ③ 나머지 모든 네트워크는 별도의 수정없이 그대로 허용하라'는 루트 맵이다. 예에서처럼 세 번째 루트 맵에는 **match**와 **set** 명령어가 없다.

예제 8-56 match와 set 명령어가 모두 없는 문장

```
R1(config)# route-map MAP2 permit 10      ①
R1(config-route-map)# match ip address prefix-list LIST1
R1(config-route-map)# set local-preference 10000
R1(config-route-map)# exit
R1(config)# route-map MAP2 permit 20      ②
R1(config-route-map)# match ip address prefix-list LIST2
R1(config-route-map)# set local-preference 20000
R1(config-route-map)# exit
R1(config)# route-map MAP2 permit 30      ③
```

다음은 IP 주소가 프리픽스 리스트 LIST1에 해당하면 별도의 수정없이 그냥 받아들이게 하는 루트 맵이다. 이 루트 맵에는 set 명령어가 없다.

예제 8-57 set 명령어가 없는 문장

```
R1(config)# route-map MAP3
R1(config-route-map)# match ip address prefix-list LIST1
```

다음은 해당 네이버로 보내는 모든 네트워크의 MED 값을 1000으로 설정하는 루트 맵이다. 이 루트 맵에는 **match** 명령어가 없다.

예제 8-58 match 명령어가 없는 문장

```
R1(config)# route-map MAP4
R1(config-route-map)# set metric 1000
```

다음은 '① IP 주소가 프리픽스 리스트 LIST1에 해당하면 MED를 1000으로 설정해서 전송하고, ② LIST2에 해당하는 네트워크는 차단하며, ③ 현재의 AS에 소속된 나머지 네트워크는 별도의 수정없이 그대로 전송하고, 다른 AS에서 수신한 네트워크는 모두 차단하라'는 루트 맵이다. 두 번째 루트 맵에서와 같이 **deny** 명령어를 사용하면 조건에 해당되는 네트워크는 모두 차단한다.

예제 8-59 deny 옵션을 사용한 루트 맵

```
R1(config)# route-map MAP5      ①
R1(config-route-map)# match ip address prefix-list LIST1
R1(config-route-map)# set metric 1000
R1(config-route-map)# exit
R1(config)# route-map MAP5 deny 20      ②
R1(config-route-map)# match ip address prefix-list LIST2
R1(config-route-map)# exit
R1(config)# route-map MAP5 permit 30      ③
R1(config-route-map)# match as-path 1
```

이상으로 BGP의 네트워크 광고를 제어하는 방법에 대하여 살펴보았다.

입력 경로 조정

BGP 네트워크는 속도 등을 우선시하는 IGP와 달리 기본적으로는 성능 등이 고려되지 않고 라우팅 경로가 결정된다. 따라서, 관리자가 원하는 방향으로 라우팅을 시키려면 경로를 조정해야 한다. BGP 네트워크의 입력 경로 조정을 위해서는 MED 값 조정, AS 경로 추가, 스프레스 맵 사용, 조건부 광고 등의 방법을 사용한다.

입력 경로 조정을 위한 네트워크 구성

다음 그림과 같은 네트워크를 구성하고, BGP의 입력 경로를 조정해 보자.

그림 8-2 입력 경로 조정을 위한 네트워크

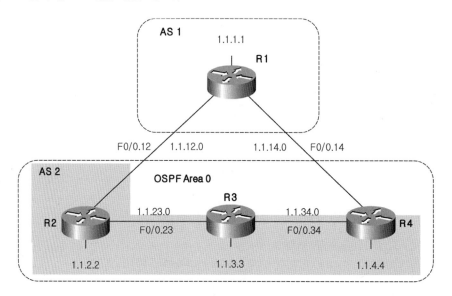

스위치에서 VLAN과 트렁킹을 설정한다.

예제 8-60 스위치 설정

```
SW1(config)# vlan 12,14,23,34
SW1(config-vlan)# exit

SW1(config)# int range f1/1 - 4
SW1(config-if-range)# switchport trunk encap dot
SW1(config-if-range)# switchport mode trunk
```

각 라우터에서 인터페이스를 활성화시키고 IP 주소를 부여한다.

예제 8-61 인터페이스 활성화 및 IP 주소 부여

```
R1(config)# int lo0
R1(config-if)# ip address 1.1.1.1 255.255.255.0
R1(config-if)# int f0/0
R1(config-if)# no shut
R1(config-if)# int f0/0.12
R1(config-subif)# encap dot 12
R1(config-subif)# ip address 1.1.12.1 255.255.255.0
R1(config-subif)# int f0/0.14
R1(config-subif)# encap dot 14
R1(config-subif)# ip address 1.1.14.1 255.255.255.0

R2(config)# int lo0
R2(config-if)# ip address 1.1.2.2 255.255.255.0
R2(config-if)# int f0/0
R2(config-if)# no shut
R2(config-if)# int f0/0.12
R2(config-subif)# encap dot 12
R2(config-subif)# ip address 1.1.12.2 255.255.255.0
R2(config-subif)# int f0/0.23
R2(config-subif)# encap dot 23
R2(config-subif)# ip address 1.1.23.2 255.255.255.0

R3(config)# int lo0
R3(config-if)# ip address 1.1.3.3 255.255.255.0
R3(config-if)# int f0/0
R3(config-if)# no shut
R3(config-if)# int f0/0.23
R3(config-subif)# encap dot 23
R3(config-subif)# ip address 1.1.23.3 255.255.255.0
R3(config-subif)# int f0/0.34
R3(config-subif)# encap dot 34
R3(config-subif)# ip address 1.1.34.3 255.255.255.0

R4(config)# int lo0
R4(config-if)# ip address 1.1.4.4 255.255.255.0
R4(config-if)# int f0/0
R4(config-if)# no shut
R4(config-if)# int f0/0.34
R4(config-subif)# encap dot 34
R4(config-subif)# ip address 1.1.34.4 255.255.255.0
R4(config-subif)# int f0/0.14
```

```
R4(config-subif)# encap dot 14
R4(config-subif)# ip address 1.1.14.4 255.255.255.0
```

IP 주소 설정 후 넥스트 홉 IP까지 통신을 확인하고, 다음과 같이 R2, R3, R4에서 OSPF 에어리어 0을 설정한다.

예제 8-62 OSPF 설정하기

```
R2(config)# router ospf 1
R2(config-router)# router-id 1.1.2.2
R2(config-router)# network 1.1.2.2 0.0.0.0 area 0
R2(config-router)# network 1.1.12.2 0.0.0.0 area 0
R2(config-router)# network 1.1.23.2 0.0.0.0 area 0
R2(config-router)# passive-interface f0/0.12
R2(config-router)# int lo0
R2(config-if)# ip ospf network point-to-point

R3(config)# router ospf 1
R3(config-router)# router-id 1.1.3.3
R3(config-router)# network 1.1.3.3 0.0.0.0 area 0
R3(config-router)# network 1.1.23.3 0.0.0.0 area 0
R3(config-router)# network 1.1.34.3 0.0.0.0 area 0
R3(config-router)# int lo0
R3(config-if)# ip ospf network point-to-point

R4(config)# router ospf 1
R4(config-router)# router-id 1.1.4.4
R4(config-router)# network 1.1.4.4 0.0.0.0 area 0
R4(config-router)# network 1.1.34.4 0.0.0.0 area 0
R4(config-router)# int lo0
R4(config-if)# ip ospf network point-to-point
```

IGP 설정 후에 원격 네트워크까지의 통신을 핑으로 확인한 다음 각 라우터에서 다음과 같이 BGP를 설정한다. AS 2에서 BGP 스플릿 호라이즌은 R3을 루트 리플렉터로 설정하여 해결한다. 먼저, R3을 제외한 나머지 라우터들을 다음과 같이 설정한다.

예제 8-63 기본적인 BGP 설정하기

```
R1(config)# router bgp 1
R1(config-router)# bgp router-id 1.1.1.1
R1(config-router)# neighbor 1.1.12.2 remote-as 2
R1(config-router)# neighbor 1.1.14.4 remote-as 2
R1(config-router)# network 1.1.1.0 mask 255.255.255.0

R2(config)# router bgp 2
R2(config-router)# bgp router-id 1.1.2.2
R2(config-router)# neighbor 1.1.12.1 remote-as 1
R2(config-router)# neighbor 1.1.3.3 remote-as 2
R2(config-router)# neighbor 1.1.3.3 update-source loopback 0
R2(config-router)# network 1.1.2.0 mask 255.255.255.0

R4(config)# router bgp 2
R4(config-router)# bgp router-id 1.1.4.4
R4(config-router)# neighbor 1.1.14.1 remote-as 1
R4(config-router)# neighbor 1.1.3.3 remote-as 2
R4(config-router)# neighbor 1.1.3.3 update-source loopback 0
R4(config-router)# neighbor 1.1.3.3 next-hop-self
R4(config-router)# network 1.1.4.0 mask 255.255.255.0
```

이상으로 R3을 제외한 나머지 라우터에서 BGP를 설정하였다.

피어 그룹

피어 그룹(peer group)이란 동일한 출력 정책이 적용되는 BGP 피어를 하나의 그룹으로 묶어서 설정하는 것을 말한다. 피어 그룹을 사용하면, BGP 광고를 생성할 때 하나의 피어에 대해서만 루트 맵 등 출력정책을 적용시키고, 그 결과로 얻어진 광고를 모든 피어 멤버에게 전송하므로, 광고 전송시 사용되는 CPU와 메모리의 사용량을 감소시켜 시스템을 안정화시킨다. 또, 피어그룹은 BGP의 설정을 간편하게 한다. BGP 피어그룹을 사용할 때 적용되는 원칙은 다음과 같다.

● 피어 그룹의 멤버들은 루트 맵, 필터 리스트(filter-list), 디스트리뷰트 리스트(distribute-list) 등 모두 동일한 출력 정책을 가지고 있어야 한다. 그러나, 디폴트 루트를 생성시키는 default-originate 명령어는 서로 달라도 된다.

● 입력 정책은 멤버간에 서로 다르게 설정해도 된다.

● 피어들은 모두 iBGP 피어이거나, eBGP 피어로 구성되어야 한다. eBGP 피어의 경우 멤버간 서로 다른 AS 번호를 가져도 된다. R3에서 피어그룹을 이용하여 다음과 같이 BGP를 설정한다.

예제 8-64 피어그룹 설정하기

```
R3(config)# router bgp 2
R3(config-router)# network 1.1.3.0 mask 255.255.255.0
R3(config-router)# neighbor IBGP peer-group        ①
R3(config-router)# neighbor IBGP remote-as 2       ②
R3(config-router)# neighbor IBGP update-source lo0  ③
R3(config-router)# neighbor IBGP route-reflector-client  ④
R3(config-router)# neighbor 1.1.2.2 peer-group IBGP  ⑤
R3(config-router)# neighbor 1.1.4.4 peer-group IBGP  ⑥
```

① IBGP라는 이름을 가진 피어그룹을 만든다.

②③④ 피어그룹 멤버들에게 적용시킬 출력정책들을 설정한다.

⑤⑥ 실제의 네이버들에게 피어그룹을 적용시킨다.

설정 후 R3에서 특정한 네트워크에 대한 BGP 테이블을 확인하면 다음과 같다.

예제 8-65 R3의 BGP 테이블

```
R3# show ip bgp 1.1.1.0
BGP routing table entry for 1.1.1.0/24, version 3
Paths: (2 available, best #2, table default)
  Advertised to update-groups:
     1
  Refresh Epoch 1
  1, (Received from a RR-client)
    1.1.4.4 (metric 2) from 1.1.4.4 (1.1.4.4)
      Origin IGP, metric 0, localpref 100, valid, internal
  Refresh Epoch 1
  1, (Received from a RR-client)
    1.1.12.1 (metric 2) from 1.1.2.2 (1.1.2.2)
      Origin IGP, metric 0, localpref 100, valid, internal, best
```

즉, 1.1.1.0 네트워크에 대한 광고를 업데이트 그룹 1의 멤버들에게 전송했다는 것을 알 수 있다. 업데이트 그룹을 확인하려면 다음과 같이 show ip bgp update-group 명령어를 사용한다.

예제 8-66 업데이트 그룹 확인

```
R3# show ip bgp update-group
BGP version 4 update-group 1, internal, Address Family: IPv4 Unicast
  BGP Update version : 5/0, messages 0
  Route-Reflector Client
  Topology: global, highest version: 5, tail marker: 5
  Format state: Current working (OK, last not in list)
                Refresh blocked (not in list, last not in list)
  Update messages formatted 5, replicated 6, current 0, refresh 0, limit 1000
  Number of NLRIs in the update sent: max 1, min 0
  Minimum time between advertisement runs is 0 seconds
  Has 2 members:
    1.1.2.2          1.1.4.4
```

업데이트 그룹의 멤버들이 앞서 설정한 피어 그룹의 멤버들과 동일하다.

기본적인 BGP 네트워크의 입 · 출력 경로

BGP 네트워크의 입 · 출력 경로를 지정하지 않으면 BGP 경로 선택 우선 순위에 따라 달라진다.
예를 들어, 현재 R1의 라우팅 테이블은 다음과 같다.

예제 8-67 R1의 라우팅 테이블

```
R1# show ip route bgp
    (생략)
        1.0.0.0/8 is variably subnetted, 9 subnets, 2 masks
B          1.1.2.0/24 [20/0] via 1.1.12.2, 00:09:13
B          1.1.3.0/24 [20/0] via 1.1.12.2, 00:07:15
B          1.1.4.0/24 [20/0] via 1.1.14.4, 00:08:39
```

즉, 다음과 같이 1.1.2.0/24, 1.1.3.0/24의 경로는 R1, R2간의 링크를 통하고, 1.1.4.0/24로 가는
경로는 R4를 통하고 있다.

그림 8-3 조정전의 입력 경로

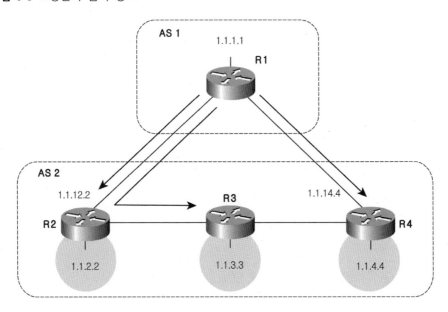

이번에는 R1, R2간의 링크를 다운시켰다가 다시 살려보자.

예제 8-68 링크 플래핑시키기

```
R1(config)# int f0/0.12
R1(config-subif)# shutdown
R1(config-subif)#
R1(config-subif)# no shut
```

잠시 후, 다시 R1의 라우팅 테이블을 보면 이번에는 AS 1에서 AS 2로 가는 경로가 모두 R1, R4간의 링크를 이용한다.

예제 8-69 R1의 라우팅 테이블

```
R1# show ip route bgp
     (생략)
     1.0.0.0/8 is variably subnetted, 9 subnets, 2 masks
B       1.1.2.0/24 [20/0] via 1.1.14.4, 00:00:50
```

```
B         1.1.3.0/24 [20/0] via 1.1.14.4, 00:00:50
B         1.1.4.0/24 [20/0] via 1.1.14.4, 00:13:36
```

이처럼 BGP 입·출력 경로가 상황에 따라 의도와 달리 변화한다. 따라서, BGP 네트워크에서는 관리자가 명시적으로 입·출력 경로를 지정해 주어야 한다. 먼저 입력 경로를 조정하는 방법을 살펴보자. BGP의 입력 경로를 조정할 때 주로 사용하는 방법은 다음과 같은 것들이 있다.

- MED 조정
- 오리진 타입 조정
- AS 경로 추가
- 스프레스 맵 사용
- 조건부 광고

이상의 방법들 중에서 경우에 따라 적절한 것을 사용하면 된다.

MED를 이용한 입력 경로 조정

AS 1에서 AS 2의 네트워크인 1.1.2.0, 1.1.3.0, 1.1.4.0로 입력되는 경로를 모두 R1 − R2간의 링크를 통하게 하려면 해당 네트워크에 대한 MED 값을 R4보다 R2에서 더 낮게 설정해서 광고하면 된다. 예를 들어, R2에서는 해당 네트워크에 대한 MED 값을 100으로 설정하여 AS 1로 광고하고, R4에서는 200으로 설정하여 광고한다. 그러면, AS 1에서는 AS 2의 네트워크가 목적지인 패킷을 수신하면 MED 값이 낮은 R2로 라우팅시킨다.

그림 8-4 MED를 이용한 입력 경로 조정

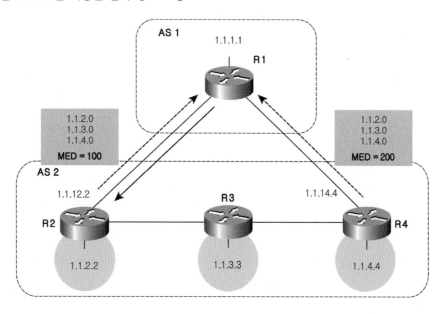

MED는 IGP에 따라서 기본 값이 변경될 수 있으므로 R2, R4에서 각각 서로 다르게 설정해 주어야
한다. R2에서는 다음과 같이 조정한다.

예제 8-70 R2에서 MED 값 조정하기

```
① R2(config)# ip as-path access-list 1 permit ^$

② R2(config)# route-map INGRESS
③ R2(config-route-map)# match as-path 1
④ R2(config-route-map)# set metric 100
   R2(config-route-map)# exit

⑤ R2(config)# router bgp 2
⑥ R2(config-router)# neighbor 1.1.12.1 route-map INGRESS out
   R2(config-router)# end

⑦ R2# clear ip bgp * soft
```

① AS 경로 액세스 리스트를 이용하여 AS 2의 네트워크를 모두 지정한다.

② 입력 정책을 위한 루트 맵 설정 모드로 들어간다.

③ 앞서 지정한 AS 경로 액세스 리스트를 부른다.

④ metric 명령어를 사용하여 MED 값을 100으로 지정한다.

⑤ BGP 설정 모드로 들어간다.

⑥ 앞서 설정한 루트 맵을 AS 1의 네이버에 적용시킨다.

⑦ 루트 맵을 설정하였으므로 경로를 리프레시한다.

R4에서는 다음과 같이 조정한다.

예제 8-71 R4에서 MED 값 조정하기

```
R4(config)# ip prefix-list AS2-NETWORK permit 1.1.2.0/24
R4(config)# ip prefix-list AS2-NETWORK permit 1.1.3.0/24
R4(config)# ip prefix-list AS2-NETWORK permit 1.1.4.0/24

R4(config)# route-map INGRESS
R4(config-route-map)# match ip address prefix-list AS2-NETWORK
R4(config-route-map)# set metric 200
R4(config-route-map)# exit

R4(config)# router bgp 2
R4(config-router)# neighbor 1.1.14.1 route-map INGRESS out
R4(config-router)# end

R4# clear ip bgp * soft
```

R4의 설정 방법도 R2와 유사하다. 다만, 대상 네트워크를 프리픽스 리스트를 이용하여 지정하였고, MED 값을 R2보다 상대적으로 높은 200으로 설정하였다. 설정 후 R1의 BGP 테이블을 보면 다음과 같이 1.1.2.0, 1.1.3.0, 1.1.4.0 네트워크의 넥스트 홉이 모두 MED(metric) 값이 100인 1.1.12.2로 되어 있다. 즉, AS 1에서 AS 2로 입력되는 패킷들은 모두 R1 - R2간의 링크로 라우팅된다.

예제 8-72 R1의 BGP 테이블

```
R1# show ip bgp
    (생략)

   Network          Next Hop         Metric  LocPrf  Weight  Path
*> 1.1.1.0/24       0.0.0.0              0            32768   i
```

*> 1.1.2.0/24	1.1.12.2	**100**	0 2 i
*	1.1.14.4	**200**	0 2 i
*> 1.1.3.0/24	1.1.12.2	**100**	0 2 i
*	1.1.14.4	**200**	0 2 i
*> 1.1.4.0/24	1.1.12.2	**100**	0 2 i
*	1.1.14.4	**200**	0 2 i

다음 테스트를 위하여 R2, R4에서 MED 값 조정을 삭제한다.

예제 8-73 기존 설정 삭제하기

```
R2(config)# router bgp 2
R2(config-router)# no neighbor 1.1.12.1 route-map INGRESS out
R2(config-router)# end
R2# clear ip bgp * soft

R4(config)# router bgp 2
R4(config-router)# no neighbor 1.1.14.1 route-map INGRESS out
R4(config-router)# end
R4# clear ip bgp * soft
```

이상으로 MED를 이용하여 입력 경로를 조정해 보았다.

AS 경로 추가를 이용한 입력 경로 조정

기본적으로 서로 다른 AS에서 광고받은 네트워크에 대해서는 MED 값을 비교하지 않는다. 따라서, 서로 다른 AS에 멀티호밍(multi-homing)되어 있을 때 입력 경로를 조정하기 위하여 AS 경로 추가 (AS-path prepending) 방법을 많이 사용한다. AS 경로 추가는 기존의 AS 경로 리스트에 임의의 AS 경로값을 추가하여 AS 경로 길이를 증가시킴으로써, BGP 경로 결정에 영향을 미치는 것을 말한다.

그림 8-5 AS 경로가 짧은 쪽으로 입력 경로가 설정된다

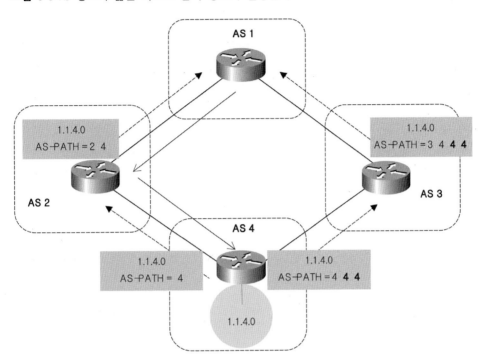

예를 들어, 앞 그림의 AS 1에서 목적지가 1.1.4.0인 패킷은 AS 2를 통하여 라우팅되게 AS 4에서 조정하려면 AS 3으로 1.1.4.0 네트워크에 대한 광고를 전송할 때 AS 경로를 몇 개 더 추가하면 된다. 그러면, AS 1에서 BGP가 라우팅 경로를 결정할 때 다른 조건이 동일하다면 목적지가 1.1.4.0인 패킷에 대해서 AS 경로가 더 짧은 AS 2를 통하는 경로를 선택한다.

추가시키는 AS 경로는 자신의 AS 번호를 사용하는 것이 안전하다. 만약, 다른 AS 번호를 추가시키면 해당 AS에서는 자신을 거쳐간 네트워크로 인식하여 라우팅 루프 방지를 위하여 해당 네트워크에 대한 BGP 광고를 폐기한다.

AS 경로 추가 기능은 앞 그림과 같이 복수개의 AS를 통하는 경우뿐만 아니라 인접한 AS에 대해서 입력 경로를 결정할 때도 많이 사용된다. 다음 그림과 같이 AS 경로 추가기능을 이용하여 AS 1에서 AS 2로 라우팅되는 경로를 R1 - R2간의 링크로 설정해 보자.

그림 8-6 AS 경로 추가를 이용한 입력 경로 조정

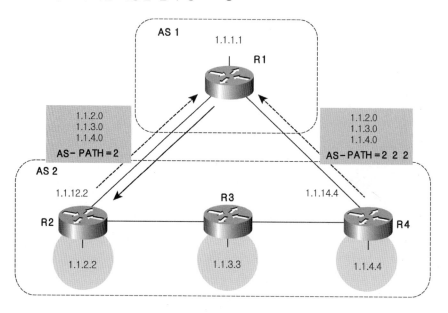

R2에서는 별도의 설정을 하지 않고, R4에서만 다음과 같이 AS 번호를 몇 개 더 추가한다.

예제 8-74 R4에서 AS 경로 추가 설정하기

```
R4(config)# ip prefix-list AS2-NETWORK permit 1.1.2.0/24
R4(config)# ip prefix-list AS2-NETWORK permit 1.1.3.0/24
R4(config)# ip prefix-list AS2-NETWORK permit 1.1.4.0/24

R4(config)# route-map MORE-AS
R4(config-route-map)# match ip address prefix-list AS2-NETWORK
R4(config-route-map)# set as-path prepend 2 2
R4(config-route-map)# exit

R4(config)# router bgp 2
R4(config-router)# neighbor 1.1.14.1 route-map MORE-AS out
R4(config-router)# end

R4# clear ip bgp * soft
```

대상 네트워크는 앞서 설정한 프리픽스 리스트를 그대로 사용한다. 루트 맵에서 AS 경로 2를 2번

더 추가한 다음 AS 1과 연결되는 네이버에게 적용했다. 설정 후 R1의 BGP 테이블을 확인해 보면 다음과 같다.

예제 8-75 R1의 BGP 테이블

```
R1# show ip bgp
    (생략)
    Network          Next Hop          Metric  LocPrf Weight Path
 *> 1.1.1.0/24       0.0.0.0              0            32768 i
 *> 1.1.2.0/24       1.1.12.2             0                0 2 i
 *                   1.1.14.4                              0 2 2 2 i
 *> 1.1.3.0/24       1.1.12.2                              0 2 i
 *                   1.1.14.4                              0 2 2 2 i
 *> 1.1.4.0/24       1.1.12.2                              0 2 i
 *                   1.1.14.4             0                0 2 2 2 i
```

R4에서 수신한 네트워크에 AS 번호가 더 추가되어 있다. 결과적으로 AS 1에서 AS 2로 라우팅되는 경로가 모두 AS 경로가 짧은 R1 – R2간의 링크를 사용하고 있다. 다음 테스트를 위하여 R4에서의 AS 경로 추가 설정을 삭제한다.

예제 8-76 기존 설정 삭제하기

```
R4(config)# router bgp 2
R4(config-router)# no neighbor 1.1.14.1 route-map MORE-AS out
R4(config-router)# end
R4# clear ip bgp * soft
```

이상으로 AS 경로를 추가하여 입력 경로를 조정해 보았다.

오리진 타입을 이용한 입력 경로 조정

오리진(origin) 타입을 이용한 입력 경로 조정은 특정 네트워크의 오리진 타입을 서로 다르게 하여 다른 AS의 BGP 경로 결정에 영향을 미치는 것을 말한다. AS 1에서 AS 2의 네트워크인 1.1.2.0, 1.1.3.0, 1.1.4.0로 입력되는 경로를 모두 R1 – R2간의 링크를 통하게 하려면 해당 네트워크에 대한 오리진 타입을 R2에서는 'IGP'로 설정하고, R4에서는 'INCOMPLETE'로 설정해 주면 된다.

그림 8-7 오리진 타입 변경을 이용한 입력 경로 조정

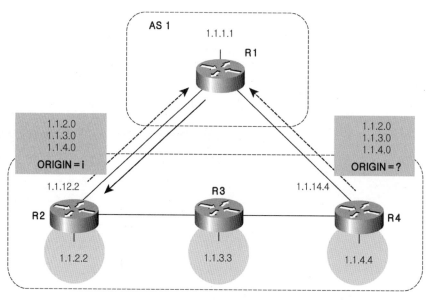

AS 2에서 네트워크를 BGP에 포함시킬 때 모두 **network** 명령어를 사용했기 때문에 모든 네트워크의 BGP 오리진 타입이 'IGP'이다. 따라서, R4에서만 오리진 타입을 'INCOMPLETE'로 조정하면 AS 1에서 BGP 경로 결정시 상대적으로 우선 순위가 높은 R2로 라우팅된다. R4의 설정은 다음과 같다.

예제 8-77 R4에서 오리진 타입 변경하기

```
R4(config)# ip prefix-list AS2-NETWORK permit 1.1.2.0/24
R4(config)# ip prefix-list AS2-NETWORK permit 1.1.3.0/24
R4(config)# ip prefix-list AS2-NETWORK permit 1.1.4.0/24

R4(config)# route-map CHANGE-ORIGIN-TYPE
R4(config-route-map)# match ip address prefix-list AS2-NETWORK
R4(config-route-map)# set origin incomplete
R4(config-route-map)# exit

R4(config)# router bgp 2
R4(config-router)# neighbor 1.1.14.1 route-map CHANGE-ORIGIN-TYPE out
```

```
R4(config-router)# end
R4# clear ip bgp * soft
```

설정 후 R1의 BGP 테이블을 확인해 보면 다음과 같다.

예제 8-78 R1의 BGP 테이블

```
R1# show ip bgp
   (생략)
   Network          Next Hop          Metric  LocPrf Weight Path
*> 1.1.1.0/24       0.0.0.0           0              32768 i
*> 1.1.2.0/24       1.1.12.2          0                 0 2 i
*                   1.1.14.4                            0 2 ?
*> 1.1.3.0/24       1.1.12.2                            0 2 i
*                   1.1.14.4                            0 2 ?
*> 1.1.4.0/24       1.1.12.2                            0 2 i
*                   1.1.14.4          0                 0 2 ?
```

R2에서 수신한 네트워크의 오리진 타입은 'i'즉, 'IGP'이고, R4에서 수신한 네트워크의 오리진 타입은 '?'즉, 'INCOMPLETE'이다. 결과적으로 AS 1에서 AS 2로 라우팅되는 경로가 모두 R1 - R2간의 링크를 사용하고 있다. 다음 테스트를 위하여 R4에서의 AS 경로 추가 설정을 삭제한다.

예제 8-79 기존 설정 삭제하기

```
R4(config)# router bgp 2
R4(config-router)# no neighbor 1.1.14.1 route-map CHANGE-ORIGIN-TYPE out
R4(config-router)# end
R4# clear ip bgp * soft
```

이상으로 오리진 타입을 이용하여 입력 경로를 조정해 보았다.

스프레스 맵을 이용한 입력 경로 조정

스프레스 맵(suppress-map)이란 축약 네트워크 정보를 전송하면서 일부 상세 네트워크를 제외하는 것을 말한다. BGP의 축약에 대해서는 다음에 상세히 설명하기로 하고, 여기서는 스프레스 맵과 관련된 사항만을 살펴보자. IGP와 달리 BGP는 축약 정보를 보내면서 상세 네트워크에 대한 광고도 동시에 보낼 수 있다. 이 때 특정 상세 네트워크 정보를 제외시키려면 스프레스 맵을 사용하면 된다.

앞서 설명한 AS 경로 추가, 오리진 타입 변경, MED 값 변경 등의 방법을 사용하여 AS 2에서 자신의 입력경로를 조정했을 때 상대 AS인 AS 1에서 웨이트나 로컬 프레퍼런스 등 더 우선 순위가 높은 방법으로 라우팅 경로를 조정하면 어쩔 수 없다. 그러나, 특정 네트워크에 대한 트래픽의 수신을 원하지 않는 링크로는 상세 네트워크에 대한 광고를 제외해버리면 상대 AS에서도 어쩔 수 없다. 다음 그림과 같이 목적지가 1.1.2.0/24인 패킷은 R2를 통하여 수신하고, 1.1.4.0/24인 패킷은 R4를 통하여 수신하려고 하는 경우를 생각해 보자. 이를 위해서 R2가 R1에게 BGP 광고를 전송할 때 축약 네트워크(1.1.0.0/16)와 상세 네트워크(1.1.2.0/24, 1.1.3.0/24)를 보내면서 특정 네트워크(1.1.4.0/24)는 제외한다. 그러면, AS 1의 라우터들은 R2를 통해서는 1.1.4.0/24 네트워크의 광고를 수신하지 못했기 때문에 목적지가 1.1.4.0/24인 패킷들은 모두 R4를 통하여 라우팅된다. 만약 R1 – R4간의 링크가 다운되면 축약 정보(1.1.0.0/16)를 이용하여 R2로 라우팅된다.

그림 8-8 스프레스 맵을 이용한 입력 경로 조정

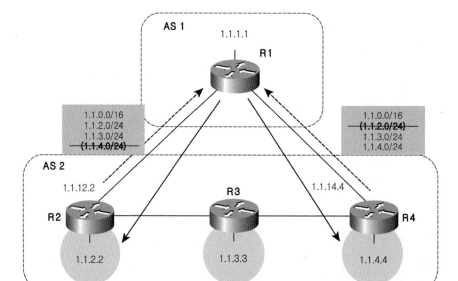

또, AS 1의 라우터들은 R4를 통해서는 1.1.2.0/24 네트워크의 광고를 수신하지 못했기 때문에 목적지가 1.1.2.0/24인 패킷들은 모두 R2를 통하여 라우팅된다. 만약 R1 – R2간의 링크가 다운되면

축약 정보(1.1.0.0/16)를 이용하여 R4로 라우팅된다. R2에서 스프레스 맵을 설정하는 방법은 다음과 같다.

예제 8-80 R2에서 스프레스 맵을 설정하기

```
① R2(config)# ip prefix-list SUPPRESS-THIS permit 1.1.4.0/24

② R2(config)# route-map NOT-SEND-THIS
③ R2(config-route-map)# match ip address prefix-list SUPPRESS-THIS
   R2(config-route-map)# exit

④ R2(config)# router bgp 2
⑤ R2(config-router)# aggregate-address 1.1.0.0 255.255.0.0 suppress-map NOT-SEND-THIS
```

① BGP 광고 전송시 차단할 네트워크를 지정한다.

② 스프레스 맵에서 사용할 루트 맵을 만든다.

③ 앞서 지정한 네트워크를 부른다.

④ BGP 설정모드로 들어간다.

⑤ 축약 명령어와 함께 suppress–map 옵션을 사용하여 스프레스 맵을 적용시킨다.

R4에서 스프레스 맵을 설정하는 방법은 다음과 같으며, R2와 유사하므로 설명은 생략한다.

예제 8-81 R4에서 스프레스 맵을 설정하기

```
R4(config)# ip prefix-list SUPPRESS-THIS permit 1.1.2.0/24

R4(config)# route-map NOT-SEND-THIS
R4(config-route-map)# match ip address prefix-list SUPPRESS-THIS
R4(config-route-map)# exit

R4(config)# router bgp 2
R4(config-router)# aggregate-address 1.1.0.0 255.255.0.0 suppress-map NOT-SEND-THIS
```

설정 후 R2에서 확인해 보면 다음과 같이 1.1.4.0/24 네트워크는 앞에 's' 표시가 되어 있다. 즉, 다른 라우터로 광고되는 것을 억제했다는 의미이다.

예제 8-82 R2의 BGP 테이블

```
R2# show ip bgp
     (생략)
     Network          Next Hop          Metric   LocPrf Weight Path
     (생략)
*>  1.1.0.0/16        0.0.0.0                             32768  i
*>  1.1.2.0/24        0.0.0.0             0               32768  i
s>i1.1.4.0/24        1.1.4.4             0       100        0  i
```

R1의 BGP 테이블은 다음과 같다. 즉, R2에서는 1.1.4.0/24 네트워크에 대한 광고를 전송하지 않기 때문에 목적지가 1.1.4.0/24인 패킷들은 모두 R4로 라우팅된다. 마찬가지로 R4에서는 1.1.2.0/24 네트워크에 대한 광고를 전송하지 않기 때문에 목적지가 1.1.2.0/24인 패킷들은 모두 R2로 라우팅된다.

예제 8-83 R1의 BGP 테이블

```
R1# show ip bgp
     (생략)
     Network          Next Hop          Metric   LocPrf Weight Path
*   1.1.0.0/16        1.1.14.4            0                  0 2 i
*>                    1.1.12.2            0                  0 2 i
*>  1.1.1.0/24        0.0.0.0             0               32768 i
*>  1.1.2.0/24        1.1.12.2            0                  0 2 i
*>  1.1.3.0/24        1.1.12.2                               0 2 i
*                     1.1.14.4                               0 2 i
*>  1.1.4.0/24        1.1.14.4            0                  0 2 i
```

만약, 모든 네트워크를 특정한 링크를 통해서만 수신하려면 해당 링크로는 상세 네트워크 정보를 모두 전송하고, 다른 링크로는 축약 정보만 전송하면 된다. 다음 테스트를 위하여 스프레스 맵을 삭제한다.

예제 8-84 기존 설정 제거하기

```
R2(config)# router bgp 2
R2(config-router)# no aggregate-address 1.1.0.0 255.255.0.0

R4(config)# router bgp 2
R4(config-router)# no aggregate-address 1.1.0.0 255.255.0.0
```

이상으로 스프레스 맵을 이용하여 입력 경로를 조정해 보았다.

조건부 광고를 이용한 입력 경로 조정

스프레스 맵을 사용하려면 상대 AS측에서 축약된 네트워크를 차단하지 않아야 한다. 만약 사전에 축약된 프리픽스(prefix)에 대해서 허용하는 계약이 맺어져 있지 않다면 조건부 광고(conditional advertisement)를 사용하여 원하는 링크로 원하는 프리픽스 정보만 전송할 수 있다. 그러다가, 해당 링크가 다운되면 다른 링크로 동일한 프리픽스 정보를 전송하여 라우팅이 중단되지 않게 할 수 있다. 조건부 광고의 동작 원리는 다음과 같다.

그림 8-9 조건부 광고는 특정 네트워크를 감시한다

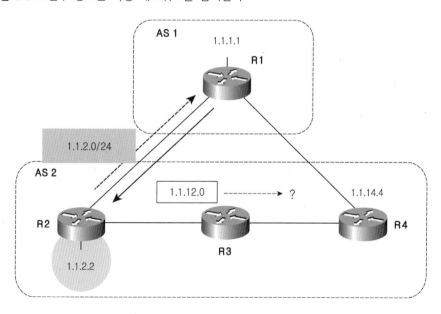

1) AS 2의 1.1.2.0/24 네트워크가 목적지인 패킷은 R2를 통하여 수신하고, R1 − R2간 링크가

다운되면 R4를 통하여 수신하고자 한다. 이를 위하여 평소에는 R4가 1.1.2.0/24 네트워크를 광고하지
않다가, R1 – R2간의 링크가 다운된 경우에만 광고한다. 이를 위해 R4는 R1 – R2간의 링크 다운시
사라질 특정 네트워크를 선택하여 감시한다. 예를 들어, R2에 설정된 1.1.12.0/24 네트워크를 감시한다.
2) R1 – R2간의 링크가 다운되면 1.1.12.0/24 네트워크가 R4로 광고되지 않는다. 그러면 R4는
1.1.2.0/24 네트워크를 AS 1으로 광고한다. 조건부 광고 설정시 감시 대상 네트워크의 선정에 유의해야
한다. 예에서와 같이 DMZ 네트워크를 감시하는 경우, AS 2에 소속된 것이라 편리하긴 하지만 R1
– R2 구간이 전용회선이 아닌 이더넷이나 ATM, 프레임 릴레이 교환망인 경우 제대로 동작하지
않는다.

DMZ 네트워크 대신 상대 AS인 AS 1의 네트워크를 감시할 수도 있다. 그러나, 이 경우 AS 1의
사정에 의해서 해당 네트워크에 대한 광고를 수신하지 못할 때에도 R1 – R2간의 링크가 다운된
것처럼 동작한다. 따라서, 상황에 따라 감시대상 네트워크를 적당하게 선택해야 한다.

그림 8-10 감시 대상 네트워크가 사라지면 특정 네트워크를 광고한다

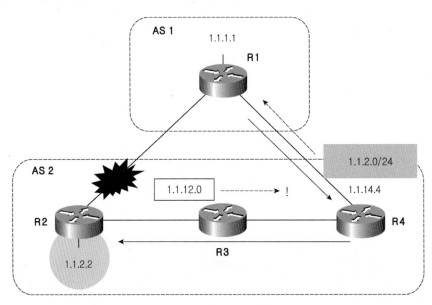

AS 2에서 조건부 광고를 설정해 보자. R2의 설정은 다음과 같다.

예제 8-85 감시대상 네트워크를 BGP에 포함시키기

```
① R2(config)# ip prefix-list EXCEPT-DMZ deny 1.1.12.0/24
① R2(config)# ip prefix-list EXCEPT-DMZ permit 0.0.0.0/0 le 32

  R2(config)# router bgp 2
② R2(config-router)# neighbor 1.1.12.1 prefix-list EXCEPT-DMZ out
  R2(config-router)# network 1.1.2.0 mask 255.255.255.0
③ R2(config-router)# network 1.1.12.0 mask 255.255.255.0
```

① AS 1로 BGP 광고 전송시 감시 대상 네트워크인 1.1.12.0/24를 제외하는 프리픽스 리스트를 만든다.

② 앞서 만든 프리픽스 리스트를 AS 1에 소속된 R1에게 적용한다.

③ R4가 1.1.12.0/24 네트워크를 감시할 수 있도록 network 명령어를 사용하여 BGP에 포함시킨다. R4의 설정은 다음과 같다.

예제 8-86 R4에서 조건부 광고 설정하기

```
① R4(config)# ip prefix-list EXCEPT-DMZ deny 1.1.12.0/24
① R4(config)# ip prefix-list EXCEPT-DMZ permit 0.0.0.0/0 le 32
③ R4(config)# ip prefix-list R2 permit 1.1.2.0/24
⑥ R4(config)# ip prefix-list DMZ permit 1.1.12.0/24

④ R4(config)# route-map SEND-R2
  R4(config-route-map)# match ip address prefix-list R2
  R4(config-route-map)# exit

⑦ R4(config)# route-map CHECK-DMZ
  R4(config-route-map)# match ip address prefix-list DMZ
  R4(config-route-map)# exit

  R4(config)# router bgp 2
② R4(config-router)# neighbor 1.1.14.1 prefix-list EXCEPT-DMZ out
  R4(config-router)# neighbor 1.1.14.1 advertise-map SEND-R2 non-exist-map CHECK-DMZ
                                       ⑤                      ⑧
```

① AS 1로 BGP 광고 전송시 감시 대상 네트워크인 1.1.12.0/24를 제외하는 프리픽스 리스트를 만든다.

② 앞서 만든 프리픽스 리스트를 AS 1에 소속된 R1에게 적용한다.

③ 감시 대상 네트워크가 BGP 테이블에서 사라지면 AS 1으로 전송할 네트워크(R2의 1.1.2.0/24)를
프리픽스 리스트를 이용하여 지정한다.

④ 앞서 만든 프리픽스 리스트를 루트 맵으로 다시 지정한다.

⑤ 앞서 만든 루트 맵을 BGP 설정모드에서 **neighbor** 명령어와 함께 **advertise-map** 옵션을 사용하여
R1(1.1.14.1)에게 적용한다. 즉, 감시 대상 네트워크가 사라지면 1.1.2.0/24 네트워크를 R1에게 광고하
게 한다.

⑥ 감시 대상 네트워크를 지정하는 프리픽스 리스트를 만든다.

⑦ 앞서 만든 프리픽스 리스트를 루트 맵으로 다시 지정한다.

⑧ 앞서 만든 루트 맵을 BGP 설정모드에서 **neighbor** 명령어와 함께 **non-exist-map** 옵션을 사용하여
R1(1.1.14.1)에게 적용한다.

설정 후 R4의 BGP 테이블을 확인하면 감시대상 네트워크인 1.1.12.0/24가 존재한다.

예제 8-87 R4의 BGP 테이블

```
R4# show ip bgp
    (생략)
    Network          Next Hop        Metric   LocPrf Weight Path
*>  1.1.1.0/24       1.1.14.1        0                   0 1 i
r>i 1.1.2.0/24       1.1.2.2         0        100        0 i
r>i 1.1.3.0/24       1.1.3.3         0        100        0 i
*>  1.1.4.0/24       0.0.0.0         0               32768 i
r>i 1.1.12.0/24      1.1.2.2         0        100        0 i
```

따라서, R4는 1.1.2.0/24을 광고하지 않고(감시 대상 네트워크가 존재하므로), R1의 BGP 테이블을
보면 다음과 같이 R2에서 광고된 1.1.2.0/24 네트워크만 있다.

예제 8-88 R1의 BGP 테이블

```
R1# show ip bgp
    (생략)
    Network          Next Hop        Metric   LocPrf Weight Path
*>  1.1.1.0/24       0.0.0.0         0               32768 i
```

*> **1.1.2.0/24**	**1.1.12.2**	0		0 2 i
*> 1.1.3.0/24	1.1.12.2			0 2 i
*	1.1.14.4			0 2 i
* 1.1.4.0/24	1.1.12.2			0 2 i
*>	1.1.14.4	0		0 2 i

R2에서 S1/0.12 인터페이스를 다운시켜 보자. 잠시 후 R4의 BGP 테이블에 1.1.12.0/24 네트워크가
사라진다.

예제 8-89 R4의 BGP 테이블

```
R4# show ip bgp
    (생략)

    Network          Next Hop         Metric  LocPrf Weight Path
*> 1.1.1.0/24        1.1.14.1         0                  0 1 i
r>i 1.1.2.0/24       1.1.2.2          0        100       0 i
r>i 1.1.3.0/24       1.1.3.3          0        100       0 i
*> 1.1.4.0/24        0.0.0.0          0              32768 i
```

감시 대상 네트워크가 BGP 테이블에서 사라졌기 때문에 R4는 1.1.2.0/24 네트워크를
R1에게 광고한다. 잠시 후 R1의 BGP 테이블을 보면 R4가 광고한 1.1.2.0/24 네트워크가
보인다.

예제 8-90 R1의 BGP 테이블

```
R1# show ip bgp
    (생략)

    Network          Next Hop         Metric  LocPrf Weight Path
*> 1.1.1.0/24        0.0.0.0          0              32768 i
*> 1.1.2.0/24        1.1.14.4                           0 2 i
*> 1.1.3.0/24        1.1.14.4                           0 2 i
*> 1.1.4.0/24        1.1.14.4         0                 0 2 i
```

R2의 S1/0.12 인터페이스를 살리면 다시 R4의 BGP 테이블에 감시대상 네트워크인 1.1.12.0/24
네트워크가 인스톨되고, R4는 1.1.2.0/24 네트워크를 광고하지 않는다. 그러면, R1은 다시 R2를

통하여 1.1.2.0/24 네트워크와 통신한다. 이상으로 BGP 입력 경로를 조정하는 방법에 대해서 살펴보았다.

출력 경로 조정

BGP 입력 경로와 마찬가지로 출력 경로도 기본적으로 회선의 속도나 네트워크 관리자의 의도와 무관하게 결정된다. 따라서, BGP 출력 경로도 적당한 방법을 사용하여 조정해야 한다. BGP 출력 경로 조정을 위해서는 주로 로컬 프레퍼런스와 웨이트 값을 조정한다.

로컬 프레퍼런스를 이용한 출력경로 조정

BGP는 광고받은 경로 중에서 다른 조건이 동일하다면 로컬 프레퍼런스(local preference) 값이 높은 경로를 선택한다. 다음 그림과 같이 AS 2에서 목적지가 AS 1의 1.1.1.0 네트워크인 패킷을 모두 R2 – R1간의 링크로 라우팅시키려면 R2가 R1에게서 광고받은 1.1.1.0 네트워크의 로컬 프레퍼런스를 R4보다 더 높게 설정하면 된다. 경우에 따라 기본값이 달라지는 MED와 달리 로컬 프레퍼런스는 기본값이 항상 100이므로 한쪽 라우터에서만 상대적으로 높거나 낮게 조정하면 된다.

그림 8-11 로컬 프레퍼런스를 이용한 출력 경로 조정

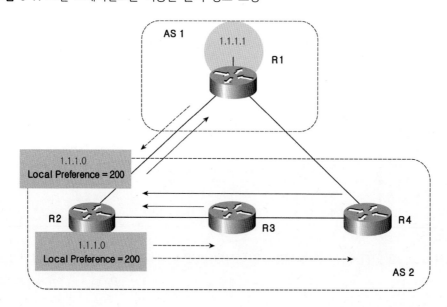

예를 들어, R2가 수신하는 1.1.1.0 네트워크의 로컬 프레퍼런스 값을 200으로 설정하여 동일 AS에 소속된 R3, R4에게 전송하면 된다. 이를 수신한 R3, R4는 로컬 프레퍼런스 값이 100인 R4를 통하는 경로보다 R2를 통하는 경로를 선택한다.

이를 위한 R2의 설정은 다음과 같다.

예제 8-91 R2에서 로컬 프레퍼런스 조정하기

```
① R2(config)# ip prefix-list R1 permit 1.1.1.0/24

② R2(config)# route-map EGRESS
③ R2(config-route-map)# match ip address prefix-list R1
④ R2(config-route-map)# set local-preference 200
   R2(config-route-map)# exit

   R2(config)# router bgp 2
⑤ R2(config-router)# neighbor 1.1.12.1 route-map EGRESS in
   R2(config-router)# end

   R2# clear ip bgp * soft
```

① 로컬 프레퍼런스를 조정할 대상을 프리픽스 리스트를 사용하여 지정하였다. 상황에 따라 AS 경로 액세스 리스트 등을 사용할 수 있다.

② 로컬 프레퍼런스를 조정할 루트 맵 설정모드로 들어간다.

③ match 명령어를 이용하여 앞서 만든 프리픽스 리스트를 불렀다.

④ set 명령어를 이용하여 로컬 프레퍼런스를 조정하였다.

⑤ 앞서 만든 루트 맵을 네이버인 R1에게 적용한다.

설정 후 각 라우터에서 1.1.1.0 네트워크에 대한 BGP 테이블의 내용을 확인해 보자. 다음과 같이 R2의 BGP 테이블을 보면 1.1.1.0 네트워크에 대한 넥스트 홉 라우터가 로컬 프레퍼런스가 200으로 설정되어 있는 R1(1.1.12.1)로 지정되어 있다.

예제 8-92 R2의 BGP 테이블

```
R2# show ip bgp 1.1.1.0
```

```
BGP routing table entry for 1.1.1.0/24, version 34
Paths: (1 available, best #1, table Default-IP-Routing-Table)
  Advertised to non peer-group peers:
  1.1.3.3
  1
    1.1.12.1 from 1.1.12.1 (1.1.1.1)
      Origin IGP, metric 0, localpref 200, valid, external, best
```

R3의 BGP 테이블에서도 1.1.1.0 네트워크에 대한 넥스트 홉 IP 주소가 로컬 프레퍼런스가 200으로 설정되어 있는 1.1.12.1로 지정되어 있다.

예제 8-93 R3의 BGP 테이블

```
R3# show ip bgp 1.1.1.0
BGP routing table entry for 1.1.1.0/24, version 33
Paths: (1 available, best #1, table Default-IP-Routing-Table)
  Advertised to peer-groups:
    R2R4
  1, (Received from a RR-client)
    1.1.12.1 (metric 128) from 1.1.2.2 (1.1.2.2)
      Origin IGP, metric 0, localpref 200, valid, internal, best
```

R4의 BGP 테이블에서도 1.1.1.0 네트워크에 대한 넥스트 홉 IP 주소가 로컬 프레퍼런스가 200으로 설정되어 있는 1.1.12.1로 지정되어 있다.

예제 8-94 R4의 BGP 테이블

```
R4# show ip bgp 1.1.1.0
BGP routing table entry for 1.1.1.0/24, version 39
Paths: (2 available, best #1, table Default-IP-Routing-Table)
  Advertised to non peer-group peers:
  1.1.14.1
  1
    1.1.12.1 (metric 192) from 1.1.3.3 (1.1.3.3)
      Origin IGP, metric 0, localpref 200, valid, internal, best
      Originator: 1.1.2.2, Cluster list: 1.1.3.3
  1
```

> 1.1.14.1 from 1.1.14.1 (1.1.1.1)
>   Origin IGP, metric 0, localpref 100, valid, external

다음과 같이 라우팅 테이블을 확인해 보아도 알 수 있다.

예제 8-95 R4의 라우팅 테이블

```
R4# show ip route
    (생략)

Gateway of last resort is not set

    3.0.0.0/24 is subnetted, 8 subnets
B       1.1.1.0 [200/0] via 1.1.12.1, 00:06:21
```

이상으로 로컬 프레퍼런스를 이용하여 출력 경로를 조정하여 보았다.

웨이트를 이용한 출력경로 조정

이번에는 다음 그림과 같이 AS 2의 R2, R3에서는 목적지가 AS 1의 1.1.1.0 네트워크인 패킷을 R2 - R1간의 링크로 라우팅시키고, R4에서는 R4 - R1간의 경로로 라우팅시켜 보자.

그림 8-12 웨이트를 이용한 출력 경로 조정

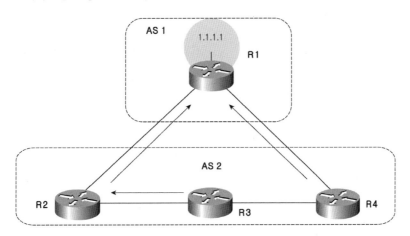

이를 위해서는 앞서처럼 R2에서 로컬 프레퍼런스를 조정한 후 R4에서는 다음과 같이 R1에 대한 웨이트를 R3보다 높게 설정하면 된다.

예제 8-96 R4에서 웨이트 조정하기

```
R4(config)# router bgp 2
R4(config-router)# neighbor 1.1.14.1 weight 1000
R4(config-router)# end
R4# clear ip bgp * soft
```

설정 후 R4의 BGP 테이블을 보면 1.1.1.0 네트워크에 대한 넥스트 홉이 1.1.14.1로 변경된다.

예제 8-97 R4의 BGP 테이블

```
R4# show ip bgp
    (생략)
    Network          Next Hop          Metric   LocPrf Weight Path
* i 1.1.1.0/24       1.1.12.1              0      200      0  1 i
*>                   1.1.14.1              0             1000  1 i
r>i 1.1.2.0/24       1.1.2.2               0      100      0  i
r>i 1.1.3.0/24       1.1.3.3               0      100      0  i
*> 1.1.4.0/24        0.0.0.0               0             32768 i
r>i 1.1.12.0/24      1.1.2.2               0      100      0  i
```

그러나, R4에서 웨이트를 사용하여 경로를 조정하였으므로, 다른 라우터인 R2와 R3의 출력 경로에는 영향을 미치지 않는다. R3의 BGP 테이블을 보면 다음과 같이 1.1.1.0 네트워크에 대한 넥스트 홉 IP가 로컬 프레퍼런스 값이 200인 1.1.12.1로 변함이 없다.

예제 8-98 R3의 BGP 테이블

```
R3# show ip bgp 1.1.1.0
BGP routing table entry for 1.1.1.0/24, version 33
Paths: (2 available, best #2, table Default-IP-Routing-Table)
  Advertised to peer-groups:
    R2R4
```

```
1, (Received from a RR-client)
  1.1.4.4 (metric 65) from 1.1.4.4 (1.1.4.4)
    Origin IGP, metric 0, localpref 100, valid, internal
1, (Received from a RR-client)
  1.1.12.1 (metric 128) from 1.1.2.2 (1.1.2.2)
    Origin IGP, metric 0, localpref 200, valid, internal, best
```

만약, R2에서 로컬 프레퍼런스 조정작업을 하지 않고 모두 R4에서 설정하려면 다음과 같이 R4의
로컬 프레퍼런스 값을 기본값인 100보다 낮게 설정하면 된다. 테스트를 위해서 R2와 R4의 설정을
삭제한다.

예제 8-99 기존 설정 제거하기

```
R2(config)# router bgp 2
R2(config-router)# no neighbor 1.1.12.1 route-map EGRESS in
R2(config-router)# end
R2# clear ip bgp * soft

R4(config)# router bgp 2
R4(config-router)# no neighbor 1.1.14.1 weight 1000
R4(config-router)# end
R4# clear ip bgp * soft
```

다시, R4에서 로컬 프레퍼런스와 웨이트를 동시에 조정한다.

예제 8-100 로컬 프레퍼런스와 웨이트를 동시에 조정하기

```
R4(config)# ip prefix-list R1 permit 1.1.1.0/24

R4(config)# route-map EGRESS
R4(config-route-map)# match ip address prefix-list R1
R4(config-route-map)# set local-preference 50
R4(config-route-map)# set weight 1000
R4(config-route-map)# exit

R4(config)# router bgp 2
R4(config-router)# neighbor 1.1.14.1 route-map EGRESS in
```

```
R4(config-router)# end

R4# clear ip bgp * soft
```

설정 후 clear ip bgp * soft 명령어를 사용하여 정책을 적용시킨 다음 R4에서 확인해 보면 다음과
같이 1.1.1.0 네트워크에 대한 넥스트 홉이 웨이트 값이 높은 1.1.14.1로 설정되어 있다.

예제 8-101 R4의 BGP 테이블

```
R4# show ip bgp 1.1.1.0
BGP routing table entry for 1.1.1.0/24, version 42
Paths: (2 available, best #2, table Default-IP-Routing-Table)
Flag: 0x800
  Advertised to non peer-group peers:
  1.1.3.3
  1
    1.1.12.1 (metric 192) from 1.1.3.3 (1.1.3.3)
      Origin IGP, metric 0, localpref 100, valid, internal
      Originator: 1.1.2.2, Cluster list: 1.1.3.3
  1
    1.1.14.1 from 1.1.14.1 (1.1.1.1)
      Origin IGP, metric 0, localpref 50, weight 1000, valid, external, best
```

R3에서 확인해 보면 다음과 같이 1.1.1.0 네트워크에 대한 넥스트 홉이 로컬 프레퍼런스 값이 높은
1.1.12.1로 설정되어 있다.

예제 8-102 R3의 BGP 테이블

```
R3# show ip bgp 1.1.1.0
BGP routing table entry for 1.1.1.0/24, version 35
Paths: (2 available, best #2, table Default-IP-Routing-Table)
  Advertised to peer-groups:
    R2R4
  1, (Received from a RR-client)
    1.1.4.4 (metric 65) from 1.1.4.4 (1.1.4.4)
      Origin IGP, metric 0, localpref 50, valid, internal
  1, (Received from a RR-client)
```

> **1.1.12.1 (metric 128) from 1.1.2.2 (1.1.2.2)**
> Origin IGP, metric 0, **localpref 100**, valid, internal, **best**

이상으로 출력 경로를 조정하는 방법에 대하여 살펴보았다.

BGP 네트워크 축약

다른 라우팅 프로토콜과 마찬가지로 BGP도 상세 네트워크 정보를 숨겨 네트워크 안정화를 꾀할 수 있다. BGP의 축약 기능은 다음과 같은 특징을 가진다.

- BGP 라우팅 설정모드에서 실행한다.
- 모든 네이버(eBGP, iBGP)에게 축약 네트워크를 전송한다.
- 축약 네트워크와 상세 네트워크를 모두 전송한다.

BGP 축약을 위한 네트워크 구성

BGP 네트워크 축약을 알아보기 위하여 다음과 같이 네트워크를 구성한다.

그림 8-13 BGP 네트워크 축약을 위한 네트워크

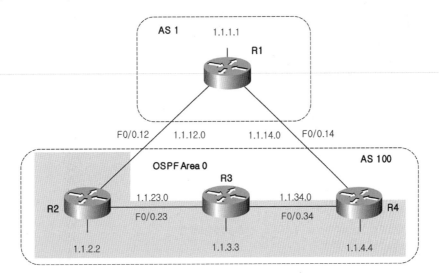

스위치에서 필요한 VLAN과 트렁킹을 설정한다.

예제 8-103 스위치 설정

```
SW1(config)# vlan 12,14,23,34
SW1(config-vlan)# exit
SW1(config)# int range f1/1 - 4
SW1(config-if-range)# switchport trunk encap dot
SW1(config-if-range)# switchport mode trunk
```

각 라우터에서 인터페이스를 설정하고 IP 주소를 부여한다.

예제 8-104 인터페이스 활성화 및 IP 주소 부여

```
R1(config)# int lo0
R1(config-if)# ip address 1.1.1.1 255.255.255.0
R1(config-if)# int f0/0
R1(config-if)# no shut
R1(config-if)# int f0/0.12
R1(config-subif)# encap dot 12
R1(config-subif)# ip address 1.1.12.1 255.255.255.0
R1(config-subif)# int f0/0.14
R1(config-subif)# encap dot 14
R1(config-subif)# ip address 1.1.14.1 255.255.255.0

R2(config)# int lo0
R2(config-if)# ip address 1.1.2.2 255.255.255.0
R2(config-if)# int f0/0
R2(config-if)# no shut
R2(config-if)# int f0/0.12
R2(config-subif)# encap dot 12
R2(config-subif)# ip address 1.1.12.2 255.255.255.0
R2(config-subif)# int f0/0.23
R2(config-subif)# encap dot 23
R2(config-subif)# ip address 1.1.23.2 255.255.255.0

R3(config)# int lo0
R3(config-if)# ip address 1.1.3.3 255.255.255.0
R3(config-if)# int f0/0
R3(config-if)# no shut
```

```
R3(config-if)# int f0/0.23
R3(config-subif)# encap dot 23
R3(config-subif)# ip address 1.1.23.3 255.255.255.0
R3(config-subif)# int f0/0.34
R3(config-subif)# encap dot 34
R3(config-subif)# ip address 1.1.34.3 255.255.255.0

R4(config)# int lo0
R4(config-if)# ip address 1.1.4.4 255.255.255.0
R4(config-if)# int f0/0
R4(config-if)# no shut
R4(config-if)# int f0/0.34
R4(config-subif)# encap dot 34
R4(config-subif)# ip address 1.1.34.4 255.255.255.0
R4(config-subif)# int f0/0.14
R4(config-subif)# encap dot 14
R4(config-subif)# ip address 1.1.14.4 255.255.255.0
```

IP 주소 설정 후 넥스트 홉 IP까지 통신을 확인하고, 다음과 같이 R2, R3, R4에서 OSPF 에어리어 0을 설정한다.

예제 8-105 OSPF 설정하기

```
R2(config)# router ospf 1
R2(config-router)# router-id 1.1.2.2
R2(config-router)# network 1.1.2.2 0.0.0.0 area 0
R2(config-router)# network 1.1.12.2 0.0.0.0 area 0
R2(config-router)# network 1.1.23.2 0.0.0.0 area 0
R2(config-router)# passive-interface f0/0.12
R2(config-router)# int lo0
R2(config-if)# ip ospf network point-to-point

R3(config)# router ospf 1
R3(config-router)# router-id 1.1.3.3
R3(config-router)# network 1.1.3.3 0.0.0.0 area 0
R3(config-router)# network 1.1.23.3 0.0.0.0 area 0
R3(config-router)# network 1.1.34.3 0.0.0.0 area 0
R3(config-router)# int lo0
R3(config-if)# ip ospf network point-to-point
```

```
R4(config)# router ospf 1
R4(config-router)# router-id 1.1.4.4
R4(config-router)# network 1.1.4.4 0.0.0.0 area 0
R4(config-router)# network 1.1.34.4 0.0.0.0 area 0
R4(config-router)# int lo0
R4(config-if)# ip ospf network point-to-point
```

OSPF 설정 후 각 라우터의 라우팅 테이블에 원격 네트워크가 정상적으로 인스톨되면 기본적인 BGP를 설정한다. AS 100에서 BGP 스플릿 호라이즌 문제는 R3을 루트 리플렉터로 설정하여 해결한다. 또, R3에서 피어그룹을 사용하여 설정한다.

예제 8-106 기본적인 BGP 설정하기

```
R1(config)# router bgp 1
R1(config-router)# bgp router-id 1.1.1.1
R1(config-router)# neighbor 1.1.12.2 remote-as 100
R1(config-router)# neighbor 1.1.14.4 remote-as 100
R1(config-router)# network 1.1.1.0 mask 255.255.255.0

R2(config)# router bgp 100
R2(config-router)# bgp router-id 1.1.2.2
R2(config-router)# neighbor 1.1.12.1 remote-as 1
R2(config-router)# neighbor 1.1.3.3 remote-as 100
R2(config-router)# neighbor 1.1.3.3 update-source loopback 0
R2(config-router)# network 1.1.2.0 mask 255.255.255.0

R3(config)# router bgp 100
R3(config-router)# bgp router-id 1.1.3.3
R3(config-router)# neighbor IBGP-PEERS peer-group
R3(config-router)# neighbor IBGP-PEERS remote-as 100
R3(config-router)# neighbor IBGP-PEERS update-source loopback 0
R3(config-router)# neighbor IBGP-PEERS route-reflector-client
R3(config-router)# neighbor 1.1.2.2 peer-group IBGP-PEERS
R3(config-router)# neighbor 1.1.4.4 peer-group IBGP-PEERS
R3(config-router)# network 1.1.3.0 mask 255.255.255.0

R4(config)# router bgp 100
R4(config-router)# bgp router-id 1.1.4.4
R4(config-router)# neighbor 1.1.14.1 remote-as 1
```

```
R4(config-router)# neighbor 1.1.3.3 remote-as 100
R4(config-router)# neighbor 1.1.3.3 update-source loopback 0
R4(config-router)# neighbor 1.1.3.3 next-hop-self
R4(config-router)# network 1.1.4.0 mask 255.255.255.0
```

이제, BGP 축약을 위한 네트워크 구성이 끝났다. AS 100에 소속된 1.1.2.0/24, 1.1.3.0/24, 1.1.4.0/24 네트워크를 하나로 축약하여 AS 1으로 전송해보자. 일반적으로 BGP 네트워크를 축약하는 방법은 BGP 설정모드에서 aggregate−address 명령어를 사용하는 방법과, 정적 경로를 사용하여 축약 네트워크를 만든 후 BGP에 포함시키는 방법이 있다.

aggregate−address 명령어를 이용한 축약

먼저, aggregate−address 명령어를 사용하여 BGP 축약을 설정해 보자. R2와 R4에서 다음과 같이 설정한다.

예제 8-107 BGP 네트워크 축약

```
R2(config)# router bgp 100
R2(config-router)# aggregate-address 1.1.0.0 255.255.0.0

R4(config)# router bgp 100
R4(config-router)# aggregate-address 1.1.0.0 255.255.0.0
```

설정 후 R2와 R4는 축약된 네트워크에 대한 광고를 R1으로 전송한다.

그림 8-14 BGP 네트워크 축약하기

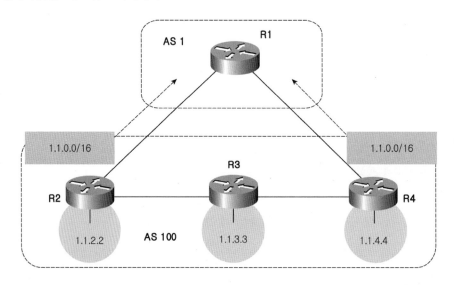

R2의 라우팅 테이블을 보면 축약된 네트워크가 인스톨되며, 게이트웨이가 null 0으로 지정되어 있다. 이것은 OSPF, EIGRP 등과 마찬가지로 축약된 네트워크에 포함된 상세 네트워크가 다운되었을 때 라우팅 루프를 방지하기 위함이다.

예제 8-108 R2의 라우팅 테이블

```
R2# show ip route bgp
    (생략)
B       1.1.0.0/16 [200/0] via 0.0.0.0, 00:02:24, Null0
B       1.1.1.0/24 [20/0] via 1.1.12.1, 01:00:58
```

R1의 BGP 테이블을 보면 R2와 R4에서 축약된 네트워크를 광고받은 것이 보인다.

예제 8-109 R1의 BGP 테이블

```
R1# show ip bgp
    (생략)
    Network         Next Hop        Metric  LocPrf Weight Path
```

* **1.1.0.0/16**	1.1.14.4	0	0 100 i	
*>	1.1.12.2	0	0 100 i	
*> 1.1.1.0/24	0.0.0.0	0	32768 i	
* 1.1.2.0/24	1.1.14.4		0 100 i	
*>	1.1.12.2	0	0 100 i	
* 1.1.3.0/24	1.1.14.4		0 100 i	
*>	1.1.12.2		0 100 i	
* 1.1.4.0/24	1.1.12.2		0 100 i	
*>	1.1.14.4	0	0 100 i	

이번에는 R3의 라우팅 테이블을 살펴보자. 다음과 같이 R3에도 축약된 네트워크가 설치되어 있다.

예제 8-110 R3의 라우팅 테이블

```
R3# show ip route bgp
    (생략)
B       1.1.0.0/16 [200/0] via 1.1.2.2, 00:15:10
B       1.1.1.0/24 [200/0] via 1.1.4.4, 01:10:22
```

R3이 동일 AS에 소속된 상세 네트워크와 축약 네트워크에 대한 정보를 이중으로 가질 필요도 없고, 오히려 라우팅 테이블과 BGP 테이블만 복잡해진다. 필요시 다음과 같이 축약된 네트워크가 AS 100 내부로 광고되는 것을 차단하면 된다.

예제 8-111 축약 네트워크 차단하기

```
R2(config)# ip prefix-list SPECIFIC-ONLY deny 1.1.0.0/16
R2(config)# ip prefix-list SPECIFIC-ONLY permit 0.0.0.0/0 le 32
R2(config)# router bgp 100
R2(config-router)# neighbor 1.1.3.3 prefix-list SPECIFIC-ONLY out
R2(config-router)# end
R2# clear ip bgp 1.1.3.3 soft

R4(config)# ip prefix-list SPECIFIC-ONLY deny 1.1.0.0/16
R4(config)# ip prefix-list SPECIFIC-ONLY permit 0.0.0.0/0 le 32
R4(config)# router bgp 100
R4(config-router)# neighbor 1.1.3.3 prefix-list SPECIFIC-ONLY out
R4(config-router)# end
```

```
R4# clear ip bgp 1.1.3.3 soft
```

설정 후 R3의 BGP 테이블 및 라우팅 테이블에 축약된 네트워크가 사라진다. R3의 라우팅 테이블은 다음과 같다.

예제 8-112 R3의 라우팅 테이블

```
R3# show ip route bgp
    (생략)
B       1.1.1.0 [200/0] via 1.1.4.4, 01:22:54
```

다음 테스트를 위하여 앞서 설정한 축약을 다음과 같이 제거한다.

예제 8-113 기존 설정 제거하기

```
R2(config)# router bgp 100
R2(config-router)# no aggregate-address 1.1.0.0 255.255.0.0

R4(config)# router bgp 100
R4(config-router)# no aggregate-address 1.1.0.0 255.255.0.0
```

이상으로 **aggregate-address** 명령어를 사용하여 BGP 축약을 설정해 보았다.

정적 경로를 이용한 축약

BGP 네트워크를 축약하는 또 다른 방법은 정적 경로를 이용하여 축약 네트워크를 만들고 이를 BGP에 포함시키는 것이다. R2에서 다음과 같이 BGP 네트워크를 축약한다.

예제 8-114 정적 경로를 이용하여 BGP 경로 축약하기

```
R2(config)# ip route 1.1.0.0 255.255.0.0 null 0
R2(config)# router bgp 100
R2(config-router)# network 1.1.0.0 mask 255.255.0.0
```

특정 네트워크를 BGP에 포함시키려면 반드시 라우팅 테이블에 해당 네트워크가 존재해야 한다. 여기서 정적 경로를 설정하는 목적은 축약 네트워크를 생성하는 것과 해당 네트워크를 라우팅 테이블에 인스톨시키는 것이다. 따라서, 정적 경로의 게이트웨이는 null 0으로 설정하였다. R4에서 다음과 같이 BGP 네트워크를 축약한다.

예제 8-115 정적 경로를 이용하여 BGP 경로 축약하기

```
R4(config)# ip route 1.1.0.0 255.255.0.0 null 0
R4(config)# router bgp 100
R4(config-router)# redistribute static
```

R4에서는 정적 경로를 BGP에 재분배하였다. 결과적으로 R1의 BGP 테이블을 보면 축약 네트워크의 넥스트 홉 라우터가 R2(1.1.12.2)로 설정된다.

예제 8-116 R1의 BGP 테이블

```
R1# show ip bgp
    (생략)

     Network          Next Hop          Metric     LocPrf Weight Path
 *   1.1.0.0/16       1.1.14.4          0                 0 100 ?
 *>                   1.1.12.2          0                 0 100 i
 *>  1.1.1.0/24       0.0.0.0           0             32768 i
 *   1.1.2.0/24       1.1.14.4                          0 100 i
 *>                   1.1.12.2          0                 0 100 i
 *   1.1.3.0/24       1.1.14.4                          0 100 i
 *>                   1.1.12.2                          0 100 i
 *   1.1.4.0/24       1.1.12.2                          0 100 i
 *>                   1.1.14.4          0                 0 100 i
```

만약 R4에서 BGP에 포함시키는 축약 네트워크의 오리진 타입도 IGP가 되게 하려면 R2처럼 **network** 명령어를 사용하거나 다음과 같이 루트 맵을 사용하여 오리진 타입을 변경시키면 된다.

예제 8-117 오리진 타입 변경하기

```
R4(config)# route-map CHANGE-ORIGIN
R4(config-route-map)# set origin igp
R4(config-route-map)# exit

R4(config)# router bgp 100
R4(config-router)# redistribute static route-map CHANGE-ORIGIN
R4(config-router)# end

R4# clear ip bgp * soft
```

설정 후 R1의 BGP 테이블을 보면 R4에서 광고한 축약 네트워크의 오리진 타입도 IGP로 변경된다.

예제 8-118 R1의 BGP 테이블

```
R1# show ip bgp 1.1.0.0
BGP routing table entry for 1.1.0.0/16, version 9
Paths: (2 available, best #2, table Default-IP-Routing-Table)
  Advertised to non peer-group peers:
  1.1.14.4
  100
    1.1.14.4 from 1.1.14.4 (1.1.4.4)
      Origin IGP, metric 0, localpref 100, valid, external
  100
    1.1.12.2 from 1.1.12.2 (1.1.2.2)
      Origin IGP, metric 0, localpref 100, valid, external, best
```

이상으로 정적 경로를 이용하여 축약 네트워크를 만들어 보았다.

축약 네트워크만 광고하기

다음 그림과 같이 R1에서 4개의 네트워크를 BGP에 포함시키고, 이를 R2에서 축약해보자. 이를 위해서 R1에서 4개의 네트워크를 BGP에 포함시킨다.

예제 8-119 네트워크 추가하기

```
R1(config)# int lo2
R1(config-if)# ip add 2.2.0.1 255.255.255.0
```

```
R1(config-if)# ip add 2.2.1.1 255.255.255.0 secondary
R1(config-if)# ip add 2.2.2.1 255.255.255.0 secondary
R1(config-if)# ip add 2.2.3.1 255.255.255.0 secondary
R1(config-if)# router bgp 1
R1(config-router)# network 2.2.0.0 mask 255.255.255.0
R1(config-router)# network 2.2.1.0 mask 255.255.255.0
R1(config-router)# network 2.2.2.0 mask 255.255.255.0
R1(config-router)# network 2.2.3.0 mask 255.255.255.0
```

잠시 후 그림과 같이 R1이 상세 네트워크를 R2로 광고한다.

그림 8-15 축약 네트워크만 전송하기

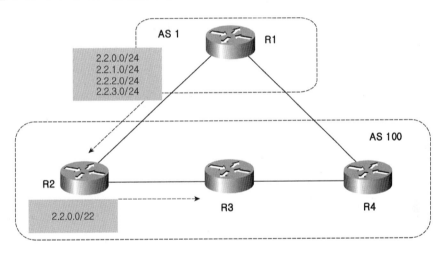

AS 1에서 수신한 상세 네트워크를 R2에서 다음과 같이 축약한다.

예제 8-120 BGP 네트워크 축약하기

```
R2(config)# router bgp 100
R2(config-router)# aggregate-address 2.2.0.0 255.255.252.0
```

iBGP 네이버인 R3의 BGP 테이블을 보면 상세 네트워크와 축약 네트워크가 모두 저장되어 있다.

예제 8-121 R3의 BGP 테이블

```
R3# show ip bgp
   (생략)
   Network          Next Hop         Metric   LocPrf Weight Path
*>i2.2.0.0/24       1.1.4.4              0       100     0 1 i
* i                 1.1.12.1             0       100     0 1 i
*>i2.2.0.0/22       1.1.2.2              0       100     0 i
*>i2.2.1.0/24       1.1.4.4              0       100     0 1 i
* i                 1.1.12.1             0       100     0 1 i
*>i2.2.2.0/24       1.1.4.4              0       100     0 1 i
* i                 1.1.12.1             0       100     0 1 i
*>i2.2.3.0/24       1.1.4.4              0       100     0 1 i
* i                 1.1.12.1             0       100     0 1 i
*>i1.1.1.0/24       1.1.4.4              0       100     0 1 i
* i                 1.1.12.1             0       100     0 1 i
r>i1.1.2.0/24       1.1.2.2              0       100     0 i
*> 1.1.3.0/24       0.0.0.0              0            32768 i
r>i1.1.4.0/24       1.1.4.4              0       100     0 i
```

그러나, 다음과 같이 축약 설정시 summary-only 옵션을 사용하면 축약된 네트워크만 전송된다.

예제 8-122 축약시 `summary-only` 옵션 사용하기

```
R2(config)# router bgp 100
R2(config-router)# aggregate-address 2.2.0.0 255.255.252.0 summary-only
```

설정 후 R2의 BGP 테이블을 보면 상세 네트워크 앞에는 s(suppressed) 표시가 되어 있다. 이것은 summary-only 옵션을 사용했기 때문에 상세 네트워크는 모두 광고 전송을 억제(suppress)했다는 의미이다.

예제 8-123 R2의 BGP 테이블

```
R2# show ip bgp
   (생략)
   Network          Next Hop         Metric   LocPrf Weight Path
s i2.2.0.0/24       1.1.4.4              0       100     0 1 i
s>                  1.1.12.1             0               0 1 i
```

```
*> 2.2.0.0/22        0.0.0.0                        32768 i
 s i2.2.1.0/24       1.1.4.4          0      100       0 1 i
 s>                  1.1.12.1         0                0 1 i
 s i2.2.2.0/24       1.1.4.4          0      100       0 1 i
 s>                  1.1.12.1         0                0 1 i
 s i2.2.3.0/24       1.1.4.4          0      100       0 1 i
 s>                  1.1.12.1         0                0 1 i
 * i1.1.1.0/24       1.1.4.4          0      100       0 1 i
 *>                  1.1.12.1         0                0 1 i
 *> 1.1.2.0/24       0.0.0.0          0            32768 i
 r>i1.1.3.0/24       1.1.3.3          0      100       0 i
 r>i1.1.4.0/24       1.1.4.4          0      100       0 i
```

R3의 BGP 테이블을 확인하면 R2(1.1.2.2)에서 수신한 2.2.0.0/22 네트워크에 대한 상세 네트워크는 없고, 축약된 네트워크만 저장된다.

예제 8-124 R3의 BGP 테이블

```
R3# show ip bgp
   (생략)
   Network          Next Hop       Metric  LocPrf Weight Path
*>i 2.2.0.0/24       1.1.4.4          0      100       0 1 i
*>i 2.2.0.0/22       1.1.2.2          0      100       0 i
*>i 2.2.1.0/24       1.1.4.4          0      100       0 1 i
*>i 2.2.2.0/24       1.1.4.4          0      100       0 1 i
*>i 2.2.3.0/24       1.1.4.4          0      100       0 1 i
*>i 1.1.1.0/24       1.1.4.4          0      100       0 1 i
*  i                 1.1.12.1         0      100       0 1 i
r>i1.1.2.0/24        1.1.2.2          0      100       0 i
*> 1.1.3.0/24        0.0.0.0          0            32768 i
r>i1.1.4.0/24        1.1.4.4          0      100       0 i
```

이상으로 BGP 축약시 축약 네트워크만 광고하는 방법에 대하여 살펴보았다.

특정 상세 네트워크 알리기

summary-only 옵션을 사용하면 iBGP, eBGP 네이버 모두에게 상세 네트워크는 전송되지 않는다. 다음 그림과 같이 2.2.2.0/24 네트워크는 R2를 통하여 라우팅시키려면 이를 AS 100내의 라우터들에게 알려야 한다. 이 때 unsuppress-map 옵션을 사용하면 된다.

그림 8-16 축약 네트워크와 특정 상세 네트워크 광고하기

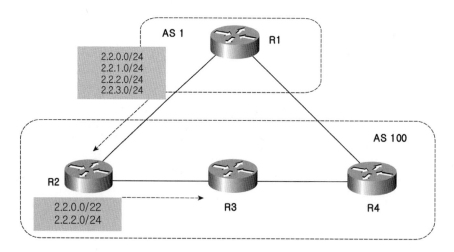

R2의 설정은 다음과 같다.

예제 8-125 unsuppress-map 옵션 사용하기

```
    R2(config)# router bgp 100
①  R2(config-router)# aggregate-address 2.2.0.0 255.255.252.0 summary-only

②  R2(config)# ip prefix-list SendThisRoute permit 2.2.2.0/24
③  R2(config)# route-map SendThisRoute
    R2(config-route-map)# match ip address prefix-list SendThisRoute
    R2(config-route-map)# exit

    R2(config)# router bgp 100
④  R2(config-router)# neighbor 1.1.3.3 unsuppress-map SendThisRoute
```

① 특정 네트워크를 축약하면서 summary-only 옵션을 사용하여 상세 네트워크의 광고를 차단한다.
② 차단된 상세 네트워크 중에서 차단을 해제하여 광고를 전송할 네트워크를 프리픽스를 이용하여
지정한다.
③ 앞서 만든 프리픽스를 루트 맵을 이용하여 부른다.

④ 앞서 만든 루트 맵을 축약 네트워크와 더불어 상세 네트워크에 대한 광고를 전송할 네이버에게 적용시킨다. 설정 후 R2에서 확인해 보면 다음과 같이 2.2.2.0/24 네트워크를 R3에게 광고한다.

예제 8-126 R2의 BGP 테이블

```
R2# show ip bgp 2.2.2.0
BGP routing table entry for 2.2.2.0/24, version 19
Paths: (1 available, best #1, table Default-IP-Routing-Table, Advertisements suppressed
by an aggregate.)
  Advertised to non peer-group peers:
  1.1.3.3
  1
    1.1.12.1 from 1.1.12.1 (1.1.1.1)
      Origin IGP, metric 0, localpref 100, valid, external, best
```

R3에서 확인해 보면 2.2.2.0 네트워크를 R2, R4에게서 모두 광고받고 있다.

예제 8-127 R3의 BGP 테이블

```
R3# show ip bgp
    (생략)
    Network         Next Hop        Metric  LocPrf Weight Path
 *  i2.2.0.0/24     1.1.14.1            0    100      0 1 i
 *>i2.2.0.0/22      1.1.2.2             0    100      0 i
 *  i2.2.1.0/24     1.1.14.1            0    100      0 1 i
 *>i2.2.2.0/24      1.1.12.1            0    100      0 1 i
 *  i               1.1.14.1            0    100      0 1 i
 *  i2.2.3.0/24     1.1.14.1            0    100      0 1 i
 *>i1.1.1.0/24      1.1.12.1            0    100      0 1 i
 *  i               1.1.14.1            0    100      0 1 I
```

이상으로 BGP 축약시 특정 상세 네트워크를 광고하는 방법에 대하여 살펴보았다.

축약 네트워크의 AS 정보 유지하기

R1의 BGP 테이블을 보면 자신이 광고한 상세 네트워크임에도 불구하고, 이 상세 네트워크를 R2가 축약한 것이 저장되어 있다.

예제 8-128 R1의 BGP 테이블

```
R1# show ip bgp
BGP table version is 10, local router ID is 1.1.1.1
Status codes: s suppressed, d damped, h history, * valid, > best, i - internal,
              r RIB-failure, S Stale
Origin codes: i - IGP, e - EGP, ? - incomplete

   Network          Next Hop          Metric  LocPrf Weight Path
*> 2.2.0.0/24       0.0.0.0              0            32768  i
*  2.2.0.0/22       1.1.14.4                              0 100 i
*>                  1.1.12.2             0                0 100 i
*> 2.2.1.0/24       0.0.0.0              0            32768  i
   (생략)
```

그 이유는 축약되면서 상세 네트워크들이 가지고 있었던 AS 경로 정보가 모두 없어졌기 때문이다. 따라서, 축약할 때 as-set 옵션을 사용하면 상세 네트워크들의 AS 경로 정보를 그대로 유지하게 된다. 결과적으로 상세 네트워크가 거쳐온 AS에서는 축약 네트워크를 저장하지 않는다. 다음과 같이 축약하면서 as-set 옵션을 사용해 보자.

예제 8-129 축약시 as-set 옵션을 사용하면 상세 네트워크들의 AS 경로 정보가 유지된다

```
R2(config)# router bgp 100
R2(config-router)# aggregate-address 2.2.0.0 255.255.252.0 as-set
```

R1의 BGP 테이블을 보면 축약 네트워크가 인스톨되지 않는다.

예제 8-130 R1의 BGP 테이블

```
R1# show ip bgp
   (생략)
   Network          Next Hop          Metric  LocPrf Weight Path
*> 2.2.0.0/24       0.0.0.0              0            32768  i
*> 2.2.1.0/24       0.0.0.0              0            32768  i
*> 2.2.2.0/24       0.0.0.0              0            32768  i
*> 2.2.3.0/24       0.0.0.0              0            32768  i
```

```
*>  1.1.1.0/24        0.0.0.0              0           32768 i
*   1.1.2.0/24        1.1.14.4                            0 100 i
*>                    1.1.12.2             0              0 100 i
*   1.1.3.0/24        1.1.14.4                            0 100 i
*>                    1.1.12.2                            0 100 i
*   1.1.4.0/24        1.1.14.4             0              0 100 i
*>                    1.1.12.2                            0 100 i
```

R2의 BGP 테이블을 보면 다음과 같이 축약된 네트워크에 상세 네트워크가 거쳐온 AS 번호가 기록된다.

예제 8-131 R2의 BGP 테이블

```
R2# show ip bgp
    (생략)

    Network         Next Hop          Metric   LocPrf Weight Path
s>  2.2.0.0/24      1.1.12.1             0                 0 1 i
*>  2.2.0.0/22      0.0.0.0                      100   32768 1 i
s>  2.2.1.0/24      1.1.12.1             0                 0 1 i
s>  2.2.2.0/24      1.1.12.1             0                 0 1 i
s>  2.2.3.0/24      1.1.12.1             0                 0 1 i
```

다음과 같이 R1에서 AS 경로 추가 기능을 이용하여 2.2.1.0/24 네트워크에 AS 경로를 몇 개 더
추가해보자.

예제 8-132 AS 경로 추가하기

```
R1(config)# ip prefix-list FarNetwork permit 2.2.1.0/24
R1(config)# route-map MoreAsPath
R1(config-route-map)# match ip address prefix-list FarNetwork
R1(config-route-map)# set as-path prepend 2 3 4
R1(config-route-map)# exit
R1(config)# route-map MoreAsPath 20
R1(config-route-map)# exit

R1(config)# router bgp 1
R1(config-router)# neighbor 1.1.12.2 route-map MoreAsPath out
```

설정 후 R2의 BGP 테이블을 보면 다음과 같다. 즉, 상세 네트워크가 통과한 AS 번호가 서로 다르면, 순서대로 표시할 수 없으므로 괄호 안에 쉼표를 사용하여 나열한다. 이를 AS 세트(AS set)이라고 한다.

예제 8-133 R2의 BGP 테이블

```
R2# show ip bgp
    (생략)
   Network          Next Hop           Metric   LocPrf Weight Path
s> 2.2.0.0/24       1.1.12.1           0                  0 1 i
*> 2.2.0.0/22       0.0.0.0                     100   32768 {1,2,3,4} i
s> 2.2.1.0/24       1.1.12.1           0                  0 1 2 3 4 i
s> 2.2.2.0/24       1.1.12.1           0                  0 1 i
s> 2.2.3.0/24       1.1.12.1           0                  0 1 i
```

이상으로 BGP 축약시 축약 네트워크의 AS 정보를 유지하는 방법에 대하여 살펴보았다.

BGP 디폴트 루트

ISP가 아닌 소규모의 AS라면 상세 네트워크 정보를 다 가질 필요 없이 디폴트 루트(default route)만 광고받으면 된다. BGP 디폴트 루트를 만드려면 network 0.0.0.0 명령어를 사용하거나, 재분배 또는 neighbor default-originate 명령어를 사용할 수 있다.

network 0.0.0.0을 이용한 디폴트 루트 생성

다음 네트워크의 R1에서 network 0.0.0.0 명령어를 이용하여 디폴트 루트를 설정하면 그림처럼 모든 BGP 네이버에게 전달된다.

그림 8-17 모든 네이버에게 디폴트 루트 광고하기

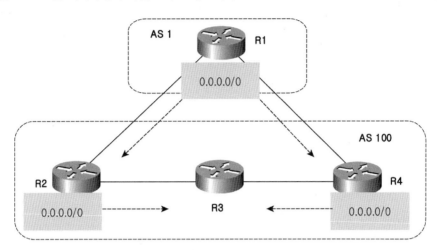

R1에서 network 0.0.0.0 명령어를 사용하여 디폴트 루트를 만드려면 다음과 같이 설정한다.

예제 8-134 network 0.0.0.0 명령어를 사용하여 디폴트 루트 생성하기

```
① R1(config)# ip route 0.0.0.0 0.0.0.0 null 0
   R1(config)# router bgp 1
② R1(config-router)# network 0.0.0.0
```

① BGP는 라우팅 테이블에 있는 네트워크만 광고한다. 따라서, 디폴트 루트(0.0.0.0/0)를 network 명령어로 BGP에 포함시키기 전에 먼저 라우팅 테이블에 저장시키기 위하여 이 명령어를 사용한다. 디폴트 루트를 이용하여 전달받은 트래픽을 다시 다른 곳으로 전하려면 null 0 인터페이스 대신 해당 네트워크로 가는 넥스트 홉을 지정하면 된다.

② 앞서 라우팅 테이블에 저장시킨 디폴트 루트를 BGP에 포함시킨다. 이렇게 설정하면 다음과 같이 모든 네이버에게 BGP를 이용한 디폴트 루트가 전송된다.

예제 8-135 R1의 BGP 테이블

```
R1# show ip bgp 0.0.0.0
BGP routing table entry for 0.0.0.0/0, version 11
Paths: (1 available, best #1, table Default-IP-Routing-Table)
```

```
Advertised to non peer-group peers:
1.1.12.2 1.1.14.4
Local
   0.0.0.0 from 0.0.0.0 (1.1.1.1)
      Origin IGP, metric 0, localpref 100, weight 32768, valid, sourced, local, best
```

R2의 라우팅 테이블은 다음과 같다. 상세 네트워크와 더불어 R1에서 수신한 디폴트 네트워크가 저장되어
있다.

예제 8-136 R2의 라우팅 테이블

```
R2# show ip route bgp
   (생략)
B      2.2.0.0/24 [20/0] via 1.1.12.1, 00:30:08
B      2.2.0.0/22 [200/0] via 0.0.0.0, 00:29:44, Null0
B      2.2.1.0/24 [20/0] via 1.1.12.1, 00:30:08
B      2.2.2.0/24 [20/0] via 1.1.12.1, 00:30:08
B      2.2.3.0/24 [20/0] via 1.1.12.1, 00:30:08
B      1.1.1.0 [20/0] via 1.1.12.1, 00:52:19
B*   0.0.0.0/0 [20/0] via 1.1.12.1, 00:02:08
```

R3의 BGP 테이블에는 다음과 같이 R2와 R4에서 수신한 디폴트 루트가 저장된다.

예제 8-137 R3의 BGP 테이블

```
R3# show ip bgp 0.0.0.0
BGP routing table entry for 0.0.0.0/0, version 18
Paths: (2 available, best #1, table Default-IP-Routing-Table)
   Advertised to peer-groups:
      R2R4
   1, (Received from a RR-client)
      1.1.4.4 (metric 65) from 1.1.4.4 (1.1.4.4)
         Origin IGP, metric 0, localpref 100, valid, internal, best
   1, (Received from a RR-client)
      1.1.12.1 (metric 128) from 1.1.2.2 (1.1.2.2)
         Origin IGP, metric 0, localpref 100, valid, internal
```

다음 테스트를 위하여 앞서 설정한 디폴트 루트를 삭제한다.

예제 8-138 기존 설정 삭제하기

```
R1(config)# no ip route 0.0.0.0 0.0.0.0 null 0
R1(config)# router bgp 1
R1(config-router)# no network 0.0.0.0
```

이상으로 network 0.0.0.0을 이용하여 디폴트 루트를 생성해 보았다.

재분배를 이용한 디폴트 루트 생성

재분배를 이용해도 BGP 네이버에게 디폴트 루트를 전달할 수 있다. R1에서 재분배를 이용하여 네이버에 게 디폴트 루트를 전달하려면 다음과 같이 설정한다.

예제 8-139 재분배를 이용한 BGP 디폴트 루트 생성

```
① R1(config)# ip route 0.0.0.0 0.0.0.0 null 0
   R1(config)# router bgp 1
② R1(config-router)# redistribute static
③ R1(config-router)# default-information originate
```

① 정적 경로를 이용하여 디폴트 루트를 만든다.

② BGP 설정모드에서 정적 경로를 재분배한다.

③ default-information originate 명령어를 이용하여 네이버들에게 디폴트 루트를 전달한다.

재분배를 이용한 방법도 network 0.0.0.0 명령어를 사용하는 것과 마찬가지로 모든 네이버에게 디폴트 루트를 전달한다. 예를 들어, R3의 BGP 테이블에서 디폴트 루트를 확인해 보면, 다음과 같다.

예제 8-140 R3의 BGP 테이블

```
R3# show ip bgp 0.0.0.0
BGP routing table entry for 0.0.0.0/0, version 35
Paths: (2 available, best #1, table Default-IP-Routing-Table)
  Advertised to peer-groups:
```

```
   R2R4
1, (Received from a RR-client)
   1.1.4.4 (metric 65) from 1.1.4.4 (1.1.4.4)
     Origin incomplete, metric 0, localpref 100, valid, internal, best
1, (Received from a RR-client)
   1.1.12.1 (metric 128) from 1.1.2.2 (1.1.2.2)
     Origin incomplete, metric 0, localpref 100, valid, internal
```

다음 테스트를 위하여 방금 설정한 디폴트 루트를 삭제한다.

예제 8-141 기존 설정 삭제하기

```
R1(config)# no ip route 0.0.0.0 0.0.0.0 null 0
R1(config)# router bgp 1
R1(config-router)# no redistribute static
R1(config-router)# no default-information originate
```

이상으로 재분배를 이용하여 BGP 디폴트 루트를 생성해 보았다.

default-originate 명령어를 이용한 디폴트 루트

network 0.0.0.0 명령어나 재분배와 달리 neighbor default-originate 명령어는 해당 네이버에게만 디폴트 루트를 만들어 보내며, 디폴트 루트를 생성하는 라우터의 라우팅 테이블에 0.0.0.0 네트워크가 저장되어 있을 필요도 없다.

그림 8-18 특정 네이버에게만 디폴트 루트 광고하기

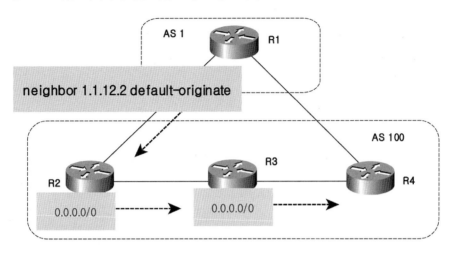

다음과 같이 R1에서 neighbor default—originate 명령어를 사용해서 R2에게만 디폴트 루트를
전달하게 해보자.

예제 8-142 neighbor default-originate 명령어를 사용한 디폴트 루트 생성

```
R1(config)# router bgp 1
R1(config-router)# neighbor 1.1.12.2 default-originate
```

설정 후 확인해 보면 R1에는 디폴트 루트가 생성되지 않는다.

예제 8-143 R1의 BGP 테이블

```
R1# show ip bgp 0.0.0.0
% Network not in table
```

그러나 R2에게는 디폴트 루트가 전달된다.

예제 8-144 R2의 BGP 테이블

R2# show ip bgp 0.0.0.0

```
BGP routing table entry for 0.0.0.0/0, version 44
Paths: (1 available, best #1, table Default-IP-Routing-Table)
  Advertised to non peer-group peers:
  1.1.3.3
  1
    1.1.12.1 from 1.1.12.1 (1.1.1.1)
      Origin IGP, localpref 100, valid, external, best
```

R4에는 R2를 거쳐 R3에게서 수신한 디폴트 루트가 저장된다.

예제 8-145 R4의 BGP 테이블

```
R4# show ip bgp 0.0.0.0
BGP routing table entry for 0.0.0.0/0, version 33
Paths: (1 available, best #1, table Default-IP-Routing-Table)
  Advertised to non peer-group peers:
  1.1.14.1
  1
    1.1.12.1 (metric 192) from 1.1.3.3 (1.1.3.3)
      Origin IGP, metric 0, localpref 100, valid, internal, best
      Originator: 1.1.2.2, Cluster list: 1.1.3.3
```

만약, R1에서 AS 100으로 BGP 디폴트 루트만 광고하려면 다음과 같이 설정한다.

예제 8-146 BGP 디폴트 루트만 광고하기

```
① R1(config)# ip prefix-list DefaultOnly permit 0.0.0.0/0
   R1(config)# router bgp 1
② R1(config-router)# neighbor 1.1.12.2 default-originate
③ R1(config-router)# neighbor 1.1.14.4 default-originate
④ R1(config-router)# neighbor 1.1.12.2 prefix-list DefaultOnly out
⑤ R1(config-router)# neighbor 1.1.14.4 prefix-list DefaultOnly out
```

① 디폴트 루트만 허용하는 프리픽스 리스트를 만든다.

② R2에게 디폴트 루트를 전송한다.

③ R4에게도 디폴트 루트를 전송한다.

④ R2에게 디폴트 루트를 제외한 나머지 네트워크에 광고 전송을 차단한다.

⑤ R4에게도 디폴트 루트를 제외한 나머지 네트워크에 광고 전송을 차단한다.

설정 후 R2의 BGP 테이블을 보면 다음과 같이 R1에게서는 디폴트 루트만 광고 된다.

예제 8-147 R2의 BGP 테이블

```
R2# show ip bgp
     (생략)
   Network          Next Hop         Metric   LocPrf Weight Path
* i 0.0.0.0          1.1.4.4              0      100      0  1 i
*>                   1.1.12.1                             0  1 i
*> 1.1.2.0/24        0.0.0.0              0           32768  i
r>i 1.1.3.0/24       1.1.3.3              0      100      0  i
r>i 1.1.4.0/24       1.1.4.4              0      100      0  i
```

R4에도 다음과 같이 R1에게서는 디폴트 루트에 대한 광고만 전송된다.

예제 8-148 R4의 BGP 테이블

```
R4# show ip bgp
     (생략)
   Network          Next Hop         Metric   LocPrf Weight Path
*> 0.0.0.0           1.1.14.1                             0  1 i
r>i 1.1.2.0/24       1.1.2.2              0      100      0  i
r>i 1.1.3.0/24       1.1.3.3              0      100      0  i
*> 1.1.4.0/24        0.0.0.0              0           32768  i
```

다음 테스트를 위하여 앞서 설정한 디폴트 루트를 삭제한다.

예제 8-149 기존 설정 제거하기

```
R1(config)# router bgp 1
R1(config-router)# no neighbor 1.1.12.2 default-originate
R1(config-router)# no neighbor 1.1.14.4 default-originate
R1(config-router)# no neighbor 1.1.12.2 prefix-list DefaultOnly out
```

R1(config-router)# **no neighbor 1.1.14.4 prefix-list DefaultOnly out**

이상으로 BGP에서 디폴트 루트를 광고하는 방법에 대하여 살펴보았다.

댐프닝

댐프닝(dampening)이란 인터페이스 등이 불안정하여 업·다운을 반복할 때 해당 네트워크에 대한 광고를 일정 기간동안 차단하는 것을 말한다. 댐프닝에는 BGP에서만 사용되는 경로 댐프닝(route dampening)과 모든 라우팅 프로토콜에 적용되는 IP 이벤트 댐프닝(IP event dampening)이 있다.

BGP 경로 댐프닝

BGP에서 특정 네트워크가 업·다운을 반복하면 전체 인터넷이 불안정해진다. 업·다운을 반복하는 외부 AS의 네트워크를 특정 시간동안 BGP로 광고되는 것을 차단하는 것을 경로 댐프닝이라고 한다. 그러나, iBGP를 통하여 수신한 외부 AS 경로는 댐프닝하지 않는다. 루트 댐프닝은 안정된 BGP 네트워크를 유지하기 위하여 사용된다.

경로 댐프닝의 메카니즘은 자동차 운전면허 벌점제와 유사하다. 네트워크가 다운될 때마다 벌점이 쌓이고, 벌점이 한도를 넘어서면 특정 기간동안 광고를 차단하며, 네트워크가 안정되면 다시 광고를 한다. 경로 댐프닝에서 사용되는 용어를 정리해 본다.

- 플랩(flap) : 경로의 상태가 업(up)에서 다운(down)으로 바뀌는 것을 플랩이라고 한다.
- 히스토리 상태(history state) : 한 번 이상의 플랩이 발생하여 벌점을 받은 상태를 말한다. BGP 테이블에서 네트워크 앞에 'h'가 표시된다.
- 벌점(penalty) : 플랩이 일어날 때 마다 부과되는 벌점을 말한다. 기본적으로 한 번 플랩이 일어나면 벌점 1000점이 부과된다.
- 댐프 상태(damp state) : 벌점이 기준을 초과하여 다른 BGP 네이버에게 해당 네트워크가 광고되지 않는 상태를 말한다.
- 차단 시작값(suppress limit) : 벌점이 이 한계를 넘어서면 댐프 상태로 들어간다. 기본적으로 2000점이 차단 시작값이다.
- 반감 주기(half-life) : 이 주기마다 벌점이 반으로 줄어든다. 기본 값이 15분이다. 벌점을 줄이는

작업은 매 5초마다 이루어진다. 즉, 15분마다 벌점을 반으로 줄이는 것이 아니라 매 5초마다 벌점을 줄여 15분이 지나면 벌점이 반으로 된다.

● 재사용 시작값(reuse limit) : 벌점이 이 한계 이하가 되면 다시 해당 네트워크를 광고한다. 기본값이 750점이다. 10초마다 재사용 한계 이하로 떨어진 네트워크를 검색하고, 해당되는 것이 있으면 광고한다.

● 최대 차단 시간(maximum suppress limit) : 아무리 벌점이 많아도 이 시간보다 더 오래 억제하지는 못하게 하는 한계를 말하며, 기본값은 반감 주기의 4배이다.

루트 댐프닝을 설정하려면 BGP 설정모드에서 다음과 같이 한다.

예제 8-150 BGP 댐프닝 옵션들

```
R2(config-router)# bgp dampening ?
①   <1-45>        Half-life time for the penalty
②   route-map   Route-map to specify criteria for dampening
③   <cr>
```

① bgp dampening 명령어 다음에 반감 주기, 재사용 시작값, 차단 시작값 및 최대 차단시간을 지정할 수 있다.

② 루트 맵을 사용하여 정밀한 댐프닝을 사용할 수 있다.

③ bgp dampening 명령어만 사용하면 기본값을 사용한 댐프닝이 설정된다.

R2에서 다음과 같이 기본값을 사용한 경로 댐프닝을 설정해 보자.

예제 8-151 기본값을 사용한 BGP 경로 댐프닝

```
R2(config-router)# bgp dampening
```

설정 후 경로 댐프닝 동작을 확인하기 위하여 다음과 같이 R1의 Lo0 인터페이스를 약간의 시간 간격을 두면서 몇 번 플래핑시켜 보자.

예제 8-152 경로 플래핑시키기

```
R1(config)# int lo0
```

```
R1(config-if)# shutdown
R1(config-if)# no shutdown
```

R2의 BGP 테이블에서 1.1.1.0 네트워크를 확인해 보면 R2가 AS 1에서 직접 수신한 경로가 댐프닝되고
있다. 댐프닝 정보(Dampinfo)에 현재 벌점이 2655점이고, 플래핑이 3번 일어났으며, 다시 플래핑이
일어나지 않으면 5분 29후에 재사용될 수 있다고 표시되어 있다.

예제 8-153 R2의 BGP 테이블

```
R2# show ip bgp 1.1.1.0
BGP routing table entry for 1.1.1.0/24, version 118
Paths: (2 available, best #1, table Default-IP-Routing-Table)
Flag: 0x820
  Advertised to non peer-group peers:
  1.1.12.1
  1
    1.1.4.4 (metric 129) from 1.1.3.3 (1.1.3.3)
      Origin IGP, metric 0, localpref 100, valid, internal, best
      Originator: 1.1.4.4, Cluster list: 1.1.3.3
  1, (suppressed due to dampening)
    1.1.12.1 from 1.1.12.1 (1.1.1.1)
      Origin IGP, metric 0, localpref 100, valid, external
      Dampinfo: penalty 2655, flapped 3 times in 00:03:45, reuse in 00:05:29
```

다음과 같이 show ip bgp dampening flap-statistics 명령어를 사용하면 현재 기록된 댐프닝 통계를
확인할 수 있다.

예제 8-154 댐프닝 통계 보기

```
R2# show ip bgp dampening flap-statistics
BGP table version is 118, local router ID is 1.1.2.2
Status codes: s suppressed, d damped, h history, * valid, > best, i - internal,
              r RIB-failure, S Stale
Origin codes: i - IGP, e - EGP, ? - incomplete

   Network          From           Flaps Duration Reuse    Path
*d 1.1.1.0/24       1.1.12.1       3     00:03:57 00:05:19  1
```

다음과 같이 show ip bgp dampening dampened-paths 명령어를 사용하면 벌점이 쌓여 다른 네이버에게 광고하지 않는 네트워크를 확인할 수 있다.

예제 8-155 댐프닝 네트워크 보기

```
R2# show ip bgp dampening dampened-paths
BGP table version is 118, local router ID is 1.1.2.2
Status codes: s suppressed, d damped, h history, * valid, > best, i - internal,
              r RIB-failure, S Stale
Origin codes: i - IGP, e - EGP, ? - incomplete

   Network           From             Reuse    Path
*d 1.1.1.0/24        1.1.12.1         00:05:09  1 i
```

R3에서 확인해보면 1.1.1.0 네트워크가 R2에서 댐프닝 되고 있어 R3으로는 광고되지 않는다.

예제 8-156 R3의 BGP 테이블

```
R3# show ip bgp 1.1.1.0
BGP routing table entry for 1.1.1.0/24, version 90
Paths: (1 available, best #1, table Default-IP-Routing-Table)
  Advertised to peer-groups:
    R2R4
  1, (Received from a RR-client)
    1.1.4.4 (metric 65) from 1.1.4.4 (1.1.4.4)
      Origin IGP, metric 0, localpref 100, valid, internal, best
```

다음과 같이 clear ip bgp dampening 명령어를 사용하면 댐프닝 관련 기록이 리셋된다.

예제 8-157 댐프닝 기록 리셋하기

```
R2# clear ip bgp dampening

R2# show ip bgp 1.1.1.0
BGP routing table entry for 1.1.1.0/24, version 119
Paths: (2 available, best #2, table Default-IP-Routing-Table)
  Advertised to non peer-group peers:
```

```
   1.1.3.3
   1
      1.1.4.4 (metric 129) from 1.1.3.3 (1.1.3.3)
         Origin IGP, metric 0, localpref 100, valid, internal
         Originator: 1.1.4.4, Cluster list: 1.1.3.3
   1
      1.1.12.1 from 1.1.12.1 (1.1.1.1)
         Origin IGP, metric 0, localpref 100, valid, external, best
```

이번에는 루트 맵을 사용하여 좀 더 정밀한 댐프닝을 설정해 보자. 예를 들어, R2에서 R1의 2.2.0.0
- 2.2.3.0 네트워크에 대해서만 댐프닝을 설정하려면 다음과 같이 한다.

예제 8-158 정밀한 BGP 댐프닝 설정하기

```
① R2(config)# ip prefix-list List1 permit 2.2.0.0/22 ge 24 le 24

② R2(config)# route-map DampeningMap
   R2(config-route-map)# match ip address prefix-list List1
   R2(config-route-map)# set dampening 5 750 2000 20
                                        ⓐ  ⓑ   ⓒ   ⓓ
   R2(config-route-map)# exit

   R2(config)# router bgp 100
③ R2(config-router)# bgp dampening route-map DampeningMap
```

① 댐프닝을 적용시키고자 하는 네트워크를 프리픽스 리스트로 지정한다.

② 앞서 지정한 네트워크에 대해서, 루트 맵을 이용하여 **set dampening** 명령어로 경로 댐프닝을
설정한다. 각 항목의 의미는 다음과 같다.

   ⓐ 벌점의 반감주기를 의미한다.

   ⓑ 재사용 시작값을 의미한다.

   ⓒ 차단 시작값을 의미한다.

   ⓓ 최대 차단 시간을 의미한다.

③ BGP 설정모드에서 댐프닝을 적용한다.

설정 후 R1에서 2.2.0.0 네트워크가 설정된 Lo2 인터페이스를 플래핑시켜 보자.

예제 8-159 경로 플래핑시키기

```
R1(config)# int lo2
R1(config-if)# shutdown
R1(config-if)# no shutdown
```

다음과 같이 R2에서 show ip bgp dampening flap-statistics 명령어를 사용하여 확인해 보면 관련 네트워크가 댐프닝 기록을 가진다.

예제 8-160 댐프닝 통계 확인하기

```
R2# show ip bgp dampening flap-statistics
    (생략)

    Network         From          Flaps Duration Reuse   Path
*>  2.2.0.0/24      1.1.12.1       1    00:04:43          1
*>  2.2.1.0/24      1.1.12.1       1    00:04:43          1
*>  2.2.2.0/24      1.1.12.1       1    00:04:43          1
*>  2.2.3.0/24      1.1.12.1       1    00:04:43          1
```

이번에는 1.1.1.0 네트워크가 설정된 Lo0 인터페이스를 플래핑시켜 보자.

예제 8-161 경로 플래핑시키기

```
R1(config)# int lo0
R1(config-if)# shut
R1(config-if)# no shut
```

다음과 같이 1.1.1.0 네트워크에 대한 댐프닝 기록은 보이지 않는다. 즉, 1.1.1.0 네트워크는 댐프닝되지 않는다.

예제 8-162 댐프닝에서 제외된 네트워크는 댐프닝되지 않는다

```
R2# show ip bgp dampening flap-statistics
    (생략)
```

```
    Network          From          Flaps Duration Reuse    Path
*>  2.2.0.0/24       1.1.12.1      1     00:10:11          1
*>  2.2.1.0/24       1.1.12.1      1     00:10:11          1
*>  2.2.2.0/24       1.1.12.1      1     00:10:11          1
*>  2.2.3.0/24       1.1.12.1      1     00:10:11          1
```

이상으로 BGP 경로 댐프닝에 대하여 살펴보았다.

IP 이벤트 댐프닝

IP 이벤트 댐프닝(IP event dampening)은 자주 플래핑이 일어나는 불안정한 인터페이스에 대해서 라우팅 프로토콜들이 특정 기간동안 해당 인터페이스가 다운된 것으로 간주하는 것을 말한다. IP 이벤트 댐프닝은 서브 인터페이스에서도 동작하지만 설정은 메인 인터페이스에서 해야한다.

IP 이벤트 댐프닝 설정시 인터페이스 플래핑으로 인하여 벌점을 초과하면 해당 인터페이스가 동작중인 경우라도, 해당 인터페이스에 설정된 네트워크가 라우팅 테이블에서 삭제된다. 또, 해당 인터페이스를 게이트웨이로 사용하는 정적인 경로도 라우팅 테이블에서 제거된다.

IP 이벤트 댐프닝은 BGP뿐만 아니라 RIP, OSPF, EIGRP, IS-IS 및 HSRP에서도 지원된다. 인터페이스가 댐프닝되면, 라우팅 프로토콜들은 해당 인터페이스가 동작중이라도 다운된 것으로 간주하여, 해당 인터페이스를 통하여서는 네이버를 맺지 않으며, 해당 인터페이스에 설정된 네트워크를 다른 라우터에게 광고하지도 않는다. 다시 댐프닝 상태에서 벗어나면, 해당 인터페이스를 통하여 네이버도 맺고, 다른 라우터에게 네트워크도 광고한다.

IP 이벤트 댐프닝에서 사용되는 주요 용어는 BGP 경로 댐프닝과 유사하며, 다음과 같다.

- 반감 주기(half-life-period) : 이 주기마다 벌점이 반으로 줄어든다. 기본값이 15초이며, 1 - 30초 사이의 값을 가질 수 있다.

- 재사용 시작값(reuse-threshold) : 벌점이 이 한계 이하가 되면 다시 해당 네트워크를 광고한다. 기본값이 1000점이며, 1 - 20000사이의 값을 사용할 수 있다.

- 차단 시작값(suppress-threshold) : 벌점이 이 값을 넘어서면 해당 인터페이스를 댐프닝시키고, 해당 네트워크에 대한 광고를 차단한다. 기본값이 2000이며, 1 - 20000 사이의 값을 가질 수 있다.

- 최대 차단 시간(max-suppress-time) : 아무리 벌점이 많아도 이 시간보다 더 오래 차단하지는 못하게 하는 시간을 말하며, 기본값은 반감 주기의 4배이다.

- 재부팅 벌점(restart-penalty) : 라우터가 재부팅(reload)되었을 때 주어지는 벌점을 말하여, 기본값이 2000이고, 1 - 20000 사이의 값을 사용할 수 있다.

IP 이벤트 댐프닝 설정을 위하여 다음과 같이 R3의 F0/0 인터페이스에 IP 주소를 설정하고, 해당 네트워크를 OSPF 및 BGP에 포함시켜 보자.

예제 8-163 네트워크 추가하기

```
R3(config)# int f0/0
R3(config-if)# ip add 1.1.30.3 255.255.255.0
R3(config-if)# exit
R3(config-if)# router ospf 1
R3(config-router)# network 1.1.30.3 0.0.0.0 area 0
R3(config-router)# exit
R3(config)# router bgp 100
R3(config-router)# network 1.1.30.0 mask 255.255.255.0
```

IP 이벤트 댐프닝을 설정하려면 다음과 같이 인터페이스에서 dampening 명령어를 사용한다.

예제 8-164 IP 이벤트 댐프닝 설정하기

```
R3(config-if)# dampening 30 100 200 120 restart 100
                         ①   ②   ③   ④         ⑤
```

① 반감 주기를 지정한다.

② 재사용 시작값을 지정한다.

③ 차단 시작값을 지정한다.

④ 인터페이스의 최대 차단시간을 지정한다.

⑤ 라우터 재부팅시 벌점값을 지정한다.

설정 후 F0/0 인터페이스를 여러번 플래핑시킨 후, **show dampening interface** 명령어를 사용하여 결과를 보면 현재 댐프닝이 설정된 인터페이스의 수량과 댐프닝에 의해서 차단되고 있는 인터페이스의 수량을 확인해보면 다음과 같다.

예제 8-165 댐프닝 인터페이스 확인하기

```
R3# show dampening interface
1 interface is configured with dampening.
1 interface is being suppressed.
Features that are using interface dampening:
   IP Routing
```

또, show interface dampening 명령어를 사용하면 다음과 같이 현재 댐프닝되고 있는 상황을 확인할
수 있다.

예제 8-166 댐프닝 상황 확인하기

```
R3# show interface dampening
FastEthernet0/0
   Flaps Penalty    Supp ReuseTm   HalfL  ReuseV   SuppV  MaxSTm   MaxP Restart
      4     491    TRUE       68      30     100     200     120    1600     100
      ①      ②       ③        ④       ⑤       ⑥       ⑦       ⑧       ⑨      ⑩
```

① 플래핑이 일어난 횟수를 표시한다. clear counter 명령어를 사용하면 이 수치를 초기화시킬 수
있다.

② 현재 남아있는 벌점을 표시한다.

③ 이 값이 'TRUE'이면 해당 인터페이스가 댐프닝되고 있음을 의미하며, 'FALSE'이면 댐프닝에
의해 차단되지 않았음을 의미한다.

④ 이 시간이 지나면 해당 인터페이스가 댐프닝 상태에서 해제되어 재사용됨을 의미한다.

⑤ 반감 주기를 의미한다.

⑥ 인터페이스에 설정된 재사용 시작값을 의미한다.

⑦ 인터페이스에 설정된 차단 시작값을 의미한다.

⑧ 인터페이스에 설정된 최대 차단 시간을 의미한다.

⑨ 인터페이스에 설정된 최대 벌점 한도를 의미한다.

⑩ 인터페이스에 설정된 재부팅 벌점을 의미한다.

커뮤니티를 이용한 네트워크 조정

BGP의 커뮤니티 속성을 이용하면 다양한 라우팅 정책을 편리하게 적용시킬 수 있다. 통신회사(ISP, Internet Service Provider)의 인터넷 망을 구성할 때에는 커뮤니티를 사용하지 않으면 힘들 정도로 많이 사용된다.

커뮤니티 설정을 위한 네트워크 구성

커뮤니티 설정을 위해서 다음과 같이 기본 네트워크를 구성한다.

그림 8-19 커뮤니티 설정을 위한 네트워크

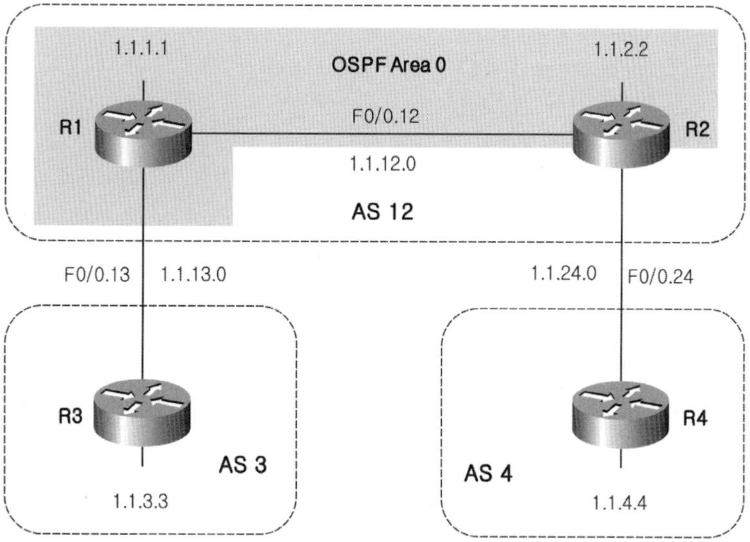

스위치에서 필요한 VLAN과 트렁킹을 설정한다.

예제 8-167 스위치 설정

```
SW1(config)# vlan 12,13,24
SW1(config-vlan)# exit
SW1(config)# int range f1/1 - 4
SW1(config-if-range)# switchport trunk encap dot
```

```
SW1(config-if-range)# switchport mode trunk
```

각 라우터에서 인터페이스를 설정하고 IP 주소를 부여하다.

예제 8-168 인터페이스 활성화 및 IP 주소 부여

```
R1(config)# int lo0
R1(config-if)# ip address 1.1.1.1 255.255.255.0
R1(config-if)# int f0/0
R1(config-if)# no shut
R1(config-if)# int f0/0.12
R1(config-subif)# encap dot 12
R1(config-subif)# ip address 1.1.12.1 255.255.255.0
R1(config-subif)# int f0/0.13
R1(config-subif)# encap dot 13
R1(config-subif)# ip address 1.1.13.1 255.255.255.0

R2(config)# int lo0
R2(config-if)# ip address 1.1.2.2 255.255.255.0
R2(config-if)# int f0/0
R2(config-if)# no shut
R2(config-if)# int f0/0.12
R2(config-subif)# encap dot 12
R2(config-subif)# ip address 1.1.12.2 255.255.255.0
R2(config-subif)# int f0/0.24
R2(config-subif)# encap dot 24
R2(config-subif)# ip address 1.1.24.2 255.255.255.0

R3(config)# int lo0
R3(config-if)# ip address 1.1.3.3 255.255.255.0
R3(config-if)# int f0/0
R3(config-if)# no shut
R3(config-if)# int f0/0.13
R3(config-subif)# encap dot 13
R3(config-subif)# ip address 1.1.13.3 255.255.255.0

R4(config)# int lo0
R4(config-if)# ip address 1.1.4.4 255.255.255.0
R4(config-if)# int f0/0
R4(config-if)# no shut
R4(config-if)# int f0/0.24
```

```
R4(config-subif)# encap dot 24
R4(config-subif)# ip address 1.1.24.4 255.255.255.0
```

설정 후 넥스트 홉 IP 주소까지 핑을 해보고, 다음처럼 R1, R2에서 OSPF 에어리어 0을 설정한다.

예제 8-169 OSPF 설정하기

```
R1(config)# router ospf 1
R1(config-router)# router-id 1.1.1.1
R1(config-router)# network 1.1.1.1 0.0.0.0 area 0
R1(config-router)# network 1.1.12.1 0.0.0.0 area 0
R1(config-router)# network 1.1.13.1 0.0.0.0 area 0
R1(config-router)# passive-interface f0/0.13
R1(config-router)# int lo0
R1(config-if)# ip ospf network point-to-point

R2(config)# router ospf 1
R2(config-router)# router-id 1.1.2.2
R2(config-router)# network 1.1.2.2 0.0.0.0 area 0
R2(config-router)# network 1.1.12.2 0.0.0.0 area 0
R2(config-router)# int lo0
R2(config-if)# ip ospf network point-to-point
```

OSPF 설정이 끝나면 각 라우터에서 다음과 같이 기본적인 BGP를 설정한다.

예제 8-170 BGP 설정하기

```
R1(config)# router bgp 12
R1(config-router)# bgp router-id 1.1.1.1
R1(config-router)# neighbor 1.1.13.3 remote-as 3
R1(config-router)# neighbor 1.1.2.2 remote-as 12
R1(config-router)# neighbor 1.1.2.2 update-source loopback 0
R1(config-router)# network 1.1.1.0 mask 255.255.255.0

R2(config)# router bgp 12
R2(config-router)# bgp router-id 1.1.2.2
R2(config-router)# neighbor 1.1.24.4 remote-as 4
R2(config-router)# neighbor 1.1.1.1 remote-as 12
```

```
R2(config-router)# neighbor 1.1.1.1 update-source loopback 0
R2(config-router)# neighbor 1.1.1.1 next-hop-self
R2(config-router)# network 1.1.2.0 mask 255.255.255.0

R3(config)# router bgp 3
R3(config-router)# bgp router-id 1.1.3.3
R3(config-router)# neighbor 1.1.13.1 remote-as 12
R3(config-router)# network 1.1.3.0 mask 255.255.255.0

R4(config)# router bgp 4
R4(config-router)# bgp router-id 1.1.4.4
R4(config-router)# neighbor 1.1.24.2 remote-as 12
R4(config-router)# network 1.1.4.0 mask 255.255.255.0
```

이상과 같이 BGP 설정이 끝났다.

커뮤니티를 설정하는 방법 및 단계는 다음과 같다.

* 네트워크의 커뮤니티 값을 설정하려면 루트 맵에서 set community 명령어를 사용한다.

* 특정 커뮤니티 값을 가진 네트워크를 지정하려면, 커뮤니티 리스트를 이용하여 해당 커뮤니티를 지정한 다음, 루트 맵에서 match community 1(커뮤니티 리스트 번호) 명령어를 사용한다.

* 특정 커뮤니티 값을 지우려면, 커뮤니티 리스트를 이용하여 해당 커뮤니티를 지정한 다음, 루트 맵에서 set comm-list 1 delete 명령어를 사용한다.

* 커뮤니티 리스트를 만드려면 전체 설정모드에서 ip community-list 명령어를 사용한다.

커뮤니티 값 설정하기

특정 네트워크에 커뮤니티 값을 설정하려면 루트 맵에서 set community 명령어를 사용한다. 루트 맵내에서 설정할 수 있는 커뮤니티 값은 다음과 같다.

예제 8-171 커뮤니티 값의 종류

```
R1(config-route-map)# set community ?
①  <1-4294967295>  community number
②  aa:nn           community number in aa:nn format
③  gshut           Graceful Shutdown (well-known community)
④  internet        Internet (well-known community)
```

⑤	local-AS	Do not send outside local AS (well-known community)
⑥	no-advertise	Do not advertise to any peer (well-known community)
⑦	no-export	Do not export to next AS (well-known community)
⑧	none	No community attribute

① 커뮤니티 값을 10진수로 설정한다.

② 커뮤니티 값을 aa:nn(aa: AS 번호, nn: 임의의 번호) 형식으로 설정한다.

③ 커뮤니티 값을 gshut으로 설정한다.

④ 커뮤니티 값을 internet으로 설정한다.

⑤ 커뮤니티 값을 local-AS로 설정한다. 커뮤니티 값이 local-AS로 설정된 네트워크는 컨페더레이션 내에서 다른 서브 AS로 광고하지 않는다.

⑥ 커뮤니티 값을 no-advertise로 설정한다. 커뮤니티 값이 no-advertise로 설정된 네트워크는 다른 BGP 네이버에게 광고하지 않는다.

⑦ 커뮤니티 값을 no-export로 설정한다. 커뮤니티 값이 no-export로 설정된 네트워크는 다른 AS로 광고하지 않는다.

⑧ none은 기존의 커뮤니티 값을 모두 삭제한다.

커뮤니티 설정을 테스트하기 위하여 다음과 같이 R3에 4개의 네트워크를 만들고 BGP에 포함시킨 다음, 해당 네트워크를 지정하는 프리픽스 리스트를 만든다.

예제 8-172 커뮤니티 설정을 위한 네트워크 지정하기

```
R3(config)# int loopback16
R3(config-if)# ip add 1.1.16.1 255.255.255.0
R3(config-if)# ip add 1.1.17.1 255.255.255.0 secondary
R3(config-if)# ip add 1.1.18.1 255.255.255.0 secondary
R3(config-if)# ip add 1.1.19.1 255.255.255.0 secondary
R3(config-if)# exit
R3(config)# router bgp 3
R3(config-router)# network 1.1.16.0 mask 255.255.255.0
R3(config-router)# network 1.1.17.0 mask 255.255.255.0
R3(config-router)# network 1.1.18.0 mask 255.255.255.0
R3(config-router)# network 1.1.19.0 mask 255.255.255.0
R3(config-router)# exit
R3(config)# ip prefix-list List16 permit 1.1.16.0/24
```

```
R3(config)# ip prefix-list List17 permit 1.1.17.0/24
R3(config)# ip prefix-list List18 permit 1.1.18.0/24
R3(config)# ip prefix-list List19 permit 1.1.19.0/24
```

다음과 같이 각 네트워크별로 커뮤니티 값을 설정해보자.

- 1.1.16.0 네트워크는 커뮤니티 값으로 3:16을 설정한다.

- 1.1.17.0 네트워크는 커뮤니티 값으로 3:16, 3:17과 internet을 설정한다.

- 1.1.18.0 네트워크는 커뮤니티 값으로 3:18과 no-advertise를 설정한다.

- 1.1.19.0 네트워크는 커뮤니티 값으로 no-export을 설정한다.

예제 8-173 커뮤니티 값 설정하기

```
R3(config)# ip bgp new-format
R3(config)# route-map Map1 10
R3(config-route-map)# match ip add prefix-list List16
R3(config-route-map)# set community 3:16
R3(config-route-map)# exit
R3(config)# route-map Map1 20
R3(config-route-map)# match ip add prefix-list List17
R3(config-route-map)# set community internet 3:16 3:17
R3(config-route-map)# exit
R3(config)# route-map Map1 30
R3(config-route-map)# match ip add prefix-list List18
R3(config-route-map)# set community no-advertise 3:18
R3(config-route-map)# exit
R3(config)# route-map Map1 40
R3(config-route-map)# match ip add prefix-list List19
R3(config-route-map)# set community no-export
R3(config-route-map)# exit
R3(config)# route-map Map1 50
R3(config-route-map)# exit

R3(config)# router bgp 3
R3(config-router)# neighbor 1.1.13.1 route-map Map1 out
R3(config-router)# neighbor 1.1.13.1 send-community
```

커뮤니티가 설정된 네트워크 광고를 수신한 R1에서 특정 커뮤니티 값을 가진 네트워크를 확인하려면 다음과 같이 한다.

예제 8-174 특정 커뮤니티 값을 가진 네트워크 확인하기

```
R1(config)# ip bgp new-format
R1(config)# end

R1# show ip bgp community ?
  aa:nn          community number
  exact-match    Exact match of the communities
  gshut          Graceful Shutdown (well-known community)
  local-AS       Do not send outside local AS (well-known community)
  no-advertise   Do not advertise to any peer (well-known community)
  no-export      Do not export to next AS (well-known community)
  |              Output modifiers
  <cr>
```

예를 들어, 커뮤니티 값이 설정된 네트워크를 모두 확인하려면 show ip bgp community 명령어를 사용한다.

예제 8-175 커뮤니티 값을 가진 모든 네트워크 확인하기

```
R1# show ip bgp community

   Network          Next Hop         Metric  LocPrf Weight Path
*> 1.1.16.0/24      1.1.13.3         0              0 3 i
*> 1.1.17.0/24      1.1.13.3         0              0 3 i
*> 1.1.18.0/24      1.1.13.3         0              0 3 i
*> 1.1.19.0/24      1.1.13.3         0              0 3 i
```

커뮤니티 값에 3:16이 포함된 네트워크를 보려면 show ip bgp community 3:16 명령어를 사용한다.

예제 8-176 커뮤니티 값 3:16을 가진 네트워크 확인하기

```
R1# show ip bgp community 3:16

   Network          Next Hop           Metric  LocPrf Weight Path
```

```
*>  1.1.16.0/24        1.1.13.3              0            0  3 i
*>  1.1.17.0/24        1.1.13.3              0            0  3 i
```

커뮤니티 값이 3:16만 설정된 네트워크를 보려면 show ip bgp community 3:16 exact-match 명령어를 사용한다.

예제 8-177 커뮤니티 값 3:16만을 가진 네트워크 확인하기

```
R1# show ip bgp community 3:16 exact-match

   Network          Next Hop           Metric  LocPrf Weight Path
*>  1.1.16.0/24      1.1.13.3                0             0  3 i
```

특정 네트워크의 커뮤니티 값을 확인하려면 다음과 같이 show ip bgp 명령어를 사용한다. 예를 들어, 1.1.17.0 네트워크의 커뮤니티 값을 확인하려면 다음과 같이 한다.

예제 8-178 R1의 BGP 테이블

```
R1# show ip bgp 1.1.17.0
BGP routing table entry for 1.1.17.0/24, version 12
Paths: (1 available, best #1, table default)
  Advertised to update-groups:
     1
  Refresh Epoch 1
  3
    1.1.13.3 from 1.1.13.3 (1.1.3.3)
      Origin IGP, metric 0, localpref 100, valid, external, best
      Community: internet 3:16 3:17
```

iBGP, eBGP 네이버를 막론하고 커뮤니티 값을 전송하려면 neighbor send-community 명령어를 사용해야 한다. 이 명령어를 사용하기 전에는 다음과 같이 R2에 커뮤니티가 설정된 네트워크가 없다.

예제 8-179 neighbor send-community 명령어를 사용하지 않으면 커뮤니티 값이 전송되지 않는다

```
R2(config)# ip bgp new-format
```

```
R2(config)# end
R2# show ip bgp community

R2#
```

다음과 같이 R1에서 neighbor send-community 명령어를 사용해 보자.

예제 8-180 neighbor send-community 명령어를 사용해야 커뮤니티 값이 전송된다

```
R1(config)# router bgp 12
R1(config-router)# neighbor 1.1.2.2 send-community
```

이제 R1에서 R2에게로 커뮤니티 값을 전송한다. 1.1.18.0 네트워크는 커뮤니티가 no-advertise여서 R1이 R2에게 전송하지 않으므로 보이지 않는다.

예제 8-181 R2에서 커뮤니티 값을 가진 네트워크 확인하기

```
R2# show ip bgp community

   Network          Next Hop         Metric  LocPrf Weight Path
*>i1.1.16.0/24      1.1.13.3             0     100      0 3 i
*>i1.1.17.0/24      1.1.13.3             0     100      0 3 i
*>i1.1.19.0/24      1.1.13.3             0     100      0 3 i
```

R4에서 커뮤니티를 확인해 보면 다음과 같다. 1.1.19.0 네트워크는 커뮤니티 값이 no-export이므로 이를 수신한 AS 12 밖으로는 전송되지 않는다. 결과적으로 R4에는 1.1.19.0 네트워크가 없다.

예제 8-182 R4에서 커뮤니티 값을 가진 네트워크 확인하기

```
R4# show ip bgp community

   Network          Next Hop         Metric  LocPrf Weight Path
*>  1.1.16.0/24     1.1.24.2                            0 12 3 i
*>  1.1.17.0/24     1.1.24.2                            0 12 3 i
```

이상으로 커뮤니티 값을 설정하고 확인해 보았다.

커뮤니티 리스트

앞서와 같이 루트 맵에서 커뮤니티 값을 설정하여 네이버에게 전송하면, 해당 네이버는 커뮤니티 값에 따라 네트워크를 조정할 수 있게된다. 이 때, no-export, no-advertise, local-as 등과 같은 웰 논 커뮤니티(well-known community)는 별도로 조정하지 않아도 그 값에 따라 동작한다. 그러나, 웰 논 커뮤니티가 아닌 것들은 커뮤니티 리스트를 사용하여 해당 커뮤니티를 지정한 다음, 루트 맵에서 match 명령어와 set 명령어를 사용하여 적당한 동작을 지정해야 한다.

커뮤니티 리스트(community-list)는 특정 커뮤니티 값을 가진 네트워크를 허용 또는 차단하기 위하여 만든다. 커뮤니티 리스트는 번호를 사용하거나 이름을 사용할 수 있으며, 표준 커뮤니티 리스트와 확장 커뮤니티 리스트가 있다.

● 표준 커뮤니티 리스트

표준 커뮤니티 리스트(standard community-list)는 1 - 99 사이의 번호를 사용하고, 선택 대상 커뮤니티를 지정할 때 사용한다. 표준 커뮤니티 리스트에서는 다음과 같이 선택 대상 커뮤니티들을 직접 지정한다.

예제 8-183 표준 커뮤니티 리스트를 이용한 커뮤니티 값 지정

```
R1(config)# ip community-list 1 permit ?
①  <1-4294967295>   community number
②  aa:nn            community number
③  gshut            Graceful Shutdown (well-known community)
④  internet         Internet (well-known community)
⑤  local-AS         Do not send outside local AS (well-known community)
⑥  no-advertise     Do not advertise to any peer (well-known community)
⑦  no-export        Do not export to next AS (well-known community)
⑧  <cr>
```

① 선택하고자 하는 커뮤니티 번호를 지정할 때 사용한다.

② 선택하고자 하는 커뮤니티 번호를 aa:nn 형식으로 지정할 때 사용한다.

③ 선택하고자 하는 커뮤니티 값이 'gshut'인 것을 지정할 때 사용한다.

④ 선택하고자 하는 커뮤니티 값이 'internet'인 것을 지정할 때 사용한다.

⑤ 선택하고자 하는 커뮤니티 값이 'local-AS'인 것을 지정할 때 사용한다.

⑥ 선택하고자 하는 커뮤니티 값이 'no-advertise'인 것을 지정할 때 사용한다.

⑦ 선택하고자 하는 커뮤니티 값이 'no-export'인 것을 지정할 때 사용한다.

⑧ permit 또는 deny 다음에 선택 대상 커뮤니티 값을 명시하지 않으면 모두 허용 또는 거부하라는 의미이다.

예를 들어, 커뮤니티 값이 3:16인 네트워크를 지정하려면 다음과 같이 설정한다.

예제 8-184 커뮤니티 값이 3:16인 네트워크를 지정하기

```
R1(config)# ip community-list 1 permit 3:16
```

● 확장 커뮤니티 리스트

확장 커뮤니티 리스트(expanded community-list)는 직접 선택 대상 커뮤니티 값을 사용할 수 있을 뿐만 아니라 레직스(regix)를 이용하여 선택하고자 하는 커뮤니티 값을 지정할 수 있으며, 100 - 500 사이의 번호를 사용한다. 예를 들어, '3:'으로 시작하는 커뮤니티 값을 모두 지정하려면 다음과 같이 설정한다.

예제 8-185 ' 3: ' 으로 시작하는 커뮤니티 값을 가진 네트워크를 모두 지정하기

```
R1(config)# ip community-list 100 permit 3:.*
```

이상으로 커뮤니티 리스트에 대하여 살펴보았다.

커뮤니티 값 지정하기

앞서와 같이 커뮤니티 리스트를 이용하여 선택하고자 하는 커뮤니티 값을 지정한 후, 루트 맵에서 다음과 같이 match community 명령어로 해당 커뮤니티 리스트값을 가지는 특정 네트워크를 허용 또는 차단하거나, 속성 값을 조정한다.

예제 8-186 루트 맵에서 특정 커뮤니티 리스트 사용하기

```
R1(config-route-map)# match community ?
  <1-99>      Community-list number (standard)
  <100-500>   Community-list number (expanded)
  WORD        Community-list name
```

예를 들어, R1에서 커뮤니티 값이 3:16인 네트워크의 로컬 프레퍼런스 값을 1000으로 설정하려면
다음과 같이 한다.

예제 8-187 커뮤니티 값이 3:16인 네트워크의 로컬 프레퍼런스 값을 1000으로 설정하기

```
R1(config)# ip community-list 1 permit 3:16

R1(config)# route-map Map2 10
R1(config-route-map)# match community 1
R1(config-route-map)# set local-preference 1000
R1(config-route-map)# exit
R1(config)# route-map Map2 20
R1(config-route-map)# exit

R1(config)# router bgp 12
R1(config-router)# neighbor 1.1.13.3 route-map Map2 in
```

설정 후 확인해 보면 다음과 같이 커뮤니티 값이 3:16인 네트워크들의 로컬 프레퍼런스 값이 1000으로
변경된다.

예제 8-188 커뮤니티 값이 3:16인 네트워크의 로컬 프레퍼런스 값이 1000으로 변경된다

```
R1# show ip bgp community 3:16

   Network          Next Hop        Metric  LocPrf Weight Path
*> 1.1.16.0/24      1.1.13.3            0    1000     0 3 i
*> 1.1.17.0/24      1.1.13.3            0    1000     0 3 i
```

이상으로 커뮤니티 값을 지정하는 방법에 대하여 살펴보았다.

커뮤니티 값 제거하기

특정 커뮤니티 값을 제거하려면 다음과 같이 제거하고자 하는 커뮤니티를 지정하는 커뮤니티 리스트를 만든 다음, 루트 맵에서 set comm-list delete 명령어를 사용한다.

예제 8-189 특정 커뮤니티 값 제거하기

```
R1(config)# ip community-list 4 permit 3:17

R1(config)# route-map DelComm
R1(config-route-map)# set comm-list 4 delete
```

지금까지 기본적인 커뮤니티 설정 방법에 대해서 살펴보았다. 다음에는 커뮤니티를 이용한 네트워크 조정방법에 대해서 알아보자.

커뮤니티를 이용한 AS 내부 정책 설정

커뮤니티를 이용하면 AS 내부에서 BGP 정책을 손쉽게 설정할 수 있다. 예를 들어, 다음 그림과 같이 ISP인 AS 12가 AS 3 및 AS 4 간의 트래픽만을 중계하기로 계약한 경우를 생각해 보자. 즉, AS 3과 AS 4는 AS 12를 통해서 상호간에 통신하며, AS 12를 통하여 다른 AS와 통신을 할 수 없다.

그림 8-20 커뮤니티 설정이 필요한 네트워크

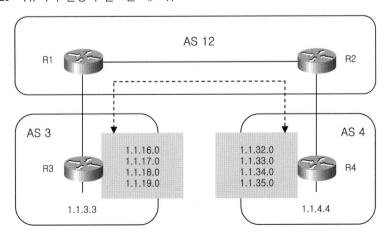

이와 같은 정책을 위해서, AS 12에서 다음과 설정한다.

- AS 3과 AS 4에서 수신하는 BGP 광고에 커뮤니티 값 12:34를 부여한다.
- AS 3과 AS 4로는 커뮤니티 값이 12:34인 BGP 광고만 전송한다.
- AS 3, AS 4가 아닌 네이버에게는 커뮤니티 값이 12:34인 BGP 광고를 차단한다.

이렇게 동작시키려면 다음 그림과 같이 AS 3과 AS 4에서 수신하는 모든 네트워크에 커뮤니티 값 12:34를 부여하고, 두 AS로 광고하는 BGP 네트워크는 커뮤니티 값이 12:34인 것으로 한정시키면 된다.

그림 8-21 커뮤니티를 사용하면 BGP 정책 설정이 간편해진다

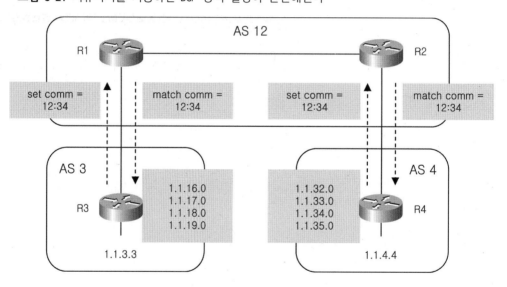

이를 위하여 R1에서 다음과 같이 설정한다.

예제 8-190 커뮤니티 값을 이용한 입력 및 출력 정책

```
① R1(config)# route-map FromAs3
   R1(config-route-map)# set community 12:34
   R1(config-route-map)# exit

② R1(config)# ip community-list 34 permit 12:34
③ R1(config)# route-map ToAs3
```

```
    R1(config-route-map)# match community 34
    R1(config-route-map)# exit

    R1(config)# router bgp 12
④  R1(config-router)# neighbor 1.1.13.3 route-map FromAs3 in
⑤  R1(config-router)# neighbor 1.1.13.3 route-map ToAs3 out
    R1(config-router)# neighbor 1.1.2.2 send-community
```

① AS 3에서 수신하는 BGP 광고에 대하여 커뮤니티 값을 12:34로 지정하는 루트 맵을 만든다.

② 선택 대상 커뮤니티 값이 12:34인 커뮤니티 리스트를 만든다.

③ 앞서 만든 커뮤니티 리스트를 이용하여 커뮤니티 값이 12:34인 네트워크를 지정하는 루트 맵을 만든다.

④ AS 3에서 수신하는 모든 네트워크에 대하여 12:34라는 커뮤니티 값을 부여한다.

⑤ AS 3으로 전송하는 네트워크는 커뮤니티 값이 12:34인 것으로 한정한다. 즉, 다음 설정에서 AS 4에서 수신하는 모든 네트워크에 대해서 커뮤니티 값 12:34를 설정하고, 이 네트워크에 대한 광고만 AS 3으로 전송되게 한다.

R2의 설정은 다음과 같다. 의미는 R1과 동일하므로 설명을 생략한다.

예제 8-191 커뮤니티 값을 이용한 입력 및 출력 정책

```
R2(config)# route-map FromAs4
R2(config-route-map)# set community 12:34
R2(config-route-map)# exit

R2(config)# ip community-list 34 permit 12:34
R2(config)# route-map ToAs4
R2(config-route-map)# match community 34
R2(config-route-map)# exit

R2(config)# router bgp 12
R2(config-router)# neighbor 1.1.24.4 route-map FromAs4 in
R2(config-router)# neighbor 1.1.24.4 route-map ToAs4 out
R2(config-router)# neighbor 1.1.1.1 send-community
```

테스트를 위해서 R4에 1.1.32.0 – 1.1.35.0 네트워크를 만들고 BGP에 포함시킨다.

예제 8-192 네트워크 추가하기

```
R4(config)# int loopback 32
R4(config-if)# ip add 1.1.32.1 255.255.255.0
R4(config-if)# ip add 1.1.33.1 255.255.255.0 secondary
R4(config-if)# ip add 1.1.34.1 255.255.255.0 secondary
R4(config-if)# ip add 1.1.35.1 255.255.255.0 secondary
R4(config-if)# router bgp 4
R4(config-router)# network 1.1.32.0 mask 255.255.255.0
R4(config-router)# network 1.1.33.0 mask 255.255.255.0
R4(config-router)# network 1.1.34.0 mask 255.255.255.0
R4(config-router)# network 1.1.35.0 mask 255.255.255.0
```

R3의 라우팅 테이블을 보면 AS 4에서 수신한 네트워크만 저장되어 있다.

예제 8-193 R3의 BGP 테이블

```
R3# show ip bgp
     (생략)

     Network          Next Hop          Metric  LocPrf  Weight  Path
*>  1.1.3.0/24       0.0.0.0               0             32768   i
*>  1.1.4.0/24       1.1.13.1                                0   12 4 i
*>  1.1.16.0/24      0.0.0.0               0             32768   i
*>  1.1.17.0/24      0.0.0.0               0             32768   i
*>  1.1.18.0/24      0.0.0.0               0             32768   i
*>  1.1.19.0/24      0.0.0.0               0             32768   i
*>  1.1.32.0/24      1.1.13.1                                0   12 4 i
*>  1.1.33.0/24      1.1.13.1                                0   12 4 i
*>  1.1.34.0/24      1.1.13.1                                0   12 4 i
*>  1.1.35.0/24      1.1.13.1                                0   12 4 i
```

R4의 라우팅 테이블에도 AS 3에서 수신한 네트워크만 저장되어 있다.

예제 8-194 R4의 BGP 테이블

```
R4# show ip bgp
     (생략)

     Network          Next Hop          Metric  LocPrf  Weight  Path
```

*> 1.1.3.0/24	1.1.24.2		0 12 **3** i	
*> 1.1.4.0/24	0.0.0.0	0	32768 i	
*> 1.1.16.0/24	1.1.24.2		0 12 **3** i	
*> 1.1.17.0/24	1.1.24.2		0 12 **3** i	
*> 1.1.18.0/24	1.1.24.2		0 12 **3** i	
*> 1.1.19.0/24	1.1.24.2		0 12 **3** i	
*> 1.1.32.0/24	0.0.0.0	0	32768 i	
*> 1.1.33.0/24	0.0.0.0	0	32768 i	
*> 1.1.34.0/24	0.0.0.0	0	32768 i	
*> 1.1.35.0/24	0.0.0.0	0	32768 i	

이상으로 커뮤니티를 이용한 AS 내부 정책 설정에 대하여 살펴보았다.

커뮤니티를 이용한 BGP 테이블 감소 및 정책 적용

커뮤니티와 축약을 동시에 사용하면 원하는 정책을 적용하면서, 동시에 다른 AS로 광고하는 BGP 테이블의 크기도 감소시킬 수 있다.

그림 8-22 커뮤니티를 사용하면 원하는 정책 구현과 동시 라우팅 테이블도 감소한다

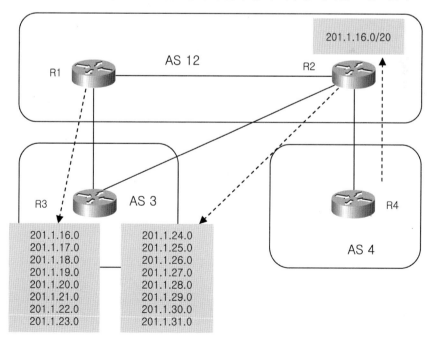

앞의 그림과 같이 AS 12에서 AS 3으로 라우팅되는 패킷중 목적지 주소가 201.1.16.0 − 201.1.23.0인 것은 R1 − R3간의 링크를 이용하고, 201.1.24.0 − 201.1.31.0인 것은 R2 − R3간의 링크를 이용하게 한다. 또, AS 12에서 AS 4로 광고를 전송할 때에는 상세 네트워크를 구분할 필요가 없으므로, 축약된 네트워크인 201.1.16.0/20만 전송하여 라우팅 테이블을 줄이는 경우를 생각해 보자.

이를 위해서는 다음 그림과 같이 AS 3에서 AS 12로는 상세 네트워크를 모두 전송하면서, 입력 정책을 위해서 MED 값을 조정한다. 그러나, 상세 네트워크에 대한 커뮤니티 값을 모두 **no-export**로 설정하면 상세 네트워크는 AS 4로는 전송되지 않는다.

그림 8-23 커뮤니티를 이용하여 라우팅 테이블을 감소시킨 예

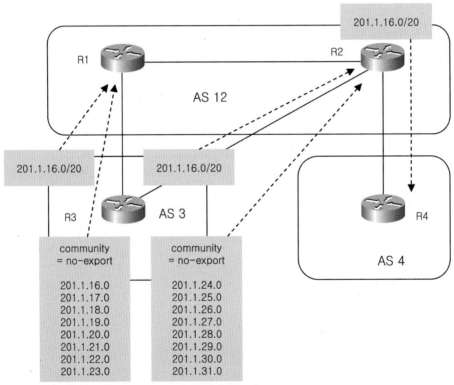

테스트를 위하여 R3에서 다음과 같이 16개의 네트워크를 만들고, 이를 BGP에 포함시킨 다음, 하나의 네트워크로 축약한다.

예제 8-195 네트워크 추가 및 축약하기

```
R3(config)# int looopback 16
R3(config-if)# ip add 201.1.16.1 255.255.255.0
R3(config-if)# ip add 201.1.17.1 255.255.255.0 secondary
R3(config-if)# ip add 201.1.18.1 255.255.255.0 secondary
R3(config-if)# ip add 201.1.19.1 255.255.255.0 secondary
R3(config-if)# ip add 201.1.20.1 255.255.255.0 secondary
R3(config-if)# ip add 201.1.21.1 255.255.255.0 secondary
R3(config-if)# ip add 201.1.22.1 255.255.255.0 secondary
R3(config-if)# ip add 201.1.23.1 255.255.255.0 secondary
R3(config-if)# exit
R3(config)# int loopback 24
R3(config-if)# ip add 201.1.24.1 255.255.255.0
R3(config-if)# ip add 201.1.25.1 255.255.255.0 secondary
R3(config-if)# ip add 201.1.26.1 255.255.255.0 secondary
R3(config-if)# ip add 201.1.27.1 255.255.255.0 secondary
R3(config-if)# ip add 201.1.28.1 255.255.255.0 secondary
R3(config-if)# ip add 201.1.29.1 255.255.255.0 secondary
R3(config-if)# ip add 201.1.30.1 255.255.255.0 secondary
R3(config-if)# ip add 201.1.31.1 255.255.255.0 secondary
R3(config-if)# exit
R3(config)# router bgp 3
R3(config-router)# network 201.1.16.0
R3(config-router)# network 201.1.17.0
R3(config-router)# network 201.1.18.0
R3(config-router)# network 201.1.19.0
R3(config-router)# network 201.1.20.0
R3(config-router)# network 201.1.21.0
R3(config-router)# network 201.1.22.0
R3(config-router)# network 201.1.23.0
R3(config-router)# network 201.1.24.0
R3(config-router)# network 201.1.25.0
R3(config-router)# network 201.1.26.0
R3(config-router)# network 201.1.27.0
R3(config-router)# network 201.1.28.0
R3(config-router)# network 201.1.29.0
R3(config-router)# network 201.1.30.0
R3(config-router)# network 201.1.31.0
R3(config-router)# aggregate-address 201.1.16.0 255.255.240.0
```

설정이 끝나면, 다음과 같이 조정한다.

예제 8-196 커뮤니티 설정 및 전송

```
①  R3(config)# ip prefix-list List1 permit 201.1.16.0/21 ge 24 le 24
②  R3(config)# ip prefix-list List2 permit 201.1.24.0/21 ge 24 le 24

③  R3(config)# route-map Map1 10
    R3(config-route-map)# match ip address prefix-list List1
    R3(config-route-map)# set metric 0
    R3(config-route-map)# set community no-export
    R3(config-route-map)# exit
④  R3(config)# route-map Map1 20
    R3(config-route-map)# match ip address prefix-list List2
    R3(config-route-map)# set metric 1000
    R3(config-route-map)# set community no-export
    R3(config-route-map)# exit
⑤  R3(config)# route-map Map1 30
    R3(config-route-map)# exit

⑥  R3(config)# route-map Map2 10
    R3(config-route-map)# match ip address prefix-list List1
    R3(config-route-map)# set metric 1000
    R3(config-route-map)# set community no-export
    R3(config-route-map)# exit
⑦  R3(config)# route-map Map2 20
    R3(config-route-map)# match ip address prefix-list List2
    R3(config-route-map)# set metric 0
    R3(config-route-map)# set community no-export
    R3(config-route-map)# exit
⑧  R3(config)# route-map Map2 30
    R3(config-route-map)# exit

    R3(config)# router bgp 3
⑨  R3(config-router)# neighbor 1.1.13.1 route-map Map1 out
    R3(config-router)# neighbor 1.1.13.1 send-community
⑩  R3(config-router)# neighbor 1.1.23.2 route-map Map2 out
    R3(config-router)# neighbor 1.1.23.2 send-community
```

① 201.1.16.0/24 – 201.1.23.0/24 네트워크 8개를 지정하는 프리픽스 리스트를 만든다.

② 201.1.24.0/24 – 201.1.31.0/24 네트워크 8개를 지정하는 프리픽스 리스트를 만든다.

③ 프리픽스 리스트 List1에 해당하는 네트워크의 MED 값을 0으로 설정하여 R1 – R3간의 링크로

수신되게 하고, 여기에 해당하는 상세 네트워크를 AS 12에서 AS 4로 전송하지 못하도록 커뮤니티

값을 **no-export**로 설정하는 루트 맵 Map1을 만든다.

④ 프리픽스 리스트 List2에 해당하는 네트워크의 MED 값을 1000으로 설정하여 R2 – R3간의 링크로 입력되게 하고, 여기에 해당하는 상세 네트워크를 AS 12에서 AS 4로 전송하지 못하도록 커뮤니티 값을 **no-export**로 설정하는 루트 맵 Map1을 만든다.

⑤ 나머지 네트워크(1.1.3.0/24, 201.1.16.0/20)는 별도의 조정없이 전송하게 하는 루트 맵 Map1을 만든다.

⑥ 프리픽스 리스트 List1에 해당하는 네트워크의 MED 값을 1000으로 설정하여 R1 – R3간의 링크로 입력되게 하고, 여기에 해당하는 상세 네트워크를 AS 12에서 AS 4로 전송하지 못하도록 커뮤니티 값을 **no-export**로 설정하는 루트 맵 Map2를 만든다.

⑦ 프리픽스 리스트 List2에 해당하는 네트워크의 MED 값을 0으로 설정하여 R2 – R3간의 링크로 입력되게 하고, 여기에 해당하는 상세 네트워크를 AS 12에서 AS 4로 전송하지 못하도록 커뮤니티 값을 **no-export**로 설정하는 루트 맵 Map2를 만든다.

⑧ 나머지 네트워크(1.1.3.0/24, 201.1.16.0/20)는 별도의 조정없이 전송하게 하는 루트 맵 Map2를 만든다.

⑨ 루트 맵 Map1을 R1로 송신하는 광고에 적용한다.

⑩ 루트 맵 Map2를 R2로 송신하는 광고에 적용한다.

R1에서도 R2에게 커뮤니티 값을 전송하도록 다음과 같이 설정한다.

예제 8-197 네이버에게 커뮤니티 값 전송하기

```
R1(config)# router bgp 12
R1(config-router)# neighbor 1.1.2.2 send-community
```

설정 후 R1에서 확인하면 다음과 같이 201.1.16.0/20에 포함되는 상세 네트워크중에서 201.1.16.0 – 201.1.23.0 네트워크는 R1 – R3 링크를 통하여 라우팅되고, 나머지는 R2 – R3 링크를 통한다.

예제 8-198 R1의 라우팅 테이블

```
R1# show ip route
    (생략)
```

```
Gateway of last resort is not set

B      201.1.20.0/24 [20/0] via 1.1.13.3, 00:17:19
B      201.1.21.0/24 [20/0] via 1.1.13.3, 00:17:20
B      201.1.22.0/24 [20/0] via 1.1.13.3, 00:17:20
B      201.1.23.0/24 [20/0] via 1.1.13.3, 00:17:20
B      201.1.16.0/24 [20/0] via 1.1.13.3, 00:18:22
B      201.1.17.0/24 [20/0] via 1.1.13.3, 00:18:24
B      201.1.18.0/24 [20/0] via 1.1.13.3, 00:18:24
B      201.1.19.0/24 [20/0] via 1.1.13.3, 00:18:24
B      201.1.28.0/24 [200/0] via 1.1.2.2, 00:07:19
B      201.1.29.0/24 [200/0] via 1.1.2.2, 00:07:19
B      201.1.30.0/24 [200/0] via 1.1.2.2, 00:07:19
B      201.1.31.0/24 [200/0] via 1.1.2.2, 00:07:19
B      201.1.24.0/24 [200/0] via 1.1.2.2, 00:07:19
B      201.1.25.0/24 [200/0] via 1.1.2.2, 00:07:19
B      201.1.26.0/24 [200/0] via 1.1.2.2, 00:07:19
B      201.1.27.0/24 [200/0] via 1.1.2.2, 00:07:19
B      201.1.16.0/20 [20/0] via 1.1.13.3, 00:16:56
       (생략)
```

그러나, R4에는 축약된 네트워크만 저장된다.

예제 8-199 R4의 라우팅 테이블

```
R4# show ip route
       (생략)


Gateway of last resort is not set

       1.0.0.0/8 is variably subnetted, 6 subnets, 2 masks
B         1.1.1.0/24 [20/0] via 1.1.24.2, 02:40:08
B         1.1.2.0/24 [20/0] via 1.1.24.2, 02:40:08
B         1.1.3.0/24 [20/0] via 1.1.24.2, 02:40:38
C         1.1.4.0/24 is directly connected, Loopback0
B         1.1.3.4/32 [20/0] via 1.1.24.2, 00:09:09
C         1.1.24.0/24 is directly connected, Serial1/0.24
B      201.1.16.0/20 [20/0] via 1.1.24.2, 00:18:50
```

이상으로 커뮤니티를 이용한 BGP 테이블 감소 및 정책 적용에 대하여 살펴보았다.

커뮤니티 값에 따른 로컬 프레퍼런스 값 조정

커뮤니티 값을 이용하여 상대 AS에서의 로컬 프레퍼런스 값을 조정할 수 있다.

1) ISP가 수신하는 BGP 광고의 커뮤니티 값이 12:100이면 로컬 프레퍼런스 값을 100으로, 12:200이면 로컬 프레퍼런스 값을 200으로, 12:300이면 로컬 프레퍼런스 값을 300으로 변경되게 설정한 다음 이를 고객들에게 알린다.

2) 고객들은 ISP에서 자신의 AS로 라우팅될 때의 경로를 조정하기 위하여 MED를 사용하지 않고, ISP가 지정한 커뮤니티 값을 이용하면, ISP에서 로컬 프레퍼런스가 변경되기 때문에 좀 더 확실한 정책을 적용시킬 수 있다.

이 방식을 사용하면 ISP에게는 다음과 같은 장점이 있다.

● BGP 출력 정책을 좀 더 강력하게 제어할 수 있다.

고객들이 설정한 MED나 AS 경로 추가에 의해서 ISP의 출력 정책이 결정되면 네트워크 보안에 심각한 영향을 끼칠 수 있다. 그러나, 사전에 지정한 커뮤니티 값에 의해서만 로컬 프레퍼런스 값을 변경하여 출력 정책을 적용하면 원하지 않는 정책으로 인한 사고를 미리 방지할 수 있다.

● 고객들을 위한 출력 정책의 설정 및 관리가 아주 간편하다.

ISP들은 고객이 많기 때문에 일일이 BGP 고객의 경로를 조정하기가 힘들다. 확장성과 관리상의 문제 때문에 대부분의 ISP들은 개별 네트워크가 아닌 AS에 기반한 로컬 프레퍼런스 조정을 한다. 이 또한, 새로운 AS가 추가될 때마다 새로운 설정을 해야 하고, 결과적으로 라우터 설정이 복잡해져서, 심각한 확장성 문제가 발생한다. 그러나, 커뮤니티를 사용하면 ISP들이 로컬 프레퍼런스를 사용하여 일일이 조정할 필요가 없어진다. ISP는 커뮤니티 값별로 미리 로컬 프레퍼런스 값을 지정한 다음 고객들에게 알리기만 하면 된다.

또, 고객들은 ISP가 자신의 특정 네트워크에 대해서 로컬 프레퍼런스 값을 조정해주기를 원하면 거기에 해당하는 커뮤니티 값만 조정하면 된다. 고객의 입장에서는 보통, 이 경우 MED 값을 사용해도 된다. 그러나, ISP에 따라 자신의 라우팅 정책을 제어할 수 있고, AS 기반보다 더 정교한 네트워크별 조정이 가능하다.

그림 8-24 커뮤니티 값에 따른 로컬 프레퍼런스 값의 변환

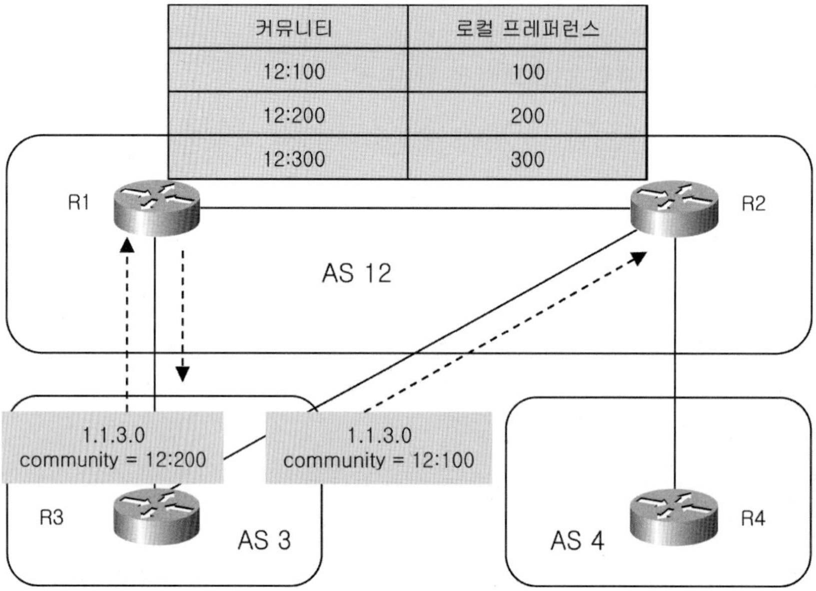

커뮤니티	로컬 프레퍼런스
12:100	100
12:200	200
12:300	300

R1의 설정은 다음과 같다.

예제 8-200 R1에서 커뮤니티 값에 따라 로컬 프레퍼런스 조정하기

```
R1(config)# ip community-list 101  permit 12:100
R1(config)# ip community-list 102  permit 12:200
R1(config)# ip community-list 103  permit 12:300

R1(config)# route-map Map123 10
R1(config-route-map)# match community 101
R1(config-route-map)# set local-preference 100
R1(config-route-map)# exit
R1(config)# route-map Map123 20
R1(config-route-map)# match community 102
R1(config-route-map)# set local-preference 200
R1(config-route-map)# exit
R1(config)# route-map Map123 30
R1(config-route-map)# match community 103
R1(config-route-map)# set local-preference 300
R1(config-route-map)# exit
R1(config)# route-map Map123 40
```

```
R1(config-route-map)# exit

R1(config)# router bgp 12
R1(config-router)# neighbor 1.1.13.3 route-map Map123 in
R1(config-router)# neighbor 1.1.2.2 send-community
```

R2의 설정은 다음과 같다.

예제 8-201 R2에서 커뮤니티 값에 따라 로컬 프레퍼런스 조정하기

```
R2(config)# ip community-list 101 permit 12:100
R2(config)# ip community-list 102 permit 12:200
R2(config)# ip community-list 103 permit 12:300

R2(config)# route-map Map123 10
R2(config-route-map)# match community 101
R2(config-route-map)# set local-preference 100
R2(config-route-map)# exit
R2(config)# route-map Map123 20
R2(config-route-map)# match community 102
R2(config-route-map)# set local-preference 200
R2(config-route-map)# exit
R2(config)# route-map Map123 30
R2(config-route-map)# set local-preference 300
R2(config-route-map)# exit
R2(config)# route-map Map123 40
R2(config-route-map)# exit

R2(config)# router bgp 12
R2(config-router)# neighbor 1.1.23.3 route-map Map123 in
R2(config-router)# neighbor 1.1.1.1 send-community
```

R3의 설정은 다음과 같다.

예제 8-202 R3에서 커뮤니티 값 설정하기

```
R3(config)# ip prefix-list List3 permit 1.1.3.0/24
```

```
R3(config)# route-map MapR1 10
R3(config-route-map)# match ip address prefix-list List3
R3(config-route-map)# set community 12:200
R3(config-route-map)# exit
R3(config)# route-map MapR1 20
R3(config-route-map)# exit

R3(config)# route-map MapR2 10
R3(config-route-map)# match ip address prefix-list List3
R3(config-route-map)# set community 12:100
R3(config-route-map)# exit
R3(config)# route-map MapR2 20
R3(config-route-map)# exit

R3(config)# router bgp 3
R3(config-router)# neighbor 1.1.13.1 route-map MapR1 out
R3(config-router)# neighbor 1.1.13.1 send-community
R3(config-router)# neighbor 1.1.23.2 route-map MapR2 out
R3(config-router)# neighbor 1.1.23.2 send-community
```

설정 후 R1에서 확인해 보면 다음과 같이 1.1.3.0 네트워크의 커뮤니티 값이 12:200이고, 로컬 프레퍼런스 값이 200으로 설정되어 있으며, R1 – R3(1.1.13.3)간의 링크를 통하여 AS 3으로 라우팅되고 있다.

예제 8-203 R1의 BGP 테이블

```
R1# show ip bgp 1.1.3.0
BGP routing table entry for 1.1.3.0/24, version 68
Paths: (1 available, best #1, table Default-IP-Routing-Table)
  Advertised to non peer-group peers:
  1.1.2.2
  3
    1.1.13.3 from 1.1.13.3 (1.1.3.3)
      Origin IGP, metric 0, localpref 200, valid, external, best
      Community: 12:200
```

R2에서 확인해 보면 다음과 같이 1.1.13.3을 통하여 수신한 1.1.3.0 네트워크의 커뮤니티 값이 12:200 이며, 로컬 프레퍼런스 값이 200으로 설정되어 있다. 또, 1.1.23.3을 통하여 수신한 1.1.3.0 네트워크의

커뮤니티 값은 12:100이고, 로컬 프레퍼런스 값이 100으로 설정되어 있다. 결과적으로 R2에서도 1.1.3.0 네트워크로 가는 패킷들이 R1 − R3(1.1.13.3)간의 링크를 통하여 AS 3으로 라우팅되고 있다.

예제 8-204 R2의 BGP 테이블

```
R2# show ip bgp 1.1.3.0
BGP routing table entry for 1.1.3.0/24, version 78
Paths: (2 available, best #1, table Default-IP-Routing-Table)
  Advertised to non peer-group peers:
  1.1.23.3 1.1.24.4
  3
    1.1.13.3 (metric 128) from 1.1.1.1 (1.1.1.1)
      Origin IGP, metric 0, localpref 200, valid, internal, best
      Community: 12:200
  3
    1.1.23.3 from 1.1.23.3 (1.1.3.3)
      Origin IGP, metric 0, localpref 100, valid, external
      Community: 12:100
```

이상으로 커뮤니티 값에 따라 로컬 프레퍼런스 값을 조정하는 방법에 대하여 살펴보았다.

BGP 부하 분산

IGP와 달리 기본적으로 BGP는 동일한 라우터에서 동일한 목적지로 가는 트래픽에 대해서 부하 분산 (load balancing)을 하지 않는다. 그러나, 경로 속성이 모두 동일한 경우, BGP 설정모드에서 **maximum−path** 명령어를 사용하면 최대 32개의 경로를 사용하여 부하를 분산시킬 수 있다. 다음과 같은 방법으로 BGP 경로의 부하를 분산시킬 수 있다.

- IGP 또는 정적 경로 이용
- maximum−path와 maximum−path ibgp 명령어 이용
- DMZ 링크 대역폭 기능 이용

BGP 경로가 부하 분산되려면 반드시 모든 속성의 값이 동일해야 한다. 즉, 웨이트, 로컬 프레퍼런스, AS 경로(AS 경로 길이뿐만 아니라 경로 값들도 동일해야 함), 오리진, MED 및 넥스트 홉까지의

IGP 메트릭 값 등이 같아야만 BGP 부하 분산이 일어난다.

BGP 부하 분산의 특징

목적지가 다르거나 서로 다른 라우터 간의 부하 분산은 앞서 공부한 BGP의 속성을 조정해야 하며, 그래도 정밀한 부하 분산은 구현하기 힘들다. 예를 들어, 다음 그림과 같이 AS 3에 소속된 서로 다른 라우터에서 AS 1의 1.1.0.0 네트워크로 가는 트래픽에 대한 부하를 분산시키려면 BGP 출력 경로 조정 방식을 사용해야 하며, 그래도 정교한 부하 분산은 불가능하다.

그림 8-25 정밀한 BGP 부하 분산이 어려운 네트워크

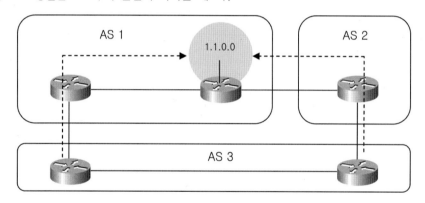

또, 다음 그림과 같이 동일한 라우터에서 목적지가 동일해도, AS 경로, MED, 로컬 프레퍼런스 등 BGP 속성이 다르면 정교한 부하 분산되지 않는다.

그림 8-26 BGP 부하 분산이 불가능한 네트워크

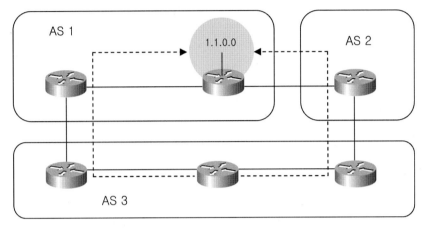

eBGP 네이버간에 일어나는 부하 분산을 eBGP 부하 분산이라고 하고, iBGP 네이버간의 부하 분산을 iBGP 부하 분산이라고 한다. 다음 그림에서 ①의 경우와 ②의 경우가 eBGP 부하 분산에 해당한다.

그림 8-27 eBGP 부하 분산

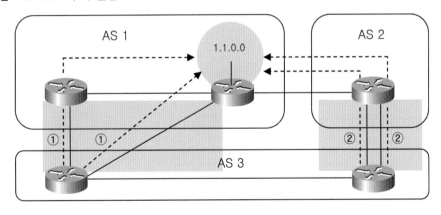

다음 그림과 같이 iBGP 구간에서 구현되는 부하 분산을 iBGP 부하 분산이라고 한다.

그림 8-28 iBGP 부하 분산

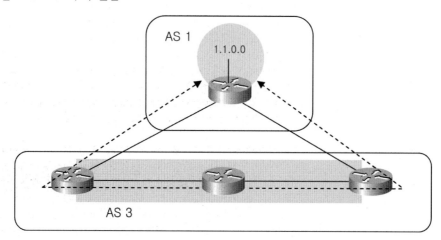

앞의 경우와 같이 서로 다른 iBGP 네이버에게 동일한 목적지 네트워크로 가는 트래픽에 대한 부하를
분산하는 경우외에도, 다음 그림과 같이 동일한 iBGP 네이버에게 패킷을 전송할 때에도 부하 분산이
가능하다.

그림 8-29 iBGP 부하 분산

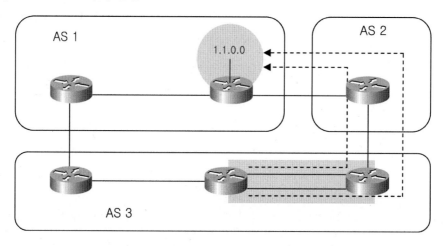

이상과 같이 BGP 부하 분산의 특징을 살펴보았다.

BGP 부하 분산을 위한 네트워크 구성

BGP 부하 분산을 위해서 다음과 같은 네트워크를 구성한다.

그림 8-30 BGP 부하 분산을 위한 네트워크

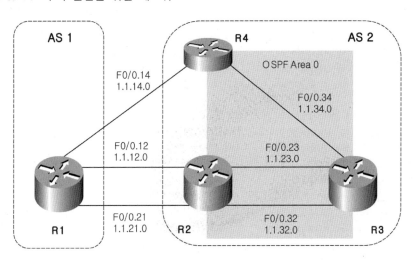

먼저, 스위치에서 VLAN과 트렁킹을 설정한다.

예제 8-205 스위치 설정

```
SW1(config)# vlan 12,14,21,23,32,34
SW1(config-vlan)# exit

SW1(config)# int range f1/1 - 4
SW1(config-if-range)# switchport trunk encap dot
SW1(config-if-range)# switchport mode trunk
```

각 라우터에서 인터페이스를 설정하고 IP 주소를 부여한다.

예제 8-206 인터페이스 설정

```
R1(config)# int lo0
R1(config-if)# ip address 1.1.1.1 255.255.255.0
```

```
R1(config-if)# int f0/0
R1(config-if)# no shut
R1(config-if)# int f0/0.12
R1(config-subif)# encap dot 12
R1(config-subif)# ip address 1.1.12.1 255.255.255.0
R1(config-subif)# int f0/0.14
R1(config-subif)# encap dot 14
R1(config-subif)# ip address 1.1.14.1 255.255.255.0
R1(config-subif)# int f0/0.21
R1(config-subif)# encap dot 21
R1(config-subif)# ip address 1.1.21.1 255.255.255.0

R2(config)# int lo0
R2(config-if)# ip address 1.1.2.2 255.255.255.0
R2(config-if)# int f0/0
R2(config-if)# no shut
R2(config-if)# int f0/0.12
R2(config-subif)# encap dot 12
R2(config-subif)# ip address 1.1.12.2 255.255.255.0
R2(config-subif)# int f0/0.21
R2(config-subif)# encap dot 21
R2(config-subif)# ip address 1.1.21.2 255.255.255.0
R2(config-subif)# int f0/0.23
R2(config-subif)# encap dot 23
R2(config-subif)# ip address 1.1.23.2 255.255.255.0
R2(config-subif)# int f0/0.32
R2(config-subif)# encap dot 32
R2(config-subif)# ip address 1.1.32.2 255.255.255.0

R3(config)# int lo0
R3(config-if)# ip address 1.1.3.3 255.255.255.0
R3(config-if)# int f0/0
R3(config-if)# no shut
R3(config-if)# int f0/0.23
R3(config-subif)# encap dot 23
R3(config-subif)# ip address 1.1.23.3 255.255.255.0
R3(config-subif)# int f0/0.32
R3(config-subif)# encap dot 32
R3(config-subif)# ip address 1.1.32.3 255.255.255.0
R3(config-subif)# int f0/0.34
R3(config-subif)# encap dot 34
R3(config-subif)# ip address 1.1.34.3 255.255.255.0
```

```
R4(config)# int lo0
R4(config-if)# ip address 1.1.4.4 255.255.255.0
R4(config-if)# int f0/0
R4(config-if)# no shut
R4(config-if)# int f0/0.14
R4(config-subif)# encap dot 14
R4(config-subif)# ip address 1.1.14.4 255.255.255.0
R4(config-subif)# int f0/0.34
R4(config-subif)# encap dot 34
R4(config-subif)# ip address 1.1.34.4 255.255.255.0
```

설정 후 넥스트 홉 IP까지의 통신을 핑으로 확인하고, 다음과 같이 OSPF를 설정한다.

예제 8-207 OSPF 설정하기

```
R2(config)# router ospf 1
R2(config-router)# router-id 1.1.2.2
R2(config-router)# network 1.1.2.2 0.0.0.0 area 0
R2(config-router)# network 1.1.23.2 0.0.0.0 area 0
R2(config-router)# network 1.1.32.2 0.0.0.0 area 0
R2(config-router)# int lo0
R2(config-if)# ip ospf network point-to-point

R3(config)# router ospf 1
R3(config-router)# router-id 1.1.3.3
R3(config-router)# network 1.1.3.3 0.0.0.0 area 0
R3(config-router)# network 1.1.23.3 0.0.0.0 area 0
R3(config-router)# network 1.1.32.3 0.0.0.0 area 0
R3(config-router)# network 1.1.34.3 0.0.0.0 area 0
R3(config-router)# int lo0
R3(config-if)# ip ospf network point-to-point

R4(config)# router ospf 1
R4(config-router)# router-id 1.1.4.4
R4(config-router)# network 1.1.4.4 0.0.0.0 area 0
R4(config-router)# network 1.1.34.4 0.0.0.0 area 0
R4(config-router)# int lo0
R4(config-if)# ip ospf network point-to-point
```

OSPF 설정이 끝나면 각 링크의 대역폭을 조정한다. R1, R2간의 F0/0.21 인터페이스에 대한 대역폭을

3 Mbps로 설정하고, 나머지 각 링크의 대역폭은 1 Mbps로 설정한다. 각 라우터에서 대역폭 조정하는
방법은 다음과 같다.

예제 8-208 인터페이스의 대역폭 조정하기

```
R1(config)# int f0/0.12
R1(config-subif)# bandwidth 1000
R1(config-subif)# int f0/0.21
R1(config-subif)# bandwidth 3000
R1(config-subif)# int f0/0.14
R1(config-subif)# bandwidth 1000

R2(config)# int f0/0.12
R2(config-subif)# bandwidth 1000
R2(config-subif)# int f0/0.21
R2(config-subif)# bandwidth 3000
R2(config-subif)# int f0/0.23
R2(config-subif)# bandwidth 1000
R2(config-subif)# int f0/0.32
R2(config-subif)# bandwidth 1000

R3(config)# int f0/0.23
R3(config-subif)# bandwidth 1000
R3(config-subif)# int f0/0.32
R3(config-subif)# bandwidth 1000
R3(config-subif)# int f0/0.34
R3(config-subif)# bandwidth 1000

R4(config)# int f0/0.14
R4(config-subif)# bandwidth 1000
R4(config-subif)# int f0/0.34
R4(config-subif)# bandwidth 1000
```

OSPF 설정과 대역폭 조정이 끝나면 다음과 같이 기본적인 iBGP를 설정한다. AS 2에서 R3을 루트
리플렉터로 설정한다. 각 라우터의 BGP 설정은 다음과 같다.

예제 8-209 BGP 설정하기

```
R2(config)# router bgp 2
```

```
R2(config-router)# bgp router-id 1.1.2.2
R2(config-router)# neighbor 1.1.3.3 remote-as 2
R2(config-router)# neighbor 1.1.3.3 update-source loopback 0
R2(config-router)# neighbor 1.1.3.3 next-hop-self
R2(config-router)# network 1.1.2.0 mask 255.255.255.0

R3(config)# router bgp 2
R3(config-router)# bgp router-id 1.1.3.3
R3(config-router)# neighbor 1.1.2.2 remote-as 2
R3(config-router)# neighbor 1.1.2.2 update-source loopback 0
R3(config-router)# neighbor 1.1.2.2 route-reflector-client
R3(config-router)# neighbor 1.1.4.4 remote-as 2
R3(config-router)# neighbor 1.1.4.4 update-source loopback 0
R3(config-router)# neighbor 1.1.4.4 route-reflector-client
R3(config-router)# network 1.1.3.0 mask 255.255.255.0

R4(config)# router bgp 2
R4(config-router)# bgp router-id 1.1.4.4
R4(config-router)# neighbor 1.1.3.3 remote-as 2
R4(config-router)# neighbor 1.1.3.3 update-source loopback 0
R4(config-router)# neighbor 1.1.3.3 next-hop-self
R4(config-router)# network 1.1.4.0 mask 255.255.255.0
```

이제, BGP 부하 분산 테스트를 위한 기본 네트워크 구성이 끝났다.

IGP 또는 정적 경로를 이용한 부하 분산

IGP 또는 정적 경로를 이용한 BGP 부하 분산은 다음 그림과 같다.

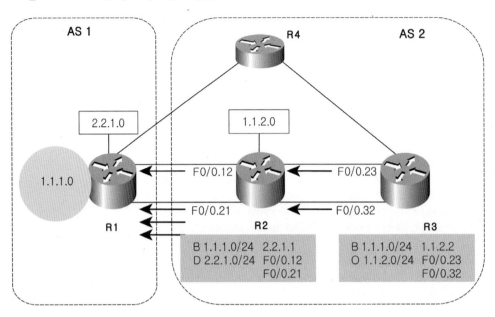

그림 8-31 IGP 또는 정적 경로를 이용한 BGP 부하 분산

즉, BGP의 넥스트 홉 네트워크로 가는 경로를 부하 분산시켜 결과적으로 BGP 경로가 부하 분산되게 하는 것을 말한다.

그림의 R2에서 1.1.1.0/24 네트워크의 넥스트 홉 IP 주소인 2.2.1.1로 가는 경로가 F0/0.12와 F0/0.21로 부하 분산되게 하여 결과적으로 1.1.1.0/24 네트워크로 가는 eBGP 경로가 부하 분산되게 한다. 이를 위해서 R1, R2간에 BGP 설정시 eBGP 네이버라도 직접 접속된 넥스트 홉 IP를 사용하지 말고, 각 라우터에 별도의 루프백 IP 주소를 설정한 다음 이것을 이용하여 네이버를 설정한다. 그리고, 새로 만든 IP 주소로 가는 경로를 위해 별개의 IGP를 설정하거나 정적 경로를 사용하면 된다. 이 경우 네이버가 하나씩만 구성되므로 송·수신되는 BGP 광고도 적고, BGP 테이블의 크기도 줄어들어 더 안정된 네트워크를 운영할 수 있다.

만약 두 eBGP를 연결하는 링크의 속도가 동일하다면 R1, R2에서 네이버 주소로 사용된 상대 라우터의 루프백 주소로 가는 정적 경로를 설정하면 된다. 그러나, 두 링크의 속도가 서로 다른 경우에 속도에 비례하여 패킷을 전송시키려면 EIGRP의 언이퀄 코스트 부하 분산(unequal cost load balancing) 기능을 사용하면 된다.

각 라우터에서 IGP를 이용하여 eBGP 네이버간에 부하 분산이 이루어지게 해보자. R1의 설정 방법은 다음과 같다.

예제 8-210 IGP를 이용한 eBGP 부하 분산 설정하기

```
① R1(config)# int lo1
   R1(config-if)# ip add 2.2.1.1 255.255.255.0
   R1(config-if)# exit

② R1(config)# router eigrp 12
   R1(config-router)# eigrp router-id 2.2.1.1
   R1(config-router)# network 2.2.1.1 0.0.0.0
   R1(config-router)# network 1.1.12.1 0.0.0.0
   R1(config-router)# network 1.1.21.1 0.0.0.0
③ R1(config-router)# variance 3
④ R1(config-router)# no auto-summary
   R1(config-router)# exit

   R1(config)# router bgp 1
   R1(config-router)# bgp router-id 1.1.1.1
⑤ R1(config-router)# neighbor 2.2.2.2 remote-as 2
⑥ R1(config-router)# neighbor 2.2.2.2 update-source loopback 1
⑦ R1(config-router)# neighbor 2.2.2.2 ebgp-multihop 2
   R1(config-router)# network 1.1.1.0 mask 255.255.255.0
```

① eBGP 네이버 주소로 사용할 별개의 IP 주소를 설정한다.

② R1, R2간에 eBGP 네이버로 사용할 주소를 상호 광고하기 위한 EIGRP 설정모드로 들어간다.

③ **variance** 명령어를 사용하여 EIGRP 언이퀄 코스트 부하 분산 기능을 활성화시킨다. 정확한 배리언스 값을 찾기 힘들면 최대치인 128을 부여하고, 라우팅 테이블에 나타나는 메트릭 값을 참조하여 적당한 값으로 다시 조정하면 된다. 지금과 같이 링크가 두 개이면 그냥 최대치 128을 사용해도 별 문제가 없다.

④ 불필요한 자동 축약 경로가 라우팅 테이블에 인스톨되는 것을 방지하기 위하여 **no auto-summary** 명령어를 사용하였다. (최근 IOS는 기본적으로 **no auto-summary** 가 동작한다.)

⑤ AS 2의 R2와 eBGP 네이버 설정시 직접 접속된 네트워크가 아닌 R2의 루프백 주소를 사용하였다.

⑥ eBGP 설정시 R1에서도 loopback 1 인터페이스를 사용하게 한다.

⑦ eBGP 네이버 설정시 직접 접속된 네트워크가 아닌 것을 사용하였기 때문에 **ebgp-multihop**

명령어를 사용하였다.

R2의 설정 방법은 다음과 같다. 내용이 R1과 유사하므로 설명은 생략한다.

예제 8-211 IGP를 이용한 eBGP 부하 분산 설정하기

```
R2(config)# int lo1
R2(config-if)# ip add 2.2.2.2 255.255.255.0
R2(config-if)# exit

R2(config)# router eigrp 12
R2(config-router)# eigrp router-id 2.2.2.2
R2(config-router)# network 2.2.2.2 0.0.0.0
R2(config-router)# network 1.1.12.2 0.0.0.0
R2(config-router)# network 1.1.21.2 0.0.0.0
R2(config-router)# variance 3
R2(config-router)# no auto-summary
R2(config-router)# exit

R2(config)# router bgp 2
R2(config-router)# neighbor 2.2.1.1 remote-as 1
R2(config-router)# neighbor 2.2.1.1 update-source loopback 1
R2(config-router)# neighbor 2.2.1.1 ebgp-multihop 2
```

설정 후, R2의 라우팅 테이블을 확인해 보면 다음과 같다.

예제 8-212 R2의 라우팅 테이블

```
R2# show ip route
    (생략)
Gateway of last resort is not set

     1.0.0.0/8 is variably subnetted, 14 subnets, 2 masks
B       1.1.1.0/24 [20/0] via 2.2.1.1, 00:00:25
C       1.1.2.0/24 is directly connected, Loopback0
L       1.1.2.2/32 is directly connected, Loopback0
O       1.1.3.0/24 [110/101] via 1.1.32.3, 00:23:55, FastEthernet0/0.32
                   [110/101] via 1.1.23.3, 00:23:55, FastEthernet0/0.23
O       1.1.4.0/24 [110/201] via 1.1.32.3, 00:23:45, FastEthernet0/0.32
                   [110/201] via 1.1.23.3, 00:23:45, FastEthernet0/0.23
```

```
C       1.1.12.0/24 is directly connected, FastEthernet0/0.12
L       1.1.12.2/32 is directly connected, FastEthernet0/0.12
C       1.1.21.0/24 is directly connected, FastEthernet0/0.21
L       1.1.21.2/32 is directly connected, FastEthernet0/0.21
C       1.1.23.0/24 is directly connected, FastEthernet0/0.23
L       1.1.23.2/32 is directly connected, FastEthernet0/0.23
C       1.1.32.0/24 is directly connected, FastEthernet0/0.32
L       1.1.32.2/32 is directly connected, FastEthernet0/0.32
O       1.1.34.0/24 [110/200] via 1.1.32.3, 00:23:45, FastEthernet0/0.32
                    [110/200] via 1.1.23.3, 00:23:45, FastEthernet0/0.23
        2.0.0.0/8 is variably subnetted, 3 subnets, 2 masks
D       2.2.1.0/24 [90/983808] via 1.1.21.1, 00:00:29, FastEthernet0/0.21
                   [90/2690560] via 1.1.12.1, 00:00:29, FastEthernet0/0.12
C       2.2.2.0/24 is directly connected, Loopback1
L       2.2.2.2/32 is directly connected, Loopback1
```

즉, AS 1에서 광고받은 1.1.1.0/24 네트워크로 가는 넥스트 홉 IP 주소가 2.2.1.1이고, 다시 2.2.1.0/24 네트워크로 가는 경로가 F0/0.12와 F0/0.21로 언이퀄 코스트 부하 분산되고 있다. 결과적으로 AS 1로 가는 eBGP 경로가 부하 분산된다. R1의 라우팅 테이블은 다음과 같으며, 동일한 방법으로 AS 2로 가는 경로들이 부하 분산되고 있다.

예제 8-213 R1의 라우팅 테이블

```
R1# show ip route
    (생략)
    1.0.0.0/8 is variably subnetted, 11 subnets, 2 masks
C       1.1.1.0/24 is directly connected, Loopback0
L       1.1.1.1/32 is directly connected, Loopback0
B       1.1.2.0/24 [20/0] via 2.2.2.2, 00:02:28
B       1.1.3.0/24 [20/0] via 2.2.2.2, 00:02:28
B       1.1.4.0/24 [20/0] via 2.2.2.2, 00:02:28
C       1.1.12.0/24 is directly connected, FastEthernet0/0.12
L       1.1.12.1/32 is directly connected, FastEthernet0/0.12
C       1.1.14.0/24 is directly connected, FastEthernet0/0.14
L       1.1.14.1/32 is directly connected, FastEthernet0/0.14
C       1.1.21.0/24 is directly connected, FastEthernet0/0.21
L       1.1.21.1/32 is directly connected, FastEthernet0/0.21
    2.0.0.0/8 is variably subnetted, 3 subnets, 2 masks
```

```
C          2.2.1.0/24 is directly connected, Loopback1
L          2.2.1.1/32 is directly connected, Loopback1
D          2.2.2.0/24 [90/983808] via 1.1.21.2, 00:02:31, FastEthernet0/0.21
                      [90/2690560] via 1.1.12.2, 00:02:31, FastEthernet0/0.12
```

이번에는 iBGP가 부하 분산되는 것을 확인해 보자. R3의 라우팅 테이블은 다음과 같다.

예제 8-214 R3의 라우팅 테이블

```
R3# show ip route
    (생략)
Gateway of last resort is not set

     1.0.0.0/8 is variably subnetted, 11 subnets, 2 masks
B       1.1.1.0/24 [200/0] via 1.1.2.2, 00:03:30
O       1.1.2.0/24 [110/101] via 1.1.32.2, 00:26:50, FastEthernet0/0.32
                   [110/101] via 1.1.23.2, 00:26:50, FastEthernet0/0.23
C       1.1.3.0/24 is directly connected, Loopback0
L       1.1.3.3/32 is directly connected, Loopback0
O       1.1.4.0/24 [110/101] via 1.1.34.4, 00:26:50, FastEthernet0/0.34
C       1.1.23.0/24 is directly connected, FastEthernet0/0.23
L       1.1.23.3/32 is directly connected, FastEthernet0/0.23
C       1.1.32.0/24 is directly connected, FastEthernet0/0.32
L       1.1.32.3/32 is directly connected, FastEthernet0/0.32
C       1.1.34.0/24 is directly connected, FastEthernet0/0.34
L       1.1.34.3/32 is directly connected, FastEthernet0/0.34
```

R2에게서 수신한 iBGP 경로인 1.1.1.0/24 네트워크의 넥스트 홉 IP 주소가 1.1.2.2이고, 1.1.2.0/24 네트워크와 연결되는 인터페이스가 F0/0.32와 F0/0.23이므로 iBGP 경로도 부하 분산되고 있다. 즉, iBGP 경로는 추가적인 작업없이 해당 넥스트 홉으로 가는 IGP 경로만 부하 분산되게 설정하면 된다.

그림 8-32 복수개의 경계 라우터 간에는 iBGP 부하 분산이 일어나지 않는다.

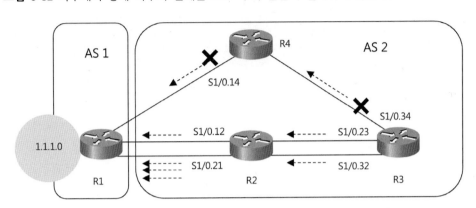

이처럼 IGP를 이용한 BGP 부하 분산은 동일한 경계 라우터로 가는 복수개의 경로가 있을 때 유용하다. 그러나, 앞의 그림과 같이 외부 AS와 연결되는 경계 라우터가 복수개인 경우(R2, R4) 경계 라우터들과 내부 라우터들간에는 iBGP 부하 분산이 일어나지 않는다. R3에서 AS 1로 가는 경로에 대하여 R2와 R4가 부하 분산하지 않고 하나의 라우터로만 패킷을 전송한다.

또, 다음 그림처럼 외부 AS에서 입력되는 트래픽들이 루프백을 사용하여 부하 분산시킨 경로가 아닌 다른 경로로 들어오므로(넥스트 홉 IP까지의 메트릭 값이 작기 때문에) 최적 경로 라우팅이 일어나지 않는다.

다음과 같이 R1과 R4간에도 BGP를 설정하여 이를 확인해 보자.

예제 8-215 R1, R4간의 BGP 설정

```
R1(config)# router bgp 1
R1(config-router)# neighbor 1.1.14.4 remote-as 2

R4(config)# router bgp 2
R4(config-router)# neighbor 1.1.14.1 remote-as 1
```

즉, 다음 그림과 같이 R2를 통해서 R1으로 라우팅된 패킷이 돌아오는 경로는 R1-R4-R3-R2를 경유한다.

그림 8-33 IGP 또는 정적 경로를 이용한 BGP 부하 분산은 최적 라우팅이 힘들 수 있다

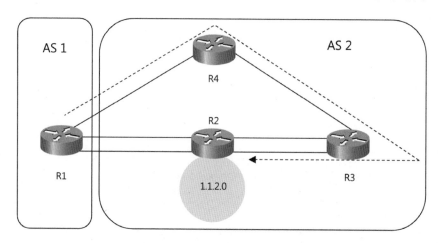

이를 각 라우터의 라우팅 테이블에서 확인해 보자. R3의 라우팅 테이블을 보면 목적지가 1.1.1.0인 네트워크는 다음과 같이 R2로만 라우팅된다. 이것은 당연한 결과이다. 즉, 기본적으로 BGP 경로 결정 우선 순위에 의하여 하나의 경로만 선택되기 때문이다.

예제 8-216 R3의 라우팅 테이블

```
R3# show ip route
    (생략)
Gateway of last resort is not set

     1.0.0.0/8 is variably subnetted, 11 subnets, 2 masks
B       1.1.1.0/24 [200/0] via 1.1.2.2, 00:06:30
O       1.1.2.0/24 [110/101] via 1.1.32.2, 00:29:50, FastEthernet0/0.32
                   [110/101] via 1.1.23.2, 00:29:50, FastEthernet0/0.23
C       1.1.3.0/24 is directly connected, Loopback0
L       1.1.3.3/32 is directly connected, Loopback0
O       1.1.4.0/24 [110/101] via 1.1.34.4, 00:29:51, FastEthernet0/0.34
C       1.1.23.0/24 is directly connected, FastEthernet0/0.23
L       1.1.23.3/32 is directly connected, FastEthernet0/0.23
C       1.1.32.0/24 is directly connected, FastEthernet0/0.32
L       1.1.32.3/32 is directly connected, FastEthernet0/0.32
C       1.1.34.0/24 is directly connected, FastEthernet0/0.34
L       1.1.34.3/32 is directly connected, FastEthernet0/0.34
```

R1의 BGP 테이블을 보면 다음과 같이 1.1.2.0/24 네트워크로 가는 출력 경로가 최적 경로상의 넥스트 홉 라우터인 R2가 아닌 R4로 향하고 있다.

예제 8-217 R1의 BGP 테이블

```
R1# show ip bgp 1.1.2.0
BGP routing table entry for 1.1.2.0/24, version 7
Paths: (2 available, best #1, table default)
  Advertised to update-groups:
      1
  Refresh Epoch 1
  2
    1.1.14.4 from 1.1.14.4 (1.1.4.4)
      Origin IGP, localpref 100, valid, external, best
  Refresh Epoch 1
  2
    2.2.2.2 (metric 983808) from 2.2.2.2 (1.1.2.2)
      Origin IGP, metric 0, localpref 100, valid, external
```

결론적으로 IGP를 이용한 BGP 부하 분산은 다른 AS와 연결되는 경계 라우터가 하나일 때에는 매우 유용하지만, 복수개의 경계 라우터를 사용할 때에는 여러 가지 제약 사항이 많으므로 사용하지 않는 것이 좋다. 다음 테스트를 위하여 R1, R2에서 eBGP 네이버간에 루프백 IP 주소를 사용한 것을 제거한다.

예제 8-218 기존 설정 제거하기

```
R1(config)# no int lo1
R1(config)# no router eigrp 12
R1(config)# router bgp 1
R1(config-router)# no neighbor 2.2.2.2

R2(config)# no int lo1
R2(config)# no router eigrp 12
R2(config)# router bgp 2
R2(config-router)# no neighbor 2.2.1.1
```

이상으로 IGP 또는 정적 경로를 이용한 BGP 부하 분산에 대하여 살펴보았다.

maximum-path 명령어를 이용한 BGP 부하 분산

maximum-path 명령어를 이용하여 BGP 부하 분산을 구현해 보자. R1, R2에서 다음과 같이 넥스트 홉 IP 주소를 이용하여 BGP 네이버를 설정한다.

예제 8-219 BGP 네이버 설정

```
R1(config)# router bgp 1
R1(config-router)# neighbor 1.1.12.2 remote-as 2
R1(config-router)# neighbor 1.1.21.2 remote-as 2

R2(config)# router bgp 2
R2(config-router)# neighbor 1.1.12.1 remote-as 1
R2(config-router)# neighbor 1.1.21.1 remote-as 1
```

잠시 후 R1의 BGP 테이블을 보면 R2 및 R4에서 동일한 네트워크 정보를 3개씩 수신하고 있다.

예제 8-220 R1의 BGP 테이블

```
R1# show ip bgp
    (생략)
    Network          Next Hop         Metric  LocPrf Weight Path
*>  1.1.1.0/24       0.0.0.0          0              32768 i
*   1.1.2.0/24       1.1.12.2         0              0 2 i
*                    1.1.21.2         0              0 2 i
*>                   1.1.14.4                        0 2 i
*   1.1.3.0/24       1.1.12.2                        0 2 i
*                    1.1.21.2                        0 2 i
*>                   1.1.14.4                        0 2 i
*   1.1.4.0/24       1.1.12.2                        0 2 i
*                    1.1.21.2                        0 2 i
*>                   1.1.14.4         0              0 2 i
```

그러나 라우팅 테이블에는 하나씩의 네트워크만 인스톨되어 있다.

예제 8-221 R1의 라우팅 테이블

```
R1# show ip route bgp
    (생략)
    1.0.0.0/8 is variably subnetted, 11 subnets, 2 masks
B       1.1.2.0/24 [20/0] via 1.1.14.4, 00:02:52
B       1.1.3.0/24 [20/0] via 1.1.14.4, 00:02:52
B       1.1.4.0/24 [20/0] via 1.1.14.4, 00:02:52
```

BGP 부하 분산을 위하여 R1의 BGP 설정모드에서 maximum-path 명령어를 사용해 보자.

예제 8-222 maximum-path 명령어를 이용한 eBGP 부하 분산

```
R1(config)# router bgp 1
R1(config-router)# maximum-paths 3
```

다시 R1의 BGP 테이블을 보면 'multipath'표시가 되어 있다.

예제 8-223 R1의 BGP 테이블

```
R1# show ip bgp 1.1.2.0
BGP routing table entry for 1.1.2.0/24, version 9
Paths: (3 available, best #3, table default)
Multipath: eBGP
  Advertised to update-groups:
     1
  Refresh Epoch 2
  2
     1.1.21.2 from 1.1.21.2 (1.1.2.2)
        Origin IGP, metric 0, localpref 100, valid, external, multipath
  Refresh Epoch 1
  2
     1.1.12.2 from 1.1.12.2 (1.1.2.2)
        Origin IGP, metric 0, localpref 100, valid, external, multipath(oldest)
  Refresh Epoch 1
  2
     1.1.14.4 from 1.1.14.4 (1.1.4.4)
        Origin IGP, localpref 100, valid, external, multipath, best
```

R1의 라우팅 테이블을 보면 다음과 같이 복수개의 경로가 인스톨되어 있다. 즉, eBGP 경로가 부하

분산되고 있다.

예제 8-224 R1의 라우팅 테이블

```
R1# show ip route bgp
    (생략)
    1.0.0.0/8 is variably subnetted, 11 subnets, 2 masks
B       1.1.2.0/24 [20/0] via 1.1.21.2, 00:01:33
                   [20/0] via 1.1.14.4, 00:01:33
                   [20/0] via 1.1.12.2, 00:01:33
B       1.1.3.0/24 [20/0] via 1.1.21.2, 00:01:33
                   [20/0] via 1.1.14.4, 00:01:33
                   [20/0] via 1.1.12.2, 00:01:33
B       1.1.4.0/24 [20/0] via 1.1.21.2, 00:01:33
                   [20/0] via 1.1.14.4, 00:01:33
                   [20/0] via 1.1.12.2, 00:01:33
```

R2에서 다음과 같이 eBGP 부하 분산을 설정해 보자.

예제 8-225 R2에서 eBGP 부하 분산 설정하기

```
R2(config)# router bgp 2
R2(config-router)# maximum-paths 2
```

R2의 라우팅 테이블에도 다음과 같이 외부 네트워크인 1.1.1.0/24로 가는 경로가 두 개 인스톨된다.

예제 8-226 R2의 라우팅 테이블

```
R2# show ip route bgp
    (생략)
B       1.1.1.0 [20/0] via 1.1.12.1, 00:00:03
                [20/0] via 1.1.21.1, 00:00:03
```

R3의 BGP 테이블은 다음과 같이 iBGP 네이버인 R2와 R4에서 광고받은 1.1.1.0/24 네트워크가 있다.

예제 8-227 R3의 BGP 테이블

```
R3# show ip bgp
    (생략)
   Network          Next Hop        Metric   LocPrf Weight Path
*>i 1.1.1.0/24      1.1.2.2            0       100     0 1 i
*  i                1.1.4.4            0       100     0 1 i
r>i 1.1.2.0/24      1.1.2.2            0       100     0 i
*>  1.1.3.0/24      0.0.0.0            0             32768 i
r>i 1.1.4.0/24      1.1.4.4            0       100     0 i
```

R3의 라우팅 테이블에는 R2에서 수신한 BGP 경로만 인스톨되어 있고, 넥스트 홉 IP 주소인 1.1.2.2로 가는 경로를 OSPF가 부하 분산하고 있다. 그러나, 동일한 네트워크에 대해서 R4로는 부하 분산되지 않는다.

예제 8-228 R3의 라우팅 테이블

```
R3# show ip route
    (생략)
Gateway of last resort is not set

     1.0.0.0/8 is variably subnetted, 11 subnets, 2 masks
B       1.1.1.0/24 [200/0] via 1.1.2.2, 00:17:22
O       1.1.2.0/24 [110/101] via 1.1.32.2, 00:52:57, FastEthernet0/0.32
                   [110/101] via 1.1.23.2, 00:52:57, FastEthernet0/0.23
C       1.1.3.0/24 is directly connected, Loopback0
L       1.1.3.3/32 is directly connected, Loopback0
O       1.1.4.0/24 [110/101] via 1.1.34.4, 00:52:57, FastEthernet0/0.34
C       1.1.23.0/24 is directly connected, FastEthernet0/0.23
L       1.1.23.3/32 is directly connected, FastEthernet0/0.23
C       1.1.32.0/24 is directly connected, FastEthernet0/0.32
L       1.1.32.3/32 is directly connected, FastEthernet0/0.32
C       1.1.34.0/24 is directly connected, FastEthernet0/0.34
L       1.1.34.3/32 is directly connected, FastEthernet0/0.34
```

R3에서 R2와 R4로 가는 iBGP 경로를 부하 분산시키려면 BGP 설정모드에서 maximum-path ibgp 명령어를 사용하면 된다. R3의 설정은 다음과 같다.

예제 8-229 maximum-path ibgp 명령어를 사용한 iBGP 부하 분산

```
R3(config)# router bgp 2
R3(config-router)# maximum-paths ibgp 2
```

설정 후 R3의 라우팅 테이블을 확인해 보면 다음과 같이 iBGP 네이버에게서 수신한 외부 네트워크인
1.1.1.0/24에 대해서 iBGP 부하 분산이 구현된다.

예제 8-230 R3의 라우팅 테이블

```
R3# show ip route
    (생략)
Gateway of last resort is not set

      1.0.0.0/8 is variably subnetted, 11 subnets, 2 masks
B        1.1.1.0/24 [200/0] via 1.1.4.4, 00:00:20
                    [200/0] via 1.1.2.2, 00:00:20
O        1.1.2.0/24 [110/101] via 1.1.32.2, 00:55:12, FastEthernet0/0.32
                    [110/101] via 1.1.23.2, 00:55:12, FastEthernet0/0.23
C        1.1.3.0/24 is directly connected, Loopback0
L        1.1.3.3/32 is directly connected, Loopback0
O        1.1.4.0/24 [110/101] via 1.1.34.4, 00:55:12, FastEthernet0/0.34
C        1.1.23.0/24 is directly connected, FastEthernet0/0.23
L        1.1.23.3/32 is directly connected, FastEthernet0/0.23
C        1.1.32.0/24 is directly connected, FastEthernet0/0.32
L        1.1.32.3/32 is directly connected, FastEthernet0/0.32
C        1.1.34.0/24 is directly connected, FastEthernet0/0.34
L        1.1.34.3/32 is directly connected, FastEthernet0/0.34
```

결과적으로 maximum-path 명령어를 사용하면 복수개의 iBGP나 eBGP 경로에 대해서 부하 분산을
구현할 수 있다.

그림 8-34 maximum-path 명령어 사용시 복수개의 iBGP/eBGP 부하 분산 구현이 가능하다

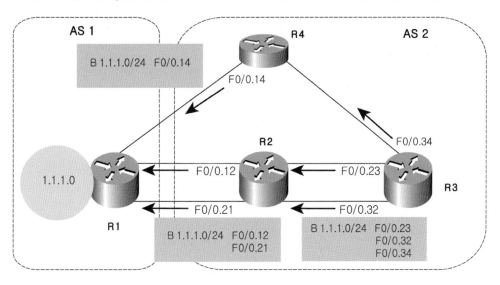

IGP를 이용한 BGP 부하 분산과 달리 **maximum-path** 명령어를 이용하면 다른 AS와 연결되는 경계 라우터가 여러 대 있어도 경계 라우터들간에 BGP 부하 분산이 일어난다. 즉, R3에서 외부 네트워크인 1.1.1.0/24로 향하는 패킷들을 R2와 R4로 분산시킬 수 있다.

그러나, **maximum-path** 명령어만을 이용하는 경우, eBGP 네이버간에 언이퀄 코스트(unequal cost) 부하 분산이 일어나지 않는다. 즉, 앞의 그림에서 R1, R2간에 링크의 속도가 서로 달라도 동일한 비율로 라우팅이 이루어진다. 이와 같은 점을 개선한 것이 다음에 설명할 DMZ 링크 대역폭 기능이다.

DMZ 링크 대역폭 기능을 이용한 BGP 부하 분산

서로 다른 AS간을 연결되는 구간은 어느 AS에도 소속되지 않으며, 이를 DMZ라고 한다. DMZ 링크 대역폭(link bandwidth) 기능이란 DMZ 구간의 대역폭에 비례하여 언이퀄 코스트(unequal cost) 부하 분산을 구현하는 것을 말한다. DMZ 링크 대역폭 기능을 이용하면 eBGP 및 iBGP 경로 모두를 언이퀄 코스트 부하 분산시킬 수 있다. BGP 링크 대역폭 기능이 동작하는 방식은 다음과 같다.

1) 외부 AS와 연결되는 라우터가 DMZ 구간의 대역폭을 확장 커뮤니티를 이용하여 iBGP 네이버에게 광고한다. 다음 그림에서는 R2, R4가 R3에게 DMZ 구간의 대역폭을 광고한다.

2) 만약 하나의 경계 라우터에서 외부 AS와 연결되는 복수개의 경로가 존재한다면, 경계 라우터 자신은 eBGP 부하 분산을 한다. 다음 그림에서 R1, R2간의 부하 분산이 여기에 해당한다.

3) DMZ 구간의 대역폭을 확장 커뮤니티로 수신한 iBGP 라우터들은 경계 라우터까지 이르는 iBGP 구간에 대해 부하 분산을 한다. 다음 그림에서 R3과 R2, R4간의 부하 분산이 여기에 해당한다. DMZ 링크 대역폭 기능이 동작하려면 다음 조건을 만족해야 한다.

• BGP 설정모드에서 **maximum-paths**나 **maximum-paths ibgp** 명령어를 사용하여 eBGP 부하 분산이나 iBGP 부하 분산 기능이 설정되어 있어야 한다.

• DMZ 링크 대역폭 속성이 광고되는 iBGP 네이버간에 확장 커뮤니티를 전송할 수 있도록 설정되어 있어야 한다.

• 모든 라우터에 CEF(Cisco Express Forwarding)나 dCEF(distributed CEF) 기능이 설정되어 있어야 한다.

• 웨이트, 로컬 프레퍼런스, AS 경로 길이, MED, IGP 메트릭이 동일한 복수개의 경로가 존재해야 한다.

그림 8-35 DMZ 링크 대역폭 기능을 사용하면 언이퀄 코스트 부하 분산이 가능하다

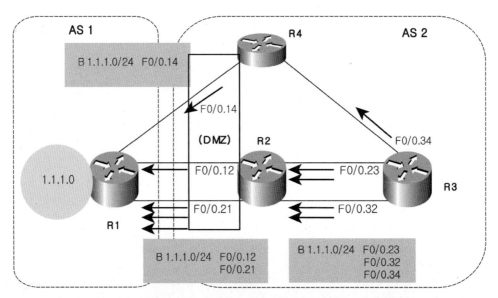

R1에서 DMZ 링크 대역폭 기능을 사용하여 eBGP 경로를 부하 분산시키려면 다음과 같이 설정한다. 앞서 기본적인 BGP를 설정하였으므로 여기서는 DMZ 링크 대역폭 기능만을 추가적으로 설정하였다.

예제 8-231 R1에서 DMZ 링크 대역폭 기능 설정하기

```
R1(config)# ip cef   ①

R1(config)# router bgp 1
R1(config-router)# bgp dmzlink-bw   ②
R1(config-router)# neighbor 1.1.12.2 dmzlink-bw   ③
R1(config-router)# neighbor 1.1.21.2 dmzlink-bw
R1(config-router)# neighbor 1.1.14.4 dmzlink-bw
R1(config-router)# maximum-paths 6   ④
```

① BGP 링크 대역폭 기능은 CEF가 설정되어야만 동작한다. 만약, 기본적으로 CEF가 설정되어 있지 않다면 **ip cef** 명령어를 사용하여 CEF를 동작시킨다.

② **bgp dmzlink-bw** 명령어를 사용하여 BGP 링크 대역폭 기능을 동작시킨다.

③ 특정 eBGP 네이버와 연결되는 DMZ 구간의 대역폭에 따라 경계 라우터 자신도 eBGP 부하 분산을 구현하고, iBGP 네이버에게도 알리기 위하여 eBGP 네이버의 IP 주소와 함께 **dmzlink-bw** 옵션을 사용한다.

④ eBGP 부하 분산을 위하여 **maximum-path** 명령어를 사용한다.

R1의 BGP 테이블을 보면 각 네이버별로 DMZ 대역폭이 kbyte 단위로 기록되어 있다. 예를 들어, R4의 1.1.14.4와 연결되는 구간의 대역폭이 1 Mbit이고 이를 바이트로 환산하면 125 kbyte(1,000/8)이다.

예제 8-232 R1의 BGP 테이블

```
R1# show ip bgp 1.1.2.0
BGP routing table entry for 1.1.2.0/24, version 18
Paths: (3 available, best #3, table default)
Multipath: eBGP
  Advertised to update-groups:
     1
  Refresh Epoch 2
  2
    1.1.21.2 from 1.1.21.2 (1.1.2.2)
       Origin IGP, metric 0, localpref 100, valid, external, multipath
       DMZ-Link Bw 375 kbytes
  Refresh Epoch 1
  2
```

```
    1.1.12.2 from 1.1.12.2 (1.1.2.2)
        Origin IGP, metric 0, localpref 100, valid, external, multipath(oldest)
        DMZ-Link Bw 125 kbytes
  Refresh Epoch 1
  2
    1.1.14.4 from 1.1.14.4 (1.1.4.4)
        Origin IGP, localpref 100, valid, external, multipath, best
        DMZ-Link Bw 125 kbytes
```

R1의 라우팅 테이블을 보면 다음과 같이 AS 2에서 광고받은 네트워크에 대하여 eBGP 부하 분산이
이루어진다.

예제 8-233 R1의 라우팅 테이블

```
R1# show ip route bgp
    (생략)

    1.0.0.0/8 is variably subnetted, 11 subnets, 2 masks
B       1.1.2.0/24 [20/0] via 1.1.21.2, 00:03:20
                   [20/0] via 1.1.14.4, 00:03:20
                   [20/0] via 1.1.12.2, 00:03:20
B       1.1.3.0/24 [20/0] via 1.1.21.2, 00:03:20
                   [20/0] via 1.1.14.4, 00:03:20
                   [20/0] via 1.1.12.2, 00:03:20
B       1.1.4.0/24 [20/0] via 1.1.21.2, 00:03:20
                   [20/0] via 1.1.14.4, 00:03:20
                   [20/0] via 1.1.12.2, 00:03:20
```

R2에서 DMZ 링크 대역폭 기능의 설정은 다음과 같다.

예제 8-234 R2에서 DMZ 링크 대역폭 기능 설정하기

```
R2(config)# router bgp 2
R2(config-router)# bgp dmzlink-bw
R2(config-router)# neighbor 1.1.12.1 dmzlink-bw
R2(config-router)# neighbor 1.1.21.1 dmzlink-bw
R2(config-router)# maximum-paths 6
R2(config-router)# neighbor 1.1.3.3 send-community both
```

R2의 설정은 R1과 유사하다. 다만 확장 커뮤니티를 이용하여 DMZ 링크 대역폭 속성을 iBGP 네이버에게 전송할 수 있도록 R3에게 **send-community** 명령어를 사용한다. 만약, 표준 커뮤니티도 동시에 전송해야 한다면 **both** 옵션을 사용하고, 확장 커뮤니티만 전송하는 경우에는 **extended** 옵션을 사용한다. 설정 후 **clear ip bgp * soft** 명령어를 사용하여 변경된 정책을 적용시킨다.

설정 후 R2의 라우팅 테이블을 보면 다음과 같이 R1과 연결되는 eBGP 경로에 대해서 부하 분산이 구현된다.

예제 8-235 R2의 라우팅 테이블

```
R2# show ip route bgp
    (생략)
      1.0.0.0/8 is variably subnetted, 14 subnets, 2 masks
B        1.1.1.0/24 [20/0] via 1.1.21.1, 00:05:18
                    [20/0] via 1.1.12.1, 00:05:18
```

R2의 BGP 테이블을 보면 1.1.1.0/24 네트워크에 대해서 링크별로 대역폭이 할당되어 있다.

예제 8-236 R2의 BGP 테이블

```
R2# show ip bgp 1.1.1.0
BGP routing table entry for 1.1.1.0/24, version 11
Paths: (2 available, best #2, table default)
Multipath: eBGP
  Advertised to update-groups:
     3         4
  Refresh Epoch 3
  1
    1.1.21.1 from 1.1.21.1 (1.1.1.1)
      Origin IGP, metric 0, localpref 100, valid, external, multipath(oldest)
      DMZ-Link Bw 375 kbytes
  Refresh Epoch 3
  1
    1.1.12.1 from 1.1.12.1 (1.1.1.1)
      Origin IGP, metric 0, localpref 100, valid, external, multipath, best
      DMZ-Link Bw 125 kbytes
```

R4에서도 R3을 위하여 다음과 같이 DMZ 링크 대역폭 기능을 설정한다.

예제 8-237 R4에서 DMZ 링크 대역폭 기능 설정하기

```
R4(config)# router bgp 2
R4(config-router)# bgp dmzlink-bw
R4(config-router)# neighbor 1.1.14.1 dmzlink-bw
R4(config-router)# neighbor 1.1.3.3 send-community both
```

설정 후 clear ip bgp * soft 명령어를 사용하여 변경된 정책을 적용시킨다. R4의 BGP 테이블은
다음과 같다.

예제 8-238 R4의 BGP 테이블

```
R4# show ip bgp 1.1.1.0
BGP routing table entry for 1.1.1.0/24, version 7
Paths: (2 available, best #2, table default)
  Advertised to update-groups:
     3
  Refresh Epoch 2
  1
    1.1.2.2 (metric 201) from 1.1.3.3 (1.1.3.3)
      Origin IGP, metric 0, localpref 100, valid, internal
      Originator: 1.1.2.2, Cluster list: 1.1.3.3
  Refresh Epoch 3
  1
    1.1.14.1 from 1.1.14.1 (1.1.1.1)
      Origin IGP, metric 0, localpref 100, valid, external, best
      DMZ-Link Bw 125 kbytes
```

DMZ 링크 대역폭 기능을 위한 R3의 설정은 다음과 같다. 즉, iBGP 부하 분산 기능만 활성화시키면
된다.

예제 8-239 R3의 설정

```
R3(config)# router bgp 2
```

```
R3(config-router)# maximum-paths ibgp 6
```

R3에서 1.1.1.0/24 네트워크에 대한 BGP 테이블을 확인해 보면 다음과 같다.

예제 8-240 R3의 BGP 테이블

```
R3# show ip bgp 1.1.1.0
BGP routing table entry for 1.1.1.0/24, version 10
Paths: (2 available, best #1, table default)
Multipath: iBGP
  Advertised to update-groups:
    1
  Refresh Epoch 1
  1, (Received from a RR-client)
    1.1.2.2 (metric 101) from 1.1.2.2 (1.1.2.2)
      Origin IGP, metric 0, localpref 100, valid, internal, multipath, best
      DMZ-Link Bw 500 kbytes
  Refresh Epoch 2
  1, (Received from a RR-client)
    1.1.4.4 (metric 101) from 1.1.4.4 (1.1.4.4)
      Origin IGP, metric 0, localpref 100, valid, internal, multipath(oldest)
      DMZ-Link Bw 125 kbytes
```

즉, R2에게는 R2의 DMZ 링크 대역폭(1 Mbits + 3 Mbits = 4 Mbits = 500 kbytes)만큼 전송하고, R4에게는 R4의 DMZ 링크 대역폭(1 Mbits = 125 kbytes)만큼 전송한다. R3의 라우팅 테이블은 다음과 같다.

예제 8-241 R3의 라우팅 테이블

```
R3# show ip route
   (생략)
     1.0.0.0/8 is variably subnetted, 11 subnets, 2 masks
B        1.1.1.0/24 [200/0] via 1.1.4.4, 00:02:28
                    [200/0] via 1.1.2.2, 00:02:28
O        1.1.2.0/24 [110/101] via 1.1.32.2, 01:38:00, FastEthernet0/0.32
                    [110/101] via 1.1.23.2, 01:38:00, FastEthernet0/0.23
C        1.1.3.0/24 is directly connected, Loopback0
```

```
L        1.1.3.3/32 is directly connected, Loopback0
O        1.1.4.0/24 [110/101] via 1.1.34.4, 01:38:00, FastEthernet0/0.34
C        1.1.23.0/24 is directly connected, FastEthernet0/0.23
L        1.1.23.3/32 is directly connected, FastEthernet0/0.23
C        1.1.32.0/24 is directly connected, FastEthernet0/0.32
L        1.1.32.3/32 is directly connected, FastEthernet0/0.32
C        1.1.34.0/24 is directly connected, FastEthernet0/0.34
L        1.1.34.3/32 is directly connected, FastEthernet0/0.34
```

라우팅 테이블에서 확인할 수 있는 것처럼, 1.1.1.0/24 네트워크에 대해서 R2(1.1.2.2)와 R4(1.1.4.4)
간에 iBGP 부하 분산이 일어난다. 동시에 R2로 전송되는 트래픽은 다시 OSPF에 의해서 부하 분산이
구현된다.

DMZ 링크 대역폭 기능을 사용하면 eBGP 및 iBGP 네이버 모두가 DMZ의 대역폭에 따라서 언이퀄
코스트 라우팅이 일어난다. 만약, iBGP간을 연결하는 링크의 속도가 적절히 설정되어 있거나, 충분히
빠르다면 DMZ 링크 대역폭 기능은 아주 훌륭한 BGP 부하 분산 기능을 제공한다. 그러나, 다음
그림과 같이 R4와 R3간을 연결하는 iBGP 라우터 간의 속도를 빠르게 해도, 실제 외부 AS로 라우팅되는
트래픽은 DMZ 구간의 대역폭에 따라 결정된다.

그림 8-36 DMZ 링크 대역폭 기능을 사용한 BGP 부하 분산

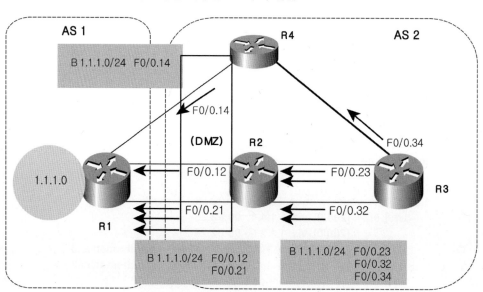

이상으로 DMZ 링크 대역폭 기능을 이용한 BGP 부하 분산에 대하여 살펴보았다.

소규모 BGP 네트워크에서의 부하 분산

대부분의 소규모 네트워크에서는 AS내부의 모든 라우터에서 BGP를 동작시킬 필요가 없다.

그림 8-37 소규모 네트워크에서의 BGP 구현 범위

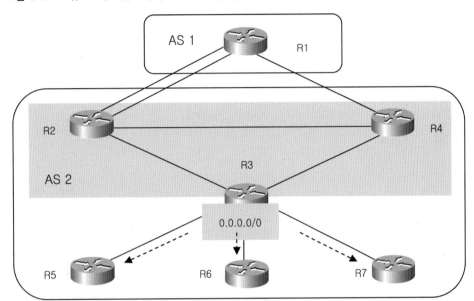

특히, 일반 기업체에서 BGP 링크 대역폭 기능을 이용하여 부하 분산을 구현하려면 앞의 그림과 같이
BGP 부하 분산 트래픽이 분기되는 지점인 R3까지만 BGP를 설정하면 된다. 나머지 라우터들인 R5,
R6, R7은 BGP를 동작시키지 않고, 대신 R3에서 디폴트 루트 등을 생성하여 전달하면 최적 BGP
부하 분산이 구현된다.

ISP로부터의 네트워크 광고 수신 방법

일반 기업체나 대학, 관공서 등이 ISP로부터 BGP 네트워크 광고를 수신하는 방법은 다음과 같이
크게 세가지 경우로 나누어 생각할 수 있다.

● 모든 네트워크를 다 수신하는 경우

라우터의 성능이 충분한 경우 ISP로부터 모든 BGP 네트워크에 대한 광고를 다 수신하면 된다. ISP 내부에서도 전세계 네트워크 정보를 모두 가지고 있는 것은 트랜짓과 연결되는 소수의 라우터뿐이다. 일반 BGP 고객들과 연결되는 ISP의 BGP 라우터들은 국내 BGP 네트워크 정보와 디폴트 루트만 가지고 있고, 이것으로 충분하다. 현재, 국내 BGP 네트워크의 수는 수만개 정도이다.

● 일부 상세 경로와 디폴트 루트를 수신하는 경우

특정 네트워크에 대해서만 외부로 라우팅되는 경로를 조정할 필요가 있는 경우, 일부 상세 경로와 디폴트 루트를 수신하면 된다.

● 디폴트 루트만 수신하는 경우

특정한 네트워크에 대해서 출력 경로를 조정할 필요가 없는 경우에는 디폴트 루트만 수신하면 된다.

이상으로 BGP의 부하 분산 기능에 대해서 살펴보았다.

BGP 네트워크 보안

BGP 네트워크는 다른 조직의 네트워크와 연결되므로 보안이 중요하다. BGP 네트워크의 보안을 위해서 많은 제안과 연구가 이루어지고 있지만 아직까지 만족할 만한 대책이 없는 실정이다. 그러나, 기존의 방법이라도 현재 상황에서 최대한의 보안 대책을 세우는 것이 중요하다. 일반적으로 사용가능한 BGP 네트워크의 보안 대책은 다음과 같은 것들이 있다.

● 특정 네트워크에 대한 광고 차단

● eBGP 설정시 TTL 값 제한

● BGP 메시지 인증

● 최대 수신 프리픽스 수 제한

여기서는 이 중에서 아직까지 설명하지 않은 BGP 메시지 인증과 최대 수신 프리픽스(prefix) 수를 제한하는 방법에 대해서 살펴본다. 또, 보안과는 관계가 없지만 알고 있으면 유용한 사설 AS 번호를 제거하는 방법과 로컬 AS 번호를 설정하는 것에 대해서도 살펴보자.

사설 AS 번호 제거하기

사설 AS 번호는 컨페더레이션을 설정할 때 사용하거나, 다음 그림의 AS 65001과 같이 하나의 ISP에만

BGP 접속을 할 때 사용한다. 라우팅 정보가 컨페더레이션 외부로 전송될 때에는 자동으로 사설 AS 번호가 제거된다. 그러나, 컨페더레이션을 사용하지 않을 때에는 자동으로 사설 AS 번호가 제거되지 않으므로 ISP에서 다른 ISP로 BGP 네트워크를 광고할 때에는 사설 AS 번호를 제거해 주어야 한다. 사설 AS 번호를 제거하는 방법에 대해서 알아보기 위하여 다음 그림과 같이 기본적인 BGP 네트워크를 설정한다.

그림 8-38 사설 AS 번호 제거를 위한 기본 네트워크

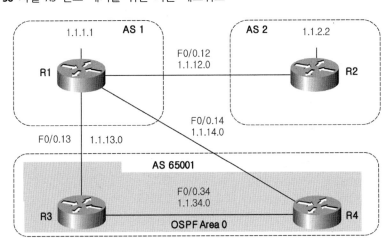

먼저, 스위치에서 필요한 VLAN을 만들고, 트렁킹을 설정한다.

예제 8-242 스위치 설정

```
SW1(config)# vlan 12,13,14,34
SW1(config-vlan)# exit

SW1(config)# int range f1/1 - 4
SW1(config-if-range)# switchport trunk encap dot
SW1(config-if-range)# switchport mode trunk
```

각 라우터에서 인터페이스를 설정하고 IP 주소를 부여한다.

예제 8-243 인터페이스 설정 및 IP 주소 부여

```
R1(config)# int lo0
R1(config-if)# ip address 1.1.1.1 255.255.255.0
R1(config-if)# int f0/0
R1(config-if)# no shut
R1(config-if)# int f0/0.12
R1(config-subif)# encap dot 12
R1(config-subif)# ip address 1.1.12.1 255.255.255.0
R1(config-subif)# int f0/0.13
R1(config-subif)# encap dot 13
R1(config-subif)# ip address 1.1.13.1 255.255.255.0
R1(config-subif)# int f0/0.14
R1(config-subif)# encap dot 14
R1(config-subif)# ip address 1.1.14.1 255.255.255.0

R2(config)# int lo0
R2(config-if)# ip address 1.1.2.2 255.255.255.0
R2(config-if)# int f0/0
R2(config-if)# no shut
R2(config-if)# int f0/0.12
R2(config-subif)# encap dot 12
R2(config-subif)# ip address 1.1.12.2 255.255.255.0

R3(config)# int lo0
R3(config-if)# ip address 1.1.3.3 255.255.255.0
R3(config-if)# int f0/0
R3(config-if)# no shut
R3(config-if)# int f0/0.13
R3(config-subif)# encap dot 13
R3(config-subif)# ip address 1.1.13.3 255.255.255.0
R3(config-subif)# int f0/0.34
R3(config-subif)# encap dot 34
R3(config-subif)# ip address 1.1.34.3 255.255.255.0

R4(config)# int lo0
R4(config-if)# ip address 1.1.4.4 255.255.255.0
R4(config-if)# int f0/0
R4(config-if)# no shut
R4(config-if)# int f0/0.14
R4(config-subif)# encap dot 14
R4(config-subif)# ip address 1.1.14.4 255.255.255.0
R4(config-subif)# int f0/0.34
```

```
R4(config-subif)# encap dot 34
R4(config-subif)# ip address 1.1.34.4 255.255.255.0
```

설정이 끝나면 각 라우터에서 넥스트 홉 IP 주소까지의 통신을 핑으로 확인한다. 다음에는 R3, R4에서
OSPF 에어리어 0을 설정한다.

예제 8-244 OSPF 설정

```
R3(config)# router ospf 1
R3(config-router)# router-id 1.1.3.3
R3(config-router)# network 1.1.3.3 0.0.0.0 area 0
R3(config-router)# network 1.1.13.3 0.0.0.0 area 0
R3(config-router)# network 1.1.34.3 0.0.0.0 area 0
R3(config-router)# passive-interface f0/0.13
R3(config-router)# exit

R3(config)# int lo0
R3(config-if)# ip ospf network point-to-point

R4(config)# router ospf 1
R4(config-router)# router-id 1.1.4.4
R4(config-router)# network 1.1.4.4 0.0.0.0 area 0
R4(config-router)# network 1.1.14.4 0.0.0.0 area 0
R4(config-router)# network 1.1.34.4 0.0.0.0 area 0
R4(config-router)# passive-interface f0/0.14
R4(config-router)# exit

R4(config)# int lo0
R4(config-if)# ip ospf network point-to-point
```

각 라우터에서 다음과 같이 BGP를 설정한다.

예제 8-245 BGP 설정

```
R1(config)# router bgp 1
R1(config-router)# bgp router-id 1.1.1.1
R1(config-router)# network 1.1.1.0 mask 255.255.255.0
R1(config-router)# neighbor 1.1.12.2 remote-as 2
```

```
R1(config-router)# neighbor 1.1.13.3 remote-as 65001
R1(config-router)# neighbor 1.1.14.4 remote-as 65001

R2(config)# router bgp 2
R2(config-router)# bgp router-id 1.1.2.2
R2(config-router)# network 1.1.2.0 mask 255.255.255.0
R2(config-router)# neighbor 1.1.12.1 remote-as 1

R3(config)# router bgp 65001
R3(config-router)# bgp router-id 1.1.3.3
R3(config-router)# network 1.1.3.0 mask 255.255.255.0
R3(config-router)# neighbor 1.1.13.1 remote-as 1
R3(config-router)# neighbor 1.1.4.4 remote-as 65001
R3(config-router)# neighbor 1.1.4.4 update-source loopback 0

R4(config)# router bgp 65001
R4(config-router)# bgp router-id 1.1.4.4
R4(config-router)# network 1.1.4.0 mask 255.255.255.0
R4(config-router)# neighbor 1.1.14.1 remote-as 1
R4(config-router)# neighbor 1.1.3.3 remote-as 65001
R4(config-router)# neighbor 1.1.3.3 update-source loopback 0
```

설정 후 AS 2에 소속된 R2에서 BGP 테이블을 확인해 보면 다음과 같이 AS 65001에서 출발한
1.1.3.0, 1.1.4.0 네트워크의 AS 경로에 사설 AS 번호가 기록되어 있다.

예제 8-246 R2의 BGP 테이블

```
R2# show ip bgp
    (생략)

   Network          Next Hop          Metric   LocPrf Weight Path
*> 1.1.1.0/24       1.1.12.1          0                    0 1 i
*> 1.1.2.0/24       0.0.0.0           0               32768 i
*> 1.1.3.0/24       1.1.12.1                             0 1 65001 i
*> 1.1.4.0/24       1.1.12.1                             0 1 65001 i
```

사설 AS 번호를 가진 BGP 광고가 다른 AS로 전송되면 BGP 라우팅시 혼란이 일어날 수 있다.
따라서, 다음과 같이 AS 1에서 AS 2로 BGP 광고를 보낼 때 remove-private-AS 명령어를 이용하여
사설 AS 번호를 제거해야 한다.

예제 8-247 BGP 광고 전송시 사설 AS 번호 제거하기

```
R1(config)# router bgp 1
R1(config-router)# neighbor 1.1.12.2 remove-private-AS
```

설정 후 R2에서 확인해 보면 AS 65001에서 시작된 1.1.3.0, 1.1.4.0 네트워크의 AS 경로를 보면 사설 AS 번호가 제거되고, 마치 AS1에서 시작된 네트워크로 보인다.

예제 8-248 R2의 BGP 테이블

```
R2# show ip bgp
    (생략)

    Network          Next Hop          Metric  LocPrf Weight Path
*>  1.1.1.0/24       1.1.12.1          0              0 1 i
*>  1.1.2.0/24       0.0.0.0           0          32768 i
*>  1.1.3.0/24       1.1.12.1                       0 1 i
*>  1.1.4.0/24       1.1.12.1                       0 1 i
```

이상으로 인터넷 망에서 사설 AS 번호를 제거하는 방법에 대하여 살펴보았다.

BGP 인증

서로 다른 AS을 연결하는 지점에 대한 정보는 비교적 쉽게 얻을 수 있기 때문에 특히 eBGP간의 연결은 보안에 취약하다. 따라서, eBGP간의 네이버 인증은 거의 필수적이라고 생각할 수 있다. BGP 메시지를 인증하는 방법은 그 중요성에 비해서 대단히 쉬우며, 평문 보안이 아닌 MD5 인증 기능만을 사용한다. BGP 네이버를 인증하려면 네이버 설정시 **password** 옵션을 사용하면 된다. 예를 들어, AS 1과 AS 2간에 'VerySecure'라는 패스워드를 사용하여 BGP 네이버 인증을 구현하려면 다음과 같이 설정한다.

예제 8-249 BGP 네이버 인증하기

```
R1(config)# router bgp 1
R1(config-router)# neighbor 1.1.12.2 password VerySecure
```

```
R2(config)# router bgp 2
R2(config-router)# neighbor 1.1.12.1 password VerySecure
```

이상으로 BGP 인증에 대하여 살펴보았다.

로컬 AS

앞 그림과 같은 네트워크에서 AS 1이 AS 2로 합병된 경우를 생각해 보자. 그러면, 다음 그림과 같이 R1이 AS 2에 소속된다. 그러나, AS 65001과 같이 기존에 AS 1에 소속된 고객 AS가 많아서, 당분간 고객 AS에서는 BGP 설정을 변경하지 않으려고 할 때 로컬 AS(local AS) 기능을 사용하면 된다.

그림 8-39 BGP AS 번호가 변경된 네트워크

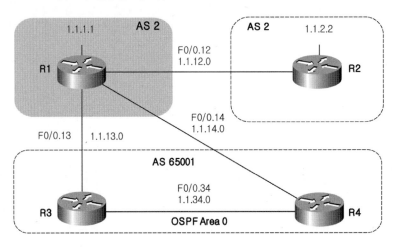

이 경우 R1이 AS 65001에 소속된 라우터들과 BGP 네이버를 맺을 때 기존의 AS 번호를 가진 것처럼 동작한다. 로컬 AS를 테스트하기 위하여 다음과 같이 R1과 R2의 BGP 설정을 수정한다. 즉, R1을 AS 2에 소속되게 설정한다.

예제 8-250 R1의 BGP AS 번호 변경하기

```
R2(config)# router bgp 2
```

```
R2(config-router)# neighbor 1.1.12.1 remote-as 2

R1(config)# no router bgp 1
R1(config)# router bgp 2
R1(config-router)# bgp router-id 1.1.1.1
R1(config-router)# network 1.1.1.0 mask 255.255.255.0
R1(config-router)# neighbor 1.1.12.2 remote-as 2
```

R1에서 AS 65001에 대해서 로컬 AS를 설정하려면 다음과 같이 local-as 옵션을 사용하면 된다.

예제 8-251 로컬 AS 설정하기

```
R1(config-router)# neighbor 1.1.13.3 remote-as 65001
R1(config-router)# neighbor 1.1.13.3 local-as 1
R1(config-router)# neighbor 1.1.14.4 remote-as 65001
R1(config-router)# neighbor 1.1.14.4 local-as 1
```

설정 후 R3에서 확인해 보면 다음과 같이 R1에서 수신한 네트워크의 AS 경로에 AS 번호 1이 추가되어 있다.

예제 8-252 R3의 BGP 테이블

```
R3# show ip bgp
    (생략)

   Network          Next Hop          Metric  LocPrf Weight Path
 * i 1.1.1.0/24      1.1.14.1             0      100     0 1 2 i
 *>                  1.1.13.1             0              0 1 2 i
```

R1도 AS 65001에서 라우팅 정보를 수신하면서 다음과 같이 AS 경로에 1을 추가한다.

예제 8-253 R1의 BGP 테이블

```
R1# show ip bgp
    (생략)

   Network          Next Hop          Metric  LocPrf Weight Path
```

```
*>  1.1.1.0/24      0.0.0.0            0         32768  i
*>i 1.1.2.0/24      1.1.12.2          0    100      0  i
*   1.1.3.0/24      1.1.14.4                         0  1 65001 i
*>                  1.1.13.3          0              0  1 65001 i
```

그러나, 다음과 같이 **no-prepend** 옵션을 사용하면, R1이 로컬 AS가 설정된 eBGP 네이버인 R3, R4로부터 수신하는 광고에는 로컬 AS 번호를 추가하지 않는다.

예제 8-254 수신하는 광고에는 로컬 AS 번호를 추가하지 않기

```
R1(config)# router bgp 2
R1(config-router)# neighbor 1.1.13.3 local-as 1 no-prepend
R1(config-router)# neighbor 1.1.14.4 local-as 1 no-prepend
```

설정 후 R1의 BGP 테이블을 확인해보면 AS 65001에서 수신한 광고에 로컬 AS 번호가 없다.

예제 8-255 R1의 BGP 테이블

```
R1# show ip bgp
  (생략)

    Network        Next Hop        Metric   LocPrf  Weight  Path
*>  1.1.1.0/24     0.0.0.0            0              32768  i
*>i 1.1.2.0/24     1.1.12.2          0     100         0  i
*   1.1.3.0/24     1.1.13.3          0                 0  65001 i
*>                 1.1.14.4                            0  65001 i
*   1.1.4.0/24     1.1.13.3                            0  65001 i
*>                 1.1.14.4          0                 0  65001 i
```

이상으로 BGP의 로컬 AS 기능에 대하여 살펴보았다.

최대 수신 네트워크 제한

특정 네이버를 통해서 광고받는 최대 BGP 네트워크의 수를 제한할 수 있다. 최대 수신 네트워크 제한시 다음과 같은 옵션들을 사용할 수 있다.

예제 8-256 최대 수신 네트워크 수 제한 옵션

```
R4(config-router)# neighbor 1.1.14.1 maximum-prefix 1000 ?
①   <1-100>        Threshold value (%) at which to generate a warning msg
②   restart        Restart bgp connection after limit is exceeded
③   warning-only   Only give warning message when limit is exceeded
④   <cr>
```

① 광고받은 네트워크 수량이 초과되었다는 경고 메시지를 표시하는 임계치를 지정한다.

② 제한치를 초과하면 상대 라우터와의 세션을 끊고 다시 시작한다.

③ 제한치를 초과하면 경고 메시지만 표시한다.

④ 기본값으로 동작시킨다. 즉, 광고되는 네트워크 수가 제한치의 75%에 이르면 경고 메시지를 표시하고, 제한치를 초과하면 네이버 관계를 끊고 다시 연결하지 않는다. 다음과 같이 R4에서 R1을 통해 수신하는 BGP 네트워크의 수를 10으로 제한해 보자.

예제 8-257 수신하는 BGP 네트워크의 수를 10으로 제한하기

```
R4(config-router)# neighbor 1.1.14.1 maximum-prefix 10
```

테스트를 위하여 R1에서 9개의 네트워크를 만들고, 이 중 6개를 BGP에 포함시켜 보자. 그러면 기존의 2개(1.1.1.0, 1.1.2.0)과 합쳐 8개의 광고가 R4로 전송된다.

예제 8-258 테스트를 위한 네트워크 추가하기

```
R1(config)# int lo1
R1(config-if)# ip add 2.2.1.1 255.255.255.0
R1(config-if)# ip add 2.2.2.2 255.255.255.0 secondary
R1(config-if)# ip add 2.2.3.3 255.255.255.0 secondary
R1(config-if)# ip add 2.2.4.4 255.255.255.0 secondary
R1(config-if)# ip add 2.2.5.5 255.255.255.0 secondary
R1(config-if)# ip add 2.2.6.6 255.255.255.0 secondary
R1(config-if)# ip add 2.2.7.7 255.255.255.0 secondary
R1(config-if)# ip add 2.2.8.8 255.255.255.0 secondary
R1(config-if)# ip add 2.2.9.9 255.255.255.0 secondary
R1(config-if)# exit
```

```
R1(config)# router bgp 2
R1(config-router)# network 2.2.1.0 mask 255.255.255.0
R1(config-router)# network 2.2.2.0 mask 255.255.255.0
R1(config-router)# network 2.2.3.0 mask 255.255.255.0
R1(config-router)# network 2.2.4.0 mask 255.255.255.0
R1(config-router)# network 2.2.5.0 mask 255.255.255.0
R1(config-router)# network 2.2.6.0 mask 255.255.255.0
```

잠시 후 R4의 화면에 다음과 같이 수신한 네트워크 수가 8을 초과했다는 경고 메시지가 표시된다.

예제 8-259 수신한 네트워크 수가 설정치의 75%를 초과했다는 경고 메시지

```
%BGP-4-MAXPFX: No. of prefix received from 1.1.14.1 (afi 0) reaches 8, max 10
```

계속해서 R1에서 3개의 네트워크를 더 BGP에 추가해보자.

예제 8-260 테스트를 위한 네트워크 추가

```
R1(config-router)# network 2.2.7.0 mask 255.255.255.0
R1(config-router)# network 2.2.8.0 mask 255.255.255.0
R1(config-router)# network 2.2.9.0 mask 255.255.255.0
```

잠시 후 다음과 같이 광고받은 네트워크의 수가 초과했다는 메시지와 함께 R1(1.1.14.1)과의 네이버 관계를 끊는다.

예제 8-261 네트워크 수가 설정치를 초과하면 네이버 관계를 끊는다

```
%BGP-3-MAXPFXEXCEED: No. of prefix received from 1.1.14.1 (afi 0): 11 exceed limit 10
%BGP-5-ADJCHANGE: neighbor 1.1.14.1 Down BGP Notification sent
%BGP-3-NOTIFICATION: sent to neighbor 1.1.14.1 3/1 (update malformed) 0 bytes
```

다시 네이버 관계를 맺으려면, 전송되는 네트워크의 수를 줄인 다음, **clear ip bgp** 명령어를 사용해야 한다.

BGP 설정 사례

현재 전세계에 할당된 AS 번호의 수는 6만개가 넘는다. 이렇게 많은 AS들이 그물과 같이 연결되어 인터넷을 구성하고 있다. BGP는 다음과 같은 서로 상반된 두 가지의 가정하에 동작하고 있다.

'다른 AS의 관리자가 BGP에 대해서 잘 알고 있으며, 선의의 정책을 운용한다.'

'다른 AS의 관리자가 BGP에 대해서 잘 모를 수 있으며, 선의의 정책을 운용하지 않을 수도 있다.'

많은 BGP 관리자들이 다른 AS에서 광고하는 BGP 네트워크 정보를 그대로 받아들인다. 특히 동일한 통신 사업자 간에는 별도의 검증없이 상대 AS의 BGP 업데이트를 수용하는 경우가 많다. 이는, 상대 AS에서 BGP를 제대로 동작시키고 있다고 가정하기 때문이다.

그러나, 어떤 AS에서는 BGP 정책이 잘못 설정되어 있을 수도 있고, 고의 또는 사고로 인하여 남의 프리픽스 정보를 광고할 수 있다. 이 경우, 해당 프리픽스는 통신이 두절되고, 심하면 전체 인터넷이 동작하지 않을 수도 있다. 따라서, 이에 대비하여 가능한 한 여러 가지 대비책을 강구하는 것이 필요하다. IGP와 달리 BGP는 전세계의 네트워크가 모두 연결되어 있다. 따라서, 한 인터넷 사업자 망에서 잘못된 정책이 적용되었을 때 이론적으로는 전세계 인터넷에 장애가 발생할 수도 있다. 실제, 전세계적으로 크고 작은 BGP 관련 사고가 자주 발생하며, 우리나라도 예외가 아니다.

이번 절에서는 4개의 AS를 실제 인터넷과 유사하게 연결하여 BGP 정책을 설정하고, 이를 적용해 보기로 한다.

테스트 네트워크 구성

다음 네트워크 구성과 같이 4개의 AS로 이루어진 망에서 각 역할 별로 필요한 설정을 해 보기로 한다.

그림 8-40 테스트 네트워크 구성

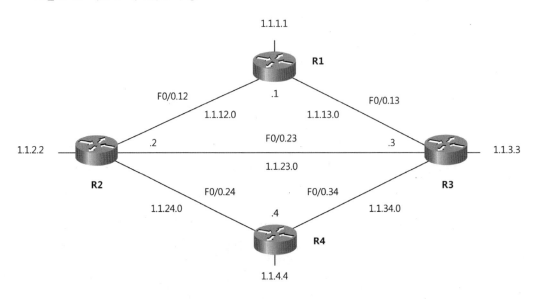

모든 IP 주소의 서브넷 마스크는 24비트로 설정한다. 각 라우터에서 루프백 인터페이스를 만들고 IP 주소 1.1.X.X/24를 부여한다. X는 라우터 번호이다. 라우터 사이의 연결은 이더넷 서브 인터페이스를 사용하기로 한다. 또, 서브 인터페이스 번호, 서브넷 번호 및 VLAN 번호는 동일한 것을 사용한다. 먼저, 다음과 같이 스위치에서 VLAN을 설정하고, 각 라우터와 연결되는 인터페이스를 트렁크로 설정한다.

예제 8-262 스위치 설정

```
SW1(config)# vlan 12
SW1(config-vlan)# vlan 13
SW1(config-vlan)# vlan 23
SW1(config-vlan)# vlan 24
SW1(config-vlan)# vlan 34
SW1(config-vlan)# exit

SW1(config)# interface range f1/1 - 4
SW1(config-if-range)# switchport trunk encapsulation dot1q
SW1(config-if-range)# switchport mode trunk
```

다음과 같이 각 라우터의 인터페이스에 IP 주소를 부여한다. R1의 설정은 다음과 같다.

예제 8-263 R1 설정

```
R1(config)# interface lo0
R1(config-if)# ip address 1.1.1.1 255.255.255.0
R1(config-if)# exit

R1(config)# interface f0/0
R1(config-if)# no shut
R1(config-if)# exit

R1(config)# interface f0/0.12
R1(config-subif)# encapsulation dot1Q 12
R1(config-subif)# ip address 1.1.12.1 255.255.255.0
R1(config-subif)# exit

R1(config)# interface f0/0.13
R1(config-subif)# encapsulation dot1Q 13
R1(config-subif)# ip address 1.1.13.1 255.255.255.0
```

R2의 설정은 다음과 같다.

예제 8-264 R2 설정

```
R2(config)# interface lo0
R2(config-if)# ip address 1.1.2.2 255.255.255.0
R2(config-if)# exit

R2(config)# interface f0/0
R2(config-if)# no shut
R2(config-if)# exit

R2(config)# interface f0/0.12
R2(config-subif)# encapsulation dot1Q 12
R2(config-subif)# ip address 1.1.12.2 255.255.255.0
R2(config-subif)# exit

R2(config)# interface f0/0.23
R2(config-subif)# encapsulation dot1Q 23
R2(config-subif)# ip address 1.1.23.2 255.255.255.0
R2(config-subif)# exit
```

```
R2(config)# interface f0/0.24
R2(config-subif)# encapsulation dot1Q 24
R2(config-subif)# ip address 1.1.24.2 255.255.255.0
```

R3의 설정은 다음과 같다.

예제 8-265 R3 설정

```
R3(config)# interface lo0
R3(config-if)# ip address 1.1.3.3 255.255.255.0
R3(config-if)# exit

R3(config)# interface f0/0
R3(config-if)# no shut
R3(config-if)# exit

R3(config)# interface f0/0.13
R3(config-subif)# encapsulation dot1Q 13
R3(config-subif)# ip address 1.1.13.3 255.255.255.0
R3(config-subif)# exit

R3(config)# interface f0/0.23
R3(config-subif)# encapsulation dot1Q 23
R3(config-subif)# ip address 1.1.23.3 255.255.255.0
R3(config-subif)# exit

R3(config)# interface f0/0.34
R3(config-subif)# encapsulation dot1Q 34
R3(config-subif)# ip address 1.1.34.3 255.255.255.0
```

R4의 설정은 다음과 같다.

예제 8-266 R4 설정

```
R4(config)# interface lo0
R4(config-if)# ip address 1.1.4.4 255.255.255.0
R4(config-if)# exit
```

```
R4(config)# interface f0/0
R4(config-if)# no shut
R4(config-if)# exit

R4(config)# interface f0/0.24
R4(config-subif)# encapsulation dot1Q 24
R4(config-subif)# ip address 1.1.24.4 255.255.255.0
R4(config-subif)# exit

R4(config)# interface f0/0.34
R4(config-subif)# encapsulation dot1Q 34
R4(config-subif)# ip address 1.1.34.4 255.255.255.0
```

IP 주소 부여가 끝나면 각 라우터의 라우팅 테이블을 확인하고, 인접한 IP 주소까지의 통신을 핑으로 확인한다. 예를 들어, R2의 라우팅 테이블은 다음과 같다.

예제 8-267 R2의 라우팅 테이블

```
R2# show ip route
     (생략)

Gateway of last resort is not set

     1.0.0.0/24 is subnetted, 4 subnets
C       1.1.2.0 is directly connected, Loopback0
C       1.1.12.0 is directly connected, FastEthernet0/0.12
C       1.1.23.0 is directly connected, FastEthernet0/0.23
C       1.1.24.0 is directly connected, FastEthernet0/0.24
```

R2에서 인접한 IP 주소까지의 통신을 다음과 같이 핑으로 확인한다.

예제 8-268 핑 확인

```
R2# ping 1.1.12.1
R2# ping 1.1.23.3
R2# ping 1.1.24.4
```

이제, BGP 설정을 위한 네트워크가 완성되었다.

기본적인 BGP 설정

다음 그림과 같이 각 라우터에서 기본적인 BGP를 설정한다.

그림 8-41 BGP 네트워크

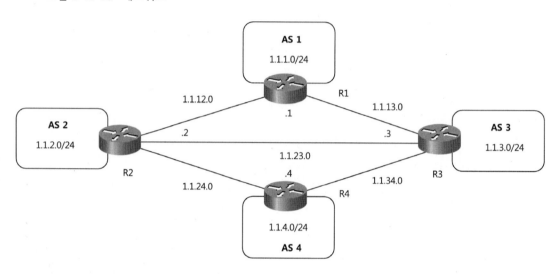

R1의 설정은 다음과 같다.

예제 8-269 R1 BGP 설정

```
R1(config)# router bgp 1
R1(config-router)# bgp router-id 1.1.1.1
R1(config-router)# network 1.1.1.0 mask 255.255.255.0
R1(config-router)# neighbor 1.1.12.2 remote-as 2
R1(config-router)# neighbor 1.1.13.3 remote-as 3
R1(config-router)# exit
```

R2의 설정은 다음과 같다.

예제 8-270 R2 BGP 설정

```
R2(config)# router bgp 2
R2(config-router)# bgp router-id 1.1.2.2
R2(config-router)# network 1.1.2.0 mask 255.255.255.0
R2(config-router)# neighbor 1.1.12.1 remote-as 1
R2(config-router)# neighbor 1.1.23.3 remote-as 3
R2(config-router)# neighbor 1.1.24.4 remote-as 4
R2(config-router)# exit
```

R3의 설정은 다음과 같다.

예제 8-271 R3 BGP 설정

```
R3(config)# router bgp 3
R3(config-router)# bgp router-id 1.1.3.3
R3(config-router)# network 1.1.3.0 mask 255.255.255.0
R3(config-router)# neighbor 1.1.13.1 remote-as 1
R3(config-router)# neighbor 1.1.23.2 remote-as 2
R3(config-router)# neighbor 1.1.34.4 remote-as 4
R3(config-router)# exit
```

R4의 설정은 다음과 같다.

예제 8-272 R4 BGP 설정

```
R4(config)# router bgp 4
R4(config-router)# bgp router-id 1.1.4.4
R4(config-router)# network 1.1.4.0 mask 255.255.255.0
R4(config-router)# neighbor 1.1.24.2 remote-as 2
R4(config-router)# neighbor 1.1.34.3 remote-as 3
R4(config-router)# exit
```

기본적인 BGP 설정이 끝나면 각 라우터에서 **show ip bgp summary** 명령어를 사용하여 BGP 네이버가 제대로 동작하는지 확인한다. 예를 들어, R2에서의 확인 결과는 다음과 같다.

예제 8-273 R2 BGP 네이버

```
R2# show ip bgp summary
    (생략)

Neighbor      V    AS MsgRcvd MsgSent TblVer  InQ OutQ Up/Down    State/PfxRcd
1.1.12.1      4    1      10      10       5    0    0  00:03:49         2
1.1.23.3      4    3      10      10       5    0    0  00:02:39         3
1.1.24.4      4    4      10      10       5    0    0  00:02:07         2
```

또, 다음과 같이 show ip bgp 명령어를 사용하여 모든 네트워크가 BGP 테이블에 있는지 확인한다.

예제 8-274 R2 BGP 테이블

```
R2# show ip bgp
    (생략)
    Network          Next Hop           Metric LocPrf Weight   Path
 *  1.1.1.0/24       1.1.23.3                           0      3 1 i
 *>                  1.1.12.1                0          0      1 i
 *> 1.1.2.0/24       0.0.0.0                 0      32768      i
 *  1.1.3.0/24       1.1.24.4                           0      4 3 i
 *                   1.1.12.1                           0      1 3 i
 *>                  1.1.23.3                0          0      3 i
 *  1.1.4.0/24       1.1.23.3                           0      3 4 i
 *>                  1.1.24.4                0          0      4 i
```

이제, 기본적인 BGP 설정이 완료되었다.

역할 및 정책에 따른 BGP 망의 분류

4개의 AS 중 AS1은 전세계의 BGP 네트워크를 연결시켜 주는 통신 사업자라고 가정한다. 또, AS2와
AS3은 국내의 ISP(Internet Service Provider)이고, AS4는 기업체, 학교, 정부기관 등 최종 BGP
고객이라고 가정한다. 일반적으로 ISP에서는 BGP 피어를 다음 그림과 같이 트랜짓(transit), 피어
(peer) 및 커스터머(customer)로 구분한다.

그림 8-42 역할 및 정책에 따른 BGP 망의 분류

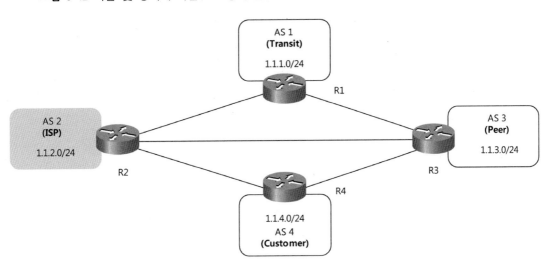

즉, AS2의 입장에서 AS4와 같이 직접 접속되어 있는 최종 BGP 고객을 커스터머라고 한다. 또, AS3과 같이 직접 접속되어 있는 동일한 통신 사업자를 피어라고 하며, AS1과 같이 피어와 커스터머를 제외한 나머지 네트워크를 연결해주는 사업자를 트랜짓이라고 한다.

ISP들은 경우에 따라 다르지만 보통 한두개의 트랜짓과 수십 또는 수백개의 피어와 커스터머들과 연결되어 있다. 또, 트랜짓, 피어, 커스터머 외에도 상대 네트워크와 협의된 정책에 따라 더 세분화된 분류 방식을 사용하기도 한다.

네트워크 종류별 라우팅 정책 설정 및 구현

이번 절에서는 트랜짓, 피어 및 커스터머 BGP 네트워크별로 라우팅 정책을 설정하고, 이를 직접 구현해 보자.

트랜짓, 피어 및 커스터머별 라우팅 정책

AS2에서는 커스터머인 AS4를 위하여 다음과 같이 트래픽을 라우팅시켜야 한다.

그림 8-43 커스터머 AS4를 위한 라우팅

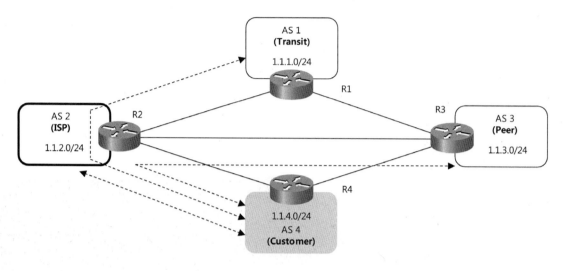

즉, ISP인 AS2는 커스터머인 AS4가 국내외의 모든 인터넷과 통신을 할 수 있도록 해주어야 한다.
또, AS2는 AS2 내부 네트워크도 다음과 같이 라우팅시켜야 한다. 이 때 AS2의 내부 네트워크는
AS2 조직 내부에서 사용하는 것들도 있지만 AS2와 정적 경로를 이용하여 연결된 고객들의 네트워크
및 xDSL, 케이블 망 등을 통하여 연결된 고객들의 네트워크도 포함된다.

그림 8-44 내부 네트워크를 위한 라우팅

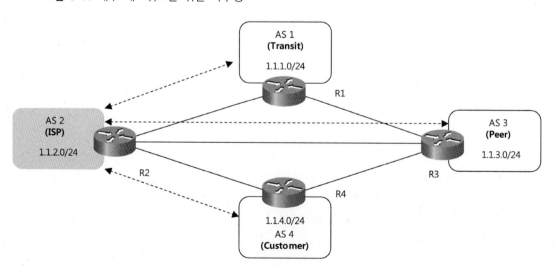

많은 경우에 다음과 같은 라우팅은 차단한다.

그림 8-45 라우팅 차단

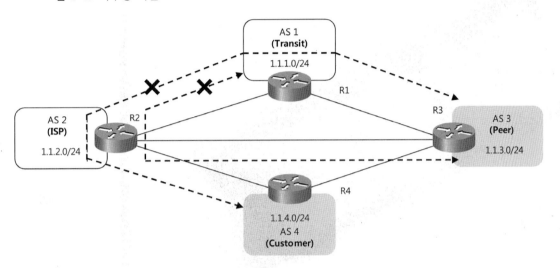

즉, AS3과 같이 다른 ISP인 피어가 AS2를 이용하여 해외와 통신하는 것과, 커스터머인 AS4가 AS2를 경유한 해외망을 통하여 국내의 피어와 통신하는 것은 차단하는 것이 일반적이다.

트랜짓, 피어 및 커스터머별 라우팅 정책 구현

AS2에서 앞서 설명한 것과 같은 정책 목적을 달성하기 위한 BGP 설정에 대하여 살펴보자. ISP에서 BGP 정책을 설정할 때 주로 커뮤니티 속성을 사용한다. 그 이유는 조정해야 하는 네트워크 및 AS 수가 워낙 많으므로 프리픽스 리스트나 AS 경로 액세스 리스트만을 이용하려면 너무 복잡하기 때문이다. 이를 위하여 다음과 같이 트랜짓인 AS1에서 수신하는 모든 BGP 광고에 커뮤니티 값 2:100을 설정한 다음, 모든 피어에게 커뮤니티 값 2:100인 네트워크의 광고를 차단한다. 그러면, 피어인 AS3의 라우팅 테이블에 AS2를 경유하는 AS1 네트워크가 인스톨되지 않는다. 결과적으로 피어인 AS3이 AS2를 경유하여 해외망인 AS1과 통신하는 것이 차단된다.

그림 8-46 트랜짓 AS에 대한 BGP 정책

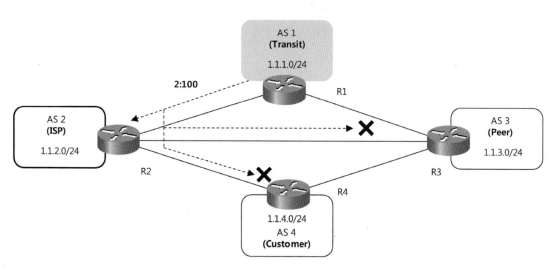

커스터머인 AS4에게는 트랜짓에서 수신한 BGP 광고를 전송할 수도 있지만 대신 디폴트 루트를 광고하는 것이 일반적이다. 왜냐하면 트랜짓에서 수신하는 BGP 네트워크의 수가 수십만개나 되고, 이렇게 많은 정보를 광고하면 커스터머의 라우터가 다운될 수도 있기 때문이다.

실제, ISP 내에 BGP가 동작하는 라우터가 수백대가 넘어도 트랜짓에서 수신한 전세계 네트워크 정보를 다 가지고 있는 것은 2대에서 4대 정도이다. 현재 BGP 라우터들이 광고하는 우리나라 국내의 네트워크 수는 대략 수만개 정도이다. 라우터들은 목적지가 국내인 네트워크라면 라우팅 테이블을 참조하여 해당 라우터로 전송하고, 나머지 네트워크로 가는 트래픽들은 디폴트 루트를 참조하여 트랜짓과 연결되는 라우터로 보내면 된다.

ISP인 AS2는 피어에게서 수신한 BGP 네트워크 정보는 다음 그림과 같이 커뮤니티 값 2:300을 부여한다. 이후, 커스터머인 AS4와 AS2의 내부 라우터들에게만 커뮤니티 값이 2:300인 라우팅 정보를 전송하고, 트랜짓에게는 전송하지 않는다. 그러면, 해외에서 피어로 가는 트래픽이 AS2를 이용하지 못하게 된다.

그러나, AS2 내부의 라우터나 커스터머의 라우터에는 AS3에서 수신하여 R2가 광고한 피어의 네트워크가 인스톨된다.

그림 8-47 피어 AS에 대한 BGP 정책

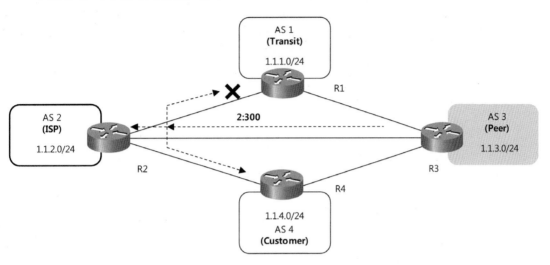

ISP인 AS2는 커스터머인 AS4에게서 수신한 BGP 네트워크 정보는 다음 그림과 같이 커뮤니티 값 2:400을 부여한다. 이후, 모든 트랜짓과 피어들에게 커뮤니티 값이 2:400인 라우팅 정보를 전송한다. 그러면, 국내외의 모든 BGP 라우터에 AS4의 네트워크가 인스톨되고, 결과적으로 커스터머는 국내뿐만 아니라 전세계의 모든 네트워크와 통신이 가능해 진다.

그림 8-48 커스터머 AS에 대한 BGP 정책

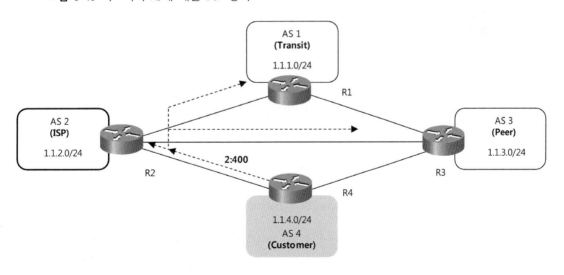

다음과 같이 피어들이나 피어에 접속된 커스터머 네트워크 광고가 트랜짓을 경유하여 들어오는 것은
AS 경로 액세스 리스트를 사용하여 차단한다.

그림 8-49 트랜짓 경유 트래픽 차단

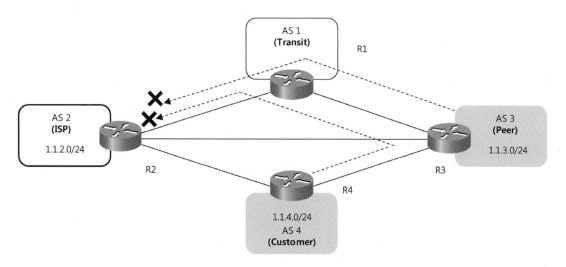

그 이유는 AS2와 직접 연관이 없는 트래픽들의 AS2 경유를 차단하기 위함이다.

각 AS에서의 BGP 정책 설정

앞서 설명한 내용을 직접 각 AS에서 설정, 적용해 보자. AS2의 BGP 정책 설정은 다음과 같다.

예제 8-275 AS2의 BGP 정책 설정

```
   R2(config)# ip bgp-community new-format
① R2(config)# ip community-list standard TRANSIT-COMMUNITY permit 2:100
   R2(config)# ip community-list standard PEER-COMMUNITY permit 2:300
   R2(config)# ip community-list standard CUSTOMER-COMMUNITY permit 2:400

② R2(config)# ip as-path access-list 1 deny 3
   R2(config)# ip as-path access-list 1 permit .*

③ R2(config)# ip prefix-list AS4-PREFIX permit 1.1.4.0/24
```

④ R2(config)# **route-map TRANSIT-INBOUND**
R2(config-route-map)# **set community 2:100**
R2(config-route-map)# **exit**

⑤ R2(config)# **route-map TRANSIT-OUTBOUND deny 10**
R2(config-route-map)# **match community PEER-COMMUNITY**
R2(config-route-map)# **exit**
R2(config)# **route-map TRANSIT-OUTBOUND permit 20**
R2(config-route-map)# **exit**

⑥ R2(config)# **route-map PEER-INBOUND**
R2(config-route-map)# **set community 2:300**
R2(config-route-map)# **exit**

⑦ R2(config)# **route-map PEER-OUTBOUND deny 10**
R2(config-route-map)# **match community TRANSIT-COMMUNITY**
R2(config-route-map)# **exit**
R2(config)# **route-map PEER-OUTBOUND permit 20**
R2(config-route-map)# **exit**

⑧ R2(config)# **route-map CUSTOMER-INBOUND**
R2(config-route-map)# **set community 2:400**
R2(config-route-map)# **exit**

⑨ R2(config)# **route-map CUSTOMER-OUTBOUND deny 10**
R2(config-route-map)# **match community TRANSIT-COMMUNITY**
R2(config-route-map)# **exit**
R2(config)# **route-map CUSTOMER-OUTBOUND permit 20**
R2(config-route-map)# **exit**

R2(config)# **router bgp 2**
R2(config-router)# **bgp router-id 1.1.2.2**
R2(config-router)# **network 1.1.2.0 mask 255.255.255.0**

⑩ R2(config-router)# **neighbor 1.1.12.1 remote-as 1**
R2(config-router)# **neighbor 1.1.12.1 password cisco**
R2(config-router)# **neighbor 1.1.12.1 filter-list 1 in**
R2(config-router)# **neighbor 1.1.12.1 route-map TRANSIT-INBOUND in**
R2(config-router)# **neighbor 1.1.12.1 route-map TRANSIT-OUTBOUND out**

⑪ R2(config-router)# **neighbor 1.1.23.3 remote-as 3**
R2(config-router)# **neighbor 1.1.23.3 password cisco**
R2(config-router)# **neighbor 1.1.23.3 route-map PEER-INBOUND in**

```
    R2(config-router)# neighbor 1.1.23.3 route-map PEER-OUTBOUND out
    R2(config-router)# neighbor 1.1.23.3 maximum-prefix 3000

⑫  R2(config-router)# neighbor 1.1.24.4 remote-as 4
    R2(config-router)# neighbor 1.1.24.4 password cisco
    R2(config-router)# neighbor 1.1.24.4 route-map CUSTOMER-INBOUND in
    R2(config-router)# neighbor 1.1.24.4 route-map CUSTOMER-OUTBOUND out
    R2(config-router)# neighbor 1.1.24.4 maximum-prefix 50
    R2(config-router)# neighbor 1.1.24.4 prefix-list AS4-PREFIX in
    R2(config-router)# neighbor 1.1.24.4 default-originate
    R2(config-router)# end

    R2# clear ip bgp * soft
```

① 커뮤니티 리스트를 이용하여 BGP 커뮤니티 값을 지정한다. 이 커뮤니티 리스트는 나중에 ⑤,
⑦, ⑨의 루트 맵에서 특정한 커뮤니티 값을 가진 네트워크는 네이버에게 광고되는 것을 차단하기
위하여 사용된다. 또, 커뮤니티 값은 ④, ⑥, ⑧의 루트 맵에서 네이버로부터 BGP 광고를 수신하면서
부여한 것들이다. 커뮤니티 값은 AS:NN의 형식을 많이 사용하며, NN 값은 AS 내부에서 관리자가
적당한 값을 일관성있게 정해 놓고 사용하면 된다.

② 그림 8-49와 같이 피어인 AS3을 통하여 트랜짓인 AS1이 광고받은 네트워크를 다시 AS2에게
광고할 때 이를 차단하기 위한 AS 경로 액세스 리스트이다.

③ 커스터머인 AS4로부터 광고받을 네트워크를 지정한다. 결과적으로 AS4가 엉뚱한 네트워크를
광고하여 장애가 발생하는 것을 예방할 수 있다.

④ AS2가 트랜짓에서 수신하는 모든 네트워크에 커뮤니티 값 2:100을 설정하게 하는 루트 맵이다.

⑤ AS2가 트랜짓으로 광고할 때 피어 네트워크는 제외하는 루트 맵이다. 결과적으로 트랜짓이 AS2를
통하여 피어에게 라우팅시키것을 차단한다.

⑥ AS2가 피어에서 수신하는 모든 네트워크에 커뮤니티 값 2:300을 설정하게 하는 루트 맵이다.

⑦ AS2가 피어에게 광고할 때 트랜짓 네트워크는 제외하는 루트 맵이다. 결과적으로 피어가 AS2를
통하여 트랜짓으로 라우팅시키것을 차단한다. ⑤번 설정과 더불어 트랜짓과 피어간의 트래픽이 AS2를
통과하는 것이 차단된다.

⑧ AS2가 커스터머에게서 수신하는 모든 네트워크에 커뮤니티 값 2:400을 설정하게 하는 루트 맵이다.

⑨ AS2가 커스터머에게 광고할 때 트랜짓 네트워크는 제외하는 루트 맵이다. 결과적으로 커스터머의

라우터에 불필요한 부하가 걸리는 것을 방지한다. 커스터머는 나중에 ISP가 광고하는 디폴트 루트를 통하여 트랜짓과 통신한다.

⑩ 앞서 설정한 정책을 트랜짓에게 적용한다.

⑪ 앞서 설정한 정책을 피어에게 적용한다. 더불어, 피어에게서 수신하는 최대 BGP 프리픽스 수를 적당하게 제한한다.

⑫ 앞서 설정한 정책을 커스터머에게 적용한다. 더불어, 커스터머에게서 수신하는 최대 BGP 프리픽스 수를 적당하게 제한하고, 디폴트 루트를 광고한다.

AS3의 BGP 정책 설정은 다음과 같다.

예제 8-276 AS3의 BGP 정책 설정

```
R3(config)# ip bgp-community new-format

R3(config)# ip community-list standard TRANSIT-COMMUNITY permit 3:100
R3(config)# ip community-list standard PEER-COMMUNITY permit 3:200
R3(config)# ip community-list standard CUSTOMER-COMMUNITY permit 3:400

R3(config)# ip as-path access-list 1 deny 2
R3(config)# ip as-path access-list 1 permit .*

R3(config)# route-map TRANSIT-INBOUND
R3(config-route-map)# set community 3:100
R3(config-route-map)# exit

R3(config)# route-map TRANSIT-OUTBOUND deny 10
R3(config-route-map)# match community PEER-COMMUNITY
R3(config-route-map)# exit
R3(config)# route-map TRANSIT-OUTBOUND permit 20
R3(config-route-map)# exit

R3(config)# route-map PEER-INBOUND
R3(config-route-map)# set community 3:200
R3(config-route-map)# exit

R3(config)# route-map PEER-OUTBOUND deny 10
R3(config-route-map)# match community TRANSIT-COMMUNITY
R3(config-route-map)# exit
R3(config)# route-map PEER-OUTBOUND permit 20
```

```
R3(config-route-map)# exit
R3(config)# route-map CUSTOMER-INBOUND
R3(config-route-map)# set community 3:400
R3(config-route-map)# exit

R3(config)# route-map CUSTOMER-OUTBOUND deny 10
R3(config-route-map)# match community TRANSIT-COMMUNITY
R3(config-route-map)# exit
R3(config)# route-map CUSTOMER-OUTBOUND permit 20
R3(config-route-map)# exit

R3(config)# router bgp 3
R3(config-router)# bgp router-id 1.1.3.3
R3(config-router)# network 1.1.3.0 mask 255.255.255.0

R3(config-router)# neighbor 1.1.13.1 remote-as 1
R3(config-router)# neighbor 1.1.13.1 password cisco
R3(config-router)# neighbor 1.1.13.1 filter-list 1 in
R3(config-router)# neighbor 1.1.13.1 route-map TRANSIT-INBOUND in
R3(config-router)# neighbor 1.1.13.1 route-map TRANSIT-OUTBOUND out

R3(config-router)# neighbor 1.1.23.2 remote-as 2
R3(config-router)# neighbor 1.1.23.2 password cisco
R3(config-router)# neighbor 1.1.23.2 route-map PEER-INBOUND in
R3(config-router)# neighbor 1.1.23.2 route-map PEER-OUTBOUND out
R3(config-router)# neighbor 1.1.23.2 maximum-prefix 3000

R3(config-router)# neighbor 1.1.34.4 remote-as 4
R3(config-router)# neighbor 1.1.34.4 password cisco
R3(config-router)# neighbor 1.1.34.4 route-map CUSTOMER-INBOUND in
R3(config-router)# neighbor 1.1.34.4 route-map CUSTOMER-OUTBOUND out
R3(config-router)# neighbor 1.1.34.4 maximum-prefix 50
R3(config-router)# neighbor 1.1.34.4 prefix-list AS4-PREFIX in
R3(config-router)# neighbor 1.1.34.4 default-originate
R3(config-router)# exit

R3(config)# ip prefix-list AS4-PREFIX permit 1.1.4.0/24
R3config)# exit

R3# clear ip bgp * soft
```

ISP인 AS3의 BGP 정책 설정 내용은 AS2와 유사하므로 설명은 생략한다. 커스터머인 AS4의 BGP

정책 설정은 다음과 같다.

예제 8-277 AS4의 BGP 정책 설정

```
① R4(config)# ip as-path access-list 1 permit ^$

② R4(config)# route-map LOW-SPEED-LINE
   R4(config-route-map)# set as-path prepend 4 4
   R4(config-route-map)# exit

   R4(config)# router bgp 4
   R4(config-router)# bgp router-id 1.1.4.4
   R4(config-router)# network 1.1.4.0 mask 255.255.255.0
   R4(config-router)# neighbor 1.1.24.2 remote-as 2
   R4(config-router)# neighbor 1.1.24.2 password cisco
③ R4(config-router)# neighbor 1.1.24.2 filter-list 1 out
   R4(config-router)# neighbor 1.1.34.3 remote-as 3
   R4(config-router)# neighbor 1.1.34.3 password cisco
④ R4(config-router)# neighbor 1.1.34.3 route-map LOW-SPEED-LINE out
   R4(config-router)# end

   R4# clear ip bgp * soft
```

① AS4는 최종 BGP 사용자이기 때문에 다른 AS의 트래픽을 중계하지 않도록 자신의 네트워크만 광고하기 위한 AS 경로 액세스 리스트를 만들었다.

② 예를 들어, AS2와 연결된 회선의 속도가 더 빠르다고 가정하여 입력 트래픽이 이 회선을 더 많이 사용하도록 하였다. 설정 후 시간대별, 일별, 요일별 및 월별 트래픽을 관찰하여 AS 경로를 더 추가하거나 감소시켜 회선별 부하를 조정한다. AS 경로가 너무 길면 해당 광고를 차단하는 곳이 있을 수도 있다. 이 경우에는 오리진 타입 등을 이용하여 경로를 조정한다.

③ 앞서 설정한 AS 경로 액세스 리스트를 적용한다.

④ 앞서 설정한 루트 맵을 적용한다.

AS1의 BGP 정책 설정은 다음과 같다.

예제 8-278 AS1의 BGP 정책 설정

```
R1(config)# router bgp 1
R1(config-router)# bgp router-id 1.1.1.1
R1(config-router)# network 1.1.1.0 mask 255.255.255.0
R1(config-router)# neighbor 1.1.12.2 remote-as 2
R1(config-router)# neighbor 1.1.12.2 password cisco
R1(config-router)# neighbor 1.1.13.3 remote-as 3
R1(config-router)# neighbor 1.1.13.3 password cisco
R1(config-router)# end

R1# clear ip bgp * soft
```

트랜짓 네트워크인 기본설정만 하였다. 설정 후 각 라우터의 BGP 테이블과 라우팅 테이블을 확인해
보자. R1의 BGP 테이블은 다음과 같다.

예제 8-279 R1의 BGP 테이블

```
R1# show ip bgp
    (생략)

    Network          Next Hop         Metric  LocPrf  Weight  Path
*>  1.1.1.0/24       0.0.0.0          0               32768   i
*>  1.1.2.0/24       1.1.12.2         0                   0   2 i
*>  1.1.3.0/24       1.1.13.3         0                   0   3 i
*>  1.1.4.0/24       1.1.12.2                             0   2 4 i
```

AS2, AS4의 경로는 AS2와 연결되는 1.1.12.2를 통하고, AS3은 1.1.13.3을 통하는 것이 최적 경로로
설정된다. R1의 라우팅 테이블은 다음과 같다.

예제 8-280 R1의 라우팅 테이블

```
R1# show ip route
    (생략)

    1.0.0.0/24 is subnetted, 6 subnets
C       1.1.1.0 is directly connected, Loopback0
B       1.1.2.0 [20/0] via 1.1.12.2, 03:03:55
B       1.1.3.0 [20/0] via 1.1.13.3, 03:03:55
B       1.1.4.0 [20/0] via 1.1.12.2, 03:03:55
```

```
C          1.1.12.0 is directly connected, FastEthernet0/0.12
C          1.1.13.0 is directly connected, FastEthernet0/0.13
```

R2의 BGP 테이블은 다음과 같다. 트랜짓을 통하여 광고되는 피어인 AS3의 네트워크(1.1.3.0/24)나 커스터머인 AS4의 네트워크(1.1.4.0/24)는 차단되어 보이지 않는다.

예제 8-281 R2의 BGP 테이블

```
R2# show ip bgp
    (생략)

   Network          Next Hop          Metric   LocPrf   Weight   Path
*> 1.1.1.0/24       1.1.12.1          0                      0   1 i
*> 1.1.2.0/24       0.0.0.0           0                  32768   i
*> 1.1.3.0/24       1.1.23.3          0                      0   3 i
*> 1.1.4.0/24       1.1.24.4          0                      0   4 i
```

R2의 라우팅 테이블은 다음과 같다.

예제 8-282 R2의 라우팅 테이블

```
R2# show ip route
    (생략)
Gateway of last resort is not set

     1.0.0.0/24 is subnetted, 7 subnets
B       1.1.1.0 [20/0] via 1.1.12.1, 01:05:49
C       1.1.2.0 is directly connected, Loopback0
B       1.1.3.0 [20/0] via 1.1.23.3, 01:16:07
B       1.1.4.0 [20/0] via 1.1.24.4, 01:07:25
C       1.1.12.0 is directly connected, FastEthernet0/0.12
C       1.1.23.0 is directly connected, FastEthernet0/0.23
C       1.1.24.0 is directly connected, FastEthernet0/0.24
```

R3의 BGP 테이블은 다음과 같다.

예제 8-283 R3의 BGP 테이블

```
R3# show ip bgp
    (생략)
    Network          Next Hop         Metric    LocPrf    Weight    Path
*>  1.1.1.0/24       1.1.13.1         0                        0    1 i
*>  1.1.2.0/24       1.1.23.2         0                        0    2 i
*>  1.1.3.0/24       0.0.0.0          0                    32768    i
*>  1.1.4.0/24       1.1.23.2                                  0    2 4 i
*                    1.1.34.4         0                        0    4 4 4 i
```

트랜짓을 통하여 광고되는 피어인 AS2의 네트워크(1.1.2.0/24)나 커스터머인 AS4의 네트워크 (1.1.4.0/24)는 차단되어 보이지 않는다.

R3의 라우팅 테이블은 다음과 같다.

예제 8-284 R3의 라우팅 테이블

```
R3# show ip route
    (생략)
Gateway of last resort is not set

     1.0.0.0/24 is subnetted, 7 subnets
B       1.1.1.0 [20/0] via 1.1.13.1, 01:05:20
B       1.1.2.0 [20/0] via 1.1.23.2, 01:00:31
C       1.1.3.0 is directly connected, Loopback0
B       1.1.4.0 [20/0] via 1.1.23.2, 01:00:31
C       1.1.13.0 is directly connected, FastEthernet0/0.13
C       1.1.23.0 is directly connected, FastEthernet0/0.23
C       1.1.34.0 is directly connected, FastEthernet0/0.34
```

R4의 BGP 테이블은 다음과 같다.

예제 8-285 R4의 BGP 테이블

```
R4# show ip bgp
    (생략)
```

	Network	Next Hop	Metric	LocPrf	Weight	Path
*	0.0.0.0	1.1.34.3	0		0	3 i
*>		1.1.24.2	0		0	2 i
*	1.1.2.0/24	1.1.34.3			0	3 2 i
*>		1.1.24.2	0		0	2 i
*	1.1.3.0/24	1.1.24.2			0	2 3 i
*>		1.1.34.3	0		0	3 i
*>	1.1.4.0/24	0.0.0.0	0		32768	i

AS2, AS3을 통하여 외부 네트워크를 이중으로 수신한다. 그러나, 트랜짓 네트워크인 1.1.1.0/24는 보이지 않는다. 대신, 디폴트 루트가 인스톨되어 있다. R4의 라우팅 테이블은 다음과 같다.

예제 8-286 R4의 라우팅 테이블

```
R4# show ip route
    (생략)
Gateway of last resort is 1.1.24.2 to network 0.0.0.0

      1.0.0.0/24 is subnetted, 5 subnets
B        1.1.2.0 [20/0] via 1.1.24.2, 03:01:49
B        1.1.3.0 [20/0] via 1.1.34.3, 03:02:14
C        1.1.4.0 is directly connected, Loopback0
C        1.1.24.0 is directly connected, FastEthernet0/0.24
C        1.1.34.0 is directly connected, FastEthernet0/0.34
B*    0.0.0.0/0 [20/0] via 1.1.24.2, 01:36:14
```

다음과 같이 R2, R4 구간을 셧다운시켜 보자.

예제 8-287 R2, R4 구간 셧다운

```
R4(config)# interface f0/0.24
R4(config-subif)# shut
```

그러면, BGP를 통하여 광고받은 네트워크들의 넥스트 홉 IP 주소가 모두 AS3으로 설정된다.

예제 8-288 R4의 라우팅 테이블

```
R4# show ip route
      (생략)
Gateway of last resort is 1.1.34.3 to network 0.0.0.0

      1.0.0.0/24 is subnetted, 4 subnets
B        1.1.2.0 [20/0] via 1.1.34.3, 00:00:47
B        1.1.3.0 [20/0] via 1.1.34.3, 03:06:35
C        1.1.4.0 is directly connected, Loopback0
C        1.1.34.0 is directly connected, FastEthernet0/0.34
B*   0.0.0.0/0 [20/0] via 1.1.34.3, 00:00:47
```

약 3분후 R2의 라우팅 테이블을 확인해보면 다음과 같이 AS4로 가는 경로가 AS3을 통과한다.

예제 8-289 R2의 라우팅 테이블

```
R2# show ip route
      (생략)
Gateway of last resort is not set

      1.0.0.0/24 is subnetted, 7 subnets
B        1.1.1.0 [20/0] via 1.1.12.1, 01:11:36
C        1.1.2.0 is directly connected, Loopback0
B        1.1.3.0 [20/0] via 1.1.23.3, 01:21:54
B        1.1.4.0 [20/0] via 1.1.23.3, 00:01:00
C        1.1.12.0 is directly connected, FastEthernet0/0.12
C        1.1.23.0 is directly connected, FastEthernet0/0.23
C        1.1.24.0 is directly connected, FastEthernet0/0.24
```

R1의 라우팅 테이블을 확인해 보아도 다음과 같이 AS4로 가는 경로가 AS3을 통과한다.

예제 8-290 R1의 라우팅 테이블

```
R1# show ip route
      (생략)
Gateway of last resort is not set

      1.0.0.0/24 is subnetted, 6 subnets
```

```
C       1.1.1.0 is directly connected, Loopback0
B       1.1.2.0 [20/0] via 1.1.12.2, 03:09:15
B       1.1.3.0 [20/0] via 1.1.13.3, 03:09:15
B       1.1.4.0 [20/0] via 1.1.13.3, 00:01:07
C       1.1.12.0 is directly connected, FastEthernet0/0.12
C       1.1.13.0 is directly connected, FastEthernet0/0.13
```

이상으로 BGP 네트워크를 설정하고, 조정하는 방법에 대하여 살펴보았다.

제9장

재분배

- 라우팅 프로토콜별 재분배
- 재분배 네트워크 조정

이번 장에서는 지금까지 배운 각종 라우팅 프로토콜들끼리 라우팅 정보를 교환하는 방법에 대해서 알아본다. 소규모 네트워크의 경우 한가지 라우팅 프로토콜만으로 충분하지만, 규모가 커지면 복수개의 라우팅 프로토콜을 사용해야 하는 경우가 많이 생긴다. 복수개의 라우팅 프로토콜을 동시에 동작시키면 여러 가지 조정해주어야 하는 사항들이 많다.

특정 라우팅 프로토콜이 다른 방법으로 알게 된 경로를 자신의 라우팅 프로세스에 포함시키는 것을 재분배(redistribution)라고 한다. 이 때 다른 방법이란 다른 라우팅 프로토콜, 정적 경로, 직접 접속된 경로 등을 의미한다. 재분배가 사용되는 경우는 다음과 같이 다양하다.

- 네트워크의 안정화를 위하여
- 라우팅 프로토콜을 변경하고자 할 때
- 지원되는 라우팅 프로토콜이 다른 라우터를 사용할 때
- 서로 다른 라우팅 프로토콜을 사용하는 2개의 회사가 합병되었을 때

재분배는 기준에 따라 다음과 같이 분류된다.

- 단방향 재분배와 상호 재분배

한 라우팅 프로토콜로만 재분배시키는 것을 단방향 재분배라고 한다. 이 때 나머지 프로토콜에서는 디폴트 루트나 정적 경로를 사용한다. 두개 이상의 라우팅 프로토콜을 상호간에 재분배시키는 것을 상호(mutual) 재분배라고 한다. 보통 상호 재분배보다는 단방향 재분배가 안정적이고, 관리가 편해 많이 사용한다.

- 단일 지점 재분배와 복수 지점 재분배

한 라우터에서만 재분배시키는 것을 단일 지점(one point) 재분배, 두개 이상의 라우터에서 재분배시키는 것을 복수 지점(multipoint) 재분배라고 한다. 일반적으로 복수 지점 재분배가 네트워크의 장애 가능성을 감소시키지만, 라우팅 루프, 비 최적 경로 라우팅 등의 문제가 생길 수 있으므로 주의가 필요하다. 지금부터 각 프로토콜별로 기본적인 재분배를 설정해 본다.

라우팅 프로토콜별 재분배

재분배를 설정하려면 라우팅 설정모드에서 **redistribute** 명령어를 사용하여 재분배하고자 하는 라우팅 프로토콜을 지정한다.

직접 접속된 네트워크의 재분배

직접 접속된 네트워크를 특정 라우팅 프로토콜에 포함시킬 때 **network** 명령어 대신 재분배를 이용할 수 있다. 이더넷 인터페이스와 같이 종단 장치들이 접속된 인터페이스의 네트워크를 라우팅 프로토콜에 포함시키기 위하여 라우터나 L3 스위치에서 이 방법을 많이 사용한다.

그러면, 해당 인터페이스를 통하여 네이버를 맺지 않기 때문에 네트워크의 보안을 강화하는 방법이 될 수 있다. 또, OSPF에서 루프백 인터페이스를 호스트 루트(host route)가 아닌 것으로 광고하기 위하여도 직접 접속된 네트워크를 재분배하기도 한다.

다음과 같이 네트워크를 구축하고 각 라우터의 루프백 주소를 재분배를 이용하여 OSPF에 포함시켜 보자.

그림 9-1 재분배 테스트를 위한 네트워크

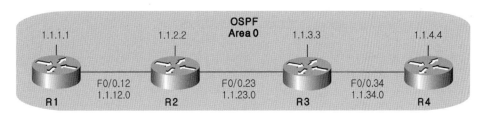

먼저, 스위치에서 VLAN과 트렁킹을 설정한다.

예제 9-1 스위치 설정

```
SW1(config)# vlan 12,23,34
SW1(config-vlan)# exit

SW1(config)# int range f1/1 - 4
SW1(config-if-range)# switchport trunk encap dot
```

```
SW1(config-if-range)# switchport mode trunk
```

각 라우터의 인터페이스를 설정하고 IP 주소를 부여한다.

예제 9-2 인터페이스 설정

```
R1(config)# int lo0
R1(config-if)# ip address 1.1.1.1 255.255.255.0
R1(config-if)# int f0/0
R1(config-if)# no shut
R1(config-if)# int f0/0.12
R1(config-subif)# encap dot 12
R1(config-subif)# ip address 1.1.12.1 255.255.255.0

R2(config)# int lo0
R2(config-if)# ip address 1.1.2.2 255.255.255.0
R2(config-if)# int f0/0
R2(config-if)# no shut
R2(config-if)# int f0/0.12
R2(config-subif)# encap dot 12
R2(config-subif)# ip address 1.1.12.2 255.255.255.0
R2(config-subif)# int f0/0.23
R2(config-subif)# encap dot 23
R2(config-subif)# ip address 1.1.23.2 255.255.255.0

R3(config)# int lo0
R3(config-if)# ip address 1.1.3.3 255.255.255.0
R3(config-if)# int f0/0
R3(config-if)# no shut
R3(config-if)# int f0/0.23
R3(config-subif)# encap dot 23
R3(config-subif)# ip address 1.1.23.3 255.255.255.0
R3(config-subif)# int f0/0.34
R3(config-subif)# encap dot 34
R3(config-subif)# ip address 1.1.34.3 255.255.255.0

R4(config)# int lo0
R4(config-if)# ip address 1.1.4.4 255.255.255.0
R4(config-if)# int f0/0
R4(config-if)# no shut
R4(config-if)# int f0/0.34
```

```
R4(config-subif)# encap dot 34
R4(config-subif)# ip address 1.1.34.4 255.255.255.0
```

IP 설정이 끝나면, 다음과 같이 OSPF를 설정한다.

예제 9-3 라우팅 설정하기

```
    R1(config)# router ospf 1
    R1(config-router)# router-id 1.1.1.1
    R1(config-router)# network 1.1.12.1 0.0.0.0 area 0
①  R1(config-router)# redistribute connected subnets

    R2(config)# router ospf 1
    R2(config-router)# router-id 1.1.2.2
    R2(config-router)# network 1.1.12.2 0.0.0.0 area 0
    R2(config-router)# network 1.1.23.2 0.0.0.0 area 0
①  R2(config-router)# redistribute connected subnets

    R3(config)# router ospf 1
    R3(config-router)# router-id 1.1.3.3
    R3(config-router)# network 1.1.23.3 0.0.0.0 area 0
    R3(config-router)# network 1.1.34.3 0.0.0.0 area 0
①  R3(config-router)# redistribute connected subnets

    R4(config)# router ospf 1
    R4(config-router)# router-id 1.1.4.4
    R4(config-router)# network 1.1.34.4 0.0.0.0 area 0
①  R4(config-router)# redistribute connected subnets
```

① 직접 접속된 네트워크를 재분배하려면 redistribute connected 명령어를 사용한다. 라우팅 설정 모드에서 network 명령어가 redistribute 명령어보다 우선한다. 따라서, 각 라우터에서 network 명령어를 사용하여 OSPF에 포함시킨 네트워크는 재분배시 제외된다. 각 라우터의 루프백 인터페이스에 설정된 네트워크만 재분배된다.

R1의 OSPF 링크 상태 데이터베이스를 확인해보면 다음과 같이 network 명령어를 사용하지 않은 네트워크들만 LSA 타입 5, 즉, 외부 네트워크로 저장된다.

예제 9-4 R1의 OSPF 링크 상태 데이터베이스 확인하기

```
R1# show ip ospf database

        OSPF Router with ID (1.1.1.1) (Process ID 1)

            Router Link States (Area 0)

Link ID        ADV Router      Age      Seq#        Checksum   Link count
1.1.1.1        1.1.1.1         1301     0x80000003  0x0008CD   2
1.1.2.2        1.1.2.2         1268     0x80000004  0x00E9AC   4
1.1.3.3        1.1.3.3         1251     0x80000004  0x00530D   4
1.1.4.4        1.1.4.4         1248     0x80000002  0x00DE5A   2

            Type-5 AS External Link States

Link ID        ADV Router      Age      Seq#        Checksum   Tag
1.1.1.0        1.1.1.1         1311     0x80000001  0x00A5F3   0
1.1.2.0        1.1.2.2         1294     0x80000001  0x008D09   0
1.1.3.0        1.1.3.3         1266     0x80000001  0x00751E   0
1.1.4.0        1.1.4.4         1243     0x80000001  0x005D33   0
```

설정 후 각 라우터의 라우팅 테이블을 확인해 보면 각 라우터의 루프백 인터페이스에 설정된 네트워크가 OSPF 외부 네트워크(O E2)로 저장된다.

예제 9-5 R2의 라우팅 테이블

```
R2# show ip route
    (생략)

Gateway of last resort is not set

    1.0.0.0/24 is subnetted, 7 subnets
O E2    1.1.1.0 [110/20] via 1.1.12.1, 00:01:35, Serial1/0.12
C       1.1.2.0 is directly connected, Loopback0
O E2    1.1.3.0 [110/20] via 1.1.23.3, 00:01:35, Serial1/0.23
O E2    1.1.4.0 [110/20] via 1.1.23.3, 00:01:33, Serial1/0.23
C       1.1.12.0 is directly connected, Serial1/0.12
C       1.1.23.0 is directly connected, Serial1/0.23
O       1.1.34.0 [110/128] via 1.1.23.3, 00:01:35, Serial1/0.23
```

R1에서 R4의 루프백 인터페이스로 핑을 해보면 다음과 같이 성공한다.

예제 9-6 원격지 네트워크와의 통신 확인하기

```
R1# ping 1.1.4.4

Type escape sequence to abort.
Sending 5, 100-byte ICMP Echos to 1.1.4.4, timeout is 2 seconds:
!!!!!
Success rate is 100 percent (5/5), round-trip min/avg/max = 172/174/184 ms
```

테스트를 위하여 다음과 같이 R4의 Loopback 1 인터페이스에 IP 주소 4.4.4.4를 부여한다.

예제 9-7 네트워크 추가하기

```
R4(config)# int lo1
R4(config-if)# ip add 4.4.4.4 255.255.255.0
```

그런 다음, 다른 라우터에서 확인해 보면 4.4.4.0/24 네트워크도 재분배된다.

예제 9-8 R3의 라우팅 테이블

```
R3# show ip route
    (생략)
Gateway of last resort is not set

     1.0.0.0/24 is subnetted, 7 subnets
O E2    1.1.1.0 [110/20] via 1.1.23.2, 00:03:05, Serial1/0.23
O E2    1.1.2.0 [110/20] via 1.1.23.2, 00:03:05, Serial1/0.23
C       1.1.3.0 is directly connected, Loopback0
O E2    1.1.4.0 [110/20] via 1.1.34.4, 00:03:05, Serial1/0.34
O       1.1.12.0 [110/128] via 1.1.23.2, 00:03:05, Serial1/0.23
C       1.1.23.0 is directly connected, Serial1/0.23
C       1.1.34.0 is directly connected, Serial1/0.34
     4.0.0.0/24 is subnetted, 1 subnets
O E2    4.4.4.0 [110/20] via 1.1.34.4, 00:02:35, Serial1/0.34
```

이 때, 직접 접속된 네트워크중에서 특정한 인터페이스에 설정된 네트워크만 재분배하려면 루트 맵을 사용하면 된다. 예를 들어, R4에서 Loopback 0에 접속된 네트워크만 재분배하려면 다음과 같이 설정한다.

예제 9-9 직접 접속된 네트워크중에서 특정한 인터페이스에 설정된 네트워크만 재분배하기

```
   R4(config)# route-map WithoutLoopback1
①  R4(config-route-map)# match interface loopback 0
   R4(config-route-map)# exit

   R4(config)# router ospf 1
②  R4(config-router)# redistribute connected subnets route-map WithoutLoopback1
```

① 루트 맵을 사용하여 재분배하려는 인터페이스만 지정한다.

② 앞서 설정한 루트 맵을 재분배하면서 사용한다. 설정 후 R3에서 확인해보면 다음과 같이 Loopback 1에 부여된 4.4.4.0/24 네트워크는 재분배되지 않는다.

예제 9-10 지정된 네트워크만 재분배된다

```
R3# show ip route 4.4.4.0
% Network not in table
```

그러나, Loopback 0에 설정된 네트워크는 재분배된다.

예제 9-11 R3의 라우팅 테이블

```
R3# show ip route
    (생략)
Gateway of last resort is not set

      1.0.0.0/24 is subnetted, 7 subnets
O E2    1.1.1.0 [110/20] via 1.1.23.2, 00:08:24, FastEthernet0/0.23
O E2    1.1.2.0 [110/20] via 1.1.23.2, 00:08:24, FastEthernet0/0.23
C       1.1.3.0 is directly connected, Loopback0
O E2    1.1.4.0 [110/20] via 1.1.34.4, 00:08:24, FastEthernet0/0.34
```

```
O          1.1.12.0 [110/128] via 1.1.23.2, 00:08:24, FastEthernet0/0.23
C          1.1.23.0 is directly connected, FastEthernet0/0.23
C          1.1.34.0 is directly connected, FastEthernet0/0.34
```

다음 테스트를 위하여 각 라우터에서 OSPF를 제거한다.

예제 9-12 기존 설정 제거하기

```
R1(config)# no router ospf 1
R2(config)# no router ospf 1
R3(config)# no router ospf 1
R4(config)# no router ospf 1
```

이상으로 직접 접속되어 있는 네트워크를 재분배해 보았다.

정적 경로의 재분배

이번에는 다음과 같이 네트워크를 구성한다. EIGRP는 R2, R3간에만 동작시키고, 에지 라우터(edge router)인 R1과 R4에는 정적인 경로만 설정한다. 이렇게 설정하면, EIGRP의 쿼어리 패킷이 종단 라우터인 R1, R4까지는 전송이 되지 않아 전체 EIGRP 네트워크를 아주 안정되게 운영할 수 있다. R1과 R4에서는 정적인 경로를 이용하여 디폴트 루트만 설정하면 된다. 또, R2에서는 R1에 접속된 네트워크에 대해서 정적인 경로를 설정하고, 이것을 R3에게 알리기 위하여 EIGRP로 재분배한다. R3에서도 R4에 접속된 네트워크에 대해서 정적인 경로를 설정하고, 이것을 R2에게 알리기 위하여 EIGRP로 재분배한다.

그림 9-2 정적 경로의 재분배

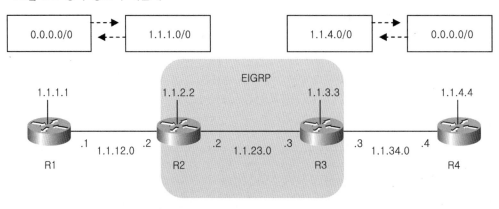

각 라우터에서 다음과 같이 라우팅을 설정한다.

예제 9-13 기본적인 라우팅 설정하기

```
① R1(config)# ip route 0.0.0.0 0.0.0.0 1.1.12.2

② R2(config)# ip route 1.1.1.0 255.255.255.0 1.1.12.1
   R2(config)# router eigrp 1
   R2(config-router)# eigrp router-id 1.1.2.2
   R2(config-router)# network 1.1.2.2 0.0.0.0
   R2(config-router)# network 1.1.23.2 0.0.0.0
③ R2(config-router)# redistribute static
④ R2(config-router)# redistribute connected

⑤ R3(config)# ip route 1.1.4.0 255.255.255.0 1.1.34.4
   R3(config)# router eigrp 1
   R3(config-router)# eigrp router-id 1.1.3.3
   R3(config-router)# network 1.1.3.3 0.0.0.0
   R3(config-router)# network 1.1.23.3 0.0.0.0
⑥ R3(config-router)# redistribute static
⑦ R3(config-router)# redistribute connected

⑧ R4(config)# ip route 0.0.0.0 0.0.0.0 1.1.34.3
```

① R1에서는 외부 네트워크로 가기 위한 디폴트 루트만을 설정한다. R1과 같이 외부와 연결되는 경로가 하나뿐인 네트워크를 스텁(stub) 네트워크라고 하며, 디폴트 루트를 사용하는 전형적인 경우에

해당한다.

② R2에서는 R1에 접속된 네트워크에 대해서 정적인 경로를 설정한다. R2는 쿼어리 패킷을 R1로 전송하지 않아 쿼어리 전송 범위가 R2로 제한되고, 결과적으로 EIGRP의 단점인 SIA가 발생하는 것을 줄일 수 있다.

③ redistribute static 명령어를 사용하여 정적인 경로를 EIGRP로 재분배한다. 이렇게 재분배된 네트워크가 EIGRP를 통하여 R3에게 전송된다. EIGRP나 RIP으로 네트워크를 재분배할 때는 초기 메트릭을 지정해야 하나, 여기서처럼 정적인 경로나 직접 접속된 경로를 재분배할 때에는 필요가 없다.

④ R2과 R1간에 설정된 1.1.12.0 네트워크를 R3에게 알리기 위하여 redistribute connected 명령어를 사용하였다. network 1.1.12.0 명령어를 사용하여 EIGRP에 포함시킨 다음, passive-interface f0/0.12 명령어를 사용해도 된다.

⑤ R4에 접속된 네트워크를 정적인 경로를 사용하여 지정한다.

⑥ 앞서 설정한 정적인 경로를 재분배를 통하여 R2에게 광고한다.

⑦ R3과 R4간의 네트워크를 R2에게 알리기 위하여 redistribute connected 명령어를 사용했다. 앞서 설명한 것처럼 network 명령어와 passive-interface 명령어를 사용해도 된다.

⑧ R4에서는 R1과 마찬가지로 디폴트 루트만을 설정한다.

설정 후 R1의 라우팅 테이블에는 다음과 같이 디폴트 루트가 설정되어 있다.

예제 9-14 R1의 라우팅 테이블

```
R1# show ip route
     (생략)

Gateway of last resort is 1.1.12.2 to network 0.0.0.0

     1.0.0.0/24 is subnetted, 2 subnets
C       1.1.1.0 is directly connected, Loopback0
C       1.1.12.0 is directly connected, FastEthernet0/0.12
S*   0.0.0.0/0 [1/0] via 1.1.12.2
```

R2의 라우팅 테이블은 다음과 같다.

예제 **9-15** R2의 라우팅 테이블

```
R2# show ip route
    (생략)

Gateway of last resort is not set

     1.0.0.0/24 is subnetted, 7 subnets
S       1.1.1.0 [1/0] via 1.1.12.1
C       1.1.2.0 is directly connected, Loopback0
D       1.1.3.0 [90/2297856] via 1.1.23.3, 00:24:34, FastEthernet0/0.23
D EX    1.1.4.0 [170/2681856] via 1.1.23.3, 00:24:32, FastEthernet0/0.23
C       1.1.12.0 is directly connected, FastEthernet0/0.12
C       1.1.23.0 is directly connected, FastEthernet0/0.23
D EX    1.1.34.0 [170/2681856] via 1.1.23.3, 00:00:06, FastEthernet0/0.23
```

R2의 라우팅 테이블에 R3에서 재분배한 1.1.4.0, 1.1.34.0 네트워크가 EIGRP 외부 경로(D EX)로 저장되어 있다. R1에서 R4로 핑을 해보면 다음과 같이 성공한다.

예제 **9-16** 외부 네트워크와의 통신 확인하기

```
R1# ping 1.1.4.4

Type escape sequence to abort.
Sending 5, 100-byte ICMP Echos to 1.1.4.4, timeout is 2 seconds:
!!!!!
Success rate is 100 percent (5/5), round-trip min/avg/max = 172/175/184 ms
```

다음 테스트를 위하여 각 라우터의 라우팅 설정을 제거한다.

예제 **9-17** 기존 설정 삭제하기

```
R1(config)# no ip route 0.0.0.0 0.0.0.0 1.1.12.2

R2(config)# no ip route 1.1.1.0 255.255.255.0 1.1.12.1
R2(config)# no router eigrp 1

R3(config)# no ip route 1.1.4.0 255.255.255.0 1.1.34.4
```

```
R3(config)# no router eigrp 1

R4(config)# no ip route 0.0.0.0 0.0.0.0 1.1.34.3
```

이상으로 정적 경로를 재분배해 보았다.

RIP과 재분배

이번에는 RIP과 재분배에 대해서 살펴보자. 다음과 같이 네트워크를 구성하고, R3에서 EIGRP를 RIP으로 재분배한다.

그림 9-3 RIP의 재분배를 위한 네트워크

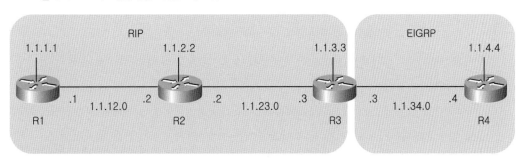

각 라우터의 설정은 다음과 같다.

예제 9-18 기본적인 라우팅 및 재분배 설정하기

```
R1(config)# router rip
R1(config-router)# version 2
R1(config-router)# network 1.0.0.0

R2(config)# router rip
R2(config-router)# version 2
R2(config-router)# network 1.0.0.0

R3(config)# router rip
R3(config-router)# version 2
R3(config-router)# network 1.0.0.0
```

```
① R3(config-router)# redistribute eigrp 1 metric 2
② R3(config-router)# passive-interface f0/0.34
   R3(config-router)# exit

   R3(config)# router eigrp 1
   R3(config-router)# eigrp router-id 1.1.3.3
   R3(config-router)# network 1.1.34.3 0.0.0.0
③ R3(config-router)# redistribute rip
④ R3(config-router)# default-metric 1000 1 1 1 1500

   R4(config)# router eigrp 1
   R4(config-router)# eigrp router-id 1.1.4.4
   R4(config-router)# network 1.1.4.4 0.0.0.0
   R4(config-router)# network 1.1.34.4 0.0.0.0
```

① RIP 설정모드에서 redistribute 명령어를 사용하여 EIGRP를 RIP으로 재분배한다. 다른 라우팅 프로토콜을 RIP으로 재분배할 때에는 반드시 초기 메트릭(seed metric)을 지정해주어야 한다. 초기 메트릭은 예에서와 같이 redistribute 명령어와 같은 줄에서 metric 옵션을 사용하거나 별도로 default-metric 명령어를 사용해도 된다.

② R4에는 RIP이 동작하지 않으므로 passive-interface 명령어를 사용하여 R3에서 R4로 RIP의 라우팅 정보를 전송하지 않는 것이 좋다. 네트워크를 지정할 때 주 네트워크(major network) 전체를 사용하는 RIP과 달리 다른 모든 라우팅 프로토콜들은 원하는 인터페이스만 라우팅 프로세스에 포함시킬 수 있다.

예를 들어, EIGRP에서는 network 1.1.34.4 명령어를 사용하여 F0/0.34 인터페이스에 설정된 네트워크만 라우팅 프로세스에 포함시킬 수 있다. 따라서, RIP을 제외한 다른 라우팅 프로토콜들은 재분배시 passive-interface 명령어를 사용할 필요가 없다.

설정 후 R2에서 확인해 보면 다음과 같이 1.1.4.0 네트워크가 재분배되어 R2에게 전송된다. 재분배시 메트릭을 2로 설정하였으므로, R2의 라우팅 테이블에 이것이 표시된다. R1의 라우팅 테이블에는 다시 메트릭 값이 1 증가하여 3으로 표시된다.

예제 9-19 R2의 라우팅 테이블

```
R2# show ip route rip
```

```
    (생략)
Gateway of last resort is not set

    1.0.0.0/8 is variably subnetted, 10 subnets, 2 masks
R       1.1.1.0/24 [120/1] via 1.1.12.1, 00:00:14, FastEthernet0/0.12
R       1.1.3.0/24 [120/1] via 1.1.23.3, 00:00:07, FastEthernet0/0.23
R       1.1.4.0/24 [120/2] via 1.1.23.3, 00:00:07, FastEthernet0/0.23
R       1.1.34.0/24 [120/1] via 1.1.23.3, 00:00:07, FastEthernet0/0.23
```

③ RIP을 EIGRP로 재분배한다.

④ EIGRP도 반드시 초기 메트릭을 지정해 주어야 한다. 여기서처럼 **default-metric** 명령어를 사용하여 지정해도 된다. **default-metric** 명령어는 동시에 복수개의 프로토콜을 재분배할 때 한 번의 명령어만 사용하면 되므로 편리하다. 설정 후 R4의 라우팅 테이블을 확인해보면 다음과 같이 RIP에서 재분배된 네트워크들이 외부 네트워크로 저장된다.

예제 9-20 R4의 라우팅 테이블

```
R4# show ip route eigrp
    (생략)
    1.0.0.0/8 is variably subnetted, 9 subnets, 2 masks
D EX    1.1.1.0/24 [170/2562816] via 1.1.34.3, 00:01:11, FastEthernet0/0.34
D EX    1.1.2.0/24 [170/2562816] via 1.1.34.3, 00:01:11, FastEthernet0/0.34
D EX    1.1.3.0/24 [170/2562816] via 1.1.34.3, 00:01:11, FastEthernet0/0.34
D EX    1.1.12.0/24 [170/2562816] via 1.1.34.3, 00:01:11, FastEthernet0/0.34
D EX    1.1.23.0/24 [170/2562816] via 1.1.34.3, 00:01:11, FastEthernet0/0.34
```

이상으로 RIP과 재분배에 대하여 살펴보았다.

초기 메트릭 값의 결정

모든 라우팅 프로토콜에서 재분배시 지정하는 초기 메트릭값을 어떻게 지정하는 것이 좋을까? 정답은 '문제가 발생하지 않게 적당히' 지정하는 것이다. 앞의 네트워크에서는 1에서 14사이의 어떤 값을 지정해도 된다. 어차피 RIP 도메인에서 EIGRP 도메인과 연결되는 경로가 R3을 통하는 길 하나뿐이므로 RIP 입장에서 가장 좋은 경로를 나타내는 1로 설정해도 상관없다.

그러나, 초기 메트릭을 15로 설정하면, R2에서의 1.1.4.0 네트워크에 대한 메트릭이 15가 되고, 다시 R2가 R1으로 광고를 전송할 때에는 16이 되어 R1의 라우팅 테이블에는 1.1.4.0 네트워크가 저장되지 않는다. 다음과 같이 R3에서 EIGRP를 RIP으로 재분배할 때 초기 메트릭을 15로 설정해 보자.

예제 9-21 초기 메트릭 값 지정하기

```
R3(config)# router rip
R3(config-router)# redistribute eigrp 1 metric 15
```

그러면, R2에서는 1.1.4.0 네트워크의 메트릭이 15로 저장된다.

예제 9-22 R2의 라우팅 테이블

```
R2# show ip route rip
   (생략)
   1.0.0.0/8 is variably subnetted, 10 subnets, 2 masks
R     1.1.1.0/24 [120/1] via 1.1.12.1, 00:00:24, FastEthernet0/0.12
R     1.1.3.0/24 [120/1] via 1.1.23.3, 00:00:14, FastEthernet0/0.23
R     1.1.4.0/24 [120/15] via 1.1.23.3, 00:00:05, FastEthernet0/0.23
R     1.1.34.0/24 [120/1] via 1.1.23.3, 00:00:14, FastEthernet0/0.23
```

그러나, R1에서는 메트릭이 16이되어 라우팅 테이블에 저장되지 않는다.

예제 9-23 RIP 디버깅하기

```
R1# debug ip rip
RIP protocol debugging is on

Mar  7 12:44:12.282: RIP: received v1 update from 1.1.12.2 on FastEthernet0/0.12
Mar  7 12:44:12.282:      1.1.2.0 in 1 hops
Mar  7 12:44:12.282:      1.1.3.0 in 2 hops
Mar  7 12:44:12.282:      1.1.4.0 in 16 hops (inaccessible)
Mar  7 12:44:12.286:      1.1.23.0 in 1 hops
   (생략)
```

만약 다음 네트워크의 R3에서 EIGRP 도메인에 소속된 네트워크와 통신을 할 때 모든 네트워크에 대해서 R1 - R3간의 링크를 이용하게 하려면 그림과 같이 R1, R2에서 모든 네트워크에 대해 메트릭값을 동일하게 부여하면 된다.

그림 9-4 RIP의 초기 메트릭 조정을 통한 라우팅 경로 조정

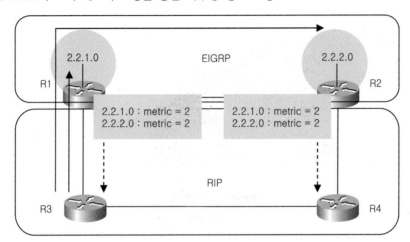

그러나, 다음 그림과 같이 2.2.1.0 네트워크는 R3 - R1 링크를 통하고, 2.2.2.0 네트워크는 R4 - R2 링크를 통하여 라우팅시키려면 EIGRP를 RIP으로 재분배할 때 네트워크별로 초기 메트릭 값을 적당히 조정해 주어야 한다.

그림 9-5 RIP의 초기 메트릭 조정을 통한 라우팅 경로 조정

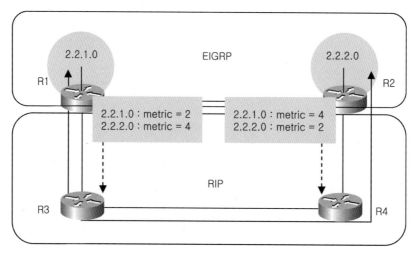

네트워크별로 초기 메트릭 값을 지정하는 방법은 나중에 재분배 네트워크 조정 항목에서 설명한다. 다음 테스트를 위하여 각 라우터의 라우팅 설정을 모두 제거한다.

예제 9-24 기존 설정 제거하기

```
R1(config)# no router rip
R2(config)# no router rip
R3(config)# no router rip
R3(config)# no router eigrp 1
R4(config)# no router eigrp 1
```

이상으로 초기 메트릭 값에 대하여 살펴보았다.

EIGRP와 재분배

EIGRP와의 재분배를 위해서 다음과 같이 네트워크를 구성한다.

그림 9-6 EIGRP 재분배를 위한 기본 네트워크

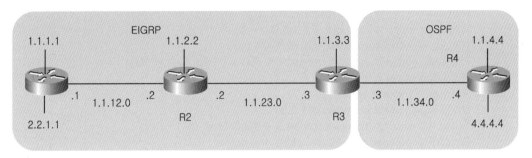

R1의 설정은 다음과 같다.

예제 9-25 R1의 EIGRP 설정

```
① R1(config)# int lo1
  R1(config-if)# ip add 2.2.1.1 255.255.255.0
  R1(config-if)# exit

  R1(config)# router eigrp 1
  R1(config-router)# eigrp router-id 1.1.1.1
  R1(config-router)# network 1.1.1.1 0.0.0.0
  R1(config-router)# network 1.1.12.1 0.0.0.0
  R1(config-router)# network 2.2.1.1 0.0.0.0
```

R2의 설정은 다음과 같다.

예제 9-26 R2의 EIGRP 설정

```
R2(config)# router eigrp 1
R2(config-router)# eigrp router-id 1.1.2.2
R2(config-router)# network 1.1.2.2 0.0.0.0
R2(config-router)# network 1.1.12.2 0.0.0.0
R2(config-router)# network 1.1.23.2 0.0.0.0
```

R3의 설정은 다음과 같다.

예제 9-27 R3의 라우팅 설정

```
    R3(config)# router eigrp 1
    R3(config-router)# eigrp router-id 1.1.3.3
    R3(config-router)# network 1.1.3.3 0.0.0.0
    R3(config-router)# network 1.1.23.3 0.0.0.0
①  R3(config-router)# redistribute ospf 1 metric 1000 1 1 1 1500
    R3(config-router)# exit
    R3(config)# router ospf 1
    R3(config-router)# router-id 1.1.3.3
    R3(config-router)# network 1.1.34.3 0.0.0.0 area 0
②  R3(config-router)# redistribute eigrp 1 subnets
```

① EIGRP 설정모드에서 redistribute 명령어를 사용하여 OSPF 네트워크를 EIGRP로 재분배하였다. RIP과 마찬가지로 EIGRP도 초기 메트릭을 지정해야 하며, 앞서 설명한 것처럼 '문제가 없는 적당한 값'을 지정하면 된다.

② OSPF 설정모드에서 redistribute 명령어를 사용하여 EIGRP 네트워크를 OSPF로 재분배하였다. R4의 설정은 다음과 같다.

예제 9-28 R4에서 OSPF 설정하기

```
R4(config)# int lo0
R4(config-if)# ip ospf network point-to-point
R4(config-if)# int lo1
R4(config-if)# ip add 4.4.4.4 255.255.255.0
R4(config-if)# ip ospf network point-to-point
R4(config-if)# exit
R4(config)# router ospf 1
R4(config-router)# router-id 1.1.4.4
R4(config-router)# network 1.1.4.4 0.0.0.0 area 0
R4(config-router)# network 1.1.34.4 0.0.0.0 area 0
R4(config-router)# network 4.4.4.4 0.0.0.0 area 0
```

설정 후 R1의 라우팅 테이블은 다음과 같다. EIGRP는 내부 네트워크의 AD 값이 90인 반면, 재분배되어 EIGRP에 포함된 외부 네트워크의 AD 값은 170이다. 이것은 외부 네트워크에 의한 라우팅 루프를 방지하기 위해서이다.

예제 9-29 R1의 라우팅 테이블

```
R1# show ip route eigrp
    (생략)
    1.0.0.0/8 is variably subnetted, 9 subnets, 2 masks
D        1.1.2.0/24 [90/156160] via 1.1.12.2, 00:02:17, FastEthernet0/0.12
D        1.1.3.0/24 [90/158720] via 1.1.12.2, 00:02:00, FastEthernet0/0.12
D EX     1.1.4.0/24 [170/2565376] via 1.1.12.2, 00:00:20, FastEthernet0/0.12
D        1.1.23.0/24 [90/30720] via 1.1.12.2, 00:02:16, FastEthernet0/0.12
D EX     1.1.34.0/24 [170/2565376] via 1.1.12.2, 00:01:41, FastEthernet0/0.12
    4.0.0.0/24 is subnetted, 1 subnets
D EX     4.4.4.0 [170/2565376] via 1.1.12.2, 00:00:10, FastEthernet0/0.12
```

R4의 라우팅 테이블을 보면 다음과 같이 EIGRP에서 재분배된 네트워크들이 OSPF 외부 네트워크(O E2)로 저장되어 있다.

예제 9-30 R4의 라우팅 테이블

```
R4# show ip route ospf
    (생략)
    1.0.0.0/8 is variably subnetted, 9 subnets, 2 masks
O E2     1.1.1.0/24 [110/20] via 1.1.34.3, 00:03:30, FastEthernet0/0.34
O E2     1.1.2.0/24 [110/20] via 1.1.34.3, 00:03:30, FastEthernet0/0.34
O E2     1.1.3.0/24 [110/20] via 1.1.34.3, 00:03:30, FastEthernet0/0.34
O E2     1.1.12.0/24 [110/20] via 1.1.34.3, 00:03:30, FastEthernet0/0.34
O E2     1.1.23.0/24 [110/20] via 1.1.34.3, 00:03:30, FastEthernet0/0.34
    2.0.0.0/24 is subnetted, 1 subnets
O E2     2.2.1.0 [110/20] via 1.1.34.3, 00:03:30, FastEthernet0/0.34
```

다음 테스트를 위하여 각 라우터에서 라우팅 설정을 모두 제거한다.

예제 9-31 기존 설정 제거하기

```
R1(config)# no router eigrp 1
R1(config)# no int lo 1
R1(config)# int f0/0
R1(config-if)# no ip address

R2(config)# no router eigrp 1
```

```
R3(config)# no router eigrp 1
R3(config)# no router ospf 1

R4(config)# no router ospf 1
R4(config)# no int lo 1
R4(config)# int f0/0
R4(config-if)# no ip address
```

이상으로 EIGRP와 재분배에 대하여 살펴보았다.

OSPF로의 재분배

다른 라우팅 프로토콜을 OSPF로 재분배하기 위하여 다음과 같이 네트워크를 구성한다.

그림 9-7 OSPF 재분배를 위한 기본 네트워크

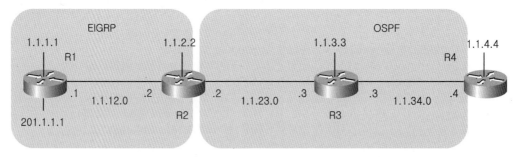

먼저, 재분배는 설정하지 말고, 각 라우터에서 기본적인 라우팅만 설정한다. R1의 설정은 다음과
같다. R1에서는 추가적으로 적당한 루프백 인터페이스에 IP 주소 201.1.1.1을 부여하고, EIGRP에
포함시킨다.

예제 9-32 R1의 EIGRP 설정

```
R1(config)# int lo201
R1(config-if)# ip add 201.1.1.1 255.255.255.0
R1(config-if)# exit
R1(config)# router eigrp 1
R1(config-router)# eigrp router-id 1.1.1.1
```

```
R1(config-router)# network 1.1.1.1 0.0.0.0
R1(config-router)# network 1.1.12.1 0.0.0.0
R1(config-router)# network 201.1.1.0
```

R2의 설정은 다음과 같다.

예제 9-33 R2의 EIGRP 및 OSPF 설정

```
R2(config)# router eigrp 1
R2(config-router)# eigrp router-id 1.1.2.2
R2(config-router)# network 1.1.2.2 0.0.0.0
R2(config-router)# network 1.1.12.2 0.0.0.0
R2(config-router)# exit

R2(config)# router ospf 1
R2(config-router)# router-id 1.1.2.2
R2(config-router)# network 1.1.23.2 0.0.0.0 area 0
```

R3의 설정은 다음과 같다.

예제 9-34 R3의 OSPF 설정

```
R3(config)# router ospf 1
R3(config-router)# router-id 1.1.3.3
R3(config-router)# network 1.1.3.3 0.0.0.0 area 0
R3(config-router)# network 1.1.23.3 0.0.0.0 area 0
R3(config-router)# network 1.1.34.3 0.0.0.0 area 0
```

R4의 설정은 다음과 같다.

예제 9-35 R4의 OSPF 설정

```
R4(config)# router ospf 1
R4(config-router)# router-id 1.1.4.4
R4(config-router)# network 1.1.34.4 0.0.0.0 area 0
```

기본적인 라우팅 설정을 끝낸 후에 다음과 같이 R2에서 EIGRP를 OSPF로 재분배시켜 보자. 다른 라우팅 프로토콜을 OSPF로 재분배시킬 때 사용할 수 있는 옵션은 다음과 같다.

예제 9-36 EIGRP를 OSPF로 재분배시의 옵션

```
R2(config)# router ospf 1
R2(config-router)# redistribute eigrp 1 ?
① metric       Metric for redistributed routes
② metric-type  OSPF/IS-IS exterior metric type for redistributed routes
   nssa-only    Limit redistributed routes to NSSA areas
   route-map    Route map reference
③ subnets      Consider subnets for redistribution into OSPF
   tag          Set tag for routes redistributed into OSPF
   <cr>
```

나머지 옵션들은 나중에 공부하기로 하고 metric, metric-type 및 subnets 옵션에 대해서 알아보자. ① metric은 다른 라우팅 프로토콜에서와 마찬가지로 재분배시 초기 메트릭을 지정할 때 사용한다. 별도로 지정하지 않으면 BGP는 1이고, 나머지 라우팅 프로토콜에 대해서는 20이 초기 메트릭으로 사용된다. 참고로 OSPF 도메인으로 전달되는 디폴트 루트의 디폴트 메트릭 값도 1이다. RIP, EIGRP 등과는 달리 OSPF는 이처럼 기본 초기 메트릭 값을 가지므로 경우에 따라서는 별도의 초기 메트릭을 지정하지 않아도 재분배된다.

② metric-type은 재분배되는 네트워크의 종류를 지정한다. 기본값이 타입 2(E2) 네트워크이며, 다음처럼 타입 1(E1) 네트워크로 변경할 수 있다.

예제 9-37 재분배되는 네트워크 종류 지정하기

```
R2(config-router)# redistribute eigrp 1 metric-type ?
  1  Set OSPF External Type 1 metrics
  2  Set OSPF External Type 2 metrics
```

③ subnets 옵션을 사용해야 서브넷팅된 네트워크도 재분배된다. 이제 R2에서 EIGRP를 OSPF로 재분배시켜 보자. 먼저 subnets 옵션을 사용하지 않고 재분배시켜본다. 그러면 다음처럼 '서브넷팅 되지 않은 네트워크만 재분배됩니다'라는 메시지가 표시된다.

예제 9-38 subnets 옵션을 사용하지 않았을 때의 메시지

```
R2(config-router)# redistribute eigrp 1
% Only classful networks will be redistributed
```

R3에서 확인해 보면 서브넷팅된 1.1.1.0/24, 1.1.2.0/24, 1.1.12.0/24 네트워크는 재분배되지 않고, 서브넷팅을 하지 않은 201.1.1.0/24 네트워크만 재분배된다.

예제 9-39 R3의 라우팅 테이블

```
R3# show ip route
    (생략)

      1.0.0.0/8 is variably subnetted, 6 subnets, 2 masks
C        1.1.3.0/24 is directly connected, Loopback0
L        1.1.3.3/32 is directly connected, Loopback0
C        1.1.23.0/24 is directly connected, FastEthernet0/0.23
L        1.1.23.3/32 is directly connected, FastEthernet0/0.23
C        1.1.34.0/24 is directly connected, FastEthernet0/0.34
L        1.1.34.3/32 is directly connected, FastEthernet0/0.34
O E2  201.1.1.0/24 [110/20] via 1.1.23.2, 00:00:16, FastEthernet0/0.23
```

따라서, 다음과 같이 subnets 옵션을 사용해야 한다.

예제 9-40 subnets 옵션의 사용

```
R2(config)# router ospf 1
R2(config-router)# redistribute eigrp 1 subnets
```

다시 R3에서 확인해보면 EIGRP의 네트워크가 모두 재분배된다. 그리고, 경로 종류도 기본적으로 모두 E2로 지정되며, 메트릭 값도 모두 기본값인 20이다.

예제 9-41 R3의 라우팅 테이블

```
R3# show ip route ospf
    (생략)
```

```
      1.0.0.0/8 is variably subnetted, 9 subnets, 2 masks
O E2      1.1.1.0/24 [110/20] via 1.1.23.2, 00:00:03, FastEthernet0/0.23
O E2      1.1.2.0/24 [110/20] via 1.1.23.2, 00:00:03, FastEthernet0/0.23
O E2      1.1.12.0/24 [110/20] via 1.1.23.2, 00:00:03, FastEthernet0/0.23
O E2    201.1.1.0/24 [110/20] via 1.1.23.2, 00:01:06, FastEthernet0/0.23
```

이번에는 R4에서 직접 접속된 네트워크를 OSPF로 재분배하면서 경로 종류를 E1으로 설정해 보자.

예제 9-42 OSPF E1 네트워크로 재분배하기

```
R4(config)# router ospf 1
R4(config-router)# redistribute connected subnets metric-type 1
```

R3에서 확인해 보면 다음과 같이 R4에 접속된 1.1.4.0/24 네트워크가 E1 경로로 재분배된다.

예제 9-43 R3의 라우팅 테이블

```
R3# show ip route ospf
   (생략)
      1.0.0.0/8 is variably subnetted, 10 subnets, 2 masks
O E2      1.1.1.0/24 [110/20] via 1.1.23.2, 00:01:00, FastEthernet0/0.23
O E2      1.1.2.0/24 [110/20] via 1.1.23.2, 00:01:00, FastEthernet0/0.23
O E1      1.1.4.0/24 [110/21] via 1.1.34.4, 00:00:02, FastEthernet0/0.34
O E2      1.1.12.0/24 [110/20] via 1.1.23.2, 00:01:00, FastEthernet0/0.23
      4.0.0.0/24 is subnetted, 1 subnets
O E1      4.4.4.0 [110/21] via 1.1.34.4, 00:00:02, FastEthernet0/0.34
O E2    201.1.1.0/24 [110/20] via 1.1.23.2, 00:02:03, FastEthernet0/0.23
```

지금까지 OSPF로의 재분배에 대하여 살펴보았다.

OSPF로부터의 재분배

OSPF를 다른 라우팅 프로토콜로 재분배시킬 때에는 OSPF의 경로 종류별로 선택해서 필요한 것만 전달할 수 있다. OSPF로부터의 재분배를 위해서 다음과 같이 네트워크를 다시 구성한다.

그림 9-8 OSPF 경로 종류별 재분배를 위한 네트워크

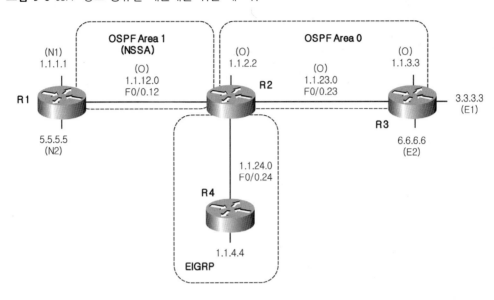

스위치에서 VLAN과 트렁킹 설정을 한다.

예제 9-44 스위치 설정

```
SW1(config)# vlan 12,23,24
SW1(config-vlan)# exit

SW1(config)# int range f1/1 - 4
SW1(config-if-range)# switchport trunk encap dot
SW1(config-if-range)# switchport mode trunk
```

각 라우터에서 인터페이스를 설정하고 IP 주소를 부여한다.

예제 9-45 인터페이스 설정

```
R1(config)# int lo0
R1(config-if)# ip address 1.1.1.1 255.255.255.0
R1(config-if)# int lo5
R1(config-if)# ip address 5.5.5.5 255.255.255.0
R1(config-if)# int f0/0
```

```
R1(config-if)# no shut
R1(config-if)# int f0/0.12
R1(config-subif)# encap dot 12
R1(config-subif)# ip address 1.1.12.1 255.255.255.0

R2(config)# int lo0
R2(config-if)# ip address 1.1.2.2 255.255.255.0
R2(config-if)# int f0/0
R2(config-if)# no shut
R2(config-if)# int f0/0.12
R2(config-subif)# encap dot 12
R2(config-subif)# ip address 1.1.12.2 255.255.255.0
R2(config-subif)# int f0/0.23
R2(config-subif)# encap dot 23
R2(config-subif)# ip address 1.1.23.2 255.255.255.0
R2(config-subif)# int f0/0.24
R2(config-subif)# encap dot 24
R2(config-subif)# ip address 1.1.24.2 255.255.255.0

R3(config)# int lo0
R3(config-if)# ip address 1.1.3.3 255.255.255.0
R3(config-if)# int lo3
R3(config-if)# ip address 3.3.3.3 255.255.255.0
R3(config-if)# int lo6
R3(config-if)# ip address 6.6.6.6 255.255.255.0
R3(config-if)# int f0/0
R3(config-if)# no shut
R3(config-if)# int f0/0.23
R3(config-subif)# encap dot 23
R3(config-subif)# ip address 1.1.23.3 255.255.255.0

R4(config)# int lo0
R4(config-if)# ip address 1.1.4.4 255.255.255.0
R4(config-if)# int f0/0
R4(config-if)# no shut
R4(config-if)# int f0/0.24
R4(config-subif)# encap dot 24
R4(config-subif)# ip address 1.1.24.4 255.255.255.0
```

설정이 끝나면 다음과 같이 각 라우터에서 라우팅을 설정한다. R1의 설정은 다음과 같다.

예제 9-46 R1의 라우팅 설정

```
① R1(config)# route-map ConnInt permit 10
② R1(config-route-map)# match interface loopback 0
③ R1(config-route-map)# set metric-type type-1
   R1(config-route-map)# exit
④ R1(config)# route-map ConnInt permit 20
⑤ R1(config-route-map)# match interface loopback 5
⑥ R1(config-route-map)# set metric-type type-2
   R1(config-route-map)# exit

   R1(config)# router ospf 1
   R1(config-router)# router-id 1.1.1.1
   R1(config-router)# network 1.1.12.1 0.0.0.0 area 1
⑦ R1(config-router)# area 1 nssa
⑧ R1(config-router)# redistribute connected subnets route-map ConnInt
```

① Loopback 0에 설정된 네트워크의 경로 종류를 N1로 지정하기 위한 루트 맵을 만든다.

② Loopback 0 인터페이스를 지정한다.

③ 앞서 지정한 인터페이스에 설정된 네트워크의 경로 종류를 타입 1로 지정한다.

④ Loopback 5에 설정된 네트워크의 경로 종류를 N2로 지정하기 위한 루트 맵을 만든다.

⑤ Loopback 5 인터페이스를 지정한다.

⑥ 앞서 지정한 인터페이스에 설정된 네트워크의 경로 종류를 타입 2로 지정한다.

⑦ 에어리어 1을 NSSA로 지정한다.

⑧ 직접 접속된 네트워크를 OSPF로 재분배하면서 앞서 설정한 루트 맵의 내용을 적용한다. R2의 설정은 다음과 같다.

예제 9-47 R2의 라우팅 설정

```
R2(config)# router ospf 1
R2(config-router)# router-id 1.1.2.2
R2(config-router)# network 1.1.2.2 0.0.0.0 area 0
R2(config-router)# network 1.1.23.2 0.0.0.0 area 0
R2(config-router)# network 1.1.12.2 0.0.0.0 area 1
R2(config-router)# area 1 nssa no-redistribution no-summary
R2(config-router)# exit
```

```
R2(config)# int lo0
R2(config-if)# ip ospf network point-to-point
R2(config-router)# exit

R2(config)# router eigrp 1
R2(config-router)# eigrp router-id 1.1.2.2
R2(config-router)# network 1.1.24.2 0.0.0.0
```

R3의 설정은 다음과 같다. R3에서도 R1과 마찬가지로 인터페이스별로 경로 종류를 달리 지정하는
루트 맵을 만든 다음, 이것을 OSPF로의 재분배 설정시 적용하였다.

예제 9-48 R3의 라우팅 설정

```
R3(config)# route-map ConnectedInterfaces 10
R3(config-route-map)# match interface loopback 3
R3(config-route-map)# set metric-type type-1
R3(config-route-map)# exit
R3(config)# route-map ConnectedInterfaces 20
R3(config-route-map)# match interface loopback 6
R3(config-route-map)# set metric-type type-2
R3(config-route-map)# exit

R3(config)# router ospf 1
R3(config-router)# router-id 1.1.3.3
R3(config-router)# network 1.1.3.3 0.0.0.0 area 0
R3(config-router)# network 1.1.23.3 0.0.0.0 area 0
R3(config-router)# redistribute connected subnets route-map ConnectedInterfaces
R3(config-router)# exit
R3(config)# int lo0
R3(config-if)# ip ospf network point-to-point
```

R4의 설정은 다음과 같다.

예제 9-49 R4의 라우팅 설정

```
R4(config)# router eigrp 1
R4(config-router)# eigrp router-id 1.1.4.4
R4(config-router)# network 1.1.4.4 0.0.0.0
```

```
R4(config-router)# network 1.1.24.4 0.0.0.0
```

기본적인 라우팅 설정 후 각 라우터의 라우팅 테이블을 확인해 보자. R1의 라우팅 테이블은 다음과
같다. R1은 NSSA 내부 라우터이므로 직접 접속된 네트워크와 R2에서 수신한 디폴트 루트만 설정되어
있다.

예제 9-50 R1의 라우팅 테이블

```
R1# show ip route ospf
    (생략)
O*IA   0.0.0.0/0 [110/2] via 1.1.12.2, 00:01:32, FastEthernet0/0.12
```

R2의 라우팅 테이블은 다음과 같다. R2의 라우팅 테이블에는 모든 경로가 다 설치되어 있다. R1,
R3에서 설정한 바와같이 O, N1, N2, E1, E2 경로가 모두 있다.

예제 9-51 R2의 라우팅 테이블

```
R2# show ip route
    (생략)
      1.0.0.0/8 is variably subnetted, 11 subnets, 2 masks
O N1     1.1.1.0/24 [110/21] via 1.1.12.1, 00:03:55, FastEthernet0/0.12
C        1.1.2.0/24 is directly connected, Loopback0
L        1.1.2.2/32 is directly connected, Loopback0
O        1.1.3.0/24 [110/2] via 1.1.23.3, 00:02:55, FastEthernet0/0.23
D        1.1.4.0/24 [90/156160] via 1.1.24.4, 00:02:41, FastEthernet0/0.24
C        1.1.12.0/24 is directly connected, FastEthernet0/0.12
L        1.1.12.2/32 is directly connected, FastEthernet0/0.12
C        1.1.23.0/24 is directly connected, FastEthernet0/0.23
L        1.1.23.2/32 is directly connected, FastEthernet0/0.23
C        1.1.24.0/24 is directly connected, FastEthernet0/0.24
L        1.1.24.2/32 is directly connected, FastEthernet0/0.24
      3.0.0.0/24 is subnetted, 1 subnets
O E1     3.3.3.0 [110/21] via 1.1.23.3, 00:02:55, FastEthernet0/0.23
      5.0.0.0/24 is subnetted, 1 subnets
O N2     5.5.5.0 [110/20] via 1.1.12.1, 00:03:55, FastEthernet0/0.12
      6.0.0.0/24 is subnetted, 1 subnets
```

```
O E2        6.6.6.0 [110/20] via 1.1.23.3, 00:02:55, FastEthernet0/0.23
```

R3의 라우팅 테이블은 다음과 같다.

예제 9-52 R3의 라우팅 테이블

```
R3# show ip route ospf
    (생략)
       1.0.0.0/8 is variably subnetted, 7 subnets, 2 masks
O E1    1.1.1.0/24 [110/22] via 1.1.23.2, 00:02:40, FastEthernet0/0.23
O       1.1.2.0/24 [110/2] via 1.1.23.2, 00:02:40, FastEthernet0/0.23
O IA    1.1.12.0/24 [110/2] via 1.1.23.2, 00:02:40, FastEthernet0/0.23
       5.0.0.0/24 is subnetted, 1 subnets
O E2    5.5.5.0 [110/20] via 1.1.23.2, 00:02:40, FastEthernet0/0.23
```

R4의 라우팅 테이블은 다음과 같이 EIGRP를 통하여 수신하는 네트워크가 아직 없기 때문에 자신의 네트워크만 설치되어 있다.

예제 9-53 R4의 라우팅 테이블

```
R4# show ip route
    (생략)
       1.0.0.0/8 is variably subnetted, 4 subnets, 2 masks
C       1.1.4.0/24 is directly connected, Loopback0
L       1.1.4.4/32 is directly connected, Loopback0
C       1.1.24.0/24 is directly connected, FastEthernet0/0.24
L       1.1.24.4/32 is directly connected, FastEthernet0/0.24
```

이제 R2에서 다음과 같이 OSPF를 EIGRP로 재분배해 보자.

예제 9-54 OSPF를 EIGRP로 재분배하기

```
R2(config)# router eigrp 1
R2(config-router)# redistribute ospf 1
R2(config-router)# default-metric 1000 1 1 1 1500
```

재분배후 R4의 라우팅 테이블을 보면 다음과 같이 모든 OSPF 경로가 모두 EIGRP로 재분배되는 것을 알 수 있다.

예제 9-55 R4의 라우팅 테이블

```
R4# show ip route eigrp
    (생략)
    1.0.0.0/8 is variably subnetted, 9 subnets, 2 masks
D EX    1.1.1.0/24 [170/2562816] via 1.1.24.2, 00:00:44, FastEthernet0/0.24
D EX    1.1.2.0/24 [170/2562816] via 1.1.24.2, 00:00:44, FastEthernet0/0.24
D EX    1.1.3.0/24 [170/2562816] via 1.1.24.2, 00:00:44, FastEthernet0/0.24
D EX    1.1.12.0/24 [170/2562816] via 1.1.24.2, 00:00:44, FastEthernet0/0.24
D EX    1.1.23.0/24 [170/2562816] via 1.1.24.2, 00:00:44, FastEthernet0/0.24
    3.0.0.0/24 is subnetted, 1 subnets
D EX    3.3.3.0 [170/2562816] via 1.1.24.2, 00:00:44, FastEthernet0/0.24
    5.0.0.0/24 is subnetted, 1 subnets
D EX    5.5.5.0 [170/2562816] via 1.1.24.2, 00:00:44, FastEthernet0/0.24
    6.0.0.0/24 is subnetted, 1 subnets
D EX    6.6.6.0 [170/2562816] via 1.1.24.2, 00:00:44, FastEthernet0/0.24
```

그러나, OSPF를 다른 라우팅 프로토콜로 재분배할 때 match 옵션을 사용하면 다음과 같이 특정한 경로 종류를 지정할 수 있다.

예제 9-56 OSPF를 다른 라우팅 프로토콜로 재분배할 때 지정 가능한 경로 종류

```
R2(config-router)# redistribute ospf 1 match ?
① external        Redistribute OSPF external routes
② internal        Redistribute OSPF internal routes
③ nssa-external   Redistribute OSPF NSSA external routes
```

① external 옵션은 E1 또는 E2 경로만을 재분배할 때 사용한다. 다음과 같이 다시 E1 또는 E2 경로를 지정할 수 있다.

예제 9-57 OSPF를 다른 라우팅 프로토콜로 재분배할 때 지정 가능한 경로 종류

```
R2(config-router)# redistribute ospf 1 match external ?
  1              Redistribute external type 1 routes
  2              Redistribute external type 2 routes
  external       Redistribute OSPF external routes
  internal       Redistribute OSPF internal routes
  metric         Metric for redistributed routes
  nssa-external  Redistribute OSPF NSSA external routes
  route-map      Route map reference
  <cr>
```

② internal은 내부 경로(O)를 재분배할 때 사용하는 옵션이다.

③ nssa-external은 NSSA 외부 경로를 재분배할 때 사용하는 옵션이다. 역시 N1 또는 N2 경로를 선별적으로 지정할 수 있다. 다음과 같이 R2에서 OSPF 내부 경로만 EIGRP로 재분배시켜 보자.

예제 9-58 OSPF 내부 경로만 EIGRP로 재분배시키기

```
R2(config)# router eigrp 1
R2(config-router)# no redistribute ospf 1
R2(config-router)# redistribute ospf 1 match internal
```

R4에서 확인하면 다음과 같이 R2에서 OSPF 내부 경로인 1.1.2.0, 1.1.3.0, 1.1.12.0, 1.1.23.0만 재분배된다.

예제 9-59 R4의 라우팅 테이블

```
R4# show ip route eigrp
    (생략)
    1.0.0.0/8 is variably subnetted, 8 subnets, 2 masks
D EX    1.1.2.0/24 [170/2562816] via 1.1.24.2, 00:00:08, FastEthernet0/0.24
D EX    1.1.3.0/24 [170/2562816] via 1.1.24.2, 00:00:08, FastEthernet0/0.24
D EX    1.1.12.0/24 [170/2562816] via 1.1.24.2, 00:00:08, FastEthernet0/0.24
D EX    1.1.23.0/24 [170/2562816] via 1.1.24.2, 00:00:08, FastEthernet0/0.24
```

OSPF E1, E2 경로만 재분배하려면 다음과 같이 한다.

예제 9-60 OSPF E1, E2 경로만 재분배시키기

```
    R2(config)# router eigrp 1
①  R2(config-router)# no redistribute ospf 1 match internal
②  R2(config-router)# redistribute ospf 1 match external
```

① 앞서 설정한 재분배를 제거한다.

② OSPF 외부 경로(E1, E2)만 재분배하려면 match external 옵션을 사용한다. 만약 외부 경로 종류중에서 E1만 재분배하려면 match external 1 옵션을 사용한다. 설정 후 R4에서 확인해 보면 OSPF E1 경로인 3.3.3.0과 E2 경로인 6.6.6.0만 재분배된다.

예제 9-61 R4의 라우팅 테이블

```
R4# show ip route eigrp
    (생략)
      3.0.0.0/24 is subnetted, 1 subnets
D EX     3.3.3.0 [170/2562816] via 1.1.24.2, 00:00:10, FastEthernet0/0.24
      6.0.0.0/24 is subnetted, 1 subnets
D EX     6.6.6.0 [170/2562816] via 1.1.24.2, 00:00:10, FastEthernet0/0.24
```

OSPF E1, N1 경로만 재분배하려면 다음과 같이 한다.

예제 9-62 OSPF E1, N1 경로만 재분배하기

```
R2(config)# router eigrp 1
R2(config-router)# no redistribute ospf 1 match external
R2(config-router)# redistribute ospf 1 match external 1 nssa-external 1
```

설정 후 R4에서 확인해 보면 OSPF E1 경로인 3.3.3.0과 N1 경로인 1.1.1.0만 재분배된다.

예제 9-63 R4의 라우팅 테이블

```
R4# show ip route eigrp
    (생략)
```

```
        1.0.0.0/8 is variably subnetted, 5 subnets, 2 masks
D EX      1.1.1.0/24 [170/2562816] via 1.1.24.2, 00:00:05, FastEthernet0/0.24
        3.0.0.0/24 is subnetted, 1 subnets
D EX      3.3.3.0 [170/2562816] via 1.1.24.2, 00:00:05, FastEthernet0/0.24
```

이상으로 OSPF를 다른 IGP로 재분배하는 것에 대하여 살펴보았다.

OSPF와 BGP의 재분배

OSPF 외부 경로를 BGP로 재분배하는 경우에는 반드시 경로의 종류를 명기해야 한다. OSPF를
다른 IGP로 재분배할 때와는 달리, BGP로 재분배시 match 옵션을 생략하고 redistribute ospf
1 명령어만 사용하면 redistibute ospf 1 internal 명령어를 사용한 것과 동일한 결과가 되어 외부
경로는 재분배되지 않는다. OSPF를 BGP로 재분배하기 위하여 다음과 같이 네트워크를 구성한다.
BGP는 R2와 R4에서만 동작시킨다.

그림 9-9 OSPF와 BGP의 재분배를 위한 네트워크

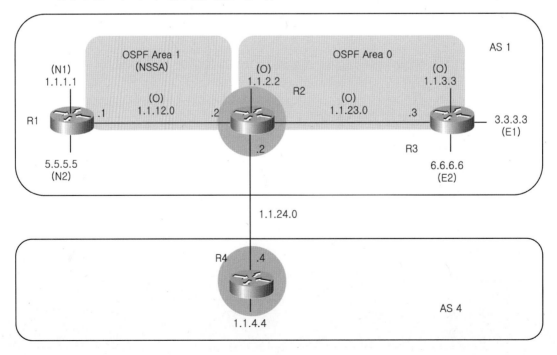

각 라우터의 설정은 다음과 같다. R2와 R4에서 기존의 EIGRP를 제거한다.

예제 9-64 기존 설정 제거하기

```
R2(config)# no router eigrp 1
R4(config)# no router eigrp 1
```

R2와 R4에서 다음과 같이 BGP를 설정한다. R2에서는 OSPF를 BGP로 재분배한다.

예제 9-65 OSPF를 BGP로 재분배하기

```
R2(config)# router bgp 1
R2(config-router)# bgp router-id 1.1.2.2
R2(config-router)# neighbor 1.1.24.4 remote-as 4
R2(config-router)# redistribute ospf 1

R4(config)# router bgp 4
R4(config-router)# bgp router-id 1.1.4.4
R4(config-router)# neighbor 1.1.24.2 remote-as 1
R4(config-router)# network 1.1.4.0 mask 255.255.255.0
```

R4에서 확인하면 다음과 같이 R2에서 OSPF 내부 경로인 1.1.2.0, 1.1.3.0, 1.1.12.0, 1.1.23.0만 BGP로 재분배된다.

예제 9-66 R4의 라우팅 테이블

```
R4# show ip route bgp
    (생략)
    1.0.0.0/8 is variably subnetted, 8 subnets, 2 masks
B       1.1.2.0/24 [20/0] via 1.1.24.2, 00:00:06
B       1.1.3.0/24 [20/2] via 1.1.24.2, 00:00:06
B       1.1.12.0/24 [20/0] via 1.1.24.2, 00:00:06
B       1.1.23.0/24 [20/0] via 1.1.24.2, 00:00:06
```

따라서, OSPF의 외부 경로까지 BGP로 재분배하려면 **match** 옵션을 사용하여 원하는 외부 경로를 명시적으로 지정해야 한다. OSPF 외부 경로와 내부 경로를 모두 BGP로 재분배하려면 다음과 같이 설정한다.

예제 9-67 OSPF의 외부 경로까지 BGP로 재분배하려면 외부 경로를 명시적으로 지정해야 한다

```
R2(config)# router bgp 1
R2(config-router)# redistribute ospf 1 match internal external nssa-external
```

R4의 라우팅 테이블을 확인해 보면 이번에는 모든 OSPF 경로가 BGP로 재분배된다.

예제 9-68 R4의 라우팅 테이블

```
R4# show ip route bgp
    (생략)
         1.0.0.0/8 is variably subnetted, 9 subnets, 2 masks
B          1.1.1.0/24 [20/21] via 1.1.24.2, 00:00:19
B          1.1.2.0/24 [20/0] via 1.1.24.2, 00:01:20
B          1.1.3.0/24 [20/2] via 1.1.24.2, 00:01:20
B          1.1.12.0/24 [20/0] via 1.1.24.2, 00:01:20
B          1.1.23.0/24 [20/0] via 1.1.24.2, 00:01:20
         3.0.0.0/24 is subnetted, 1 subnets
B          3.3.3.0 [20/21] via 1.1.24.2, 00:00:19
         5.0.0.0/24 is subnetted, 1 subnets
B          5.5.5.0 [20/20] via 1.1.24.2, 00:00:19
         6.0.0.0/24 is subnetted, 1 subnets
B          6.6.6.0 [20/20] via 1.1.24.2, 00:00:19
```

이번에는 다음과 같이 R2에서 BGP를 OSPF로 재분배해 보자.

예제 9-69 BGP를 OSPF로 재분배하기

```
R2(config)# router ospf 1
R2(config-router)# redistribute bgp 1 subnets
```

R3에서 확인해보면 다음과 같이 다른 라우팅 프로토콜의 기본적인 OSPF 초기 메트릭 값이 20인 반면 BGP에서 재분배된 1.1.4.0 네트워크의 초기 메트릭 값은 1이다.

예제 9-70 R3의 라우팅 테이블

```
R3# show ip route
     (생략)
     1.0.0.0/8 is variably subnetted, 8 subnets, 2 masks
O E1    1.1.1.0/24 [110/22] via 1.1.23.2, 00:18:00, FastEthernet0/0.23
O       1.1.2.0/24 [110/2] via 1.1.23.2, 00:18:00, FastEthernet0/0.23
C       1.1.3.0/24 is directly connected, Loopback0
L       1.1.3.3/32 is directly connected, Loopback0
O E2    1.1.4.0/24 [110/1] via 1.1.23.2, 00:00:12, FastEthernet0/0.23
O IA    1.1.12.0/24 [110/2] via 1.1.23.2, 00:18:00, FastEthernet0/0.23
C       1.1.23.0/24 is directly connected, FastEthernet0/0.23
L       1.1.23.3/32 is directly connected, FastEthernet0/0.23
     3.0.0.0/8 is variably subnetted, 2 subnets, 2 masks
C       3.3.3.0/24 is directly connected, Loopback3
L       3.3.3.3/32 is directly connected, Loopback3
     5.0.0.0/24 is subnetted, 1 subnets
O E2    5.5.5.0 [110/20] via 1.1.23.2, 00:18:00, FastEthernet0/0.23
     6.0.0.0/8 is variably subnetted, 2 subnets, 2 masks
C       6.6.6.0/24 is directly connected, Loopback6
L       6.6.6.6/32 is directly connected, Loopback6
```

다음 테스트를 위하여 각 라우터에서 라우팅 설정을 제거한다.

예제 9-71 기존 설정 제거하기

```
R1(config)# no router ospf 1
R2(config)# no router ospf 1
R2(config)# no router bgp 1
R3(config)# no router ospf 1
R4(config)# no router bgp 4
```

이상으로 OSPF와 BGP의 재분배에 대하여 살펴보았다.

BGP로의 재분배

다른 라우팅 프로토콜을 BGP로 재분배하기 위하여 다음과 같이 네트워크를 설정한다.

그림 9-10 BGP 재분배를 위한 네트워크

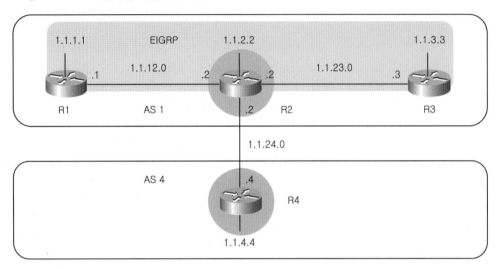

AS 1의 각 라우터에서 EIGRP를 먼저 설정한다. 각 라우터의 설정은 다음과 같다.

예제 9-72 기본적인 EIGRP 설정하기

```
R1(config)# router eigrp 1
R1(config-router)# eigrp router-id 1.1.1.1
R1(config-router)# network 1.1.1.1 0.0.0.0
R1(config-router)# network 1.1.12.1 0.0.0.0

R2(config)# router eigrp 1
R2(config-router)# eigrp router-id 1.1.2.2
R2(config-router)# network 1.1.2.2 0.0.0.0
R2(config-router)# network 1.1.12.2 0.0.0.0
R2(config-router)# network 1.1.23.2 0.0.0.0

R3(config)# router eigrp 1
R3(config-router)# eigrp router-id 1.1.3.3
R3(config-router)# network 1.1.3.3 0.0.0.0
R3(config-router)# network 1.1.23.3 0.0.0.0
```

EIGRP 설정이 끝나면 BGP를 설정한다. BGP는 R2, R4에서만 설정하고, R2에서 EIGRP를 BGP로 재분배한다.

예제 9-73 EIGRP를 BGP로 재분배하기

```
     R2(config)# router bgp 1
     R2(config-router)# bgp router-id 1.1.2.2
     R2(config-router)# neighbor 1.1.24.4 remote-as 4
 ①  R2(config-router)# redistribute eigrp 1

     R4(config)# router bgp 4
     R4(config-router)# bgp router-id 1.1.4.4
     R4(config-router)# neighbor 1.1.24.2 remote-as 1
     R4(config-router)# network 1.1.4.0 mask 255.255.255.0
```

① IGP와 마찬가지로 BGP도 **redistribute** 명령어를 사용하여 재분배를 설정한다. 재분배시 별도로
지정하지 않으면, 재분배된 라우터에서의 해당 네트워크 메트릭 값이 BGP의 MED 값이 된다.
설정 후 R2의 BGP 테이블을 보면 AS 1의 각 네트워크가 BGP로 재분배된 것을 알 수 있다. 재분배된
네트워크는 BGP 테이블에서 오리진(origin)이 물음표(?)로 표시된다.

예제 9-74 R2의 BGP 테이블

```
R2# show ip bgp
BGP table version is 7, local router ID is 1.1.2.2
Status codes: s suppressed, d damped, h history, * valid, > best, i - internal,
              r RIB-failure, S Stale, m multipath, b backup-path, f RT-Filter,
              x best-external, a additional-path, c RIB-compressed,
Origin codes: i - IGP, e - EGP, ? - incomplete
RPKI validation codes: V valid, I invalid, N Not found

     Network          Next Hop          Metric LocPrf Weight  Path
 *>  1.1.1.0/24       1.1.12.1          156160         32768  ?
 *>  1.1.2.0/24       0.0.0.0                0         32768  ?
 *>  1.1.3.0/24       1.1.23.3          156160         32768  ?
 *>  1.1.4.0/24       1.1.24.4               0             0  4 i
 *>  1.1.12.0/24      0.0.0.0                0         32768  ?
 *>  1.1.23.0/24      0.0.0.0                0         32768  ?
```

R4의 라우팅 테이블을 보면 AS 1의 네트워크들이 설치되어 있다.

예제 9-75 R4의 라우팅 테이블

```
R4# show ip route bgp
   (생략)

   1.0.0.0/8 is variably subnetted, 9 subnets, 2 masks
B      1.1.1.0/24 [20/156160] via 1.1.24.2, 00:11:42
B      1.1.2.0/24 [20/0] via 1.1.24.2, 00:11:42
B      1.1.3.0/24 [20/156160] via 1.1.24.2, 00:11:42
B      1.1.12.0/24 [20/0] via 1.1.24.2, 00:11:42
B      1.1.23.0/24 [20/0] via 1.1.24.2, 00:11:42
```

이상으로 BGP로의 재분배에 대하여 살펴보았다.

BGP로부터의 재분배

일반적으로는 BGP 네트워크의 수량이 많아 BGP를 IGP로 재분배하지 않는다. 그러나, 특별한 경우에는 BGP를 IGP로 재분배할 수 있다. 다음과 같이 R2에서 BGP를 EIGRP로 재분배해 보자.

예제 9-76 BGP를 EIGRP로 재분배하기

```
R2(config)# router eigrp 1
R2(config-router)# redistribute bgp 1 metric 1000 1 1 1 1500
```

그러면, BGP가 설정되어 있지 않은 R1과 R3으로 AS 4에서 BGP를 통하여 수신한 1.1.4.0 네트워크가 EIGRP를 통하여 전달된다. 예를 들어, R1의 라우팅 테이블은 다음과 같다.

예제 9-77 R1의 라우팅 테이블

```
R1# show ip route eigrp
   (생략)

   1.0.0.0/8 is variably subnetted, 8 subnets, 2 masks
D      1.1.2.0/24 [90/156160] via 1.1.12.2, 00:16:11, FastEthernet0/0.12
D      1.1.3.0/24 [90/158720] via 1.1.12.2, 00:15:57, FastEthernet0/0.12
D EX   1.1.4.0/24 [170/2562816] via 1.1.12.2, 00:00:11, FastEthernet0/0.12
D      1.1.23.0/24 [90/30720] via 1.1.12.2, 00:16:08, FastEthernet0/0.12
```

다음 테스트를 위하여 각 라우터에서 라우팅 설정을 제거한다.

예제 9-78 기존 설정 제거하기

```
R1(config)# no router eigrp 1
R2(config)# no router eigrp 1
R2(config)# no router bgp 1
R3(config)# no router eigrp 1
R4(config)# no router bgp 4
```

세 개 이상의 프로토콜을 재분배하는 경우

동일한 라우터에서 세 개 이상의 프로토콜을 재분배하는 경우에 대해서 살펴보자. 예를 들어, 다음 그림의 R2에서 직접 접속된 네트워크(connected)를 OSPF로 재분배하고, 다시 OSPF를 EIGRP로 재분배하면, 직접 접속된 네트워크도 EIGRP로 재분배 될까? 이를 확인하기 위하여 다음 그림과 같이 네트워크를 설정한다.

그림 9-11 동일 라우터에서 세 개 이상의 프로토콜을 재분배하는 경우

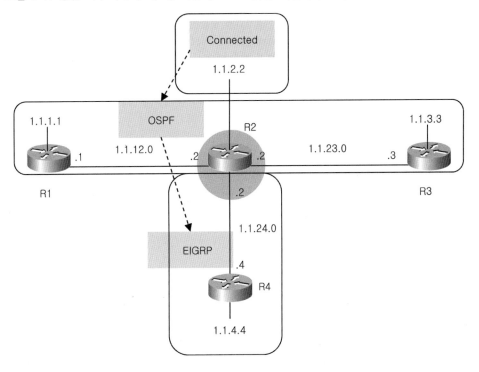

R1의 설정은 다음과 같다.

예제 9-79 R1의 OSPF 설정

```
R1(config)# router ospf 1
R1(config-router)# router-id 1.1.1.1
R1(config-router)# network 1.1.12.1 0.0.0.0 area 0
R1(config-router)# redistribute connected subnets
```

R2의 설정은 다음과 같다. R2에서는 다음과 같이 직접 접속된 네트워크(connected)를 OSPF로 재분배
하고, OSPF를 EIGRP로 재분배하였다.

예제 9-80 R2의 설정

```
R2(config)# router ospf 1
R2(config-router)# router-id 1.1.2.2
R2(config-router)# network 1.1.12.2 0.0.0.0 area 0
R2(config-router)# network 1.1.23.2 0.0.0.0 area 0
R2(config-router)# redistribute connected subnets
R2(config-router)# redistribute eigrp 1 subnets
R2(config-router)# exit

R2(config)# router eigrp 1
R2(config-router)# eigrp router-id 1.1.2.2
R2(config-router)# network 1.1.24.2 0.0.0.0
R2(config-router)# redistribute ospf 1 metric 1544 2000 255 1 1500
```

R3의 설정은 다음과 같다.

예제 9-81 R3의 설정

```
R3(config)# router ospf 1
R3(config-router)# router-id 1.1.3.3
R3(config-router)# network 1.1.23.3 0.0.0.0 area 0
R3(config-router)# redistribute connected subnets
```

R4의 설정은 다음과 같다.

예제 9-82 R4의 설정

```
R4(config)# router eigrp 1
R4(config-router)# eigrp router-id 1.1.4.4
R4(config-router)# network 1.1.4.4 0.0.0.0
R4(config-router)# network 1.1.24.4 0.0.0.0
```

설정 후 R4에서 확인해 보면 R2의 1.1.2.0 네트워크가 없다. 즉, 하나의 프로토콜을 재분배받아 동일 라우터에서 다시 다른 라우팅 프로토콜로는 재분배되지 않는다.

예제 9-83 R4의 라우팅 테이블

```
R4# show ip route 1.1.2.0
% Subnet not in table
```

이를 해결하려면 다음과 같이 R2에서 직접 접속된 네트워크를 OSPF뿐만 아니라 EIGRP에도 재분배해 주어야 한다.

예제 9-84 직접 접속된 네트워크의 재분배

```
R2(config)# router eigrp 1
R2(config-router)# redistribute connected metric 1000 1 1 1 1500
```

설정 후 다시 R4의 라우팅 테이블을 확인해보면 1.1.2.0 네트워크가 설치된다.

예제 9-85 R4의 라우팅 테이블

```
R4# show ip route 1.1.2.0
Routing entry for 1.1.2.0/24
  Known via "eigrp 1", distance 170, metric 2562816, type external
  Redistributing via eigrp 1
  Last update from 1.1.24.2 on FastEthernet0/0.24, 00:00:13 ago
  Routing Descriptor Blocks:
  * 1.1.24.2, from 1.1.24.2, 00:00:13 ago, via FastEthernet0/0.24
      Route metric is 2562816, traffic share count is 1
```

```
Total delay is 110 microseconds, minimum bandwidth is 1000 Kbit
Reliability 1/255, minimum MTU 1500 bytes
Loading 1/255, Hops 1
```

이상으로 세 개 이상의 프로토콜을 재분배하는 경우에 대하여 살펴보았다.

재분배 네트워크 조정

라우팅 프로토콜들은 메트릭, AD, 컨버전스 시간, 서브넷 정보 전송 여부 등이 서로 다르다. 따라서, 재분배후 조정이 제대로 이루어지지 않으면 라우팅 루프(routing loop)가 발생할 수 있고, 네트워크의 업·다운이 반복되는 플래핑(flapping) 현상이 생길 수도 있으며, 패킷이 전송도중 폐기되는 블랙홀 (black hole) 현상이 생길 수도 있고, 또, 최적의 라우팅 경로가 아닌 것(sub-optimal path)이 선택될 수도 있다. 많은 경우, 이와 같은 현상을 방지하기 위하여 재분배후 문제가 발생하는 네트워크 를 차단하거나, AD를 조정하거나, 초기 메트릭을 조정하는 작업을 해주어야 한다. 재분배후 일반적인 경로의 조정 절차는 다음과 같다.

1) 조정 대상이 되는 네트워크를 선택한다. 선택하는 기준은 다음과 같은 것들이 있다.

● 네트워크 번호

프리픽스 리스트나 액세스 리스트를 사용하여 조정 대상 네트워크를 선택한다.

● 네트워크 종류

OSPF, EIGRP, IS-IS에서 네트워크를 내부 네트워크 또는 다른 프로토콜에서 재분배된 외부 네트워크 를 구분하여 조정할 수 있다.

● 라우팅 정보에 포함된 꼬리표(tag)

RIP, OSPF, EIGRP, IS-IS에서 라우팅 정보를 송신할 때 꼬리표(tag)를 붙이고, 이 꼬리표에 따라 조정 대상 네트워크를 선택할 수 있다.

● 라우팅 정보 송신 라우터

라우팅 정보를 전송하는 라우터별, 네트워크별로 조정 대상 네트워크를 선택할 수 있다.

2) 조정 도구를 사용하여 조정한다. 앞서 설명한 방법으로 조정 대상 네트워크를 선택한 다음 **distribute-list** 명령어, 루트 맵, **metric** 또는 **default-metric** 명령어, **distance** 명령어 등을 사용하여

해당 네트워크를 차단하거나, 초기 메트릭 조정, AD 조정 등과 같은 작업을 한다. 지금부터 각 조정방법에 대해서 살펴보자.

재분배 네트워크 조정을 위한 토폴로지 구성

재분배 네트워크 조정을 위하여 다음과 같은 토폴로지를 구성한다.

그림 9-12 재분배 경로 조정을 위한 네트워크

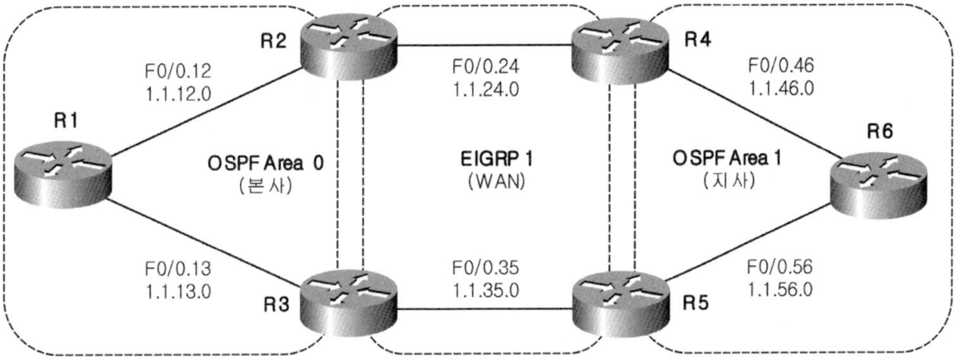

스위치에서 필요한 VLAN을 만들고, 트렁킹을 설정한다.

예제 9-86 스위치 설정

```
SW1(config)# vlan 12,13,24,35,46,56
SW1(config-vlan)# exit

SW1(config)# int range f1/1 - 6
SW1(config-if-range)# switchport trunk encap dot1q
SW1(config-if-range)# switchport mode trunk
```

각 라우터에서 인터페이스를 설정하고, IP 주소를 할당한다.

예제 9-87 인터페이스 설정 및 IP 주소 할당

```
R1(config)# int lo0
R1(config-if)# ip address 1.1.1.1 255.255.255.0
R1(config-if)# int f0/0
R1(config-if)# no shut
R1(config-if)# int f0/0.12
R1(config-subif)# encap dot 12
R1(config-subif)# ip address 1.1.12.1 255.255.255.0
R1(config-subif)# int f0/0.13
R1(config-subif)# encap dot 13
R1(config-subif)# ip address 1.1.13.1 255.255.255.0

R2(config)# int lo0
R2(config-if)# ip address 1.1.2.2 255.255.255.0
R2(config-if)# int f0/0
R2(config-if)# no shut
R2(config-if)# int f0/0.12
R2(config-subif)# encap dot 12
R2(config-subif)# ip address 1.1.12.2 255.255.255.0
R2(config-subif)# int f0/0.24
R2(config-subif)# encap dot 24
R2(config-subif)# ip address 1.1.24.2 255.255.255.0

R3(config)# int lo0
R3(config-if)# ip address 1.1.3.3 255.255.255.0
R3(config-if)# int f0/0
R3(config-if)# no shut
R3(config-if)# int f0/0.13
R3(config-subif)# encap dot 13
R3(config-subif)# ip address 1.1.13.3 255.255.255.0
R3(config-subif)# int f0/0.35
R3(config-subif)# encap dot 35
R3(config-subif)# ip address 1.1.35.3 255.255.255.0

R4(config)# int lo0
R4(config-if)# ip address 1.1.4.4 255.255.255.0
R4(config-if)# int f0/0
R4(config-if)# no shut
R4(config-if)# int f0/0.24
R4(config-subif)# encap dot 24
R4(config-subif)# ip address 1.1.24.4 255.255.255.0
R4(config-subif)# int f0/0.46
R4(config-subif)# encap dot 46
R4(config-subif)# ip address 1.1.46.4 255.255.255.0
```

```
R5(config)# int lo0
R5(config-if)# ip address 1.1.5.5 255.255.255.0
R5(config-if)# int f0/0
R5(config-if)# no shut
R5(config-if)# int f0/0.35
R5(config-subif)# encap dot 35
R5(config-subif)# ip address 1.1.35.5 255.255.255.0
R5(config-subif)# int f0/0.56
R5(config-subif)# encap dot 56
R5(config-subif)# ip address 1.1.56.5 255.255.255.0

R6(config)# int lo0
R6(config-if)# ip address 1.1.6.6 255.255.255.0
R6(config-if)# int f0/0
R6(config-if)# no shut
R6(config-if)# int f0/0.46
R6(config-subif)# encap dot 46
R6(config-subif)# ip address 1.1.46.6 255.255.255.0
R6(config-subif)# int f0/0.56
R6(config-subif)# encap dot 56
R6(config-subif)# ip address 1.1.56.6 255.255.255.0
```

IP 설정 후 넥스트 홉 IP 주소까지 핑을 확인한다. 다음에는 각 라우터에서 OSPF를 설정한다. 각 라우터의 Lo0 주소는 OSPF에 포함시킨다.

예제 9-88 OSPF 설정

```
R1(config)# router ospf 1
R1(config-router)# router-id 1.1.1.1
R1(config-router)# network 1.1.1.1 0.0.0.0 area 0
R1(config-router)# network 1.1.12.1 0.0.0.0 area 0
R1(config-router)# network 1.1.13.1 0.0.0.0 area 0
R1(config-router)# exit
R1(config)# int lo0
R1(config-if)# ip ospf network point-to-point

R2(config)# router ospf 1
R2(config-router)# router-id 1.1.2.2
R2(config-router)# network 1.1.2.2 0.0.0.0 area 0
```

```
R2(config-router)# network 1.1.12.2 0.0.0.0 area 0
R2(config-router)# exit
R2(config)# int lo0
R2(config-if)# ip ospf network point-to-point

R3(config)# router ospf 1
R3(config-router)# router-id 1.1.3.3
R3(config-router)# network 1.1.3.3 0.0.0.0 area 0
R3(config-router)# network 1.1.13.3 0.0.0.0 area 0
R3(config-router)# exit
R3(config)# int lo0
R3(config-if)# ip ospf network point-to-point

R4(config)# router ospf 1
R4(config-router)# router-id 1.1.4.4
R4(config-router)# network 1.1.4.4 0.0.0.0 area 1
R4(config-router)# network 1.1.46.4 0.0.0.0 area 1
R4(config-router)# exit
R4(config)# int lo0
R4(config-if)# ip ospf network point-to-point

R5(config)# router ospf 1
R5(config-router)# router-id 1.1.5.5
R5(config-router)# network 1.1.5.5 0.0.0.0 area 1
R5(config-router)# network 1.1.56.5 0.0.0.0 area 1
R5(config-router)# exit
R5(config)# int lo0
R5(config-if)# ip ospf network point-to-point

R6(config)# router ospf 1
R6(config-router)# router-id 1.1.6.6
R6(config-router)# network 1.1.6.6 0.0.0.0 area 1
R6(config-router)# network 1.1.46.6 0.0.0.0 area 1
R6(config-router)# network 1.1.56.6 0.0.0.0 area 1
R6(config-router)# exit
R6(config-router)# int lo0
R6(config-if)# ip ospf network point-to-point
```

다음에는 각 라우터에서 EIGRP를 설정한다.

예제 9-89 EIGRP설정

```
R2(config)# router eigrp 1
R2(config-router)# network 1.1.24.2 0.0.0.0

R3(config)# router eigrp 1
R3(config-router)# network 1.1.35.3 0.0.0.0

R4(config)# router eigrp 1
R4(config-router)# network 1.1.24.4 0.0.0.0

R5(config)# router eigrp 1
R5(config-router)# network 1.1.35.5 0.0.0.0
```

설정이 끝나면 각 라우터에서 라우팅 테이블을 확인한다. R1의 라우팅 테이블은 다음과 같다. 아직
재분배를 하지 않아 원격지의 네트워크는 보이지 않는다.

예제 9-90 R1의 라우팅 테이블

```
R1# show ip route ospf
    (생략)
    1.0.0.0/8 is variably subnetted, 8 subnets, 2 masks
O       1.1.2.0/24 [110/2] via 1.1.12.2, 00:08:56, FastEthernet0/0.12
O       1.1.3.0/24 [110/2] via 1.1.13.3, 00:08:00, FastEthernet0/0.13
```

R2의 라우팅 테이블은 다음과 같다.

예제 9-91 R2의 라우팅 테이블

```
R2# show ip route
    (생략)
    1.0.0.0/8 is variably subnetted, 9 subnets, 2 masks
O       1.1.1.0/24 [110/2] via 1.1.12.1, 00:10:03, FastEthernet0/0.12
C       1.1.2.0/24 is directly connected, Loopback0
L       1.1.2.2/32 is directly connected, Loopback0
O       1.1.3.0/24 [110/3] via 1.1.12.1, 00:08:50, FastEthernet0/0.12
C       1.1.12.0/24 is directly connected, FastEthernet0/0.12
L       1.1.12.2/32 is directly connected, FastEthernet0/0.12
O       1.1.13.0/24 [110/2] via 1.1.12.1, 00:10:03, FastEthernet0/0.12
```

```
C         1.1.24.0/24  is  directly  connected,  FastEthernet0/0.24
L         1.1.24.2/32  is  directly  connected,  FastEthernet0/0.24
```

이상으로 재분배 네트워크 조정을 위한 토폴로지가 완성되었다.

기본적인 재분배

다음 그림과 같이 OSPF와 EIGRP가 동시에 동작하는 R2, R3, R4, R5에서 두 라우팅 프로토콜을
상호 재분배 한다.

그림 9-13 OSPF와 EIGRP 상호 재분배

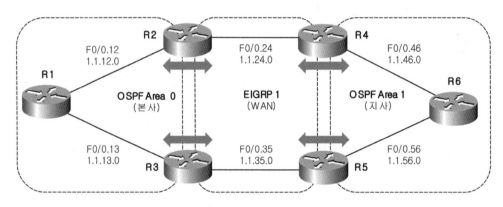

각 라우터의 설정은 다음과 같다.

예제 9-92 재분배하기

```
R2(config)# router ospf 1
R2(config-router)# redistribute eigrp 1 subnet
R2(config-router)# exit
R2(config)# router eigrp 1
R2(config-router)# redistribute ospf 1 metric 1000 1 1 1 1500

R3(config)# router ospf 1
R3(config-router)# redistribute eigrp 1 subnet
R3(config-router)# exit
```

```
R3(config)# router eigrp 1
R3(config-router)# redistribute ospf 1 metric 1000 1 1 1 1500

R4(config)# router ospf 1
R4(config-router)# redistribute eigrp 1 subnet
R4(config-router)# exit
R4(config)# router eigrp 1
R4(config-router)# redistribute ospf 1 metric 1000 1 1 1 1500

R5(config)# router ospf 1
R5(config-router)# redistribute eigrp 1 subnet
R5(config-router)# exit
R5(config)# router eigrp 1
R5(config-router)# redistribute ospf 1 metric 1000 1 1 1 1500
```

이상으로 기본적인 재분배를 하였다.

마음에 들지 않는 라우팅 경로

이제, 각 라우터의 라우팅 테이블을 다시 확인해 보자. R1의 라우팅 테이블은 다음과 같다.

예제 9-93 R1의 라우팅 테이블

```
R1# show ip route ospf
    (생략)
    1.0.0.0/8 is variably subnetted, 15 subnets, 2 masks
O        1.1.2.0/24 [110/2] via 1.1.12.2, 00:45:19, FastEthernet0/0.12
O        1.1.3.0/24 [110/2] via 1.1.13.3, 00:44:23, FastEthernet0/0.13
O E2     1.1.4.0/24 [110/20] via 1.1.12.2, 00:30:24, FastEthernet0/0.12
O E2     1.1.5.0/24 [110/20] via 1.1.12.2, 00:30:24, FastEthernet0/0.12
O E2     1.1.6.0/24 [110/20] via 1.1.12.2, 00:30:24, FastEthernet0/0.12
O E2     1.1.24.0/24 [110/20] via 1.1.12.2, 00:31:41, FastEthernet0/0.12
O E2     1.1.35.0/24 [110/20] via 1.1.13.3, 00:31:11, FastEthernet0/0.13
O E2     1.1.46.0/24 [110/20] via 1.1.12.2, 00:30:24, FastEthernet0/0.12
O E2     1.1.56.0/24 [110/20] via 1.1.12.2, 00:30:24, FastEthernet0/0.12
```

R1의 라우팅 테이블에서 원격지의 네트워크인 1.1.4.0/24, 1.1.5.0/24, 1.1.6.0/24가 모두 R2(1.1.12.2)로 라우팅된다. 현재의 토폴로지에서 원격지로 가는 경로가 2개 있고 대역폭이 동일하므

로 R2, R3으로 부하가 분산되어야 하지만 한 쪽으로만 트래픽이 몰리고 있다. R3의 라우팅 테이블은 다음과 같다.

예제 9-94 R3의 라우팅 테이블

```
R3# show ip route
    (생략)

    1.0.0.0/8 is variably subnetted, 15 subnets, 2 masks
O       1.1.1.0/24 [110/2] via 1.1.13.1, 00:48:09, FastEthernet0/0.13
O       1.1.2.0/24 [110/3] via 1.1.13.1, 00:48:09, FastEthernet0/0.13
C       1.1.3.0/24 is directly connected, Loopback0
L       1.1.3.3/32 is directly connected, Loopback0
O E2    1.1.4.0/24 [110/20] via 1.1.13.1, 00:33:58, FastEthernet0/0.13
O E2    1.1.5.0/24 [110/20] via 1.1.13.1, 00:33:58, FastEthernet0/0.13
O E2    1.1.6.0/24 [110/20] via 1.1.13.1, 00:33:58, FastEthernet0/0.13
O       1.1.12.0/24 [110/2] via 1.1.13.1, 00:48:09, FastEthernet0/0.13
C       1.1.13.0/24 is directly connected, FastEthernet0/0.13
L       1.1.13.3/32 is directly connected, FastEthernet0/0.13
O E2    1.1.24.0/24 [110/20] via 1.1.13.1, 00:35:15, FastEthernet0/0.13
C       1.1.35.0/24 is directly connected, FastEthernet0/0.35
L       1.1.35.3/32 is directly connected, FastEthernet0/0.35
O E2    1.1.46.0/24 [110/20] via 1.1.13.1, 00:33:58, FastEthernet0/0.13
O E2    1.1.56.0/24 [110/20] via 1.1.13.1, 00:33:58, FastEthernet0/0.13
```

R3의 라우팅 테이블은 더 나쁘다. R3의 라우팅 테이블에서 원격지의 네트워크인 1.1.4.0/24, 1.1.5.0/24, 1.1.6.0/24가 모두 R1(1.1.13.1) – R2(1.1.12.2)를 통하여 라우팅된다.

그림 9-14 비최적 경로 라우팅

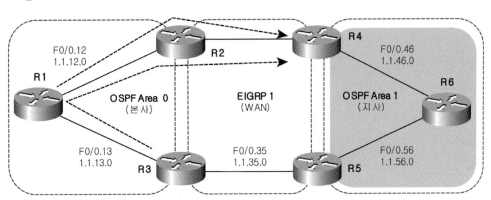

그 이유를 생각해 보자. 다음 그림과 같이 R5에서 OSPF 네트워크가 EIGRP로 재분배되고, R5는
재분배된 네트워크 정보를 R3에게 EIGRP를 통하여 광고하며, R3에서는 이 네트워크들이 EIGRP
외부 네트워크이므로 AD 값이 170이다. 동시에 R3은 R1을 통하여 동일한 네트워크를 OSPF로
광고 받으며 AD 값이 110이다.

R1을 통하여 OSPF로 광고받은 네트워크가 AD 값이 더 작아서 이것이 라우팅 테이블에 설치되고,
결과적으로 비최적 경로 라우팅이 일어난다. 만약, R3-R5 사이에서 EIGRP 네이버가 먼저 맺어졌다면
반대로 R2에서 비최적 라우팅이 일어난다.

그림 9-15 라우팅 프로토콜별 AD 값의 차이로 인한 잘못된 라우팅

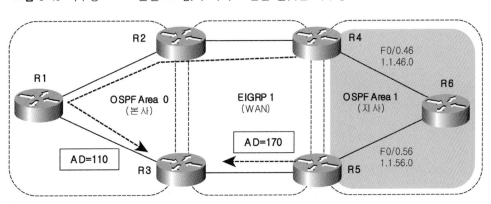

동일한 상황이 OSPF Area 1에서도 발생한다. R5의 라우팅 테이블을 보면 다음과 같이 OSPF
Area 0으로 가는 경로가 모두 반대 방향인 R6으로 향하고 있다.

예제 9-95 R5의 라우팅 테이블

```
R5# show ip route
    (생략)

    1.0.0.0/8 is variably subnetted, 15 subnets, 2 masks
O E2    1.1.1.0/24 [110/20] via 1.1.56.6, 00:57:59, FastEthernet0/0.56
O E2    1.1.2.0/24 [110/20] via 1.1.56.6, 00:57:59, FastEthernet0/0.56
O E2    1.1.3.0/24 [110/20] via 1.1.56.6, 00:57:59, FastEthernet0/0.56
O       1.1.4.0/24 [110/3] via 1.1.56.6, 01:09:24, FastEthernet0/0.56
C       1.1.5.0/24 is directly connected, Loopback0
L       1.1.5.5/32 is directly connected, Loopback0
O       1.1.6.0/24 [110/2] via 1.1.56.6, 01:09:05, FastEthernet0/0.56
O E2    1.1.12.0/24 [110/20] via 1.1.56.6, 00:57:59, FastEthernet0/0.56
O E2    1.1.13.0/24 [110/20] via 1.1.56.6, 00:57:59, FastEthernet0/0.56
O E2    1.1.24.0/24 [110/20] via 1.1.56.6, 00:57:59, FastEthernet0/0.56
C       1.1.35.0/24 is directly connected, FastEthernet0/0.35
L       1.1.35.5/32 is directly connected, FastEthernet0/0.35
O       1.1.46.0/24 [110/2] via 1.1.56.6, 01:09:24, FastEthernet0/0.56
C       1.1.56.0/24 is directly connected, FastEthernet0/0.56
L       1.1.56.5/32 is directly connected, FastEthernet0/0.56
```

R6에서도 OSPF Area 0으로 가는 경로가 로드 밸런싱 되지 않고 모두 R4를 통하여 라우팅되고 있다.

예제 9-96 R6의 라우팅 테이블

```
R6# show ip route ospf
    (생략)

    1.0.0.0/8 is variably subnetted, 15 subnets, 2 masks
O E2    1.1.1.0/24 [110/20] via 1.1.46.4, 01:00:18, FastEthernet0/0.46
O E2    1.1.2.0/24 [110/20] via 1.1.46.4, 01:00:18, FastEthernet0/0.46
O E2    1.1.3.0/24 [110/20] via 1.1.46.4, 01:00:18, FastEthernet0/0.46
O       1.1.4.0/24 [110/2] via 1.1.46.4, 01:11:53, FastEthernet0/0.46
O       1.1.5.0/24 [110/2] via 1.1.56.5, 01:11:43, FastEthernet0/0.56
O E2    1.1.12.0/24 [110/20] via 1.1.46.4, 01:00:18, FastEthernet0/0.46
O E2    1.1.13.0/24 [110/20] via 1.1.46.4, 01:00:18, FastEthernet0/0.46
O E2    1.1.24.0/24 [110/20] via 1.1.46.4, 01:00:18, FastEthernet0/0.46
O E2    1.1.35.0/24 [110/20] via 1.1.56.5, 00:59:41, FastEthernet0/0.56
```

이처럼 재분배를 하게 되면 많은 경우 여러 가지 문제가 발생한다.

네트워크 광고 차단

이제, 재분배시 발생하는 문제를 해결해 보자. 앞서 이야기한 것처럼, 문제가 되는 네트워크를 차단하거나, AD 값을 조정하거나, 초기 메트릭 값을 조정하거나, 동시에 여러 가지 방법을 사용하게 된다.

먼저, 네트워크 광고를 차단하는 방법에 대하여 살펴보자.

특정 네트워크의 광고를 차단할 수 있는 지점은 다음과 같다.

- 인터페이스에서 해당 네트워크 광고를 송·수신할 때
- 다른 라우팅 프로토콜에서 해당 네트워크를 재분배받을 때

조정하려는 특정 네트워크를 지정하는 주요 방법은 다음과 같다.

- 액세스 리스트
- 프리픽스 리스트
- 경로 종류(내부/외부 네트워크)
- 꼬리표(tag)
- 네트워크 광고의 출발지 주소

이와 같이 차단 지점과 네트워크 지정 방법을 상황에 따라 조합하여 사용하면 된다.

먼저, 인터페이스에서 수신 네트워크를 차단하는 방법에 대해서 살펴보자. 다음 그림과 같이 R2와 R3이 서로가 광고하는 OSPF Area 1의 네트워크를 차단하면 OSPF Area 0에서 OSPF Area 1의 네트워크로 가는 경로가 정상적으로 설치된다.

그림 9-16 인터페이스에서 라우팅 정보 차단하기

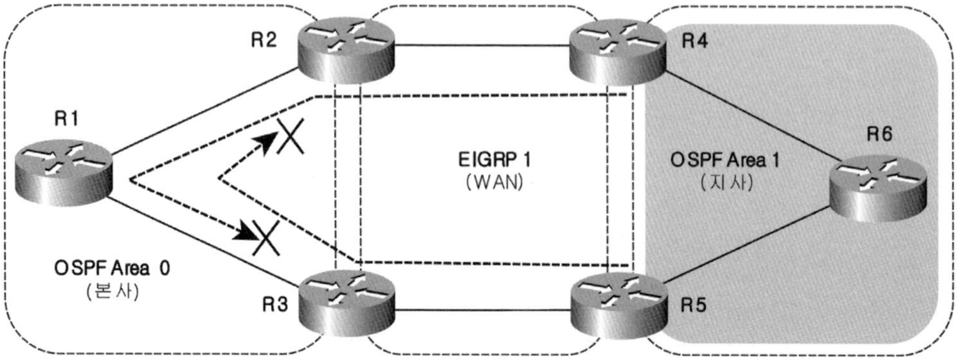

R2, R3에서 차단 대상인 OSPF Area 1의 네트워크를 지정한 다음, distribute-list 명령어를 사용하여 적용한다.

조정 대상 네트워크 주소를 직접 지정하려면 액세스 리스트나 프리픽스 리스트를 사용한다. 일반적으로 프리픽스 리스트를 사용하는 것이 직관적이어서 설정도 편리하고, 라우터에서 동작 속도도 빠르다. 그러나, 특정 네트워크 중에서 '짝수 네트워크'만을 선택하는 등의 경우에는 액세스 리스트의 와일드 카드를 적절히 사용하면 편리하므로 액세스 리스트를 사용하기도 한다. 액세스 리스트를 사용하여 R2에서 OSPF Area 1의 네트워크를 지정하는 방법은 다음과 같다.

예제 9-97 액세스 리스트를 사용하여 차단 네트워크 지정하기

```
R2(config)# ip access-list standard Area1Network
R2(config-std-nacl)# deny 1.1.4.0 0.0.0.255
R2(config-std-nacl)# deny 1.1.5.0 0.0.0.255
R2(config-std-nacl)# deny 1.1.6.0 0.0.0.255
R2(config-std-nacl)# deny 1.1.46.0 0.0.0.255
R2(config-std-nacl)# deny 1.1.56.0 0.0.0.255
R2(config-std-nacl)# permit any
R2(config-std-nacl)# exit

R2(config)# router ospf 1
R2(config-router)# distribute-list Area1Network in f0/0.12
```

682

앞서와 같이 표준 액세스 리스트에서 'deny 1.1.1.0 0.0.0.255'로 네트워크를 지정하면 1.1.1.0/24부터 1.1.1.255/32까지의 네트워크가 모두 해당된다. 따라서, 정확히 1.1.1.0/24 네트워크만 차단하려면 확장 액세스 리스트를 사용하여 'deny host 1.1.1.0 host 255.255.255.0'으로 지정해야 한다. 즉, 액세스 리스트의 목적지 네트워크 부분에 서브넷 마스크를 적어야 한다.

R3에서는 다음과 같이 프리픽스 리스트를 이용하여 네트워크를 지정해보자.

예제 9-98 프리픽스 리스트를 이용하여 차단 네트워크를 지정하기

```
R3(config)# ip prefix-list Area1Network deny 1.1.4.0/24
R3(config)# ip prefix-list Area1Network deny 1.1.5.0/24
R3(config)# ip prefix-list Area1Network deny 1.1.6.0/24
R3(config)# ip prefix-list Area1Network deny 1.1.46.0/24
R3(config)# ip prefix-list Area1Network deny 1.1.56.0/24
R3(config)# ip prefix-list Area1Network permit 0.0.0.0/0 le 32

R3(config)# router ospf 1
R3(config-router)# distribute-list prefix Area1Network in f0/0.13
```

설정 후 R1의 라우팅 테이블을 확인해 보면 OSPF Area 1로 가는 경로가 모두 정상적으로 로드 밸런싱 되고 있다.

예제 9-99 R1의 라우팅 테이블

```
R1# show ip route ospf
    (생략)
    1.0.0.0/8 is variably subnetted, 15 subnets, 2 masks
O       1.1.2.0/24 [110/2] via 1.1.12.2, 01:49:38, FastEthernet0/0.12
O       1.1.3.0/24 [110/2] via 1.1.13.3, 01:48:42, FastEthernet0/0.13
O E2    1.1.4.0/24 [110/20] via 1.1.13.3, 00:00:47, FastEthernet0/0.13
                   [110/20] via 1.1.12.2, 01:34:43, FastEthernet0/0.12
O E2    1.1.5.0/24 [110/20] via 1.1.13.3, 00:00:47, FastEthernet0/0.13
                   [110/20] via 1.1.12.2, 01:34:43, FastEthernet0/0.12
O E2    1.1.6.0/24 [110/20] via 1.1.13.3, 00:00:47, FastEthernet0/0.13
                   [110/20] via 1.1.12.2, 01:34:43, FastEthernet0/0.12
O E2    1.1.24.0/24 [110/20] via 1.1.12.2, 01:36:00, FastEthernet0/0.12
O E2    1.1.35.0/24 [110/20] via 1.1.13.3, 01:35:30, FastEthernet0/0.13
```

```
O E2      1.1.46.0/24 [110/20] via 1.1.13.3, 00:00:47, FastEthernet0/0.13
                      [110/20] via 1.1.12.2, 01:34:43, FastEthernet0/0.12
O E2      1.1.56.0/24 [110/20] via 1.1.13.3, 00:00:47, FastEthernet0/0.13
                      [110/20] via 1.1.12.2, 01:34:43, FastEthernet0/0.12
```

R2의 라우팅 테이블을 확인해 보면 OSPF Area 1로 가는 경로가 모두 정상적으로 EIGRP 외부
경로를 이용하여 R4로 라우팅되고 있다.

예제 9-100 R2의 라우팅 테이블

```
R2# show ip route
     (생략)
     1.0.0.0/8 is variably subnetted, 15 subnets, 2 masks
O        1.1.1.0/24 [110/2] via 1.1.12.1, 00:08:59, FastEthernet0/0.12
C        1.1.2.0/24 is directly connected, Loopback0
L        1.1.2.2/32 is directly connected, Loopback0
O        1.1.3.0/24 [110/3] via 1.1.12.1, 00:08:59, FastEthernet0/0.12
D EX     1.1.4.0/24 [170/2562816] via 1.1.24.4, 01:37:47, FastEthernet0/0.24
D EX     1.1.5.0/24 [170/2562816] via 1.1.24.4, 01:37:47, FastEthernet0/0.24
D EX     1.1.6.0/24 [170/2562816] via 1.1.24.4, 01:37:47, FastEthernet0/0.24
C        1.1.12.0/24 is directly connected, FastEthernet0/0.12
L        1.1.12.2/32 is directly connected, FastEthernet0/0.12
O        1.1.13.0/24 [110/2] via 1.1.12.1, 00:08:59, FastEthernet0/0.12
C        1.1.24.0/24 is directly connected, FastEthernet0/0.24
L        1.1.24.2/32 is directly connected, FastEthernet0/0.24
O E2     1.1.35.0/24 [110/20] via 1.1.12.1, 00:08:59, FastEthernet0/0.12
D EX     1.1.46.0/24 [170/2562816] via 1.1.24.4, 01:37:47, FastEthernet0/0.24
D EX     1.1.56.0/24 [170/2562816] via 1.1.24.4, 01:37:47, FastEthernet0/0.24
```

R3의 라우팅 테이블에도 이제 OSPF Area 1로 가는 경로가 모두 정상적으로 EIGRP 외부 경로를
이용하여 R5로 라우팅되고 있다.

예제 9-101 R3의 라우팅 테이블

```
R3# show ip route
     (생략)
```

```
         1.0.0.0/8 is variably subnetted, 15 subnets, 2 masks
O           1.1.1.0/24 [110/2] via 1.1.13.1, 00:06:43, FastEthernet0/0.13
O           1.1.2.0/24 [110/3] via 1.1.13.1, 00:06:43, FastEthernet0/0.13
C           1.1.3.0/24 is directly connected, Loopback0
L           1.1.3.3/32 is directly connected, Loopback0
D EX        1.1.4.0/24 [170/2562816] via 1.1.35.5, 00:06:43, FastEthernet0/0.35
D EX        1.1.5.0/24 [170/2562816] via 1.1.35.5, 00:06:43, FastEthernet0/0.35
D EX        1.1.6.0/24 [170/2562816] via 1.1.35.5, 00:06:43, FastEthernet0/0.35
O           1.1.12.0/24 [110/2] via 1.1.13.1, 00:06:43, FastEthernet0/0.13
C           1.1.13.0/24 is directly connected, FastEthernet0/0.13
L           1.1.13.3/32 is directly connected, FastEthernet0/0.13
O E2        1.1.24.0/24 [110/20] via 1.1.13.1, 00:06:43, FastEthernet0/0.13
C           1.1.35.0/24 is directly connected, FastEthernet0/0.35
L           1.1.35.3/32 is directly connected, FastEthernet0/0.35
D EX        1.1.46.0/24 [170/2562816] via 1.1.35.5, 00:06:43, FastEthernet0/0.35
D EX        1.1.56.0/24 [170/2562816] via 1.1.35.5, 00:06:43, FastEthernet0/0.35
```

이번에는 OSPF Area 1에서 Area 0으로 가는 경로를 조정해 보자. 앞서의 경우와 마찬가지로 여기서도 R4, R5가 서로에게 광고하는 OSPF Area 0 네트워크를 차단하면 된다.

그림 9-17 태그를 이용한 네트워크 광고 차단

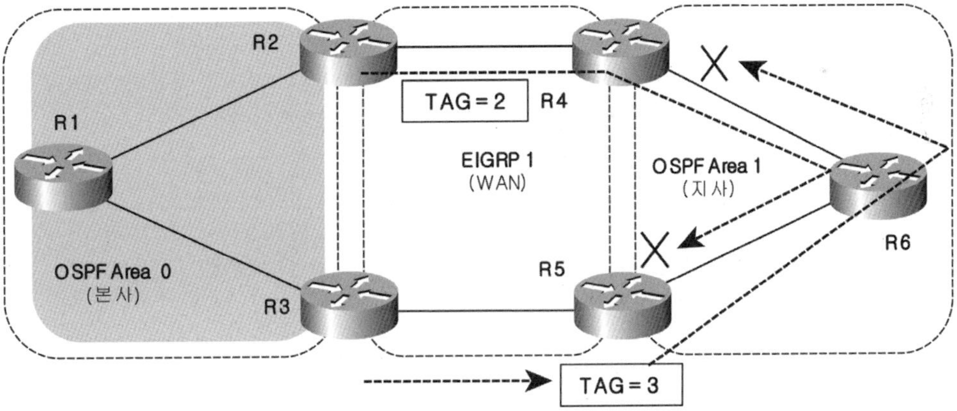

R2가 R4에게 네트워크를 광고하면서 태그 값을 2로 설정하고, R5는 R6에서 광고를 수신하면서 태그 값이 2인 네트워크는 차단한다. R3에서는 태그를 설정하지 말고, R5에서 EIGRP 네트워크를 OSPF로 재분배하면서 태그 값을 3으로 설정한다. 이후, R4는 R6에서 광고를 수신하면서 태그 값이

685

3인 네트워크는 차단하기로 한다.

예제 9-102 태그 설정하기

```
R2(config)# route-map Area0Network
R2(config-route-map)# set tag 2
R2(config-route-map)# exit

R2(config)# router eigrp 1
R2(config-router)# distribute-list route-map Area0Network out f0/0.24
```

설정 후 R5에서 확인해 보면 다음과 같이 R2가 EIGRP를 이용하여 광고하는 네트워크에 태그 값 2가 부여되어 있다.

예제 9-103 R5의 라우팅 테이블

```
R5# show ip route 1.1.2.0
Routing entry for 1.1.2.0/24
  Known via "ospf 1", distance 110, metric 20
  Tag 2, type extern 2, forward metric 2
  Redistributing via eigrp 1
  Advertised by eigrp 1 metric 1000 1 1 1 1500
  Last update from 1.1.56.6 on FastEthernet0/0.56, 00:00:26 ago
  Routing Descriptor Blocks:
  * 1.1.56.6, from 1.1.4.4, 00:00:26 ago, via FastEthernet0/0.56
      Route metric is 20, traffic share count is 1
      Route tag 2
```

이제, R5는 R6을 통하여 수신하는 OSPF 네트워크 광고 중에서 태그 값이 2인 것을 차단한다.

예제 9-104 태그 값이 2인 광고를 차단하기

```
R5(config)# route-map Area0NetworkThruArea1 deny 10
R5(config-route-map)# match tag 2
R5(config-route-map)# exit
R5(config)# route-map Area0NetworkThruArea1 permit 20
R5(config-route-map)# exit
```

```
R5(config)# router ospf 1
R5(config-router)# distribute-list route-map Area0NetworkThruArea1 in
```

설정 후 R5의 라우팅 테이블을 보면 다음과 같이 OSPF Area 0으로 가는 경로가 모두 제대로 R3으로 라우팅되고 있다.

예제 9-105 R5의 라우팅 테이블

```
R5# show ip route
    (생략)
    1.0.0.0/8 is variably subnetted, 15 subnets, 2 masks
D EX    1.1.1.0/24 [170/2562816] via 1.1.35.3, 00:04:21, FastEthernet0/0.35
D EX    1.1.2.0/24 [170/2562816] via 1.1.35.3, 00:04:21, FastEthernet0/0.35
D EX    1.1.3.0/24 [170/2562816] via 1.1.35.3, 01:58:36, FastEthernet0/0.35
O       1.1.4.0/24 [110/3] via 1.1.56.6, 00:04:21, FastEthernet0/0.56
C       1.1.5.0/24 is directly connected, Loopback0
L       1.1.5.5/32 is directly connected, Loopback0
O       1.1.6.0/24 [110/2] via 1.1.56.6, 00:04:21, FastEthernet0/0.56
D EX    1.1.12.0/24 [170/2562816] via 1.1.35.3, 00:04:21, FastEthernet0/0.35
D EX    1.1.13.0/24 [170/2562816] via 1.1.35.3, 01:58:36, FastEthernet0/0.35
O E2    1.1.24.0/24 [110/20] via 1.1.56.6, 00:04:21, FastEthernet0/0.56
C       1.1.35.0/24 is directly connected, FastEthernet0/0.35
L       1.1.35.5/32 is directly connected, FastEthernet0/0.35
O       1.1.46.0/24 [110/2] via 1.1.56.6, 00:04:21, FastEthernet0/0.56
C       1.1.56.0/24 is directly connected, FastEthernet0/0.56
L       1.1.56.5/32 is directly connected, FastEthernet0/0.56
```

이번에는 R5가 R3에게서 EIGRP를 통하여 광고받는 네트워크에 모두 태그 값 3을 부여하고, 이를 R4에서 차단한다. 다음과 같이 태그 값을 부여한다.

예제 9-106 태그 값 부여하기

```
R5(config)# ip access-list standard R3Address
R5(config-std-nacl)# permit 1.1.35.3
R5(config-std-nacl)# exit
```

```
R5(config)# route-map Area0NetworkFromR3
R5(config-route-map)# match ip route-source R3Address
R5(config-route-map)# set tag 3
R5(config-route-map)# exit

R5(config)# router eigrp 1
R5(config-router)# distribute-list route-map Area0NetworkFromR3 in f0/0.35
```

설정 후 R4에서 확인해 보면 R5가 광고한 1.1.1.0 네트워크에 태그 값 3이 설정되어 있다.

예제 9-107 R4의 라우팅 테이블

```
R4# show ip route 1.1.1.0
Routing entry for 1.1.1.0/24
  Known via "ospf 1", distance 110, metric 20
  Tag 3, type extern 2, forward metric 2
  Redistributing via eigrp 1
  Advertised by eigrp 1 metric 1000 1 1 1 1500
  Last update from 1.1.46.6 on FastEthernet0/0.46, 00:00:18 ago
  Routing Descriptor Blocks:
  * 1.1.46.6, from 1.1.5.5, 00:00:18 ago, via FastEthernet0/0.46
      Route metric is 20, traffic share count is 1
      Route tag 3
```

이제, R4는 R6을 통하여 수신하는 OSPF 네트워크 광고 중에서 태그 값이 3인 것을 차단한다.

예제 9-108 태그 값이 3인 광고를 차단하기

```
R4(config)# route-map Area0NetworkThruArea1 deny 10
R4(config-route-map)# match tag 3
R4(config-route-map)# exit
R4(config)# route-map Area0NetworkThruArea1 permit 20
R4(config-route-map)# exit

R4(config)# router ospf 1
R4(config-router)# distribute-list route-map Area0NetworkThruArea1 in
```

설정 후 R4의 라우팅 테이블을 보면 다음과 같이 OSPF Area 0으로 가는 경로가 모두 정상적으로

R2를 통과하는 경로로 라우팅되고 있다.

예제 9-109 R4의 라우팅 테이블

```
R4# show ip route
    (생략)
    1.0.0.0/8 is variably subnetted, 15 subnets, 2 masks
D EX    1.1.1.0/24 [170/2562816] via 1.1.24.2, 00:00:34, FastEthernet0/0.24
D EX    1.1.2.0/24 [170/2562816] via 1.1.24.2, 00:00:34, FastEthernet0/0.24
D EX    1.1.3.0/24 [170/2562816] via 1.1.24.2, 00:00:34, FastEthernet0/0.24
C       1.1.4.0/24 is directly connected, Loopback0
L       1.1.4.4/32 is directly connected, Loopback0
O       1.1.5.0/24 [110/3] via 1.1.46.6, 00:00:34, FastEthernet0/0.46
O       1.1.6.0/24 [110/2] via 1.1.46.6, 00:00:34, FastEthernet0/0.46
D EX    1.1.12.0/24 [170/2562816] via 1.1.24.2, 00:00:34, FastEthernet0/0.24
D EX    1.1.13.0/24 [170/2562816] via 1.1.24.2, 00:00:34, FastEthernet0/0.24
C       1.1.24.0/24 is directly connected, FastEthernet0/0.24
L       1.1.24.4/32 is directly connected, FastEthernet0/0.24
O E2    1.1.35.0/24 [110/20] via 1.1.46.6, 00:00:34, FastEthernet0/0.46
C       1.1.46.0/24 is directly connected, FastEthernet0/0.46
L       1.1.46.4/32 is directly connected, FastEthernet0/0.46
O       1.1.56.0/24 [110/2] via 1.1.46.6, 00:00:34, FastEthernet0/0.46
```

R6에서도 OSPF Area 0 네트워크로 가는 경로가 로드 밸런싱되고 있다.

예제 9-110 R6의 라우팅 테이블

```
R6# show ip route ospf
    (생략)
    1.0.0.0/8 is variably subnetted, 15 subnets, 2 masks
O E2    1.1.1.0/24 [110/20] via 1.1.56.5, 00:07:34, FastEthernet0/0.56
                   [110/20] via 1.1.46.4, 00:03:00, FastEthernet0/0.46
O E2    1.1.2.0/24 [110/20] via 1.1.56.5, 00:07:34, FastEthernet0/0.56
                   [110/20] via 1.1.46.4, 00:03:00, FastEthernet0/0.46
O E2    1.1.3.0/24 [110/20] via 1.1.56.5, 00:07:34, FastEthernet0/0.56
                   [110/20] via 1.1.46.4, 00:03:00, FastEthernet0/0.46
O       1.1.4.0/24 [110/2] via 1.1.46.4, 03:49:39, FastEthernet0/0.46
O       1.1.5.0/24 [110/2] via 1.1.56.5, 03:49:29, FastEthernet0/0.56
O E2    1.1.12.0/24 [110/20] via 1.1.56.5, 00:07:34, FastEthernet0/0.56
```

```
                      [110/20] via 1.1.46.4, 00:03:00, FastEthernet0/0.46
O E2     1.1.13.0/24 [110/20] via 1.1.56.5, 00:07:34, FastEthernet0/0.56
                      [110/20] via 1.1.46.4, 00:03:00, FastEthernet0/0.46
O E2     1.1.24.0/24 [110/20] via 1.1.46.4, 03:38:04, FastEthernet0/0.46
O E2     1.1.35.0/24 [110/20] via 1.1.56.5, 03:37:27, FastEthernet0/0.56
```

RIP, EIGRP 등과 달리 OSPF에서는 라우팅 정보를 인터페이스에서 송신할 때에는 차단할 수 없다. 또, 라우팅 프로세스 간에서 네트워크를 차단할 때에 in 옵션은 사용할 수 없다. 이상으로 재분배후 문제가 발생하는 네트워크에 대한 광고를 차단하는 방법에 대하여 살펴보았다.

재분배 네트워크 AD 조정

이번에는 AD 값을 이용하여 재분배 네트워크를 조정해 보자. R3에서 OSPF Area 1에 소속된 네트워크의 광고를 R1과 R5에서 동시에 수신한다. 그런데, R5에서 전송하는 광고의 AD 값이 170이어서 AD 값이 110인 R1로부터의 광고가 우선한다. 따라서, R5에게서 수신하는 광고의 AD 값을 110보다 더 작게 설정하면 된다.

그림 9-18 AD 변경을 이용한 경로 조정

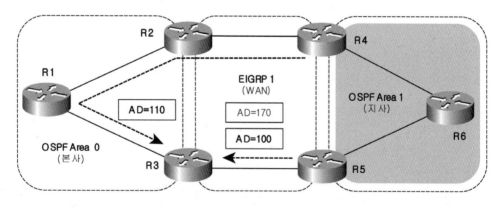

테스트를 위해서 앞서 설정한 네트워크 차단을 제거한다.

예제 9-111 기존 설정 제거

```
R3(config)# router ospf 1
R3(config-router)# no distribute-list prefix Area1Network in FastEthernet0/0.13
```

그러면, R3에서 다음과 같이 다시 비최적 경로 라우팅이 일어난다. 즉, OSPF Area 1로 가는 경로가
모두 R1 방향으로 라우팅된다.

예제 9-112 R3의 라우팅 테이블

```
R3# show ip route
    (생략)
       1.0.0.0/8 is variably subnetted, 15 subnets, 2 masks
O         1.1.1.0/24 [110/2] via 1.1.13.1, 00:01:21, FastEthernet0/0.13
O         1.1.2.0/24 [110/3] via 1.1.13.1, 00:01:21, FastEthernet0/0.13
C         1.1.3.0/24 is directly connected, Loopback0
L         1.1.3.3/32 is directly connected, Loopback0
O E2      1.1.4.0/24 [110/20] via 1.1.13.1, 00:01:21, FastEthernet0/0.13
O E2      1.1.5.0/24 [110/20] via 1.1.13.1, 00:01:21, FastEthernet0/0.13
O E2      1.1.6.0/24 [110/20] via 1.1.13.1, 00:01:21, FastEthernet0/0.13
O         1.1.12.0/24 [110/2] via 1.1.13.1, 00:01:21, FastEthernet0/0.13
C         1.1.13.0/24 is directly connected, FastEthernet0/0.13
L         1.1.13.3/32 is directly connected, FastEthernet0/0.13
O E2      1.1.24.0/24 [110/20] via 1.1.13.1, 00:01:21, FastEthernet0/0.13
C         1.1.35.0/24 is directly connected, FastEthernet0/0.35
L         1.1.35.3/32 is directly connected, FastEthernet0/0.35
O E2      1.1.46.0/24 [110/20] via 1.1.13.1, 00:01:21, FastEthernet0/0.13
O E2      1.1.56.0/24 [110/20] via 1.1.13.1, 00:01:21, FastEthernet0/0.13
```

다음과 같이 R3에서 EIGRP의 AD 값을 변경해 보자. distance eigrp 명령어 다음에 내부 EIGRP
AD 값과 외부 네트워크의 AD 값을 차례로 지정한다. 내부 AD 값은 그대로 두고 외부 AD 값만
OSPF의 110보다 더 작게 설정했다.

예제 9-113 EIGRP AD 값 변경

```
R3(config)# router eigrp 1
R3(config-router)# distance eigrp 90 100
```

잠시 후, 다음과 같이 R3에서 OSPF Area 1로 가는 경로들이 제대로 라우팅된다. 즉, R5(1.1.35.5) 방향으로 라우팅된다.

예제 9-114 R3의 라우팅 테이블

```
R3# show ip route
   (생략)
   1.0.0.0/8 is variably subnetted, 15 subnets, 2 masks
O        1.1.1.0/24 [110/2] via 1.1.13.1, 00:03:49, FastEthernet0/0.13
O        1.1.2.0/24 [110/3] via 1.1.13.1, 00:03:49, FastEthernet0/0.13
C        1.1.3.0/24 is directly connected, Loopback0
L        1.1.3.3/32 is directly connected, Loopback0
D EX     1.1.4.0/24 [100/2562816] via 1.1.35.5, 00:01:11, FastEthernet0/0.35
D EX     1.1.5.0/24 [100/2562816] via 1.1.35.5, 00:01:11, FastEthernet0/0.35
D EX     1.1.6.0/24 [100/2562816] via 1.1.35.5, 00:01:11, FastEthernet0/0.35
O        1.1.12.0/24 [110/2] via 1.1.13.1, 00:03:49, FastEthernet0/0.13
C        1.1.13.0/24 is directly connected, FastEthernet0/0.13
L        1.1.13.3/32 is directly connected, FastEthernet0/0.13
D EX     1.1.24.0/24 [100/2562816] via 1.1.35.5, 00:01:11, FastEthernet0/0.35
C        1.1.35.0/24 is directly connected, FastEthernet0/0.35
L        1.1.35.3/32 is directly connected, FastEthernet0/0.35
D EX     1.1.46.0/24 [100/2562816] via 1.1.35.5, 00:01:11, FastEthernet0/0.35
D EX     1.1.56.0/24 [100/2562816] via 1.1.35.5, 00:01:11, FastEthernet0/0.35
```

이번에는 다음과 같이 R2에서 OSPF의 AD 값을 조정해 보자.

그림 9-19 OSPF의 AD 값 조정

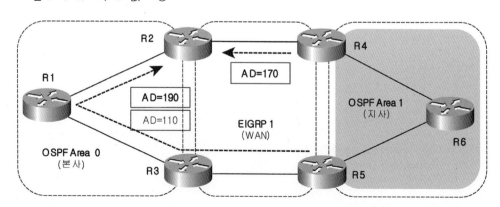

테스트를 위해서 기존에 설정한 네트워크 차단을 제거한다.

예제 9-115 기존 설정 제거

```
R2(config)# router ospf 1
R2(config-router)# no distribute-list Area1Network in FastEthernet0/0.12
```

그러면 R2에서 다시 비최적 경로 라우팅이 일어난다.

예제 9-116 R2의 라우팅 테이블

```
R2# show ip route
    (생략)

    1.0.0.0/8 is variably subnetted, 15 subnets, 2 masks
O       1.1.1.0/24 [110/2] via 1.1.12.1, 00:00:22, FastEthernet0/0.12
C       1.1.2.0/24 is directly connected, Loopback0
L       1.1.2.2/32 is directly connected, Loopback0
O       1.1.3.0/24 [110/3] via 1.1.12.1, 00:00:22, FastEthernet0/0.12
O E2    1.1.4.0/24 [110/20] via 1.1.12.1, 00:00:22, FastEthernet0/0.12
O E2    1.1.5.0/24 [110/20] via 1.1.12.1, 00:00:22, FastEthernet0/0.12
O E2    1.1.6.0/24 [110/20] via 1.1.12.1, 00:00:22, FastEthernet0/0.12
C       1.1.12.0/24 is directly connected, FastEthernet0/0.12
L       1.1.12.2/32 is directly connected, FastEthernet0/0.12
O       1.1.13.0/24 [110/2] via 1.1.12.1, 00:00:22, FastEthernet0/0.12
C       1.1.24.0/24 is directly connected, FastEthernet0/0.24
L       1.1.24.2/32 is directly connected, FastEthernet0/0.24
O E2    1.1.35.0/24 [110/20] via 1.1.12.1, 00:00:22, FastEthernet0/0.12
O E2    1.1.46.0/24 [110/20] via 1.1.12.1, 00:00:22, FastEthernet0/0.12
O E2    1.1.56.0/24 [110/20] via 1.1.12.1, 00:00:22, FastEthernet0/0.12
```

이제, R2에서 OSPF의 AD 값을 변경해 보자.

예제 9-117 OSPF AD 값 변경

```
R2(config)# ip access-list standard Area1NetworkAtR5    ①
R2(config-std-nacl)# permit 1.1.4.0
R2(config-std-nacl)# permit 1.1.5.0
```

```
R2(config-std-nacl)# permit 1.1.6.0
R2(config-std-nacl)# permit 1.1.46.0
R2(config-std-nacl)# permit 1.1.56.0
R2(config-std-nacl)# exit

R2(config)# router ospf 1
                                ②        ③                  ④
R2(config-router)#  distance 190 1.1.3.3 0.0.0.0 Area1NetworkAtR5
```

EIGRP와 마찬가지로 OSPF도 다음과 같이 외부(external) 네트워크, 다른 에어리어(inter-area) 네트워크 및 에어리어 내부(intra-area)의 네트워크에 대한 AD 값을 각각 조정할 수 있다.

또, OSPF에서는 특정 라우터가 전송하는 광고에 대한 AD 값을 조정할 때 라우터의 인터페이스 주소가 아닌 라우터 ID를 지정해야 한다.

① 액세스 리스트를 이용하여 AD 값을 조정하고자 하는 네트워크를 지정한다.

② OSPF 설정모드에서 AD 값을 EIGRP 외부 네트워크(170)보다 높은 190으로 지정하였다.

③ 라우팅 정보를 전송하는 라우터의 OSPF 라우터 ID를 지정한다. 모든 OSPF 라우터를 지정하려면 0.0.0.0 255.255.255.255로 설정하면 된다. 그러나, 특정 라우터(R3) 하나만을 지정하려면 ASBR인 R3의 OSPF 라우터 ID를 지정해야 한다.

④ AD 값을 변경할 네트워크를 ①에서 지정한 액세스 리스트를 이용하여 지정하였다.

설정 후 R2의 라우팅을 확인해 보면 다음과 같이 OSPF Area 1 네트워크인 1.1.4.0/24, 1.1.5.0/24 등이 R4를 통하여 라우팅된다.

예제 9-118 R2의 라우팅 테이블

```
R2# show ip route
     (생략)

     1.0.0.0/8 is variably subnetted, 15 subnets, 2 masks
O        1.1.1.0/24 [110/2] via 1.1.12.1, 00:00:35, FastEthernet0/0.12
C        1.1.2.0/24 is directly connected, Loopback0
L        1.1.2.2/32 is directly connected, Loopback0
O        1.1.3.0/24 [110/3] via 1.1.12.1, 00:00:35, FastEthernet0/0.12
D EX     1.1.4.0/24 [170/2562816] via 1.1.24.4, 00:00:35, FastEthernet0/0.24
D EX     1.1.5.0/24 [170/2562816] via 1.1.24.4, 00:00:35, FastEthernet0/0.24
D EX     1.1.6.0/24 [170/2562816] via 1.1.24.4, 00:00:35, FastEthernet0/0.24
```

```
C          1.1.12.0/24  is  directly connected, FastEthernet0/0.12
L          1.1.12.2/32  is  directly connected, FastEthernet0/0.12
O          1.1.13.0/24  [110/2] via 1.1.12.1, 00:00:35, FastEthernet0/0.12
C          1.1.24.0/24  is  directly connected, FastEthernet0/0.24
L          1.1.24.2/32  is  directly connected, FastEthernet0/0.24
O E2       1.1.35.0/24  [110/20] via 1.1.12.1, 00:00:35, FastEthernet0/0.12
D EX       1.1.46.0/24  [170/2562816] via 1.1.24.4, 00:00:35, FastEthernet0/0.24
D EX       1.1.56.0/24  [170/2562816] via 1.1.24.4, 00:00:35, FastEthernet0/0.24
```

이상으로 재분배에 대하여 살펴보았다.

제10장

PBR

PBR(Policy Based Routing)이란 루트 맵을 이용하여 특정 조건에 해당되는 패킷을 라우팅 테이블과 상관없이 관리자가 원하는 곳으로 전송시키는 기능을 말한다. 루트 맵에서 정의하는 범주에 속하지 않는 패킷은 라우팅 테이블에 따라 전송된다.

지금까지 살펴본 정적 경로나 동적인 라우팅은 패킷의 목적지 주소만 참조하여 라우팅 경로를 결정한다. 그러나, PBR을 사용하면 패킷의 출발지 또는 출발지 및 목적지 주소에 따라 원하는 경로를 선택할 수 있기 때문에 경우에 따라 아주 유용하게 사용될 수 있다. 예를 들어, PBR을 이용하면 패킷의 출발지 주소에 따라 서로 다른 ISP를 선택할 수 있어 라우팅 정책을 보다 유연하게 적용시킬 수 있다.

라우팅 프로토콜에서 자동으로 지원되는 부하 분산 기능외에 네트워크 관리자가 PBR을 이용하여 수동으로 트래픽을 분산시킴으로써 부하 분산을 구현할 수 있다. 또, PBR을 이용하면 IP 패킷의 우선 순위를 나타내는 IP 프리시던스(precedence)를 설정할 수도 있다.

PBR 설정

PBR을 설정하려면 우선 루트 맵을 이용하여 정책을 결정한 다음 이것을 패킷을 수신하는 인터페이스에 적용시킨다. PBR 테스트를 위하여 다음과 같은 네트워크를 구성하고 OSPF 에어리어 0으로 설정한다.

그림 10-1 PBR 설정을 위한 기본 네트워크

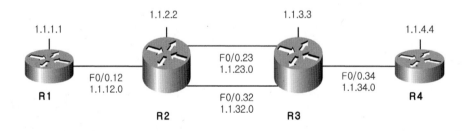

스위치에서 필요한 VLAN을 만들고, 트렁킹을 설정한다.

예제 10-1 스위치 설정

```
SW1(config)# vlan 12,23,32,34
```

```
SW1(config-vlan)# exit
SW1(config)# int range f1/1 - 4
SW1(config-if-range)# switchport trunk encapsulation dot1q
SW1(config-if-range)# switchport mode trunk
```

라우터의 인터페이스를 설정하고 IP 주소를 부여한다.

예제 10-2 인터페이스 설정

```
R1(config)# int lo0
R1(config-if)# ip address 1.1.1.1 255.255.255.0
R1(config-if)# int f0/0
R1(config-if)# no shut
R1(config-if)# int f0/0.12
R1(config-subif)# encap dot 12
R1(config-subif)# ip address 1.1.12.1 255.255.255.0

R2(config)# int lo0
R2(config-if)# ip address 1.1.2.2 255.255.255.0
R2(config-if)# int f0/0
R2(config-if)# no shut
R2(config-if)# int f0/0.12
R2(config-subif)# encap dot 12
R2(config-subif)# ip address 1.1.12.2 255.255.255.0
R2(config-subif)# int f0/0.23
R2(config-subif)# encap dot 23
R2(config-subif)# ip address 1.1.23.2 255.255.255.0
R2(config-subif)# int f0/0.32
R2(config-subif)# encap dot 32
R2(config-subif)# ip address 1.1.32.2 255.255.255.0

R3(config)# int lo0
R3(config-if)# ip address 1.1.3.3 255.255.255.0
R3(config-if)# int f0/0
R3(config-if)# no shut
R3(config-if)# int f0/0.23
R3(config-subif)# encap dot 23
R3(config-subif)# ip address 1.1.23.3 255.255.255.0
R3(config-subif)# int f0/0.32
R3(config-subif)# encap dot 32
R3(config-subif)# ip address 1.1.32.3 255.255.255.0
```

699

```
R3(config-subif)# int f0/0.34
R3(config-subif)# encap dot 34
R3(config-subif)# ip address 1.1.34.3 255.255.255.0

R4(config)# int lo0
R4(config-if)# ip address 1.1.4.4 255.255.255.0
R4(config-if)# int f0/0
R4(config-if)# no shut
R4(config-if)# int f0/0.34
R4(config-subif)# encap dot 34
R4(config-subif)# ip address 1.1.34.4 255.255.255.0
```

넥스트 홉 IP 주소까지 핑이 되는지 확인한다. 다음에는 모든 라우터에서 OSPF 에어리어 0을 설정한다.

예제 10-3 OSPF 에어리어 0 설정

```
R1(config)# router ospf 1
R1(config-router)# router-id 1.1.1.1
R1(config-router)# network 1.1.1.1 0.0.0.0 area 0
R1(config-router)# network 1.1.12.1 0.0.0.0 area 0

R2(config)# router ospf 1
R2(config-router)# router-id 1.1.2.2
R2(config-router)# network 1.1.2.2 0.0.0.0 area 0
R2(config-router)# network 1.1.12.2 0.0.0.0 area 0
R2(config-router)# network 1.1.23.2 0.0.0.0 area 0
R2(config-router)# network 1.1.32.2 0.0.0.0 area 0

R3(config)# router ospf 1
R3(config-router)# router-id 1.1.3.3
R3(config-router)# network 1.1.3.3 0.0.0.0 area 0
R3(config-router)# network 1.1.23.3 0.0.0.0 area 0
R3(config-router)# network 1.1.32.3 0.0.0.0 area 0
R3(config-router)# network 1.1.34.3 0.0.0.0 area 0

R4(config)# router ospf 1
R4(config-router)# router-id 1.1.4.4
R4(config-router)# network 1.1.4.4 0.0.0.0 area 0
R4(config-router)# network 1.1.34.4 0.0.0.0 area 0
```

OSPF 설정이 끝나면 각 라우터의 라우팅 테이블을 확인한다. 예를 들어, R2의 라우팅 테이블은
다음과 같다.

예제 10-4 R2의 라우팅 테이블

```
R2# show ip route ospf
   (생략)
   1.0.0.0/8 is variably subnetted, 12 subnets, 2 masks
O       1.1.1.1/32 [110/2] via 1.1.12.1, 00:01:47, FastEthernet0/0.12
O       1.1.3.3/32 [110/2] via 1.1.32.3, 00:01:01, FastEthernet0/0.32
                   [110/2] via 1.1.23.3, 00:01:11, FastEthernet0/0.23
O       1.1.4.4/32 [110/3] via 1.1.32.3, 00:00:34, FastEthernet0/0.32
                   [110/3] via 1.1.23.3, 00:00:34, FastEthernet0/0.23
O       1.1.34.0/24 [110/2] via 1.1.32.3, 00:00:44, FastEthernet0/0.32
                    [110/2] via 1.1.23.3, 00:00:44, FastEthernet0/0.23
```

이상으로 PBR을 동작시킬 기본적인 네트워크가 완성되었다.

기본적인 PBR 설정

다음 그림과 같이 R2에서 출발지 주소가 1.1.1.1이고 목적지 주소가 1.1.4.4인 패킷은 F0/0.23으로
전송하도록 PBR을 설정해 보자.

그림 10-2 1.1.1.1에서 1.1.4.4로 가는 패킷은 F0/0.23 인터페이스로 전송시킨다

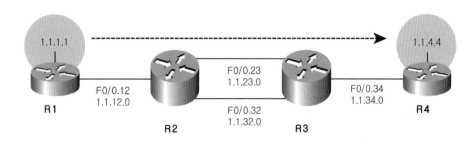

이를 위한 R2에서의 PBR 설정은 다음과 같다.

예제 10-5 PBR 설정하기

```
① R2(config)# ip access-list extended FROM-R1-TO-R4
   R2(config-ext-nacl)# permit ip host 1.1.1.1 host 1.1.4.4
   R2(config-ext-nacl)# exit

② R2(config)# route-map PBR-FROM-R1-TO-R4
③ R2(config-route-map)# match ip address FROM-R1-TO-R4
④ R2(config-route-map)# set ip next-hop 1.1.23.3
   R2(config-route-map)# exit

⑤ R2(config)# int f0/0.12
⑥ R2(config-subif)# ip policy route-map PBR-FROM-R1-TO-R4
```

① PBR을 적용시킬 패킷을 액세스 리스트를 이용하여 지정한다. 출발지 주소만을 기준으로 판단하려면 표준 액세스 리스트를 사용하면 된다.

② PBR에서 사용할 루트 맵을 만든다.

③ match 명령어를 사용하여 앞서 만든 액세스 리스트를 부른다. PBR에서 사용할 루트 맵에서는 다음처럼 match 명령어를 이용하여 수신되는 패킷의 주소나 길이를 정의한다.

예제 10-6 PBR에서 사용가능한 match 옵션

```
R1(config-route-map)# match ?
ⓐ  ip address     Match address of route or match packet
ⓑ  length         Packet length
```

ⓐ 특정한 출발지 또는 목적지 IP 주소를 액세스 리스트를 이용하여 지정한다.

ⓑ 수신되는 패킷의 길이를 지정한다. 앞서 설명한 IP 주소와 패킷 길이를 모두 지정하거나, 한 가지만 지정하거나 또는 아무것도 지정하지 않아도 된다. 만약 아무것도 지정하지 않으면 해당 인터페이스를 통하여 수신하는 모든 패킷에 루트 맵이 적용된다. match 명령어로 조건을 지정한 후에 다음처럼 set 명령어를 이용하여 넥스트 홉을 지정하거나 패킷 헤더의 IP 프리시던스(precedence) 값을 표시할 수 있다.

예제 10-7 PBR에서 사용가능한 set 옵션

```
R1(config-route-map)# set ?
ⓐ  default interface     Default output interface
ⓑ  interface             Output interface
ⓒ  ip default next-hop   Default next hop IP address
ⓓ  ip next-hop           IP address of next hop
ⓔ  ip precedence         Set precedence field
ⓕ  ip tos                Set type of service field
```

ⓐ 목적지가 match 명령어에 의해서 지정되지도 않았고, 라우팅 테이블에도 없는 패킷을 전송할 인터페이스를 지정한다. 만약 match ip address 명령에 의한 조건에 해당하는 패킷이라면 라우팅 테이블과 상관없이 set 명령어로 지정하는 곳으로 전송된다. 또, match ip address 명령에 의한 조건에 해당하지 않는 패킷이라면 라우팅 테이블에 따른 라우팅이 이루어 진다.

ⓑ 목적지가 match 명령어에 의해서 지정된 패킷의 출력 인터페이스를 지정한다.

ⓒ 목적지가 match 명령어에 의해서 지정되지도 않았고, 라우팅 테이블에도 없는 패킷을 전송할 넥스트 홉 IP 주소를 지정한다.

ⓓ 목적지가 match 명령어에 의해서 지정된 패킷을 전송할 넥스트 홉 IP 주소를 지정한다.

ⓔ IP 패킷 헤더에 프리시던스 값을 지정한다.

예제 10-8 IP 프리시던스 값 설정하기

```
R3(config-route-map)# set ip precedence ?
  <0-7>            Precedence value
  critical         Set critical precedence (5)
  flash            Set flash precedence (3)
  flash-override   Set flash override precedence (4)
  immediate        Set immediate precedence (2)
  internet         Set internetwork control precedence (6)
  network          Set network control precedence (7)
  priority         Set priority precedence (1)
  routine          Set routine precedence (0)
  <cr>
```

ⓕ IP 패킷 헤더에 TOS(Type Of Service) 값을 지정한다.

예제 10-9 TOS 값 설정하기

```
R3(config-route-map)# set ip tos ?
  <0-15>              Type of service value
  max-reliability     Set max reliable TOS (2)
  max-throughput      Set max throughput TOS (4)
  min-delay           Set min delay TOS (8)
  min-monetary-cost   Set min monetary cost TOS (1)
  normal              Set normal TOS (0)
  <cr>
```

이상으로 기본적인 PBR을 설정하였다.

PBR 동작 확인

설정 후 다음과 같이 확장 트레이스 루트 기능을 이용하여 1.1.1.1에서 1.1.4.4로 가는 경로를 추적해
보면 R2에서 F0/0.23 인터페이스를 통하여 전송되는 것을 확인할 수 있다.

예제 10-10 트레이스 루트를 이용한 PBR 동작 확인

```
R1# traceroute
Protocol [ip]:
Target IP address: 1.1.4.4
Source address: 1.1.1.1
Numeric display [n]:
Timeout in seconds [3]:
Probe count [3]:
Minimum Time to Live [1]:
Maximum Time to Live [30]:
Port Number [33434]:
Loose, Strict, Record, Timestamp, Verbose[none]:
Type escape sequence to abort.
Tracing the route to 1.1.4.4

  1 1.1.12.2 32 msec 32 msec 32 msec
  2 1.1.23.3 68 msec 64 msec 64 msec
  3 1.1.34.4 100 msec *  92 msec
```

다음과 같이 R2에서 **debug ip policy** 명령어를 이용하여 PBR이 동작하는 것을 디버깅해도 된다.

예제 10-11 PBR 동작 디버깅하기

```
R2# debug ip policy
Policy routing debugging is on
```

설정 후 R1에서 출발지가 1.1.1.1이고 목적지가 1.1.4.4인 패킷을 전송해 보자.

예제 10-12 PBR 동작 테스트를 위한 트래픽 발생시키기

```
R1# ping 1.1.4.4 source 1.1.1.1
```

R2의 디버깅 결과는 다음과 같다. F0/0.12 인터페이스를 통하여 수신한 패킷이 PBR의 조건에 해당하므로 F0/0.23을 통하여 1.1.23.3으로 전송했다는 메시지를 보여준다.

예제 10-13 PBR에 의한 패킷 전송

```
R2#
15:12:08.347: IP: s=1.1.1.1 (FastEthernet0/0.12), d=1.1.4.4, len 100, FIB policy match
15:12:08.347: IP: s=1.1.1.1 (FastEthernet0/0.12), d=1.1.4.4, len 100, PBR Counted
15:12:08.351: IP: s=1.1.1.1 (FastEthernet0/0.12), d=1.1.4.4, g=1.1.23.3, len 100, FIB policy
routed
```

이번에는 R1에서 PBR 조건에 해당하지 않는 출발지가 1.1.12.1이고 목적지가 1.1.4.4인 패킷을 전송해 보자.

예제 10-14 PBR 동작 테스트를 위한 트래픽 발생시키기

```
R1# ping 1.1.4.4
```

R2의 디버깅 결과를 확인해 보면 PBR에 해당하지 않아 일반 라우팅으로 패킷을 전송했다는 메시지를 볼 수 있다.

예제 10-15 일반 라우팅에 의한 패킷 전송

```
R2#
15:13:54.967: IP: s=1.1.12.1 (FastEthernet0/0.12), d=1.1.4.4, len 100, FIB policy rejected
(no match) - normal forwarding
```

이상으로 기본적인 PBR이 동작하는 것을 살펴보았다.

PBR 조정

지금까지 기본적인 PBR을 설정하고, 동작하는 것을 확인해 보았다. 이번에는 PBR 관련 사항을 조정해
보자.

PBR보다 일반 라우팅을 우선시키기

기본적으로 PBR은 일반 라우팅보다 우선한다. 그러나, 다음 그림과 같이 라우팅 테이블에 따른 일반적인
라우팅을 먼저 일어나게 하고, 라우팅 테이블에 해당 경로가 없을 때 PBR을 적용시키려면 루트 맵에서
'default'가 포함된 넥스트 홉이나 인터페이스를 지정하면 된다.

그림 10-3 일반 라우팅을 PBR보다 우선시킬 수 있다

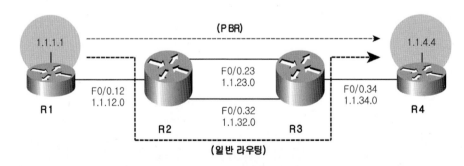

이를 위한 R2의 설정은 다음과 같다.

예제 10-16 일반 라우팅을 우선시키기 위한 PBR

```
R2(config)# ip access-list extended FROM-R1-TO-R4
R2(config-ext-nacl)# permit ip host 1.1.1.1 host 1.1.4.4
R2(config-ext-nacl)# exit

R2(config)# route-map NORMAL-FIRST
R2(config-route-map)# match ip address FROM-R1-TO-R4
R2(config-route-map)# set ip default next-hop 1.1.23.3
R2(config-route-map)# exit

R2(config)# int f0/0.12
R2(config-subif)# ip policy route-map NORMAL-FIRST
```

설정 후 R1에서 출발지가 1.1.1.1이고 목적지가 1.1.4.4인 패킷을 전송한다. R2에서 확인해 보면 다음과 같이 PBR을 이용하지 않고 일반 라우팅을 이용해서 전송된다.

예제 10-17 PBR을 이용하지 않고 일반 라우팅이 이루어진다

```
R2#
15:17:01.391: IP: s=1.1.1.1 (FastEthernet0/0.12), d=1.1.4.4, len 100, FIB policy match
15:17:01.391: IP: s=1.1.1.1 (FastEthernet0/0.12), d=1.1.4.4, len 100, PBR Counted
15:17:01.395: IP: s=1.1.1.1 (FastEthernet0/0.12), d=1.1.4.4, len 100, FIB policy rejected
(explicit route) - normal forwarding
```

다음과 같이 설정하여 R2의 라우팅 테이블에 1.1.4.4/32 네트워크가 인스톨되지 않게 해보자.

예제 10-18 R2의 라우팅 테이블에 1.1.4.4/32 네트워크를 차단하기 위한 설정

```
R2(config)# ip prefix-list BAN-R4 deny 1.1.4.4/32
R2(config)# ip prefix-list BAN-R4 permit 0.0.0.0/0 le 32

R2(config)# router ospf 1
R2(config-router)# distribute-list prefix BAN-R4 in f0/0.23
R2(config-router)# distribute-list prefix BAN-R4 in f0/0.32
```

설정 후 R2의 라우팅 테이블을 확인해 보면 1.1.4.4/32 네트워크가 없다.

예제 10-19 R2의 라우팅 테이블에 1.1.4.4/32 네트워크가 인스톨되지 않는다

```
R2# show ip route 1.1.4.4
% Subnet not in table
```

다시 R1에서 출발지가 1.1.1.1이고 목적지가 1.1.4.4인 패킷을 전송한다. R2에서 확인해 보면 1.1.4.4 네트워크가 라우팅 테이블에 존재하지 않으므로 다음과 같이 PBR을 이용하여 F0/0.23 인터페이스 (1.1.23.3)으로 전송된다.

예제 10-20 PBR을 이용한 라우팅이 이루어진다

```
R2#
15:20:39.511: IP: s=1.1.1.1 (FastEthernet0/0.12), d=1.1.4.4, len 100, FIB policy match
15:20:39.511: IP: s=1.1.1.1 (FastEthernet0/0.12), d=1.1.4.4, len 100, PBR Counted
15:20:39.515: IP: s=1.1.1.1 (FastEthernet0/0.12), d=1.1.4.4, g=1.1.23.3, len 100, FIB policy
routed
```

다음 테스트를 위하여 다시 R2의 라우팅 테이블에 1.1.4.0 네트워크가 인스톨되게 한다.

예제 10-21 기존 설정 삭제하기

```
R2(config)# router ospf 1
R2(config-router)# no distribute-list prefix BAN-R4 in f0/0.23
R2(config-router)# no distribute-list prefix BAN-R4 in f0/0.32
```

이상으로 PBR보다 일반 라우팅을 우선시키는 방법에 대하여 살펴보았다.

PBR 부하 분산

다음 그림과 같이 서로 다른 목적지별로 PBR 부하 분산을 구현하려면 루트 맵 문장을 두개 만들면 된다.

그림 10-4 목적지가 다르면 루트 맵 문장을 달리한다

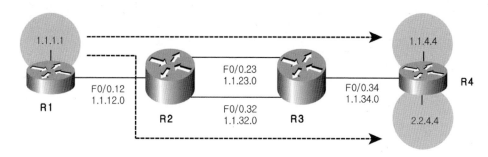

이를 위해서 R4에서 다음과 같이 추가로 IP를 설정하고 이를 OSPF에 포함시킨다.

예제 10-22 IP 추가 및 라우팅에 포함시키기

```
R4(config)# int lo2
R4(config-if)# ip add 2.2.4.4 255.255.255.0

R4(config-if)# router ospf 1
R4(config-router)# network 2.2.4.4 0.0.0.0 area 0
```

PBR 부하 분산을 위하여 R2에서 다음과 같이 설정한다.

예제 10-23 PBR 부하 분산을 위한 설정

```
R2(config)# ip access-list extended TO-1.1.4.4
R2(config-ext-nacl)# permit ip host 1.1.1.1 host 1.1.4.4
R2(config-ext-nacl)# exit

R2(config)# ip access-list extended TO-2.2.4.4
R2(config-ext-nacl)# permit ip host 1.1.1.1 host 2.2.4.4
R2(config-ext-nacl)# exit

R2(config)# route-map PBR-LOAD-BALANCER-1
R2(config-route-map)# match ip address TO-1.1.4.4
R2(config-route-map)# set ip next-hop 1.1.23.3
R2(config-route-map)# exit
R2(config)# route-map PBR-LOAD-BALANCER-1 20
R2(config-route-map)# match ip address TO-2.2.4.4
```

```
R2(config-route-map)# set ip next-hop 1.1.32.3
R2(config-route-map)# exit

R2(config)# int f0/0.12
R2(config-subif)# ip policy route-map PBR-LOAD-BALANCER-1
```

설정 후 R1에서 출발지가 1.1.1.1이고 목적지가 1.1.4.4인 패킷을 전송하고, R2에서 확인해보면 다음과 같이 F0/0.23을 통하여 전송된다.

예제 10-24 1.1.1.1에서 1.1.4.4로 가는 패킷은 F0/0.23을 통하여 전송된다

```
R2#
15:26:20.147: IP: s=1.1.1.1 (FastEthernet0/0.12), d=1.1.4.4, len 100, FIB policy match
15:26:20.151: IP: s=1.1.1.1 (FastEthernet0/0.12), d=1.1.4.4, len 100, PBR Counted
15:26:20.151: IP: s=1.1.1.1 (FastEthernet0/0.12), d=1.1.4.4, g=1.1.23.3, len 100, FIB policy
routed
```

또, 출발지가 1.1.1.1이고 목적지가 2.2.4.4인 패킷을 전송하고, R2에서 확인해보면 다음과 같이 F0/0.32를 통하여 전송된다. 즉, 부하 분산이 이루어진다.

예제 10-25 1.1.1.1에서 2.2.4.4로 가는 패킷은 F0/0.23을 통하여 전송된다

```
R2#
15:27:17.523: IP: s=1.1.1.1 (FastEthernet0/0.12), d=2.2.4.4, len 100, FIB policy match
15:27:17.523: IP: s=1.1.1.1 (FastEthernet0/0.12), d=2.2.4.4, len 100, PBR Counted
15:27:17.527: IP: s=1.1.1.1 (FastEthernet0/0.12), d=2.2.4.4, g=1.1.32.3, len 100, FIB policy
routed
```

그러나, 다음 그림과 같이 목적지가 동일한 네트워크에 대해서는 앞서와 같은 방법으로는 PBR 부하 분산이 일어나지 않는다.

그림 10-5 동일한 목적지에 대해서도 PBR 부하 분산이 가능하다

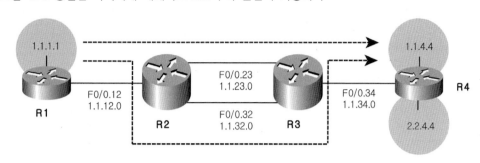

이때에는 루트 맵에서 set ip next-hop recursive 명령어와 함께 R3의 루프백 IP를 넥스트 홉으로
지정하면 된다.

예제 10-26 동일 목적지에 대해 PBR 부하 분산시키기

```
R2(config)# ip access-list extended TO-1.1.4.4
R2(config-ext-nacl)# permit ip host 1.1.1.1 host 1.1.4.4
R2(config-ext-nacl)# exit

R2(config)# route-map PBR-LOAD-BALANCER-2
R2(config-route-map)# match ip address TO-1.1.4.4
R2(config-route-map)# set ip next-hop recursive 1.1.3.3
R2(config-route-map)# exit

R2(config)# int f0/0.12
R2(config-subif)# ip policy route-map PBR-LOAD-BALANCER-2
```

이상으로 PBR의 부하 분산에 대하여 살펴보았다.

PBR을 이용한 IP 프리시던스 설정

PBR을 이용하면 IP 패킷의 우선 순위를 나타내는 IP 프리시던스(precedence)를 설정할 수 있다.
MQC(modular qos cli)등을 사용하면 IP 프리시던스 값을 간편하게 설정할 수는 있지만, 설정된
패킷이 전송되는 인터페이스까지 지정하려면 힘들다. 그러나, PBR을 사용하면 간단히 이와같은 작업을
할 수 있다. 예를 들어, R2에서 길이가 20 바이트 이상 100 바이트 이하인 패킷들에 대해서 IP
프리시던스를 5로 설정하여 F0/0.23으로 전송하게 해보자. 이를 위한 R2의 설정은 다음과 같다.

예제 10-27 PBR을 이용한 IP 프리시던스 설정 및 출력 인터페이스 지정하기

```
R2(config)# route-map SET-PREC-FOR-VOIP
R2(config-route-map)# match length 20 100
R2(config-route-map)# set ip precedence 5
R2(config-route-map)# set interface f0/0.23
R2(config-route-map)# exit

R2(config)# int f0/0.12
R2(config-subif)# ip policy route-map SET-PREC-FOR-VOIP
```

설정 후 R1에서 R4로 길이가 100 바이트 이하인 패킷을 전송해보자.

예제 10-28 100 바이트 이하인 패킷 전송

```
R1# ping 1.1.4.4 source lo0 size 50
```

다음 결과와 같이 PBR이 적용되어 F0/0.23 인터페이스로 전송된다.

예제 10-29 길이가 100 바이트 이하인 패킷은 PBR에 의해 전송된다

```
R2#
15:34:27.655: IP: s=1.1.1.1 (FastEthernet0/0.12), d=1.1.4.4, len 50, FIB policy match
15:34:27.655: IP: s=1.1.1.1 (FastEthernet0/0.12), d=1.1.4.4, len 50, PBR Counted
15:34:27.659: IP: s=1.1.1.1 (FastEthernet0/0.12), d=1.1.4.4 (FastEthernet0/0.23), len 50,
FIB policy routed
```

R3에서 액세스 리스트를 이용하여 F0/0.23 인터페이스를 통하여 수신하는 패킷에 IP 프리시던스가 5로 설정된 것을 확인하기 위하여 다음과 같이 설정한다.

예제 10-30 IP 프리시던스 확인을 위한 액세스 리스트 설정하기

```
R3(config)# ip access-list extended CHECK-PREC
R3(config-ext-nacl)# permit ip any any precedence 5
R3(config-ext-nacl)# permit ip any any
R3(config-ext-nacl)# exit
```

```
R3(config)# int f0/0.23
R3(config-subif)# ip access-group CHECK-PREC in
```

설정 후 다시 R1에서 1.1.4.4로 일반 핑을 한 다음 R3을 확인해 보면 다음과 같이 IP 프리시던스가 5로 설정된 패킷을 수신한다.

예제 10-31 IP 프리시던스가 5로 설정된 패킷을 수신한다

```
R3# show ip access-lists
Extended IP access list CHECK-PREC
    10 permit ip any any precedence critical (15 matches)
    20 permit ip any any (2 matches)
```

이번에는 1000 바이트 크기의 패킷을 전송해 보자.

예제 10-32 PBR 테스트를 위한 패킷 전송

```
R1# ping 1.1.4.4 size 1000
```

R2에서 확인해보면 다음과 같이 크기가 1000 바이트인 패킷은 일반 라우팅이 적용되어 F0/0.32 인터페이스를 통하여 전송된다.

예제 10-33 길이 1000 바이트인 패킷은 일반 라우팅으로 전송된다

```
R2#
15:36:23.911: IP: s=1.1.12.1 (FastEthernet0/0.12), d=1.1.4.4, len 1000, FIB policy reject
ed(no match) - normal forwarding
```

기본적으로 PBR이 설정된 라우터에서 생성하는 패킷에 대해서는 PBR이 적용되지 않는다.

예제 10-34 자신이 생성한 패킷은 PBR이 적용되지 않는다

```
R2# ping 1.1.4.4

Type escape sequence to abort.
Sending 5, 100-byte ICMP Echos to 1.1.4.4, timeout is 2 seconds:
!!!!!
Success rate is 100 percent (5/5), round-trip min/avg/max = 120/120/124 ms
```

그러나, 다음과 같이 ip local policy 명령어를 사용하면 R2가 생성하는 패킷에 대해서도 PBR이 적용된다.

예제 10-35 ip local policy 명령어를 사용하기

```
R2(config)# ip local policy route-map SET-PREC-FOR-VOIP
```

설정 후 R2에서 1.1.4.4로 핑을 해보면 다음과 같이 PBR이 적용된다.

예제 10-36 자신이 생성한 패킷도 PBR이 적용된다

```
R2#
15:37:21.751: IP: s=1.1.23.2 (local), d=1.1.4.4, len 100, policy match
15:37:21.751: IP: route map SET-PREC-FOR-VOIP, item 10, permit
15:37:21.751: IP: s=1.1.23.2 (local), d=1.1.4.4 (FastEthernet0/0.23), len 100, policy routed
15:37:21.755: IP: local to FastEthernet0/0.23 1.1.23.3
```

이상으로 PBR에 대하여 살펴보았다.

제11장

VRF-lite

VRF-lite 기본 설정

VRF(virtual routing and forwarding 또는 VPN routing and forwarding)는 L2 스위치의 VLAN과 같이 L3 장비 가상화 기술중 하나이다. 즉, 하나의 라우터에 여러개의 VRF를 설정하면 각 VRF 별로 별개의 라우팅 테이블이 생성된다. 결과적으로 하나의 라우터를 여러 조직에서 별도로 사용하는 것처럼 동작한다.

VRF는 MPLS(multiprotocol label switching) VPN을 구성할 때 사용되며, MPLS를 사용하지 않고 VRF만 단독으로 사용하는 것을 VRF-lite(라이트)라고 한다.

다음과 같이 네트워크를 구축하고 VRF-lite를 설정해 보자. R1, R2, R3은 서로 다른 조직에 소속된 PC 역할을 하고, R4, R5에서 VRF-lite를 설정하여 하나의 라우터가 여러 조직을 위한 별개의 라우터로 동작시킨다. 또, R6, R7은 인터넷이라고 가정한다.

그림 11-1 기본적인 VRF-lite 동작을 위한 네트워크

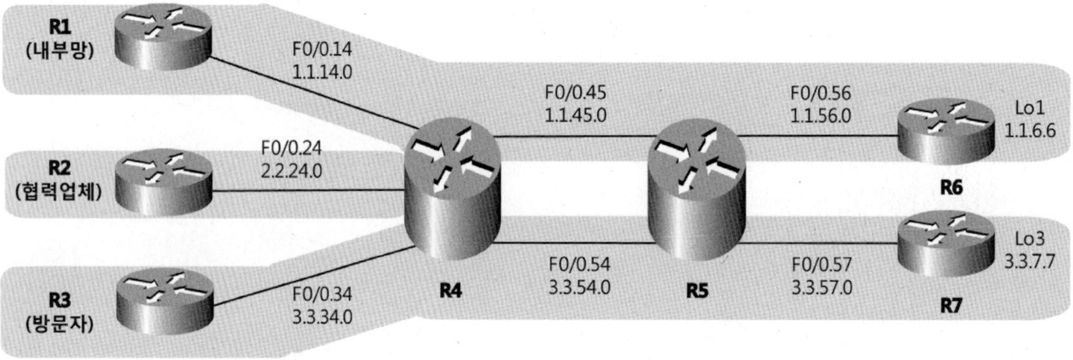

먼저, 스위치 SW에서 필요한 VLAN을 만들고, 트렁킹 설정을 한다.

예제 11-1 스위치 SW1의 설정

```
SW1(config)# vlan 14,24,34,45,54,56,57
SW1(config-vlan)# exit
SW1(config)# interface range f1/1 - 7
SW1(config-if-range)# switchport trunk encap dot1q
SW1(config-if-range)# switchport mode trunk
```

스위치 설정은 이렇게 간단하다.

글로벌 네트워크 설정

VRF를 사용하지 않는 일반적인 네트워크를 글로벌 네트워크(global network)라고 한다. 특정한 네트워크를 글로벌 네트워크로만 구성할 수도 있고, VRF 네트워크만 사용할 수도 있으며, 글로벌/VRF 네트워크를 혼합하여 구성할 수도 있다.

여기에서는 여러 가지 동작 확인을 위하여 글로벌/VRF 네트워크를 혼합하여 구성하기로 한다. 먼저, 회사 내부 사용자를 위한 R1, R4, R5, R6 사이의 통신은 VRF를 사용하지 않는 글로벌 네트워크로 구성해보자.

그림 11-2 회사 내부 사용자를 위한 망 구성

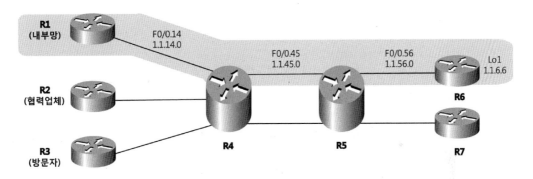

각 라우터의 인터페이스에서 내부망 통신을 위한 트렁킹과 IP 주소를 설정한다. 테스트를 위하여 각 라우터에서 Loopback 1 인터페이스를 추가하고, IP 주소를 1.1.X.X/32로 설정한다. 이때 X는 라우터 번호이다.

예제 11-2 내부망 통신을 위한 트렁킹과 IP 주소 설정

```
R1(config)# int lo1
R1(config-if)# ip address 1.1.1.1 255.255.255.255
R1(config-if)# int f0/0
R1(config-if)# no shutdown
R1(config-if)# int f0/0.14
```

```
R1(config-subif)# encap dot1q 14
R1(config-subif)# ip address 1.1.14.1 255.255.255.0

R4(config)# int lo1
R4(config-if)# ip address 1.1.4.4 255.255.255.255
R4(config-if)# int f0/0
R4(config-if)# no shutdown
R4(config-if)# int f0/0.14
R4(config-subif)# encap dot1q 14
R4(config-subif)# ip address 1.1.14.4 255.255.255.0
R4(config-subif)# exit
R4(config)# int f0/0.45
R4(config-subif)# encap dot1q 45
R4(config-subif)# ip address 1.1.45.4 255.255.255.0

R5(config)# int lo1
R5(config-if)# ip address 1.1.5.5 255.255.255.255
R5(config-if)# int f0/0
R5(config-if)# no shutdown
R5(config-if)# int f0/0.45
R5(config-subif)# encap dot1q 45
R5(config-subif)# ip address 1.1.45.5 255.255.255.0
R5(config-subif)# exit
R5(config)# int f0/0.56
R5(config-subif)# encap dot1q 56
R5(config-subif)# ip address 1.1.56.5 255.255.255.0

R6(config)# int lo1
R6(config-if)# ip address 1.1.6.6 255.255.255.255
R6(config-if)# int f0/0
R6(config-if)# no shutdown
R6(config-if)# int f0/0.56
R6(config-subif)# encap dot1q 56
R6(config-subif)# ip address 1.1.56.6 255.255.255.0
```

인터페이스 설정이 끝나면 각 라우터에서 라우팅을 설정한다. 어떤 라우팅 프로토콜을 사용해도 무관하지만 OSPF 에어리어 0을 설정하기로 한다.

예제 11-3 OSPF 에어리어 0 설정

```
R1(config)# router ospf 1
R1(config-router)# router-id 1.1.1.1
R1(config-router)# network 1.1.1.1 0.0.0.0 area 0
R1(config-router)# network 1.1.14.1 0.0.0.0 area 0

R4(config)# router ospf 1
R4(config-router)# router-id 1.1.4.4
R4(config-router)# network 1.1.4.4 0.0.0.0 area 0
R4(config-router)# network 1.1.14.4 0.0.0.0 area 0
R4(config-router)# network 1.1.45.4 0.0.0.0 area 0

R5(config)# router ospf 1
R5(config-router)# router-id 1.1.5.5
R5(config-router)# network 1.1.5.5 0.0.0.0 area 0
R5(config-router)# network 1.1.45.5 0.0.0.0 area 0
R5(config-router)# network 1.1.56.5 0.0.0.0 area 0

R6(config)# router ospf 1
R6(config-router)# router-id 1.1.6.6
R6(config-router)# network 1.1.6.6 0.0.0.0 area 0
R6(config-router)# network 1.1.56.6 0.0.0.0 area 0
```

OSPF 설정이 끝나면 다음과 같이 R1의 라우팅 테이블에 설정된 네트워크가 모두 보이는지 확인한다.

예제 11-4 R1의 라우팅 테이블

```
R1# show ip route
    (생략)

Gateway of last resort is not set

        1.0.0.0/8 is variably subnetted, 8 subnets, 2 masks
C          1.1.1.1/32 is directly connected, Loopback1
O          1.1.4.4/32 [110/2] via 1.1.14.4, 00:01:51, FastEthernet0/0.14
O          1.1.5.5/32 [110/3] via 1.1.14.4, 00:01:19, FastEthernet0/0.14
O          1.1.6.6/32 [110/4] via 1.1.14.4, 00:01:00, FastEthernet0/0.14
C          1.1.14.0/24 is directly connected, FastEthernet0/0.14
L          1.1.14.1/32 is directly connected, FastEthernet0/0.14
O          1.1.45.0/24 [110/2] via 1.1.14.4, 00:01:29, FastEthernet0/0.14
O          1.1.56.0/24 [110/3] via 1.1.14.4, 00:01:00, FastEthernet0/0.14
```

또, 가장 멀리 떨어진 R6까지 통신이 되는지 핑으로 확인한다.

예제 11-5 R1에서 통신 확인하기

```
R1# ping 1.1.6.6
Type escape sequence to abort.
Sending 5, 100-byte ICMP Echos to 1.1.6.6, timeout is 2 seconds:
!!!!!
Success rate is 100 percent (5/5), round-trip min/avg/max = 64/87/100 ms
```

이제, 내부 사용자를 위한 글로벌 네트워크 설정이 완료되었다.

VRF 설정

이번에는 다음 그림과 같이 글로벌 네트워크와 VRF가 동시에 사용되는 R4, R5에서 VRF를 설정한다. VRF 이름은 대소문자를 구분하며, 해당 라우터에서만 의미를 가진다. 하나의 인터페이스는 오직 하나의 VRF에만 소속된다. 또, 해당 VRF 인터페이스를 통하여 수신하는 패킷들은 해당 VRF 내부에서만 처리된다.

그림 11-3 글로벌/VRF 혼합 라우터

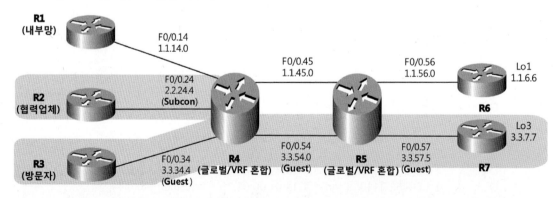

먼저, R4에서 VRF를 설정해 보자. VRF를 설정하는 방법은 두 가지가 있다. 다음과 같이 전체 설정모드에서 **ip vrf** 명령어 다음에 VRF 이름을 지정할 수 있다.

예제 11-6 ip vrf 명령어를 이용한 VRF 설정

```
R4(config)# ip vrf Subcon
R4(config-vrf)# ?
VPN Routing/Forwarding instance configuration commands:
  bgp              Commands pertaining to BGP
  default          Set a command to its defaults
  description      VRF specific description
  exit             Exit from VRF configuration mode
  export           VRF export
  import           VRF import
  inter-as-hybrid  Inter AS hybrid mode
  maximum          Set a limit
  mdt              Backbone Multicast Distribution Tree
  no               Negate a command or set its defaults
  protection       Configure local repair
  rd               Specify Route Distinguisher
  route-target     Specify Target VPN Extended Communities
  snmp             Modify snmp parameters
  vpn              Configure VPN ID as specified in rfc2685
```

이 방법을 사용하면 IPv4 VRF만 설정할 수 있다. 따라서, 다음과 같이 IPv4/IPv6가 모두 지원되는 vrf definition 명령어를 사용하기로 한다. 먼저, 앞서 설정한 VRF를 제거한다.

예제 11-7 ip vrf 제거하기

```
R4(config)# no ip vrf Subcon
% IPv4 addresses from all interfaces in VRF Subcon have been removed
```

이처럼 VRF를 제거하면 해당 VRF에 소속된 인터페이스의 IP 주소도 함께 삭제된다. vrf definition 명령어를 사용하여 VRF를 설정하는 방법은 다음과 같다.

예제 11-8 vrf definition 명령어를 이용한 VRF 설정

```
R4(config)# vrf definition Subcon      ①
R4(config-vrf)# rd 1:2      ②
R4(config-vrf)# address-family ipv4      ③
R4(config-vrf-af)# exit
```

```
R4(config-vrf)# exit

R4(config)# vrf definition Guest   ④
R4(config-vrf)# rd 1:3
R4(config-vrf)# address-family ipv4
R4(config-vrf-af)# exit
R4(config-vrf)# exit
```

① vrf definition 명령어 다음에 적당한 VRF 이름(Subcon)을 지정하여 해당 VRF 설정 모드로 들어간다.

② RD(route distinguisher)를 지정한다. VRF를 사용하는 환경에서는 서로 다른 VRF가 동일한 네트워크를 사용할 수 있다. 예를 들어, VRF A와 VRF B가 모두 10.0.0.0/8 네트워크를 사용할 수 있다.

이 때, VRF A의 10.1.1.0/24 네트워크와 VRF B의 10.1.1.0/24 네트워크를 구분해주는 것이 RD이다. IPv4 네트워크 정보와 RD의 조합을 vpnv4 prefix라고 한다. RD는 AS:NN 또는 IP 주소:NN의 형태로 사용되며, 주로 AS:NN 포맷이 사용된다. MPLS VPN에서 RD의 AS는 ISP의 AS번호이고, NN은 ISP가 고객별로 고유하게 부여하는 번호이다. 만약 프리픽스가 10.1.1.0/24이고, RD가 1:100이면 vpnv4 prefix는 **1:100:10.1.1.0.24**로 표시한다.

그러나, VRF-lite에서는 RD 정보가 다른 라우터에게 전송되지 않으므로 해당 라우터에서 다른 VRF의 RD와 다르게 적당한 값을 지정해주면 된다.

③ address-family ipv4 명령어를 사용하여 IPv4 주소에 이 VRF를 적용할 것임을 알린다. 만약, IPv6 주소에도 적용하려면 address-family ipv6 명령어를 추가하면 된다.

④ 또 다른 VRF인 'Guest'설정 모드로 들어간다.

이상과 같이 VRF를 정의한 다음 각 인터페이스를 해당 VRF에 소속시키고, IP 주소를 설정한다. 테스트를 위하여 Loopback 2 인터페이스를 추가하여, IP 주소를 2.2.X.X/32로 설정하고, Loopback 3 인터페이스를 추가하여, IP 주소를 3.3.X.X/32로 설정한다. 이때 X는 라우터 번호이다.

예제 11-9 R4 VRF 설정

```
R4(config)# int lo2
R4(config-if)# vrf forwarding Subcon
```

```
R4(config-if)# ip address 2.2.4.4 255.255.255.255
R4(config-if)# exit
R4(config)# int f0/0.24
R4(config-subif)# encap dot1q 24
R4(config-subif)# vrf forwarding Subcon
R4(config-subif)# ip address 2.2.24.4 255.255.255.0
R4(config-subif)# exit

R4(config)# int lo3
R4(config-if)# vrf forwarding Guest
R4(config-if)# ip address 3.3.4.4 255.255.255.255
R4(config-if)# exit
R4(config)# int f0/0.34
R4(config-subif)# encap dot1q 34
R4(config-subif)# vrf forwarding Guest
R4(config-subif)# ip address 3.3.34.4 255.255.255.0
R4(config-subif)# exit
R4(config)# int f0/0.54
R4(config-subif)# encap dot1q 54
R4(config-subif)# vrf forwarding Guest
R4(config-subif)# ip address 3.3.54.4 255.255.255.0
```

각 인터페이스에서 **vrf forwarding** 명령어 다음에 VRF 이름을 지정하면 이 인터페이스가 해당 VRF에
소속된다. 설정 후, **show vrf** 명령어를 사용하면 다음과 같이 VRF 이름, RD, 프로토콜 및 해당
VRF가 설정된 인터페이스 정보를 확인할 수 있다.

예제 11-10 VRF 설정 확인

R4# show vrf			
Name	Default RD	Protocols	Interfaces
Guest	1:3	ipv4	Lo3
			Fa0/0.34
			Fa0/0.54
Subcon	1:2	ipv4	Lo2
			Fa0/0.24

R5에서도 다음과 같이 VRF를 설정한다.

예제 11-11 R5 VRF 설정

```
R5(config)# vrf definition Guest
R5(config-vrf)# rd 1:2
R5(config-vrf)# address-family ipv4
R5(config-vrf-af)# exit
R5(config-vrf)# exit
```

각 인터페이스를 해당 VRF에 소속시키고, IP 주소를 설정한다. 테스트를 위하여 Loopback 3 인터페이스를 추가하여, IP 주소를 3.3.5.5/32로 설정한다.

예제 11-12 R5 인터페이스 설정

```
R5(config)# int lo3
R5(config-if)# vrf forwarding Guest
R5(config-if)# ip address 3.3.5.5 255.255.255.255
R5(config-if)# exit

R5(config)# int f0/0.54
R5(config-subif)# encap dot1q 54
R5(config-subif)# vrf forwarding Guest
R5(config-subif)# ip address 3.3.54.5 255.255.255.0
R5(config-subif)# exit

R5(config)# int f0/0.57
R5(config-subif)# encap dot1q 57
R5(config-subif)# vrf forwarding Guest
R5(config-subif)# ip address 3.3.57.5 255.255.255.0
```

R5의 VRF 설정이 끝나면 R2, R3, R7에서도 인터페이스를 활성화시키고, IP 주소를 부여한다. 이 라우터들은 VRF를 사용하지 않는다. R2의 설정은 다음과 같다.

예제 11-13 R2 인터페이스 설정

```
R2(config)# int lo2
R2(config-if)# ip address 2.2.2.2 255.255.255.255
R2(config-if)# exit
```

```
R2(config)# int f0/0
R2(config-if)# no shutdown
R2(config-if)# int f0/0.24
R2(config-subif)# encap dot1q 24
R2(config-subif)# ip address 2.2.24.2 255.255.255.0
```

R3의 설정은 다음과 같다.

예제 11-14 R3 인터페이스 설정

```
R3(config)# int lo3
R3(config-if)# ip address 3.3.3.3 255.255.255.255
R3(config-if)# exit

R3(config)# int f0/0
R3(config-if)# no shutdown
R3(config-if)# int f0/0.34
R3(config-subif)# encap dot1q 34
R3(config-subif)# ip address 3.3.34.3 255.255.255.0
```

R7의 설정은 다음과 같다.

예제 11-15 R7 인터페이스 설정

```
R7(config)# int lo3
R7(config-if)# ip address 3.3.7.7 255.255.255.255
R7(config-if)# exit

R7(config)# int f0/0
R7(config-if)# no shutdown
R7(config-if)# int f0/0.57
R7(config-subif)# encap dot1q 57
R7(config-subif)# ip address 3.3.57.7 255.255.255.0
```

인터페이스 설정이 끝나면 각 라우터에서 인접한 라우터의 넥스트 홉 IP 주소로 핑이 되는지 확인해본다. 예를 들어, R3에서는 다음과 같이 확인한다.

예제 11-16 R3에서 통신 확인하기

```
R3# ping 3.3.34.4
Type escape sequence to abort.
Sending 5, 100-byte ICMP Echos to 3.3.34.4, timeout is 2 seconds:
.!!!!
Success rate is 80 percent (4/5), round-trip min/avg/max = 76/85/92 ms
```

VRF가 설정된 R4에서는 다음과 같이 ping 명령어 다음에 VRF 이름을 지정한다.

예제 11-17 VRF 핑

```
R4# ping vrf Subcon 2.2.24.2
R4# ping vrf Guest 3.3.34.3
R4# ping vrf Guest 3.3.54.5
```

이상과 같이 VRF를 설정하였다. 다음은 여러 가지 라우팅 프로토콜을 이용하여 VRF 라우팅을 설정하는 방법에 대하여 살펴보자.

OSPF를 사용한 VRF 라우팅

이번에는 VRF 라우팅을 설정한다. 먼저, OSPF를 사용하여 VRF.라우팅을 설정해 보자. R2, R3, R7에서는 VRF가 없으므로 일반적인 OSPF를 설정하면 된다.

예제 11-18 OSPF 설정

```
R2(config)# router ospf 2
R2(config-router)# router-id 2.2.2.2
R2(config-router)# network 2.2.2.2 0.0.0.0 area 0
R2(config-router)# network 2.2.24.2 0.0.0.0 area 0

R3(config)# router ospf 3
R3(config-router)# router-id 3.3.3.3
R3(config-router)# network 3.3.3.3 0.0.0.0 area 0
R3(config-router)# network 3.3.34.3 0.0.0.0 area 0

R7(config)# router ospf 3
```

```
R7(config-router)# router-id 3.3.7.7
R7(config-router)# network 3.3.7.7 0.0.0.0 area 0
R7(config-router)# network 3.3.57.7 0.0.0.0 area 0
```

VRF 'Subcon'과 'Guest'가 정의된 R4에서의 OSPF 설정방법은 다음과 같다. 글로벌 라우팅을 위한
OSPF 1은 앞서 설정되어 있으나, 참고용으로 한 번 더 설정하였다.

예제 11-19 R4에서의 OSPF 설정

```
R4(config)# router ospf 1
R4(config-router)# router-id 1.1.4.4
R4(config-router)# network 1.1.4.4 0.0.0.0 area 0
R4(config-router)# network 1.1.14.4 0.0.0.0 area 0
R4(config-router)# network 1.1.45.4 0.0.0.0 area 0
R4(config-router)# exit

R4(config)# router ospf 2 vrf Subcon      ①
R4(config-router)# router-id 2.2.4.4
R4(config-router)# network 2.2.4.4 0.0.0.0 area 0
R4(config-router)# network 2.2.24.4 0.0.0.0 area 0
R4(config-router)# exit

R4(config)# router ospf 3 vrf Guest
R4(config-router)# router-id 3.3.4.4
R4(config-router)# network 3.3.4.4 0.0.0.0 area 0
R4(config-router)# network 3.3.34.4 0.0.0.0 area 0
R4(config-router)# network 3.3.54.4 0.0.0.0 area 0
```

① 글로벌 라우팅 및 각 VRF 라우팅을 위하여 각각의 OSPF 프로세스 ID가 필요하다. router ospf
명령어 다음에 적당한 프로세스 ID를 지정하고, **vrf** 옵션 다음에 VRF 이름을 지정한다.

VRF 'Guest'가 정의된 R5에서의 OSPF 설정방법은 다음과 같다.

예제 11-20 R4에서의 OSPF 설정

```
R5(config)# router ospf 1
R5(config-router)# router-id 1.1.5.5
R5(config-router)# network 1.1.5.5 0.0.0.0 area 0
```

```
R5(config-router)# network 1.1.45.5 0.0.0.0 area 0
R5(config-router)# network 1.1.56.5 0.0.0.0 area 0

R5(config)# router ospf 3 vrf Guest
R5(config-router)# router-id 3.3.5.5
R5(config-router)# network 3.3.5.5 0.0.0.0 area 0
R5(config-router)# network 3.3.54.5 0.0.0.0 area 0
R5(config-router)# network 3.3.57.5 0.0.0.0 area 0
```

OSPF 설정 후 각 라우터의 라우팅 테이블을 확인해 보자. 예를 들어, R4의 글로벌 라우팅 테이블은
다음과 같다.

예제 11-21 R4의 라우팅 테이블

```
R4# show ip route
    (생략)

Gateway of last resort is not set

      1.0.0.0/8 is variably subnetted, 9 subnets, 2 masks
O        1.1.1.1/32 [110/2] via 1.1.14.1, 05:51:42, FastEthernet0/0.14
C        1.1.4.4/32 is directly connected, Loopback1
O        1.1.5.5/32 [110/2] via 1.1.45.5, 05:51:20, FastEthernet0/0.45
O        1.1.6.6/32 [110/3] via 1.1.45.5, 05:50:50, FastEthernet0/0.45
C        1.1.14.0/24 is directly connected, FastEthernet0/0.14
L        1.1.14.4/32 is directly connected, FastEthernet0/0.14
C        1.1.45.0/24 is directly connected, FastEthernet0/0.45
L        1.1.45.4/32 is directly connected, FastEthernet0/0.45
O        1.1.56.0/24 [110/2] via 1.1.45.5, 05:50:50, FastEthernet0/0.45
```

R4의 VRF Subcon 라우팅 테이블은 다음과 같다.

예제 11-22 R4의 VRF Subcon 라우팅 테이블

```
R4# show ip route vrf Subcon

Routing Table: Subcon
```

```
     (생략)

Gateway of last resort is not set

     2.0.0.0/8 is variably subnetted, 4 subnets, 2 masks
O        2.2.2.2/32 [110/2] via 2.2.24.2, 00:07:51, FastEthernet0/0.24
C        2.2.4.4/32 is directly connected, Loopback2
C        2.2.24.0/24 is directly connected, FastEthernet0/0.24
L        2.2.24.4/32 is directly connected, FastEthernet0/0.24
```

R4의 VRF Guest 라우팅 테이블은 다음과 같다.

예제 11-23 R4의 VRF Guest 라우팅 테이블

```
R4# show ip route vrf Guest

Routing Table: Guest
     (생략)

Gateway of last resort is not set

     3.0.0.0/8 is variably subnetted, 9 subnets, 2 masks
O        3.3.3.3/32 [110/2] via 3.3.34.3, 00:08:00, FastEthernet0/0.34
C        3.3.4.4/32 is directly connected, Loopback3
O        3.3.5.5/32 [110/2] via 3.3.54.5, 00:05:55, FastEthernet0/0.54
O        3.3.7.7/32 [110/3] via 3.3.54.5, 00:05:40, FastEthernet0/0.54
C        3.3.34.0/24 is directly connected, FastEthernet0/0.34
L        3.3.34.4/32 is directly connected, FastEthernet0/0.34
C        3.3.54.0/24 is directly connected, FastEthernet0/0.54
L        3.3.54.4/32 is directly connected, FastEthernet0/0.54
O        3.3.57.0/24 [110/2] via 3.3.54.5, 00:05:50, FastEthernet0/0.54
```

특정 VRF의 라우팅 설정 정보를 확인하는 방법은 다음과 같다.

예제 11-24 VRF의 라우팅 설정 정보를 확인

```
R4# show ip protocols vrf Guest
```

```
*** IP Routing is NSF aware ***

Routing Protocol is "ospf 3"
  Outgoing update filter list for all interfaces is not set
  Incoming update filter list for all interfaces is not set
  Router ID 3.3.4.4
  It is an area border router
  Number of areas in this router is 1. 1 normal 0 stub 0 nssa
  Maximum path: 4
  Routing for Networks:
    3.3.4.4 0.0.0.0 area 0
    3.3.34.4 0.0.0.0 area 0
    3.3.54.4 0.0.0.0 area 0
  Routing Information Sources:
    Gateway         Distance      Last Update
    3.3.7.7             110        00:08:02
    3.3.5.5             110        00:08:17
    3.3.3.3             110        00:10:22
  Distance: (default is 110)
```

다음 테스트를 위하여 모든 라우터에서 OSPF 설정을 제거한다.

예제 11-25 OSPF 설정 제거

```
R1(config)# no router ospf 1
R2(config)# no router ospf 2
R3(config)# no router ospf 3

R4(config)# no router ospf 1
R4(config)# no router ospf 2
R4(config)# no router ospf 3

R5(config)# no router ospf 1
R5(config)# no router ospf 3

R6(config)# no router ospf 1
R7(config)# no router ospf 3
```

이상으로 OSPF를 사용하여 VRF 라우팅을 설정하고 동작을 확인해 보았다.

EIGRP를 사용한 VRF 라우팅

이번에는 EIGRP를 사용하여 VRF 라우팅을 설정해 보자.

R1, R2, R3, R6, R7에는 VRF가 없으므로 일반적인 EIGRP를 설정하면 된다. 글로벌 EIGRP는 AS 번호 1, VRF Subcon은 AS 번호 2, VRF Guest는 AS 번호 3을 사용하기로 한다. 또, 차후 IPv6 사용에 대비하기 위하여 이름을 사용하는 EIGRP를 설정하기로 한다.

예제 11-26 이름을 사용하는 EIGRP 설정

```
R1(config)# router eigrp Global
R1(config-router)# address-family ipv4 autonomous-system 1
R1(config-router-af)# network 1.1.1.1 0.0.0.0
R1(config-router-af)# network 1.1.14.1 0.0.0.0

R2(config)# router eigrp Subcon
R2(config-router)# address-family ipv4 autonomous-system 2
R2(config-router-af)# network 2.2.2.2 0.0.0.0
R2(config-router-af)# network 2.2.24.2 0.0.0.0

R3(config)# router eigrp Guest
R3(config-router)# address-family ipv4 autonomous-system 3
R3(config-router-af)# network 3.3.3.3 0.0.0.0
R3(config-router-af)# network 3.3.34.3 0.0.0.0

R6(config)# router eigrp Internet
R6(config-router)# address-family ipv4 autonomous-system 1
R6(config-router-af)# network 1.1.6.6 0.0.0.0
R6(config-router-af)# network 1.1.56.6 0.0.0.0

R7(config)# router eigrp Internet
R7(config-router)# address-family ipv4 autonomous-system 3
R7(config-router-af)# network 3.3.7.7 0.0.0.0
R7(config-router-af)# network 3.3.57.7 0.0.0.0
```

VRF 'Subcon'과 'Guest'가 정의된 R4의 EIGRP 설정은 다음과 같다.

예제 11-27 R4의 EIGRP 설정

```
R4(config)# router eigrp totalEigrp   ①
R4(config-router)# address-family ipv4 autonomous-system 1   ②
R4(config-router-af)# network 1.1.4.4 0.0.0.0
R4(config-router-af)# network 1.1.14.4 0.0.0.0
R4(config-router-af)# network 1.1.45.4 0.0.0.0
R4(config-router-af)# exit

R4(config-router)# address-family ipv4 vrf Subcon autonomous-system 2   ③
R4(config-router-af)# network 2.2.4.4 0.0.0.0
R4(config-router-af)# network 2.2.24.4 0.0.0.0
R4(config-router-af)# exit

R4(config-router)# address-family ipv4 vrf Guest autonomous-system 3
R4(config-router-af)# network 3.3.4.4 0.0.0.0
R4(config-router-af)# network 3.3.34.4 0.0.0.0
R4(config-router-af)# network 3.3.54.4 0.0.0.0
R4(config-router-af)# exit
```

① 적당한 이름을 사용하여 EIGRP 설정 모드로 들어간다. 글로벌 라우팅 및 각 VRF 라우팅을 위하여 각각의 프로세스 ID가 필요한 OSPF와 달리 EIGRP는 하나의 EIGRP 설정 모드에서 어드레스 패밀리만 달리하여 설정한다.

② address-family ipv4 autonomous-system 명령어 다음에 글로벌 라우팅에서 사용할 EIGRP AS 번호를 지정한다.

③ VRF를 위한 EIGRP를 설정하려면 address-family ipv4 vrf 명령어 다음에 VRF 이름을 지정하고 autonomous-system 옵션 다음에 AS 번호를 지정한다.

VRF 'Guest'가 정의된 R5의 EIGRP 설정은 다음과 같다.

예제 11-28 R5의 EIGRP 설정

```
R5(config)# router eigrp totalEigrp
R5(config-router)# address-family ipv4 autonomous-system 1
R5(config-router-af)# network 1.1.5.5 0.0.0.0
R5(config-router-af)# network 1.1.45.5 0.0.0.0
R5(config-router-af)# network 1.1.56.5 0.0.0.0
R5(config-router-af)# exit

R5(config-router)# address-family ipv4 vrf Guest autonomous-system 3
```

```
R5(config-router-af)# network 3.3.5.5 0.0.0.0
R5(config-router-af)# network 3.3.54.5 0.0.0.0
R5(config-router-af)# network 3.3.57.5 0.0.0.0
```

EIGRP 설정 후 각 라우터의 라우팅 테이블을 확인해 보자. 예를 들어, R5의 VRF Guest 라우팅 테이블은 다음과 같다.

예제 11-29 R5의 VRF 라우팅 테이블

```
R5# show ip route vrf Guest

Routing Table: Guest
     (생략)


Gateway of last resort is not set

     3.0.0.0/8 is variably subnetted, 9 subnets, 2 masks
D        3.3.3.3/32 [90/154240] via 3.3.54.4, 01:07:33, FastEthernet0/0.54
D        3.3.4.4/32 [90/103040] via 3.3.54.4, 01:07:33, FastEthernet0/0.54
C        3.3.5.5/32 is directly connected, Loopback3
D        3.3.7.7/32 [90/103040] via 3.3.57.7, 01:04:12, FastEthernet0/0.57
D        3.3.34.0/24 [90/153600] via 3.3.54.4, 01:07:33, FastEthernet0/0.54
C        3.3.54.0/24 is directly connected, FastEthernet0/0.54
L        3.3.54.5/32 is directly connected, FastEthernet0/0.54
C        3.3.57.0/24 is directly connected, FastEthernet0/0.57
L        3.3.57.5/32 is directly connected, FastEthernet0/0.57
```

R5에서 VRF Guest의 라우팅 설정 정보를 확인해보면 다음과 같다.

예제 11-30 VRF Guest 라우팅 설정 정보 확인

```
R5# show ip protocols vrf Guest
*** IP Routing is NSF aware ***

Routing Protocol is "eigrp 3"
  Outgoing update filter list for all interfaces is not set
  Incoming update filter list for all interfaces is not set
```

```
Default networks flagged in outgoing updates
Default networks accepted from incoming updates
EIGRP-IPv4 VR(totalEigrp) Address-Family Protocol for AS(3) VRF(Guest)
  Metric weight K1=1, K2=0, K3=1, K4=0, K5=0 K6=0
  Metric rib-scale 128
  Metric version 64bit
  NSF-aware route hold timer is 240
  Router-ID: 3.3.5.5
  Topology : 0 (base)
    Active Timer: 3 min
    Distance: internal 90 external 170
    Maximum path: 4
    Maximum hopcount 100
    Maximum metric variance 1
    Total Prefix Count: 7
    Total Redist Count: 0

Automatic Summarization: disabled
Maximum path: 4
Routing for Networks:
  3.3.5.5/32
  3.3.54.5/32
  3.3.57.5/32
Routing Information Sources:
  Gateway         Distance      Last Update
  3.3.54.4             90       01:32:22
  3.3.57.7             90       01:32:22
Distance: internal 90 external 170
```

R1, R2, R3에서 원격 네트워크로 핑을 해보면 다음과 같이 모두 성공한다.

예제 11-31 원격 네트워크 핑

```
R1# ping 1.1.6.6
Type escape sequence to abort.
Sending 5, 100-byte ICMP Echos to 1.1.6.6, timeout is 2 seconds:
!!!!!
Success rate is 100 percent (5/5), round-trip min/avg/max = 72/103/148 ms

R2# p 2.2.4.4
Type escape sequence to abort.
```

```
Sending 5, 100-byte ICMP Echos to 2.2.4.4, timeout is 2 seconds:
!!!!!
Success rate is 100 percent (5/5), round-trip min/avg/max = 40/80/116 ms

R3# ping 3.3.7.7
Type escape sequence to abort.
Sending 5, 100-byte ICMP Echos to 3.3.7.7, timeout is 2 seconds:
!!!!!
Success rate is 100 percent (5/5), round-trip min/avg/max = 68/92/108 ms
```

이상으로 EIGRP를 사용한 VRF 라우팅을 설정하고 동작을 확인해 보았다.

정적 경로를 사용한 VRF 라우팅 설정

이번에는 정적 경로를 이용하여 VRF 라우팅을 설정해보자. 예를 들어, R4의 VRF Subcon에서 R2의 2.2.2.2/32 네트워크로 정적 경로를 설정하는 방법은 다음과 같다.

예제 11-32 정적 경로를 사용한 VRF 라우팅 설정

```
R4(config)# ip route vrf Subcon 2.2.2.2 255.255.255.255 2.2.24.2
```

정적 경로를 이용하여 VRF 라우팅을 설정할 때에는 ip route vrf 명령어 다음에 vrf 이름을 지정한다. 나머지는 일반 정적 경로 설정과 동일하다.

설정 후 R4의 VRF Subcon 라우팅 테이블에 다음과 같이 정적 경로가 인스톨된다.

예제 11-33 R4의 VRF Subcon 라우팅 테이블

```
R4# show ip route vrf Subcon

Routing Table: Subcon
    (생략)

Gateway of last resort is not set

    2.0.0.0/8 is variably subnetted, 4 subnets, 2 masks
```

```
S          2.2.2.2/32 [1/0] via 2.2.24.2
C          2.2.4.4/32 is directly connected, Loopback2
C          2.2.24.0/24 is directly connected, FastEthernet0/0.24
L          2.2.24.4/32 is directly connected, FastEthernet0/0.24
```

이상으로 정적 경로를 사용한 VRF 라우팅을 설정해 보았다.

VRF 루트 리킹

VRF 루트 리킹(route leaking)이란 VRF와 글로벌 라우팅 테이블 또는 서로 다른 VRF 사이에 경로 정보를 알려주는 것을 의미한다.

VRF 경로를 글로벌 라우팅 테이블에 설치(리킹)하는 방법은 다음과 같다.

- VRF 경로에 대한 정적 경로 설정

- BGP에 있는 VRF 경로를 export-map으로 받아오기

글로벌 경로를 VRF 라우팅 테이블에 설치(리킹)하는 방법은 다음과 같다.

- 글로벌 경로에 대한 정적 경로 설정

- BGP에 있는 글로벌 경로를 VRF에서 import-map으로 받아오기

다른 VRF 사이의 루트 리킹 방법은 다음과 같다.

- BGP에 있는 다른 VRF 경로를 VRF에서 import-map 명령어로 받아오기

- BGP에 있는 다른 VRF 경로를 VRF에서 route-target import 명령어로 받아오기

정적 경로를 사용한 VRF/글로벌 루트 리킹

다음 그림의 R4에서 VRF Subcon과 글로벌 라우팅 테이블 사이의 루트 리킹을 설정해 보자.

그림 11-4 VRF와 글로벌 라우팅 테이블 사이의 루트 리킹

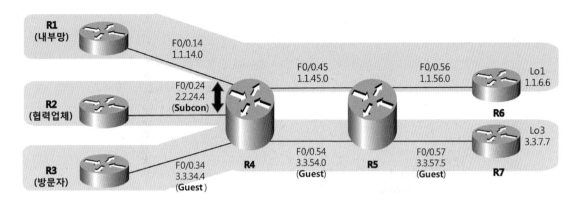

예를 들어, R1의 1.1.1.1/32 네트워크와 R2의 2.2.2.2/32 네트워크 사이의 통신이 가능하도록 루트 리킹을 해보자. 현재, R1의 라우팅 테이블에는 2.2.2.2/32 네트워크가 없다.

예제 11-34 R1의 라우팅 테이블에는 2.2.2.2/32 네트워크가 없다

```
R1# show ip route 2.2.2.2 255.255.255.255
% Network not in table
```

마찬가지로, R2의 라우팅 테이블에도 1.1.1.1/32 네트워크가 없다.

예제 11-35 R2의 라우팅 테이블에도 1.1.1.1/32 네트워크가 없다

```
R2# show ip route 1.1.1.1 255.255.255.255
% Network not in table
```

먼저, VRF Subcon과 글로벌 라우팅 테이블을 가지고 있는 R4에서 정적 경로를 사용하여 VRF와 글로벌 루트 리킹을 설정해 보자.

예제 11-36 정적 경로를 사용한 VRF/글로벌 루트 리킹

```
R4(config)# ip route 2.2.2.2 255.255.255.255 f0/0.24 2.2.24.2   ①
R4(config)# ip route vrf Subcon 1.1.1.1 255.255.255.255 f0/0.14 1.1.14.1 global   ②
```

① 정적 경로를 사용하여 VRF 네트워크를 글로벌 라우팅 테이블에 설치하는 방법은 일반적인 정적 경로 설정 방법과 동일하지만, 넥스트 홉과 연결되는 인터페이스 이름을 반드시 지정해 주어야 한다.

② 정적 경로를 사용하여 글로벌 네트워크를 VRF 라우팅 테이블에 설치하려면 **ip route vrf** 명령어 다음에 VRF 이름을 지정한다. 또, 목적지 네트워크 다음에 해당 네트워크와 연결되는 인터페이스 이름과 넥스트 홉 IP 주소를 지정하고, 마지막으로 **global**이라는 옵션을 지정한다.

설정 후 R4의 글로벌 라우팅 테이블을 확인해보면 다음과 같이 2.2.2.2/32로 가는 경로가 설치되어 있다.

예제 11-37 R4의 라우팅 테이블

```
R4# show ip route
    (생략)
      2.0.0.0/32 is subnetted, 1 subnets
S        2.2.2.2 [1/0] via 2.2.24.2, FastEthernet0/0.24
```

R4의 VRF 라우팅 테이블에도 다음과 같이 1.1.1.1/32로 가는 경로가 설치되어 있다.

예제 11-38 R4의 VRF 라우팅 테이블

```
R4# show ip route vrf Subcon

Routing Table: Subcon
    (생략)

      1.0.0.0/32 is subnetted, 1 subnets
S        1.1.1.1 [1/0] via 1.1.14.1, FastEthernet0/0.14
```

이제, 각각의 라우팅 설정모드에서 정적 경로를 EIGRP에 재분배한다.

예제 11-39 정적 경로를 EIGRP에 재분배

```
R4(config)# router eigrp GlobalVrf
R4(config-router)# address-family ipv4 unicast autonomous-system 1
```

```
R4(config-router-af)# topology base
R4(config-router-af-topology)# redistribute static metric 100000 1 1 1 1500
R4(config-router-af-topology)# exit
R4(config-router-af)# exit

R4(config-router)# address-family ipv4 vrf Subcon autonomous-system 2
R4(config-router-af)# topology base
R4(config-router-af-topology)# redistribute static metric 100000 1 1 1 1500
R4(config-router-af-topology)# exit
R4(config-router-af)# exit
```

잠시 후 R1에서 확인해보면 다음과 같이 R2의 네트워크인 2.2.2.2/32가 설치된다.

예제 11-40 R1의 라우팅 테이블

```
R1# show ip route
    (생략)

    2.0.0.0/32 is subnetted, 1 subnets
D EX    2.2.2.2 [170/107520] via 1.1.14.4, 00:06:06, FastEthernet0/0.14
```

R2에도 다음과 같이 R1의 네트워크인 1.1.1.1/32가 설치된다.

예제 11-41 R2의 라우팅 테이블

```
R2# show ip route
    (생략)

    1.0.0.0/32 is subnetted, 1 subnets
D EX    1.1.1.1 [170/107520] via 2.2.24.4, 00:03:42, FastEthernet0/0.24
```

글로벌 경로인 1.1.1.1과 VRF 경로인 2.2.2.2 사이에 핑도 된다.

예제 11-42 글로벌 경로 1.1.1.1과 VRF 경로 2.2.2.2 사이의 핑

```
R2# ping 1.1.1.1 source 2.2.2.2
Type escape sequence to abort.
```

```
Sending 5, 100-byte ICMP Echos to 1.1.1.1, timeout is 2 seconds:
Packet sent with a source address of 2.2.2.2
!!!!!
Success rate is 100 percent (5/5), round-trip min/avg/max = 40/83/104 ms
```

이상으로 정적 경로를 이용하여 글로벌 경로와 VRF 경로를 상호 리킹해 보았다.

import-map/export-map을 사용한 VRF/글로벌 루트 리킹

이번에는 import-map과 export-map 명령어를 사용하여 다음 그림과 같이 R4에서 글로벌 경로와 VRF Guest 경로를 상호 리킹해 보자.

그림 11-5 VRF와 글로벌 라우팅 테이블 사이의 루트 리킹

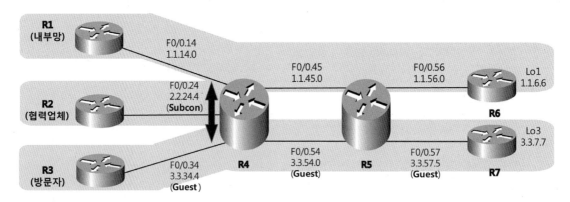

import-map 명령어는 VRF 경로를 글로벌 라우팅 테이블에 설치할 때 사용하고, export-map 명령어는 글로벌 경로를 VRF 라우팅 테이블에 설치할 때 사용한다. 앞서 살펴보았던 정적 경로를 이용한 루트 리킹 방법외에 이후에 설명할 모든 루트 리킹은 반드시 BGP를 통해서만 가능하다. 이때 리킹을 설정할 라우터에서만 BGP를 사용하며, 다른 라우터와 네이버를 맺을 필요는 없다.

먼저, import-map 명령어를 사용하여 VRF 경로를 글로벌 라우팅 테이블에 설치해 보자.

예제 11-43 import-map 명령어 사용하기

```
R4(config)# ip prefix-list Global2Vrf permit 1.1.1.1/32    ①
```

```
R4(config)# route-map Global2Vrf  ②
R4(config-route-map)# match ip address prefix-list Global2Vrf
R4(config-route-map)# exit

R4(config)# vrf definition Guest
R4(config-vrf)# address-family ipv4
R4(config-vrf-af)# route-target import 1:30  ③
R4(config-vrf-af)# import ipv4 unicast map Global2Vrf  ④
R4(config-vrf-af)# exit
R4(config-vrf)# exit

R4(config)# router bgp 1
R4(config-router)# address-family ipv4  ⑤
R4(config-router-af)# redistribute eigrp 1
R4(config-router-af)# exit
R4(config-router)# address-family ipv4 vrf Guest  ⑥
R4(config-router-af)# exit
R4(config-router)# exit
```

① 프리픽스 리스트를 사용하여 글로벌 경로 중에서 VRF로 리킹할 것을 지정한다.

② 루트 맵을 만들어 앞서 만든 프리픽스 리스트를 지정한다.

③ VRF 정의 모드로 들어가서 import할 루트 타깃을 지정한다. import-map 명령어를 사용하여 글로벌 경로를 불러오기 위한 루트 타깃을 지정할 때는 아무값이나 설정해도 된다.

④ import ipv4 unicast map 명령어 다음에 앞서 만든 루트 맵을 지정한다.

⑤ BGP 설정 모드에서 IPv4 어드레스 패밀리로 들어가 글로벌 라우팅 프로토콜을 재분배한다. 결과적으로 글로벌 경로가 BGP로 재분배된다. 다음과 같이 show ip bgp 명령어를 사용하여 확인해 보면 BGP로 재분배된 글로벌 경로가 보인다.

예제 11-44 BGP로 재분배된 글로벌 경로

```
R4# show ip bgp
BGP table version is 8, local router ID is 1.1.4.4
Status codes: s suppressed, d damped, h history, * valid, > best, i - internal,
              r RIB-failure, S Stale, m multipath, b backup-path, f RT-Filter,
              x best-external, a additional-path, c RIB-compressed,
Origin codes: i - IGP, e - EGP, ? - incomplete
```

```
RPKI validation codes: V valid, I invalid, N Not found

       Network          Next Hop          Metric LocPrf  Weight Path
   *>  1.1.1.1/32       1.1.14.1          103040         32768 ?
   *>  1.1.4.4/32       0.0.0.0                0         32768 ?
   *>  1.1.5.5/32       1.1.45.5          103040         32768 ?
   *>  1.1.6.6/32       1.1.45.5          154240         32768 ?
   *>  1.1.14.0/24      0.0.0.0                0         32768 ?
   *>  1.1.45.0/24      0.0.0.0                0         32768 ?
   *>  1.1.56.0/24      1.1.45.5          153600         32768 ?
```

⑥ BGP 설정 모드에서 IPv4 VRF 어드레스 패밀리로 들어가 Guest라는 VRF를 사용할 것임을 선언한다.
결과적으로 글로벌 경로 중에서 import-map에서 지정한 네트워크가 VRF Guest로 리킹된다. 잠시
후, R4에서 **show ip bgp vpnv4 all** 명령어를 사용하여 확인해 보면 다음과 같이 글로벌 경로인 1.1.1.1/32
가 BGP의 VRF Guest 부분에 설치되어 있다.

예제 11-45 R4의 VPNv4 테이블

```
R4# show ip bgp vpnv4 all
BGP table version is 2, local router ID is 1.1.4.4
Status codes: s suppressed, d damped, h history, * valid, > best, i - internal,
              r RIB-failure, S Stale, m multipath, b backup-path, f RT-Filter,
              x best-external, a additional-path, c RIB-compressed,
Origin codes: i - IGP, e - EGP, ? - incomplete
RPKI validation codes: V valid, I invalid, N Not found

     Network          Next Hop           Metric LocPrf Weight Path
Route Distinguisher: 1:3 (default for vrf Guest)
Import Map: Global2Vrf, Address-Family: IPv4 Unicast, Pfx Count/Limit: 1/1000
  *>  1.1.1.1/32       1.1.14.1          103040         32768 ?
```

R4의 VRF Guest 라우팅 테이블에도 글로벌 경로 중에서 리킹된 1.1.1.1/32가 설치된다.

예제 11-46 R4의 VRF Guest 라우팅 테이블

```
R4# show ip route vrf Guest
```

```
Routing Table: Guest
     (생략)

Gateway of last resort is not set

     1.0.0.0/32 is subnetted, 1 subnets
B         1.1.1.1 [20/103040] via 1.1.14.1, 00:05:52, FastEthernet0/0.14
```

이 경로를 R3에게 전달하기 위하여 다음과 같이 VRF Guest에서 BGP를 EIGRP로 재분배한다.

예제 11-47 VRF Guest에서 BGP를 EIGRP로 재분배

```
R4(config)# router eigrp GlobalVrf
R4(config-router)# address-family ipv4 unicast vrf Guest autonomous-system 3
R4(config-router-af)# topology base
R4(config-router-af-topology)# redistribute bgp 1 metric 100000 1 1 1 1500
```

다음과 같이 R3의 라우팅 테이블에 글로벌 네트워크인 1.1.1.1/32가 설치된다.

예제 11-48 R3의 라우팅 테이블

```
R3# show ip route
     (생략)

     1.0.0.0/32 is subnetted, 1 subnets
D EX    1.1.1.1 [170/107520] via 3.3.34.4, 00:00:51, FastEthernet0/0.34
```

이제, import-map 명령어를 사용하여 글로벌 경로를 VRF로 리킹하는 작업이 끝났다. 이번에는 반대로 export-map 명령어를 사용하여 VRF 경로를 글로벌로 리킹해 보자. export-map 명령어는 IOS 15.3 이상부터 지원된다. 만약, 현재 사용하는 IOS에서 지원하지 않으면 앞서 공부한 정적 경로를 사용하여 VRF 경로를 글로벌로 리킹하는 방법을 이용하면 된다.

예제 11-49 export-map 명령어를 사용한 VRF/글로벌 리킹

```
R4(config)# ip prefix-list Vrf2Global permit 3.3.3.3/32   ①
R4(config)# route-map Vrf2Global   ②
R4(config-route-map)# match ip address prefix-list Vrf2Global
R4(config-route-map)# exit

R4(config)# vrf definition Guest
R4(config-vrf)# address-family ipv4
R4(config-vrf-af)# export ipv4 unicast map Vrf2Global   ③
R4(config-vrf-af)# exit
R4(config-vrf)# exit

R4(config)# router bgp 1
R4(config-router)# address-family ipv4 vrf Guest
R4(config-router-af)# redistribute eigrp 3   ④
```

① 프리픽스 리스트를 사용하여 VRF 경로 중에서 글로벌로 리킹할 것을 지정한다.

② 루트 맵을 만들어 앞서 만든 프리픽스 리스트를 지정한다.

③ VRF 정의 모드로 들어가서 exmport ipv4 unicast map 명령어 다음에 앞서 만든 루트 맵을 지정한다.

④ BGP 설정 모드에서 VRF 어드레스 패밀리로 들어가 VRF 라우팅 프로토콜을 BGP로 재분배한다. 다음과 같이 show ip bgp vpnv4 all 명령어를 사용하여 확인해 보면 BGP로 재분배된 VRF 경로가 보인다. BGP의 글로벌 경로를 확인하는 명령어는 show ip bgp이고, VRF 경로를 확인하는 명령어는 show ip bgp vpnv4 all이다.

예제 11-50 BGP로 재분배된 VRF 경로

```
R4# show ip bgp vpnv4 all
BGP table version is 9, local router ID is 1.1.4.4
Status codes: s suppressed, d damped, h history, * valid, > best, i - internal,
              r RIB-failure, S Stale, m multipath, b backup-path, f RT-Filter,
              x best-external, a additional-path, c RIB-compressed,
Origin codes: i - IGP, e - EGP, ? - incomplete
RPKI validation codes: V valid, I invalid, N Not found

     Network          Next Hop          Metric     LocPrf  Weight Path
Route Distinguisher: 1:3 (default for vrf Guest)
Import Map: Global2Vrf, Address-Family: IPv4 Unicast, Pfx Count/Limit: 1/1000
```

```
Export Map: Vrf2Global, Address-Family: IPv4 Unicast, Pfx Count/Limit: 1/1000
 *>  1.1.1.1/32       1.1.14.1          1024640          32768 ?
 *>  3.3.3.3/32       3.3.34.3          1024640          32768 ?
 *>  3.3.4.4/32       0.0.0.0                 0          32768 ?
 *>  3.3.5.5/32       3.3.54.5          1024640          32768 ?
 *>  3.3.7.7/32       3.3.54.5          4096000          32768 ?
 *>  3.3.34.0/24      0.0.0.0                 0          32768 ?
 *>  3.3.54.0/24      0.0.0.0                 0          32768 ?
 *>  3.3.57.0/24      3.3.54.5          1536000          32768 ?
```

show ip bgp 명령어를 사용하여 확인해 보면 다음과 같이 VRF 경로인 3.3.3.3/32가 BGP의 글로벌 부분에 설치되어 있다.

예제 11-51 R4의 BGP 테이블

```
R4# show ip bgp
BGP table version is 9, local router ID is 1.1.4.4
Status codes: s suppressed, d damped, h history, * valid, > best, i - internal,
              r RIB-failure, S Stale, m multipath, b backup-path, f RT-Filter,
              x best-external, a additional-path, c RIB-compressed,
Origin codes: i - IGP, e - EGP, ? - incomplete
RPKI validation codes: V valid, I invalid, N Not found

     Network          Next Hop          Metric LocPrf  Weight Path
 *>  1.1.1.1/32       1.1.14.1          1024640          32768 ?
 *>  1.1.4.4/32       0.0.0.0                 0          32768 ?
 *>  1.1.5.5/32       1.1.45.5          1024640          32768 ?
 *>  1.1.6.6/32       1.1.45.5          4096000          32768 ?
 *>  1.1.14.0/24      0.0.0.0                 0          32768 ?
 *>  1.1.45.0/24      0.0.0.0                 0          32768 ?
 *>  1.1.56.0/24      1.1.45.5          1536000          32768 ?
 *>  3.3.3.3/32       3.3.34.3          1024640          32768 ?
```

다음과 같이 R4의 글로벌 라우팅 테이블에도 VRF 경로인 3.3.3.3/32가 리킹되어 설치된다.

예제 11-52 R4의 라우팅 테이블

```
R4# show ip route
```

```
    (생략)
Gateway of last resort is not set

    1.0.0.0/8 is variably subnetted, 9 subnets, 2 masks
D       1.1.1.1/32 [90/1024640] via 1.1.14.1, 00:22:39, Ethernet0/0.14
C       1.1.4.4/32 is directly connected, Loopback1
D       1.1.5.5/32 [90/1024640] via 1.1.45.5, 00:18:05, Ethernet0/0.45
D       1.1.6.6/32 [90/4096000] via 1.1.45.5, 00:13:07, Ethernet0/0.45
C       1.1.14.0/24 is directly connected, Ethernet0/0.14
L       1.1.14.4/32 is directly connected, Ethernet0/0.14
C       1.1.45.0/24 is directly connected, Ethernet0/0.45
L       1.1.45.4/32 is directly connected, Ethernet0/0.45
D       1.1.56.0/24 [90/1536000] via 1.1.45.5, 00:16:41, Ethernet0/0.45
    3.0.0.0/32 is subnetted, 1 subnets
B       3.3.3.3 [20/1024640] via 3.3.34.3, 00:03:02, Ethernet0/0.34
```

이 경로를 R1에게 전달하기 위하여 다음과 같이 BGP를 EIGRP로 재분배한다.

예제 11-53 BGP를 EIGRP로 재분배하기

```
R4(config)# router eigrp GlobalVrf
R4(config-router)# address-family ipv4 unicast autonomous-system 1
R4(config-router-af)# topology base
R4(config-router-af-topology)# redistribute bgp 1 metric 100000 1 1 1 1500
```

다음과 같이 R1의 라우팅 테이블에 VRF 네트워크인 3.3.3.3/32가 설치된다.

예제 11-54 R1의 라우팅 테이블

```
R1# show ip route
    (생략)

Gateway of last resort is not set

    1.0.0.0/8 is variably subnetted, 8 subnets, 2 masks
C       1.1.1.1/32 is directly connected, Loopback1
D       1.1.4.4/32 [90/1024640] via 1.1.14.4, 01:18:49, Ethernet0/0.14
```

```
D          1.1.5.5/32 [90/1536640] via 1.1.14.4, 01:14:15, Ethernet0/0.14
D          1.1.6.6/32 [90/4608000] via 1.1.14.4, 01:09:17, Ethernet0/0.14
C          1.1.14.0/24 is directly connected, Ethernet0/0.14
L          1.1.14.1/32 is directly connected, Ethernet0/0.14
D          1.1.45.0/24 [90/1536000] via 1.1.14.4, 01:18:49, Ethernet0/0.14
D          1.1.56.0/24 [90/2048000] via 1.1.14.4, 01:12:51, Ethernet0/0.14
        2.0.0.0/32 is subnetted, 1 subnets
D EX       2.2.2.2 [170/1029120] via 1.1.14.4, 00:53:15, Ethernet0/0.14
        3.0.0.0/32 is subnetted, 1 subnets
D EX       3.3.3.3 [170/1029120] via 1.1.14.4, 00:48:37, Ethernet0/0.14
```

참고로, R3의 라우팅 테이블에는 R4에서 리킹한 글로벌 경로인 1.1.1.1/32가 설치되어 있다.

예제 11-55 R3의 라우팅 테이블

```
R3# show ip route
    (생략)

Gateway of last resort is not set

        1.0.0.0/32 is subnetted, 1 subnets
D EX       1.1.1.1 [170/1029120] via 3.3.34.4, 01:05:13, Ethernet0/0.34
        3.0.0.0/8 is variably subnetted, 8 subnets, 2 masks
C          3.3.3.3/32 is directly connected, Loopback3
D          3.3.4.4/32 [90/1024640] via 3.3.34.4, 01:21:02, Ethernet0/0.34
D          3.3.5.5/32 [90/1536640] via 3.3.34.4, 01:14:24, Ethernet0/0.34
D          3.3.7.7/32 [90/4608000] via 3.3.34.4, 01:10:39, Ethernet0/0.34
C          3.3.34.0/24 is directly connected, Ethernet0/0.34
L          3.3.34.3/32 is directly connected, Ethernet0/0.34
D          3.3.54.0/24 [90/1536000] via 3.3.34.4, 01:21:02, Ethernet0/0.34
D          3.3.57.0/24 [90/2048000] via 3.3.34.4, 01:14:19, Ethernet0/0.34
```

글로벌 경로인 1.1.1.1과 VRF 경로인 3.3.3.3 간에 핑이 된다.

예제 11-56 글로벌 경로인 1.1.1.1과 VRF 경로인 3.3.3.3 사이의 핑

```
R3# ping 1.1.1.1 source 3.3.3.3
Type escape sequence to abort.
```

```
Sending 5, 100-byte ICMP Echos to 1.1.1.1, timeout is 2 seconds:
Packet sent with a source address of 3.3.3.3
!!!!!
Success rate is 100 percent (5/5), round-trip min/avg/max = 1/1/1 ms
```

이상으로 import−map/export−map 명령어를 이용하여 글로벌 경로와 VRF 경로를 리킹하는 방법에
대하여 살펴보았다.

VRF 사이의 루트 리킹

이번에는 서로 다른 두 VRF 경로를 상호 리킹해 보자. 다음 그림의 R4에서 VRF Subcon과 Guest의
경로를 상호 리킹해 보자.

그림 11-6 VRF 사이의 루트 리킹

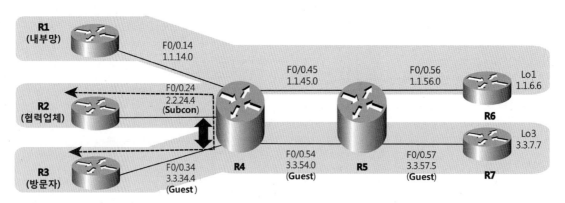

먼저, 다음과 같이 VRF 정의 모드에서 각 VRF 별로 루트 타깃을 지정한다.

예제 11-57 VRF 루트 타깃 설정

```
R4(config)# vrf definition Subcon
R4(config-vrf)# address-family ipv4
R4(config-vrf-af)# route-target export 1:20    ①
R4(config-vrf-af)# route-target import 1:30    ②
R4(config-vrf-af)# exit
R4(config-vrf)# exit
```

```
R4(config)# vrf definition Guest
R4(config-vrf)# address-family ipv4
R4(config-vrf-af)# route-target export 1:30    ③
R4(config-vrf-af)# route-target import 1:20    ④
R4(config-vrf-af)# exit
```

① VRF Subcon 정의 모드의 어드레스 패밀리 IPv4에서 route-target export 명령어 다음에 AS 번호:적당한 번호 또는 IP 주소:적당한 번호의 형식으로 이루어진 export 용 루트 타깃을 지정한다. 예와 같이 1:20으로 지정하면 VRF Subcon의 경로에는 모두 1:20 이라는 BGP 확장 커뮤니티 값이 설정된다. 이후, 다른 VRF에서 BGP 확장 커뮤니티 값이 1:20인 경로를 import하면 VRF Subcon의 경로가 리킹되어 해당 VRF에 인스톨된다.

다음과 같이 show ip bgp vpnv4 vrf Subcon 2.2.2.2/32 명령어를 사용하여 확인해보면 확장 커뮤니티 값이 1:20으로 설정된 것을 알 수 있다.

예제 11-58 확장 커뮤니티 값 확인

```
R4# show ip bgp vpnv4 vrf Subcon 2.2.2.2/32
BGP routing table entry for 1:2:2.2.2.2/32, version 3
Paths: (1 available, best # 1, table Subcon)
  Not advertised to any peer
  Refresh Epoch 1
  Local
    2.2.24.2 from 0.0.0.0 (1.1.4.4)
      Origin incomplete, metric 103040, localpref 100, weight 32768, valid, sourced, best
      Extended Community: RT:1:20 Cost:pre-bestpath:128:103040 0x8800:32768:0
        0x8801:2:2560 0x8802:65281:25600 0x8803:65281:1500 0x8806:0:33686018
```

② route-target import 명령어 다음에 다른 VRF에서 export 할 루트 타깃번호를 지정한다. 잠시 후 VRF Guest에서 export 할 경로의 루트 타깃 번호가 1:30이므로 이를 지정했다.

③ VRF Guest의 경로에 설정할 루트 타깃 번호를 지정한다.

④ VRF Guest가 받아올 경로의 루트 타깃 번호를 지정한다.

다음에는 각 VRF의 경로를 BGP로 재분배한다.

예제 **11-59** VRF 경로를 BGP로 재분배하기

```
R4(config)# ip prefix-list Subcon2Guest permit 2.2.2.2/32   ①
R4(config)# ip prefix-list Guest2Subcon permit 3.3.3.3/32

R4(config)# route-map Subcon2Guest   ②
R4(config-route-map)# match ip address prefix-list Subcon2Guest
R4(config-route-map)# exit
R4(config)# route-map Guest2Subcon
R4(config-route-map)# match ip address prefix-list Guest2Subcon
R4(config-route-map)# exit

R4(config)# router bgp 1
R4(config-router)# address-family ipv4 vrf Subcon
R4(config-router-af)# redistribute eigrp 2 route-map Subcon2Guest   ③
R4(config-router-af)# exit
R4(config-router)# address-family ipv4 vrf Guest
R4(config-router-af)# redistribute eigrp 3 route-map Guest2Subcon
R4(config-router-af)# exit
```

① 각 VRF에서 다른 VRF로 리킹할 네트워크를 프리픽스 리스트를 사용하여 지정한다.

② 앞서 만든 프리픽스 리스트를 루트 맵으로 참조한다.

③ BGP에서 각 VRF 어드레스 패밀리 설정 모드로 들어가서 각 VRF가 가지고 있는 경로를 재분배한다.
이때, 앞서 만든 루트 맵을 지정하면 루트 맵이 참조하는 경로만 재분배된다.

설정 후 R4의 VPNv4 테이블을 보면 다음과 같이 루트 맵에서 지정한 경로만 재분배되어 있고, 이
경로들이 다른 VRF로 리킹된다.

예제 **11-60** R4의 VPNv4 테이블

```
R4# show ip bgp vpnv4 all
BGP table version is 46, local router ID is 1.1.4.4
Status codes: s suppressed, d damped, h history, * valid, > best, i - internal,
              r RIB-failure, S Stale, m multipath, b backup-path, f RT-Filter,
              x best-external, a additional-path, c RIB-compressed,
Origin codes: i - IGP, e - EGP, ? - incomplete
RPKI validation codes: V valid, I invalid, N Not found

    Network          Next Hop            Metric LocPrf Weight Path
```

```
Route Distinguisher: 1:2 (default for vrf Subcon)
 *>  2.2.2.2/32          2.2.24.2              103040           32768 ?
 *>  3.3.3.3/32          3.3.34.3              103040           32768 ?
Route Distinguisher: 1:3 (default for vrf Guest)
Import Map: Global2Vrf, Address-Family: IPv4 Unicast, Pfx Count/Limit: 1/1000
 *>  1.1.1.1/32          1.1.14.1              103040           32768 ?
 *>  2.2.2.2/32          2.2.24.2              103040           32768 ?
 *>  3.3.3.3/32          3.3.34.3              103040           32768 ?
```

VRF Subcon의 라우팅 테이블을 보면 VRF Guest에서 리킹된 3.3.3.3/32 네트워크가 인스톨되어 있다.

예제 11-61 R4의 VRF Subcon 라우팅 테이블

```
R4# show ip route vrf Subcon
     (생략)
     3.0.0.0/32 is subnetted, 1 subnets
B       3.3.3.3
          [20/103040] via 3.3.34.3 (Guest), 00:03:24, FastEthernet0/0.34
```

VRF Guest의 라우팅 테이블을 보면 VRF Subcon에서 리킹된 2.2.2.2/32 네트워크가 인스톨되어 있다.

예제 11-62 VRF Guest의 라우팅 테이블

```
R4# show ip route vrf Guest
     (생략)
     2.0.0.0/32 is subnetted, 1 subnets
B       2.2.2.2
          [20/103040] via 2.2.24.2 (Subcon), 00:04:33, FastEthernet0/0.24
```

이제, 각 VRF에 리킹된 네트워크를 해당 VRF와 연결되는 다른 라우터에게 광고하기 위하여 다음과 같이 EIGRP에 BGP를 재분배한다.

예제 11-63 EIGRP에 BGP를 재분배하기

```
R4(config)# router eigrp GlobalVrf
R4(config-router)#  address-family ipv4 unicast vrf Subcon autonomous-system 2
R4(config-router-af)# topology base
R4(config-router-af-topology)# redistribute bgp 1 metric 100000 1 1 1 1500
R4(config-router-af-topology)# exit
R4(config-router-af)# exit

R4(config-router)#  address-family ipv4 unicast vrf Guest autonomous-system 3
R4(config-router-af)# topology base
R4(config-router-af-topology)# redistribute bgp 1 metric 100000 1 1 1 1500
R4(config-router-af-topology)# exit
R4(config-router-af)# exit
```

재분배후 R2의 라우팅 테이블에 VRF Guest에서 리킹된 3.3.3.3/32 네트워크가 인스톨되어 있다.

예제 11-64 R2의 라우팅 테이블

```
R2# show ip route
    (생략)
      3.0.0.0/32 is subnetted, 1 subnets
D EX     3.3.3.3 [170/107520] via 2.2.24.4, 00:06:46, FastEthernet0/0.24
```

R3의 라우팅 테이블에 VRF Subcon에서 리킹된 2.2.2.2/32 네트워크가 인스톨되어 있다.

예제 11-65 R3의 라우팅 테이블

```
R3# show ip route
    (생략)
      2.0.0.0/32 is subnetted, 1 subnets
D EX     2.2.2.2 [170/107520] via 3.3.34.4, 00:07:59, FastEthernet0/0.34
```

다음과 같이 서로 다른 VRF에 소속된 두 네트워크 간에 통신이 이루어진다.

예제 11-66 서로 다른 VRF에 소속된 두 네트워크 간의 통신

```
R3# ping 2.2.2.2 source 3.3.3.3
Type escape sequence to abort.
Sending 5, 100-byte ICMP Echos to 2.2.2.2, timeout is 2 seconds:
Packet sent with a source address of 3.3.3.3
!!!!!
Success rate is 100 percent (5/5), round-trip min/avg/max = 68/84/104 ms
```

이상으로 서로 다른 VRF에 소속된 경로를 리킹해 보았다.

VRF-lite를 이용한 회선 통합

VRF-lite를 사용하면 다음 그림과 같이 MPLS를 사용하지 않고도 동일한 네트워크를 사용하는 다수의 조직 네트워크 회선을 통합할 수 있다.

그림 11-7 동일 네트워크를 사용하는 VRF

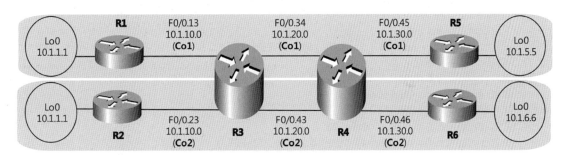

실제 네트워크를 구축하고 이를 확인해 보자.

동일 네트워크 대역을 사용하는 VRF 구성

앞의 그림과 같이 동일 네트워크 대역을 사용하는 VRF 망을 구성하기 위하여 스위치 SW1에서 필요한 VLAN과 트렁킹을 설정한다.

예제 11-67 스위치 SW1의 설정

```
SW1(config)# vlan 13,23,34,43,45,46
SW1(config-vlan)# exit

SW1(config)# interface range f1/1 - 6
SW1(config-if-range)# switchport trunk encapsulation dot1q
SW1(config-if-range)# switchport mode trunk
```

VRF를 사용하지 않는 R1, R2, R5, R6에서 인터페이스를 활성화시키고, IP 주소를 부여한다.

예제 11-68 인터페이스 활성화 및 IP 주소 부여

```
R1(config)# int lo0
R1(config-if)# ip add 10.1.1.1 255.255.255.255
R1(config-if)# exit
R1(config)# int f0/0
R1(config-if)# no shutdown
R1(config-if)# int f0/0.13
R1(config-subif)# encap dot1q 13
R1(config-subif)# ip address 10.1.10.1 255.255.255.0

R2(config)# int lo0
R2(config-if)# ip add 10.1.1.1 255.255.255.255
R2(config-if)# exit
R2(config)# int f0/0
R2(config-if)# no shutdown
R2(config-if)# int f0/0.23
R2(config-subif)# encap dot1q 23
R2(config-subif)# ip address 10.1.10.2 255.255.255.0

R5(config)# int lo0
R5(config-if)# ip address 10.1.5.5 255.255.255.255
R5(config-if)# exit
R5(config)# int f0/0
R5(config-if)# no shutdown
R5(config-if)# int f0/0.45
R5(config-subif)# encap dot1q 45
R5(config-subif)# ip address 10.1.30.5 255.255.255.0

R6(config)# int lo0
R6(config-if)# ip address 10.1.6.6 255.255.255.255
R6(config-if)# exit
```

```
R6(config)# int f0/0
R6(config-if)# no shutdown
R6(config-if)# int f0/0.46
R6(config-subif)# encap dot1q 46
R6(config-subif)# ip address 10.1.30.6 255.255.255.0
```

R3에서 다음과 같이 VRF Co1, Co2를 정의하고, 인터페이스를 설정한다. VRF 사이에 경로를 리킹할 일이 없으면 RD만 지정하고 루트 타깃을 설정하지 않아도 된다.

예제 11-69 VRF Co1, Co2 정의 및 인터페이스 설정

```
R3(config)# vrf definition Co1
R3(config-vrf)# rd 1:1
R3(config-vrf)# address-family ipv4
R3(config-vrf-af)# exit
R3(config-vrf)# exit

R3(config)# vrf definition Co2
R3(config-vrf)# rd 1:2
R3(config-vrf)# address-family ipv4
R3(config-vrf-af)# exit
R3(config-vrf)# exit

R3(config)# int f0/0
R3(config-if)# no shutdown

R3(config-if)# int f0/0.13
R3(config-subif)# vrf forwarding Co1
R3(config-subif)# encap dot1q 13
R3(config-subif)# ip address 10.1.10.3 255.255.255.0
R3(config-subif)# exit

R3(config)# int f0/0.34
R3(config-subif)# vrf forwarding Co1
R3(config-subif)# encap dot1q 34
R3(config-subif)# ip address 10.1.20.3 255.255.255.0
R3(config-subif)# exit

R3(config)# int f0/0.23
R3(config-subif)# vrf forwarding Co2
```

```
R3(config-subif)# encap dot1q 23
R3(config-subif)# ip address 10.1.10.3 255.255.255.0
R3(config-subif)# exit

R3(config)# int f0/0.43
R3(config-subif)# vrf forwarding Co2
R3(config-subif)# encap dot1q 43
R3(config-subif)# ip address 10.1.20.3 255.255.255.0
```

R4에서도 다음과 같이 VRF Co1, Co2를 정의하고, 인터페이스를 설정한다.

예제 11-70 VRF Co1, Co2 정의 및 인터페이스 설정

```
R4(config)# vrf definition Co1
R4(config-vrf)# rd 1:1
R4(config-vrf)# address-family ipv4
R4(config-vrf-af)# exit
R4(config-vrf)# exit

R4(config)# vrf definition Co2
R4(config-vrf)# rd 1:2
R4(config-vrf)# address-family ipv4
R4(config-vrf-af)# exit
R4(config-vrf)# exit

R4(config)# int f0/0
R4(config-if)# no shutdown

R4(config-if)# int f0/0.34
R4(config-subif)# encap dot1q 34
R4(config-subif)# vrf forwarding Co1
R4(config-subif)# ip address 10.1.20.4 255.255.255.0
R4(config-subif)# exit

R4(config)# int f0/0.45
R4(config-subif)# encap dot1q 45
R4(config-subif)# vrf forwarding Co1
R4(config-subif)# ip address 10.1.30.4 255.255.255.0
R4(config-subif)# exit

R4(config)# int f0/0.43
```

```
R4(config-subif)# encap dot1q 43
R4(config-subif)# vrf forwarding Co2
R4(config-subif)# ip address 10.1.20.4 255.255.255.0
R4(config-subif)# exit

R4(config)# int f0/0.46
R4(config-subif)# encap dot1q 46
R4(config-subif)# vrf forwarding Co2
R4(config-subif)# ip address 10.1.30.4 255.255.255.0
```

R4의 VRF Co1 라우팅 테이블은 다음과 같다.

예제 11-71 R4의 VRF Co1 라우팅 테이블

```
R4# show ip route vrf Co1

Routing Table: Co1
     (생략)

Gateway of last resort is not set

     10.0.0.0/8 is variably subnetted, 4 subnets, 2 masks
C       10.1.20.0/24 is directly connected, FastEthernet0/0.34
L       10.1.20.4/32 is directly connected, FastEthernet0/0.34
C       10.1.30.0/24 is directly connected, FastEthernet0/0.45
L       10.1.30.4/32 is directly connected, FastEthernet0/0.45
```

R4의 VRF Co2 라우팅 테이블도 VRF Co1 라우팅 테이블과 동일한 네트워크가 인스톨되어 있다. 그러나, 인터페이스가 다르다.

예제 11-72 R4의 VRF Co2 라우팅 테이블

```
R4# show ip route vrf Co2

Routing Table: Co2
     (생략)
```

```
Gateway of last resort is not set

      10.0.0.0/8 is variably subnetted, 4 subnets, 2 masks
C        10.1.20.0/24 is directly connected, FastEthernet0/0.43
L        10.1.20.4/32 is directly connected, FastEthernet0/0.43
C        10.1.30.0/24 is directly connected, FastEthernet0/0.46
L        10.1.30.4/32 is directly connected, FastEthernet0/0.46
```

다음과 같이 show ip interface brief 명령어를 사용하여 확인해 보면 동일한 IP 주소가 다른 인터페이스에 설정되어 있다. 일반적인 상황에서는 불가능하지만 인터페이스들이 서로 다른 VRF에 소속되어있기 때문에 가능하다.

예제 11-73 R4의 인터페이스 정보

```
R4# show ip interface brief
Interface              IP-Address      OK?  Method  Status                  Protocol
FastEthernet0/0        unassigned      YES  unset   up                      up
FastEthernet0/0.34     10.1.20.4       YES  manual  up                      up
FastEthernet0/0.43     10.1.20.4       YES  manual  up                      up
FastEthernet0/0.45     10.1.30.4       YES  manual  up                      up
FastEthernet0/0.46     10.1.30.4       YES  manual  up                      up
FastEthernet0/1        unassigned      YES  unset   administratively down   down
```

다음과 같이 각 VRF에서 넥스트 홉 IP 주소까지 핑이 되는지 확인한다.

예제 11-74 핑 확인

```
R4# ping vrf Co1 10.1.20.3
Type escape sequence to abort.
Sending 5, 100-byte ICMP Echos to 10.1.20.3, timeout is 2 seconds:
.!!!!
Success rate is 80 percent (4/5), round-trip min/avg/max = 60/81/104 ms

R4# ping vrf Co2 10.1.20.3
Type escape sequence to abort.
Sending 5, 100-byte ICMP Echos to 10.1.20.3, timeout is 2 seconds:
.!!!!
```

Success rate is 80 percent (4/5), round-trip min/avg/max = 40/78/112 ms

이상으로 각 라우터에서 인터페이스를 설정하고, IP 주소를 부여하였다.

IGP 설정하기

이번에는 각 라우터에서 IGP를 설정한다. VRF를 사용하지 않는 R1, R2, R5, R6에서 다음과 같이 OSPF를 설정한다.

예제 11-75 OSPF 설정

```
R1(config)# router ospf 1
R1(config-router)# router-id 10.1.1.1
R1(config-router)# network 10.1.1.1 0.0.0.0 area 0
R1(config-router)# network 10.1.10.1 0.0.0.0 area 0

R2(config)# router ospf 1
R2(config-router)# router-id 10.1.1.1
R2(config-router)# network 10.1.1.1 0.0.0.0 area 0
R2(config-router)# network 10.1.10.2 0.0.0.0 area 0

R5(config)# router ospf 1
R5(config-router)# router-id 10.1.5.5
R5(config-router)# network 10.1.5.5 0.0.0.0 area 0
R5(config-router)# network 10.1.30.5 0.0.0.0 area 0

R6(config)# router ospf 1
R6(config-router)# router-id 10.1.6.6
R6(config-router)# network 10.1.6.6 0.0.0.0 area 0
R6(config-router)# network 10.1.30.6 0.0.0.0 area 0
```

VRF가 설정된 R3에서 다음과 같이 OSPF를 설정한다.

예제 11-76 OSPF 설정

```
R3(config)# router ospf 1 vrf Co1
R3(config-router)# router-id 10.1.3.3
```

```
R3(config-router)# network 10.1.10.3 0.0.0.0 area 0
R3(config-router)# network 10.1.20.3 0.0.0.0 area 0
R3(config-router)# exit

R3(config)# router ospf 2 vrf Co2
R3(config-router)# router-id 10.1.3.4
R3(config-router)# network 10.1.10.3 0.0.0.0 area 0
R3(config-router)# network 10.1.20.3 0.0.0.0 area 0
```

VRF가 설정된 R4에서 다음과 같이 OSPF를 설정한다.

예제 11-77 OSPF 설정

```
R4(config)# router ospf 1 vrf Co1
R4(config-router)# router-id 10.1.4.4
R4(config-router)# network 10.1.20.4 0.0.0.0 area 0
R4(config-router)# network 10.1.30.4 0.0.0.0 area 0
R4(config-router)# exit

R4(config)# router ospf 2 vrf Co2
R4(config-router)# router-id 10.1.4.5
R4(config-router)# network 10.1.20.4 0.0.0.0 area 0
R4(config-router)# network 10.1.30.4 0.0.0.0 area 0
```

R5의 라우팅 테이블에 R1의 네트워크인 10.1.1.1/32가 인스톨되어 있다.

예제 11-78 R5의 라우팅 테이블

```
R5# show ip route
    (생략)

Gateway of last resort is not set

      10.0.0.0/8 is variably subnetted, 6 subnets, 2 masks
O        10.1.1.1/32 [110/4] via 10.1.30.4, 00:01:18, FastEthernet0/0.45
C        10.1.5.5/32 is directly connected, Loopback0
O        10.1.10.0/24 [110/3] via 10.1.30.4, 00:01:18, FastEthernet0/0.45
O        10.1.20.0/24 [110/2] via 10.1.30.4, 00:01:18, FastEthernet0/0.45
```

```
C           10.1.30.0/24 is directly connected, FastEthernet0/0.45
L           10.1.30.5/32 is directly connected, FastEthernet0/0.45
```

R6의 라우팅 테이블에도 10.1.1.1/32가 인스톨되어 있다. 그러나, 이 네트워크는 R2에서 광고받은 것이다.

예제 11-79 R6의 라우팅 테이블

```
R6# show ip route
      (생략)


Gateway of last resort is not set

      10.0.0.0/8 is variably subnetted, 6 subnets, 2 masks
O           10.1.1.1/32 [110/4] via 10.1.30.4, 00:04:39, FastEthernet0/0.46
C           10.1.6.6/32 is directly connected, Loopback0
O           10.1.10.0/24 [110/3] via 10.1.30.4, 00:04:39, FastEthernet0/0.46
O           10.1.20.0/24 [110/2] via 10.1.30.4, 00:04:39, FastEthernet0/0.46
C           10.1.30.0/24 is directly connected, FastEthernet0/0.46
L           10.1.30.6/32 is directly connected, FastEthernet0/0.46
```

다음과 같이 R5에서 10.1.1.1로 텔넷을 하면 R1과 연결된다.

예제 11-80 R5에서 10.1.1.1로 텔넷

```
R5# telnet 10.1.1.1
Trying 10.1.1.1 ... Open
User Access Verification

Password:
R1>
```

그러나, R6에서 10.1.1.1로 텔넷을 하면 R2와 연결된다.

예제 11-81 R6에서 10.1.1.1로 텔넷하기

```
R6# telnet 10.1.1.1
Trying 10.1.1.1 ... Open
User Access Verification

Password:
R2>
```

이상으로 VRF-lite에 대해서 살펴보았다.

제12장

PfR

PfR 개요

OSPF, EIGRP, BGP 등 기존의 라우팅은 라우팅 테이블에 따라 경로를 선택한다. 그러나, PfR(PerFormance Routing)은 대역폭 사용량 및 지연(delay), 지연 편차(jitter), 에러 발생 비율 등의 네트워크 상황 그리고 통신망 사용 비용까지 고려한 최적의 경로를 선택한다.

PfR을 사용하면 비용이 저렴한 링크를 많이 활용하거나, 링크의 활용도를 높여 통신요금을 절감할 수 있으며, 중요한 어플리케이션에 대한 속도, 가용성 등을 높일 수 있고, 장애 상태가 감지되면 대체 경로로 라우팅시켜 통신망의 다운 상태를 최소화할 수 있다.

기본적으로 PfR은 2개 이상의 경로를 통하여 연결되는 본사와 지사간의 장거리 통신망(WAN)을 최적화시키기 위한 프로토콜이다. 일반적으로 사용할 수 있는 통신망(SP, service provider)은 전용회선(L/L, leased line), 인터넷, MPLS(MultiProtocol Label Switching), 이동통신망, 인공위성망 등이 있다. 또, PfR은 본·지사간의 네트워크 뿐만 아니라 인터넷과 연결되는 회선의 최적 부하 분산을 위해서 사용할 수도 있다.

PfR은 OER(Optimized Edge Routing)이라고도 했던 PfRv1과 이를 발전시킨 PfRv2 및 PfRv3이 있다. PfRv3은 이전 버전들과 비교가 되지 않을 정도로 설정이 간편해졌다. 본서에서는 PfRv3에 대해서 설명하며, IOS 15.4(3)M이나 IOS-XE 3.13 이상에서 지원된다.

PfR 구성 요소

PfR은 마스터 컨트롤러(MC, master controller)와 보더 라우터(BR, border router)로 구성된다. 경우에 따라, 하나의 라우터가 MC 및 BR 역할을 동시에 수행할 수 있고, 여러 대의 MC와 여러 대의 BR을 사용할 수도 있다.

MC는 위치에 따라 허브(hub) MC, 트랜짓(transit) MC 및 브랜치(branch) MC가 있으며, PfR의 모든 정책은 허브 MC에서 설정한다. 허브 MC는 본사에 위치하고, 트랜짓 MC는 본사나 데이터 센터 등이 2개 이상 있을 때 두 번째 사이트에 위치하며, 브랜치 MC는 지사에 위치한다. 모든 MC는 BR로부터 특정 트래픽이 정책을 벗어났는지를 확인하기 위한 정보를 수집하고, 필요시 BR에게 다른 경로를 사용하도록 지시한다.

BR은 외부 통신망과 연결되는 라우터로 링크의 대역폭 사용량, 부하, 지연 등을 MC에게 보고하고, MC의 지시에 따라 최적 경로로 트래픽을 전송한다.

MC와 BR은 위치 및 역할에 따라 다음과 같이 좀 더 상세하게 구분할 수 있다.

● 허브(hub) MC

다음 그림의 R5와 같이 본사에 위치한 MC이다. PfR 관련 모든 정책을 설정하고, 설정된 정책을 트랜짓 MC와 브랜치 MC에게 전달한다. 또, 설정된 정책에 따라 허브 BR에게 로드 밸런싱, 경로 전환 등 최적화 명령을 내린다. 이를 위하여 허브 MC는 모든 트랜짓 MC와 브랜치 MC 및 허브 BR과 자동으로 EIGRP를 이용하여 네이버를 맺는다. 이때 별도로 EIGRP를 설정할 필요는 없다.

허브 MC의 위치는 실제 트래픽이 전송되는 경로와 상관없으며, 트래픽이 많은 네트워크에서는 허브 MC를 전용으로 운용하기도 한다. 또, 트래픽이 많지 않은 네트워크에서는 BR의 역할을 겸할 수도 있다.

그림 12-1 PfR 구성 요소

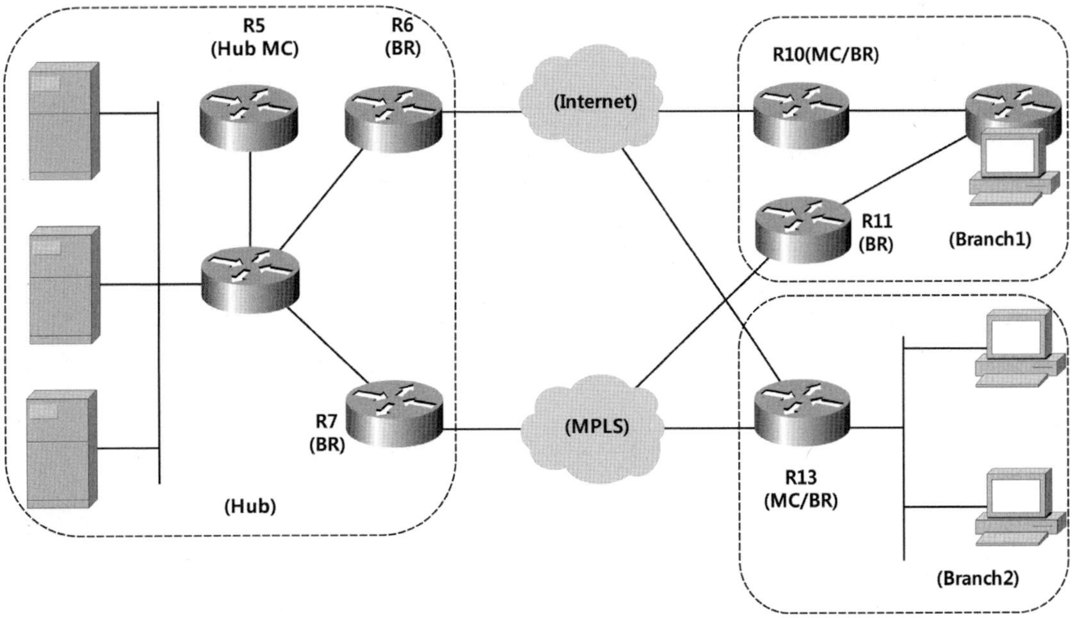

● 허브 BR

R6, R7과 같이 허브 사이트에 위치하며, PfR이 활성화된 WAN과 연결된 라우터이다. WAN과 연결된 인터페이스를 통하여 전송되는 트래픽 클래스(목적지 네트워크와 DSCP 값이 동일한 트래픽), 대역폭 사용량 등의 정보를 허브 MC에게 보고한다. 또, 허브 MC의 지시에 따라 트래픽 클래스의 출력 인터페이스를 결정하고 변경한다.

- 브랜치(branch) MC

R10, R13과 같이 지사에 위치하며, 직접 정책을 설정하지 않고 허브 MC에서 정책을 수신한다. 해당 지역의 트래픽 최적화 결정을 내리는 MC이다.

- 브랜치(branch) BR

R10, R11, R13과 같이 지사에 위치하며 BR 기능만 활성화시키면 된다. WAN과 연결되는 인터페이스가 자동으로 탐지된다. 기능적으로는 허브 BR과 별 차이가 없다.

PfR 설정을 위한 네트워크 구성

PfR 설정 및 동작 확인을 위해 다음과 같은 네트워크를 구축한다.

그림 12-2 PfR 동작을 위한 물리적인 네트워크 구성

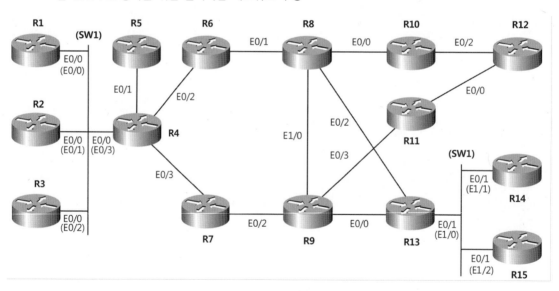

그림에서 괄호안에 표시된 포트 번호는 모두 SW1의 포트 번호이다. 또, SW1과 연결된 R1, R2, R3, R4의 포트 번호는 모두 E0/0이고, SW1과 연결된 R13, R14, 15의 포트 번호는 E0/1이다. IOL (IOS over linux)을 사용한다면 다음과 같이 넷맵을 구성하면 된다.

예제 12-1 IOL 넷맵 구성

```
1:0/0  100:0/0
2:0/0  100:0/1
3:0/0  100:0/2
4:0/0  100:0/3

4:0/1  5:0/1
4:0/2  6:0/2
4:0/3  7:0/3

6:0/1  8:0/1

7:0/2  9:0/2

8:0/0  10:0/0
8:0/2  13:0/2
8:1/0  9:1/0

9:0/0  13:0/0
9:0/3  11:0/3

10:0/2  12:0/2

11:0/0  12:0/0

13:0/1  100:1/0
14:0/1  100:1/1
15:0/1  100:1/2
```

모든 라우터 사이의 연결에는 동일한 포트 번호를 사용하기로 한다. 예를 들어, R4의 E0/1 포트는 R5의 E0/1 포트와 연결된다.

PfR과 인터넷 회선 부하 분산

PfR을 적용할 수 있는 가장 간단한 예로 다음 그림과 같이 인터넷 서비스를 제공하는 서버들을 위한 인터넷 회선의 부하 분산을 들 수 있다.

그림 12-3 PfR을 이용한 인터넷 부하 분산

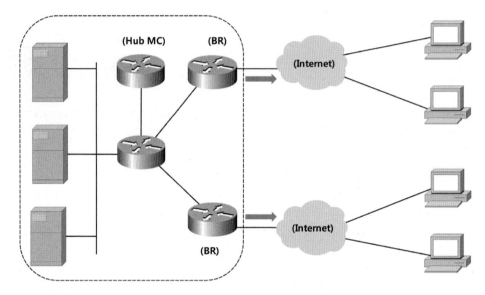

이 경우 서버가 있는 사이트와 두 인터넷 간에 설정된 BGP를 조정하면 어느 정도 부하 분산이 가능하지만 아주 정교하게 동작하지는 않는다. 그러나, PfR을 사용하면 두 회선을 거의 동일하게 활용하는 부하 분산이 이루어진다.

기본적인 네트워크 구성

테스트를 위하여 다음과 같은 네트워크를 구축한다.

그림 12-4 IP 설정

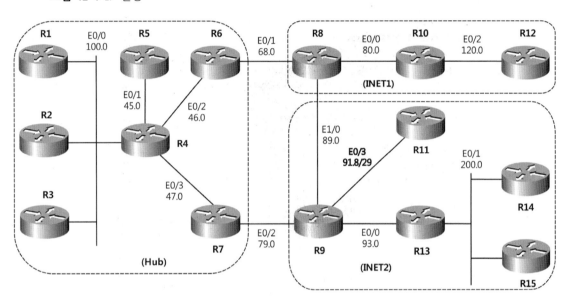

허브 사이트에서 R1, R2, R3, R4를 연결하는 스위치 포트를 VLAN 100에 할당하고, INET2에서 R13, R14, R15를 연결하는 스위치 포트를 VLAN 200에 할당한다.

예제 12-2 스위치 SW1의 설정

```
SW1(config)# vlan 100,200
SW1(config-vlan)# exit

SW1(config)# int range e0/0-3
SW1(config-if-range)# switchport mode access
SW1(config-if-range)# switchport access vlan 100
SW1(config-if-range)# no shut
SW1(config-if-range)# exit

SW1(config)# int range e1/0-2
SW1(config-if-range)# switchport mode access
```

```
SW1(config-if-range)# switchport access vlan 200
SW1(config-if-range)# no shut
```

다음에는 각 라우터의 인터페이스에 IP 주소를 부여하고 활성화시킨다. 허브 사이트 내부에는
1.0.Y.X/24 네트워크를 사용한다. X는 각 라우터 번호이고, Y는 그림에 표시된 서브넷 번호이다.
또, 허브 사이트의 모든 라우터에 Loopback 0 인터페이스를 만들고 IP 주소 1.0.X.X/32를 부여한다.
X는 각 라우터 번호이다.

나머지 모든 라우터의 물리적인 인터페이스에 IP 주소 1.1.Y.X/24를 부여한다. X는 각 라우터 번호이고,
Y는 그림에 표시된 서브넷 번호이다. 예외적으로, R9와 R11의 E0/3에는 /29 서브넷을 사용한다.

예제 12-3 IP 주소 부여

```
R1(config)# int lo0
R1(config-if)# ip address 1.0.1.1 255.255.255.255
R1(config-if)# int e0/0
R1(config-if)# ip address 1.0.100.1 255.255.255.0
R1(config-if)# no shut

R2(config)# int lo0
R2(config-if)# ip address 1.0.2.2 255.255.255.255
R2(config-if)# int e0/0
R2(config-if)# ip address 1.0.100.2 255.255.255.0
R2(config-if)# no shut

R3(config)# int lo0
R3(config-if)# ip address 1.0.3.3 255.255.255.255
R3(config-if)# int e0/0
R3(config-if)# ip address 1.0.100.3 255.255.255.0
R3(config-if)# no shut

R4(config)# int lo0
R4(config-if)# ip address 1.0.4.4 255.255.255.255
R4(config-if)# int e0/0
R4(config-if)# ip address 1.0.100.4 255.255.255.0
R4(config-if)# no shut
R4(config-if)# int e0/1
R4(config-if)# ip address 1.0.45.4 255.255.255.0
R4(config-if)# no shut
```

```
R4(config-if)# int e0/2
R4(config-if)# ip address 1.0.46.4 255.255.255.0
R4(config-if)# no shut
R4(config-if)# int e0/3
R4(config-if)# ip address 1.0.47.4 255.255.255.0
R4(config-if)# no shut

R5(config)# int lo0
R5(config-if)# ip address 1.0.5.5 255.255.255.255
R5(config-if)# int e0/1
R5(config-if)# ip address 1.0.45.5 255.255.255.0
R5(config-if)# no shut

R6(config)# int lo0
R6(config-if)# ip address 1.0.6.6 255.255.255.255
R6(config-if)# int e0/1
R6(config-if)# ip address 1.1.68.6 255.255.255.0
R6(config-if)# no shut
R6(config-if)# int e0/2
R6(config-if)# ip address 1.0.46.6 255.255.255.0
R6(config-if)# no shut

R7(config)# int lo0
R7(config-if)# ip address 1.0.7.7 255.255.255.255
R7(config-if)# int e0/2
R7(config-if)# ip address 1.1.79.7 255.255.255.0
R7(config-if)# no shut
R7(config-if)# int e0/3
R7(config-if)# ip address 1.0.47.7 255.255.255.0
R7(config-if)# no shut

R8(config)# int e0/0
R8(config-if)# ip address 1.1.80.8 255.255.255.0
R8(config-if)# no shut
R8(config-if)# int e0/1
R8(config-if)# ip address 1.1.68.8 255.255.255.0
R8(config-if)# no shut
R8(config-if)# int e1/0
R8(config-if)# ip address 1.1.89.8 255.255.255.0
R8(config-if)# no shut

R9(config)# int e0/0
R9(config-if)# ip address 1.1.93.9 255.255.255.0
```

```
R9(config-if)# no shut
R9(config-if)# int e0/2
R9(config-if)# ip address 1.1.79.9 255.255.255.0
R9(config-if)# no shut
R9(config-if)# int e0/3
R9(config-if)# ip address 1.1.91.9 255.255.255.248
R9(config-if)# no shut
R9(config-if)# int e1/0
R9(config-if)# ip address 1.1.89.9 255.255.255.0
R9(config-if)# no shut

R10(config)# int e0/0
R10(config-if)# ip address 1.1.80.10 255.255.255.0
R10(config-if)# no shut
R10(config)# int e0/2
R10(config-if)# ip address 1.1.120.10 255.255.255.0
R10(config-if)# no shut

R11(config)# int e0/3
R11(config-if)# ip address 1.1.91.11 255.255.255.248
R11(config-if)# no shut

R12(config)# int e0/2
R12(config-if)# ip address 1.1.120.12 255.255.255.0
R12(config-if)# no shut

R13(config)# int e0/0
R13(config-if)# ip address 1.1.93.13 255.255.255.0
R13(config-if)# no shut
R13(config)# int e0/1
R13(config-if)# ip address 1.1.200.13 255.255.255.0
R13(config-if)# no shut

R14(config)# int e0/1
R14(config-if)# ip address 1.1.200.14 255.255.255.0
R14(config-if)# no shut

R15(config)# int e0/1
R15(config-if)# ip address 1.1.200.15 255.255.255.0
R15(config-if)# no shut
```

설정이 끝나면 인접한 IP 주소까지의 통신을 핑으로 확인한다.

이번에는 다음 그림과 같이 각 사이트에서 IGP를 설정한다. 모두 OSPF Area 0을 사용하기로 한다.

그림 12-5 IGP 설정

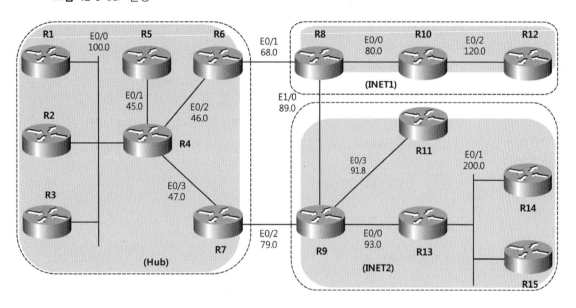

허브 사이트의 OSPF 설정은 다음과 같다.

예제 12-4 OSPF 설정

```
R1(config)# router ospf 1
R1(config-router)# network 1.0.0.0 0.0.255.255 area 0

R2(config)# router ospf 1
R2(config-router)# network 1.0.0.0 0.0.255.255 area 0

R3(config)# router ospf 1
R3(config-router)# network 1.0.0.0 0.0.255.255 area 0

R4(config)# router ospf 1
R4(config-router)# network 1.0.0.0 0.0.255.255 area 0

R5(config)# router ospf 1
R5(config-router)# network 1.0.0.0 0.0.255.255 area 0
```

```
R6(config)# ip route 0.0.0.0 0.0.0.0 1.1.68.8
R6(config)# router ospf 1
R6(config-router)# network 1.0.0.0 0.0.255.255 area 0
R6(config-router)# default-information originate

R7(config)# ip route 0.0.0.0 0.0.0.0 1.1.79.9
R7(config)# router ospf 1
R7(config-router)# network 1.0.0.0 0.0.255.255 area 0
R7(config-router)# default-information originate
```

인터넷과 연결되는 R6과 R7에서는 인터넷 방향으로 정적 경로를 이용하여 디폴트 루트를 설정하고,
OSPF를 통하여 내부 라우터들에게 광고하였다. 잠시 후 R1의 라우팅 테이블을 확인해 보면 다음과
같다.

예제 12-5 R1의 라우팅 테이블

```
R1# show ip route ospf
    (생략)
O*E2  0.0.0.0/0 [110/1] via 1.0.100.4, 00:02:01, Ethernet0/0
      1.0.0.0/8 is variably subnetted, 13 subnets, 2 masks
O         1.0.2.2/32 [110/11] via 1.0.100.2, 00:02:30, Ethernet0/0
O         1.0.3.3/32 [110/11] via 1.0.100.3, 00:02:30, Ethernet0/0
O         1.0.4.4/32 [110/11] via 1.0.100.4, 00:02:30, Ethernet0/0
O         1.0.5.5/32 [110/21] via 1.0.100.4, 00:02:30, Ethernet0/0
O         1.0.6.6/32 [110/21] via 1.0.100.4, 00:02:30, Ethernet0/0
O         1.0.7.7/32 [110/21] via 1.0.100.4, 00:02:11, Ethernet0/0
O         1.0.45.0/24 [110/20] via 1.0.100.4, 00:02:30, Ethernet0/0
O         1.0.46.0/24 [110/20] via 1.0.100.4, 00:02:30, Ethernet0/0
O         1.0.47.0/24 [110/20] via 1.0.100.4, 00:02:11, Ethernet0/0
O         1.0.67.0/24 [110/30] via 1.0.100.4, 00:02:11, Ethernet0/0
```

인터넷 사이트인 INET1의 OSPF 설정은 다음과 같다.

예제 12-6 INET1의 OSPF 설정

```
R8(config)# router ospf 1
R8(config-router)# network 1.1.80.8 0.0.0.0 area 0
```

```
R8(config-router)# default-information originate always

R10(config)# router ospf 1
R10(config-router)# network 1.1.80.10 0.0.0.0 area 0
R10(config-router)# network 1.1.120.10 0.0.0.0 area 0

R12(config)# router ospf 1
R12(config-router)# network 1.1.120.12 0.0.0.0 area 0
```

외부와 연결되는 R8이 내부 라우터들에게 항상 디폴트 루트를 광고하도록 하였다. 잠시 후 R12의
라우팅 테이블을 확인해 보면 다음과 같다.

예제 12-7 R12의 라우팅 테이블

```
R12# show ip route ospf
    (생략)
O*E2   0.0.0.0/0 [110/1] via 1.1.120.10, 00:01:13, Ethernet0/2
       1.0.0.0/8 is variably subnetted, 3 subnets, 2 masks
O          1.1.80.0/24 [110/20] via 1.1.120.10, 00:01:13, Ethernet0/2
```

인터넷 사이트인 INET2의 OSPF 설정은 다음과 같다.

예제 12-8 INET2의 OSPF 설정

```
R9(config)# router ospf 1
R9(config-router)# network 1.1.91.9 0.0.0.0 area 0
R9(config-router)# network 1.1.93.9 0.0.0.0 area 0
R9(config-router)# default-information originate always

R11(config)# router ospf 1
R11(config-router)# network 1.1.91.11 0.0.0.0 area 0

R13(config)# router ospf 1
R13(config-router)# network 1.1.93.13 0.0.0.0 area 0
R13(config-router)# network 1.1.200.13 0.0.0.0 area 0

R14(config)# router ospf 1
```

```
R14(config-router)# network 1.1.200.14 0.0.0.0 area 0

R15(config)# router ospf 1
R15(config-router)# network 1.1.200.115 0.0.0.0 area 0
```

INET1의 R8과 마찬가지로 외부와 연결되는 R9가 내부 라우터들에게 항상 디폴트 루트를 광고하도록 하였다. 잠시 후 R15의 라우팅 테이블을 확인해 보면 다음과 같다.

예제 12-9 R15의 라우팅 테이블

```
R15# show ip route ospf
     (생략)
O*E2  0.0.0.0/0 [110/1] via 1.1.200.13, 04:46:42, Ethernet0/1
      1.0.0.0/8 is variably subnetted, 4 subnets, 3 masks
O          1.1.91.8/29 [110/30] via 1.1.200.13, 00:05:51, Ethernet0/1
O          1.1.93.0/24 [110/20] via 1.1.200.13, 04:46:42, Ethernet0/1
```

각 사이트의 IGP 설정이 끝나면 다음 그림과 같이 R6, R7, R8, R9에서 BGP를 설정한다. INET1의 AS 번호는 1, INET2의 AS 번호는 2, Hub 사이트의 BGP AS 번호는 3으로 설정한다.

그림 12-6 BGP 설정

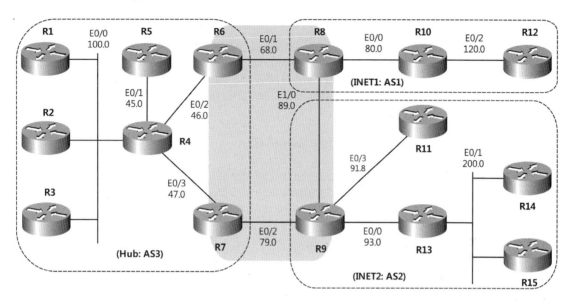

각 라우터의 BGP 설정은 다음과 같다.

예제 12-10 BGP 설정

```
R6(config)# ip route 1.0.0.0 255.255.0.0 null 0
R6(config)# ip as-path access-list 1 permit ^$
R6(config)# router bgp 3
R6(config-router)# neighbor 1.0.7.7 remote-as 3
R6(config-router)# neighbor 1.0.7.7 update-source lo0
R6(config-router)# neighbor 1.0.7.7 next-hop-self
R6(config-router)# neighbor 1.1.68.8 remote-as 1
R6(config-router)# neighbor 1.1.68.8 filter-list 1 out
R6(config-router)# network 1.0.0.0 mask 255.255.0.0

R7(config)# ip route 1.0.0.0 255.255.0.0 null 0
R7(config)# ip as-path access-list 1 permit ^$
R7(config)# router bgp 3
R7(config-router)# neighbor 1.0.6.6 remote-as 3
R7(config-router)# neighbor 1.0.6.6 update-source lo0
R7(config-router)# neighbor 1.0.6.6 next-hop-self
R7(config-router)# neighbor 1.1.79.9 remote-as 2
R7(config-router)# neighbor 1.1.79.9 filter-list 1 out
```

```
R7(config-router)# network 1.0.0.0 mask 255.255.0.0

R8(config)# router bgp 1
R8(config-router)# neighbor 1.1.68.6 remote-as 3
R8(config-router)# neighbor 1.1.89.9 remote-as 2
R8(config-router)# network 1.1.80.0 mask 255.255.255.0
R8(config-router)# network 1.1.120.0 mask 255.255.255.0

R9(config)# router bgp 2
R9(config-router)# neighbor 1.1.79.7 remote-as 3
R9(config-router)# neighbor 1.1.89.8 remote-as 1
R9(config-router)# network 1.1.91.8 mask 255.255.255.248
R9(config-router)# network 1.1.93.0 mask 255.255.255.0
R9(config-router)# network 1.1.120.0 mask 255.255.255.0
```

BGP 설정이 끝나고 나면 잠시 후 각 BGP 라우터에서 BGP 테이블을 확인한다. R6의 BGP 테이블은
다음과 같다.

예제 12-11 R6의 BGP 테이블

```
R6# show ip bgp regexp 1
    (생략)
     Network          Next Hop          Metric  LocPrf  Weight   Path
 * i 1.0.0.0/16       1.0.7.7              0      100       0    i
 *>                   0.0.0.0              0               32768 i
 *>  1.1.80.0/24      1.1.68.8             0                  0  1 i
 *>i 1.1.91.8/29      1.0.7.7              0      100        0  2 i
 *                    1.1.68.8                                0  1 2 i
 *>i 1.1.93.0/24      1.0.7.7              0      100        0  2 i
 *                    1.1.68.8                                0  1 2 l
 *>  1.1.120.0/24     1.1.68.8            20                 0  1 l
 *>i 1.1.200.0/24     1.0.7.7             20      100        0  2 i
 *                    1.1.68.8                                0  1 2 i
```

PC 역할을 하는 R10, R11, R12, R13, R14, R15에서 서버 역할을 하는 R1, R2, R3으로 핑이
되는지 확인한다. 예를 들어, R10에서 R1로 핑을 하면 다음과 같이 성공한다.

예제 **12-12** 핑 확인

```
R10# ping 1.0.100.1
Type escape sequence to abort.
Sending 5, 100-byte ICMP Echos to 1.0.100.1, timeout is 2 seconds:
!!!!!
Success rate is 100 percent (5/5), round-trip min/avg/max = 1/1/1 ms

R10# ping 1.0.1.1
Type escape sequence to abort.
Sending 5, 100-byte ICMP Echos to 1.0.1.1, timeout is 2 seconds:
!!!!!
Success rate is 100 percent (5/5), round-trip min/avg/max = 1/1/1 ms
```

이제, PfR을 이용하여 인터넷 회선에 대한 부하 분산을 테스트할 준비가 되었다.

PfR을 사용하지 않을 때의 인터넷 부하 분산

먼저, PfR을 사용하지 않을 때의 인터넷 부하 분산에 대하여 살펴보자. BGP만 사용하면 트래픽을
효과적으로 부하 분산시키는 것이 아주 어렵다. 예를 들어, 다음 그림에서 AS 1에 소속된 1.1.80/24과
1.1.120.0/24 네트워크로 가는 트래픽을 각각 R6, R7로 부하 분산시키는 경우를 생각해 보자.

그림 12-7 PfR을 사용하지 않을 때의 인터넷 부하 분산

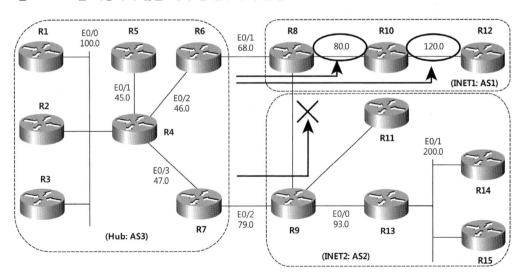

1.1.80/24과 1.1.120.0/24 네트워크 모두 R9를 통하는 경로는 R8을 통하는 것 보다 AS 번호가 하나 더 많다.

따라서, BGP 경로 결정 규칙에 의하여 부하 분산이 일어나지 않고 모두 R8을 통하여 라우팅된다. 특정한 몇 개의 네트워크는 경로 속성을 조정할 수 있겠지만 수많은 네트워크가 존재하는 환경에서 일일이 수작업으로 부하를 분산시키는 것은 너무 힘든 일이다.

인터넷 부하 분산을 위한 PfR 설정

PfR을 이용하면 아주 간단하고 효율적으로 인터넷과 연결되는 링크의 부하를 분산시킬 수 있다. 이를 위하여 다음과 같이 PfR을 설정한다. R5를 허브 MC, R6, R7을 허브 BR로 동작시켜 보자.

그림 12-8 인터넷 부하 분산을 위한 PfR 설정

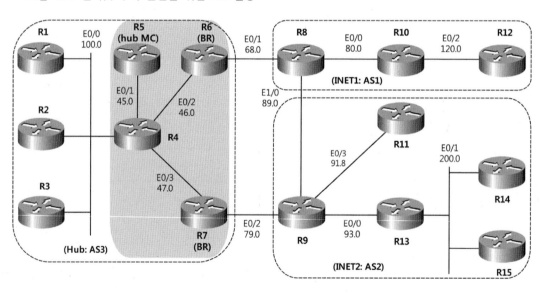

R5에서 다음과 같이 허브 MC를 설정한다.

예제 12-13 허브 MC 설정

```
R5(config)# ip prefix-list HUB-NETWORK permit 1.0.0.0/16   ①
```

```
R5(config)# domain iwan    ②
R5(config-domain)# vrf default    ③
R5(config-domain-vrf)# master hub    ④
R5(config-domain-vrf-mc)# source-interface lo0    ⑤
R5(config-domain-vrf-mc)# site-prefix prefix-list HUB-NETWORK    ⑥
R5(config-domain-vrf-mc)# load-balance    ⑦
```

① 프리픽스 리스트를 사용하여 허브에서 사용하는 내부 네트워크를 지정한다.

② domain 명령어 다음에 최대 13 개의 글자로 이루어진 적당한 이름을 사용하여 PfR 설정 모드로 들어간다.

③ 특정한 VRF 이름을 지정한다. vrf default 옵션을 지정하면 VRF를 사용하지 않고 글로벌 라우팅 테이블을 사용한다.

④ 허브 MC 설정 모드로 들어간다.

⑤ 다른 PfR 장비들과 피어를 맺을 때 소스 IP 주소로 사용할 인터페이스를 지정한다. 또, 이 주소는 해당 MC가 소속된 사이트 ID로도 사용된다.

⑥ site-prefixes prefix-list 명령어 다음에 ①에서 설정한 프리픽스 리스트를 참조하여 허브 MC가 소속된 허브 사이트에서 사용하는 내부 네트워크를 지정한다. 허브 사이트의 프리픽스를 정의하지 않으면 PfR이 동작하지 않는다. 이 정의는 허브와 트랜짓 사이트에 대해서만 해주면 된다.

⑦ 지연, 패킷 손실율 한계 등을 지정하지 않은 트래픽을 디폴트 클래스라고 하며, PfR은 디폴트 클래스에 대해서만 부하를 분산시킨다. 그러나, load-balance 명령어를 사용하지 않으면 디폴트 클래스에 해당하는 트래픽도 PfR을 적용하지 않고 라우팅 테이블에 따라 전송시킨다.

R6에서 다음과 같이 허브 BR을 설정한다.

예제 12-14 허브 BR 설정

```
R6(config)# domain iwan    ①
R6(config-domain)# vrf default    ②
R6(config-domain-vrf)# border    ③
R6(config-domain-vrf-br)# source-interface lo0    ④
R6(config-domain-vrf-br)# master 1.0.5.5    ⑤
R6(config-domain-vrf-br)# exit
R6(config-domain-vrf)# exit
```

```
R6(config-domain)# exit

R6(config)# int e0/1
R6(config-if)# domain iwan path INET1    ⑥
R6(config-if)# bandwidth 10000    ⑦
```

① 허브 MC와 동일한 도메인 이름을 사용하여 PfR 설정 모드로 들어간다.

② 별개의 VRF를 사용하지 않을 때에는 **vrf default** 명령어를 사용한다.

③ **border** 명령어를 사용하여 BR 설정 모드로 들어간다.

④ PfR 네이버를 맺을 때 소스로 사용할 IP 주소가 설정된 인터페이스를 지정한다.

⑤ 허브 MC의 주소를 지정한다.

⑥ 인터페이스와 연결되는 통신망 이름을 적당히 지정한다. 최대 7자까지 사용할 수 있다.

⑦ 해당 인터페이스가 사용할 대역폭을 지정한다. 현재 BR인 R6이 통신망 INET1과 연결할 때 사용하는 인터페이스가 이더넷(10Mbps)이므로 이 설정이 꼭 필요한 것은 아니다. 그러나, 실제 속도를 반드시 설정해야만 PfR이 제대로 동작한다. 예를 들어, 패스트 이더넷을 통하여 통신회사와 연결되어 있지만 실제 계약 속도가 50Mbps라면 통신회사에서 폴리싱 등의 방법으로 속도를 제한할 것이다. 이를 BR에게 제대로 알려주지 않으면 PfR 부하 분산시 대역폭 사용량 계산이 잘못되어 원하는 최적화가 이루어지지 않는다.

R7에서도 다음과 같이 허브 BR을 설정한다.

예제 12-15 허브 BR 설정

```
R7(config)# domain iwan
R7(config-domain)# vrf default
R7(config-domain-vrf)# border
R7(config-domain-vrf-br)# source-interface lo0
R7(config-domain-vrf-br)# master 1.0.5.5
R7(config-domain-vrf-br)# exit
R7(config-domain-vrf)# exit
R7(config-domain)# exit

R7(config)# int e0/2
R7(config-if)# domain iwan path INET2
R7(config-if)# bandwidth 10000
```

R7의 설정은 인터페이스에서 지정하는 통신망 이름을 제외하고 나머지는 R6과 동일하다. PfR이 설정되면 자동으로 EIGRP가 동작하고, MC 및 다른 BR과 네이버를 맺는다. MC인 R5에서 show eigrp service-family ipv4 neighbors 명령어를 사용하여 확인해 보면 이를 알 수 있다.

예제 12-16 EIGRP 네이버

```
R5# show eigrp service-family ipv4 neighbors
EIGRP-SFv4 VR(#AUTOCFG#) Service-Family Neighbors for AS(59501)
H   Address        Interface        Hold    Uptime    SRTT    RTO   Q    Seq
                                    (sec)             (ms)          Cnt  Num
1   1.0.7.7         Lo0             559     00:05:56   9      100   0    2
0   1.0.6.6         Lo0             483     00:07:36   5      100   0    1
```

MC의 동작상태를 확인하려면 다음과 같이 show domain iwan master status 명령어를 사용한다.

예제 12-17 MC의 동작상태 확인

```
R5# show domain iwan master status

 *** Domain MC Status ***

Master VRF: Global

Instance Type:    Hub
Instance id:      0
Operational status:  Up   ①
Configured status:  Up
Loopback IP Address: 1.0.5.5
Load Balancing:   ②
 Admin Status: Enabled
 Operational Status: Up
 Enterprise top level prefixes configured: 0
 Max Calculated Utilization Variance: 0%
 Last load balance attempt: never
 Last Reason:  Variance less than 20%
 Total unbalanced bandwidth:
         External links: 0 Kbps   Internet links: 0 Kbps
Route Control: Enabled
Mitigation mode Aggressive: Disabled
```

```
   Policy threshold variance: 20
   Minimum Mask Length: 28
   syslog TCA suppress timer: 180000 millisecs

   Borders:  ③
     IP address: 1.0.6.6
     Version: 2
     Connection status: CONNECTED (Last Updated 00:01:53 ago )
     Interfaces configured:
        Name: E0/1 | type: external | Service Provider: INET1 | Status: UP | Zero-SLA: NO
           Number of default Channels: 0

     Tunnel if: Tunnel0

     IP address: 1.0.7.7
     Version: 2
     Connection status: CONNECTED (Last Updated 00:00:27 ago )
     Interfaces configured:
        Name: E0/2 | type: external | Service Provider: INET2 | Status: UP | Zero-SLA: NO
           Number of default Channels: 0

     Tunnel if: Tunnel0
```

① 현재 MC가 제대로 동작하고 있음을 나타낸다.

② 부하 분산이 설정되어 있고 동작하고 있음을 나타낸다.

③ 1.0.6.6이 BR이며, 인터페이스 E0/1을 통하여 통신망 INET1과 연결되어 있고, 1.0.7.7도 BR로 동작중이며, 인터페이스 E0/2를 통하여 통신망 INET2와 연결되어 있다.

MC와 동일한 사이트에 있는 BR에 연결된 인터페이스의 대역폭 관련 사항을 확인하려면 다음과 같이 MC에서 show domain iwan master exits 명령어를 사용한다.

예제 12-18 인터페이스의 대역폭 관련 사항 확인

```
R5# show domain iwan master exits

  BR address: 1.0.6.6 | Name: Ethernet0/1 | type: external | Path: INET1 | path-id: 0
       Egress capacity: 10000 Kbps | Egress BW: 0 Kbps | Ideal:0 Kbps | under: 0 Kbps
 | Egress Utilization: 0 %
```

> BR address: 1.0.7.7 | Name: Ethernet0/2 | type: external | Path: INET2 | path-id: 0
> Egress capacity: 10000 Kbps | Egress BW: 0 Kbps | Ideal:0 Kbps | under: 0 Kbps
> | Egress Utilization: 0 %

BR의 주소, 통신망과 연결된 인터페이스 이름, 통신망 이름, 사용 가능한 대역폭(Egress capacity), 현재 사용중인 대역폭(Egress BW), 대역폭 활용률(Egress Utilization) 등의 정보를 확인할 수 있다.

BR의 상태를 확인하려면 다음과 같이 BR에서 **show domain iwan border status** 명령어를 사용한다.

예제 12-19 BR의 상태 확인

```
R6# show domain iwan border status

Thu May 28 08:40:38.107
---------------------------------------------------------------
  **** Border Status ****

Instance Status: UP
Present status last updated: 00:04:51 ago
Loopback: Configured Loopback0 UP (1.0.6.6)
Master: 1.0.5.5
Master version: 2
Connection Status with Master: UP
MC connection info: CONNECTION SUCCESSFUL
Connected for: 00:04:42
Route-Control: Enabled
Asymmetric Routing: Disabled
Minimum Mask length: 28
Sampling: off
Minimum Requirement: Met
External Wan interfaces:
     Name: E0/1 Interface Index: 4 SNMP Index: 2 SP: INET1 Status: UP Zero-SLA: NO

Auto Tunnel information:

   Name:Tunnel0 if_index: 11
   Borders reachable via this tunnel:  1.0.7.7
```

BR의 동작상태, WAN과 연결된 인터페이스 정보 등을 알 수 있다. 이상으로 PfR 설정이 완료되었다.

PfR에 의한 인터넷 부하 분산 확인

PfR은 트래픽 클래스(traffic class) 단위로 부하를 분산시킨다. 목적지 네트워크와 DSCP 값이 동일한 트래픽을 하나의 트래픽 클래스라고 한다. 다음과 같이 R10과 R12에서 허브 사이트의 1.0.100.1로 핑을 하고 돌아오는 트래픽의 부하가 허브 BR인 R6, R7에서 어떻게 분산되는지 확인해 보자.

예제 12-20 핑을 이용한 트래픽 생성

```
R10# ping 1.0.100.1 repeat 999999999
R12# ping 1.0.100.1 repeat 999999999
```

잠시 후 허브 MC인 R5에서 **show domain iwan master exits** 명령어를 사용하여 인터넷과 연결되는 인터페이스로 출력되는 트래픽의 양을 확인해 보자. PfR이 출력 트래픽의 양을 계산하고 적절하게 부하를 분산할 때까지 경우에 따라서 5분 이상의 시간이 소요되기도 한다. 이는 한 번 경로를 변경하면 일정 시간 홀드 다운 상태로 두어 경로 변경을 하지 않기 때문이다.

예제 12-21 출력되는 트래픽의 양 확인

```
R5# show domain iwan master exits

  BR address: 1.0.6.6 | Name: Ethernet0/1 | type: external | Path: INET1 | path-id: 0

           ①                    ②                    ③             ④
      Egress capacity: 10000 Kbps | Egress BW: 1472 Kbps | Ideal:1525 Kbps | under:
 53 Kbps | Egress Utilization: 14 %   ⑤
      DSCP: default[0]-Number of Traffic Classes[1]   ⑥

  BR address: 1.0.7.7 | Name: Ethernet0/2 | type: external | Path: INET2 | path-id: 0
      Egress capacity: 10000 Kbps | Egress BW: 1578 Kbps | Ideal:1525 Kbps | over:
 53 Kbps | Egress Utilization: 15 %
      DSCP: default[0]-Number of Traffic Classes[1]
```

① Egress capacity 값은 인터페이스에 설정된 대역폭 값이다.

② Egress BW 값은 현재 사용중인 대역폭 값이다.

③ Ideal은 두 개의 BR에서 사용중인 대역폭 값을 평균한 것이다.

④ under 또는 over 값은 Ideal 값과 사용중인 대역폭 값의 차이이다.

⑤ Egress Utilization 설정된 대역폭 값 중에서 현재 사용중인 대역폭 값의 비율을 나타낸다.

⑥ 현재의 인터페이스를 사용하고 있는 트래픽 클래스의 수량을 나타낸다.

결과를 보면 허브 사이트에서 인터넷으로 연결되는 두 링크를 대역폭 사용량이 비슷한 각 1개씩의 트래픽 클래스가 사용하여 부하 분산이 일어나는 것을 알 수 있다.

다음과 같이 show domain iwan master traffic-classes summary 명령어를 사용하면 트래픽 클래스 별로 사용중인 출구 링크를 알 수 있다.

예제 12-22 트래픽 클래스 별로 사용중인 출구 링크

```
R5# show domain iwan master traffic-classes summary

APP - APPLICATION, TC-ID - TRAFFIC-CLASS-ID, APP-ID - APPLICATION-ID
SP - SERVICE PROVIDER, PC = PRIMARY CHANNEL ID,
BC - BACKUP CHANNEL ID, BR - BORDER, EXIT - WAN INTERFACE
UC - UNCONTROLLED, PE - PICK-EXIT, CN - CONTROLLED, UK - UNKNOWN
      ①          ②          ③    ④     ⑤    ⑥     ⑦    ⑧      ⑨        ⑩
Dst-Site-Pfx Dst-Site-Id APP DSCP TC-ID APP-ID State SP    PC/BC  BR/EXIT
1.1.120.0/28 Internet    N/A default 12   N/A    CN   INET2 2/NA   1.0.7.7/E0/2
1.1.80.0/28  Internet    N/A default 11   N/A    CN   INET1 1/NA   1.0.6.6/E0/1
 Total Traffic Classes: 2  Site: 0  Internet: 2
```

① 목적지 네트워크를 나타낸다. 기본적으로 PfR은 인터넷 네트워크를 /28의 크기로 구분한다. 이에 대해서는 잠시 후 자세히 설명한다.

② 목적지 사이트 ID를 나타낸다. 본사나 지사가 아니면 목적지 사이트 ID를 'Internet'으로 표시한다.

③ 트래픽 클래스가 어떤 응용 프로그램인가를 나타낸다. 응용 프로그램을 특별히 분류하지 않았기 때문에 N/A로 표시된다.

④ 트래픽 클래스의 DSCP 값을 나타낸다. 별도의 DSCP 값을 부여하지 않았으므로 기본값인 0(default)으로 표시된다.

⑤ PfR이 임의로 부여하는 트래픽 클래스 ID를 나타낸다.

⑥ 응용 프로그램 ID를 나타낸다.

⑦ 상태가 'CN'(controlled)이면 해당 트래픽 클래스가 PfR에 의해 제어되어 최적 경로로 전송되고

있다는 의미이다. 이 값이 'UC'(uncontrolled)이면 아직 최적화되지 않았다는 것을 나타낸다.

⑧ 트래픽이 전송되는 통신망 이름을 나타낸다.

⑨ 주 채널(primary channel)과 백업 채널(backup channel) 번호를 표시한다. 채널에 대해서는 나중에 자세히 설명한다.

⑩ 트래픽이 전송되는 BR과 인터페이스 이름을 표시한다. 이 값이 'UK'(unknown)이면 아직 트래픽이 최적화되지 않았음을 의미한다.

결과적으로 다음 그림과 같은 부하 분산이 일어나고 있다.

그림 12-9 PfR에 의한 인터넷 부하 분산

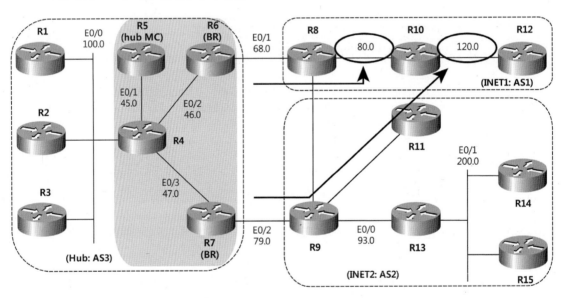

즉, BGP 속성 값들과 무관하게 부하 분산이 이루어지고 있다.

트래픽 클래스와 DSCP

트래픽 클래스란 동일한 목적지 네트워크와 동일한 DSCP 값을 가진 트래픽의 집합이다. 예를 들어, 다음 그림과 같이 R2, R3의 루프백 주소를 출발지로 하고 목적지가 1.1.200.0/24인 트래픽은 출발지 네트워크가 달라도 목적지 네트워크와 DSCP 값이 동일하므로 동일한 트래픽 클래스에 속한다.

그림 12-10 목적지 네트워크와 DSCP 값이 같아 동일한 트래픽 클래스

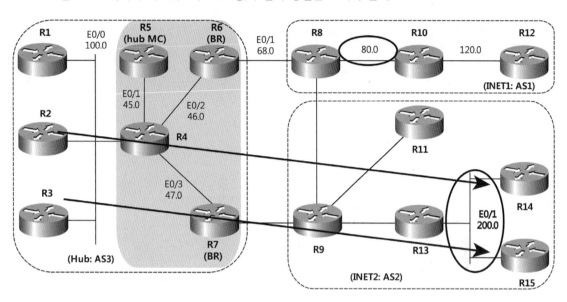

다음과 같이 R2, R3에서 1.1.200.14와 1.1.200.15로 각각 핑을 해보자.

예제 12-23 핑을 이용한 트래픽 생성

```
R2# ping 1.1.200.14 repeat 999999999 source 1.0.2.2
R3# ping 1.1.200.15 repeat 999999999 source 1.0.3.3
```

MC인 R5에서 show domain iwan master traffic-classes summary 명령어를 사용하여 확인해 보면 두 개의 트래픽이 목적지 네트워크와 DSCP 값이 동일하여 하나의 트래픽 클래스가 된다.

예제 12-24 DSCP 값이 동일한 경우

```
R5# show domain iwan master traffic-classes summary

APP - APPLICATION, TC-ID - TRAFFIC-CLASS-ID, APP-ID - APPLICATION-ID
SP - SERVICE PROVIDER, PC = PRIMARY CHANNEL ID,
BC - BACKUP CHANNEL ID, BR - BORDER, EXIT - WAN INTERFACE
UC - UNCONTROLLED, PE - PICK-EXIT, CN - CONTROLLED, UK - UNKNOWN
```

Dst-Site-Pfx	Dst-Site-Id	APP	DSCP	TC-ID	APP-ID	State	SP	PC/BC	BR/EXIT
1.1.200.0/28	Internet	N/A	default	13	N/A	CN	INET1	1/NA	1.0.6.6/E0/1
1.1.120.0/28	Internet	N/A	default	12	N/A	CN	INET2	2/NA	1.0.7.7/E0/2
1.1.80.0/28	Internet	N/A	default	11	N/A	CN	INET1	1/NA	1.0.6.6/E0/1
Total Traffic Classes: 3 Site: 0 Internet: 3									

show domain iwan master exits 명령어를 사용하여 확인해 보면 대역폭 사용량은 증가했지만 동일한 트래픽 클래스여서 전체 트래픽 클래스의 수량은 증가하지 않는다.

예제 12-25 show domain iwan master exits 명령어를 사용하여 확인하기

```
R5# show domain iwan master exits

   BR address: 1.0.6.6 | Name: Ethernet0/1 | type: external | Path: INET1 | path-id: 0
        Egress capacity: 10000 Kbps | Egress BW: 2169 Kbps | Ideal:1553 Kbps | over:
623 Kbps | Egress Utilization: 21 %
        DSCP: default[0]-Number of Traffic Classes[2]

   BR address: 1.0.7.7 | Name: Ethernet0/2 | type: external | Path: INET2 | path-id: 0
        Egress capacity: 10000 Kbps | Egress BW: 932 Kbps | Ideal:1553 Kbps | under:
623 Kbps | Egress Utilization: 9 %
        DSCP: default[0]-Number of Traffic Classes[1]
```

R2에서 Control+Shift+6을 눌러 핑을 중지하고 다음과 같이 R2에서 전송되는 트래픽의 DSCP 값이 EF가 되도록 설정해 보자.

예제 12-26 DSCP 값 설정

```
R2(config)# policy-map SET-DSCP
R2(config-pmap)# class class-default
R2(config-pmap-c)# set dscp ef
R2(config-pmap-c)# exit
R2(config-pmap)# exit
R2(config)# int e0/0
R2(config-if)# service-policy output SET-DSCP
```

설정이 끝나면 다시 다음과 같이 핑을 한다.

예제 12-27 핑으로 트래픽 생성하기

```
R2# ping 1.1.200.14 repeat 999999999 source 1.0.2.2
```

잠시 후 다음과 같이 동일한 1.1.200.0/28 네트워크이지만 DSCP 값이 다르므로 별개의 트래픽 클래스로 간주되는 것을 알 수 있다.

예제 12-28 DSCP 값이 다르면 별개의 트래픽 클래스로 간주한다

```
R5# show domain iwan master traffic-classes summary
    (생략)

Dst-Site-Pfx Dst-Site-Id  APP DSCP   TC-ID APP-ID State SP    PC/BC  BR/EXIT
1.1.200.0/28 Internet     N/A ef        14  N/A    CN    INET1 3/NA   1.0.6.6/E0/1
1.1.200.0/28 Internet     N/A default   13  N/A    CN    INET1 1/NA   1.0.6.6/E0/1
1.1.120.0/28 Internet     N/A default   12  N/A    CN    INET2 2/NA   1.0.7.7/E0/2
1.1.80.0/28  Internet     N/A default   11  N/A    CN    INET1 1/NA   1.0.6.6/E0/1
 Total Traffic Classes: 4 Site: 0  Internet: 4
```

이상으로 DSCP 값이 다른 트래픽은 서로 다른 트래픽 클래스에 소속되는 것을 살펴보았다.

최소 마스크 길이

기본적으로 BR의 라우팅 테이블에 인스톨된 인터넷 네트워크의 마스크 길이가 최소 마스크 길이 (minimum mask length)인 /28보다 더 길면 PfR이 제대로 동작하지 않는다. 현재 BR인 R6의 라우팅 테이블을 확인해 보면 다음과 같이 1.1.91.8/29 네트워크의 서브넷 마스크 길이가 /28보다 긴 /29이다.

예제 12-29 R6의 라우팅 테이블

```
R6# show ip route bgp
    (생략)
```

```
     1.0.0.0/8 is variably subnetted, 22 subnets, 4 masks
B       1.1.80.0/24 [20/0] via 1.1.68.8, 07:57:28
B       1.1.91.8/29 [200/0] via 1.0.7.7, 03:24:24
B       1.1.93.0/24 [200/0] via 1.0.7.7, 07:56:59
B       1.1.120.0/24 [20/20] via 1.1.68.8, 03:25:26
B       1.1.200.0/24 [200/20] via 1.0.7.7, 07:52:55
```

이 경우, 1.1.91.8/29 네트워크가 목적지인 트래픽에 대해서는 PfR이 제대로 동작하지 않아 로드
밸런싱이 되었다가 안 되었다가 하는 현상이 반복된다. 다음과 같이 서브넷 마스크 길이가 /29인
1.1.91.11로 핑을 해보자.

예제 12-30 핑을 이용한 트래픽 생성

```
R1# ping 1.1.91.11 repeat 999999999
```

장시간 관찰해 보면 6분 정도의 간격으로 다음과 같이 1.1.91.8/29 트래픽 클래스를 새로 조정한다는
메시지가 표시된다.

예제 12-31 트래픽 클래스를 새로 조정한다는 메시지

```
R5#
*May 29 10:07:02.145: %DOMAIN_TCCONTR-6-INFOSET:
Traffic Class Controlled : [Instance id: 0]:TC[Site id: 255.255.255.255, TC ID: 17, VRF:
default Site prefix: 1.1.91.8/29, DSCP: default, App ID: 0]: Reason: Uncontrolled to Co
ntrolled Transition   Original chan: 0 Original interface: None New chan:2 New interfac
e: Ethernet0/2
```

이를 해결하려면 다음과 같이 허브 MC에서 최소 마스크 길이를 현재 문제가 발생하는 네트워크
마스크 길이와 같거나 길게 조정해주면 된다.

예제 12-32 네트워크 마스크 길이와 같거나 길게 조정하기

```
R5(config)# domain iwan
R5(config-domain)# vrf default
```

```
R5(config-domain-vrf)# master hub
R5(config-domain-vrf-mc)# advanced
R5(config-domain-vrf-mc-advanced)# minimum-mask-length 29
```

그러나, 실제 인터넷과 BGP 통신시 최소 마스크 길이가 /28 보다 긴 경우는 별로 없을 것이다. 이상으로 PfR을 이용하여 인터넷 회선의 부하를 분산하는 방법에 대하여 살펴보았다.

PfR을 위한 본·지사 통신망 구축

앞서서 PfR을 이용한 인터넷 부하 분산에 대하여 살펴보았지만, 실제 PfR이 가장 많이 사용되는 곳은 본·지사 사이의 통신일 것이다. 이번 절에서는 본·지사 사이의 통신을 PfR로 최적화시키기 전에 먼저 통신망을 구축한다.

이를 위하여 이번 절은 다음과 같은 순서로 진행한다.

- 내부망 구성
- 외부망 구성
- 본·지사를 연결하는 터널링 구성
- 터널 라우팅 설정

그림 12-11 목표 PfR 네트워크

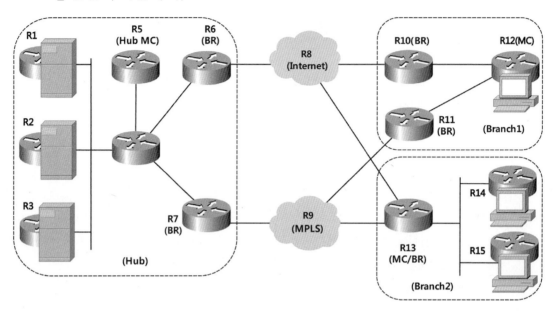

설정이 완료되면 그림과 같이 본사(Hub)가 인터넷과 MPLS 망을 통하여 지사들(Branch1, Branch2)과 연결된다. 본서에서는 인터넷과 MPLS 망을 사용하여 장거리 통신망을 구축하였지만, 조직의 예산, 본사와 지사의 위치, 업무내용 등에 따라서, 두 종류의 회선 모두 인터넷이나 MPLS를 사용하거나, 전용회선(L/L, leased line), 이동통신망(3G/4G. LTE, IMT-2020), 위성통신망 등도 활용할 수 있다. 일반적으로 보안을 위하여 터널링 구성 후 터널에 IPsec VPN을 적용하지만 본서에서는 생략하였다.

PfR을 이용하여 VoIP(Voice over IP) 등과 같이 지연, 손실률, 지연 편차의 변화에 민감한 트래픽들은 가능한 한 MPLS 망으로 전송시키고, 나머지 트래픽들은 인터넷과 MPLS 망으로 부하를 분산시킨다. 만약, 하나의 망에 장애가 발생하면 트래픽을 모두 다른 망으로 전송한다.

내부망 구성

다음 그림과 같이 내부망을 구성한다. 본사에 해당하는 허브(Hub) 사이트 IP 주소는 10.1.0.0/16, 지사에 해당하는 브랜치(Branch) 1은 10.10.0.0/16, 브랜치 2는 10.20.0.0/16 대역을 사용한다.

그림 12-12 내부 네트워크 구성

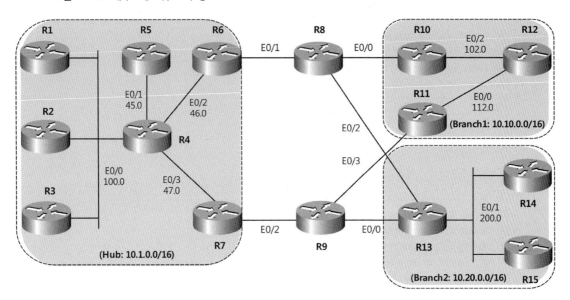

내부와 연결되는 라우터의 모든 물리적인 인터페이스에 Z.Z.Y.X/24 IP 주소를 부여한다. 이때, Z는 사이트 번호(10.1/10.10/10.20)이고, Y는 그림에 표시된 인터페이스의 서브넷 번호이며, X는 라우터 번호이다. 예를 들어, R1의 E0/0 인터페이스 주소는 10.1.100.1/24이다.

모든 라우터에 Loopback 0 인터페이스를 만들고 IP 주소 Z.Z.X.X/24를 부여한다. 이때, Z는 사이트 번호(10.1/10.10/10.20)이고, X는 라우터 번호이다. 예를 들어, R11의 Lo0 인터페이스 주소는 10.10.11.11/24이다.

먼저, 스위치에서 필요한 VLAN을 설정하고, 인터페이스에 할당한다. VLAN 100은 본사의 R1, R2, R3, R4를 연결하기 위한 것이고, VLAN 200은 지사2의 R13, R14, R15를 위한 것이다.

예제 12-33 VLAN 설정

```
SW1(config)# vlan 100,200
SW1(config-vlan)# exit

SW1(config)# int range e0/0-3
SW1(config-if-range)# switchport mode access
SW1(config-if-range)# switchport access vlan 100
SW1(config-if-range)# no shut
```

```
SW1(config-if-range)# exit

SW1(config)# int range e1/0-2
SW1(config-if-range)# switchport mode access
SW1(config-if-range)# switchport access vlan 200
SW1(config-if-range)# no shut
```

허브 사이트에서 다음과 같이 IP 주소를 부여한다.

예제 12-34 허브 사이트 IP 주소 설정

```
R1(config)# int lo0
R1(config-if)# ip address 10.1.1.1 255.255.255.0
R1(config-if)# int e0/0
R1(config-if)# ip address 10.1.100.1 255.255.255.0
R1(config-if)# no shut

R2(config)# int lo0
R2(config-if)# ip address 10.1.2.2 255.255.255.0
R2(config-if)# int e0/0
R2(config-if)# ip address 10.1.100.2 255.255.255.0
R2(config-if)# no shut

R3(config)# int lo0
R3(config-if)# ip address 10.1.3.3 255.255.255.0
R3(config-if)# int e0/0
R3(config-if)# ip address 10.1.100.3 255.255.255.0
R3(config-if)# no shut

R4(config)# int lo0
R4(config-if)# ip address 10.1.4.4 255.255.255.0
R4(config-if)# int e0/0
R4(config-if)# ip address 10.1.100.4 255.255.255.0
R4(config-if)# no shut
R4(config-if)# int e0/1
R4(config-if)# ip address 10.1.45.4 255.255.255.0
R4(config-if)# no shut
R4(config-if)# int e0/2
R4(config-if)# ip address 10.1.46.4 255.255.255.0
R4(config-if)# no shut
R4(config-if)# int e0/3
```

```
R4(config-if)# ip address 10.1.47.4 255.255.255.0
R4(config-if)# no shut

R5(config)# int lo0
R5(config-if)# ip address 10.1.5.5 255.255.255.0
R5(config-if)# int e0/1
R5(config-if)# ip address 10.1.45.5 255.255.255.0
R5(config-if)# no shut

R6(config)# int lo0
R6(config-if)# ip address 10.1.6.6 255.255.255.0
R6(config-if)# int e0/2
R6(config-if)# ip address 10.1.46.6 255.255.255.0
R6(config-if)# no shut

R7(config)# int lo0
R7(config-if)# ip address 10.1.7.7 255.255.255.0
R7(config-if)# int e0/3
R7(config-if)# ip address 10.1.47.7 255.255.255.0
R7(config-if)# no shut
```

브랜치 1에서 다음과 같이 IP 주소를 부여한다.

예제 12-35 브랜치 1 IP 주소 설정

```
R10(config)# int lo0
R10(config-if)# ip address 10.10.10.10 255.255.255.0
R10(config-if)# int e0/2
R10(config-if)# ip address 10.10.102.10 255.255.255.0
R10(config-if)# no shut

R11(config)# int lo0
R11(config-if)# ip address 10.10.11.11 255.255.255.0
R11(config-if)# int e0/0
R11(config-if)# ip address 10.10.112.11 255.255.255.0
R11(config-if)# no shut

R12(config)# int lo0
R12(config-if)# ip address 10.10.12.12 255.255.255.0
R12(config-if)# int e0/0
R12(config-if)# ip address 10.10.112.12 255.255.255.0
```

```
R12(config-if)# no shut
R12(config-if)# int e0/2
R12(config-if)# ip address 10.10.102.12 255.255.255.0
R12(config-if)# no shut
```

브랜치 2 사이트에서 다음과 같이 IP 주소를 부여한다.

예제 12-36 브랜치 2 사이트 P 주소 설정

```
R13(config)# int lo0
R13(config-if)# ip address 10.20.13.13 255.255.255.0
R13(config-if)# int e0/1
R13(config-if)# ip address 10.20.200.13 255.255.255.0
R13(config-if)# no shut

R14(config)# int lo0
R14(config-if)# ip address 10.20.14.14 255.255.255.0
R14(config-if)# int e0/1
R14(config-if)# ip address 10.20.200.14 255.255.255.0
R14(config-if)# no shut

R15(config)# int lo0
R15(config-if)# ip address 10.20.15.15 255.255.255.0
R15(config-if)# int e0/1
R15(config-if)# ip address 10.20.200.15 255.255.255.0
R15(config-if)# no shut
```

IP 주소 설정이 끝나면 각 라우터에서 인접한 IP 주소까지의 통신을 핑으로 확인한다. 이번에는 다음 그림과 같이 각 내부망에서 IGP를 설정한다. 내부망은 어떤 라우팅 프로토콜을 사용해도 된다. 모든 사이트에서 내부망 라우팅을 위해 EIGRP 1을 사용하기로 한다.

그림 **12-13** 내부망 IGP

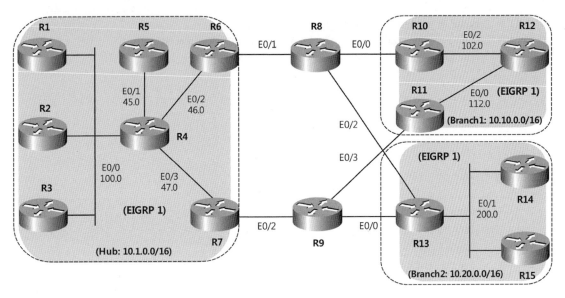

허브 사이트의 모든 라우터(R1, R2, R3, R4, R5, R6, R7)에서 다음과 같이 EIGRP 1을 설정한다.

예제 **12-37** 허브 사이트 EIGRP 1설정

```
R1(config)# router eigrp myEigrp
R1(config-router)# address-family ipv4 unicast autonomous-system 1
R1(config-router-af)# network 10.1.0.0 0.0.255.255
```

브랜치 1 사이트의 모든 라우터(R10, R11, R12)에서 다음과 같이 EIGRP 1을 설정한다.

예제 **12-38** 브랜치 1 사이트 EIGRP 1 설정

```
R10(config)# router eigrp myEigrp
R10(config-router)# address-family ipv4 unicast autonomous-system 1
R10(config-router-af)# network 10.10.0.0 0.0.255.255
```

브랜치 2 사이트의 모든 라우터(R13, R14, R15)에서 다음과 같이 EIGRP 1을 설정한다.

예제 12-39 브랜치 2 사이트 EIGRP 1 설정

```
R13(config)# router eigrp myEigrp
R13(config-router)# address-family ipv4 unicast autonomous-system 1
R13(config-router-af)# network 10.20.0.0 0.0.255.255
```

IGP 설정이 끝나면 라우팅 테이블을 확인하고, 각 사이트에서 동일 사이트 내부의 모든 라우터와 통신이 되는지 핑으로 확인한다. 예를 들어, R1의 라우팅 테이블은 다음과 같다.

예제 12-40 R1의 라우팅 테이블

```
R1# show ip route eigrp
    (생략)
       10.0.0.0/8 is variably subnetted, 13 subnets, 2 masks
D         10.1.2.0/24 [90/1024640] via 10.1.100.2, 00:01:37, Ethernet0/0
D         10.1.3.0/24 [90/1024640] via 10.1.100.3, 00:01:23, Ethernet0/0
D         10.1.4.0/24 [90/1024640] via 10.1.100.4, 00:01:21, Ethernet0/0
D         10.1.5.0/24 [90/1536640] via 10.1.100.4, 00:01:20, Ethernet0/0
D         10.1.6.0/24 [90/1536640] via 10.1.100.4, 00:01:15, Ethernet0/0
D         10.1.7.0/24 [90/1536640] via 10.1.100.4, 00:01:15, Ethernet0/0
D         10.1.45.0/24 [90/1536000] via 10.1.100.4, 00:01:21, Ethernet0/0
D         10.1.46.0/24 [90/1536000] via 10.1.100.4, 00:01:21, Ethernet0/0
D         10.1.47.0/24 [90/1536000] via 10.1.100.4, 00:01:21, Ethernet0/0
```

이상으로 내부망 구성이 끝났다.

외부망 구성

이번에는 외부망을 구성해 보자. 지금 우리가 사용하는 외부망은 인터넷과 MPLS 망 두 가지 이므로 두개의 외부망을 구성해야 한다. 인터넷과 연결할 때에는 BGP나 디폴트 루트가 필요하다. MPLS VPN과 연결할 때에는 통신 회사와의 협의에 따라 어느 라우팅 프로토콜을 사용하든 무관하다. 다음 그림에서 R13과 같이 하나의 라우터에서 두 개 이상의 통신망을 접속하는 경우를 생각해 보자. 인터넷과 접속하기 위하여 대부분 인터넷 방향으로 디폴트 루트를 설정하여 사용할 것이다. MPLS 망 접속 방식도 많은 경우 디폴트 루트를 사용하면 편리하다.

그런데 하나의 라우터에서 인터넷과 MPLS 망 접속을 위하여 디폴트 루트를 두 개 사용한다면 문제가 발생한다. 라우팅 테이블 상에서 인터넷과 MPLS 망으로 가는 디폴트 루트가 구분되지 않아 인터넷으로 가는 패킷이 MPLS 망으로 전송되는 일이 발생하고 반대의 경우도 다수 발생하여 결국 제대로 통신이 이루어지지 않는다.

이와 같은 문제를 해결하려면 인터넷 및 MPLS 망과 연결되는 인터페이스를 별개의 VRF에 소속시키고, 각 VRF 별로 두 개의 디폴트 루트를 설정하면 된다.

그림 12-14 FVRF가 필요한 이유

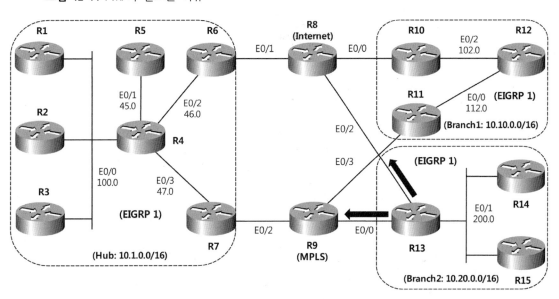

결과적으로 본·지사 사이의 라우팅 정보는 글로벌 라우팅 테이블에 설치되고, 인터넷과 MPLS 네트워크를 위한 라우팅 정보는 각각 별개의 VRF 라우팅 테이블에 저장된다. 이처럼 장거리 통신망과 연결되는 라우터에서 본·지사간의 라우팅과 별개로 인터넷, MPLS 망 내의 라우팅을 위해 사용하는 VRF를 FVRF(front door VRF)라고 한다.

FVRF가 꼭 필요한 경우는 서로 다른 용도의 디폴트 루트가 두 개 이상 필요한 때이다. 만약, R13에서 본·지사 사이의 통신외에 인터넷을 사용하려면 글로벌 라우팅 테이블에도 디폴트 루트가 필요하며, 결과적으로 두 개의 VRF 디폴트 루트와 더불어 인터넷을 위한 추가적인 디폴트 루트를 설정해야 한다.

또, MPLS와 인터넷 망 라우팅을 위해 디폴트 루트를 이용하고(많은 경우에 해당한다), 동시에 보안 등의 이유로 사용자들의 인터넷 접속을 본사를 통해서만 하도록 허브 사이트에서 터널을 통해 디폴트 루트를 광고하는 경우에도 FVRF를 사용해야 한다.

하나의 라우터에서 하나의 디폴트 루트만 사용하는 경우에는 FVFR를 사용하지 않아도 된다. 그러나, FVRF를 사용하면 WAN 용 및 본·지사 사이의 라우팅 테이블이 별개로 분리되기 때문에 라우팅 테이블이 간단하고 결과적으로 관리와 유지보수가 편리하다. 이러한 장점외에도 설정의 일관성 및 추후 확장성을 위하여 본서에서는 WAN과 연결되는 모든 라우터에서 FVRF를 사용하기로 한다. 먼저, 다음 그림과 같이 인터넷을 통하는 외부망을 구성한다. 인터넷 역할을 하는 R8과 연결된 모든 인터페이스에 IP 주소 1.1.Y.X/24를 부여한다. Y는 그림에 표시된 서브넷 번호이고, X는 라우터 번호이다. 또, R8에 Loopback 0 인터페이스를 만들고, IP 주소 1.1.8.8/24를 부여한다.

그림 12-15 인터넷을 통하는 외부망 설정

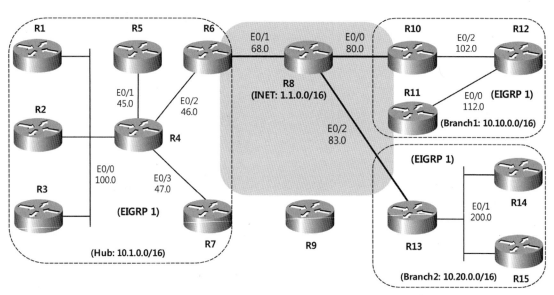

인터넷과 연결되는 각 라우터에서 다음과 같이 IP 주소를 부여한다.

예제 12-41 인터넷 연결 라우터 IP 주소 설정

```
R8(config)# int lo0
R8(config-if)# ip address 1.1.8.8 255.255.255.0
```

```
R8(config-if)# int e0/0
R8(config-if)# ip address 1.1.80.8 255.255.255.0
R8(config-if)# no shut
R8(config-if)# int e0/1
R8(config-if)# ip address 1.1.68.8 255.255.255.0
R8(config-if)# no shut
R8(config-if)# int e0/2
R8(config-if)# ip address 1.1.83.8 255.255.255.0
R8(config-if)# no shut

R6(config)# vrf definition INET
R6(config-vrf)# address-family ipv4
R6(config-vrf-af)# exit
R6(config-vrf)# exit
R6(config)# int e0/1
R6(config-if)# vrf forwarding INET
R6(config-if)# ip address 1.1.68.6 255.255.255.0
R6(config-if)# no shut

R10(config)# vrf definition INET
R10(config-vrf)# address-family ipv4
R10(config-vrf-af)# exit
R10(config-vrf)# exit
R10(config)# int e0/0
R10(config-if)# vrf forwarding INET
R10(config-if)# ip address 1.1.80.10 255.255.255.0
R10(config-if)# no shut

R13(config)# vrf definition INET
R13(config-vrf)# address-family ipv4
R13(config-vrf-af)# exit
R13(config-vrf)# exit
R13(config)# int e0/2
R13(config-if)# vrf forwarding INET
R13(config-if)# ip address 1.1.83.13 255.255.255.0
R13(config-if)# no shut
```

IP 주소 설정이 끝나면 R8에서 인접 IP까지의 통신을 핑으로 확인한다.

예제 12-42 핑 확인

```
R8# ping 1.1.68.6
R8# ping 1.1.80.10
R8# ping 1.1.83.13
```

다음에는 인터넷과 접속되는 R6, R10, R13에서 인터넷으로 디폴트 루트를 설정한다.

예제 12-43 디폴트 루트 설정

```
R6(config)# ip route vrf INET 0.0.0.0 0.0.0.0 1.1.68.8

R10(config)# ip route vrf INET 0.0.0.0 0.0.0.0 1.1.80.8

R13(config)# ip route vrf INET 0.0.0.0 0.0.0.0 1.1.83.8
```

라우팅 설정이 끝나면 다음과 같이 R6에서 R10, R13까지 핑이 되는 지 확인한다.

예제 12-44 핑 확인

```
R6# ping vrf INET 1.1.80.10
R6# ping vrf INET 1.1.83.13
```

이제, 인터넷을 통하는 외부망 설정이 끝났다. 이번에는 다음과 같이 MPLS VPN을 통하는 외부망을 구성한다. MPLS VPN 역할을 하는 R9와 연결된 모든 인터페이스에 IP 주소 10.0.Y.X/24를 부여한다. Y는 그림에 표시된 서브넷 번호이고, X는 라우터 번호이다. 또, R9에 Loopback 0 인터페이스를 만들고, IP 주소 10.0.9.9/24를 부여한다.

그림 12-16 MPLS VPN을 통하는 외부망 설정

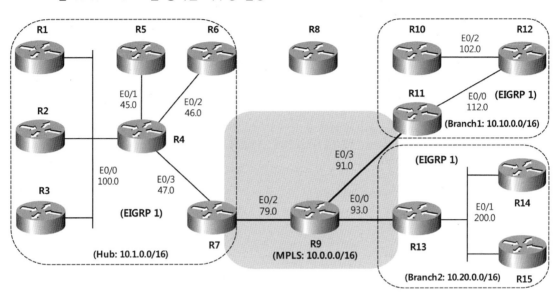

MPLS VPN과 연결되는 각 라우터에서 다음과 같이 IP 주소를 부여한다.

예제 12-45 MPLS VPN 연결 라우터 IP 주소 설정

```
R9(config)# int lo0
R9(config-if)# ip address 10.0.9.9 255.255.255.0
R9(config-if)# int e0/0
R9(config-if)# ip address 10.0.93.9 255.255.255.0
R9(config-if)# no shut
R9(config-if)# int e0/2
R9(config-if)# ip address 10.0.79.9 255.255.255.0
R9(config-if)# no shut
R9(config-if)# int e0/3
R9(config-if)# ip address 10.0.91.9 255.255.255.0
R9(config-if)# no shut

R7(config)# vrf definition MPLS
R7(config-vrf)# address-family ipv4
R7(config-vrf-af)# exit
R7(config-vrf)# exit
R7(config)# int e0/2
R7(config-if)# vrf forwarding MPLS
```

```
R7(config-if)# ip address 10.0.79.7 255.255.255.0
R7(config-if)# no shut

R11(config)# vrf definition MPLS
R11(config-vrf)# address-family ipv4
R11(config-vrf-af)# exit
R11(config-vrf)# exit
R11(config)# int e0/3
R11(config-if)# vrf forwarding MPLS
R11(config-if)# ip address 10.0.91.11 255.255.255.0
R11(config-if)# no shut

R13(config)# vrf definition MPLS
R13(config-vrf)# address-family ipv4
R13(config-vrf-af)# exit
R13(config-vrf)# exit
R13(config)# int e0/0
R13(config-if)# vrf forwarding MPLS
R13(config-if)# ip address 10.0.93.13 255.255.255.0
R13(config-if)# no shut
```

IP 주소 설정이 끝나면 R9에서 인접 IP까지의 통신을 핑으로 확인한다.

예제 12-46 인접 IP까지의 통신을 핑으로 확인하기

```
R9# ping 10.0.79.7
R9# ping 10.0.91.11
R9# ping 10.0.93.13
```

다음에는 MPLS VPN과 접속되는 R7, R11, R13에서 MPLS VPN 역할을 하는 R9로 디폴트 루트를
설정한다.

예제 12-47 디폴트 루트 설정

```
R7(config)# ip route vrf MPLS 0.0.0.0 0.0.0.0 10.0.79.9
R11(config)# ip route vrf MPLS 0.0.0.0 0.0.0.0 10.0.91.9
R13(config)# ip route vrf MPLS 0.0.0.0 0.0.0.0 10.0.93.9
```

라우팅 설정이 끝나면 다음과 같이 R7에서 R11, R13까지 핑이 되는 지 확인한다.

예제 12-48 핑 확인

```
R7# ping vrf MPLS 10.0.91.11
R7# ping vrf MPLS 10.0.93.13
```

이제, MPLS VPN을 통하는 외부망 설정이 끝났다. 이상으로 외부망 설정이 모두 완료되었다.

본·지사를 연결하는 DMVPN 구성

외부망 구성이 완료되면 이 외부망을 통하여 본·지사를 연결하는 터널을 구성한다. 먼저, 다음과 같이 인터넷을 통하는 DMVPN(Dynamic Multipoint VPN) 터널을 구성한다. DMVPN은 하부의 통신망이 인터넷, MPLS VPN, 이동 통신망 등 무엇이든 본사(DMVPN 허브 hub)와 지사(DMVPN 스포크 spoke) 사이의 터널을 구성해 주며, 지사끼리 통신할 때는 본사를 거치지 않는 직접적인 터널이 동적으로 만들어진다.

DMVPN은 mGRE(multipoint Generic Routing Encapsulation)라는 터널링 방식을 사용하며, 목적지 네트워크와 연결되는 게이트웨이 주소를 알아내기 위하여 NHRP(Next Hop Resolution Protocol)라는 프로토콜을 사용한다.

mGRE 인터페이스는 하나의 인터페이스를 통하여 직접 연결되는 상대방이 다수개 있다.

그림 12-17 인터넷을 통하는 터널

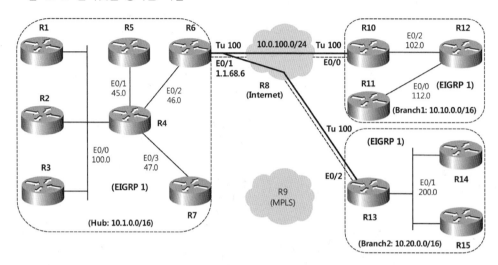

인터넷을 통과하는 터널의 IP 주소는 10.0.100.X/24를 사용하기로 한다. X는 각 라우터 번호이다.
인터넷을 통과하는 DMVPN 터널의 허브인 R6의 설정은 다음과 같다.

예제 12-49 R6의 설정

```
R6(config)# int tunnel 100   ①
R6(config-if)# bandwidth 10000   ②
R6(config-if)# ip address 10.0.100.6 255.255.255.0
R6(config-if)# ip mtu 1400   ③
R6(config-if)# ip nhrp authentication cisco123
R6(config-if)# ip nhrp map multicast dynamic   ④
R6(config-if)# ip nhrp network-id 100   ⑤
R6(config-if)# ip nhrp holdtime 600   ⑥
R6(config-if)# ip nhrp redirect   ⑦
R6(config-if)# ip tcp adjust-mss 1360   ⑧
R6(config-if)# tunnel source e0/1   ⑨
R6(config-if)# tunnel mode gre multipoint   ⑩
R6(config-if)# tunnel key 101   ⑪
R6(config-if)# tunnel vrf INET   ⑫
```

① 적당한 번호를 사용하여 터널 인터페이스 설정 모드로 들어간다.
② 터널의 대역폭을 지정한다. PfR 동작시 참조하므로 정확한 값을 사용한다.

③ 터널의 MTU(Maximum Transmission Unit)를 지정한다. mGRE와 나중에 사용할 IPsec의 헤더까지 더하면 IP 패킷의 길이가 약 60~80 바이트 더 증가한다. 따라서, 이 명령어를 사용하여 최대 IP 패킷의 길이를 1400 바이트로 지정하면 나중에 mGRE 헤더와 IPsec 헤더가 추가되어도 대부분의 경우 패킷 분할이 일어나지 않아 라우터나 서버 등에 과도한 부하를 주지 않는다.

④ 동적인 라우팅 프로토콜들은 목적지 IP 주소를 멀티캐스트나 브로드캐스트를 사용한다. 기본적으로 라우터는 목적지 IP 주소가 멀티캐스트나 브로드캐스트이면 해당 패킷을 차단한다. 그러나, NHRP를 통하여 자신의 실제 주소를 등록한 지사 라우터에게 멀티캐스트 주소를 사용하는 동적인 라우팅 정보를 전송해야 한다.

이 명령어는 지사 라우터가 등록할 때 사용한 넥스트 홉 IP 주소로 멀티캐스트/브로드캐스트 패킷도 전송하라는 의미이다. 이 명령어를 사용하지 않으면 동적인 라우팅 프로토콜이 동작하지 않는다.

⑤ NHRP 등록 과정에 참여하려는 인터페이스는 네트워크 ID로 구분되는 동일한 NHRP 네트워크에 소속되어야 한다. 즉, NHRP 네트워크 ID는 NHRP 도메인을 나타내며, 현재의 라우터에서만 의미를 가지므로 스포크에서는 다른 값을 사용해도 된다.

⑥ 본사 라우터와 지사 라우터는 NHRP 캐시 정보를 저장하는 시간을 지정하기 위하여 NHRP 홀드 타임을 사용한다. 기본적인 NHRP 홀드 시간은 2시간이며, 시스코에서 권고하는 시간은 10분이다. NHRP 캐시는 동적 또는 정적으로 유지할 수 있다. 본사에서는 NHRP 등록 또는 주소 요청 과정에 따라 모든 NHRP 캐시가 동적으로 추가된다. 지사 라우터에는 본사 라우터와 연결되는 NHRP 캐시가 미리 지정되어 있다.

⑦ 지사 라우터끼리 직접 통신할 수 있도록 NHRP 쇼트컷(shortcut) 경로를 사용한다는 것을 나타낸다. 지사 라우터에서는 이 명령어와 더불어 **ip nhrp shortcut** 명령어를 추가해야 쇼트컷 경로를 사용할 수 있다.

⑧ **ip tcp adjust-mss 1360** 명령어는 터널을 통과하는 TCP가 처음 SYN 패킷을 보낼때 MSS 옵션의 값을 1360으로 변경한다. 결과적으로 TCP 통신을 하는 두 호스트가 패킷을 전송할 때 최대 TCP 크기가 1360 바이트 이하가 되며, 여기에 IP와 TCP 헤더 각각 20 바이트를 추가해도 MTU가 1400 바이트 이하가 된다. 이 명령어는 인터페이스를 통과하는 입출력 패킷 모두에 적용된다. 결과적으로 터널을 통과하는 TCP 패킷을 전송하는 서버나 PC 등 두 종단 장비들이 미리 MTU를 1400으로 만들어 전송하므로 라우터의 부하가 줄어든다.

⑨ 외부망에서 라우팅 가능한 주소를 터널의 출발지 IP 주소로 지정한다.

⑩ 터널의 모드를 gre multipoint 즉, mGRE로 지정한다.

⑪ 터널 키를 지정한다. 터널 키는 동일 라우터에 다수개의 mGRE 인터페이스가 있을 때 구분하기 위한 값이다.

⑫ 이 터널은 INET VRF에 소속된 인터페이스를 통하여 구성된다. 현재, 인터넷과 접속된 E0/1이 INET VRF에 소속되어 있으므로 결국 터널은 인터넷을 통하여 만들어진다.

인터넷을 통과하는 DMVPN 터널의 스포크인 R10의 설정은 다음과 같다.

예제 12-50 R10의 설정

```
R10(config)# int tunnel 100
R10(config-if)# bandwidth 5000    ①
R10(config-if)# ip address 10.0.100.10 255.255.255.0
R10(config-if)# ip mtu 1400
R10(config-if)# ip nhrp authentication cisco123
R10(config-if)# ip nhrp network-id 100
R10(config-if)# ip nhrp holdtime 600
R10(config-if)# ip nhrp nhs 10.0.100.6 nbma 1.1.68.6 multicast    ②
R10(config-if)# ip nhrp registration no-unique    ③
R10(config-if)# ip nhrp shortcut    ④
R10(config-if)# ip nhrp redirect
R10(config-if)# ip tcp adjust-mss 1360
R10(config-if)# if-state nhrp    ⑤
R10(config-if)# tunnel source e0/0
R10(config-if)# tunnel mode gre multipoint
R10(config-if)# tunnel key 101
R10(config-if)# tunnel vrf INET
```

① 지사와 인터넷을 연결하는 인터페이스의 대역폭을 지정한다.

② NHRP 허브의 역할을 하는 NHS의 주소가 10.0.100.6이고, 여기와 연결되는 인터넷 IP 주소가 1.1.68.6이며, 라우팅 정보 등이 포함된 멀티캐스트 패킷도 전송하라는 의미이다.

③ NHRP 스포크가 NHS(Next-Hop Server)에게 자신의 터널 IP 주소(10.0.100.10)와 연결되는 인터넷 주소(NBMA 주소, 1.1.80.10)를 등록할 때 처음 등록한 인터넷 주소와 다른 것을 사용해도 되도록 한다.

④ NHRP 쇼트컷 경로를 사용하라는 의미이다.

⑤ 다음과 같이 NHS가 응답한 경우에만 터널 인터페이스의 상태를 'up'으로 하라는 의미이다.

예제 12-51 NHS가 응답한 경우

```
R10# show ip nhrp nhs
Legend: E=Expecting replies, R=Responding, W=Waiting
Tunnel100:
10.0.100.6   RE NBMA Address: 1.1.68.6 priority = 0 cluster = 0
```

인터넷을 통과하는 DMVPN 터널의 스포크인 R13의 설정은 다음과 같다.

예제 12-52 R13의 설정

```
R13(config)# int tunnel 100
R13(config-if)# ip address 10.0.100.13 255.255.255.0
R13(config-if)# bandwidth 5000
R13(config-if)# ip mtu 1400
R13(config-if)# ip nhrp authentication cisco123
R13(config-if)# ip nhrp network-id 100
R13(config-if)# ip nhrp holdtime 600
R13(config-if)# ip nhrp nhs 10.0.100.6 nbma 1.1.68.6 multicast
R13(config-if)# ip nhrp registration no-unique
R13(config-if)# ip nhrp shortcut
R13(config-if)# ip nhrp redirect
R13(config-if)# ip tcp adjust-mss 1360
R13(config-if)# if-state nhrp
R13(config-if)# tunnel source e0/2
R13(config-if)# tunnel mode gre multipoint
R13(config-if)# tunnel key 101
R13(config-if)# tunnel vrf INET
```

R13의 설정은 R10과 유사하다. 터널 설정이 끝나면 다음과 같이 인터넷을 통하는 DMVPN 허브인 R6에서 **show ip nhrp** 명령어를 사용하여 터널 스포크(spoke)와의 터널이 구성되어 있는지 확인한다.

예제 12-53 nhrp 확인

```
R6# show ip nhrp
10.0.100.10/32 via 10.0.100.10
   Tunnel100 created 00:39:39, expire 00:07:05
   Type: dynamic, Flags: registered used nhop
```

NBMA address: 1.1.80.10
10.0.100.13/32 via 10.0.100.13
    Tunnel100 created 00:34:56, expire 00:08:33
    Type: dynamic, Flags: registered used nhop
    NBMA address: 1.1.83.13

다음과 같이 R6에서 터널 스포크로 핑을 하여 터널이 제대로 동작하는지 확인한다.

예제 12-54 핑 확인

R6# **ping 10.0.100.10**
R6# **ping 10.0.100.13**

이상으로 인터넷을 통과하는 DMVPN 터널이 완성되었다. 이번에는 다음과 같이 MPLS VPN을 통과하는 DMVPN 터널을 설정한다.

그림 12-18 MPLS VPN을 통하는 터널

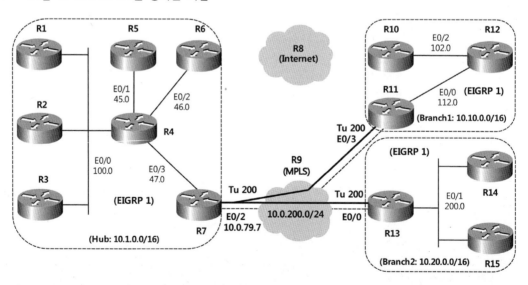

MPLS VPN을 통하는 DMVPN 터널 허브인 R7의 설정은 다음과 같다.

예제 12-55 R7의 설정

```
R7(config)# int tunnel 200
R7(config-if)# bandwidth 10000
R7(config-if)# ip address 10.0.200.7 255.255.255.0
R7(config-if)# ip mtu 1400
R7(config-if)# ip nhrp authentication cisco123
R7(config-if)# ip nhrp map multicast dynamic
R7(config-if)# ip nhrp network-id 200
R7(config-if)# ip nhrp holdtime 600
R7(config-if)# ip nhrp redirect
R7(config-if)# ip tcp adjust-mss 1360
R7(config-if)# tunnel source e0/2
R7(config-if)# tunnel mode gre multipoint
R7(config-if)# tunnel key 201
R7(config-if)# tunnel vrf MPLS
```

MPLS VPN을 통과하는 DMVPN 터널의 스포크인 R11의 설정은 다음과 같다.

예제 12-56 R11의 설정

```
R11(config)# int tunnel 200
R11(config-if)# bandwidth 5000
R11(config-if)# ip address 10.0.200.11 255.255.255.0
R11(config-if)# ip mtu 1400
R11(config-if)# ip nhrp authentication cisco123
R11(config-if)# ip nhrp network-id 200
R11(config-if)# ip nhrp holdtime 600
R11(config-if)# ip nhrp nhs 10.0.200.7 nbma 10.0.79.7 multicast
R11(config-if)# ip nhrp registration no-unique
R11(config-if)# ip nhrp shortcut
R11(config-if)# ip nhrp redirect
R11(config-if)# ip tcp adjust-mss 1360
R11(config-if)# if-state nhrp
R11(config-if)# tunnel source e0/3
R11(config-if)# tunnel mode gre multipoint
R11(config-if)# tunnel key 201
R11(config-if)# tunnel vrf MPLS
```

MPLS VPN을 통과하는 DMVPN 터널의 스포크인 R13의 설정은 다음과 같다.

예제 12-57 R13의 설정

```
R13(config)# int tunnel 200
R13(config-if)# bandwidth 5000
R13(config-if)# ip address 10.0.200.13 255.255.255.0
R13(config-if)# ip mtu 1400
R13(config-if)# ip nhrp authentication cisco123
R13(config-if)# ip nhrp network-id 200
R13(config-if)# ip nhrp holdtime 600
R13(config-if)# ip nhrp nhs 10.0.200.7 nbma 10.0.79.7 multicast
R13(config-if)# ip nhrp registration no-unique
R13(config-if)# ip nhrp shortcut
R13(config-if)# ip nhrp redirect
R13(config-if)# ip tcp adjust-mss 1360
R13(config-if)# if-state nhrp
R13(config-if)# tunnel source e0/0
R13(config-if)# tunnel mode gre multipoint
R13(config-if)# tunnel key 201
R13(config-if)# tunnel vrf MPLS
```

터널 설정이 끝나면 다음과 같이 MPLS VPN 터널 허브인 R7에서 show ip nhrp 명령어를 사용하여 터널 스포크(spoke)와 터널이 구성되어 있는지 확인한다.

예제 12-58 터널 구성 확인

```
R7# show ip nhrp
10.0.200.11/32 via 10.0.200.11
    Tunnel200 created 00:08:34, expire 00:08:09
    Type: dynamic, Flags: registered used nhop
    NBMA address: 10.0.91.11
10.0.200.13/32 via 10.0.200.13
    Tunnel200 created 00:04:45, expire 00:08:40
    Type: dynamic, Flags: registered used nhop
    NBMA address: 10.0.93.13
```

다음과 같이 터널 허브인 R7에서 MPLS VPN을 통하는 터널 스포크로 핑을 하여 터널이 제대로 동작하는지 확인한다.

예제 12-59 핑 확인

```
R7# ping 10.0.200.11
R7# ping 10.0.200.13
```

이상으로 인터넷 및 MPLS VPN 망을 통과하는 터널이 완성되었다.

터널 라우팅 설정

이번에는 인터넷을 통과하는 터널에 대한 라우팅을 설정한다.

그림 12-19 터널 100 라우팅

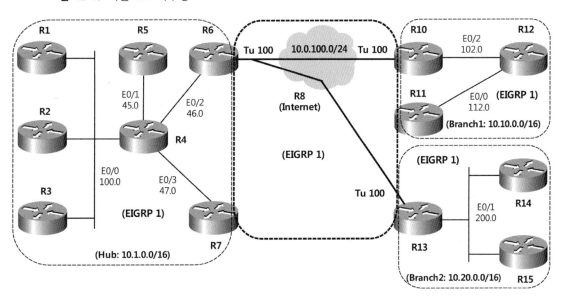

인터넷을 통하는 터널이 시작되는 R6, R10, R13에서 EIGRP 1을 설정한다. R6에서 다음과 같이
설정한다.

예제 12-60 R6 설정

```
R6(config)# router eigrp myEigrp
R6(config-router)# address-family ipv4 unicast autonomous-system 1
```

```
R6(config-router-af)# network 10.0.100.6 0.0.0.0   ①
R6(config-router-af)# network 10.1.0.0 0.0.255.255

R6(config-router-af)# af-interface tunnel100
R6(config-router-af-interface)# no split-horizon   ②
R6(config-router-af-interface)# no next-hop-self   ③
R6(config-router-af-interface)# summary-address 10.1.0.0 255.255.0.0   ④
```

① 터널 인터페이스를 EIGRP에 포함시킨다. network 10.1.0.0 0.0.255.255는 내부망 라우팅을
위하여 앞서 미리 설정했다.

② mGRE 터널은 하나의 인터페이스와 연결되는 원격 라우터가 다수개인 멀티포인트 터널이다. 기본적
으로 EIGRP는 특정 인터페이스를 통하여 수신한 네트워크 정보를 동일 인터페이스로 광고하지 않으며,
이를 스플릿 호라이즌(split horizon)이라고 한다. 그러나, 멀티포인트 인터페이스인 터널 100에서
스플릿 호라이즌이 동작하면 R10에서 터널 100을 통하여 수신한 브랜치 1의 네트워크 정보를 동일한
터널 100을 통하여 R13에게 광고하지 않는다.

결과적으로 R10과 R13은 상대의 내부 네트워크 정보를 몰라 통신이 되지 않는다. 이를 해결하기
위하여 허브의 터널 100 인터페이스에서는 스플릿 호라이즌을 비활성화시킨다.

③ EIGRP는 네트워크를 광고할 때 해당 네트워크와 연결되는 넥스트 홉 IP 주소를 자신의 주소로
변경한다. DMVPN 스포크 라우터인 R10과 R13이 통신할 때 허브 라우터인 R6을 거치지 않고
직접 연결될 수 있도록 EIGRP 광고시 넥스트 홉 IP 주소를 변경하지 않도록 한다.

④ 지사의 라우팅 테이블에 본사의 상세 네트워크가 인스톨될 필요가 없으므로 축약하였다.

R10에서 다음과 같이 설정한다.

예제 12-61 R10의 설정

```
R10(config)# router eigrp myEigrp
R10(config-router)# address-family ipv4 unicast autonomous-system 1

R10(config-router-af)# network 10.0.100.10 0.0.0.0
R10(config-router-af)# network 10.10.0.0 0.0.255.255

R10(config-router-af)# af-interface tunnel 100
```

```
R10(config-router-af-interface)# summary-address 10.10.0.0 255.255.0.0
```

R13에서 다음과 같이 설정한다.

예제 12-62 R13의 설정

```
R13(config)# router eigrp myEigrp
R13(config-router)# address-family ipv4 unicast autonomous-system 1

R13(config-router-af)# network 10.0.100.13 0.0.0.0
R13(config-router-af)# network 10.20.0.0 0.0.255.255

R13(config-router-af)# af-interface tunnel 100
R13(config-router-af-interface)# summary-address 10.20.0.0 255.255.0.0
```

인터넷을 통과하는 터널의 기본적인 라우팅 설정이 끝났다. 설정이 끝난 다음 R10에서 라우팅 테이블을 확인해 보면 다음과 같이 허브, 브랜치 2의 내부망이 터널을 통하는 경로로 인스톨되어 있다.

예제 12-63 R10의 라우팅 테이블

```
R10# show ip route eigrp
    (생략)
    10.0.0.0/8 is variably subnetted, 12 subnets, 3 masks
D       10.1.0.0/16 [90/26624640] via 10.0.100.6, 00:10:04, Tunnel100
D       10.10.0.0/16 is a summary, 00:12:10, Null0
D       10.10.11.0/24 [90/1536640] via 10.10.102.12, 00:10:08, Ethernet0/2
D       10.10.12.0/24 [90/1024640] via 10.10.102.12, 00:10:08, Ethernet0/2
D       10.10.112.0/24 [90/1536000] via 10.10.102.12, 00:10:08, Ethernet0/2
D       10.20.0.0/16 [90/52224640] via 10.0.100.13, 00:03:14, Tunnel100
```

앞서 설정한 인터넷을 통과하는 터널은 다음 그림의 굵은 실선 부분으로 모두 DMVPN의 허브인 R6을 통과한다.

그림 12-20 Shortcut 경로

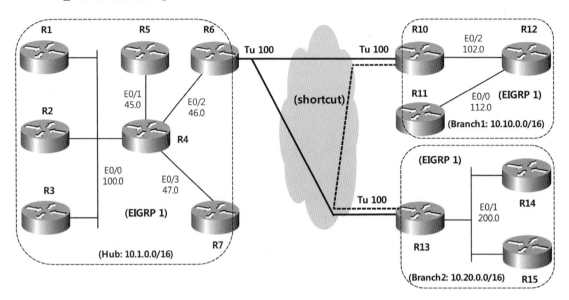

그러나, 스포크(spoke)에서 스포크로 가는 트래픽이 있으면 첫 패킷은 허브를 통과하지만 이후부터는 그림의 점선과 같이 직접 스포크에서 스포크로 가는 경로가 만들어진다. 이 경로를 NHRP 쇼트컷(shortcut) 경로라고 한다. 쇼트컷 경로가 만들어지는 것을 확인해 보자.

DMVPN 스포크인 R10에서 다음과 같이 show ip nhrp shortcut 명령어를 사용하여 확인해 보면 현재 아무런 쇼트컷 경로도 없다.

예제 12-64 쇼트컷 경로 확인

```
R10# show ip nhrp shortcut
R10#
```

브랜치 1의 R12에서 브랜치 2의 R15로 트레이스 루트를 해보면 다음과 같이 DMVPN 허브인 R6(10.0.100.6)을 거쳐서 스포크인 R13(10.0.100.13)으로 패킷이 전송된다.

예제 12-65 트레이스 루트

```
R12# traceroute 10.20.15.15
Type escape sequence to abort.
Tracing the route to 10.20.15.15
VRF info: (vrf in name/id, vrf out name/id)
  1 10.10.102.10 1 msec 0 msec 0 msec
  2 10.0.100.6 0 msec 1 msec 0 msec
  3 10.0.100.13 1 msec 0 msec 0 msec
  4 10.20.200.15 1 msec *  0 msec
```

그러나, 이 순간 다음과 같이 허브인 R6을 거치지 않고 R10에서 R13으로 바로 가는 쇼트컷 경로가 만들어진다.

예제 12-66 쇼트컷 경로

```
R10# show ip nhrp shortcut
10.0.100.13/32 via 10.0.100.13
    Tunnel100 created 00:01:11, expire 00:08:48
    Type: dynamic, Flags: router nhop rib nho
    NBMA address: 1.1.83.13
10.20.15.15/32 via 10.0.100.13
    Tunnel100 created 00:01:11, expire 00:08:48
    Type: dynamic, Flags: router rib
    NBMA address: 1.1.83.13
```

다시 브랜치 1의 R12에서 브랜치 2의 R15로 트레이스 루트를 해보면 이번에는 DMVPN 허브인 R6(10.0.100.6)을 거치지 않고 스포크인 R13(10.0.100.13)으로 직접 패킷이 전송된다.

예제 12-67 트레이스 루트

```
R12# traceroute 10.20.15.15
Type escape sequence to abort.
Tracing the route to 10.20.15.15
VRF info: (vrf in name/id, vrf out name/id)
  1 10.10.102.10 1 msec 0 msec 0 msec
  2 10.0.100.13 1 msec 0 msec 1 msec
  3 10.20.200.15 0 msec *  1 msec
```

쇼트컷 경로는 10분간 트래픽이 없으면 제거된다. 이처럼 쇼트컷 경로가 만들어지는 이유는 DMVPN 허브 라우터인 R6에서의 관련 설정과 더불어 R10에서도 다음과 같이 터널 인터페이스에서 쇼트컷 경로를 만들도록 설정하였기 때문이다.

예제 12-68 R10의 라우팅 테이블

```
R10# show run interface tunnel 100
Building configuration...

Current configuration : 433 bytes
!
interface Tunnel100
 bandwidth 5000
 ip address 10.0.100.10 255.255.255.0
 no ip redirects
 ip mtu 1400
 ip nhrp authentication cisco123
 ip nhrp network-id 100
 ip nhrp holdtime 600
 ip nhrp nhs 10.0.100.6 nbma 1.1.68.6 multicast
 ip nhrp registration no-unique
 ip nhrp shortcut
 ip nhrp redirect
     (생략)
```

이상으로 인터넷을 통과하는 터널에 대한 라우팅 설정이 끝났다. 이번에는 MPLS VPN을 통과하는 터널에 대한 라우팅을 설정한다.

그림 12-21 터널 200 라우팅

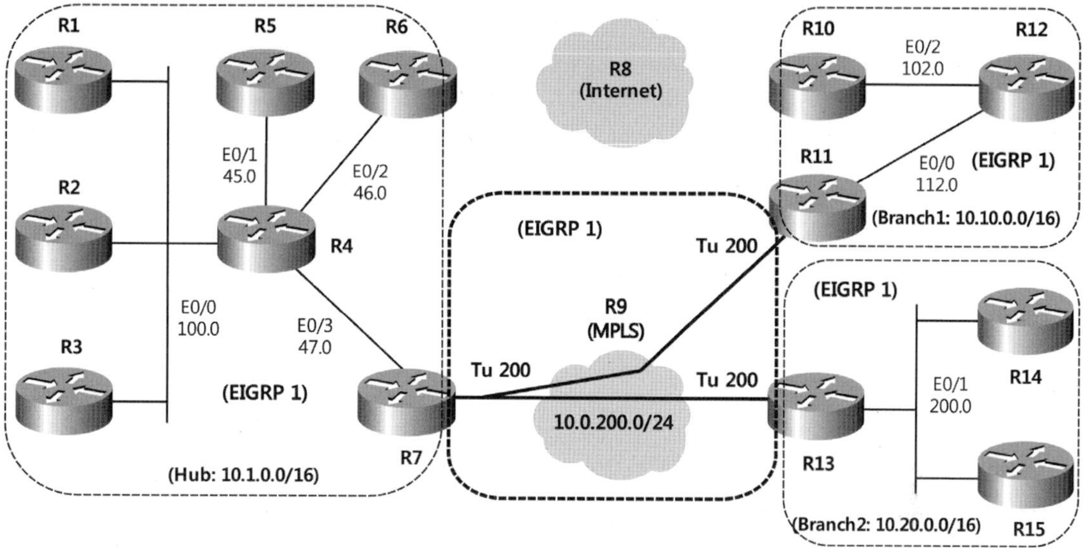

MPLS VPN을 통하는 터널이 시작되는 R7, R11, R13에서 EIGRP를 설정한다. R7에서 다음과 같이 설정한다.

예제 12-69 EIGRP 설정

```
R7(config)# router eigrp myEigrp
R7(config-router)# address-family ipv4 unicast autonomous-system 1

R7(config-router-af)# network 10.0.200.7 0.0.0.0
R7(config-router-af)# network 10.1.0.0 0.0.255.255

R7(config-router-af)# af-interface tunnel 200
R7(config-router-af-interface)# no split-horizon
R7(config-router-af-interface)# no next-hop-self
R7(config-router-af-interface)# summary-address 10.1.0.0 255.255.0.0
```

R11에서 다음과 같이 설정한다.

예제 12-70 EIGRP 설정

```
R11(config)# router eigrp myEigrp
R11(config-router)# address-family ipv4 unicast autonomous-system 1

R11(config-router-af)# network 10.0.200.11 0.0.0.0
R11(config-router-af)# network 10.10.0.0 0.0.255.255

R11(config-router-af)# af-interface tunnel 200
R11(config-router-af-interface)# summary-address 10.10.0.0 255.255.0.0
```

R13에서 다음과 같이 설정한다.

예제 12-71 R13의 EIGRP 설정

```
R13(config)# router eigrp myEigrp
R13(config-router)# address-family ipv4 unicast autonomous-system 1

R13(config-router-af)# network 10.0.200.13 0.0.0.0
R13(config-router-af)# network 10.20.0.0 0.0.255.255

R13(config-router-af)# af-interface tunnel 200
R13(config-router-af-interface)# summary-address 10.20.0.0 255.255.0.0
```

MPLS VPN을 통과하는 터널의 라우팅이 끝났다. 설정이 끝난 다음 R11에서 라우팅 테이블을 확인해 보면 다음과 같이 허브 및 브랜치 2의 내부망이 터널을 통하는 경로로 인스톨되어 있다.

예제 12-72 R11의 라우팅 테이블

```
R11# show ip route eigrp
    (생략)
    10.0.0.0/8 is variably subnetted, 13 subnets, 3 masks
D       10.0.100.0/24 [90/27648000] via 10.10.112.12, 00:04:54, Ethernet0/0
D       10.1.0.0/16 [90/26624640] via 10.0.200.7, 00:04:54, Tunnel200
D       10.10.0.0/16 is a summary, 00:04:12, Null0
D       10.10.10.0/24 [90/1536640] via 10.10.112.12, 00:04:12, Ethernet0/0
D       10.10.12.0/24 [90/1024640] via 10.10.112.12, 00:04:12, Ethernet0/0
D       10.10.102.0/24 [90/1536000] via 10.10.112.12, 00:04:12, Ethernet0/0
D       10.20.0.0/16 [90/52224640] via 10.0.200.13, 00:01:12, Tunnel200
```

MPLS VPN을 사용하는 DMVPN에서도 NHRP 쇼트컷 경로가 생성되는 것을 확인해 보자. 다음과 같이 DMVPN 스포크인 R13에서 또 다른 스포크인 R11로 트레이스 루트를 해보면 처음에는 허브인 R7을 통과한다.

예제 12-73 트레이스 루트

```
R13# tra 10.10.11.11
Type escape sequence to abort.
Tracing the route to 10.10.11.11
VRF info: (vrf in name/id, vrf out name/id)
  1 10.0.200.7 1 msec
    10.0.100.6 1 msec
    10.0.200.7 2 msec
  2 10.0.100.10 1 msec
    10.0.200.11 1 msec
    10.0.100.10 1 msec
```

그러나, 이 순간 스포크들을 직접 연결하는 NHRP 쇼트컷 경로가 만들어진다.

예제 12-74 NHRP 쇼트컷 경로

```
R13# sh ip nhrp short
10.0.200.11/32 via 10.0.200.11
   Tunnel200 created 00:00:16, expire 00:09:43
   Type: dynamic, Flags: router nhop rib
   NBMA address: 10.0.91.11
10.10.11.0/24 via 10.0.200.11
   Tunnel200 created 00:00:16, expire 00:09:43
   Type: dynamic, Flags: router rib
   NBMA address: 10.0.91.11
```

다시 R11로 트레이스 루트를 해보면 다음과 같이 스포크인 R11로 직접 연결되는 쇼트컷 경로로 패킷이 전송된다.

예제 12-75 트레이스 루트

```
R13# tra 10.10.11.11
Type escape sequence to abort.
Tracing the route to 10.10.11.11
VRF info: (vrf in name/id, vrf out name/id)
  1 10.0.200.11 5 msec *  1 msec
R13#
```

이상으로 MPLS VPN을 통과하는 터널에 대한 라우팅 설정이 끝났고, 본·지사의 네트워크가 인터넷과
MPLS VPN을 통과하는 두 개의 터널을 통하여 연결되었다.

경로 조정

대부분의 네트워크는 구축 후 경로 차단 등과 같은 조정이 필요하다. 현재 구축된 네트워크는 허브와
모든 스포크 사이에 다음 그림과 같은 물리적인 루프가 만들어 진다. 특정 네트워크를 재분배하거나
망 장애 발생시 이 물리적인 루프를 따라서 라우팅 루프가 발생할 수 있으므로 적절한 방법을 사용하여
이를 방지해야 한다.

그림 12-22 네트워크 루프

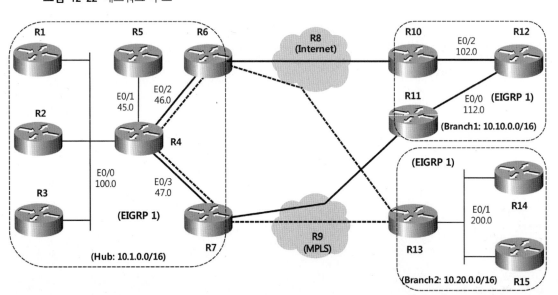

예를 들어, 다음 그림과 같은 토폴로지에서 본사의 내부망에 장애가 발생하면 본사 내부간의 통신이

지사를 통하여 이루어진다. 즉, 지사가 본사 내부 통신을 위한 트랜짓 구간(통과 구간) 역할을 한다. 본사와 지사 사이의 링크 대역폭이 넉넉하다면 이와 같은 상황도 수용할 수 있겠지만 대부분의 경우에는 통과 트래픽으로 인하여 지사 내부 통신도 잘 안될 수 있고, 보안 문제도 발생한다.

이와 같은 상황을 피하려고 하면 지사가 인터넷 DMVPN 터널을 통하여 광고받은 본사 내부 네트워크 (10.1.0.0/16)를 MPLS DMVPN 터널로 거꾸로 광고하지 말아야 하고, 반대로 MPLS 터널로 수신한 광고를 인터넷 터널로 전송하지 말아야 한다.

그림 12-23 트랜짓 네트워크 방지

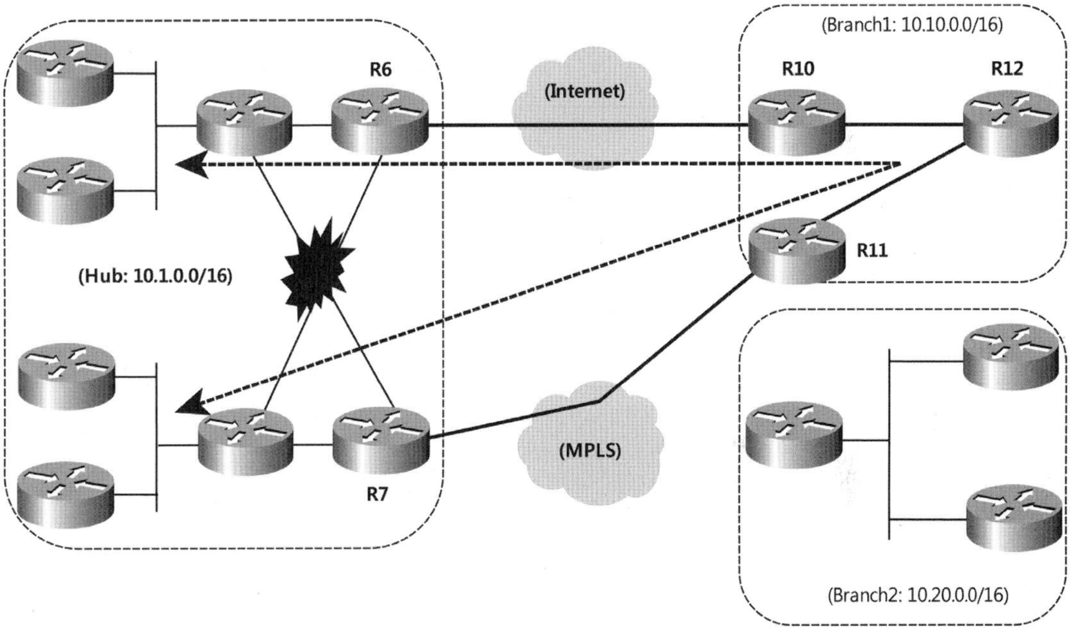

이를 위하여 다음과 같이 DMVPN 허브 라우터인 R6과 R7에서 스포크인 R10, R11, R13으로 EIGRP 네트워크를 광고할 때 태그 10.1.0.0을 붙이고, 스포크 라우터들이 허브 방향으로 광고할 때 태그 값이 10.1.0.0인 것을 차단한다. 그러면, 스포크가 수신한 허브 네트워크를 다시 허브로 광고하는 일이 없어지고, 결과적으로 스포크 라우터가 허브 내부의 트래픽을 중계하는 일이 발생하지 않는다. R6에서 다음과 같이 설정한다.

예제 12-76 R6의 설정

```
R6(config)# route-tag notation dotted-decimal    ①

R6(config)# route-map SET-TAG-FOR-SPOKE    ②
R6(config-route-map)# set tag 10.1.0.0
R6(config-route-map)# exit

R6(config)# router eigrp myEigrp
R6(config-router)# address-family ipv4 unicast autonomous-system 1
R6(config-router-af)# topology base
R6(config-router-af-topology)# distribute-list route-map SET-TAG-FOR-SPOKE out tunnel 100    ③
```

① 태그 값이 IP 주소 형식으로 표시되게 한다.

② 루트 맵을 이용하여 태그를 설정한다.

③ EIGRP가 터널 100으로 네트워크를 광고할 때 앞서 설정한 루트 맵을 적용한다.

R7에서는 다음과 같이 설정한다. 루트 맵을 적용시키는 인터페이스 외에 설정 내용은 R6과 동일하다.

예제 12-77 R7의 설정

```
R7(config)# route-tag notation dotted-decimal

R7(config)# route-map SET-TAG-FOR-SPOKE
R7(config-route-map)# set tag 10.1.0.0
R7(config-route-map)# exit

R7(config)# router eigrp myEigrp
R7(config-router)# address-family ipv4 unicast autonomous-system 1
R7(config-router-af)# topology base
R7(config-router-af-topology)# distribute-list route-map SET-TAG-FOR-SPOKE out tunnel 200
```

설정 후 스포크 라우터인 R10에서 show eigrp address-family ipv4 topology 10.1.0.0/16 명령어를 사용하여 확인하면 태그가 설정되어 있다.

예제 12-78 태크 설정 확인

```
R10# show eigrp address-family ipv4 topology 10.1.0.0/16
EIGRP-IPv4 VR(myEigrp) Topology Entry for AS(1)/ID(10.10.10.10) for 10.1.0.0/16
  State is Passive, Query origin flag is 1, 1 Successor(s), FD is 3407953920, RIB is
26624640
  Descriptor Blocks:
  10.0.100.6 (Tunnel100), from 10.0.100.6, Send flag is 0x0
      Composite metric is (3407953920/163840), route is Internal
    Vector metric:
      Minimum bandwidth is 5000 Kbit
      Total delay is 50001250000 picoseconds
      Reliability is 255/255
      Load is 1/255
      Minimum MTU is 1400
      Hop count is 1
      Originating router is 10.1.6.6
      Internal tag is 10.1.0.0
```

다음과 같이 show ip route tag 10.1.0.0 명령어를 사용하면 태그 값이 10.1.0.0인 네트워크를 모두 확인할 수 있다.

예제 12-79 태그 값이 설정된 네트워크

```
R10# sh ip route tag 10.1.0.0
Routing entry for 10.1.0.0/16
  Known via "eigrp 1", distance 90, metric 26624640
  Tag 10.1.0.0, type internal
  Redistributing via nhrp, eigrp 1
  Last update from 10.0.100.6 on Tunnel100, 00:12:04 ago
  Routing Descriptor Blocks:
  * 10.0.100.6, from 10.0.100.6, 00:12:04 ago, via Tunnel100
      Route metric is 26624640, traffic share count is 1
      Total delay is 50002 microseconds, minimum bandwidth is 5000 Kbit
      Reliability 255/255, minimum MTU 1400 bytes
      Loading 1/255, Hops 1
      Route tag 10.1.0.0
Routing entry for 10.20.0.0/16
  Known via "eigrp 1", distance 90, metric 52224640
  Tag 10.1.0.0, type internal
```

```
Redistributing via nhrp, eigrp 1
Last update from 10.0.100.13 on Tunnel100, 00:12:04 ago
Routing Descriptor Blocks:
* 10.0.100.13, from 10.0.100.6, 00:12:04 ago, via Tunnel100
    Route metric is 52224640, traffic share count is 1
    Total delay is 100002 microseconds, minimum bandwidth is 5000 Kbit
    Reliability 255/255, minimum MTU 1400 bytes
    Loading 1/255, Hops 2
    Route tag 10.1.0.0
```

스포크 라우터인 R10에서는 다음과 같이 태그 값이 10.1.0.0인 네트워크 (허브에서 광고받은 네트워크)
를 거꾸로 허브에게 광고되지 않게 한다.

예제 12-80 허브로의 광고 차단

```
R10(config)# route-tag notation dotted-decimal

R10(config)# route-map NOT-SEND-TO-HUB deny 10
R10(config-route-map)# match tag 10.1.0.0
R10(config-route-map)# exit
R10(config)# route-map NOT-SEND-TO-HUB permit 20
R10(config-route-map)# exit

R10(config)# router eigrp myEigrp
R10(config-router)# address-family ipv4 unicast autonomous-system 1
R10(config-router-af)# topology base
R10(config-router-af-topology)# distribute-list route-map NOT-SEND-TO-HUB out tunnel 100
```

스포크 라우터인 R11의 설정은 다음과 같다.

예제 12-81 R11의 설정

```
R11(config)# route-tag notation dotted-decimal

R11(config)# route-map NOT-SEND-TO-HUB deny 10
R11(config-route-map)# match tag 10.1.0.0
R11(config-route-map)# exit
R11(config)# route-map NOT-SEND-TO-HUB permit 20
```

```
R11(config-route-map)# exit

R11(config)# router eigrp myEigrp
R11(config-router)# address-family ipv4 unicast autonomous-system 1
R11(config-router-af)# topology base
R11(config-router-af-topology)# distribute-list route-map NOT-SEND-TO-HUB out tu 200
```

스포크 라우터인 R13의 설정은 다음과 같다.

예제 12-82 R13의 설정

```
R13(config)# route-tag notation dotted-decimal

R13(config)# route-map NOT-SEND-TO-HUB deny 10
R13(config-route-map)# match tag 10.1.0.0
R13(config-route-map)# exit
R13(config)# route-map NOT-SEND-TO-HUB permit 20
R13(config-route-map)# exit

R13(config)# router eigrp myEigrp
R13(config-router)# address-family ipv4 unicast autonomous-system 1
R13(config-router-af)# topology base
R13(config-router-af-topology)# distribute-list route-map NOT-SEND-TO-HUB out tu 100
R13(config-router-af-topology)# distribute-list route-map NOT-SEND-TO-HUB out tu 200
```

이상과 같이 허브에서 광고받은 네트워크를 다시 허브로 광고하지 않도록 하였다.

이번에는 다음과 같은 경우를 생각해 보자. 현재의 토폴로지에서 본사의 두 허브 라우터는 DMVPN을 통하여 원격에서 광고받은 라우팅 정보를 상호 교환할 필요가 없다. 예를 들어, R6에서 인터넷을 통과하는 DMVPN이 다운된 경우, R7이 광고하는 MPLS DMVPN 라우팅 정보를 가지고 있어도 쓸모가 없으며, 재분배된 네트워크가 있고 망이 불안정할 경우 라우팅 루프가 발생할 수도 있다.

그림 12-24 경계 라우터 사이의 광고 차단

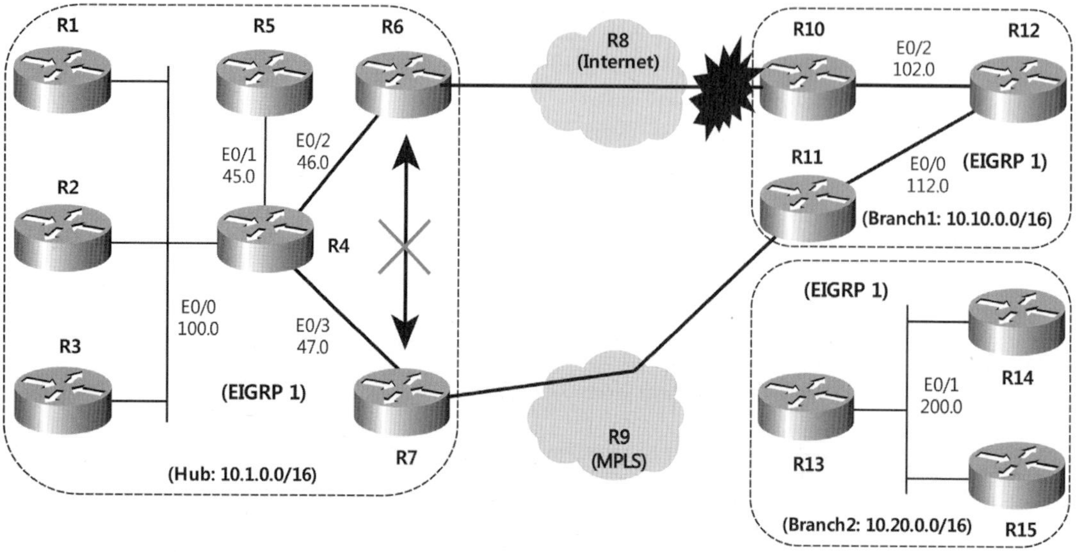

이를 위하여 DMVPN 허브 라우터인 R6과 R7이 스포크에서 광고받은 네트워크에 태그를 설정하고 상대 허브는 이에 대한 광고를 받아들이지 않는다. R6에서 다음과 같이 설정한다.

예제 12-83 R6의 설정

```
R6(config)# ip access-list standard SPOKE-IP    ①
R6(config-std-nacl)# permit 10.0.100.0 0.0.0.255
R6(config-std-nacl)# exit

R6(config)# route-map NETS-FROM-SPOKE    ②
R6(config-route-map)# match ip route-source SPOKE-IP
R6(config-route-map)# set tag 10.1.6.6
R6(config-route-map)# exit
R6(config)# route-map NETS-FROM-SPOKE permit 20    ③
R6(config-route-map)# exit

R6(config)# route-map BLOCK-SPOKE-NETS-FROM-HUB deny 10    ④
R6(config-route-map)# match tag 10.1.7.7
R6(config-route-map)# exit
R6(config)# route-map BLOCK-SPOKE-NETS-FROM-HUB permit 20    ⑤
R6(config-route-map)# exit
```

```
R6(config)# router eigrp myEigrp
R6(config-router)# address-family ipv4 unicast autonomous-system 1
R6(config-router-af)# topology base
R6(config-router-af-topology)# distribute-list route-map NETS-FROM-SPOKE out e0/2    ⑥
R6(config-router-af-topology)# distribute-list route-map BLOCK-SPOKE-NETS-FROM-HUB in e0/2
```

① 액세스 리스트를 사용하여 스포크 라우터인 R10, R13이 터널 100으로 EIGRP 광고를 보낼때 사용하는 출발지 IP 주소를 지정한다.

② 스포크 라우터에서 광고받은 네트워크에는 태그 값 10.1.6.6을 설정한다.

③ 나머지 네트워크(R6의 루프백 주소)는 태그를 설정하지 않게 하는 루트 맵을 만든다.

④ 잠시 후 다른 허브 라우터인 R7이 태그 값 10.1.7.7을 설정하여 광고하는 네트워크는 받아들이지 않도록 하는 루트 맵을 만든다.

⑤ 나머지 모든 본사 네트워크 광고는 수신한다.

⑥ 본사 내부망과 연결되는 인터페이스에 앞서 만든 루트 맵을 적용한다.

R7에서는 다음과 같이 설정한다. 설정 내용은 R6과 유사하다.

예제 12-84 R7의 설정

```
R7(config)# ip access-list standard SPOKE-IP
R7(config-std-nacl)# permit 10.0.200.0 0.0.0.255
R7(config-std-nacl)# exit

R7(config)# route-map NETS-FROM-SPOKE
R7(config-route-map)# match ip route-source SPOKE-IP
R7(config-route-map)# set tag 10.1.7.7
R7(config-route-map)# exit
R7(config)# route-map NETS-FROM-SPOKE permit 20
R7(config-route-map)# exit

R7(config)# route-map BLOCK-SPOKE-NETS-FROM-HUB deny 10
R7(config-route-map)# match tag 10.1.6.6
R7(config-route-map)# exit
R7(config)# route-map BLOCK-SPOKE-NETS-FROM-HUB permit 20
R7(config-route-map)# exit
```

```
R7(config)# router eigrp myEigrp
R7(config-router)# address-family ipv4 unicast autonomous-system 1
R7(config-router-af)# topology base
R7(config-router-af-topology)# distribute-list route-map NETS-FROM-SPOKE out e0/3
R7(config-router-af-topology)# distribute-list route-map BLOCK-SPOKE-NETS-FROM-HUB in e0/3
```

이처럼 특정 네트워크를 차단하는 것은 토폴로지 및 라우팅 프로토콜에 따라 다르기 때문에 사용중인
전체 네트워크를 보고 결정하는 것이 좋다.

인터넷 사용 환경 설정

이번에는 사용자들이 본·지사 사이의 통신외에 인터넷을 사용할 수 있는 환경에 대해 생각해 보자.
인터넷 사용을 위해서는 다음과 같은 것들을 고려해야 한다.

그림 12-25 인터넷 사용 환경

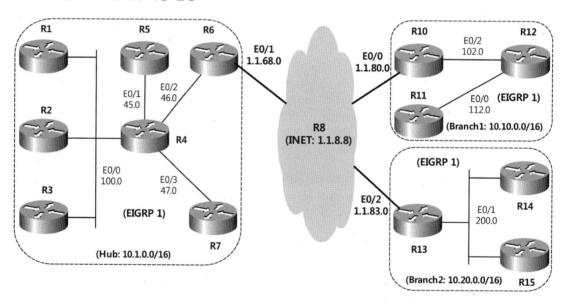

- 인터넷 접속을 위한 디폴트 루트 설정
- 인터넷에서 INET VRF로 돌아오는 패킷의 글로벌 라우팅
- NAT

- 본사를 통한 인터넷 접속 또는 지사에서의 직접 인터넷 접속

현재 본사의 R1에서 인터넷 IP 주소인 1.1.8.8로 핑을 해보면 되지 않는다.

그 이유는 아직 인터넷 사용을 위한 라우팅이 설정되지 않았기 때문이다. 먼저, 본사와 인터넷을 연결하는 R6의 글로벌 라우팅 테이블에 인터넷 접속을 위한 디폴트 루트가 인스톨되어야 한다. 이를 위하여 다음과 같이 디폴트 루트를 설정한다.

예제 12-85 R6의 설정

```
R6(config)# ip route 0.0.0.0 0.0.0.0 e0/1 1.1.68.8

R6(config)# router eigrp myEigrp
R6(config-router)# address-family ipv4 unicast autonomous-system 1
R6(config-router-af)# topology base
R6(config-router-af-topology)# redistribute static
```

그러면, 다음과 같이 R1의 글로벌 라우팅 테이블에 인터넷 접속을 위한 디폴트 루트가 설치된다.

예제 12-86 R1의 라우팅 테이블

```
R1# show ip route eigrp
      (생략)
Gateway of last resort is 10.1.100.4 to network 0.0.0.0

D*     0.0.0.0/0 [90/1536640] via 10.1.100.4, 00:01:16, Ethernet0/0
```

R6에서 인터넷 접속을 위하여 EIGRP를 통하여 광고한 디폴트 루트는 모든 사이트의 라우터에 모두 전달된다. 예를 들어, 브랜치 2의 R15에도 다음과 같이 디폴트 루트가 설치된다.

예제 12-87 R15의 라우팅 테이블

```
R15# show ip route eigrp
      (생략)
Gateway of last resort is 10.20.200.13 to network 0.0.0.0
```

```
D*EX   0.0.0.0/0 [170/27648000] via 10.20.200.13, 00:01:07, Ethernet0/1
        10.0.0.0/8 is variably subnetted, 10 subnets, 3 masks
D            10.0.100.0/24 [90/27136000] via 10.20.200.13, 02:45:48, Ethernet0/1
D            10.0.200.0/24 [90/27136000] via 10.20.200.13, 02:45:48, Ethernet0/1
D            10.1.0.0/16 [90/27136640] via 10.20.200.13, 01:49:43, Ethernet0/1
D            10.10.0.0/16 [90/52736640] via 10.20.200.13, 01:49:43, Ethernet0/1
D            10.20.13.0/24 [90/1024640] via 10.20.200.13, 02:45:48, Ethernet0/1
D            10.20.14.0/24 [90/1024640] via 10.20.200.14, 02:45:48, Ethernet0/1
```

이제, R1에서 인터넷 IP 주소인 1.1.8.8로 핑을 하면 패킷이 전송된다. 그러나, R6의 E0/1 인터페이스가 VRF INET에 소속되어 있으므로 돌아오는 패킷이 글로벌 라우팅 테이블을 이용하지 못한다. 이를 해결하기 위하여 다음과 같이 목적지가 내부인 패킷을 VRF INET에서 글로벌 라우팅 테이블로 보내는 PBR(Policy Based Routing)을 설정한다.

예제 12-88 PBR 설정

```
R6(config)# ip access-list extended INTERNAL-NETWORKS
R6(config-ext-nacl)# permit ip any 10.0.0.0 0.255.255.255
R6(config-ext-nacl)# exit

R6(config)# route-map RETURN-INTERNET
R6(config-route-map)# match ip address INTERNAL-NETWORKS
R6(config-route-map)# set global
R6(config-route-map)# exit

R6(config)# int e0/1
R6(config-if)# ip policy route-map RETURN-INTERNET
```

다음과 같이 NAT를 설정한다.

예제 12-89 NAT 설정

```
R6(config)# ip access-list standard PRIVATE
R6(config-std-nacl)# permit 10.0.0.0 0.255.255.255
R6(config-std-nacl)# exit

R6(config)# ip nat inside source list PRIVATE int e0/1 overload
```

```
R6(config)# int e0/1
R6(config-if)# ip nat outside
R6(config-if)# exit

R6(config)# int e0/2
R6(config-if)# ip nat inside
```

이제, R1에서 인터넷으로 핑이 된다.

예제 12-90 핑 확인

```
R1# ping 1.1.8.8
Type escape sequence to abort.
Sending 5, 100-byte ICMP Echos to 1.1.8.8, timeout is 2 seconds:
!!!!!
Success rate is 100 percent (5/5), round-trip min/avg/max = 1/1/1 ms
```

지사에서도 인터넷을 사용하게 하려면 다음과 같이 터널에도 NAT를 설정하면 된다.

예제 12-91 NAT 설정

```
R6(config)# int tunnel 100
R6(config-if)# ip nat inside
```

그러면, R15에서도 인터넷 IP 주소인 1.1.8.8까지 핑이 된다.

예제 12-92 핑 확인

```
R15# ping 1.1.8.8
Type escape sequence to abort.
Sending 5, 100-byte ICMP Echos to 1.1.8.8, timeout is 2 seconds:
!!!!!
Success rate is 100 percent (5/5), round-trip min/avg/max = 1/1/1 ms
```

R15에서 인터넷 IP 주소인 1.1.8.8까지 트레이스 루트를 해보면 다음과 같이 DMVPN 허브 라우터인

R6(10.0.100.6)을 통해서 인터넷과 접속되는 것을 알 수 있다.

예제 12-93 트레이스 루트

```
R15# traceroute 1.1.8.8
Type escape sequence to abort.
Tracing the route to 1.1.8.8
VRF info: (vrf in name/id, vrf out name/id)
  1 10.20.200.13 1 msec 0 msec 0 msec
  2 10.0.100.6 1 msec 0 msec 1 msec
  3 1.1.68.8 0 msec *  1 msec
```

결과적으로 다음 그림과 같이 모든 인터넷 접속이 중앙 집중식으로 이루어진다.

그림 12-26 Central Internet Access Model

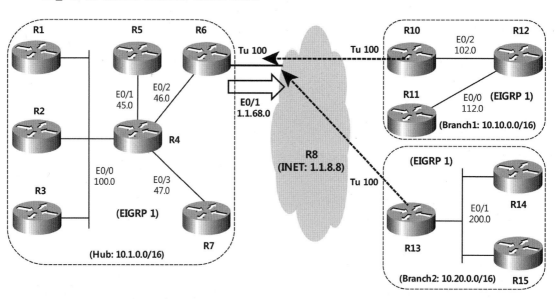

이번에는 다음 그림과 같이 모든 지사에서 본사를 통하지 않고 직접 인터넷에 접속할 수 있도록
설정해 보자.

그림 **12-27** Direct Internet Access 모델

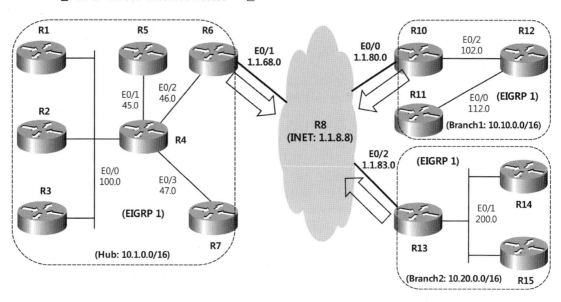

인터넷과 연결되는 각 라우터에서 허브의 R6과 유사한 설정을 한다. R10에서 다음과 같이 설정한다.

예제 **12-94** R10의 설정

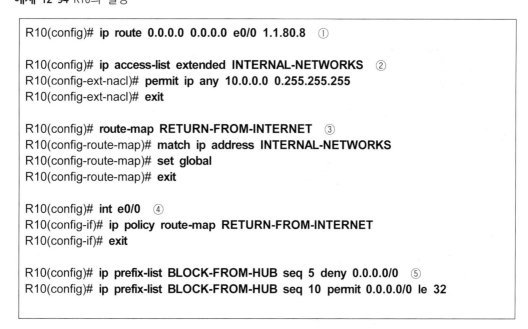

```
R10(config)# ip route 0.0.0.0 0.0.0.0 e0/0 1.1.80.8    ①

R10(config)# ip access-list extended INTERNAL-NETWORKS    ②
R10(config-ext-nacl)# permit ip any 10.0.0.0 0.255.255.255
R10(config-ext-nacl)# exit

R10(config)# route-map RETURN-FROM-INTERNET    ③
R10(config-route-map)# match ip address INTERNAL-NETWORKS
R10(config-route-map)# set global
R10(config-route-map)# exit

R10(config)# int e0/0    ④
R10(config-if)# ip policy route-map RETURN-FROM-INTERNET
R10(config-if)# exit

R10(config)# ip prefix-list BLOCK-FROM-HUB seq 5 deny 0.0.0.0/0    ⑤
R10(config)# ip prefix-list BLOCK-FROM-HUB seq 10 permit 0.0.0.0/0 le 32
```

```
R10(config)#ip prefix-list DEFAULT-ROUTE permit 0.0.0.0/0   ⑥

R10(config)#route-map NOT-SEND-TO-HUB deny 10
R10(config-route-map)# match tag 10.1.0.0
R10(config-route-map)#exit
R10(config)#route-map NOT-SEND-TO-HUB deny 15   ⑦
R10(config-route-map)#match ip address prefix-list DEFAULT-ROUTE
R10(config-route-map)#exit
R10(config)#route-map NOT-SEND-TO-HUB permit 20
R10(config-route-map)#exit

R10(config)# router eigrp myEigrp   ⑧
R10(config-router)# address-family ipv4 unicast autonomous-system 1
R10(config-router-af)# topology base
R10(config-router-af-topology)# redistribute static
R10(config-router-af-topology)# distribute-list prefix BLOCK-FROM-HUB in tu 100
R10(config-router-af-topology)# distribute-list route-map NOT-SEND-TO-HUB out tu 100
R10(config-router)# exit

R10(config)# ip access-list standard PRIVATE   ⑨
R10(config-std-nacl)# permit 10.0.0.0 0.255.255.255
R10(config-std-nacl)# exit

R10(config)# ip nat inside source list PRIVATE int e0/0 overload   ⑩

R10(config)# int e0/0
R10(config-if)# ip nat outside
R10(config-if)# exit
R10(config)# int e0/2
R10(config-if)# ip nat inside
```

① 본사를 통하지 않고 지사에서 직접 인터넷을 사용하기 위하여 인터넷 방향으로 디폴트 루트를
설정한다. 이때, 인터페이스 이름을 반드시 명시해야만 라우팅 테이블에 디폴트 루트가 설치된다.
넥스트 홉 IP 주소는 INET VRF에 소속되어 있기 때문에 IP 주소만 지정하면 라우팅 테이블에
인스톨되지 않는다.

② PBR(Policy Based Routing)에서 사용할 루트 맵을 위한 액세스 리스트를 만든다. 목적지가
내부 네트워크인 패킷(10.0.0.0/8)을 지정한다.

③ PBR에서 사용할 루트 맵을 만들고 목적지가 내부 네트워크인 패킷들을 글로벌 라우팅시키게

설정한다.

④ 앞서 만든 PBR을 인터넷과 연결되는 인터페이스에 적용한다.

⑤ 본사에서 터널을 통하여 광고되는 디폴트 루트를 차단하기 위한 프리픽스 리스트를 만든다. 액세스 리스트를 사용해도 된다. 지사와 인터넷 망 사이에 장애가 발생했을 때 MPLS 망을 이용하여 본사를 통해 인터넷을 사용하게 하려면 본사로부터의 디폴트 루트를 차단하지 않으면 된다.

⑥ 본사로 디폴트 루트를 광고하지 않도록 루트 맵에 추가하기 위하여 프리픽스 리스트로 디폴트 루트를 지정하였다.

⑦ 앞서 만든 루트 맵 NOT-SEND-TO-HUB에 디폴트 루트를 차단하는 프리픽스 리스트도 추가한다.

⑧ 앞서 만든 정적인 디폴트 루트를 EIGRP를 통하여 지사 내부 라우터들에게 광고하고, 본사로부터의 디폴트 루트는 차단한다.

⑨ NAT를 위한 액세스 리스트를 만든다.

⑩ NAT를 동작시킨다.

설정 후 라우팅 테이블을 보면 다음과 같이 디폴트 루트의 넥스트 홉이 터널이 아닌 인터넷과 접속되는 인터페이스로 설정되어 있다.

예제 12-95 R10의 라우팅 테이블

```
R10# show ip route
    (생략)
Gateway of last resort is 1.1.80.8 to network 0.0.0.0

S*     0.0.0.0/0 [1/0] via 1.1.80.8, Ethernet0/0
       10.0.0.0/8 is variably subnetted, 13 subnets, 3 masks
C         10.0.100.0/24 is directly connected, Tunnel100
L         10.0.100.10/32 is directly connected, Tunnel100
D         10.0.200.0/24 [90/27648000] via 10.10.102.12, 00:04:26, Ethernet0/2
D         10.1.0.0/16 [90/26624640] via 10.0.100.6, 00:04:26, Tunnel100
D         10.10.0.0/16 is a summary, 00:04:26, Null0
C         10.10.10.0/24 is directly connected, Loopback0
L         10.10.10.10/32 is directly connected, Loopback0
D         10.10.11.0/24 [90/1536640] via 10.10.102.12, 00:04:33, Ethernet0/2
D         10.10.12.0/24 [90/1024640] via 10.10.102.12, 00:04:33, Ethernet0/2
C         10.10.102.0/24 is directly connected, Ethernet0/2
L         10.10.102.10/32 is directly connected, Ethernet0/2
```

```
D          10.10.112.0/24 [90/1536000] via 10.10.102.12, 00:04:33, Ethernet0/2
D          10.20.0.0/16 [90/52224640] via 10.0.100.13, 00:04:21, Tunnel100
```

지역 인터넷 접속을 위하여 R13에서도 다음과 같이 설정한다.

예제 12-96 R13의 설정

```
R13(config)# ip route 0.0.0.0 0.0.0.0 e0/2 1.1.83.8

R13(config)# ip access-list extended INTERNAL-NETWORKS
R13(config-ext-nacl)# permit ip any 10.0.0.0 0.255.255.255
R13(config-ext-nacl)# exit

R13(config)# route-map RETURN-FROM-INTERNET
R13(config-route-map)# match ip address INTERNAL-NETWORKS
R13(config-route-map)# set global
R13(config-route-map)# exit

R13(config)# int e0/2
R13(config-if)# ip policy route-map RETURN-FROM-INTERNET
R13(config-if)# exit

R13(config)# ip prefix-list BLOCK-FROM-HUB seq 5 deny 0.0.0.0/0
R13(config)# ip prefix-list BLOCK-FROM-HUB seq 10 permit 0.0.0.0/0 le 32

R13(config)# ip prefix-list DEFAULT-ROUTE permit 0.0.0.0/0

R13(config)# route-map NOT-SEND-TO-HUB deny 10
R13(config-route-map)# match tag 10.1.0.0
R13(config-route-map)# exit
R13(config)# route-map NOT-SEND-TO-HUB deny 15
R13(config-route-map)# match ip address prefix-list DEFAULT-ROUTE
R13(config-route-map)# exit
R13(config)# route-map NOT-SEND-TO-HUB permit 20
R13(config-route-map)# exit

R13(config)# router eigrp myEigrp
R13(config-router)# address-family ipv4 unicast autonomous-system 1
R13(config-router-af)# topology base
R13(config-router-af-topology)# redistribute static
R13(config-router-af-topology)# distribute-list prefix BLOCK-FROM-HUB in tu 100
```

```
R13(config-router-af-topology)# distribute-list prefix BLOCK-FROM-HUB in tu 200
R13(config-router-af-topology)# distribute-list route-map NOT-SEND-TO-HUB out tu 100
R13(config-router-af-topology)# distribute-list route-map NOT-SEND-TO-HUB out tu 200

R13(config-router-af-topology)# ip access-list standard PRIVATE
R13(config-std-nacl)# permit 10.0.0.0 0.255.255.255
R13(config-std-nacl)# exit

R13(config)# ip nat inside source list PRIVATE int e0/2 overload

R13(config)# int e0/2
R13(config-if)# ip nat outside
R13(config-if)# exit
R13(config)# int e0/1
R13(config-if)# ip nat inside
```

R11에서는 직접 인터넷과 접속되지 않으므로 다음과 같이 MPLS 터널을 통하여 본사와 주고 받는 디폴트 루트만 차단하면 된다.

예제 12-97 R11의 설정

```
R11(config)# ip prefix-list BLOCK-FROM-HUB seq 5 deny 0.0.0.0/0
R11(config)# ip prefix-list BLOCK-FROM-HUB seq 10 permit 0.0.0.0/0 le 32

R11(config)# ip prefix-list DEFAULT-ROUTE permit 0.0.0.0/0

R11(config)# route-map NOT-SEND-TO-HUB deny 10
R11(config-route-map)# match tag 10.1.0.0
R11(config-route-map)# exit
R11(config)# route-map NOT-SEND-TO-HUB deny 15
R11(config-route-map)# match ip address prefix-list DEFAULT-ROUTE
R11(config-route-map)# exit
R11(config)# route-map NOT-SEND-TO-HUB permit 20
R11(config-route-map)# exit

R11(config-route-map)# router eigrp myEigrp
R11(config-router)# address-family ipv4 unicast autonomous-system 1
R11(config-router-af)# topology base
R11(config-router-af-topology)# redistribute static
R11(config-router-af-topology)# distribute-list prefix BLOCK-FROM-HUB in tu 200
```

```
R11(config-router-af-topology)# distribute-list route-map NOT-SEND-TO-HUB out tu 200
```

이제, 지사 라우터인 R15에서 인터넷 IP 주소인 1.1.8.8로 트레이스 루트를 해보면 다음과 같이 본사를 거치지 않고 직접 연결되는 것을 알 수 있다.

예제 12-98 트레이스 루트

```
R15# traceroute 1.1.8.8
Type escape sequence to abort.
Tracing the route to 1.1.8.8
VRF info: (vrf in name/id, vrf out name/id)
  1 10.20.200.13 0 msec 0 msec 1 msec
  2 1.1.83.8 0 msec *  1 msec
```

이것으로 본·지사 사이의 장거리 통신망 설정을 완료하였다.

본·지사 사이의 PfR 설정

이번 절에서는 앞서 구축한 본·지사 사이의 통신망에 PfR을 설정하기로 하자.

PfR을 사용하지 않을 때

다음 그림과 같은 네트워크에서 PfR 적용 전후를 비교해 보자.

그림 12-28 PfR 사용여부의 차이

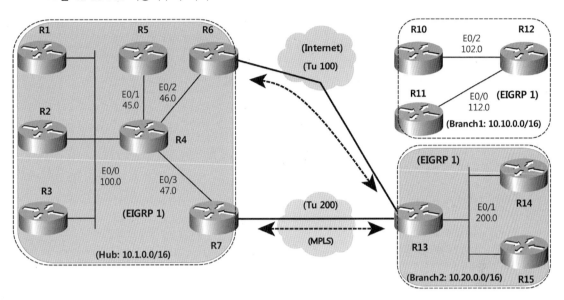

먼저, PfR을 사용하지 않으면 본사와 지사 사이를 연결하는 두 개의 회선 사이에 효율적인 부하 분산이 일어나지 않는다. R4의 라우팅 테이블을 보면 다음과 같이 Branch 2의 10.20.0.0/16 네트워크에 대해서 부하 분산이 이루어지고 있다.

예제 12-99 R4의 라우팅 테이블

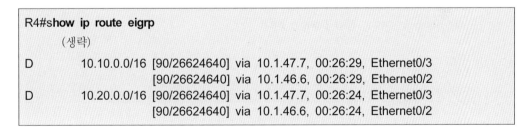

따라서, R4는 목적지가 10.20.0.0/16인 패킷을 R6(10.1.46.6)과 R7(10.1.47.7)로 분산시켜 전송한다. R4는 시스코 라우터에서 가장 많이 사용하는 스위칭 방식인 CEF(cisco express forwarding)을 이용하여 패킷을 전송하며, CEF는 출발지/목적지 IP 주소별로 부하를 분산한다.

다음과 같이 R1, R2, R3, R4에서 Branch 2에 있는 R14, R15의 루프백으로 핑을 한다.

예제 12-100 핑을 이용한 트래픽 생성

```
R1# ping 10.20.14.14 source lo0 repeat 999999999
R2# ping 10.20.14.14 source lo0 repeat 999999999
R3# ping 10.20.15.15 source lo0 repeat 999999999
R4# ping 10.20.15.15 source lo0 repeat 999999999
```

WAN과 연결되는 R6, R7에서 패킷 전송 상태를 확인하기 위하여 다음과 같이 NetFlow를 설정해
보자.

예제 12-101 NetFlow 설정

```
R6(config)# int tunnel 100
R6(config-if)# ip flow egress

R7(config)# int tunnel 200
R7(config-if)# ip flow egress
```

잠시 후 R6에서 show ip cache flow | begin SrcIf 명령어를 사용하여 확인해 보면 다음과 같이
3개의 트래픽이 R6을 통과하여 Branch 2로 전송된다.

예제 12-102 트래픽 확인

```
R6# show ip cache flow | begin SrcIf
SrcIf          SrcIPaddress    DstIf          DstIPaddress      Pr SrcP DstP    Pkts
Et0/2          10.1.2.2        Tu100*         10.20.14.14       01 0000 0800    58K
Et0/2          10.1.4.4        Tu100*         10.20.15.15       01 0000 0800    113K
Et0/2          10.1.3.3        Tu100*         10.20.15.15       01 0000 0800    59K
```

또, R7에서 확인해 보면 다음과 같이 1개의 트래픽이 R7을 통과하여 Branch 2로 전송된다.

예제 12-103 트래픽 확인

```
R7# show ip cache flow | begin SrcIf
SrcIf          SrcIPaddress    DstIf          DstIPaddress      Pr SrcP DstP    Pkts
Et0/3          10.1.1.1        Tu200*         10.20.14.14       01 0000 0800    58K
```

경우에 따라서는 앞서의 결과와 달리 모든 트래픽이 하나의 라우터로 전송되거나 두 라우터로 분산될 수도 있다. 즉, 효율적인 부하 분산이 일어나지 않는다. 이번에는 R7로 트래픽을 전송하는 R1에서 Control+Shift+6을 눌러 패킷 전송을 중지시켜 보자. 잠시 후 R7에서 show ip cache flow | begin SrcIf 명령어를 사용하여 확인해 보면 다음과 같이 전송되는 트래픽이 없다. 즉, R6을 통하여 전송되는 패킷 일부가 트래픽이 없는 R7로 돌려지지 않는다.

예제 12-104 트래픽 확인

```
R7# show ip cache flow | begin SrcIf
SrcIf          SrcIPaddress     DstIf          DstIPaddress      Pr SrcP DstP    Pkts

R7#
```

그러나, PfR을 사용하면 WAN을 통하는 복수개의 경로를 이용하여 효율적인 부하 분산이 이루어진다. 더욱 중요한 기능은 VOIP와 같이 지연이나 패킷 손실률에 민감한 트래픽을 품질이 더 좋은 통신망으로 라우팅시킬 수 있고, WAN 내부에서 장애가 발생하는 경우도 1초 또는 수초 이내에 이를 감지하여 문제가 없는 통신망으로 우회시킬 수도 있다.

모든 라우터에서 핑을 중지시킨다.

기본적인 PfR 설정

PfR의 설정은 간단하다. 앞서 구축한 본・지사 사이의 통신망에 PfR을 설정하고 동작 방식을 확인해 보기로 한다. 다음과 같이 R5를 허브 MC로 동작시키고, R6, R7을 허브 BR로 설정한다. 또, R12를 지사 1의 브랜치 MC, R10과 R11을 지사 1의 BR로 설정하고, R13을 지사 2의 브랜치 MC 겸 BR로 동작시켜 보자.

그림 12-29 PfR 구성

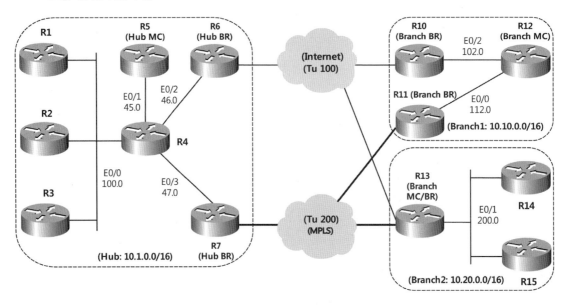

MC를 먼저 설정한 다음 BR을 설정하기로 한다.

MC 설정

다음과 같이 R5를 허브 MC로 설정한다.

예제 12-105 허브 MC 설정

```
R5(config)# ip prefix-list COMPANY-NETWORK permit 10.0.0.0/8   ①

R5(config)# ip prefix-list HUB-NETWORK permit 10.1.11.0/24   ②
R5(config)# ip prefix-list HUB-NETWORK permit 10.1.12.0/24
R5(config)# ip prefix-list HUB-NETWORK permit 10.1.13.0/24
R5(config)# ip prefix-list HUB-NETWORK permit 10.1.21.0/24
R5(config)# ip prefix-list HUB-NETWORK permit 10.1.22.0/24
R5(config)# ip prefix-list HUB-NETWORK permit 10.1.23.0/24
R5(config)# ip prefix-list HUB-NETWORK permit 10.1.31.0/24
R5(config)# ip prefix-list HUB-NETWORK permit 10.1.32.0/24
R5(config)# ip prefix-list HUB-NETWORK permit 10.1.33.0/24

R5(config)# ip prefix-list HUB-NETWORK permit 10.1.1.0/24
```

```
R5(config)# ip prefix-list HUB-NETWORK permit 10.1.2.0/24
R5(config)# ip prefix-list HUB-NETWORK permit 10.1.3.0/24
R5(config)# ip prefix-list HUB-NETWORK permit 10.1.4.0/24
R5(config)# ip prefix-list HUB-NETWORK permit 10.1.100.0/24
R5(config)# ip prefix-list HUB-NETWORK permit 10.1.45.0/24
R5(config)# ip prefix-list HUB-NETWORK permit 10.1.46.0/24
R5(config)# ip prefix-list HUB-NETWORK permit 10.1.47.0/24
R5(config)# ip prefix-list HUB-NETWORK permit 10.1.0.0/16

R5(config)# domain mydomain        ③
R5(config-domain)# vrf default        ④
R5(config-domain-vrf)# master hub        ⑤

R5(config-domain-vrf-mc)# source-interface lo0        ⑥
R5(config-domain-vrf-mc)# enterprise-prefix prefix-list COMPANY-NETWORK        ⑦
R5(config-domain-vrf-mc)# site-prefix prefix-list HUB-NETWORK        ⑧
R5(config-domain-vrf-mc)# password cisco123
R5(config-domain-vrf-mc)# monitor-interval 2 dscp ef        ⑨
R5(config-domain-vrf-mc)# monitor-interval 2 dscp af41
R5(config-domain-vrf-mc)# load-balance        ⑩

R5(config-domain-vrf-mc)# class VOICE sequence 10        ⑪
R5(config-domain-vrf-mc-class)# match dscp ef policy voice        ⑫
R5(config-domain-vrf-mc-class)# path-preference MPLS fallback INET        ⑬
R5(config-domain-vrf-mc-class)# exit
R5(config-domain-vrf-mc)# class CONFERENCE sequence 20        ⑭
R5(config-domain-vrf-mc-class)# match dscp af41 policy real-time-video
R5(config-domain-vrf-mc-class)# path-preference MPLS fallback INET
R5(config-domain-vrf-mc-class)# exit
R5(config-domain-vrf-mc)# exit
```

① 프리픽스 리스트를 사용하여 회사(조직)에서 사용하는 전체 내부 네트워크 즉, 엔트프라이즈 네트워크를 지정한다. 여기에서 지정되지 않은 트래픽은 인터넷에 소속된 것이라고 간주된다.

② 프리픽스 리스트를 사용하여 본사(허브)에서 사용하는 내부 네트워크를 지정한다. ip prefix-list HUB-NETWORK permit 10.1.0.0/16 과 같이 하나의 문장만 사용해도 되지만 이 경우에는 지사에서 본사로 전송되는 트래픽들이 DSCP 값이 동일하다면 하나의 트래픽 클래스로 간주되어 부하 분산이 일어나지 않는다. 지정한 네트워크 중에서 10.1.11.0/24, 10.1.12.0/24, 10.1.13.0/24 등은 나중에 테스트 용으로 추가할 IP 주소들이다.

③ domain 명령어 다음에 최대 13개의 글자로 이루어진 적당한 이름을 사용하여 PfR 설정 모드로 들어간다.

④ 특정한 VRF 이름을 지정한다. VRF를 사용하지 않으려면 vrf default 옵션을 지정한다.

⑤ 허브 MC 설정 모드로 들어간다.

⑥ 다른 PfR 장비들과 네이버를 맺을 때 소스 IP 주소로 사용할 인터페이스를 지정한다. 또, 이 주소는 해당 MC가 소속된 사이트 ID로도 사용된다.

⑦ enterprise-prefix prefix-list 명령어 다음에 ①에서 설정한 프리픽스 리스트를 호출하여 전체 PfR 내부 네트워크를 정의한다. PfR을 인터넷 접속 부하 분산 용도로만 사용하려면 엔트프라이즈 네트워크를 지정하지 않는다.

⑧ site-prefixes prefix-list 명령어 다음에 ②에서 설정한 프리픽스 리스트를 호출하여 허브 MC가 소속된 허브 사이트의 네트워크를 지정한다. 허브 사이트의 프리픽스를 정의하지 않으면 PfR이 동작하지 않는다. 이 정의는 허브와 트랜짓 사이트에 대해서만 해주면 된다.

⑨ 트래픽의 모니터링 주기를 지정한다. 별도로 지정하지 않으면 기본 값이 30초이다. 중요한 트래픽에 대해서 모니터링 주기를 짧게 하여 문제 발생시 대체 경로로의 전환시간을 줄인다.

⑩ 다음의 ⑪, ⑭와 같이 class 명령어를 사용하여 특정한 DSCP 값이나 응용 프로그램에 대해서 정책을 설정하지 않은 나머지 트래픽을 디폴트 클래스라고 한다. PfR은 디폴트 클래스에 대해서만 부하를 분산시킨다. 그러나, load-balance 명령어를 사용하지 않으면 디폴트 클래스에 해당하는 트래픽도 PfR을 적용하지 않고 라우팅 테이블에 따라 전송시킨다.

⑪ 특정한 트래픽에 대한 지연, 패킷 손실률 및 지연 편차 (jitter) 한계에 대한 정책을 설정하기 위하여 class 명령어 다음에 적당한 이름 (VOICE)을 지정하고 sequence 명령어 다음 1에서 65535 사이의 순서 번호를 지정하여 클래스 설정 모드로 들어간다.

⑫ 응용 프로그램이나 DSCP 값에 대해서 정책을 적용한다. 그러나, 동일 클래스 그룹에서 응용 프로그램과 DSCP 값을 동시에 사용할 수 없다. 응용 프로그램으로 트래픽을 분류할 때에는 자동으로 각 BR에서 NBAR2가 사용된다.

이처럼 허브의 MC에서 설정한 정책이 동일 도메인 내의 모든 지사 MC에게 전달된다. 결과적으로 도메인 내의 모든 MC들은 동일한 정책을 가지게 된다.

트래픽을 분류할 때 다음과 같이 응용 프로그램별로 분류하거나 DSCP 값으로 분류할 수 있다.

예제 12-106 트래픽 분류

```
R14(config-domain-vrf-mc)# class VOICE sequence 10
R14(config-domain-vrf-mc-class)# match ?
  application    Specify the application names.
  domain-list    specify Domain List Name
  dscp           specify DSCP
```

응용 프로그램별로 트래픽을 분류할 때는 다음과 같이 관리자가 직접 정의하거나 또는 미리 정의된 프로그램의 종류를 지정할 수 있다.

예제 12-107 미리 정의된 프로그램의 종류 지정

```
R14(config-domain-vrf-mc-class)# match application ?
  WORD                      user-defined application name
  cisco-phone               Cisco IP Phones and PC-based Unified Communicators
  citrix                    Citrix Application
  h323                      H323 Protocol
  ip-camera                 IP Video Surveillance Camera
  jabber                    Jabber Protocol
  rtp                       Real Time Protocol
  rtsp                      RTSP Protocol
  sip                       Session Initiation Protocol
  surveillance-distribution Surveillance Distribution
  telepresence-control      telepresence-control stream
  telepresence-data         telepresence-data stream
  telepresence-media        telepresence-media stream
  vmware-view               VMWARE View
  webex-meeting             webex-meeting stream
  wyze-zero-client          WYZE Zero client
  xmpp-client               XMPP Client
```

PfR은 다음과 같이 미리 정의된 6가지의 정책이 있다.

예제 12-108 미리 정의된 6가지의 정책

```
R5(config-domain-vrf-mc)# class VOICE sequence 10
R5(config-domain-vrf-mc-class)# match dscp ef policy ?
```

```
best-effort          domain policy type best effort
bulk-data            domain policy type bulk data
custom               custom user-defined policy
low-latency-data     domain policy type low latency data
real-time-video      domain policy type real-time-video
scavenger            domain policy type scavenger
voice                domain policy type voice
```

각 정책별로 설정된 지연, 패킷/바이트 손실률 및 지터의 값은 다음과 같다.

표 12-1 정책별 지연, 패킷/바이트 손실률 및 지터의 값

정책 이름	내용
voice	priority 1 one-way-delay threshold 150 msec priority 2 packet-loss-rate threshold 1.0 percent priority 2 byte-loss-rate threshold 1.0 percent priority 3 jitter threshold 30000 usec
real-time-video	priority 1 packet-loss-rate threshold 1.0 percent priority 1 byte-loss-rate threshold 1.0 percent priority 2 one-way-delay threshold 150 msec priority 3 jitter threshold 20000 usec
low-latency-data	priority 1 one-way-delay threshold 100 msec priority 2 packet-loss-rate threshold 5.0 percent priority 2 byte-loss-rate threshold 5.0 percent
bulk-data	priority 1 one-way-delay threshold 300 msec priority 2 packet-loss-rate threshold 5.0 percent priority 2 byte-loss-rate threshold 5.0 percent
best-effort	priority 1 one-way-delay threshold 500 msec priority 2 packet-loss-rate threshold 10.0 percent priority 2 byte-loss-rate threshold 10.0 percent
scavenger	priority 1 one-way-delay threshold 500 msec priority 2 packet-loss-rate threshold 50.0 percent priority 2 byte-loss-rate threshold 50.0 percent

이렇게 미리 정의된 정책을 불러 사용하거나 사용자가 별도로 정책을 지정할 수도 있다. 미리 정의된 정책은 수정할 수 없다.

⑬ path-preference 명령어를 이용하여 주 경로와 대체 경로를 지정한다. path-preference P1 P2 P3 fallback B1 B2 B3와 같이 동시에 최대 3개의 주 경로와 대체 경로를 지정할 수 있다.

⑭ 필요시 또 다른 클래스를 만들고 정책을 설정한다.

PfR에서 모든 정책은 허브 MC에서 설정한다. 브랜치 MC에서는 허브 MC의 주소만 지정하면 된다. 다음과 같이 R12를 브랜치 1의 브랜치 MC로 설정한다.

예제 12-109 브랜치 MC 설정

```
R12(config)# domain mydomain
R12(config-domain)# vrf default
R12(config-domain-vrf)# master branch
R12(config-domain-vrf-mc)# source-interface lo0
R12(config-domain-vrf-mc)# password cisco123
R12(config-domain-vrf-mc)# hub 10.1.5.5
```

다음과 같이 R13을 브랜치 2의 브랜치 MC로 설정한다.

예제 12-110 브랜치 MC 설정

```
R13(config)# domain mydomain
R13(config-domain)# vrf default
R13(config-domain-vrf)# master branch
R13(config-domain-vrf-mc)# source-interface lo0
R13(config-domain-vrf-mc)# password cisco123
R13(config-domain-vrf-mc)# hub 10.1.5.5
```

MC 설정이 끝나면 모든 MC가 EIGRP를 이용하여 자동으로 허브 MC와 네이버를 맺고 허브 MC에 설정된 정책을 가져온다. 다음과 같이 허브 MC인 R5에서 show eigrp service-family ipv4 neighbor 명령어를 사용하여 확인해 보면 모든 MC와 EIGRP 네이버를 맺고 있다.

예제 12-111 EIGRP 네이버 확인

```
R5# show eigrp service-family ipv4 neighbors
EIGRP-SFv4 VR(#AUTOCFG#) Service-Family Neighbors for AS(59501)
H   Address          Interface      Hold    Uptime    SRTT    RTO    Q     Seq
                                    (sec)   (ms)                     Cnt   Num
2   10.3.12.12       Lo0            552     00:11:39   22      132    0     24
3   10.4.13.13       Lo0            528     01:06:32   5       100    0     9
```

show derived-config | section eigrp 명령어를 사용하면 자동으로 설정된 EIGRP의 내용을 확인할
수 있다.

예제 12-112 자동으로 설정된 EIGRP의 내용

```
R5# show derived-config | section eigrp
router eigrp #AUTOCFG# (API-generated auto-configuration, not user configurable)
 !
 service-family ipv4 autonomous-system 59501
  !
  sf-interface Ethernet0/0
   shutdown
   hello-interval 120
   hold-time 600
  exit-sf-interface
  !
  sf-interface Ethernet0/1
   shutdown
   hello-interval 120
   hold-time 600
  exit-sf-interface
  !
  sf-interface Ethernet0/2
   shutdown
   hello-interval 120
   hold-time 600
  exit-sf-interface
  !
  sf-interface Ethernet0/3
   shutdown
   hello-interval 120
   hold-time 600
  exit-sf-interface
```

```
!
sf-interface Loopback0
 hello-interval 120
 hold-time 600
exit-sf-interface
!
sf-interface RG-AR-IF-INPUT1
 shutdown
 hello-interval 120
 hold-time 600
exit-sf-interface
!
sf-interface VoIP-Null0
 shutdown
 hello-interval 120
 hold-time 600
exit-sf-interface
!
topology base
exit-sf-topology
remote-neighbors source Loopback0 unicast-listen
exit-service-family
```

브랜치 MC가 이처럼 EIGRP를 이용하여 허브 MC와 네이버를 맺은 다음 허브 MC에 설정된 PfR 정책을 가져온다. 결과적으로 모든 MC는 동일한 PfR 정책을 가지게 된다. 허브 MC인 R5에서 명령어를 사용하여 확인해 보면 다음과 같다.

예제 12-113 PfR 정책 확인

```
R5# show domain mydomain master policy
 No Policy publish pending
 --------------------------------------------------------------------

   class VOICE sequence 10
     path-preference MPLS fallback INET
     class type: Dscp Based
        match dscp ef policy voice
           priority 2 packet-loss-rate threshold 1.0 percent
           priority 1 one-way-delay threshold 150 msec
```

```
        priority 3 jitter threshold 30000 usec
        priority 2 byte-loss-rate threshold 1.0 percent

 class CONFERENCE sequence 20
   path-preference MPLS fallback INET
   class type: Dscp Based
     match dscp af41 policy real-time-video
       priority 1 packet-loss-rate threshold 1.0 percent
       priority 2 one-way-delay threshold 150 msec
       priority 3 jitter threshold 20000 usec
       priority 1 byte-loss-rate threshold 1.0 percent

 class default
     match dscp all
```

브랜치 MC인 R12에서 확인해 보아도 다음과 같이 허브 MC의 정책과 동일한 정책을 가지고 있다.

예제 12-114 PfR 정책 확인

```
R12# show domain mydomain master policy
-------------------------------------------------------------------------

  class VOICE sequence 10
    path-preference MPLS fallback INET
    class type: Dscp Based
      match dscp ef policy voice
        priority 2 packet-loss-rate threshold 1.0 percent
        priority 1 one-way-delay threshold 150 msec
        priority 3 jitter threshold 30000 usec
        priority 2 byte-loss-rate threshold 1.0 percent

  class CONFERENCE sequence 20
    path-preference MPLS fallback INET
    class type: Dscp Based
      match dscp af41 policy real-time-video
        priority 1 packet-loss-rate threshold 1.0 percent
        priority 2 one-way-delay threshold 150 msec
        priority 3 jitter threshold 20000 usec
        priority 1 byte-loss-rate threshold 1.0 percent

  class default
```

```
match  dscp  all
```

이상으로 MC의 설정을 완료하였다.

BR 설정

이번에는 BR을 설정한다. 허브의 BR인 R6에서 다음과 같이 설정한다.

예제 12-115 허브 BR 설정

```
R6(config)# domain mydomain    ①
R6(config-domain)# vrf default    ②
R6(config-domain-vrf)# border    ③
R6(config-domain-vrf-br)# source-interface lo0    ④
R6(config-domain-vrf-br)# password cisco123
R6(config-domain-vrf-br)# master 10.1.5.5    ⑤
R6(config-domain-vrf-br)# exit
R6(config-domain-vrf)# exit
R6(config-domain)# exit

R6(config)# int tunnel 100
R6(config-if)# domain mydomain path INET path-id 1  ⑥
R6(config-if)# bandwidth 10000    ⑦
```

① 허브 MC에서 사용한 동일한 도메인 이름으로 PfR 설정 모드로 들어간다.

② VRF를 사용하지 않을 때에는 **vrf default** 명령어를 사용한다.

③ **border** 명령어를 사용하여 BR 설정 모드로 들어간다.

④ PfR 네이버를 맺을 때 소스 주소로 사용할 IP 주소가 설정된 인터페이스를 지정한다.

⑤ 허브 MC의 주소를 지정한다.

⑥ 인터페이스와 연결되는 통신망 이름을 적당히 지정한다. 최대 7자까지 사용할 수 있다. 이 때 지정한 통신망의 이름이 이 인터페이스를 통하여 연결되는 모든 사이트로 전달된다. **path-id** 옵션은 통신망 이름과 더불어 관리자가 부여하는 해당 통신망의 ID이다. 1–255 사이의 적당한 값을 부여하며, 트랜짓 BR의 인터페이스를 설정할 때도 동일한 통신망에 대해서 동일한 값을 부여한다.

⑦ 해당 인터페이스가 사용할 대역폭을 지정한다. 이를 제대로 설정하지 않으면 PfR 부하 분산시

대역폭 사용량 계산이 잘못되어 원하는 최적화가 이루어지지 않는다.

다음과 같이 R7도 BR로 설정한다.

예제 12-116 허브 BR 설정

```
R7(config)# domain mydomain
R7(config-domain)# vrf default
R7(config-domain-vrf)# border
R7(config-domain-vrf-br)# source-interface lo0
R7(config-domain-vrf-br)# password cisco123
R7(config-domain-vrf-br)# master 10.1.5.5
R7(config-domain-vrf-br)# exit
R7(config-domain-vrf)# exit
R7(config-domain)# exit

R7(config)# int tunnel 200
R7(config-if)# domain mydomain path MPLS path-id 2
R7(config-if)# bandwidth 10000
```

R7의 설정은 인터페이스에서 지정하는 통신망 이름을 제외하고 나머지는 R6과 동일하다.

R10에서 다음과 같이 브랜치 BR을 설정한다. MC/BR을 겸용하는 라우터에서는 **master local** 명령어를 사용하여 MC를 지정하고, 별개로 사용하는 BR에서는 **master** 명령어 다음에 자기 지역의 MC 주소를 지정하면 된다. 허브 BR이나 트랜짓 BR과 달리 통신망과 연결되는 인터페이스에서 이름을 지정하지 않는다. 이는 허브 BR이나 트랜짓 BR이 브랜치 BR에게 전송하는 메시지에 통신망 이름이 포함되기 때문이다.

예제 12-117 브랜치 BR 설정

```
R10(config)# domain mydomain
R10(config-domain)# vrf default
R10(config-domain-vrf)# border
R10(config-domain-vrf-br)# source-interface lo0
R10(config-domain-vrf-br)# password cisco123
R10(config-domain-vrf-br)# master 10.10.12.12
```

R11에서 다음과 같이 브랜치 BR을 설정한다.

예제 12-118 브랜치 BR 설정

```
R11(config)# domain mydomain
R11(config-domain)# vrf default
R11(config-domain-vrf)# border
R11(config-domain-vrf-br)# source-interface lo0
R11(config-domain-vrf-br)# password cisco123
R11(config-domain-vrf-br)# master 10.10.12.12
```

R13에서 다음과 같이 브랜치 BR을 설정한다.

예제 12-119 브랜치 BR 설정

```
R13(config)# domain mydomain
R13(config-domain)# vrf default
R13(config-domain-vrf)# border
R13(config-domain-vrf-br)# source-interface lo0
R13(config-domain-vrf-br)# password cisco123
R13(config-domain-vrf-br)# master local
```

설정 후 허브 BR인 R6에서 show eigrp service-family ipv4 neighbors 명령어를 사용하여 확인해 보면 허브 MC인 R5와 네이버를 맺고 있다.

예제 12-120 허브 BR 네이버 확인

```
R6# show eigrp service-family ipv4 neighbors
EIGRP-SFv4 VR(#AUTOCFG#) Service-Family Neighbors for AS(59501)
H   Address         Interface       Hold    Uptime    SRTT    RTO    Q     Seq
                                    (sec)   (ms)                     Cnt   Num
1   10.1.5.5        Lo0             574     00:24:57  6       100    0     40
```

허브 MC인 R5은 다음과 같이 모든 MC 및 허브 BR과 EIGRP 네이버를 맺고 있다.

예제 12-121 허브 MC 네이버 확인

```
R5# show eigrp service-family ipv4 neighbors
```

EIGRP-SFv4 VR(#AUTOCFG#) Service-Family Neighbors for AS(59501)							
H	Address	Interface	Hold (sec)	Uptime (ms)	SRTT	RTO	Q Cnt	Seq Num
4	10.1.7.7	Lo0	567	00:21:27	1	100	0	2
3	10.1.6.6	Lo0	508	00:25:35	1	100	0	2
2	10.20.13.13	Lo0	590	02:26:32	1	100	0	28
1	10.10.10.10	Lo0	551	02:28:25	4	100	0	32

결과적으로 PfR은 정책 정보와 타이머 값 등 동작에 필요한 정보 전달을 위하여 다음 그림과 같이
EIGRP 네이버를 맺는다.

그림 12-30 PfR EIGRP 서비스 패밀리 네이버

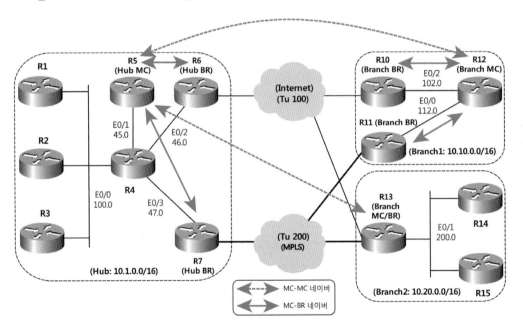

이상으로 기본적인 PfR 설정이 끝났다.

PfR 동작 방식

이제, PfR의 동작 방식을 확인해 보자.

DSCP 값 부여하기

테스트를 위하여 트래픽을 발생시킬 장비로 사용할 R1, R2, R3에서 Lo1, Lo2, Lo3 인터페이스를 만들고, 다음과 같이 IP 주소를 부여한다.

그림 12-31 DSCP 값 부여하기

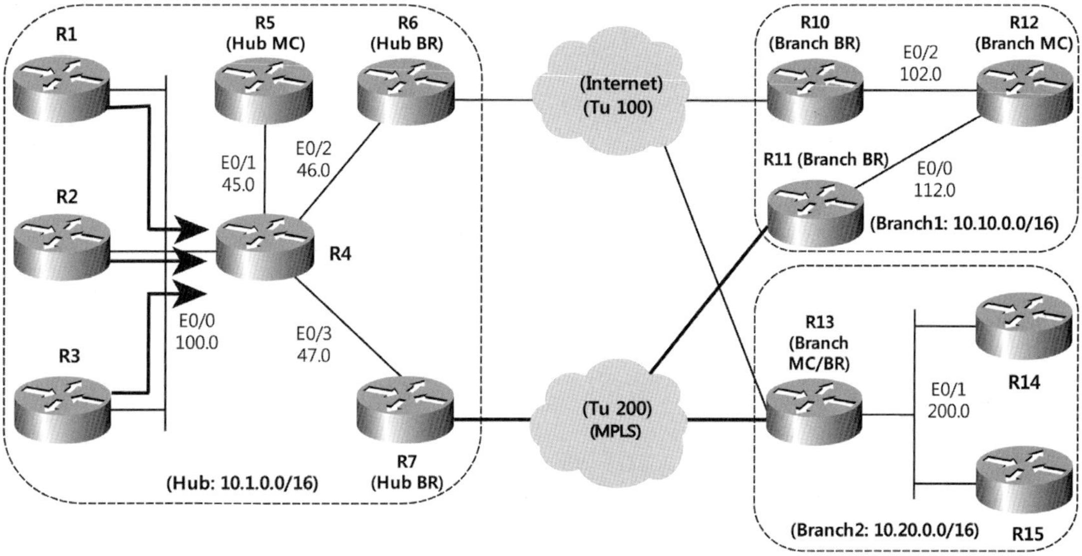

서브넷은 모두 /24로 설정한다.

표 12-2 IP 주소 추가

라우터	Lo1 (EF)	Lo2 (AF41)	Lo3 (AF21)
R1	10.1.11.1	10.1.12.1	10.1.13.1
R2	10.1.21.1	10.1.22.1	10.1.23.1
R3	10.1.31.1	10.1.32.1	10.1.33.1

이후 출발지 IP 주소에 따라서 위의 표와 같이 DSCP 값을 부여한다. 즉, 출발지 IP 주소가 Lo1의 주소이면 DSCP 값을 EF로 설정하고, Lo2이면 DSCP 값을 AF41로 설정하며, Lo3이면 AF21이 되게 한다.

먼저, 각 라우터에서 다음과 같이 IP 주소를 설정한다.

예제 12-122 IP 주소 설정

```
R1(config)# int lo1
R1(config-if)# ip address 10.1.11.1 255.255.255.0
R1(config-if)# int lo2
R1(config-if)# ip address 10.1.12.1 255.255.255.0
R1(config-if)# int lo3
R1(config-if)# ip address 10.1.13.1 255.255.255.0

R2(config)# int lo1
R2(config-if)# ip address 10.1.21.1 255.255.255.0
R2(config-if)# int lo2
R2(config-if)# ip address 10.1.22.1 255.255.255.0
R2(config-if)# int lo3
R2(config-if)# ip address 10.1.23.1 255.255.255.0

R3(config)# int lo1
R3(config-if)# ip address 10.1.31.1 255.255.255.0
R3(config-if)# int lo2
R3(config-if)# ip address 10.1.32.1 255.255.255.0
R3(config-if)# int lo3
R3(config-if)# ip address 10.1.33.1 255.255.255.0
```

설정 후 라우팅 테이블을 확인한다. 예를 들어, R4에서 확인해보면 다음과 같이 앞서 만든 네트워크가
보인다.

예제 12-123 R4의 라우팅 테이블

```
R4# show ip route eigrp
    (생략)

D        10.1.11.0/24 [90/1024640] via 10.1.100.1, 00:02:41, Ethernet0/0
D        10.1.12.0/24 [90/1024640] via 10.1.100.1, 00:02:30, Ethernet0/0
D        10.1.13.0/24 [90/1024640] via 10.1.100.1, 00:02:23, Ethernet0/0
D        10.1.21.0/24 [90/1024640] via 10.1.100.2, 00:02:04, Ethernet0/0
D        10.1.22.0/24 [90/1024640] via 10.1.100.2, 00:01:59, Ethernet0/0
D        10.1.23.0/24 [90/1024640] via 10.1.100.2, 00:01:53, Ethernet0/0
D        10.1.31.0/24 [90/1024640] via 10.1.100.3, 00:01:43, Ethernet0/0
```

```
D        10.1.32.0/24 [90/1024640] via 10.1.100.3, 00:01:39, Ethernet0/0
D        10.1.33.0/24 [90/1024640] via 10.1.100.3, 00:01:33, Ethernet0/0
```

R4의 E0/0 인터페이스를 통하여 수신하는 패킷에 DSCP 값을 부여한다. 트래픽을 분류하기 위하여 다음과 같이 액세스 리스트를 만든다.

예제 12-124 액세스 리스트 만들기

```
R4(config)# ip access-list extended Lo1
R4(config-ext-nacl)# permit ip host 10.1.11.1 any
R4(config-ext-nacl)# permit ip host 10.1.21.1 any
R4(config-ext-nacl)# permit ip host 10.1.31.1 any
R4(config-ext-nacl)# exit

R4(config)# ip access-list extended Lo2
R4(config-ext-nacl)# permit ip host 10.1.12.1 any
R4(config-ext-nacl)# permit ip host 10.1.22.1 any
R4(config-ext-nacl)# permit ip host 10.1.32.1 any
R4(config-ext-nacl)# exit

R4(config)# ip access-list extended Lo3
R4(config-ext-nacl)# permit ip host 10.1.13.1 any
R4(config-ext-nacl)# permit ip host 10.1.23.1 any
R4(config-ext-nacl)# permit ip host 10.1.33.1 any
R4(config-ext-nacl)# exit
```

앞서 만든 액세스 리스트를 클래스 맵에서 호출한다.

예제 12-125 클래스 맵 설정

```
R4(config)# class-map Lo1
R4(config-cmap)# match access-group name Lo1
R4(config-cmap)# exit

R4(config)# class-map Lo2
R4(config-cmap)# match access-group name Lo2
R4(config-cmap)# exit
```

```
R4(config)# class-map Lo3
R4(config-cmap)# match access-group name Lo3
R4(config-cmap)# exit
```

앞서 만든 클래스 맵을 폴리시 맵에서 호출하고, 각 클래스에 DSCP 값을 부여한다.

예제 12-126 폴리시 맵 설정

```
R4(config)# policy-map MarkDscp
R4(config-pmap)# class Lo1
R4(config-pmap-c)# set dscp ef
R4(config-pmap-c)# exit

R4(config-pmap)# class Lo2
R4(config-pmap-c)# set dscp af41
R4(config-pmap-c)# exit

R4(config-pmap)# class Lo3
R4(config-pmap-c)# set dscp af21
R4(config-pmap-c)# exit
```

폴리시 맵을 인터페이스에 적용한다.

예제 12-127 폴리시 맵 적용

```
R4(config)# int e0/0
R4(config-if)# service-policy input MarkDscp
```

이제, 테스트 용 트래픽에 DSCP 값을 부여할 준비가 끝났다.

MC 동작 확인

먼저, 허브 MC인 R5에서 show domain mydomain master status 명령어를 사용하면 다음과 같이 동작 상태를 알 수 있다.

예제 12-128 허브 MC 동작 상태 확인

```
R5# show domain mydomain master status

 *** Domain MC Status ***

 Master VRF: Global

  Instance Type:    Hub
  Instance id:       0
  Operational status:  Up   ①
  Configured status:  Up
  Loopback IP Address: 10.1.5.5
  Load Balancing:
   Admin Status: Enabled
   Operational Status: Up   ②
   Enterprise top level prefixes configured: 1
   Max Calculated Utilization Variance: 0%
   Last load balance attempt: never
   Last Reason:  Variance less than 20%
   Total unbalanced bandwidth:
        External links: 0 Kbps  Internet links: 0 Kbps
  Route Control: Enabled
  Mitigation mode Aggressive: Disabled
  Policy threshold variance: 20
  Minimum Mask Length: 28
  syslog TCA suppress timer: 180000 millisecs

 Borders:
   IP address: 10.1.6.6   ③
   Version: 2
   Connection status: CONNECTED (Last Updated 03:22:50 ago )
   Interfaces configured:
     Name: Tunnel100 | type: external | Service Provider: INET path-id:1 | Status: UP
 | Zero-SLA: NO
          Number of default Channels: 0

   Tunnel if: Tunnel0

   IP address: 10.1.7.7   ③
   Version: 2
   Connection status: CONNECTED (Last Updated 03:22:14 ago )
   Interfaces configured:
```

```
         Name: Tunnel200 | type: external | Service Provider: MPLS path-id:2 | Status: UP
| Zero-SLA: NO
              Number of default Channels: 0

     Tunnel if: Tunnel0
```

① 허브 MC가 제대로 동작중인 것을 나타낸다.

② 부하 분산도 활성화되어 있다.

③ 10.1.6.6이 BR로 동작중이며, 인터페이스 tunnel 100을 통하여 통신망 INET와 연결되어 있고, 10.1.7.7도 BR로 동작중이며, 인터페이스 tunnel 200을 통하여 통신망 MPLS와 연결되어 있다. Branch 2의 브랜치 MC인 R13에서 **show domain mydomain master status** 명령어를 사용하여 확인하면 다음과 같이 해당 사이트에서 사용하는 BR의 주소, 그 BR과 연결된 통신망 정보를 알 수 있다. 브랜치 BR에서는 통신망 이름을 지정하지 않았지만 허브 BR에서 전송된 메시지를 통하여 자신과 연결된 통신망 이름을 알게 되었다.

예제 12-129 브랜치 MC 확인

```
R13# show domain mydomain master status

  *** Domain MC Status ***

 Master VRF: Global

  Instance Type:      Branch
  Instance id:        0
  Operational status:  Up
  Configured status:  Up
  Loopback IP Address: 10.4.13.13
  Load Balancing:
   Operational Status: Up
   Max Calculated Utilization Variance: 0%
   Last load balance attempt: never
   Last Reason:   Variance less than 20%
   Total unbalanced bandwidth:
         External links: 0 Kbps   Internet links: 0 Kbps
  Route Control: Enabled
  Mitigation mode Aggressive: Disabled
```

```
    Policy threshold variance: 20
    Minimum Mask Length: 28
    syslog TCA suppress timer: 180000 millisecs

    Minimum Requirement: Met

    Borders:
      IP address: 10.4.13.13
      Version: 2
      Connection status: CONNECTED (Last Updated 04:11:16 ago )
      Interfaces configured:
        Name: Tunnel100 | type: external | Service Provider: INET | Status: UP | Zero-SLA: NO
          Number of default Channels: 0

          Path-id list: 0:1   ①

        Name: Tunnel200 | type: external | Service Provider: MPLS | Status: UP | Zero-SLA: NO
          Number of default Channels: 0

          Path-id list: 0:2   ②

    Tunnel if: Tunnel0
```

① Path-id의 앞 부분은 허브나 트랜짓의 번호이고, 뒷 부분은 통신망 번호이다. 예를 들어 Path-id가 0:1이면 허브(0)와 연결되며 통신망 INET(1)를 통한다는 것을 나타낸다.

② Path-id list가 0:2인 것은 허브(0)와 연결되며 이 때 MPLS(통신망 번호:2)를 통한다는 것을 의미한다.

이상으로 MC의 기본적인 상황을 살펴보았다.

BR 동작 확인

이번에는 BR의 동작을 확인해 보자. 허브 BR인 R6에서 **show domain mydomain border status** 명령어를 사용하면 다음과 같은 내용들을 알 수 있다.

예제 12-130 BR 동작 확인

```
R6# show domain mydomain border status

Sat Jun 06 12:24:10.414
-----------------------------------------------------------------
  **** Border Status ****

Instance Status: UP
Present status last updated: 01:21:07 ago
Loopback: Configured Loopback0 UP (10.1.6.6)
Master: 10.1.5.5
Master version: 2
Connection Status with Master: UP
MC connection info: CONNECTION SUCCESSFUL
Connected for: 01:20:27
Route-Control: Enabled
Asymmetric Routing: Disabled
Minimum Mask length: 28
Sampling: off
Minimum Requirement: Met
External Wan interfaces:
     Name: Tunnel100 Interface Index: 11 SNMP Index: 8 SP: INET path-id: 1 Status:
UP Zero-SLA: NO

Auto Tunnel information:

  Name:Tunnel0 if_index: 13
  Borders reachable via this tunnel:  10.1.7.7
```

BR이 소속된 MC 주소, WAN과 연결되는 인터페이스 정보, 인접 BR과 연결되는 터널 번호 등의
정보가 표시된다. WAN과 연결되는 인터페이스를 2개 가진 BR인 R13에서 확인해 보면 다음과 같이
각 통신망과 연결되는 인터페이스 이름, 통신망 이름 등의 정보를 알 수 있다.

예제 12-131 BR 동작 확인

```
R13# show domain mydomain border status

Sat Jun 06 12:25:46.554
-----------------------------------------------------------------
  **** Border Status ****
```

```
Instance Status: UP
Present status last updated: 01:22:42 ago
Loopback: Configured Loopback0 UP (10.4.13.13)
Master: 10.4.13.13
Master version: 2
Connection Status with Master: UP
MC connection info: CONNECTION SUCCESSFUL
Connected for: 01:22:36
Route-Control: Enabled
Asymmetric Routing: Disabled
Minimum Mask length: 28
Sampling: off
Minimum Requirement: Met
External Wan interfaces:
    Name: Tunnel100 Interface Index: 11 SNMP Index: 8 SP: INET Status: UP Zero-SLA: NO
Path-id List: 0:1, 1:1
    Name: Tunnel200 Interface Index: 12 SNMP Index: 9 SP: MPLS Status: UP Zero-SLA: NO
Path-id List: 0:2, 1:2

Auto Tunnel information:

   Name:Tunnel0 if_index: 14
   Borders reachable via this tunnel:
```

이상으로 BR의 상태를 확인해 보았다.

사이트 탐지

PfR이 설정되면 각 MC들은 허브 MC와 피어를 맺으면서 자신이 알고 있는 사이트 ID 정보를 서로에게 알려준다. 이 때 사용하는 사이트 ID 값은 MC 설정시 지정한 소스 인터페이스의 IP 주소이다. 다음과 같이 허브 MC인 R5에서 show domain mydomain master discovered-sites 명령어를 사용하면 탐지된 사이트들을 알 수 있다.

예제 12-132 탐지된 사이트 확인

```
R5# show domain mydomain master discovered-sites
```

```
    *** Domain MC DISCOVERED sites ***

    Number of sites:  3
   *Traffic classes [Performance based][Load-balance based]

   Site ID: 255.255.255.255
    Site Discovered:00:06:16 ago
     Off-limits: Disabled
     DSCP :af41[34]-Number of traffic classes[0][0]
     DSCP :ef[46]-Number of traffic classes[0][0]

   Site ID: 10.10.12.12
    Site Discovered:00:01:14 ago
     Off-limits: Disabled
     DSCP :af41[34]-Number of traffic classes[0][0]
     DSCP :ef[46]-Number of traffic classes[0][0]

   Site ID: 10.20.13.13
    Site Discovered:00:01:17 ago
     Off-limits: Disabled
     DSCP :af41[34]-Number of traffic classes[0][0]
     DSCP :ef[46]-Number of traffic classes[0][0]
```

사이트 ID(Site ID)가 255.255.255.255인 것은 엔트프라이즈 네트워크가 아닌 사이트 즉, 인터넷 등을 의미한다. 사이트 ID 10.10.12.12는 브랜치 1에서 설정한 브랜치 MC의 소스 주소이므로 이 사이트는 브랜치 1을 의미한다.

채널

양측 사이트 ID, DSCP 값, 해당 사이트와 연결되는 링크(통신망) 이름 및 path-id의 조합을 채널 (channel)이라고 한다. 새로운 DSCP 값을 가진 트래픽이 발생하거나, 새로운 통신망이 추가되거나, 새로운 사이트가 추가되면 채널도 추가된다.

채널은 단방향으로 생성된다. 즉, 출발지 사이트에서 목적지 사이트 사이에 만들어지며, 반대의 트래픽에 대해서는 그 트래픽이 출발하는 사이트의 MC가 별개의 채널을 생성하여 사용한다.

현재는 본·지사 사이에 사용자 트래픽이 없다. DSCP 값이 0인 채널을 디폴트 채널이라고 하며, 트래픽이 없어도 본사에서 지사로 디폴트 채널이 유지된다. 다음과 같이 허브 MC인 R5에서 show domain mydomain master channels 명령어를 사용하여 채널을 확인해 보면 허브에서 통신망 INET과 MPLS를 통하여 외부망, 브랜치 1, 2와 연결되는 DSCP 0 채널이 6개가 있음을 알 수 있다.

예제 12-133 채널 확인

```
R5# show domain mydomain master channels
  Legend: * (Value obtained from Network delay:)

Channel Id: 10  Dst Site-Id: Internet  Link Name: MPLS  DSCP: default [0] pfr-label:
0:0 | 0:2 [0x2] TCs: 0  ①
  Channel Created: 00:40:51 ago
  Provisional State: Initiated and open
  Operational state: Available
  Channel to hub: FALSE
  Interface Id: 11
  Supports Zero-SLA: No
  Muted by Zero-SLA: No
  Estimated Channel Egress Bandwidth: 0 Kbps
  Immitigable Events Summary:
   Total Performance Count: 0, Total BW Count: 0
   TCA Statistics:
      Received:0 ; Processed:0 ; Unreach_rcvd:0

Channel Id: 11  Dst Site-Id: 10.20.13.13  Link Name: MPLS  DSCP: default [0] pfr-label:
0:0 | 0:2 [0x2] TCs: 0  ②

Channel Id: 13  Dst Site-Id: 10.10.12.12  Link Name: MPLS  DSCP: default [0] pfr-label:
0:0 | 0:2 [0x2] TCs: 0  ③

Channel Id: 9  Dst Site-Id: Internet  Link Name: INET  DSCP: default [0] pfr-label: 0:0 |
0:1 [0x1] TCs: 0  ④

Channel Id: 14  Dst Site-Id: 10.10.12.12  Link Name: INET  DSCP: default [0] pfr-label:
0:0 | 0:1 [0x1] TCs: 0  ⑤

Channel Id: 12  Dst Site-Id: 10.20.13.13  Link Name: INET  DSCP: default [0] pfr-label:
0:0 | 0:1 [0x1] TCs: 0  ⑥
```

① MPLS(Link Name: MPLS)를 통하여 외부망(인터넷, Dst Site-Id: Internet)과 연결되는 채널이다. pfr-label: 0:0 | 0:2 정보 중에서 앞부분이 0:0이면 허브에서 브랜치로 가는 채널을 나타내고,

뒷 부분의 0:2는 허브(0)에서 MPLS(2)를 통하는 채널임을 나타낸다. 허브 사이트를 나타내는 번호를 팝(POP) ID라고 하고, 통신망을 구분하는 ID를 패스(PATH) ID라고 한다.

② MPLS(Link Name: MPLS)를 통하여 브랜치 2(Dst Site-Id: 10.20.13.13)와 연결되는 채널이다.

③ MPLS(Link Name: MPLS)을 통하여 브랜치 1(Dst Site-Id: 10.10.12.12)과 연결되는 채널이다.

④ INET(Link Name: INET)을 통하여 외부망(Dst Site-Id: Internet)과 연결되는 채널이다.

⑤ INET(Link Name: INET)을 통하여 브랜치 1(Dst Site-Id: 10.10.12.12)과 연결되는 채널이다.

⑥ INET(Link Name: INET)을 통하여 브랜치 2(인터넷, Dst Site-Id: 10.20.13.13)와 연결되는 채널이다.

결과적으로 허브에서 통신망 INET, MPLS를 통하여 브랜치 1, 브랜치 2 및 인터넷으로 향하는 디폴트 채널 6개가 다음 그림과 같이 구성되어 있다.

그림 12-32 허브에서 브랜치로 가는 디폴트 채널

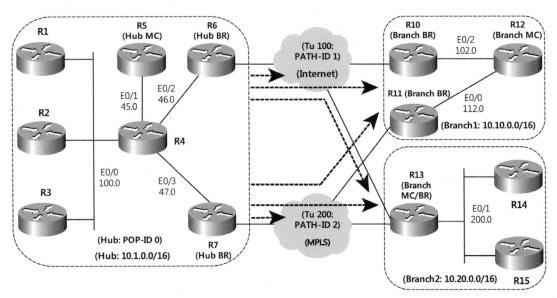

브랜치 2의 브랜치 MC인 R13에서 show domain mydomain master channels 명령어를 사용하여 확인해 보면 다음과 같이 허브의 MC인 R5와 각 통신망을 통과하는 2개의 채널이 구성되어 있다.

예제 12-134 채널 확인

```
R13# show domain mydomain master channels
   Legend: * (Value obtained from Network delay:)

Channel Id: 1  Dst Site-Id: 10.1.5.5  Link Name: INET  DSCP: default [0] pfr-label:
0:1 | 0:0 [0x10000] TCs: 0  ①
   Channel Created: 00:17:33 ago
   Provisional State: Discovered and open
   Operational state: Available
   Channel to hub: TRUE
   Interface Id: 11
   Supports Zero-SLA: Yes
   Muted by Zero-SLA: No
   Estimated Channel Egress Bandwidth: 0 Kbps
   Immitigable Events Summary:
    Total Performance Count: 0, Total BW Count: 0
   Site Prefix List
    10.1.5.5/32 (Active)
   TCA Statistics:
      Received:0 ; Processed:0 ; Unreach_rcvd:0

Channel Id: 2  Dst Site-Id: 10.1.5.5  Link Name: MPLS  DSCP: default [0] pfr-label:
0:2 | 0:0 [0x20000] TCs: 0  ②
   Channel Created: 00:17:33 ago
   Provisional State: Discovered and open
   Operational state: Available
   Channel to hub: TRUE
   Interface Id: 12
   Supports Zero-SLA: Yes
   Muted by Zero-SLA: No
   Estimated Channel Egress Bandwidth: 0 Kbps
   Immitigable Events Summary:
    Total Performance Count: 0, Total BW Count: 0
   Site Prefix List
    10.1.5.5/32 (Active)
   TCA Statistics:
      Received:0 ; Processed:0 ; Unreach_rcvd:0
```

① 통신망 INET(Link Name: INET)을 통하여 허브(Site-Id: 10.1.5.5)와 연결되는 DSCP 값이 0인 디폴트 채널이다. pfr-label: 0:1 | 0:0 정보 중에서 뒷 부분이 0:0이면 브랜치에서 허브로 가는 채널을 나타내고, 앞 부분의 0:2는 허브(0)와 INET(1)를 통하는 채널임을 나타낸다.

② 통신망 MPLS(Link Name: MPLS)를 통하여 허브(Site-Id: 10.1.5.5)와 연결되는 DSCP 값이

0인 디폴트 채널이다.

결과적으로 각 브랜치에서는 다음과 같이 허브와 각 통신망을 통하는 디폴트 채널이 유지된다.

그림 12-33 브랜치에서 허브로 가는 디폴트 채널

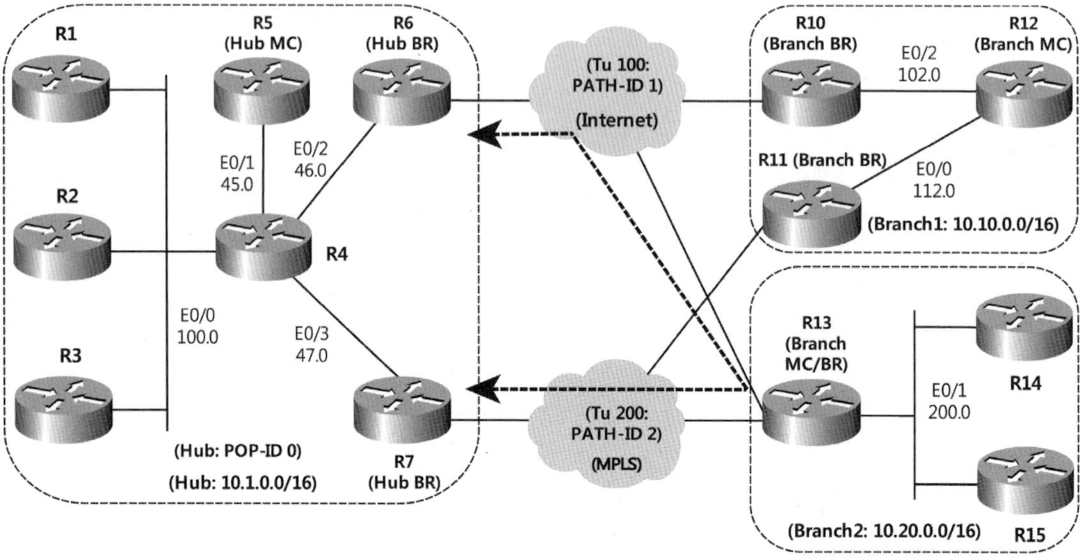

허브 BR인 R6에서 채널을 확인해 보면 다음과 같이 R6을 통해서 연결되는 원격 사이트인 인터넷,
브랜치 1 및 브랜치 2로 가는 3개의 디폴트 채널에 상세한 내용을 포함하고 있다.

예제 12-135 채널 확인

```
R6# show domain mydomain border channels

Wed Jun 24 07:47:39.743

-----------------------------------------------------------
Border Smart Probe Stats:

 Smart probe parameters:
   Source address used in the Probe: 10.1.5.5
   Unreach time: 1000 ms
   Probe source port: 18000
   Probe destination port: 19000
```

```
    Interface Discovery: OFF
    Probe freq for channels with traffic :0 secs
    Discovery Probes: ON
    Number of transit probes consumed :0
    Number of transit probes re-routed: 0
    DSCP's using this: [34] [46]
    All the other DSCPs use the default interval: 10 secs


Channel id: 1
 Channel create time: 00:29:44 ago
 Site id : 255.255.255.255
 DSCP : default[0]
 Service provider : INET
 Pfr-Label : 0:0 | 0:1 [0x1]
 exit path-id: 1
 Exit dia bit: FALSE
 Chan recv dia bit:FALSE
 Number of Data Packets sent : 0
 Number of Data Packets received : 0
 Last Data Packet sent : 01:28:39 ago
 Last Data Packet Received : 01:28:39 ago
 Number of Probes sent : 0
 Number of Probes received : 0
 Last Probe sent : 00:29:44 ago
 Last Probe received : - ago
 Channel state : Initiated and open
 Channel next_hop : 0.0.0.0
 RX Reachability : Initial State
 TX Reachability : Reachable
 Channel is sampling 0 flows
 Channel remote end point: 0.0.0.0
 Channel to hub: FALSE
 Version: 0
 Supports Zero-SLA: No
 Muted by Zero-SLA: No
 Probe freq with traffic : 1 in 10000 ms


Channel id: 2   ①
 Channel create time: 00:29:44 ago   ②
 Site id : 10.10.12.12   ③
 DSCP : default[0]   ④
```

```
   Service provider : INET  ⑤
   Pfr-Label : 0:0 | 0:1 [0x1]  ⑥
   exit path-id: 1
   Exit dia bit: FALSE
   Chan recv dia bit:FALSE
   Number of Data Packets sent : 0  ⑦
   Number of Data Packets received : 0
   Last Data Packet sent : 01:28:39 ago  ⑧
   Last Data Packet Received : 01:28:39 ago
   Number of Probes sent : 30444  ⑨
   Number of Probes received : 22612
   Last Probe sent : 00:00:00 ago  ⑩
   Last Probe received : 00:00:00 ago
   Channel state : Initiated and open
   Channel next_hop : 10.0.100.10  ⑪
   RX Reachability : Reachable  ⑫
   TX Reachability : Reachable
   Channel is sampling 0 flows
   Channel remote end point: 10.0.100.10  ⑬
   Channel to hub: FALSE  ⑭
   Version: 3
   Supports Zero-SLA: Yes  ⑮
   Muted by Zero-SLA: No  ⑯
   Probe freq with traffic : 1 in 10000 ms  ⑰


  Channel id: 3
   Channel create time: 00:29:44 ago
   Site id : 10.20.13.13
   DSCP : default[0]
   Service provider : INET
   Pfr-Label : 0:0 | 0:1 [0x1]
   exit path-id: 1
       (생략)
```

3개의 채널 중에서 브랜치 1과 연결되는 채널 정보에 대해서 좀 더 자세히 살펴보자.

① 채널 ID는 채널이 제거되었다가 다시 만들어지면 다른 것으로 변경된다.

② 채널 생성후 경과한 시간을 표시한다.

③ 이 채널이 연결되는 사이트의 ID를 표시한다. Site id가 10.10.12.12이고, 이는 브랜치 1의 MC 소스 주소이므로 이 채널은 브랜치 1과 연결되는 것임을 알 수 있다.

④ 이 채널의 DSCP 값을 나타낸다.

⑤ 이 채널이 통신망 INET을 통과하는 것임을 나타낸다.

⑥ PfR 라벨을 나타낸다. 라벨 값 중에서 앞 부분의 0:0은 허브에서 브랜치로 가는 채널임을 나타내고, 뒷 부분의 0:1은 허브에서 통신망 INET을 통과하는 것을 의미한다.

⑦ 채널을 통해서 송·수신된 패킷의 수를 나타낸다.

⑧ 채널을 통해서 데이터가 마지막으로 송·수신된 후 경과한 시간을 나타낸다.

⑨ 채널을 통해서 송·수신된 프로브의 수를 나타낸다. 프로브에 대해서는 다음에 자세히 설명한다.

⑩ 채널을 통해서 프로브가 마지막으로 송·수신된 후 경과한 시간을 나타낸다. 값이 00:00:00인 것은 직전에도 프로브가 송·수신되었다는 의미이다.

⑪ 채널 목적지와 연결되는 넥스트 홉 IP 주소가 10.0.100.10임을 나타낸다.

⑫ 수신 도달 가능성 (RX Reachability)이 'Reachable'이면 현재 데이터를 수신하고 있거나 1초 이내에 프로브를 수신했음을 나타낸다. 송신 도달 가능성 (TX Reachability)도 동일한 의미이다.

⑬ 채널 목적지의 IP 주소를 나타낸다.

⑭ Channel to hub가 'FALSE'이면 허브에서 멀어지는 방향의 채널임을 나타내고 이 값이 'TRUE'이면 허브 방향의 채널이다.

⑮ Zero-SLA 기능을 지원한다. Zero-SLA란 DSCP 값이 0인 채널로만 프로브를 전송하는 것을 의미한다. 이동통신망과 같이 데이터 양에 따라 요금을 내어야 하는 환경에서 프로브의 전송량을 최소화시키기 위하여 사용하는 기능이다.

⑯ Zero-SLA 기능을 지원하지만 DSCP 값이 0인 현재의 채널에서는 사용하지 않음을 나타낸다. Zero-SLA 기능을 사용하려면 다음과 같이 외부 통신망과 연결되는 인터페이스에서 통신망 이름을 지정하면서 **zero-sla** 명령을 추가하면 된다.

예제 12-136 zero-sla 명령 추가

```
R6(config)# int tunnel 100
R6(config-if)# domain mydomain path INET path-id 1 zero-sla
```

테스트를 위하여 다음과 같이 허브 사이트의 R1에서 브랜치 2의 R15까지 DSCP 값이 EF인 패킷을 전송해 보자.

예제 12-137 패킷 전송

```
R1# ping 10.10.12.12 sou lo1 repeat 999999999
```

잠시 후 허브 BR인 R6에서 확인해 보면 송수신되는 프로브가 없고, Zero-SLA 기능에 의해서 프로브를
전송하지 않는다는 표시가 되어 있다.(Muted by Zero-SLA: Yes)

예제 12-138 Zero-SLA 기능 표시

```
R6# show domain mydomain border channels dscp ef

    (생략)

 Channel id: 25
  Channel create time: 00:00:05 ago
  Site id : 10.10.12.12
  DSCP : ef[46]
  Service provider : INET
  Pfr-Label : 0:0 | 0:1 [0x1]
  exit path-id: 1
  Number of Probes sent : 0
  Number of Probes received : 0

  Supports Zero-SLA: Yes
  Muted by Zero-SLA: Yes
  Probe freq with traffic : 1 in 666 ms
```

다시 다음과 같이 Zero-SLA 기능을 비활성화시킨다.

예제 12-139 Zero-SLA 기능 비활성화

```
R6(config)# int tunnel 100
R6(config-if)# domain mydomain path INET path-id 1
```

⑰ 이 채널로 전송되는 데이터가 있다면 프로브는 10초(10,000ms) 마다 전송된다. (데이터가 없으면
1초에 20개씩 전송한다.)

이번에는 트래픽이 있을 때 채널이 만들어지는 것을 확인해 보자. 테스트를 위하여 다음과 같이 허브

사이트의 R1에서 브랜치 2의 R15까지 DSCP 값이 EF인 패킷을 전송하고, R2에는 DSCP 값이 AF41, R3에서는 AF21, R4에서는 DSCP 값이 0인 패킷을 전송한다.

예제 12-140 트래픽 발생

```
R1# ping 10.20.15.15 source Lo1 repeat 999999999
R2# ping 10.20.15.15 source Lo2 repeat 999999999
R3# ping 10.20.15.15 source Lo3 repeat 999999999
R4# ping 10.20.15.15 repeat 999999999
```

몇 분후 허브 MC인 R5에서 show domain mydomain master traffic-classes summary 명령어를 사용하여 확인해 보면 다음과 같이 각 트래픽 클래스 별로 주 채널과 백업 채널이 할당된다.

예제 12-141 트래픽 클래스 별 주 채널과 백업 채널

```
R5# show domain mydomain master traffic-classes summary

APP - APPLICATION, TC-ID - TRAFFIC-CLASS-ID, APP-ID - APPLICATION-ID
SP - SERVICE PROVIDER, PC = PRIMARY CHANNEL ID,
BC - BACKUP CHANNEL ID, BR - BORDER, EXIT - WAN INTERFACE
UC - UNCONTROLLED, PE - PICK-EXIT, CN - CONTROLLED, UK - UNKNOWN

Dst-Site-Pfx   Dst-Site-Id APP DSCP  TC-ID  APP-ID  State  SP   PC/BC  BR/EXIT

10.20.15.15/24 10.20.13.13 N/A default 12    N/A     CN    INET  29/6  10.1.6.6/Tu100
10.20.15.15/24 10.20.13.13 N/A af21    11    N/A     CN    INET  39/38 10.1.6.6/Tu100
10.20.15.15/24 10.20.13.13 N/A ef       9    N/A     CN    MPLS  34/35 10.1.7.7/Tu200
10.20.15.15/24 10.20.13.13 N/A af41    10    N/A     CN    MPLS  36/37 10.1.7.7/Tu200
 Total Traffic Classes: 4  Site: 4   Internet: 0
```

다음과 같이 show domain mydomain master channels dst-site-id 10.20.13.13 명령어를 사용하면 8개의 주 채널/백업 채널에 대한 상세한 정보를 확인할 수 있다.

예제 12-142 주 채널/백업 채널에 대한 상세 정보 확인

```
R5# show domain mydomain master channels dst-site-id 10.20.13.13
```

```
    (생략)

Channel Id: 38  Dst Site-Id: 10.20.13.13  Link Name: MPLS  DSCP: af21 [18] pfr-label:
0:0 | 0:2 [0x2] TCs: 0

Channel Id: 34  Dst Site-Id: 10.20.13.13  Link Name: MPLS  DSCP: ef [46] pfr-label:
0:0 | 0:2 [0x2] TCs: 1
    Estimated Channel Egress Bandwidth: 471 Kbps

Channel Id: 6  Dst Site-Id: 10.20.13.13  Link Name: MPLS  DSCP: default [0] pfr-label:
0:0 | 0:2 [0x2] TCs: 0

Channel Id: 36  Dst Site-Id: 10.20.13.13  Link Name: MPLS  DSCP: af41 [34] pfr-label:
0:0 | 0:2 [0x2] TCs: 1
    Estimated Channel Egress Bandwidth: 433 Kbps

Channel Id: 35  Dst Site-Id: 10.20.13.13  Link Name: INET  DSCP: ef [46] pfr-label:
0:0 | 0:1 [0x1] TCs: 0

Channel Id: 37  Dst Site-Id: 10.20.13.13  Link Name: INET  DSCP: af41 [34] pfr-label:
0:0 | 0:1 [0x1] TCs: 0

Channel Id: 29  Dst Site-Id: 10.20.13.13  Link Name: INET  DSCP: default [0] pfr-label:
0:0 | 0:1 [0x1] TCs: 1
    Estimated Channel Egress Bandwidth: 644 Kbps

Channel Id: 39  Dst Site-Id: 10.20.13.13  Link Name: INET  DSCP: af21 [18] pfr-label:
0:0 | 0:1 [0x1] TCs: 1
    Estimated Channel Egress Bandwidth: 470 Kbps
```

원격지의 브랜치 2에서도 다음과 같이 허브 사이트로 가는 8개의 채널이 생성되어 있다.

예제 12-143 목적지 사이트로 가는 채널 확인

```
R13# show domain mydomain master channels dst-site-id 10.1.5.5
    (생략)

Channel Id: 867  Dst Site-Id: 10.1.5.5  Link Name: INET  DSCP: default [0] pfr-label:
0:1 | 0:0 [0x10000] TCs: 1
```

```
    Estimated Channel Egress Bandwidth: 645 Kbps

   Channel Id: 870   Dst Site-Id: 10.1.5.5   Link Name: INET   DSCP: ef [46] pfr-label: 0:1
   | 0:0 [0x10000] TCs: 0

   Channel Id: 857   Dst Site-Id: 10.1.5.5   Link Name: MPLS   DSCP: default [0] pfr-label:
   0:2 | 0:0 [0x20000] TCs: 0

   Channel Id: 869   Dst Site-Id: 10.1.5.5   Link Name: MPLS   DSCP: ef [46] pfr-label: 0:
   2 | 0:0 [0x20000] TCs: 1
     Estimated Channel Egress Bandwidth: 475 Kbps

   Channel Id: 874   Dst Site-Id: 10.1.5.5   Link Name: INET   DSCP: af21 [18] pfr-label:
   0:1 | 0:0 [0x10000] TCs: 1
     Estimated Channel Egress Bandwidth: 475 Kbps

   Channel Id: 871   Dst Site-Id: 10.1.5.5   Link Name: MPLS   DSCP: af41 [34] pfr-label:
   0:2 | 0:0 [0x20000] TCs: 1
     Estimated Channel Egress Bandwidth: 436 Kbps

   Channel Id: 872   Dst Site-Id: 10.1.5.5   Link Name: INET   DSCP: af41 [34] pfr-label:
   0:1 | 0:0 [0x10000] TCs: 0

   Channel Id: 873   Dst Site-Id: 10.1.5.5   Link Name: MPLS   DSCP: af21 [18] pfr-label:
   0:2 | 0:0 [0x20000] TCs: 0
```

Control+Shift+6을 눌러 R1, R2, R3, R4에서 핑을 중지한다. 이상으로 PfR의 채널에 대하여 살펴보았다.

PMI와 프로브

PfR에서 트래픽 클래스를 탐지하고, 트래픽 클래스별 출력 대역폭 사용량을 확인하며, 채널별로 패킷 손실률, 지연값 및 지터(jitter, 지연 편차) 값을 측정하는 기능을 PMI(performance monitor instance)라고 한다.

PMI 기능중에서 출력 트래픽 클래스(출발지 네트워크)를 탐지하는 기능을 모니터 1이라고 하며, 출력 트래픽 클래스의 대역폭 사용량 확인 기능을 모니터 2라고 한다. BR은 외부와 연결되는 인터페이스로 출력되는 트래픽을 모니터링하여 모든 출력 트래픽 클래스 및 대역폭 사용량을 지역 MC에게 보고한다.

패킷 손실률, 지연 값 및 지터 값을 성능 메트릭(performance metrics)이라고 하며, 성능 메트릭을 측정하는 기능을 PMI 모니터 3이라고 한다. 성능 메트릭을 측정하기 위하여 BR이 원격 BR에게 주기적으로 RTP(Real-time Transport Protocol) 패킷을 전송하며, 이 패킷을 프로브(probe, 탐색기)라고 한다.

원격 BR은 수신한 프로브를 통하여 채널의 도달 가능성(reachability)를 확인하고, 성능 메트릭 즉, 패킷 손실률, 지터 및 지연 값을 측정한다. 성능 메트릭이 정책 이내의 값을 유지할 때는 별 동작을 취하지 않으며, 정책 값을 초과하면 이를 출발지 MC에게 통보한다. BR은 사용자 트래픽이 없는 경우 1초에 20개의 프로브를 전송하며, 송수신 주소는 MC로 설정된다.

원격 BR이 처음 프로브를 수신했을 때의 동작을 좀 더 자세히 살펴보면 다음과 같다.

- BR은 프로브에서 경로 이름(MPLS 또는 INET 등), DSCP 및 타임 스탬프 값을 추출하고 해당 프로브를 폐기한다.
- BR은 자신이 소속된 MC에게 새로 탐지한 허브와 연결되는 출력 인터페이스 정보를 전송한다.
- 브랜치 MC는 새로운 인터페이스 정보를 데이터베이스에 저장한다.
- 브랜치 MC는 BR에게 새로운 인터페이스를 추가하고, PMI(Performance Monitor Instance)를 활성화시킬 것을 지시한다.

이제, 허브와 연결되는 새로운 출력 인터페이스가 추가되고, 수신한 DSCP 값, 사이트 ID 및 출력 인터페이스의 조합인 채널도 추가된다.

해당 채널로 새로운 패킷을 수신할 때마다 입력 타임 스탬프가 새로운 값으로 갱신되고, 프로브를 전송할 때마다 출력 타임 스탬프가 갱신된다.

특정 채널로 일정 기간 동안 프로브를 수신하지 못하면 해당 채널은 도달 불가(unreachable)로 표시된다. 도달 불가로 선언되는 시간은 프로브 패킷 간격의 2배로 1초이다. 지사에서 모든 채널이 도달 불가 상태가 되면 외부 인터페이스 및 PMI가 제거된다. 이후 다시 프로브 패킷을 수신하면 앞서 설명한 외부 인터페이스 탐지 절차가 다시 시작된다.

BR인 R7에서 확인해 보면 다음과 같다.

예제 12-144 BR에서 채널 확인

```
R7# show domain mydomain border channels dscp ef

Mon Jun 08 07:23:27.472
-----------------------------------------------------------------
Border Smart Probe Stats:

  Smart probe parameters:
    Source address used in the Probe: 10.1.5.5   ①
    Unreach time: 1000 ms   ②
    Probe source port: 18000   ③
    Probe destination port: 19000   ④
    Interface Discovery: OFF
    Probe freq for channels with traffic :0 secs
    Discovery Probes: ON
    Number of transit probes consumed :55
    Number of transit probes re-routed: 4520
    DSCP's using this: [46]
    All the other DSCPs use the default interval: 10 secs   ⑤
```

① 실제 프로브를 BR이 전송하지만 출발지 IP 주소는 MC의 주소로 설정된다.

② 1초(1000 ms) 이내에 데이터나 프로브를 수신하지 못하면 해당 채널은 '도달 불가'로 간주한다.

③ 프로브의 출발지 UDP 포트 번호를 18000으로 설정한다.

④ 프로브의 목적지 UDP 포트 번호를 19000으로 설정한다.

⑤ 현재 앞 줄에서 표시한 DSCP 값(46)을 제외한 나머지 DSCP 값을 가진 채널로는 (데이터가 있을 때) 10초 마다 프로브를 전송한다.

목적지 BR이 입력 대역폭이 기준을 초과하거나, 프로브를 통하여 과도한 패킷 손실률, 지터, 지연을 탐지하면 트래픽이 정책을 초과했다는 것을 알려주는 TCA(Threshold Crossing Alerts)를 발생시켜 원래 트래픽의 출발지 MC와 로컬 MC에게 전송한다.

원격 BR로부터 TCA 통지를 받은 출발지 MC는 TCA로부터 DSCP 값과 경로 이름을 추출하고 이를 해당 채널 정보에 함께 저장하며 TCA에 포함된 트래픽 클래스를 대체 경로로 이동시킨다. 다음과 같이 R1에서 브랜치 2의 R15로 핑을 하여 DSCP 값이 0인 트래픽을 만들고, R2에서 R14로 핑을 하면서 출발지 IP를 Lo1로 하여 DSCP 값이 EF인 트래픽을 만들어 보자.

예제 12-145 트래픽 생성

```
R1# ping 10.20.15.15 repeat 999999999
R2# ping 10.20.14.14 source lo1 repeat 999999999
```

다음과 같이 허브 BR인 R7에서 show performance monitor current 명령어를 사용하여 확인해
보면 브랜치 2(10.20.13.13)에서 허브(10.1.5.5)로 오는 트래픽에 대한 패킷 손실률, 지연 등 성능
메트릭 정보를 유지하고 있다.

예제 12-146 performance monitor 확인

```
R7# show performance monitor current
    (생략)

Match: pfr site source id ipv4 = 10.20.13.13, pfr site destination id ipv4 = 10.1.5.5, ip
dscp = 0x2E, interface input = Tu200, policy performance-monitor classification hierarchy
= CENT-Policy-Ingress-0-7: CENT-Class-Ingress-DSCP-ef-0-9, pfr label identifier = 0:2 | 0:0
[131072],
  Monitor: MON-Ingress-per-DSCP-quick -0-0-11

start time                                         07:34:08
                                                   ====================
*history bucket number                     : 1
transport packets lost rate      ( % )     : 0.00
transport bytes lost rate                  : 0.00
pfr one-way-delay                          : NA
network delay average                      : 1
transport rtp jitter inter arrival mean    : 0
counter bytes long                         : 228152
counter packets long                       : 2282
timestamp absolute monitoring-interval start : 07:34:08.000
```

다음과 같이 브랜치 2의 BR인 R13에서 확인해 보면 허브(10.1.5.5)에서 브랜치 2(10.20.13.13)로
오는 트래픽에 대한 패킷 손실률, 지연 등 성능 메트릭 정보를 유지하고 있다.

예제 12-147 performance monitor 확인

```
R13# show performance monitor current
    (생략)
```

```
Match: pfr site source id ipv4 = 10.1.5.5, pfr site destination id ipv4 = 10.20.13.13, ip
dscp = 0x2E, interface input = Tu200, policy performance-monitor classification hierarchy =
CENT-Policy-Ingress-0-8: CENT-Class-Ingress-DSCP-ef-0-11, pfr label identifier = 0:0 | 0:2 [2],
 Monitor: MON-Ingress-per-DSCP-quick -0-0-13

start time                                    07:32:44
                                              ===================
*history bucket number                    : 1
transport packets lost rate        ( % ) : 0.00
transport bytes lost rate                 : 0.00
pfr one-way-delay                         : NA
network delay average                     : 1
transport rtp jitter inter arrival mean   : 333
counter bytes long                        : 230452
counter packets long                      : 2305
timestamp absolute monitoring-interval start : 07:32:44.000
```

허브 BR인 R7에서 show domain mydomain border pmi policy-map int tunnel 200 명령어를 사용하여 확인해 보면 MC에서 정책이 설정되어 있는 DSCP EF와 AF41 및 나머지 DSCP 값을 가진 트래픽의 송수신 정보를 유지하고 있다.

예제 12-148 PMI 폴리시 맵 확인

```
R7# show domain mydomain border pmi policy-map int tunnel 200
Tunnel200

  Service-policy performance-monitor input: CENT-Policy-Ingress-0-7

    Class-map: CENT-Class-Ingress-DSCP-ef-0-9 (match-any)
      2942891 packets, 294224604 bytes
      5 minute offered rate 907000 bps, drop rate 0000 bps
      Match: dscp ef (46)
        2942891 packets, 294224604 bytes
        5 minute rate 907000 bps
      Total Packets classified: 2942891
      Total Bytes classified: 294224604
      Monitor AOR: disabled

    Class-map: CENT-Class-Ingress-DSCP-af41-0-10 (match-any)
```

```
        0 packets, 0 bytes
        5 minute offered rate 0000 bps, drop rate 0000 bps
        Match:  dscp af41 (34)
          0 packets, 0 bytes
          5 minute rate 0 bps
        Total Packets classified: 0
        Total Bytes classified: 0
        Monitor AOR: disabled

      Class-map:  class-default (match-any)
        268979 packets, 25413828 bytes
        5 minute offered rate 24000 bps, drop rate 0000 bps
        Match: any

    Service-policy performance-monitor output: CENT-Policy-Egress-0-6

      Class-map: CENT-Class-Egress-ANY-0-8 (match-any)
        2948907 packets, 411399942 bytes
        5 minute offered rate 1269000 bps, drop rate 0000 bps
        Match: access-group name mma-dvmc-acl# 1
          2948907 packets, 411399942 bytes
          5 minute rate 1269000 bps
        Total Packets classified: 2948838
        Total Bytes classified: 294882936
        Monitor AOR: disabled

      Class-map: class-default (match-any)
        101421 packets, 16692991 bytes
        5 minute offered rate 42000 bps, drop rate 0000 bps
        Match: any
```

PfR이 제대로 동작하지 않으면 다음과 같이 debug domain mydomain master all 명령어를 사용하여 디버깅 해본다.

예제 12-149 PfR 디버깅

```
R5# debug domain mydomain master all
R5#
05:57:16.705: MC-PROC:[0]: mc origin not found rejecting the channel addition in MC
```

만약, mc origin not found rejecting the channel addition in MC 등과 같은 에러 메시지가 출력되면
다음과 같이 MC나 BR을 셧다운시킨 후 다시 살리면 된다.

예제 12-150 MC/BR 셧다운

```
R5(config)# domain mydomain
R5(config-domain)# vrf default
R5(config-domain-vrf)# master hub
R5(config-domain-vrf-mc)# shutdown
R5(config-domain-vrf-mc)#
R5(config-domain-vrf-mc)#
R5(config-domain-vrf-mc)# no shutdown
```

R1, R2에서 핑을 중지한다. 이상으로 PMI와 프로브에 대해서 살펴보았다.

사이트 프리픽스 탐지

사이트 프리픽스(site prefix)란 특정 사이트 내부의 네트워크 대역을 의미하며 MC와 BR 모두 동일한
사이트 프리픽스 데이터베이스를 가지고 있다.

예를 들어, 허브의 MC인 R5에서 show domain mydomain master site-prefix 명령어를 사용하여
확인해 보면 다음과 같다.

예제 12-151 사이트 프리픽스 데이터베이스

```
R5# show domain mydomain master site-prefix
 Change will be published between 5-60 seconds
 Next Publish 00:55:29 later
 Prefix DB Origin: 10.1.5.5
 Prefix Flag: S-From SAF; L-Learned; T-Top Level; C-Configured; M-shared

Site-id              Site-prefix          Last Updated          DC Bitmap  Flag
------------------------------------------------------------------------------
10.1.5.5             10.1.1.0/24          00:28:30 ago          0x1        C,M
10.1.5.5             10.1.2.0/24          00:28:30 ago          0x1        C,M
10.1.5.5             10.1.3.0/24          00:28:30 ago          0x1        C,M
10.1.5.5             10.1.4.0/24          00:28:30 ago          0x1        C,M
```

10.1.5.5	10.1.5.5/32	00:28:30 ago	0x1	L
10.1.5.5	10.1.11.0/24	00:28:30 ago	0x1	C,M
10.1.5.5	10.1.12.0/24	00:28:30 ago	0x1	C,M
10.1.5.5	10.1.13.0/24	00:28:30 ago	0x1	C,M
10.1.5.5	10.1.21.0/24	00:28:30 ago	0x1	C,M
10.1.5.5	10.1.22.0/24	00:28:30 ago	0x1	C,M
10.1.5.5	10.1.23.0/24	00:28:30 ago	0x1	C,M
10.1.5.5	10.1.31.0/24	00:28:30 ago	0x1	C,M
10.1.5.5	10.1.32.0/24	00:28:30 ago	0x1	C,M
10.1.5.5	10.1.33.0/24	00:28:30 ago	0x1	C,M
10.1.5.5	10.1.45.0/24	00:28:30 ago	0x1	C,M
10.1.5.5	10.1.46.0/24	00:28:30 ago	0x1	C,M
10.1.5.5	10.1.47.0/24	00:28:30 ago	0x1	C,M
10.1.5.5	10.1.100.0/24	00:28:30 ago	0x1	C,M
10.1.5.5	10.1.0.0/16	00:28:30 ago	0x1	C,M
10.10.12.12	10.10.12.12/32	00:25:06 ago	0x0	S
10.20.13.13	10.20.13.13/32	00:24:54 ago	0x0	S
255.255.255.255	*10.0.0.0/8	00:28:30 ago	0x1	T

지사의 BR인 R13에서 show domain mydomain master site-prefix 명령어를 사용하여 확인해
보아도 다음과 같은 동일한 사이트 프리픽스 데이터베이스를 가지고 있다.

예제 12-152 사이트 프리픽스 데이터베이스

```
R13# show domain mydomain master site-prefix
  Change will be published between 5-60 seconds
  Next Publish 01:52:53 later
  Prefix DB Origin: 10.20.13.13
  Prefix Flag: S-From SAF; L-Learned; T-Top Level; C-Configured; M-shared

Site-id            Site-prefix          Last Updated          DC Bitmap   Flag
-----------------------------------------------------------------------------------
10.1.5.5           10.1.1.0/24          00:28:30 ago          0x1         C,M
10.1.5.5           10.1.2.0/24          00:28:30 ago          0x1         C,M
10.1.5.5           10.1.3.0/24          00:28:30 ago          0x1         C,M
10.1.5.5           10.1.4.0/24          00:28:30 ago          0x1         C,M
10.1.5.5           10.1.5.5/32          00:28:30 ago          0x1         L
    (생략)
```

MC의 사이트 프리픽스 데이터베이스에는 해당 사이트에서 전송되는 패킷의 네트워크 주소와 원격 MC가 알려주는 네트워크 주소 정보가 저장된다. BR의 사이트 프리픽스 데이터베이스에는 MC가 알려주는 네트워크 주소 정보가 저장된다. 기본적으로 사이트 프리픽스는 24 시간 동안 트래픽이 없으면 제거된다.

사이트 프리픽스가 추가되는 것을 테스트해 보자. 다음과 같이 허브 MC인 R5에서 debug domain mydomain master database prefix 명령어를 사용하여 사이트 프리픽스 데이터베이스를 디버깅한다.

예제 12-153 사이트 프리픽스 데이터베이스 디버깅

```
R5# debug domain mydomain master database prefix
```

브랜치 1의 내부 라우터인 R12에서 본사의 라우터로 핑을 하여 트래픽을 발생시킨다.

예제 12-154 트래픽 발생

```
R12# ping 10.1.3.3
Type escape sequence to abort.
Sending 5, 100-byte ICMP Echos to 10.1.3.3, timeout is 2 seconds:
!!!!!
Success rate is 100 percent (5/5), round-trip min/avg/max = 1/1/2 ms
```

잠시 후 다음과 같이 R12가 사용한 출발지 네트워크 10.10.102.0/24가 탐지된 것이 디버깅된다.

예제 12-155 출발지 네트워크 탐지 디버깅

```
R5#
Insert site-prefix(10.10.102.0/24, origin=10.10.12.12, et-pfx siteid=UNKNOWN
```

다음과 같이 허브 MC의 사이트 프리픽스 데이터베이스에 10.10.102.0/24 네트워크가 추가된다.

예제 12-156 사이트 프리픽스 데이터베이스에 10.10.102.0/24 네트워크 추가

```
R5# show domain mydomain master site-prefix
```

887

```
Change will be published between 5-60 seconds
Next Publish 01:40:11 later
Prefix DB Origin: 10.1.5.5
Prefix Flag: S-From SAF; L-Learned; T-Top Level; C-Configured; M-shared

Site-id                  Site-prefix          Last Updated         DC Bitmap   Flag
-------------------------------------------------------------------------------------
    (생략)
10.10.12.12              10.10.102.0/24       00:02:09 ago         0x0          S
```

브랜치 MC인 R12의 사이트 프리픽스 데이터베이스에도 10.10.102.0/24 네트워크가 추가된다.

예제 12-157 R12의 사이트 프리픽스 데이터베이스

```
R12# show domain mydomain master site-prefix
Change will be published between 5-60 seconds
Next Publish 01:55:43 later
Prefix DB Origin: 10.10.12.12
Prefix Flag: S-From SAF; L-Learned; T-Top Level; C-Configured; M-shared

Site-id                  Site-prefix          Last Updated         DC Bitmap   Flag
-------------------------------------------------------------------------------------
    (생략)
10.10.12.12              10.10.102.0/24       00:04:27 ago         0x0          L
```

이상으로 PfR이 사이트 프리픽스를 탐지하는 방식에 대해서 살펴보았다.

트래픽 클래스

목적지 네트워크와 DSCP 값이 같은 패킷의 집합을 트래픽 클래스(traffic class)라고 한다. 만약 어플리케이션 기반 정책을 사용할 때에는 어플리케이션 이름도 같아야 동일한 트래픽 클래스에 속한다. 트래픽 클래스는 외부와 연결되는 출력 인터페이스를 통하여 전송되는 트래픽을 관찰하여 만들어진다. BR이 트래픽을 모니터링하여 지역 MC에게 통보하며, 지역 MC는 새로운 트래픽 클래스를 트래픽 클래스 데이터베이스에 저장한다.

테스트를 위하여 다음과 같이 본사 라우터 R1에서 지사 라우터 R14로 핑을 한다.

예제 12-158 트래픽 발생

```
R1# ping 10.20.200.14 repeat 999999999
```

트래픽 클래스 정보를 확인하려면 허브 MC에서 show domain mydomain master traffic-classes 명령어를 사용하며, 다음과 같은 옵션들이 있다.

예제 12-159 트래픽 클래스 정보 확인

```
R5# show domain mydomain master traffic-classes ?
  controlled          Display Controlled traffic classes   ①
  dscp                Filter by DSCP   ②
  dst-site-id         Filter by Destination site id   ③
  dst-site-pfx        Filter by Destination site prefix   ④
  map                 Display mapping tables of application, DSCP and class   ⑤
  policy              Display traffic classes of a policy   ⑥
  route-change        Display Controlled traffic classes with route-change   ⑦
  service-provider    Filter by service-provider   ⑧
  summary             Display summary of traffic classes   ⑨
  uncontrolled        Display Uncontrolled traffic classes   ⑩
  |                   Output modifiers
  <cr>   ⑪
```

① PfR에 의해 제어된(경로가 결정된) 트래픽 클래스들의 정보를 보여준다.

② DSCP 값별 트래픽 클래스들의 정보를 보여준다.

③ 목적지 사이트 ID별 트래픽 클래스들의 정보를 보여준다.

④ 목적지 네트워크별 트래픽 클래스들의 정보를 보여준다.

⑤ 응용 프로그램, DSCP 및 클래스별 매핑 테이블을 보여준다.

⑥ 허브 MC에 설정된 각 정책에 해당하는 트래픽 클래스들의 정보를 보여준다.

⑦ 경로가 변경된 트래픽 클래스들의 정보를 보여준다.

⑧ 통신사별 트래픽 클래스들의 정보를 보여준다.

⑨ 요약된 트래픽 클래스들의 정보를 보여준다.

⑩ 아직 PfR에 의해 제어되지 않은 트래픽 클래스들의 정보를 보여준다.

⑪ 전체 트래픽 클래스들의 정보를 보여준다.

잠시 후, 허브 MC인 R5에서 show domain mydomain master traffic-classes 명령어를 사용하여
확인해 보면 다음과 같이 트래픽 클래스에 대한 자세한 정보를 알 수 있다.

예제 12-160 트래픽 클래스 정보 확인

```
R5# show domain mydomain master traffic-classes dst-site-pfx 10.20.200.0/24

Dst-Site-Prefix: 10.20.200.0/24        DSCP: default [0] Traffic class id:12  ①
  Clock Time:                          09:01:34 (CET) 06/10/2015
  TC Learned:                          00:10:33 ago  ②
  Present State:                       CONTROLLED  ③
  Current Performance Status:          not monitored (default class)  ④
  Current Service Provider:            MPLS path-id:2 since 00:10:02  ⑤
  Previous Service Provider:           Unknown  ⑥
  BW Used:                             1298 Kbps  ⑦
  Present WAN interface:               Tunnel200 in Border 10.1.7.7  ⑧
  Present Channel (primary):           32 MPLS pfr-label:0:0 | 0:2 [0x2]  ⑨
  Backup Channel:                      31 INET pfr-label:0:0 | 0:1 [0x1]  ⑩
  Destination Site ID bitmap:          0
  Destination Site ID:                 10.20.13.13  ⑪
  Class-Sequence in use:               default
  Class Name:                          default  ⑫
  BW Updated:                          00:00:03 ago  ⑬
  Reason for Latest Route Change:  Uncontrolled to Controlled Transition  ⑭
  Route Change History:  ⑮
       ⑯            ⑰                      ⑱                       ⑲
  Date and Time Previous Exit          Current Exit            Reason

  1: 08:51:32     None/0.0.0.0/None (Ch:0) MPLS/10.1.7.7/Tu200 (Ch:32) Uncontrolled
  to Controlled Transition  ⑳

  -----------------------------------------------------------------------
  Total Traffic Classes: 1  Site: 1  Internet: 0
```

① 목적지 네트워크와 DSCP 값을 표시한다. 이처럼 목적지 네트워크와 DSCP 값이 동일한 트래픽이
하나의 트래픽 클래스에 소속된다.

② 트래픽 클래스가 생성된 후 경과된 시간을 나타낸다.

③ 트래픽 클래스가 PfR에 의해서 제어되어 특정한 통신망을 통하여 전송되고 있음을 의미한다.

④ 트래픽 클래스가 전송되는 경로가 해당 트래픽 클래스에 대한 정책을 만족시키고 있는지의 여부를

표시한다. DSCP 값이 0인 디폴트 클래스이므로 성능 상태를 관찰하지 않는다는 의미이다. 만약, DSCP 값이 EF인 트래픽이고 값이 EF일 때 적용되는 'VOICE'라는 정책에 명시된 패킷 손실률, 지연, 지터 값을 만족시키고 있다면 'in-policy'라고 표시된다.

⑤ 현재 사용되는 통신망의 이름이 MPLS이고 path-id가 2이며, 사용 기간이 00:10:02임을 의미한다.

⑥ 직전에 사용되었던 통신망의 이름을 표시한다.

⑦ 트래픽 클래스가 사용중인 대역폭을 표시한다.

⑧ 트래픽 클래스가 전송되는 BR 및 인터페이스 번호를 표시한다.

⑨ 트래픽 클래스가 사용하는 현재의 채널 번호와 통신망 종류를 표시한다.

⑩ 백업 채널을 표시한다.

⑪ 목적지 사이트 ID를 표시한다.

⑫ 트래픽 클래스에 적용된 정책의 이름을 표시한다.

⑬ 대역폭 정보 확인후 경과된 시간을 표시한다.

⑭ 가장 최근에 경로가 변경된 이유를 표시한다. 'Uncontrolled to Controlled Transition'은 (트래픽 클래스가 생성된지 얼마되지 않아) 미제어 상태에서 제어 상태로 변경되었다는 의미이다.

⑮ 이하의 정보는 경로가 변경된 이력이다.

⑯ 변경된 시간을 나타낸다.

⑰ 직전에 사용했던 통신망을 표시한다.

⑱ 현재 사용중인 통신망을 표시한다.

⑲ 변경된 이유를 표시한다.

⑳ 이하에 변경된 이력이 표시된다. 지금은 한 번만 변경되었기 때문에 정보가 하나뿐이다. 여러번 변경되었다면 가장 위에 표시된 이력이 가장 최근의 정보이다.

확인이 끝나면 R1에서 Control+Shift와 6을 눌러 트래픽 발생을 중지시킨다. 이상으로 트래픽 클래스에 대하여 살펴보았다.

디폴트 클래스의 부하 분산

PfR은 허브 MC에 정책이 설정되어있지 않은 디폴트 클래스 중에서 목적지 네트워크와 DSCP 값의 조합이 다른 트래픽에 대해서만 로드 밸런싱을 한다. 허브 MC에 정책이 설정된 트래픽 클래스에 대해서는 로드 밸런싱하지 않는다. 이 경우, 정책에서 지정한 외부 인터페이스의 대역폭 여유가 없거나 성능 메트릭(지연, 손실률, 지터 jitter)이 정책을 벗어났을 때에만 대체 외부 인터페이스를 사용하여 경로를 최적화시킨다. 현재 허브 MC에는 다음과 같이 두 가지 DSCP에 대한 정책이 설정되어 있다.

예제 12-161 허브 MC 정책

```
R5# show domain mydomain master policy
 No Policy publish pending
----------------------------------------------------------------------

   class VOICE sequence 10
     path-preference MPLS fallback INET
     class type: Dscp Based
       match dscp ef policy voice
         priority 2 packet-loss-rate threshold 1.0 percent
         priority 1 one-way-delay threshold 150 msec
         priority 3 jitter threshold 30000 usec
         priority 2 byte-loss-rate threshold 1.0 percent

   class CONFERENCE sequence 20
     path-preference MPLS fallback INET
     class type: Dscp Based
       match dscp af41 policy real-time-video
         priority 1 packet-loss-rate threshold 1.0 percent
         priority 2 one-way-delay threshold 150 msec
         priority 3 jitter threshold 20000 usec
         priority 1 byte-loss-rate threshold 1.0 percent

   class default
       match dscp all
```

DSCP 값이 ef인 트래픽들은 사전에 정의된 'voice'라는 정책이 적용되고, af41인 트래픽들은 'real-time-video'라는 정책이 적용된다. 나머지 DSCP 값에는 별도의 정책이 없으며, 이런 트래픽을 디폴트 클래스라고 한다. 다음 그림과 같이 R1, R2에서 출발지가 10.1.100.0/24 네트워크이고 목적지가 R14, R15의 10.20.200.0/24 네트워크로 전송되는 트래픽 클래스는 부하 분산이 일어나지 않는다. 목적지 네트워크가 같고, DSCP 값도 모두 0으로 동일하기 때문이다.

같은 이유로 R14, R15에서 R1, R2로 돌아오는 패킷도 역시 부하 분산이 되지 않는다.

그림 12-34 부하 분산이 안 되는 경우

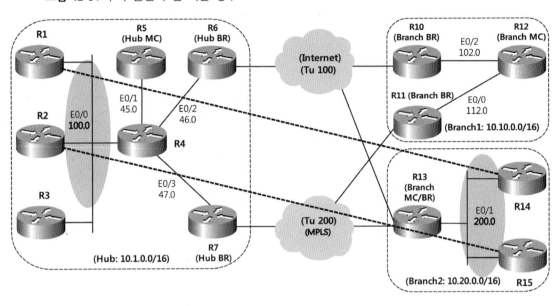

다음과 같이 R1, R2에서 R14, R15의 10.20.200.0/24 네트워크로 핑을 해보자.

예제 12-162 트래픽 발생

```
R1# ping 10.20.200.14 repeat 999999999
R2# ping 10.20.200.15 repeat 999999999
```

잠시 후 허브 MC에서 확인해 보면 다음과 같이 하나의 트래픽 클래스만 생성되고, 결과적으로 하나의
터널만 사용하게 되어 부하 분산이 일어나지 않는다.

예제 12-163 트래픽 클래스 확인

```
R5# show domain mydomain master traffic-classes summary
    (생략)
Dst-Site-Pfx   Dst-Site-Id  APP DSCP   TC-ID  APP-ID  State  SP   PC/BC  BR/EXIT

10.20.200.0/24 10.20.13.13  N/A default   13     N/A    CN   MPLS 32/31  10.1.7.7/Tu200
 Total Traffic Classes: 1  Site: 1  Internet: 0
```

893

```
R5# show domain mydomain master ex
```

브랜치 2에서 허브 사이트로 오는 트래픽 클래스도 부하 분산이 되지 않는다.

예제 12-164 트래픽 클래스 확인

```
R13# show domain mydomain master traffic-classes summary
    (생략)

Dst-Site-Pfx  Dst-Site-Id APP DSCP  TC-ID  APP-ID  State  SP    PC/BC   BR/EXIT

10.1.100.0/24 10.1.5.5   N/A default  14     N/A    CN INET  29/28 10.20.13.13/Tu100
  Total Traffic Classes: 1 Site: 1  Internet: 0
```

테스트가 끝나면 R1, R2에서 핑을 중지한다. 다음 테스트를 위하여 MC인 R5와 R13에서 **clear
domain mydomain master traffic-classes** 명령어를 사용하여 트래픽 클래스 정보를 지운다.
다음 그림과 같이 출발지가 R1, R2의 10.1.100.0/24 네트워크이고 목적지가 R14, R15의 루프백
네트워크인 트래픽 클래스는 허브에서 브랜치 2로 갈때에만 부하 분산이 일어나고, R14, R15에서
R1, R2로 돌아오는 패킷은 부하 분산이 되지 않는다.
브랜치에서 허브로 오는 트래픽 클래스는 목적지 네트워크가 10.1.100.0/24로 동일하기 때문이다.

그림 12-35 한 방향으로만 부하 분산이 되는 경우

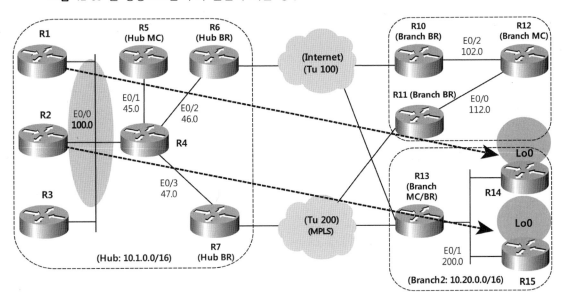

다음과 같이 R1, R2에서 R14, R15의 루프백으로 핑을 해보자.

예제 12-165 트래픽 발생

```
R1# ping 10.20.14.14 repeat 999999999
R2# ping 10.20.15.15 repeat 999999999
```

잠시 후 허브 MC에서 확인해 보면 다음과 같이 서로 다른 목적지 네트워크별로 두 개의 트래픽 클래스가 생성되어 부하 분산이 일어난다.

예제 12-166 트래픽 클래스 확인

```
R5# show domain mydomain master traffic-classes summary
    (생략)

Dst-Site-Pfx    Dst-Site-Id  APP DSCP    TC-ID APP-ID State SP   PC/BC BR/EXIT

10.20.14.14/24 10.20.13.13 N/A default   3     N/A    CN    INET 6/5   10.1.6.6/Tu100
10.20.15.15/24 10.20.13.13 N/A default   4     N/A    CN    MPLS 5/6   10.1.7.7/Tu200
```

```
Total Traffic Classes: 2 Site: 2  Internet: 0
```

그러나, 브랜치 2에서 허브 사이트로 오는 트래픽 클래스는 목적지 네트워크가 동일하므로 부하 분산이
되지 않는다.

예제 12-167 트래픽 클래스 확인

```
R13# show domain mydomain master traffic-classes summary
    (생략)

Dst-Site-Pfx  Dst-Site-Id APP DSCP  TC-ID  APP-ID  State  SP    PC/BC   BR/EXIT

10.1.100.0/24 10.1.5.5   N/A default 1      N/A     CN   INET   2/1   10.20.13.13/Tu100
  Total Traffic Classes: 1 Site: 1  Internet: 0
```

테스트가 끝나면 R1, R2에서 핑을 중지한다. 다음 테스트를 위하여 MC인 R5와 R13에서 **clear
domain mydomain master traffic-classes** 명령어를 사용하여 트래픽 클래스 정보를 지운다.
다음 그림과 같이 출발지가 R1, R2의 루프백 0 네트워크이고 목적지가 R14, R15의 루프백 네트워크인
트래픽 클래스는 허브에서 브랜치 2로 갈 때 뿐만 아니라 R14, R15에서 R1, R2로 돌아오는 패킷도
부하 분산이 일어난다. 양 방향 모두 목적지 네트워크가 다르기 때문이다.

그림 12-36 양방향 부하 분산이 되는 경우

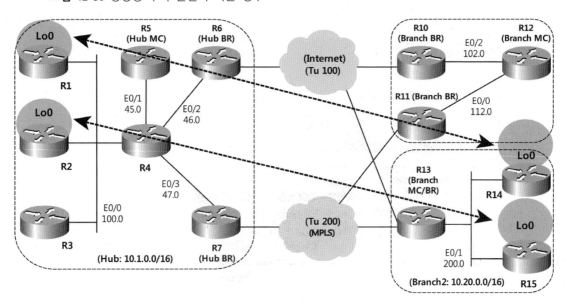

다음과 같이 R1, R2의 루프백 0에서 R14, R15의 루프백 0으로 핑을 해보자.

예제 12-168 트래픽 생성

```
R1# ping 10.20.14.14 repeat 999999999 source lo0
R2# ping 10.20.15.15 repeat 999999999 source lo0
```

잠시 후 허브 MC에서 확인해 보면 다음과 같이 서로 다른 목적지 네트워크별로 두 개의 트래픽 클래스가 생성되어 부하 분산이 일어난다.

예제 12-169 트래픽 클래스 확인

```
R5# show domain mydomain master traffic-classes summary
    (생략)

Dst-Site-Pfx    Dst-Site-Id  APP DSCP    TC-ID  APP-ID  State  SP    PC/BC  BR/EXIT

10.20.14.14/24  10.20.13.13  N/A default  7      N/A     CN     INET  6/5    10.1.6.6/Tu100
10.20.15.15/24  10.20.13.13  N/A default  8      N/A     CN     MPLS  5/6    10.1.7.7/Tu200
```

```
Total Traffic Classes: 2  Site: 2   Internet: 0
```

브랜치 2에서 허브 사이트로 오는 트래픽 클래스도 다음과 같이 서로 다른 목적지 네트워크별로
두 개의 트래픽 클래스가 생성되어 부하 분산이 일어난다.

예제 12-170 트래픽 클래스 확인

```
R13# show domain mydomain master traffic-classes summary
    (생략)

Dst-Site-Pfx  Dst-Site-Id APP DSCP  TC-ID  APP-ID  State  SP    PC/BC  BR/EXIT

10.1.1.1/24   10.1.5.5    N/A default 2      N/A     CN     INET  4/3    10.20.13.13/Tu100
10.1.2.2/24   10.1.5.5    N/A default 3      N/A     CN     MPLS  3/4    10.20.13.13/Tu200
 Total Traffic Classes: 2  Site: 2   Internet: 0
```

테스트가 끝나면 R1, R2에서 핑을 중지한다. 다음 테스트를 위하여 MC인 R5와 R13에서 **clear
domain mydomain master traffic-classes** 명령어를 사용하여 트래픽 클래스 정보를 지운다. 이상으로
디폴트 트래픽 클래스의 부하 분산에 대하여 살펴보았다.

PfR 정책과 경로 최적화

허브 MC에서 설정한 정책에 해당되는 트래픽은 부하 분산이 되지 않고 정책에서 지정한 경로를
통하여 전송된다. 정책에서 지정한 경로에서 데이터 손실률, 지연, 지터 값 등이 정책을 벗어나면
백업 경로를 이용하여 트래픽을 전송시킨다.

현재 설정된 PfR 정책은 다음과 같이 DSCP 값이 EF이거나 AF41이면 MPLS 망을 사용하는 것으로
되어 있다.

예제 12-171 PfR 정책 확인

```
R5# show running-config | section domain

domain mydomain
 vrf default
```

```
master hub
  source-interface Loopback0
  site-prefixes prefix-list HUB-NETWORK
  password cisco123
  monitor-interval 2 dscp af41
  monitor-interval 2 dscp ef
  load-balance
  enterprise-prefix   prefix-list COMPANY_NETWORK
  class VOICE sequence 10
    match dscp ef policy voice
    path-preference MPLS fallback INET
  class CONFERENCE sequence 20
    match dscp af41 policy real-time-video
    path-preference MPLS fallback INET
```

다음 그림과 같이 R1에서는 DSCP 값이 EF인 트래픽을 R14의 Lo0으로 전송하고, R2에서는 DSCP 값이 AF41인 트래픽을 R15의 Lo0으로 전송해 보자.

그림 12-37 DSCP EF/AF41 트래픽

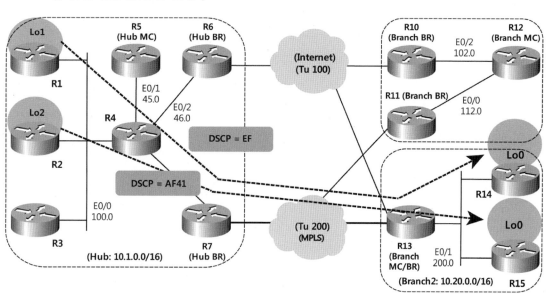

이를 위하여 다음과 같이 핑을 한다.

예제 12-172 트래픽 발생시키기

```
R1# ping 10.20.14.14 repeat 999999999 source lo1
R2# ping 10.20.15.15 repeat 999999999 source lo2
```

잠시 후 허브 MC에서 확인해 보면 다음과 같이 목적지 네트워크가 달라서 별개의 트래픽 클래스이지만 DSCP 값들이 정책에 지정되어 있고 모두 MPLS 망을 사용하도록 설정되어 있으므로 두 개의 트래픽 클래스가 부하 분산을 하지 않고 모두 MPLS 망으로 전송된다.

예제 12-173 트래픽 클래스 확인

```
R5# show domain mydomain master traffic-classes summary
   (생략)

Dst-Site-Pfx     Dst-Site-Id   APP  DSCP   TC-ID   APP-ID   State   SP      PC/BC   BR/EXIT

10.20.14.14/24  10.20.13.13  N/A   ef      13      N/A      CN     MPLS   25/26  10.1.7.7/Tu200
10.20.15.15/24  10.20.13.13  N/A   af41    14      N/A      CN     MPLS   28/27  10.1.7.7/Tu200
 Total Traffic Classes: 2  Site: 2   Internet: 0
```

동일한 이유로 브랜치 2에서 허브 사이트로 오는 트래픽 클래스도 다음과 같이 모두 MPLS 망으로 전송된다.

예제 12-174 트래픽 클래스 확인

```
R13# show domain mydomain master traffic-classes summary
   (생략)

Dst-Site-Pfx  Dst-Site-Id  APP  DSCP   TC-ID   APP-ID   State   SP     PC/BC   BR/EXIT

10.1.11.1/24  10.1.5.5    N/A   ef      7       N/A      CN     MPLS   16/15  10.20.13.13/Tu200
10.1.22.2/24  10.1.5.5    N/A   af41    6       N/A      CN     MPLS   14/13  10.20.13.13/Tu200
 Total Traffic Classes: 2  Site: 2   Internet: 0
```

정책을 벗어났을 때의 동작을 살펴보기 위하여 다음 그림과 같이 MPLS VPN 망 역할을 하는 R9에서 패킷 일부를 폐기시켜 보자.

그림 12-38 폴리싱

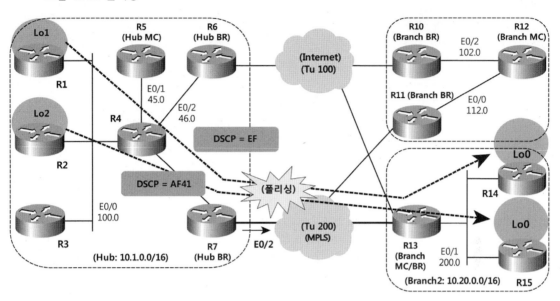

이를 위하여 다음과 같이 폴리싱(policing)을 설정한다. 폴리싱은 기본적으로 지정 속도를 초과하는
패킷을 폐기한다.

예제 12-175 폴리싱 설정

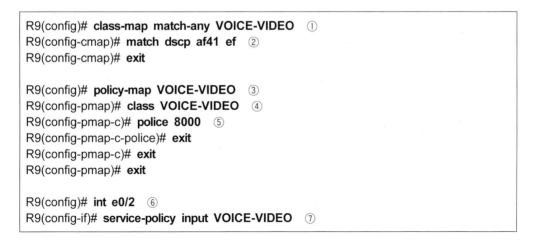

① class-map 명령어 다음에 적당한 이름을 사용하여 클래스 맵 설정모드로 들어간다.

② match dscp 명령어 다음에 조정하기를 원하는 DSCP 값을 지정한다.

③ policy-map 명령어 다음에 적당한 이름을 사용하여 폴리시 맵 설정모드로 들어간다.

④ class 명령어 다음에 앞서 설정한 클래스 맵을 호출한다.

⑤ police 명령어 다음에 최고 허용 속도를 bps 단위로 지정한다.

⑥ 폴리시 맵을 적용하고자 하는 인터페이스의 설정모드로 들어간다.

⑦ 폴리시 맵을 적용한다.

잠시 후 show policy-map interface e0/2 명령어를 사용하여 확인해 보면 다음과 같이 DSCP 값이 EF인 패킷의 일부를 폐기(drop)했다는 것을 알 수 있다.

예제 12-176 적용된 폴리시 맵 확인하기

```
R9# show policy-map int e0/2
Ethernet0/2

  Service-policy input: VOICE-VIDEO

    Class-map: VOICE-VIDEO (match-any)
      3474 packets, 479700 bytes
      5 minute offered rate 15000 bps, drop rate 11000 bps
      Match:  dscp af41 (34) ef (46)
        3474 packets, 479700 bytes
        5 minute rate 15000 bps
      police:
          cir 8000 bps, bc 1500 bytes
        conformed 672 packets, 92880 bytes; actions:
          transmit
        exceeded 2802 packets, 386820 bytes; actions:
          drop
        conformed 8000 bps, exceeded 11000 bps

    Class-map: class-default (match-any)
      3574 packets, 493156 bytes
      5 minute offered rate 15000 bps, drop rate 0000 bps
      Match: any
```

패킷 손실이 시작되면 지사 BR인 R13이 이를 감지한다.

예제 12-177 performance monitor 확인

```
R13# show performance monitor current
    (생략)
Match: pfr site source id ipv4 = 10.1.5.5, pfr site destination id ipv4 = 10.20.13.13, ip
dscp = 0x22, interface input = Tu200, policy performance-monitor classification hierarch
y = CENT-Policy-Ingress-0-6: CENT-Class-Ingress-DSCP-af41-0-9, pfr label identifier =
0:0 | 0:2 [2],
  Monitor: MON-Ingress-per-DSCP-quick -0-0-9

start time                                      07:58:58
                                                ====================
*history bucket number                        : 1
transport packets lost rate           ( % ) : 62.50
transport bytes lost rate                     : 0.00
pfr one-way-delay                             : NA
network delay average                         : 1
transport rtp jitter inter arrival mean       : 333
counter bytes long                            : 1260
counter packets long                          : 15
timestamp absolute monitoring-interval start  : 07:58:58.000
```

BR인 R13은 패킷의 출발지 MC인 R5에게 TCA (Threshold Crossing Alerts)를 전송하여 현재
사용중인 터널 200에 장애가 발생했다는 것을 통지한다. 다음 콘솔 메시지는 터널 200을 통하여
사이트 ID 10.20.13.13으로 전송되는 트래픽이 52.0%의 패킷 손실이 발생하여 'CONFERENCE'정책
을 벗어났음을 알려주고 있다.

예제 12-178 장애 발생 통지

```
R5#
*Jun 11 04:22:34.132: %DOMAIN_TCA-6-INFOSET: TCA RAISE.
Detailed info: Violated Policy Name: CONFERENCE Destination Site ID: 10.20.13.13
Source Site ID: 10.1.5.5 VRF: default BR IP: 10.1.7.7 interface: Tunnel200 Byte Loss:
0.0% Packet Loss: 52.0% OWD: 0 (msec) Jitter Mean: 0 (usec) Unreachables:0 Path:
MPLS  DSCP[af41][34]  Priority[1] packet-loss-rate threshold:1.0 Priority[2] one-way-dela
y threshold:150  Priority[3] jitter threshold:20000  Priority[1] byte-loss-rate threshold:1.0
```

MC인 R5에서 show domain mydomain master channels dscp af41 명령어를 사용하여 확인해

보면 다음과 같이 MPLS 망을 통과하는 AF41 채널 패킷 손실이 발생했다는 정보를 가지고 있다.

예제 12-179 채널 확인

```
R5# show domain mydomain master channels dscp af41
  Legend: * (Value obtained from Network delay:)

Channel Id: 43  Dst Site-Id: 10.20.13.13  Link Name: MPLS  DSCP: af41 [34] pfr-labe
l: 0:0 | 0:2 [0x2] TCs: 0
  Channel Created: 01:29:44 ago
  Provisional State: Initiated and open
  Operational state: Available but unreachable
  Channel to hub: FALSE
  Interface Id: 11
  Supports Zero-SLA: Yes
  Muted by Zero-SLA: No
  Estimated Channel Egress Bandwidth: 0 Kbps
  Immitigable Events Summary:
   Total Performance Count: 0, Total BW Count: 0
  ODE Stats Bucket Number: 1
   Last Updated  : 00:00:51 ago
    Packet Count  : 7
    Byte Count    : 588
    One Way Delay : 0 msec*
    Loss Rate Pkts: 58.82 %
    Loss Rate Byte: 0.0 %
    Jitter Mean   : 285 usec
    Unreachable   : TRUE
  ODE Stats Bucket Number: 2
   Last Updated  : 00:00:55 ago
    Packet Count  : 9
    Byte Count    : 756
    One Way Delay : 0 msec*
    Loss Rate Pkts: 52.63 %
    Loss Rate Byte: 0.0 %
    Jitter Mean   : 0 usec
    Unreachable   : FALSE
  TCA Statistics:
      Received:120 ; Processed:119 ; Unreach_rcvd:12
  Latest TCA Bucket
   Last Updated  : 00:00:20 ago
    Unreachable TCA received(Check for stale TCA 00:00:02 later)
```

```
Channel Id: 44  Dst Site-Id: 10.20.13.13  Link Name: INET  DSCP: af41 [34] pfr-label:
0:0 | 0:1 [0x1] TCs: 1
  Channel Created: 01:29:44 ago
  Provisional State: Initiated and open
  Operational state: Available
    (생략)
  TCA Statistics:
    Received:0 ; Processed:0 ; Unreach_rcvd:0
```

DSCP 값이 EF인 채널도 다음과 같이 동일하게 장애가 발생했다.

예제 12-180 장애 발생

```
R5# show domain mydomain master channels dscp ef
  Legend: * (Value obtained from Network delay:)

Channel Id: 45  Dst Site-Id: 10.20.13.13  Link Name: MPLS  DSCP: ef [46] pfr-label:
0:0 | 0:2 [0x2] TCs: 0
  Channel Created: 01:28:57 ago
  Provisional State: Initiated and open
  Operational state: Available but unreachable
    (생략)
```

따라서 MC는 장애가 발생한 주 채널에서 백업 채널인 인터넷을 통과하는 터널 100으로 트래픽을 전송시킨다.

예제 12-181 장애 발생 주 채널에서 백업 채널로 트래픽 전송

```
R5# show domain mydomain master traffic-classes summary
    (생략)
Dst-Site-Pfx    Dst-Site-Id APP DSCP  TC-ID  APP-ID  State  SP  PC/BC   BR/EXIT

10.20.14.14/24 10.20.13.13 N/A  ef     18     N/A     CN    INET 46/NA 10.1.6.6/Tu100
10.20.15.15/24 10.20.13.13 N/A  af41   17     N/A     CN    INET 44/NA 10.1.6.6/Tu100
 Total Traffic Classes: 2 Site: 2  Internet: 0
```

다시 R9에서 다음과 같이 폴리시 맵을 제거하여 패킷이 정상적으로 전송되게 해보자.

예제 12-182 폴리시 맵 제거

```
R9(config)# int e0/2
R9(config-if)# no service-policy input VOICE-VIDEO
```

잠시 후 다시 장애가 없어진 주 채널로 패킷이 전송된다.

예제 12-183 주 채널 패킷 전송

```
R5# show domain mydomain master traffic-classes summary
    (생략)

Dst-Site-Pfx     Dst-Site-Id   APP DSCP  TC-ID  APP-ID  State  SP    PC/BC  BR/EXIT
10.20.14.14/24   10.20.13.13   N/A ef    23     N/A     CN     MPLS  70/69  10.1.7.7/Tu200
10.20.15.15/24   10.20.13.13   N/A af41  24     N/A     CN     MPLS  72/71  10.1.7.7/Tu200
 Total Traffic Classes: 2  Site: 2  Internet: 0
```

이상으로 PfR에 대해서 살펴보았다.

부록

IS-IS

IS-IS(Intermediate System-to-Intermediate System)는 ISO의 CLNP (Connectionless Network Protocol) 프로토콜을 위한 라우팅 프로토콜로 개발되었다. IS(Intermediate System)란 ISO에서 사용하는 용어로 라우터를 의미한다. 초창기의 IS-IS는 CLNP중에서 네트워크 레이어 프로토콜인 CLNS(Connectionless Network Service, TCP/IP의 IP에 해당)를 라우팅시키기 위해서 디자인되었다. 이후 CLNS와 IP 모두를 지원하기 위한 버전이 나왔고, 이것을 통합(integrated) IS-IS 또는 듀얼(dual) IS-IS라고 부르며, 줄여서 IS-IS라고 한다.

IS-IS는 OSPF와 유사한 점이 아주 많다. 둘 다 링크 스테이트 라우팅 프로토콜이며, 다이크스트라(Dijkstra) 알고리즘을 사용하여 라우팅 경로를 계산한다. 또, 에어리어를 사용하는 네트워크 구조도 OSPF와 동일하다. IS-IS의 동작을 개괄적으로 보면 다음과 같다.

1) 네이버를 찾고, 어드제이션시를 맺기위하여 IS-IS가 설정된 모든 인터페이스로 헬로 패킷을 전송한다.

2) 브로드캐스트 네트워크와 포인트 투 포인트 네트워크 별로 약간의 차이가 있으나, 동일한 링크에 연결된 라우터들 중에서 인증방식, IS 타입 및 MTU 사이즈가 같으면 네이버가 된다.

3) IS-IS가 설정된 인터페이스 및 다른 어드제이션트 라우터에게서 전송받은 네트워크에 기초한 LSP(Link-State PDU, OSPF의 LSA에 해당)를 만든다.

4) 동일한 LSP를 수신한 네이버를 제외한 모든 어드제이션트 네이버에게 LSP를 전송한다.

5) 수신한 LSP를 링크 스테이트 데이터베이스에 저장한다.

6) 다이크스트라 알고리듬을 이용하여 SPT(Shortest Path Tree)를 계산하고, 라우팅 테이블에 저장한다.

NET

IS-IS는 IP 라우팅 정보를 전송하지만 라우팅 정보를 실어 나를 때에는 CLNS 패킷을 사용한다. 따라서, IS-IS를 사용하려면 라우터에 CLNS 주소를 부여해야 한다. CLNS 주소를 NET(Network Entity Title)라고 부르며, 길이가 8 - 20 바이트 사이이다.

IP 주소가 네트워크와 호스트로 구성되는 것처럼, NET는 에어리어 ID, 시스템 ID 및 실렉터로 이루어진다. 에어리어(area) ID는 에어리어를 나타낸다.

시스템 ID는 라우터를 나타내며, 시스코 라우터에서는 6 바이트로 표시한다. 시스템 ID는 임의의 수를 사용하거나, 라우터의 IP 주소를 사용하거나 또는 라우터의 MAC 주소를 사용하여 표현한다. 실렉터(selector)는 네트워크 레이어의 특정 서비스를 표시하는데 IP 라우팅에서는 0x00의 값을 가지는 것이 보통이다. 시스코 라우터에서 IS-IS를 설정할 때 사용하는 NET는 다음과 같은 규칙을 따른다.

1) 16진수로 표시하며, 처음은 반드시 49.XXXX처럼 1 바이트로 시작해야 한다.

2) 끝은 반드시 .00이어야 한다.

3) 시스템 ID는 6 바이트이어야 한다.

예를 들어, 에어리어 번호가 49.0001이고, 시스템 ID가 1111.1111.1111인 라우터의 NET는 49.0001.1111.1111.1111.00으로 표시한다.

에어리어와 L1, L2 라우터

OSPF와 마찬가지로 IS-IS도 에어리어로 구성된다. OSPF에서는 한 라우터가 복수개의 에어리어에 소속될 수 있지만 IS-IS에서는 하나의 에어리어에만 포함된다.

IS-IS의 백본 에어리어는 OSPF처럼 에어리어 0으로 표시되지 않고, 여러개의 에어리어에 소속되는 L1/L2 또는 L2 라우터의 집합을 백본 에어리어라고 한다. L1 라우터는 L1 또는 L1/L2 네이버와 어드제이션시를 맺는다. L2 라우터는 L2 또는 L1/L2 네이버와 어드제이션시를 맺는다. L1 라우터와 L2 라우터는 서로 어드제이션시를 맺지 않는다.

L1 라우터

L1(level 1) 라우터란 자신이 속한 에어리어에 대한 정보만 가지고 있는 라우터를 말하며, 동일 에어리어내에 있는 L1 또는 L1/L2 라우터와 네이버 관계를 유지한다. L1 라우터는 에어리어 내부 정보 즉, L1 링크 상태 데이터베이스를 유지한다. 결과적으로 모든 L1 라우터는 OSPF의 완전 스텁 에어리어(totally stubby area)의 내부 라우터와 유사하다. L1 라우터는 에어리어 외부로 가는 트래픽을 자신이 속한 에어리어 내에 있는 가장 가까운 L1/L2 라우터로 전송한다.

L2 라우터

L2 라우터는 레벨 2 링크 상태 데이터베이스만을 가지고 있다. L2 라우터는 동일한 에어리어 또는 다른 에어리어에 있는 L2 또는 L1/L2 라우터들과 네이버 관계를 형성한다.

L1/L2 라우터

L1/L2 라우터는 에어리어 내부와 외부 라우팅을 위한 L1, L2 각각의 링크 상태 데이터베이스를 가지고 있으며, 2개의 SPF 알고리즘 계산을 한다. L1/L2 라우터는 OSPF의 ABR과 유사하다. 시스코 라우터에 IS-IS를 설정하면 기본 라우터 타입이 L1/L2 라우터로 동작한다.

다른 에어리어와 접속되어 있는 L1/L2 라우터는 L1 LSP내의 ATT(attached) 비트를 세팅하여 전송하는데, 이것을 수신한 L1 라우터들은 해당 L1/L2 라우터로 외부 트래픽을 전송하면 된다는 것을 알게 된다. 이 때 L1 라우터들은 자동으로 해당 L1/L2 라우터쪽으로 디폴트 루트를 설정한다. 다른 에어리어와 접속되어 있지 않은 L1/L2 라우터도, L2 라우터가 다른 에어리어에 접속되어 있는 것을 감지하면, L2 라우터를 대신하여 ATT 비트를 세팅한다.

IS-IS 메트릭

IS-IS는 디폴트 메트릭인 코스트(cost) 외에 지연(delay), 비용(expense), 에러(error) 등 모두 4가지가 정의되어 있으나 시스코 라우터에서는 코스트만 지원한다. 대역폭 등에 의해서 자동으로 결정되는 OSPF 코스트와는 달리 IS-IS 인터페이스 코스트는 1 - 63 사이의 값 중에서 기본값 10으로 설정되어 있다. IS-IS 기본 코스트는 **isis metric** 명령어를 사용하여 변경할 수 있다.

예제 A1-1 IS-IS 메트릭 값 지정하기

```
R1(config-if)# isis metric ?
  <0-63>   Default metric
```

RIP의 최대 메트릭값이 15인 것처럼 IS-IS의 최대 코스트는 1,023이다. IS-IS 인터페이스의 메트릭 값의 범위가 1 - 63 사이이면 대형 네트워크에서 정교한 라우팅 설정이 힘들다. 또, 최대 코스트가 1,023이므로 아주 대규모의 네트워크에 적용시키려면 어려움이 있을 수 있다.

따라서, 시스코에서는 IS-IS 와이드 메트릭(wide metric)이라는 것을 사용하여 인터페이스 코스트의 범위를 1 - 16,777,215으로 설정할 수 있게 하고, 최대 경로 코스트 값도 4,261,412,864까지 확장시킬 수 있다. IS-IS 와이드 메트릭을 사용하려면 다음처럼 IS-IS 설정모드에서 **metric-style** 명령어를 사용하면 된다. 와이드 메트릭은 모든 네트워크에서 동시에 사용해야 라우팅 루프를 방지할 수 있다.

예제 A1-2 IS-IS 메트릭 스타일 변경하기

```
R1(config)# router isis
R1(config-router)# metric-style ?
  narrow  Use old style of TLVs with narrow metric
  wide    Use new style of TLVs to carry wider metric
```

이상으로 IS-IS의 메트릭에 대하여 살펴보았다.

기본 네트워크 설정

IS-IS 설정을 위하여 다음과 같이 기본적인 네트워크를 구성한다.

그림 A1-1 IS-IS 설정을 위한 기본 네트워크

먼저, 스위치에서 필요한 VLAN을 만들고, 트렁킹을 설정한다.

예제 A1-3 스위치 설정

```
SW1(config)# vlan 12,23,34
SW1(config-vlan)# exit
```

```
SW1(config)# int range f1/1 - 4
SW1(config-if-range)# switchport trunk encapsulation dot1q
SW1(config-if-range)# switchport mode trunk
```

각 라우터에서 인터페이스를 설정하고 IP 주소를 부여한다.

예제 A1-4 인터페이스 설정

```
R1(config)# int lo0
R1(config-if)# ip address 1.1.1.1 255.255.255.0
R1(config-if)# int f0/0
R1(config-if)# no shut
R1(config-if)# int f0/0.12
R1(config-subif)# encap dot 12
R1(config-subif)# ip address 1.1.12.1 255.255.255.0

R2(config)# int lo0
R2(config-if)# ip address 1.1.2.2 255.255.255.0
R2(config-if)# int f0/0
R2(config-if)# no shut
R2(config-if)# int f0/0.12
R2(config-subif)# encap dot 12
R2(config-subif)# ip address 1.1.12.2 255.255.255.0
R2(config-subif)# int f0/0.23
R2(config-subif)# encap dot 23
R2(config-subif)# ip address 1.1.23.2 255.255.255.0

R3(config)# int lo0
R3(config-if)# ip address 1.1.3.3 255.255.255.0
R3(config-if)# int f0/0
R3(config-if)# no shut
R3(config-if)# int f0/0.23
R3(config-subif)# encap dot 23
R3(config-subif)# ip address 1.1.23.3 255.255.255.0
R3(config-subif)# int f0/0.34
R3(config-subif)# encap dot 34
R3(config-subif)# ip address 1.1.34.3 255.255.255.0

R4(config)# int lo0
R4(config-if)# ip address 1.1.4.4 255.255.255.0
```

```
R4(config-if)# int f0/0
R4(config-if)# no shut
R4(config-if)# int f0/0.34
R4(config-subif)# encap dot 34
R4(config-subif)# ip address 1.1.34.4 255.255.255.0
```

IP 설정이 끝나면 각 라우터에서 넥스트 홉 IP 주소까지의 통신을 핑으로 확인한다.

IS-IS 설정

다음처럼 IS-IS 네트워크를 설정해 보자. IS-IS를 설정하려면 라우팅 설정 모드에서 IS-IS 라우팅을 선언하고, 라우터의 NET를 지정한 다음, 원하는 인터페이스에서 **ip router isis** 명령어를 사용하여 해당 인터페이스에 설정된 IP 네트워크를 라우팅 프로세스에 포함시킨다. R1은 49.0001 에어리어에 포함시키고, R2, R3, R4는 에어리어 49.0002에 포함시킨다.

그림 A1-2 두개의 에어리어로 구성된 IS-IS 네트워크

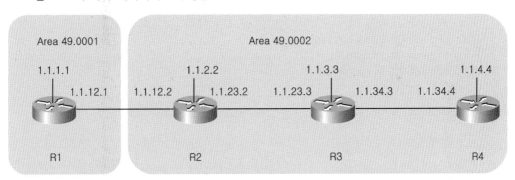

R1의 설정은 다음과 같다.

예제 A1-5 R1의 기본적인 IS-IS 설정

```
① R1(config)# router isis
② R1(config-router)# net 49.0001.1111.1111.1111.00
③ R1(config-router)# int lo0
④ R1(config-if)# ip router isis
   R1(config-if)# int f0/0.12
```

```
R1(config-if)# ip router isis
```

① router isis 명령어를 사용하여 IS-IS 라우터 설정 모드로 들어간다.

② 라우터의 NET를 지정한다. R1의 시스템 ID를 1111.1111.1111로 지정하였다.

③ IS-IS를 통하여 다른 라우터에게 광고를 전송할 네트워크가 설정된 인터페이스의 설정모드로 들어간다.

④ ip router isis 명령어를 이용하여 해당 인터페이스에 설정된 네트워크 정보를 다른 라우터에게 전송하고, 동시에 해당 인터페이스를 IS-IS 프로세스에 포함시킨다.

R2의 설정은 다음과 같다.

예제 A1-6 R2의 기본적인 IS-IS 설정

```
R2(config)# router isis
R2(config-router)# net 49.0002.2222.2222.2222.00
R2(config-router)# int lo0
R2(config-if)# ip router isis
R2(config-if)# int f0/0.12
R2(config-subif)# ip router isis
R2(config-subif)# int f0/0.23
R2(config-subif)# ip router isis
```

R3의 설정은 다음과 같다. R3의 시스템 ID는 루프백 IP 주소를 이용하여 표시했다.

즉, R3의 루프백 IP 주소가 1.1.3.3이므로 이를 001.001.003.003으로 표시하고, 다시 4글자씩 표현하면 0010.0100.3003이 된다. 이처럼 IP 주소를 풀어서 시스템 ID로 사용하는 경우가 많다.

예제 A1-7 R3의 기본적인 IS-IS 설정

```
R3(config)# router isis
R3(config-router)# net 49.0002.0010.0100.3003.00
R3(config-router)# int lo0
R3(config-if)# ip router isis
R3(config-if)# int f0/0.23
R3(config-subif)# ip router isis
R3(config-subif)# int f0/0.34
```

```
R3(config-subif)# ip router isis
```

R4의 설정은 다음과 같다. R4의 시스템 ID는 이더넷 인터페이스의 MAC 주소를 사용하였다.

예제 A1-8 R4의 기본적인 IS-IS 설정

```
R4(config)# router isis
R4(config-router)# net 49.0002.0060.5cf4.5a06.00
R4(config-router)# int lo0
R4(config-if)# ip router isis
R4(config-if)# int f0/0.34
R4(config-subif)# ip router isis
```

기본적인 IS-IS 설정이 끝나면 각 라우터에서 show clns neighbors 명령어를 사용하여 인접 라우터와의 네이버 관계 구성여부를 확인한다. 예를 들어, R2의 CLNS 네이버 관계 구성은 다음과 같다.

예제 A1-9 CLNS 네이버 관계 구성 확인하기

```
R2# show clns neighbors
System Id      Interface    SNPA            State   Holdtime   Type   Protocol
R1             Fa0/0.12     ca01.159c.0008  Up      27         L2     IS-IS
R3             Fa0/0.23     ca03.0794.0008  Up      9          L1L2   IS-IS
```

R1의 라우팅 테이블은 다음과 같다.

예제 A1-10 R1의 라우팅 테이블

```
R1# show ip route isis
    (생략)
       1.0.0.0/8 is variably subnetted, 9 subnets, 2 masks
i L2      1.1.2.0/24 [115/20] via 1.1.12.2, 00:02:21, FastEthernet0/0.12
i L2      1.1.3.0/24 [115/30] via 1.1.12.2, 00:01:38, FastEthernet0/0.12
i L2      1.1.4.0/24 [115/40] via 1.1.12.2, 00:01:08, FastEthernet0/0.12
i L2      1.1.23.0/24 [115/20] via 1.1.12.2, 00:02:21, FastEthernet0/0.12
i L2      1.1.34.0/24 [115/30] via 1.1.12.2, 00:01:38, FastEthernet0/0.12
```

R2의 라우팅 테이블은 다음과 같다.

예제 A1-11 R2의 라우팅 테이블

```
R2# show ip route isis
    (생략)
    1.0.0.0/8 is variably subnetted, 10 subnets, 2 masks
i L2    1.1.1.0/24 [115/20] via 1.1.12.1, 00:03:03, FastEthernet0/0.12
i L1    1.1.3.0/24 [115/20] via 1.1.23.3, 00:02:23, FastEthernet0/0.23
i L1    1.1.4.0/24 [115/30] via 1.1.23.3, 00:01:53, FastEthernet0/0.23
i L1    1.1.34.0/24 [115/20] via 1.1.23.3, 00:02:23, FastEthernet0/0.23
```

R3의 라우팅 테이블은 다음과 같다.

예제 A1-12 R3의 라우팅 테이블

```
R3# show ip route isis
    (생략)
    1.0.0.0/8 is variably subnetted, 10 subnets, 2 masks
i L2    1.1.1.0/24 [115/30] via 1.1.23.2, 00:02:49, FastEthernet0/0.23
i L1    1.1.2.0/24 [115/20] via 1.1.23.2, 00:02:59, FastEthernet0/0.23
i L1    1.1.4.0/24 [115/20] via 1.1.34.4, 00:02:27, FastEthernet0/0.34
i L1    1.1.12.0/24 [115/20] via 1.1.23.2, 00:02:59, FastEthernet0/0.23
```

이상으로 기본적인 IS-IS를 설정해 보았다.

IS-IS 네이버 타입 변경

시스코 라우터의 IS-IS 라우터의 기본 타입은 L1/L2이다. IS-IS 라우터가 L1/L2로 동작하면 각각의 레벨에 대해서 링크 상태 데이터베이스를 유지하고, SPF 계산을 해야하기 때문에 네트워크 자원의 소모가 심하다. 예를 들어, R3의 IS-IS 링크 상태 데이터베이스의 내용은 다음과 같다.

예제 A1-13 ISIS 데이터베이스 확인하기

```
R3# show isis database

IS-IS Level-1 Link State Database:
LSPID                LSP Seq Num   LSP Checksum   LSP Holdtime   ATT/P/OL
R3.00-00           * 0x00000005   0x262F         994            1/0/0
R3.01-00           * 0x00000001   0x0CF4         966            0/0/0
R4.00-00             0x00000004   0x34DC         1006           1/0/0
R4.01-00             0x00000001   0x47A6         993            0/0/0
R2.00-00             0x00000004   0x5041         963            1/0/0
IS-IS Level-2 Link State Database:
LSPID                LSP Seq Num   LSP Checksum   LSP Holdtime   ATT/P/OL
R3.00-00           * 0x00000006   0x5E01         1003           0/0/0
R3.01-00           * 0x00000001   0x9BED         966            0/0/0
R4.00-00             0x00000005   0xCD7F         1006           0/0/0
R4.01-00             0x00000001   0xD69F         993            0/0/0
R1.00-00             0x00000003   0xCC61         923            0/0/0
R2.00-00             0x00000006   0xA96B         998            0/0/0
R2.01-00             0x00000001   0xB529         926            0/0/0
```

따라서, 동일한 에어리어에 소속된 R2, R3, R4는 L1 어드제이션시만 맺게 하고, 서로 다른 에어리어에 소속된 R1, R2간에는 L2 어드제이션시만 맺게 하면 IS-IS 링크 상태 데이터베이스 및 라우팅 테이블의 크기가 줄어들고 결과적으로 네트워크의 안정성이 높아진다.

그림 A1-3 IS-IS 어드제이션시

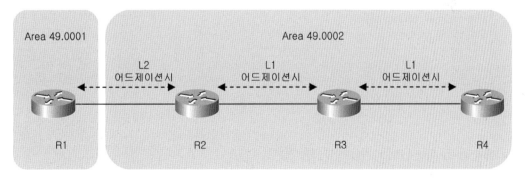

각 라우터에서의 설정은 다음과 같다. R1 라우터는 R2와 L2 어드제이션시만 맺으면 된다. 이를 위하여 R1의 라우팅 설정 모드에서 is-type level-2-only 명령어를 사용해 라우터 전체를 L2 라우터로 동작시킨다.

예제 A1-14 라우터 전체의 IS-IS 레벨 조정하기

```
R1(config)# router isis
R1(config-router)# is-type level-2-only
```

R2는 인터페이스 설정 모드에서 isis circuit-type 명령어를 사용하여 해당 라우터와 필요한 어드제이션시의 종류를 지정한다. 즉, R1과는 L2 어드제이션시를 형성하고, R3과는 L1 어드제이션시를 맺게 한다.

예제 A1-15 특정 인터페이스의 IS-IS 레벨 조정하기

```
R2(config)# int f0/0.12
R2(config-subif)# isis circuit-type level-2-only
R2(config-subif)# int f0/0.23
R2(config-subif)# isis circuit-type level-1
```

R3과 R4은 모두 L1 라우터로 동작시키기 위하여 다음과 같이 설정한다.

예제 A1-16 R3, R4를 레벨 1 라우터로 설정하기

```
R3(config)# router isis
R3(config-router)# is-type level-1

R4(config)# router isis
R4(config-router)# is-type level-1
```

설정 후 각 라우터의 CLNS 네이버 상태를 확인해 보면 필요한 레벨에 대한 네이버 관계만 유지한다. 예를 들어, R1은 R2와 L2 네이버 관계만 유지한다.

예제 A1-17 R1의 CLNS 네이버 상태 확인하기

```
R1# show clns neighbors
System Id     Interface   SNPA            State   Holdtime   Type   Protocol
R2            Fa0/0.12    ca02.19f0.0008  Up      9          L2     IS-IS
```

R2는 R1과는 L2 네이버 관계만 유지하고, R3과는 L1 네이버 관계만 유지한다.

예제 A1-18 R2의 CLNS 네이버 상태 확인하기

```
R2# show clns neighbors
System Id      Interface     SNPA             State   Holdtime   Type   Protocol
R1             Fa0/0.12      ca01.159c.0008   Up      25         L2     IS-IS
R3             Fa0/0.23      ca03.0794.0008   Up      8          L1     IS-IS
```

R3은 R2, R4와 L1 네이버 관계만 유지한다.

예제 A1-19 R3의 CLNS 네이버 상태 확인하기

```
R3# show clns neighbors
System Id      Interface     SNPA             State   Holdtime   Type   Protocol
R2             Fa0/0.23      ca02.19f0.0008   Up      28         L1     IS-IS
R4             Fa0/0.34      ca04.1110.0008   Up      9          L1     IS-IS
```

또, 각 라우터의 IS-IS 데이터베이스를 확인해 보면 필요한 레벨에 대한 링크 상태 정보만 유지한다. 예를 들어, R1은 L2 라우터이므로 L2 네이버인 R2에게서 수신한 L2 링크 상태 정보만을 유지한다.

예제 A1-20 R1의 IS-IS 데이터베이스

```
R1# show isis database

IS-IS Level-2 Link State Database:
LSPID              LSP Seq Num      LSP Checksum   LSP Holdtime   ATT/P/OL
R3.00-00           0x00000007       0x2CE1         990            0/0/0
R3.01-00           0x00000001       0x9BED         531            0/0/0
R4.00-00           0x00000006       0xD233         988            0/0/0
R4.01-00           0x00000001       0xD69F         559            0/0/0
R1.00-00         * 0x00000005       0xC863         991            0/0/0
R2.00-00           0x0000000E       0xD98E         1065           0/0/0
R2.01-00           0x00000003       0xB12B         999            0/0/0
```

R2는 L1/L2 라우터이다. 따라서, R1에게서 수신한 L2 링크 상태 정보와 R3에게서 수신한 L1 링크

상태 정보를 유지한다.

예제 A1-21 R2의 IS-IS 데이터베이스

```
R2# show isis database

IS-IS Level-1 Link State Database:
LSPID                   LSP Seq Num     LSP Checksum   LSP Holdtime    ATT/P/OL
R3.00-00                0x0000000A      0x1248         927             0/0/0
R3.01-00                0x00000002      0x08F9         921             0/0/0
R4.00-00                0x00000008      0x22F4         925             0/0/0
R4.01-00                0x00000002      0x43AB         925             0/0/0
R2.00-00              * 0x0000000A      0xBC74         923             1/0/0
IS-IS Level-2 Link State Database:
LSPID                   LSP Seq Num     LSP Checksum   LSP Holdtime    ATT/P/OL
R3.00-00                0x00000007      0x2CE1         859             0/0/0
R3.01-00                0x00000001      0x9BED         401             0/0/0
R4.00-00                0x00000006      0xD233         857             0/0/0
R4.01-00                0x00000001      0xD69F         429             0/0/0
R1.00-00                0x00000005      0xC863         856             0/0/0
R2.00-00              * 0x0000000E      0xD98E         935             0/0/0
R2.01-00              * 0x00000003      0xB12B         868             0/0/0
```

R3은 L1 라우터이므로 L1 네이버인 R2, R4에게서 수신한 L1 링크 상태 정보만을 유지한다.

예제 A1-22 R3의 IS-IS 데이터베이스

```
R3# show isis database

IS-IS Level-1 Link State Database:
LSPID                   LSP Seq Num     LSP Checksum   LSP Holdtime    ATT/P/OL
R3.00-00              * 0x0000000A      0x1248         810             0/0/0
R3.01-00              * 0x00000002      0x08F9         803             0/0/0
R4.00-00                0x00000008      0x22F4         808             0/0/0
R4.01-00                0x00000002      0x43AB         808             0/0/0
R2.00-00                0x0000000A      0xBC74         801             1/0/0
```

R1의 라우팅 테이블은 다음과 같다.

예제 A1-23 R1의 라우팅 테이블

```
R1# show ip route isis
    (생략)
      1.0.0.0/8 is variably subnetted, 9 subnets, 2 masks
i L2    1.1.2.0/24 [115/20] via 1.1.12.2, 00:10:00, FastEthernet0/0.12
i L2    1.1.3.0/24 [115/30] via 1.1.12.2, 00:08:54, FastEthernet0/0.12
i L2    1.1.4.0/24 [115/40] via 1.1.12.2, 00:08:47, FastEthernet0/0.12
i L2    1.1.23.0/24 [115/20] via 1.1.12.2, 00:10:00, FastEthernet0/0.12
i L2    1.1.34.0/24 [115/30] via 1.1.12.2, 00:08:54, FastEthernet0/0.12
```

R2의 라우팅 테이블은 다음과 같다.

예제 A1-24 R2의 라우팅 테이블

```
R2# show ip route isis
    (생략)
      1.0.0.0/8 is variably subnetted, 10 subnets, 2 masks
i L2    1.1.1.0/24 [115/20] via 1.1.12.1, 00:10:17, FastEthernet0/0.12
i L1    1.1.3.0/24 [115/20] via 1.1.23.3, 00:09:23, FastEthernet0/0.23
i L1    1.1.4.0/24 [115/30] via 1.1.23.3, 00:09:16, FastEthernet0/0.23
i L1    1.1.34.0/24 [115/20] via 1.1.23.3, 00:09:23, FastEthernet0/0.23
```

R3의 라우팅 테이블은 다음과 같다. 라우팅 테이블에서 확인할 수 있는 것처럼 L1 라우터는 가장 가까운 L1/L2 라우터로 디폴트 루트가 설정된다.

예제 A1-25 R3의 라우팅 테이블

```
R3# show ip route isis
    (생략)
i*L1  0.0.0.0/0 [115/10] via 1.1.23.2, 00:09:55, FastEthernet0/0.23
      1.0.0.0/8 is variably subnetted, 8 subnets, 2 masks
i L1    1.1.2.0/24 [115/20] via 1.1.23.2, 00:09:55, FastEthernet0/0.23
i L1    1.1.4.0/24 [115/20] via 1.1.34.4, 00:09:48, FastEthernet0/0.34
```

이상으로 IS-IS의 네이버 타입 변경해 보았다.

IS-IS로의 재분배

IS-IS로의 재분배를 설정하기 위하여 다음과 같이 네트워크를 구성한다.

그림 A1-4 IS-IS 재분배를 위한 기본 네트워크

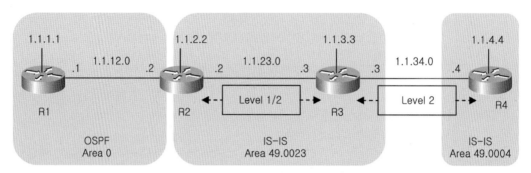

먼저, 각 라우터에서 앞서 설정한 IS-IS를 제거한다.

예제 A-26 IS-IS 제거

```
R1(config)# no router isis
R2(config)# no router isis
R3(config)# no router isis
R4(config)# no router isis
```

각 라우터에서 재분배는 설정하지 말고, 기본적인 라우팅만 설정한다. R1의 설정은 다음과 같다.

예제 A1-27 R1의 OSPF 설정

```
R1(config)# router ospf 1
R1(config-router)# router-id 1.1.1.1
R1(config-router)# network 1.1.1.1 0.0.0.0 area 0
R1(config-router)# network 1.1.12.1 0.0.0.0 area 0
```

R2의 설정은 다음과 같다.

예제 A1-28 R2의 OSPF 및 IS-IS 설정

```
R2(config)# router ospf 1
R2(config-router)# router-id 1.1.2.2
R2(config-router)# network 1.1.12.2 0.0.0.0 area 0

R2(config)# router isis
R2(config-router)# net 49.0023.2222.2222.2222.00
R2(config-router)# int lo0
R2(config-if)# ip router isis
R2(config-if)# int f0/0.23
R2(config-subif)# ip router isis
```

R3의 설정은 다음과 같다.

예제 A1-29 R3의 IS-IS 설정

```
R3(config)# router isis
R3(config-router)# net 49.0023.3333.3333.3333.00
R3(config-router)# int lo0
R3(config-if)# ip router isis
R3(config-if)# int f0/0.23
R3(config-subif)# ip router isis
R3(config-subif)# int f0/0.34
R3(config-subif)# ip router isis
R3(config-subif)# isis circuit-type level-2-only
```

R4의 설정은 다음과 같다.

예제 A1-30 R4의 IS-IS 설정

```
R4(config)# router isis
R4(config-router)# net 49.0004.4444.4444.4444.00
R4(config-router)# is-type level-2-only
R4(config-subif)# int lo0
R4(config-if)# ip router isis
R4(config-router)# int f0/0.34
R4(config-subif)# ip router isis
```

설정 후 각 라우터의 라우팅 테이블을 확인해 보자. R2의 라우팅 테이블은 다음과 같다.

예제 A1-31 R2의 라우팅 테이블

```
R2# show ip route isis
    (생략)

    1.0.0.0/8 is variably subnetted, 10 subnets, 2 masks
i L1    1.1.3.0/24 [115/20] via 1.1.23.3, 00:01:23, FastEthernet0/0.23
i L2    1.1.4.0/24 [115/30] via 1.1.23.3, 00:00:29, FastEthernet0/0.23
i L2    1.1.34.0/24 [115/20] via 1.1.23.3, 00:01:02, FastEthernet0/0.23
```

R3의 라우팅 테이블은 다음과 같다.

예제 A1-32 R3의 라우팅 테이블

```
R3# show ip route isis
    (생략)

    1.0.0.0/8 is variably subnetted, 8 subnets, 2 masks
i L1    1.1.2.0/24 [115/20] via 1.1.23.2, 00:01:53, FastEthernet0/0.23
i L2    1.1.4.0/24 [115/20] via 1.1.34.4, 00:00:55, FastEthernet0/0.34
```

R4의 라우팅 테이블은 다음과 같다.

예제 A1-33 R4의 라우팅 테이블

```
R4# show ip route isis
    (생략)

    1.0.0.0/8 is variably subnetted, 7 subnets, 2 masks
i L2    1.1.2.0/24 [115/30] via 1.1.34.3, 00:01:33, FastEthernet0/0.34
i L2    1.1.3.0/24 [115/20] via 1.1.34.3, 00:01:33, FastEthernet0/0.34
i L2    1.1.23.0/24 [115/20] via 1.1.34.3, 00:01:33, FastEthernet0/0.34
```

이제, R2에서 OSPF를 IS-IS로 재분배시킨다. 다른 라우팅 프로토콜을 IS-IS로 재분배할 때 사용할
수 있는 옵션은 다음과 같은 것들이 있다.

예제 A1-34 다른 라우팅 프로토콜을 IS-IS로 재분배하기

```
R2(config)# router isis
R2(config-router)# redistribute ospf 1 ?
① level-1        IS-IS level-1 routes only
② level-1-2      IS-IS level-1 and level-2 routes
③ level-2        IS-IS level-2 routes only
   match         Redistribution of OSPF routes
④ metric         Metric for redistributed routes
⑤ metric-type    OSPF/IS-IS exterior metric type for redistributed routes
   route-map     Route map reference
   vrf           VPN Routing/Forwarding Instance
⑥ <cr>
```

① 외부 네트워크를 IS-IS 레벨 1 경로로 재분배시킨다.

② 외부 네트워크를 IS-IS 레벨 1과 2 경로로 재분배시킨다.

③ 외부 네트워크를 IS-IS 레벨 2 경로로 재분배시킨다.

④ 재분배되는 네트워크의 IS-IS 메트릭을 지정한다. 별도로 지정하지 않으면 메트릭 값이 0으로 설정된다. RIP, IGRP, EIGRP와 달리 IS-IS는 재분배되는 네트워크의 메트릭이 0인 경우에도 문제가 없다. 만약, metric-type external 옵션을 사용하여 IS-IS 외부 네트워크로 재분배하면 기본 초기 메트릭이 64로 설정된다.

⑤ IS-IS로 재분배되는 네트워크의 메트릭 타입을 지정한다. 다음처럼 외부 또는 내부 네트워크로 지정할 수 있다.

예제 A1-35 재분배시 IS-IS 네트워크 타입 지정하기

```
R2(config-router)# redistribute ospf 1 metric-type ?
  external   Set IS-IS External metric type
  internal   Set IS-IS Internal metric type
```

⑥ 별도의 옵션을 지정하지 않으면 초기 메트릭 0, 레벨 2, 외부 네트워크로 재분배된다. 다음과 같이 R2에서 OSPF를 IS-IS로 재분배시켜 보자.

예제 A1-36 기본적인 IS-IS와 OSPF의 재분배

```
R2(config)# router isis
```

```
R2(config-router)# redistribute ospf 1
```

설정 후 R3에서 확인해 보면 다음과 같이 OSPF에서 재분배된 1.1.1.0, 1.1.12.0 네트워크가 IS-IS L2 경로로 설치되어 있다.

예제 A1-37 R3의 라우팅 테이블

```
R3# show ip route isis
    (생략)

    1.0.0.0/8 is variably subnetted, 10 subnets, 2 masks
i L2    1.1.1.1/32 [115/10] via 1.1.23.2, 00:00:07, FastEthernet0/0.23
i L1    1.1.2.0/24 [115/20] via 1.1.23.2, 00:04:30, FastEthernet0/0.23
i L2    1.1.4.0/24 [115/20] via 1.1.34.4, 00:03:32, FastEthernet0/0.34
i L2    1.1.12.0/24 [115/10] via 1.1.23.2, 00:00:07, FastEthernet0/0.23
```

또, show isis database detail 명령어로 확인해 보면 IS-IS 외부 네트워크로 재분배되는 것을 알 수 있다.

예제 A1-38 IS-IS 데이터베이스 확인하기

```
R3# show isis database l2 detail

IS-IS Level-2 Link State Database:
LSPID              LSP Seq Num   LSP Checksum   LSP Holdtime   ATT/P/OL
R2.00-00           0x00000008    0xFAD6         1150           0/0/0
  Area Address: 49.0023
  NLPID:        0xCC
  Hostname: R2
  IP Address:   1.1.2.2
  Metric: 10      IS R3.01
  Metric: 0       IP-External 1.1.1.1 255.255.255.255
  Metric: 10      IP 1.1.2.0 255.255.255.0
  Metric: 20      IP 1.1.3.0 255.255.255.0
  Metric: 0       IP-External 1.1.12.0 255.255.255.0
  Metric: 10      IP 1.1.23.0 255.255.255.0
    (생략)
```

이번에는 R2, R3 라우터의 부하를 줄이기 위하여 다음과 같이 R2 - R3간에 레벨 1로만 라우팅 정보를 송·수신하게 설정해 보자.

그림 A1-5 IS-IS 어드제이션시 조정

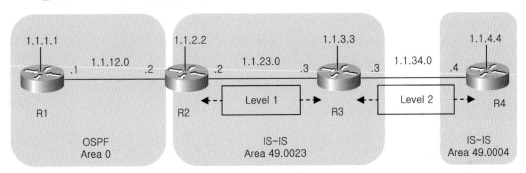

이를 위하여 R2와 R3에서 다음과 같이 설정한다.

예제 A1-39 IS-IS 네이버 타입 조정하기

```
R2(config)# router isis
R2(config-router)# is-type level-1

R3(config)# int f0/0.23
R3(config-subif)# isis circuit-type level-1
```

변경후 R3에서 확인해 보면 재분배된 OSPF 네트워크가 없다.

예제 A1-40 R3의 라우팅 테이블

```
R3# show ip route isis
    (생략)

      1.0.0.0/8 is variably subnetted, 8 subnets, 2 masks
i L1    1.1.2.0/24 [115/20] via 1.1.23.2, 00:00:08, FastEthernet0/0.23
i L2    1.1.4.0/24 [115/20] via 1.1.34.4, 00:09:16, FastEthernet0/0.34
```

그 이유는 기본적으로 다른 라우팅 프로토콜을 IS-IS로 재분배하면 L2 경로가 되나, R2, R3간에는

L1으로만 광고를 교환하기 때문이다. 이 경우에는 R2에서 OSPF를 IS-IS로 재분배할 때 다음과
같이 L1으로 설정해 주어야 한다.

예제 A1-41 재분배 네트워크 레벨 조정하기

```
R2(config)# router isis
R2(config-router)# redistribute ospf 1 level-1
```

R3에서 확인해 보면 다시 OSPF에서 재분배된 네트워크가 L1 경로로 보인다.

예제 A1-42 R3의 라우팅 테이블

```
R3# show ip route isis
    (생략)
    1.0.0.0/8 is variably subnetted, 10 subnets, 2 masks
i L1    1.1.1.1/32 [115/10] via 1.1.23.2, 00:00:07, FastEthernet0/0.23
i L1    1.1.2.0/24 [115/20] via 1.1.23.2, 00:00:57, FastEthernet0/0.23
i L2    1.1.4.0/24 [115/20] via 1.1.34.4, 00:10:05, FastEthernet0/0.34
i L1    1.1.12.0/24 [115/10] via 1.1.23.2, 00:00:07, FastEthernet0/0.23
```

다음과 같이 R4로 전송될 때는 다시 L2 경로로 변경된다.

예제 A1-43 R4의 라우팅 테이블

```
R4# show ip route isis
    (생략)
    1.0.0.0/8 is variably subnetted, 9 subnets, 2 masks
i L2    1.1.1.1/32 [115/20] via 1.1.34.3, 00:00:56, FastEthernet0/0.34
i L2    1.1.2.0/24 [115/30] via 1.1.34.3, 00:01:46, FastEthernet0/0.34
i L2    1.1.3.0/24 [115/20] via 1.1.34.3, 00:10:54, FastEthernet0/0.34
i L2    1.1.12.0/24 [115/20] via 1.1.34.3, 00:00:56, FastEthernet0/0.34
i L2    1.1.23.0/24 [115/20] via 1.1.34.3, 00:10:54, FastEthernet0/0.34
```

다음 테스트를 위하여 R2와 R3의 IS-IS 어드제이션시(adjacency)를 다시 L1/L2로 변경한다.

예제 A1-44 기존 설정 제거하기

```
R2(config)# router isis
R2(config-router)# no is-type

R3(config)# int f0/0.23
R3(config-subif)# no isis circuit-type
```

지금까지 IS-IS로의 재분배에 대하여 살펴보았다.

IS-IS로부터의 재분배

IS-IS를 다른 라우팅 프로토콜로 재분배할 때 사용할 수 있는 옵션들은 다음과 같은 것들이 있다.

예제 A1-45 IS-IS를 다른 라우팅 프로토콜로 재분배할 때 사용할 수 있는 옵션

```
R2(config-router)# redistribute isis ?
    WORD          ISO routing area tag
①  level-1       IS-IS level-1 routes only
②  level-1-2     IS-IS level-1 and level-2 routes
③  level-2       IS-IS level-2 routes only
    metric        Metric for redistributed routes
    metric-type   OSPF/IS-IS exterior metric type for redistributed routes
    route-map     Route map reference
    subnets       Consider subnets for redistribution into OSPF
    tag           Set tag for routes redistributed into OSPF
④  <cr>
```

① level-1 옵션을 사용하면 L1 경로만 재분배된다.

② level-1-2 옵션을 사용하면 L1, L2 경로가 모두 재분배된다.

③ level-2 옵션을 사용하면 L2 경로만 재분배된다.

④ 아무런 옵션을 사용하지 않으면 L2 경로만 재분배된다.

다음과 같이 R2에서 IS-IS를 OSPF로 재분배시켜 보자.

예제 A1-46 IS-IS를 OSPF로 재분배하기

```
R2(config)# router ospf 1
R2(config-router)# redistribute isis subnets
```

설정 후 R1에서 확인해 보면 다음과 같이 L2 경로인 1.1.4.0과 1.1.34.0 네트워크만 OSPF로 재분배된다.

예제 A1-47 R1의 라우팅 테이블

```
R1# show ip route ospf
    (생략)
      1.0.0.0/8 is variably subnetted, 6 subnets, 2 masks
O E2    1.1.4.0/24 [110/20] via 1.1.12.2, 00:00:05, FastEthernet0/0.12
O E2    1.1.34.0/24 [110/20] via 1.1.12.2, 00:00:05, FastEthernet0/0.12
```

다시, 다음과 같이 level-1-2 옵션을 사용하여 L1, L2 경로를 모두 재분배해 보자.

예제 A1-48 모든 레벨의 IS-IS 네트워크 재분배하기

```
R2(config)# router ospf 1
R2(config-router)# redistribute isis subnets level-1-2
```

R1의 라우팅 테이블에 L1 경로인 1.1.3.0이 설치된다.

예제 A1-49 R1의 라우팅 테이블

```
R1# show ip route ospf
    (생략)
      1.0.0.0/8 is variably subnetted, 7 subnets, 2 masks
O E2    1.1.3.0/24 [110/20] via 1.1.12.2, 00:00:06, FastEthernet0/0.12
O E2    1.1.4.0/24 [110/20] via 1.1.12.2, 00:01:21, FastEthernet0/0.12
O E2    1.1.34.0/24 [110/20] via 1.1.12.2, 00:01:21, FastEthernet0/0.12
```

그러나, 다음 그림과 같이 IS-IS 재분배가 일어나는 라우터인 R2에 직접 접속된 IS-IS 네트워크인 1.1.2.0과 1.1.23.0은 OSPF로 재분배되지 않는다.

그림 A1-6 재분배를 설정한 라우터의 IS-IS 인터페이스는 별도로 재분배해야 한다

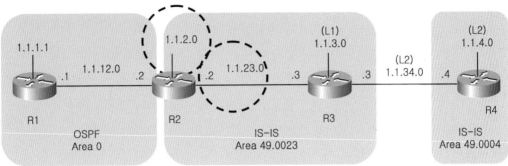

따라서, 다음과 같이 재분배되는 IS-IS 라우터에 직접 접속된 IS-IS 인터페이스는 redistribute connected 명령어를 사용하여 추가적으로 재분배해야 한다.

예제 A1-50 접속 네트워크의 추가적인 재분배

```
R2(config)# router ospf 1
R2(config-router)# redistribute connected subnets
```

이제, R1의 라우팅 테이블에 모든 네트워크가 다 보인다.

예제 A-51 R1의 라우팅 테이블

```
R1# show ip route ospf
    (생략)
    1.0.0.0/8 is variably subnetted, 9 subnets, 2 masks
O E2    1.1.2.0/24 [110/20] via 1.1.12.2, 00:00:33, FastEthernet0/0.12
O E2    1.1.3.0/24 [110/20] via 1.1.12.2, 00:01:33, FastEthernet0/0.12
O E2    1.1.4.0/24 [110/20] via 1.1.12.2, 00:02:48, FastEthernet0/0.12
O E2    1.1.23.0/24 [110/20] via 1.1.12.2, 00:00:33, FastEthernet0/0.12
O E2    1.1.34.0/24 [110/20] via 1.1.12.2, 00:02:48, FastEthernet0/0.12
```

이상으로 IS-IS에 대하여 살펴보았다.

ODR

ODR(On-Demand Routing)은 CDP(Cisco Discovery Protocol)에 접속된 IP 네트워크 정보를 알려주는 기능을 추가하여 만든 프로토콜이다. ODR을 사용하면 5 바이트의 추가적인 필드를 사용하여 네트워크(4 바이트) 및 서브넷 마스크(1 바이트) 정보를 인접 라우터에게 알려준다.

기본적인 네트워크 구성

ODR 동작을 위해서 다음과 같이 기본적인 네트워크를 구성한다. CDP는 서브 인터페이스를 인식하지 못하므로 주 인터페이스만 사용하였다.

그림 A2-1 ODR 설정을 위한 기본 네트워크

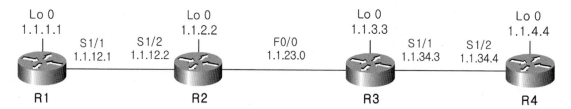

스위치에서 필요한 VLAN을 만들고, 인터페이스에 할당한다.

예제 A2-1 스위치 설정

```
SW1(config)# vlan 23
SW1(config-vlan)# exit

SW1(config)# int range f1/2 - 3
SW1(config-if-range)# switchport mode access
SW1(config-if-range)# switchport access vlan 23
```

각 라우터에서 인터페이스를 설정하고 IP 주소를 부여한다.

예제 A2-2 인터페이스 설정

```
R1(config)# int lo0
R1(config-if)# ip address 1.1.1.1 255.255.255.0
R1(config-if)# int s1/1
R1(config-if)# ip address 1.1.12.1 255.255.255.0
R1(config-if)# no shut

R2(config)# int lo0
R2(config-if)# ip address 1.1.2.2 255.255.255.0
R2(config-if)# int s1/2
R2(config-if)# ip address 1.1.12.2 255.255.255.0
R2(config-if)# no shut
R2(config-if)# int f0/0
R2(config-if)# ip address 1.1.23.2 255.255.255.0
R2(config-if)# no shut

R3(config)# int lo0
R3(config-if)# ip address 1.1.3.3 255.255.255.0
R3(config-if)# int f0/0
R3(config-if)# ip address 1.1.23.3 255.255.255.0
R3(config-if)# no shut
R3(config-if)# int s1/1
R3(config-if)# ip address 1.1.34.3 255.255.255.0
R3(config-if)# no shut

R4(config)# int lo0
R4(config-if)# ip address 1.1.4.4 255.255.255.0
R4(config-if)# int s1/2
R4(config-if)# ip address 1.1.34.4 255.255.255.0
R4(config-if)# no shut
```

IP 설정이 끝나면 각 라우터에서 넥스트 홉 IP 주소까지의 통신을 핑으로 확인한다.

CDP 설정

다음 그림의 R1과 R2 및 R3과 R4간에 ODR을 설정한다. ODR은 이처럼 종단 라우터와 인접 라우터 간의 라우팅을 위하여 주로 사용한다. ODR은 CDP를 이용하므로 인접 라우터 간에 CDP 정보를 주고 받아야 한다. 기본적으로 이더넷과 같은 브로드캐스트 네트워크나 포인트 투 포인트 네트워크에 접속된 인터페이스에서는 CDP 패킷을 송·수신한다. 그러나, NBMA 네트워크에 접속된 인터페이스에서는 CDP 패킷을 송·수신하지 않는다.

그림 A2-2 ODR과 OSPF가 설정된 네트워크

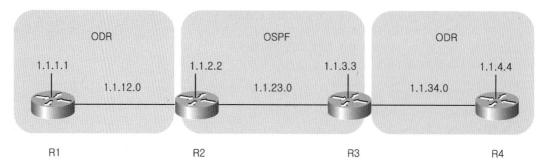

특정 인터페이스에 대한 CDP 활성화 여부를 확인하려면 **show cdp interface** 명령어를 사용한다. R2의 F0/0 인터페이스는 브로드캐스트 네트워크이므로 기본적으로 CDP가 동작한다.

예제 A2-3 브로드캐스트 네트워크에서는 CDP가 동작한다

```
R2# show cdp int f0/0
FastEthernet0/0 is up, line protocol is up
  Encapsulation ARPA
  Sending CDP packets every 60 seconds
  Holdtime is 180 seconds
```

R2의 S1/2 인터페이스는 포인트 투 포인트 네트워크이므로 역시 기본적으로 CDP가 동작한다.

예제 A2-4 포인트 투 포인트 네트워크에서는 CDP가 동작한다

```
R2# show cdp int s1/2
Serial1/2 is up, line protocol is up
  Encapsulation HDLC
  Sending CDP packets every 60 seconds
  Holdtime is 180 seconds
```

CDP가 활성화되어 있지 않을 때 필요한 인터페이스에서 **cdp enable** 명령어를 사용하면 된다. 그러나, CDP는 자신의 모델, IP 등의 정보를 네이버에게 광고하므로 보안에 신경을 써야 한다. 기본적으로 CDP는 60초 간격으로 패킷을 전송하므로, 최대 60초가 경과하면 **show cdp neighbor** 명령어로 인접 라우터에 관한 정보를 확인할 수 있다. R1에서 확인한 CDP 네이버 정보는 다음과 같다.

예제 A2-5 R1에서 CDP 네이버 정보 확인하기

```
R1# show cdp neighbors
Capability Codes: R - Router, T - Trans Bridge, B - Source Route Bridge
                  S - Switch, H - Host, I - IGMP, r - Repeater, P - Phone,
                  D - Remote, C - CVTA, M - Two-port Mac Relay


Device ID          Local Intrfce      Holdtme    Capability  Platform   Port ID
R2                 Ser 1/1            177              R      7206VXR    Ser 1/2
①                  ②                 ③               ④      ⑤         ⑥
```

CDP 네이버에 대한 정보의 의미는 다음과 같다.

① 인접 장비의 호스트 이름을 표시한다.

② 인접 장비와 연결되는 현재 장비의 인터페이스 ID를 표시한다.

③ 홀드 시간을 표시한다. 기본적인 CDP 홀드 시간은 180초이다. 즉, 180 초 이내에 인접 장비로부터 CDP 패킷을 수신하지 못하면 CDP 테이블에서 해당 인접 장비의 정보를 삭제한다.

④ 인접 장비가 라우터임을 나타낸다.

⑤ 인접 장비의 기종을 나타낸다.

⑥ 현재의 장비와 연결되는 인접 장비의 인터페이스 ID를 표시한다.

ODR 설정

필요한 구간에 대한 CDP가 활성화되면 ODR을 설정한다. ODR 설정을 위해서 종단 라우터인 R1이나 R4에서는 아무 것도 할 것이 없다. 허브(hub) 라우터인 R2와 R3에서만 다음과 같이 **router odr** 명령어를 사용하면 된다.

예제 A2-6 ODR 설정하기

```
R2(config)# router odr

R3(config)# router odr
```

잠시 후 R1의 라우팅 테이블을 보면 다음과 같이 허브 라우터인 R2로부터 수신한 디폴트 루트가 설치된다.

예제 A2-7 R1의 라우팅 테이블

```
R1# show ip route odr
    (생략)
o*    0.0.0.0/0 [160/1] via 1.1.12.2, 00:00:11, Serial1/1
```

R2에는 R1으로부터 수신한 1.1.1.0/24 네트워크가 설치된다.

예제 A2-8 R2의 라우팅 테이블

```
R2# show ip route odr
    (생략)
    1.0.0.0/8 is variably subnetted, 7 subnets, 2 masks
o        1.1.1.0/24 [160/1] via 1.1.12.1, 00:00:44, Serial1/2
```

CDP를 이용하여 ODR 정보를 송·수신하는 것을 확인하려면 debug cdp ip 명령어를 사용하면 된다.

예제 A2-9 ODR 디버깅하기

```
R2# debug cdp ip
CDP IP info debugging is on
R2#

03:45:00.663: CDP-IP: Reading prefix 1.1.1.0/24 source 1.1.12.1 via Serial1/2   ①
03:45:00.663: CDP-IP: Updating prefix 1.1.1.0/24 in routing table
03:45:01.639: CDP-IP: Writing default route 1.1.12.2 for Serial1/2   ②

03:45:35.975: CDP-IP: IP TLV length (4) invalid for IP prefixes.   ③
                      Expecting IP prefix from stub router

03:45:51.623: CDP-IP: Writing default route 1.1.23.2 for FastEthernet0/0   ④

03:46:00.663: CDP-IP: Reading prefix 1.1.1.0/24 source 1.1.12.1 via FastEthernet0/0
①
03:46:00.663: CDP-IP: Updating prefix 1.1.1.0/24 in routing table
03:46:01.639: CDP-IP: Writing default route 1.1.12.2 for Serial1/2   ②
```

① Serial1/2 인터페이스를 통하여 R1으로부터 1.1.1.0/24 네트워크에 대한 광고를 수신하고, 이를 라우팅 테이블에 기록한다.

② Serial1/2 인터페이스로 R1에게 디폴트 루트를 전송한다.

③ R3에게서 디폴트 루트에 대한 정보를 수신하지만 무시한다.

④ FastEthernet0/0 인터페이스를 통하여 R3에게도 디폴트 루트를 전송한다. 그러나, 역시 종단(stub) 라우터가 아닌 R3에 의해서 무시된다. 이와 같은 과정들이 60초 간격으로 반복된다.

만약, 브로드캐스트 네트워크로 연결된 R2, R3간에는 CDP를 동작시키지 않으려면 다음과 같이 **no cdp enable** 명령어를 사용하면 된다.

예제 A2-10 CDP 비활성화시키기

```
R2(config)# int f0/0
R2(config-subif)# no cdp enable

R3(config)# int f0/0
R3(config-subif)# no cdp enable
```

다음과 같이 R1에 네트워크를 추가해 보자.

예제 A2-11 네트워크 추가하기

```
R1(config)# int lo2
R1(config-if)# ip add 2.2.1.1 255.255.255.0
```

다음 CDP 전송주기가 되면 R1은 기존의 1.1.1.0/24 네트워크와 함께 새로 추가된 2.2.1.0/24 네트워크에 대한 정보도 R2에게 전송한다. R2의 라우팅 테이블에 새로운 네트워크도 기록된다.

예제 A2-12 R2의 라우팅 테이블

```
R2# show ip route odr
    (생략)
    1.0.0.0/8 is variably subnetted, 7 subnets, 2 masks
```

```
o          1.1.1.0/24 [160/1] via 1.1.12.1, 00:00:04, Serial1/2
        2.0.0.0/24 is subnetted, 1 subnets
o          2.2.1.0 [160/1] via 1.1.12.1, 00:00:04, Serial1/2
```

R2에서 R1에 설정한 새로운 네트워크로 핑을 해보면 성공한다.

예제 A2-13 원격 네트워크와의 통신 확인하기

```
R2# ping 2.2.1.1
Type escape sequence to abort.
Sending 5, 100-byte ICMP Echos to 2.2.1.1, timeout is 2 seconds:
!!!!!
Success rate is 100 percent (5/5), round-trip min/avg/max = 8/15/36 ms
```

이상으로 odr을 설정하고 동작을 확인해 보았다.

ODR의 재분배

모든 라우터 간의 통신을 위해서 R2와 R3 사이에 IGP를 설정하고 ODR을 재분배해야 한다. R2의
설정은 다음과 같다.

예제 A2-14 ODR 재분배하기

```
R2(config)# router ospf 1
R2(config-router)# router-id 1.1.2.2
R2(config-router)# network 1.1.2.2 0.0.0.0 area 0
R2(config-router)# network 1.1.23.2 0.0.0.0 area 0
R2(config-router)# redistribute odr subnets
R2(config-router)# redistribute connected subnets
```

재분배가 이루어지는 R2에 직접 접속된 네트워크인 1.1.12.0/24는 OSPF로 재분배되지 않는다.
따라서, 추가적으로 redistribute connected 명령어를 사용하여 재분배했다. R3의 설정은 다음과
같다.

예제 A2-15 ODR 재분배하기

```
R3(config)# router odr
R3(config-router)# network 1.0.0.0
R3(config-router)# exit

R3(config)# router ospf 1
R3(config-router)# router-id 1.1.3.3
R3(config-router)# network 1.1.3.3 0.0.0.0 area 0
R3(config-router)# network 1.1.23.3 0.0.0.0 area 0
R3(config-router)# redistribute odr subnets
```

R3에서는 3.3.34.0 네트워크도 재분배가 이루어지도록 하기 위하여 redistribute connected 명령어 대신에 ODR 설정모드에서 network 명령어를 사용했다. 이 경우 3.3.34.0 네트워크가 ODR에 포함된 다음 OSPF로 재분배된다. R2의 라우팅 테이블을 보면 다음과 같이 모든 네트워크가 기록된다.

예제 A2-16 R2의 라우팅 테이블

```
R2# show ip route
    (생략)
    1.0.0.0/8 is variably subnetted, 10 subnets, 2 masks
o       1.1.1.0/24 [160/1] via 1.1.12.1, 00:00:00, Serial1/2
O       1.1.3.3/32 [110/2] via 1.1.23.3, 00:00:01, FastEthernet0/0
O E2    1.1.4.0/24 [110/20] via 1.1.23.3, 00:00:01, FastEthernet0/0
C       1.1.23.0/24 is directly connected, FastEthernet0/0
O E2    1.1.34.0/24 [110/20] via 1.1.23.3, 00:00:01, FastEthernet0/0
    2.0.0.0/24 is subnetted, 1 subnets
o       2.2.1.0 [160/1] via 1.1.12.1, 00:00:00, Serial1/2
```

PfR 전체 설정

제12장 PfR의 전체 설정은 다음과 같다.

R1 설정

```
hostname R1
!
interface Loopback0
 ip address 10.1.1.1 255.255.255.0
!
interface Loopback1
 ip address 10.1.11.1 255.255.255.0
!
interface Loopback2
 ip address 10.1.12.1 255.255.255.0
!
interface Loopback3
 ip address 10.1.13.1 255.255.255.0
!
interface Ethernet0/0
 ip address 10.1.100.1 255.255.255.0
!
router eigrp myEigrp
 !
 address-family ipv4 unicast autonomous-system 1
  !
  topology base
  exit-af-topology
  network 10.1.0.0 0.0.255.255
 exit-address-family
```

R2 설정

```
hostname R2
!
interface Loopback0
 ip address 10.1.2.2 255.255.255.0
!
interface Loopback1
 ip address 10.1.21.1 255.255.255.0
!
interface Loopback2
 ip address 10.1.22.1 255.255.255.0
!
interface Loopback3
 ip address 10.1.23.1 255.255.255.0
!
interface Ethernet0/0
 ip address 10.1.100.2 255.255.255.0
!
router eigrp myEigrp
 !
 address-family ipv4 unicast autonomous-system 1
  !
  topology base
  exit-af-topology
  network 10.1.0.0 0.0.255.255
 exit-address-family
```

R3 설정

```
hostname R3
!
interface Loopback0
 ip address 10.1.3.3 255.255.255.0
!
interface Loopback1
 ip address 10.1.31.1 255.255.255.0
!
interface Loopback2
 ip address 10.1.32.1 255.255.255.0
!
interface Loopback3
```

```
  ip address 10.1.33.1 255.255.255.0
!
interface Ethernet0/0
  ip address 10.1.100.3 255.255.255.0
!
router eigrp myEigrp
  !
  address-family ipv4 unicast autonomous-system 1
   !
   topology base
   exit-af-topology
   network 10.1.0.0 0.0.255.255
  exit-address-family
```

R4 설정

```
hostname R4
!
class-map match-all Lo3
  match access-group name Lo3
class-map match-all Lo2
  match access-group name Lo2
class-map match-all Lo1
  match access-group name Lo1
!
policy-map MarkDscp
  class Lo1
   set dscp ef
  class Lo2
   set dscp af41
  class Lo3
   set dscp af21
!
interface Loopback0
  ip address 10.1.4.4 255.255.255.0
!
interface Ethernet0/0
  ip address 10.1.100.4 255.255.255.0
  service-policy input MarkDscp
!
interface Ethernet0/1
  ip address 10.1.45.4 255.255.255.0
```

```
!
interface Ethernet0/2
 ip address 10.1.46.4 255.255.255.0
!
interface Ethernet0/3
 ip address 10.1.47.4 255.255.255.0
!
router eigrp myEigrp
 !
 address-family ipv4 unicast autonomous-system 1
  !
  topology base
  exit-af-topology
  network 10.1.0.0 0.0.255.255
 exit-address-family
!
ip access-list extended Lo1
 permit ip host 10.1.11.1 any
 permit ip host 10.1.21.1 any
 permit ip host 10.1.31.1 any
ip access-list extended Lo2
 permit ip host 10.1.12.1 any
 permit ip host 10.1.22.1 any
 permit ip host 10.1.32.1 any
ip access-list extended Lo3
 permit ip host 10.1.13.1 any
 permit ip host 10.1.23.1 any
 permit ip host 10.1.33.1 any
```

R5 설정

```
hostname R5
!
domain mydomain
 vrf default
  master hub
   source-interface Loopback0
   site-prefixes prefix-list HUB-NETWORK
   password cisco123
   monitor-interval 2 dscp af41
   monitor-interval 2 dscp ef
   load-balance
```

```
       enterprise-prefix   prefix-list COMPANY-NETWORK
       class VOICE sequence 10
         match dscp ef policy voice
         path-preference MPLS fallback INET
       class CONFERENCE sequence 20
         match dscp af41 policy real-time-video
         path-preference MPLS fallback INET
!
interface Loopback0
 ip address 10.1.5.5 255.255.255.0
!
interface Ethernet0/1
 ip address 10.1.45.5 255.255.255.0
!
router eigrp myEigrp
 !
 address-family ipv4 unicast autonomous-system 1
   !
   topology base
   exit-af-topology
   network 10.1.0.0 0.0.255.255
 exit-address-family
!
ip prefix-list COMPANY-NETWORK seq 5 permit 10.0.0.0/8
!
ip prefix-list HUB-NETWORK seq 5 permit 10.1.11.0/24
ip prefix-list HUB-NETWORK seq 10 permit 10.1.12.0/24
ip prefix-list HUB-NETWORK seq 15 permit 10.1.13.0/24
ip prefix-list HUB-NETWORK seq 20 permit 10.1.21.0/24
ip prefix-list HUB-NETWORK seq 25 permit 10.1.22.0/24
ip prefix-list HUB-NETWORK seq 30 permit 10.1.23.0/24
ip prefix-list HUB-NETWORK seq 35 permit 10.1.31.0/24
ip prefix-list HUB-NETWORK seq 40 permit 10.1.32.0/24
ip prefix-list HUB-NETWORK seq 45 permit 10.1.33.0/24
ip prefix-list HUB-NETWORK seq 50 permit 10.1.1.0/24
ip prefix-list HUB-NETWORK seq 55 permit 10.1.2.0/24
ip prefix-list HUB-NETWORK seq 60 permit 10.1.3.0/24
ip prefix-list HUB-NETWORK seq 65 permit 10.1.4.0/24
ip prefix-list HUB-NETWORK seq 70 permit 10.1.100.0/24
ip prefix-list HUB-NETWORK seq 75 permit 10.1.45.0/24
ip prefix-list HUB-NETWORK seq 80 permit 10.1.46.0/24
ip prefix-list HUB-NETWORK seq 85 permit 10.1.47.0/24
ip prefix-list HUB-NETWORK seq 90 permit 10.1.0.0/16
```

R6 설정

```
hostname R6
!
vrf definition INET
 !
 address-family ipv4
 exit-address-family
!
domain mydomain
 vrf default
  border
   source-interface Loopback0
   master 10.1.5.5
   password cisco123
!
interface Loopback0
 ip address 10.1.6.6 255.255.255.0
!
interface Tunnel100
 bandwidth 10000
 ip address 10.0.100.6 255.255.255.0
 no ip redirects
 ip mtu 1400
 ip flow egress
 ip nat inside
 ip nhrp authentication cisco123
 ip nhrp map multicast dynamic
 ip nhrp network-id 100
 ip nhrp holdtime 600
 ip nhrp redirect
 ip tcp adjust-mss 1360
 tunnel source Ethernet0/1
 tunnel mode gre multipoint
 tunnel key 101
 tunnel vrf INET
 domain mydomain path INET path-id 1
!
interface Ethernet0/1
 vrf forwarding INET
 ip address 1.1.68.6 255.255.255.0
 ip nat outside
 ip policy route-map RETURN-INTERNET
```

```
!
interface Ethernet0/2
 ip address 10.1.46.6 255.255.255.0
 ip nat inside
!
router eigrp myEigrp
 !
 address-family ipv4 unicast autonomous-system 1
  !
  af-interface Tunnel100
   summary-address 10.1.0.0 255.255.0.0
   no next-hop-self
   no split-horizon
  exit-af-interface
  !
  topology base
   distribute-list route-map SET-TAG-FOR-SPOKE out Tunnel100
   distribute-list route-map NETS-FROM-SPOKE out Ethernet0/2
   distribute-list route-map BLOCK-SPOKE-NETS-FROM-HUB in Ethernet0/2
   redistribute static
  exit-af-topology
  network 10.0.100.6 0.0.0.0
  network 10.1.0.0 0.0.255.255
 exit-address-family
!
ip nat inside source list PRIVATE interface Ethernet0/1 overload
ip route 0.0.0.0 0.0.0.0 Ethernet0/1 1.1.68.8
ip route vrf INET 0.0.0.0 0.0.0.0 1.1.68.8
!
ip access-list standard PRIVATE
 permit 10.0.0.0 0.255.255.255
ip access-list standard SPOKE-IP
 permit 10.0.100.0 0.0.0.255
!
ip access-list extended INTERNAL-NETWORKS
 permit ip any 10.0.0.0 0.255.255.255
!
no service-routing capabilities-manager
!
route-map SET-TAG-FOR-SPOKE permit 10
 set tag 10.1.0.0
!
route-map RETURN-INTERNET permit 10
```

```
 match ip address INTERNAL-NETWORKS
 set global
!
route-map BLOCK-SPOKE-NETS-FROM-HUB deny 10
 match tag 10.1.7.7
!
route-map BLOCK-SPOKE-NETS-FROM-HUB permit 20
!
route-map NETS-FROM-SPOKE permit 10
 match ip route-source SPOKE-IP
 set tag 10.1.6.6
!
route-map NETS-FROM-SPOKE permit 20
!
route-tag notation dotted-decimal
```

R7 설정

```
hostname R7
!
vrf definition MPLS
 !
 address-family ipv4
 exit-address-family
!
domain mydomain
 vrf default
  border
   source-interface Loopback0
   master 10.1.5.5
   password cisco123
!
interface Loopback0
 ip address 10.1.7.7 255.255.255.0
!
interface Tunnel200
 bandwidth 10000
 ip address 10.0.200.7 255.255.255.0
 no ip redirects
 ip mtu 1400
 ip flow egress
 ip nhrp authentication cisco123
```

```
   ip nhrp map multicast dynamic
   ip nhrp network-id 200
   ip nhrp holdtime 600
   ip nhrp redirect
   ip tcp adjust-mss 1360
   tunnel source Ethernet0/2
   tunnel mode gre multipoint
   tunnel key 201
   tunnel vrf MPLS
   domain mydomain path MPLS path-id 2
!
interface Ethernet0/2
 vrf forwarding MPLS
 ip address 10.0.79.7 255.255.255.0
!
interface Ethernet0/3
 ip address 10.1.47.7 255.255.255.0
!
router eigrp myEigrp
 !
 address-family ipv4 unicast autonomous-system 1
  !
  af-interface Tunnel200
   summary-address 10.1.0.0 255.255.0.0
   no next-hop-self
   no split-horizon
  exit-af-interface
  !
  topology base
   distribute-list route-map SET-TAG-FOR-SPOKE out Tunnel200
   distribute-list route-map NETS-FROM-SPOKE out Ethernet0/3
   distribute-list route-map BLOCK-SPOKE-NETS-FROM-HUB in Ethernet0/3
  exit-af-topology
  network 10.0.200.7 0.0.0.0
  network 10.1.0.0 0.0.255.255
 exit-address-family
!
ip route vrf MPLS 0.0.0.0 0.0.0.0 10.0.79.9
!
ip access-list standard SPOKE-IP
 permit 10.0.200.0 0.0.0.255
!
route-map SET-TAG-FOR-SPOKE permit 10
```

```
 set tag 10.1.0.0
!
route-map BLOCK-SPOKE-NETS-FROM-HUB deny 10
 match tag 10.1.6.6
!
route-map BLOCK-SPOKE-NETS-FROM-HUB permit 20
!
route-map NETS-FROM-SPOKE permit 10
 match ip route-source SPOKE-IP
 set tag 10.1.7.7
!
route-map NETS-FROM-SPOKE permit 20
!
route-tag notation dotted-decimal
```

R8 설정

```
hostname R8
!
interface Loopback0
 ip address 1.1.8.8 255.255.255.0
!
interface Ethernet0/0
 ip address 1.1.80.8 255.255.255.0
!
interface Ethernet0/1
 ip address 1.1.68.8 255.255.255.0
!
interface Ethernet0/2
 ip address 1.1.83.8 255.255.255.0
```

R9 설정

```
hostname R9
!
interface Loopback0
 ip address 10.0.9.9 255.255.255.0
!
interface Ethernet0/0
 ip address 10.0.93.9 255.255.255.0
```

```
!
interface Ethernet0/2
 ip address 10.0.79.9 255.255.255.0
!
interface Ethernet0/3
 ip address 10.0.91.9 255.255.255.0
```

R10 설정

```
hostname R10
!
vrf definition INET
 !
 address-family ipv4
 exit-address-family
!
domain mydomain
 vrf default
  border
   source-interface Loopback0
   master 10.10.12.12
   password cisco123
!
interface Loopback0
 ip address 10.10.10.10 255.255.255.0
!
interface Tunnel100
 bandwidth 5000
 ip address 10.0.100.10 255.255.255.0
 no ip redirects
 ip mtu 1400
 ip nhrp authentication cisco123
 ip nhrp network-id 100
 ip nhrp holdtime 600
 ip nhrp nhs 10.0.100.6 nbma 1.1.68.6 multicast
 ip nhrp registration no-unique
 ip nhrp shortcut
 ip nhrp redirect
 ip tcp adjust-mss 1360
 if-state nhrp
 tunnel source Ethernet0/0
 tunnel mode gre multipoint
```

```
 tunnel key 101
 tunnel vrf INET
!
interface Ethernet0/0
 vrf forwarding INET
 ip address 1.1.80.10 255.255.255.0
 ip nat outside
 ip virtual-reassembly in
 ip policy route-map RETURN-FROM-INTERNET
!
interface Ethernet0/2
 ip address 10.10.102.10 255.255.255.0
 ip nat inside
!
router eigrp myEigrp
 !
 address-family ipv4 unicast autonomous-system 1
  !
  af-interface Tunnel100
   summary-address 10.10.0.0 255.255.0.0
  exit-af-interface
  !
  topology base
   distribute-list route-map NOT-SEND-TO-HUB out Tunnel100
   distribute-list prefix BLOCK-FROM-HUB in Tunnel100
   redistribute static
  exit-af-topology
  network 10.0.100.10 0.0.0.0
  network 10.10.0.0 0.0.255.255
 exit-address-family
!
ip nat inside source list PRIVATE interface Ethernet0/0 overload
ip route 0.0.0.0 0.0.0.0 Ethernet0/0 1.1.80.8
ip route vrf INET 0.0.0.0 0.0.0.0 1.1.80.8
!
ip access-list standard PRIVATE
 permit 10.0.0.0 0.255.255.255
!
ip access-list extended INTERNAL-NETWORKS
 permit ip any 10.0.0.0 0.255.255.255
!
ip prefix-list BLOCK-FROM-HUB seq 5 deny 0.0.0.0/0
ip prefix-list BLOCK-FROM-HUB seq 10 permit 0.0.0.0/0 le 32
```

```
!
ip prefix-list DEFAULT-ROUTE seq 5 permit 0.0.0.0/0
!
route-map RETURN-FROM-INTERNET permit 10
 match ip address INTERNAL-NETWORKS
 set global
!
route-map NOT-SEND-TO-HUB deny 10
 match tag 10.1.0.0
!
route-map NOT-SEND-TO-HUB deny 15
 match ip address prefix-list DEFAULT-ROUTE
!
route-map NOT-SEND-TO-HUB permit 20
!
route-tag notation dotted-decimal
```

R11 설정

```
hostname R11
!
vrf definition MPLS
 !
 address-family ipv4
 exit-address-family
!
domain mydomain
 vrf default
  border
    source-interface Loopback0
    master 10.10.12.12
    password cisco123
!
interface Loopback0
 ip address 10.10.11.11 255.255.255.255
!
interface Tunnel200
 bandwidth 5000
 ip address 10.0.200.11 255.255.255.0
 no ip redirects
 ip mtu 1400
 ip nhrp authentication cisco123
```

```
 ip nhrp network-id 200
 ip nhrp holdtime 600
 ip nhrp nhs 10.0.200.7 nbma 10.0.79.7 multicast
 ip nhrp registration no-unique
 ip nhrp shortcut
 ip nhrp redirect
 ip tcp adjust-mss 1360
 if-state nhrp
 tunnel source Ethernet0/3
 tunnel mode gre multipoint
 tunnel key 201
 tunnel vrf MPLS
!
interface Ethernet0/0
 ip address 10.10.112.11 255.255.255.0
!
interface Ethernet0/3
 vrf forwarding MPLS
 ip address 10.0.91.11 255.255.255.0
!
router eigrp myEigrp
 !
 address-family ipv4 unicast autonomous-system 1
  !
  af-interface Tunnel200
   summary-address 10.10.0.0 255.255.0.0
  exit-af-interface
  !
  topology base
   distribute-list prefix BLOCK-FROM-HUB in Tunnel200
   distribute-list route-map NOT-SEND-TO-HUB out Tunnel200
  exit-af-topology
  network 10.0.200.11 0.0.0.0
  network 10.10.0.0 0.0.255.255
 exit-address-family
!
ip route vrf MPLS 0.0.0.0 0.0.0.0 10.0.91.9
!
ip prefix-list BLOCK-FROM-HUB seq 5 deny 0.0.0.0/0
ip prefix-list BLOCK-FROM-HUB seq 10 permit 0.0.0.0/0 le 32
!
ip prefix-list DEFAULT-ROUTE seq 5 permit 0.0.0.0/0
!
```

953

```
route-map NOT-SEND-TO-HUB deny 10
 match tag 10.1.0.0
!
route-map NOT-SEND-TO-HUB deny 15
 match ip address prefix-list DEFAULT-ROUTE
!
route-map NOT-SEND-TO-HUB permit 20
!
route-tag notation dotted-decimal
```

R12 설정

```
hostname R12
!
domain mydomain
 vrf default
   master branch
     source-interface Loopback0
     password cisco123
     hub 10.1.5.5
!
interface Loopback0
 ip address 10.10.12.12 255.255.255.0
!
interface Ethernet0/0
 ip address 10.10.112.12 255.255.255.0
!
interface Ethernet0/2
 ip address 10.10.102.12 255.255.255.0
!
router eigrp myEigrp
 !
 address-family ipv4 unicast autonomous-system 1
   !
   topology base
   exit-af-topology
   network 10.10.0.0 0.0.255.255
 exit-address-family
```

R13 설정

```
hostname R13
!
vrf definition INET
 !
 address-family ipv4
 exit-address-family
!
vrf definition MPLS
 !
 address-family ipv4
 exit-address-family
!
domain mydomain
 vrf default
  border
    source-interface Loopback0
    master local
    password cisco123
   master branch
    source-interface Loopback0
    password cisco123
    hub 10.1.5.5
!
interface Loopback0
 ip address 10.20.13.13 255.255.255.0
!
interface Tunnel100
 bandwidth 5000
 ip address 10.0.100.13 255.255.255.0
 no ip redirects
 ip mtu 1400
 ip nhrp authentication cisco123
 ip nhrp network-id 100
 ip nhrp holdtime 600
 ip nhrp nhs 10.0.100.6 nbma 1.1.68.6 multicast
 ip nhrp registration no-unique
 ip nhrp shortcut
 ip nhrp redirect
 ip tcp adjust-mss 1360
 ip ospf network point-to-multipoint
 if-state nhrp
 tunnel source Ethernet0/2
 tunnel mode gre multipoint
```

```
  tunnel key 101
  tunnel vrf INET
!
interface Tunnel200
 bandwidth 5000
 ip address 10.0.200.13 255.255.255.0
 no ip redirects
 ip mtu 1400
 ip nhrp authentication cisco123
 ip nhrp network-id 200
 ip nhrp holdtime 600
 ip nhrp nhs 10.0.200.7 nbma 10.0.79.7 multicast
 ip nhrp registration no-unique
 ip nhrp shortcut
 ip nhrp redirect
 ip tcp adjust-mss 1360
 if-state nhrp
 tunnel source Ethernet0/0
 tunnel mode gre multipoint
 tunnel key 201
 tunnel vrf MPLS
!
interface Ethernet0/0
 vrf forwarding MPLS
 ip address 10.0.93.13 255.255.255.0
!
interface Ethernet0/1
 ip address 10.20.200.13 255.255.255.0
 ip nat inside
!
interface Ethernet0/2
 vrf forwarding INET
 ip address 1.1.83.13 255.255.255.0
 ip nat outside
 ip policy route-map RETURN-FROM-INTERNET
!
router eigrp myEigrp
 !
 address-family ipv4 unicast autonomous-system 1
  !
  af-interface Tunnel100
   summary-address 10.20.0.0 255.255.0.0
  exit-af-interface
```

```
 !
 af-interface Tunnel200
  summary-address 10.20.0.0 255.255.0.0
 exit-af-interface
 !
 topology base
  distribute-list prefix BLOCK-FROM-HUB in Tunnel100
  distribute-list route-map NOT-SEND-TO-HUB out Tunnel100
  distribute-list prefix BLOCK-FROM-HUB in Tunnel200
  distribute-list route-map NOT-SEND-TO-HUB out Tunnel200
  redistribute static
 exit-af-topology
 network 10.0.100.13 0.0.0.0
 network 10.0.200.13 0.0.0.0
 network 10.20.0.0 0.0.255.255
 exit-address-family
!
ip nat inside source list PRIVATE interface Ethernet0/2 overload
ip route 0.0.0.0 0.0.0.0 Ethernet0/2 1.1.83.8
ip route vrf INET 0.0.0.0 0.0.0.0 1.1.83.8
ip route vrf MPLS 0.0.0.0 0.0.0.0 10.0.93.9
!
ip access-list standard PRIVATE
 permit 10.0.0.0 0.255.255.255
!
ip access-list extended INTERNAL-NETWORKS
 permit ip any 10.0.0.0 0.255.255.255
!
ip prefix-list BLOCK-FROM-HUB seq 5 deny 0.0.0.0/0
ip prefix-list BLOCK-FROM-HUB seq 10 permit 0.0.0.0/0 le 32
!
ip prefix-list DEFAULT-ROUTE seq 5 permit 0.0.0.0/0
no service-routing capabilities-manager
!
route-map RETURN-FROM-INTERNET permit 10
 match ip address INTERNAL-NETWORKS
 set global
!
route-map NOT-SEND-TO-HUB deny 10
 match tag 10.1.0.0
!
route-map NOT-SEND-TO-HUB deny 15
 match ip address prefix-list DEFAULT-ROUTE
```

```
!
route-map NOT-SEND-TO-HUB permit 20
!
route-tag notation dotted-decimal
```

R14 설정

```
hostname R14
!
interface Loopback0
 ip address 10.20.14.14 255.255.255.0
!
interface Ethernet0/1
 ip address 10.20.200.14 255.255.255.0
!
router eigrp myEigrp
 !
 address-family ipv4 unicast autonomous-system 1
  !
  topology base
  exit-af-topology
  network 10.20.0.0 0.0.255.255
 exit-address-family
```

R15 설정

```
hostname R15
!
interface Loopback0
 ip address 10.20.15.15 255.255.255.0
!
interface Ethernet0/1
 ip address 10.20.200.15 255.255.255.0
!
router eigrp myEigrp
 !
 address-family ipv4 unicast autonomous-system 1
  !
  topology base
  exit-af-topology
```

```
   network 10.20.0.0 0.0.255.255
   exit-address-family
```

SW1 설정

```
hostname SW1
!
interface Ethernet0/0
 switchport access vlan 100
 switchport mode access
!
interface Ethernet0/1
 switchport access vlan 100
 switchport mode access
!
interface Ethernet0/2
 switchport access vlan 100
 switchport mode access
!
interface Ethernet0/3
 switchport access vlan 100
 switchport mode access
!
interface Ethernet1/0
 switchport access vlan 200
 switchport mode access
!
interface Ethernet1/1
 switchport access vlan 200
 switchport mode access
!
interface Ethernet1/2
 switchport access vlan 200
 switchport mode access
```